Planeten – Wanderer im All

Kenneth R. Lang
Charles A. Whitney

PLANETEN
Wanderer im All

Satelliten
fotografieren und erforschen
neue Welten
im Sonnensystem

Übersetzt von Thomas Bührke
Geleitwort
von Jakob Staude
Mit 291 Abbildungen davon 77 in Farbe

Springer-Verlag
Berlin Heidelberg New York
London Paris Tokyo
Hong Kong Barcelona
Budapest

Professor Kenneth R. Lang
Department of Physics
and Astronomy
Tufts University
Medford, MA 02155, USA

Professor Charles A. Whitney
Harvard-Smithsonian Center
for Astrophysics
60 Garden Street
Cambridge, MA 02138, USA

Übersetzer

Dr. Thomas Bührke
Christian-Bitter-Straße 2/1
D-69126 Heidelberg

ISBN 3-540-55861-6 Springer-Verlag Berlin Heidelberg New York

Umschlagbild
Mond und Erde vom Weltraum aus
gesehen. Bei ihrer letzten Mondumrundung
beobachteten die Astronauten von
Apollo 17, wie die Erdsichel über dem
Horizont der Mondrückseite aufging.
(Foto: NASA)

Titel der amerikanischen Originalausgabe:
Wanderers in Space:
Exploration and Discovery
in the Solar System
© Cambridge University Press 1991

© Springer-Verlag Berlin Heidelberg 1993
Printed in Germany

Die Deutsche Bibliothek –
CIP-Einheitsaufnahme

Lang, Kenneth R.:

Planeten : Wanderer im All ; Satelliten foto-
grafieren und erforschen neue Welten im
Sonnensystem / Kenneth R. Lang ; Charles
A. Whitney. Übers. von Thomas Bührke. –
Berlin ; Heidelberg ; New York ; London ;
Paris ; Tokyo ; Hong Kong ; Barcelona ;
Budapest : Springer, 1993
Einheitssacht.: Wanderers in space <dt.>
Franz. Ausg. u. d. T.: Lang, Kenneth R.:
Vagabonds de l'espace
ISBN 3-540-55861-6
NE: Whitney, Charles A.:

Herstellung und Innengestaltung:
C.-D. Bachem, Heidelberg

Schutzumschlaggestaltung:
Design Concept, Emil Smejkal, Heidelberg

Reproduktionen der Abbildungen:
Gustav Dreher GmbH, Stuttgart

Datenkonvertierung und Druck:
Appl, Wemding

Bindearbeiten:
J. Schäffer GmbH & Co. KG, Grünstadt

55/3140-5 4 3 2 1 0
Gedruckt auf säurefreiem Papier

Geleitwort

Der Dampf und Rauch zahlloser Raketenstarts hat sich verflüchtigt, die sensationellen Raumfahrtmissionen der letzten beiden Jahrzehnte, die zu den Planeten unseres Sonnensystems führten, rücken immer mehr aus den Schlagzeilen unserer Zeitungsblätter heraus. Was bleibt zurück, wie hat sich das Weltbild des Menschen verändert?

Aus den strahlenden Lichtpunkten, die den starren Sternhimmel durchwandernd die Nacht mit göttlichem Leben erfüllten, sind irdische Landschaften geworden. Nicht wirklich irdisch, denn wir können nicht auf eigenen Füßen darin staunend einhergehen. Aber wenn wir mit den Bildern Vorlieb nehmen, die uns jene Raumsonden beschafft haben, und wenn wir uns etwas von dem Wissen aneignen, das die Forscher seit Galileis erstem Blick durch sein Fernrohr von den Planeten und anderen Körpern des Sonnensystems gesammelt haben, dann können wir jene Welten schon fast so intensiv wie unsere eigene erleben.

So aus der Nähe betrachtet, erweisen sich diese Welten als irdisch insofern, als auch dort die Natur von Wind und Wetter geprägt ist. Der Zahn der Zeit, dessen Wirken wir hier unten an unseren Landschaften zu erkennen gewohnt sind, hat auch auf dem Mond, auf Venus und Mars die Landschaft gestaltet. Und wie bei uns die Geologen aus den Phänomenen und Formen der Oberfläche auf die innere Struktur der Erde und auf die Geschichte ihrer Geburt und Entwicklung schließen, so gibt es heute auch eine Geologie der Planeten und ihrer Monde.

Die Welt unserer Erfahrung hat sich erweitert – auf etwas künstliche Weise zwar, mit Hilfe von kaum vorstellbarer technischer Leistung. Aber doch haben wir, und dieses Buch zeigt das in aller Deutlichkeit, einen neuen, umfassenden, schon fast sinnlichen Einblick gewonnen in die Einheit der Natur.

Jakob Staude

Für Marcella und Jane

Vorwort zur deutschen Übersetzung

Als die erste englische Ausgabe dieses Buches mit dem Titel *Wanderers in Space* in Druck ging, hatte Voyager 2 gerade Neptun erreicht und die Magellan-Sonde noch nicht mit der Kartierung der Venusoberfläche begonnen. Wir haben deswegen die Ergebnisse dieser wichtigen Beobachtungen in eine zweite Auflage aufgenommen, die dieser Übersetzung zugrunde liegt.

Magellans Radar vermochte die dichte Wolkendecke der Venus zu durchdringen und entdeckte eine einzigartige Landschaft mit ungewöhnlichen Einschlagskratern, Oberflächenformationen, die durch aufquellende Magma aus sogenannten Hot Spots entstanden sind, und eine vulkanische Aktivität, die mit derjenigen auf der Erde nicht vergleichbar ist. Die Böden der Meteoritenkrater sind mit erstarrter Lava angefüllt und von unregelmäßig verteiltem Auswurfmaterial umgeben, das sich beim Einschlag wie eine Flüssigkeit verhalten haben muß. Kleine Krater bilden häufig kompakte Haufen. Auf der Venus gibt es keine Anzeichen für zusammenprallende Kontinentalplatten oder mittelozeanische Rücken wie auf der Erde. Vielmehr haben vertikale Magmaströme im Zusammenhang mit Hot Spots die Venusoberfläche aufgewölbt, zerbrochen, gestaucht und gedehnt. Die gesamte Oberfläche des Planeten wurde einst von riesigen Lavaströmen eingeebnet und ist heute mit zehntausenden von Vulkanen übersät. Mindestens einer von ihnen ist derzeit noch aktiv. Darüber hinaus fanden die Planetologen einzigartige vulkanische Gebilde, die sie Spinnweben, Coronae und Pfannkuchen-Kuppeln nannten.

Voyager 2 vermittelte uns erstmals ein detailliertes Bild der äußeren Planeten. Neptuns Atmosphäre erwies sich als überraschend aktiv, obwohl dieser Planet von der Sonne kaum noch erwärmt wird. Die Kameras an Bord der Sonde offenbarten einen riesigen Wirbelsturm, der dem Großen Roten Fleck Jupiters sehr ähnlich ist, und heftige Winde umkreisen den Planeten mit hohen Geschwindigkeiten. Sie werden vermutlich durch die innere Wärme des Planeten angetrieben. Die Rotationsachse des Uranus liegt auf der Seite. Einige Planetologen vermuten die Ursache hierfür in einem streifenden Zusammenstoß mit einem größeren Körper. Die Magnetfeldachsen von Uranus und Neptun sind gegen deren Rotationsachsen geneigt und aus den Planetenzentren herausgerückt. Beide Planeten sind von dunklen, dünnen Rin-

gen umgeben, zwischen denen große Leerräume klaffen. Ein kleiner
Mond hält wahrscheinlich den äußersten Neptunring zusammen und
erzeugt Verdichtungen in ihm. Der Neptunmond Triton zeigte sich als
eine faszinierende Welt. Er ist von einer dünnen, stickstoffreichen
Atmosphäre umgeben, und einst explodierten auf seiner Oberfläche
Eisvulkane. Voyager 2 fand darüber hinaus Fontänen, die an irdische
Geysire erinnern. Heute ist Triton der kälteste bekannte Ort im Planetensystem. Früher einmal bewegte sich Triton jedoch möglicherweise
auf einer eigenen, heliozentrischen Umlaufbahn und wurde später von
Neptun eingefangen. Die dabei auftretenden Gezeitenkräfte erwärmten das Innere des Mondes. Pluto ist eine frostige Gesteinswelt mit einer dünnen Atmosphäre. Er wird von einem Mond umkreist, der im
Vergleich zu Pluto viel zu groß ist. Pluto und Triton sind sich sehr ähnlich, und möglicherweise gibt es tausende solcher kleiner Eiswelten in
den äußersten, dunklen Bereichen des Sonnensystems.

Medford, April 1993   Kenneth R. Lang
                                                 Charles A. Whitney

Vorwort

Waren früher die Planeten nur Lichtpunkte am Himmel, so kennen wir heute ihr wahres Aussehen. Zunächst mit großen Teleskopen und jüngst auch mit Raumsonden entdeckten wir diese faszinierenden Welten, von denen keine der anderen gleicht. Alle Planeten, bis auf Pluto, konnten wir aus nächster Nähe beobachten: Menschen waren auf dem Mond, und unbemannte Raumschiffe landeten auf Mars und Venus. In diesem Buch schildern wir die Ergebnisse dieser fesselnden Entdeckungsreisen der vergangenen zwei Jahrzehnte. Zahlreiche, mit Planetensonden gewonnene Fotos vermitteln uns einen Eindruck von der Vielfalt dieser Welten, und Diagramme verdeutlichen physikalische Zusammenhänge. Zusätzlich haben wir Gemälde mit aufgenommen, die bestimmte Phänomene bildhaft veranschaulichen sollen.

Unsere Reise durch das Sonnensystem beginnt auf dem Mond, dem Sprungbrett zu den Planeten. Seine zerfurchte Oberfläche liegt unter einem Himmel, der auch am Tage tiefschwarz ist. Es gibt keine Geräusche, kein Wetter, kein Wasser und kein Leben. Sehr wahrscheinlich war dies auch in der Vergangenheit der Fall. Obwohl wir bis heute nicht einmal sicher wissen, wie der Mond entstanden ist, gibt er uns wichtige Hinweise auf die Entwicklung der Erde.

Wir setzen unsere Reise fort zu Merkur. Er ähnelt äußerlich dem Mond und im Innern der Erde. Raumsonden erkundeten unter der wolkenverhangenen Atmosphäre unseren Nachbarplaneten Venus, auf dessen Oberfläche es so heiß ist, daß Blei schmelzen würde. Möglicherweise gab es früher Ozeane, die jedoch längst verdampft sind.

Im Gegensatz zu allen anderen Planeten existiert auf der Erde Leben. Wir bewohnen den einzigen Planeten im Sonnensystem, der genügend flüssiges Wasser und atmosphärischen Sauerstoff besitzt. Die Kontinente gleiten über den Globus wie Inseln, stoßen zusammen und verschmelzen miteinander. Der Meeresboden wird hingegen ständig aus dem Innern neu gebildet. Eine dünne Lufthülle schützt die Lebewesen, die ihrerseits ständig diesen Schild verändern. Weiter draußen ist die Erde von einer Magnethülle umgeben, die zeitweilig wie eine kosmische Neonröhre aufleuchtet.

Roboter entdeckten exotische und unerwartete Einzelheiten auf Mars; riesige Vulkane, tiefe Spalten und breite Rinnen, die darauf hindeuten, daß einst Wasser auf dem roten Planeten floß.

Dann durchqueren wir den Asteroidengürtel, und gehen dabei auch auf die Hypothese ein, daß die Dinosaurier möglicherweise ausstarben, als die Erde mit einem Asteroiden zusammenstieß. Die beiden Voyager-Sonden haben unser Wissen über Jupiter, Saturn, Uranus und Neptun ganz wesentlich erweitert. Sie entdeckten riesige Wirbelstürme, flüssigen Wasserstoff und den Heliumregen im Innern Saturns. Diese vier Planeten sind alle von Ringen umgeben, die sich jedoch sehr voneinander unterscheiden. Io, einer der Jupitermonde, ist vulkanisch aktiv und erneuert dadurch ständig seine Oberfläche. Der Saturnmond Titan besitzt eine stickstoffreiche Atmosphäre. Uranus' Rotationsachse liegt auf der Seite, und auch seine Magnetfeldachse ist merkwürdig geneigt. Seine Monde zeigen komplizierte Oberflächenformationen. Neptuns innere Wärme treibt vermutlich das Wetter auf diesem blauen Gasplaneten an. Auf seinem Mond Triton explodieren eventuell noch heute Eisvulkane. Pluto ist eine kleine Welt aus Eis und Stein mit einem ungewöhnlich großen Mond.

Dann setzen wir unsere Reise zu den Kometen fort. Wir diskutieren die Aufnahmen der Giotto-Sonde vom dunklen Kern des Halleyschen Kometen und spekulieren über die unsichtbare Kometenwolke, die sich bis auf den halben Weg zum nächsten Stern ausdehnt. Asteroiden und Kometen sind Überreste des frühen Sonnensystems und geben uns wichtige Hinweise auf dessen Entstehung. Dies ist das Thema unseres letzten Kapitels, in dem wir uns schließlich auch mit der Frage nach anderen Planetensystemen befassen.

Wir sind zahlreichen Fachleuten zu Dank verpflichtet, die einzelne Kapitel gelesen haben und wertvolle Anregungen gaben. Hierzu zählen: Jayne Aubele, Alan P. Boss, John C. Brandt, Joseph A. Burns, Alastair G. W. Cameron, Clark R. Chapman, Lawrence Colin, Barney J. Conratl, Armand H. Delsemme, Stanley F. Dermott, Larry W. Esposito, Owen Gingerich, Lawrence Grossman, Robert M. Haberle, Norman H. Horowitz, William Hubbard, D. M. Hunten, Torrence V. Johnson, Stephen M. Larson, Myron Lecar, Conway Leovy, John S. Lewis, Brian Marsden, Ursula Marvin, David Morrison, Gordon H. Pettengill, Gerald Schubert, Zedenek Sekanina, Conway W. Snyder, Larry Taylor, Stuart Ross Taylor, Joseph Veverka und Fred Whipple.

Zu dem Titel dieses Buches regte uns Peter Sturrock bei einigen Drinks in einem chinesischen Restaurant an.

Medford, 1991   Kenneth R. Lang
                                                                Charles A. Whitney

Inhaltsverzeichnis

Die Astrologen des Lebens.
Dieses 1947 entstandene Gemälde
von Rufino Tamayo zeigt die Sil-
houetten von zwei Menschen, die
den Himmel beobachten. Es könnte
für die Bemühungen des heutigen
Wissenschaftlers stehen, die
Geheimnisse des Universums zu
enträtseln. Der Vollmond und ein
Komet erhellen den azurblauen
Himmel. Die geometrischen Figuren
symbolisieren möglicherweise
Stern- oder Planetenkonstellationen.
Ein roter Turm sendet Radiosignale
zu extraterrestrischen Zivilisatio-
nen. (Sotheby Parke Bernet Inc.,
New York, 1985)

KAPITEL I

Welten in Bewegung

ASTRONOMIE, DIE ÄLTESTE UND JÜNGSTE WISSENSCHAFT

Wenn wir in einer klaren Nacht zu den gewohnten Sternbildern wie den Plejaden, dem Großen Bären, Orion oder Kassiopeia aufblicken, nehmen wir an einem uralten Schauspiel teil. Wir sind darin die Akteure, die auf der »Bühne Erde« vor dem Hintergrund der Sterne und Planeten ihre Geschichte spielen.

Die Namen der Sternbilder erinnern uns an die alten Erzähler und Astrologen. Sie zeichneten die Geschichte der Menschheit auf und setzten dem menschlichen Geist ein Denkmal, indem sie die Gestalten ihrer Mythologien am Firmament verewigten. In der Bibel wird erzählt, daß Hiob Gott lästerte. Um die Allmacht Gottes und die Nichtigkeit des Menschen zu zeigen, fragt Gott Hiob ironisch:

> Knüpfst du die Bande des Siebengestirns,
> oder löst du des Orions Fesseln?
> Führst du heraus des Tierkreises Sterne zur richtigen Zeit,
> lenkst du die Löwin samt ihren Jungen?

Jene alten Schreiber waren in gewisser Weise die Schriftsteller der damaligen Zeit. Und wenn wir genau lesen, erkennen wir, daß die heutigen Astronomen – also die geistigen Nachfahren der alten Astrologen und Mathematiker – über menschliche Einsichten und Errungenschaften schreiben, wenn sie die jüngsten Entdeckungen schildern. Kaum eine Entdeckungsgeschichte kann jedoch beeindruckender sein als diejenige von der Überwindung der Schwerkraft. Es gelang uns, die Dunstschicht unserer Atmosphäre zu durchdringen und zum Mond und den Planeten vorzustoßen. Damit überwanden wir nicht nur physisch, also mit dem Körper und den Augen, natürliche Grenzen, sondern erweiterten insbesondere auch unseren geistigen Horizont.

Viele Sternzeichen stehen, wie auch in dem obigen Bibelzitat, für Tiere. Im Tierkreiszeichen, dem jährlichen Weg der Sonne am Himmel, finden wir Krebs, Löwe, Skorpion, Steinbock oder Stier. Sie erinnern an eine Zeit, als es selbst die Astrologie noch nicht gab. Damals war »Mutter Natur« noch eine lebende Kraft, eine lebensspendende und behütende Freundin, die unter den Tieren lebte.

Die Astronomie kam in dem Moment auf, als die Astrologen bemerkten, daß Sonne, Mond und Planeten durchaus keine wunderlichen Tiere sind, die am Himmel umherstreunen, sondern Körper, die einem komplizierten, aber nachvollziehbaren Weg folgen. Die Astrologen begannen schließlich, den Lauf der Sonne genau zu verfolgen, sei es aus religiösen Gründen, sei es, um den Ausgang einer Schlacht vorherzusagen oder die Tage der Aussaat zu bestimmen. Ihre akribischen Aufzeichnungen bildeten die Grundlage für die Entwicklung späterer Himmelsmodelle. Die von den Griechen in der Antike entwickelten Vorstellungen des Universums gehen größtenteils auf Mathematiker zurück, die fühlten, daß der grundlegende Aufbau des Weltalls mathematischen und physikalischen Gesetzen gehorcht und nicht menschlichen oder animalistischen.

Bei der damaligen Astronomie-Astrologie war die Grenze zwischen Mythologie und Wissenschaft fließend. Die Himmelsbeobachtungen enthüllten zahlreiche Regelmäßigkeiten in Raum und Zeit, die es erlaubten, die Jahreszeiten zuverlässig vorherzusagen und schließlich immer genauere Kalender zu erstellen. Viele alte Bauwerke scheinen nach bestimmten Himmelskörpern ausgerichtet zu sein: Hierzu zählen die Stelen von Stonehenge (Bild 1.1) sowie Mauern, Fensteröffnungen und Gänge der alten Observatorien in Ägypten, Indien, China und Mittelamerika. Sonne, Mond und die Planeten wurden nicht nur beobachtet, um einen Maßstab für den Lauf der Zeit zu bekommen. Viele Priester hielten daran fest, daß der Himmel Macht über die Natur hat und das Leben der Menschen bestimmt.

Diese zwiespältige Erbschaft ist der Grund dafür, daß die heutige Astronomie eine junge Wissenschaft ist. Sie übernahm physikalische Methoden und verwarf viele der alten Mythen. Die Astronomen haben heute die Vorstellung einer direkten Einwirkung der Planeten auf das tägliche menschliche Leben aufgegeben, weil keine astrologische Mutmaßung einer genauen Prüfung standhält.

Selbstverständlich baut die Arbeit der Astronomen auf den alten Beobachtungen der Sonne, des Mondes und der Planeten auf, deren Bewegungen wir heute im Rahmen der Gravitationstheorie verstehen. Die Entwicklung dieser Theorie war eine notwendige Voraussetzung für die Weltraumfahrt. Aus diesem Grunde sollten wir unsere Geschichte mit einer kurzen Einführung in die uns umgebenden Welten beginnen.

Bild 1.1. Sonnenaufgang zwischen den alten Steinen von Stonehenge im Südwesten Englands. Vor tausenden von Jahren, noch vor der Einführung der Schrift und der Kalender, diente dieses Monument dazu, die Sommer- und Wintersonnenwenden zu bestimmen. Die Sonne geht im Laufe des Jahres an verschiedenen Stellen am Horizont auf. Den nördlichsten Punkt erreicht sie am Tag der Sommersonnenwende, dem Sommeranfang am 21. Juni. Von diesem Tag an wandert der Aufgangspunkt am Horizont und erreicht zur Wintersonnenwende, dem Winteranfang am 22. Dezember, den südlichsten Punkt. Vom Mittelpunkt des Hauptsteinkreises von Stonehenge aus kann ein Beobachter den Sonnenaufgang zur Sommersonnenwende über einen Markierungsstein außerhalb des Kreises beobachten. Auf- und Untergang der Sonne zur Wintersonnenwende sind durch weitere Steine innerhalb des Kreises markiert. (Foto: Owen Gingerich)

SONNENTANZ

Die Erde ist rund

Viele der alten Gelehrten waren der Meinung, die Erde sei flach, und in der Tat erscheint sie auch uns zunächst als Scheibe. Bereits zu Aristoteles' Zeiten (384 bis 322 v. Chr.) hatte man die Krümmung der Erde aus der Form ihres Schattens erschlossen. Während einer Mondfinsternis

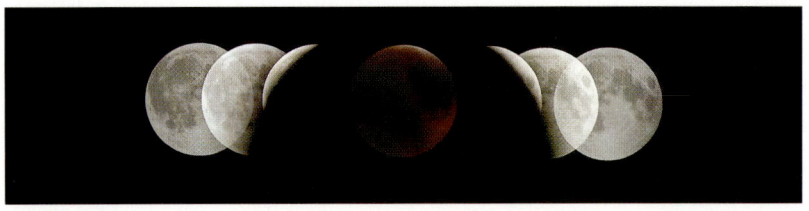

wandert der Erdschatten über die Mondoberfläche. Dieser Schatten ist immer rund, unabhängig von der Orientierung der Erde. Nur ein runder Körper wirft jedoch in jeder Orientierung einen runden Schatten (Bild 1.2). Selbstverständlich zeigen heute Aufnahmen vom Weltraum aus die Kugelgestalt der Erde (Bild 1.3).

Man kann sich selbst davon überzeugen, daß die Meeresoberfläche gekrümmt ist, indem man ein Schiff beobachtet, das am Horizont verschwindet: Zuerst verliert man den Rumpf und schließlich den Mast aus den Augen. Steigt man ein nahegelegenes Steilufer hinauf, erscheint das Schiff wieder über der Rundung des Horizonts. Durch die Kugelgestalt der Erde ist es auch möglich, an einem Abend mehr als einen Sonnenuntergang zu sehen (Bild 1.4).

Bild 1.2. Der runde Erdschatten. Diese mehrfach belichtete Aufnahme einer totalen Mondfinsternis zeigt die runde Form des Erdschattens. Hieraus schlossen die griechischen Astronomen, daß die Erde kugelförmig sein müsse, denn nur ein kugelförmiger Körper wirft bei verschiedenen Finsternissen immer einen runden Schatten. Während der Finsternis erscheint der Mond kupferfarben. Das Foto machte Akira Fuji während der Mondfinsternis vom 30. Dezember 1982

Bild 1.3. Weltraumaufnahme der Erde. Vom Weltraum aus zeigt die Erde ähnliche Phasen wie der Mond. Dieses Foto machte die Besatzung von Apollo 11 im Juli 1969 aus einer Entfernung von 180 000 Kilometern. Die Raumfähre war damals auf dem Weg zur ersten Mondlandung. Da diese Aufnahme im Sommer gemacht wurde, ist die nördliche Halbkugel (*oben*) stärker beleuchtet als die südliche. Man erkennt den größten Teil von Afrika und Asien, während es in Indien bereits Nacht ist. Durch die Erdrotation wird es in wenigen Stunden auch in Afrika dunkel. Die Tag- und Nachthälfte sind durch die Dämmerungszone getrennt. (Foto: NASA)

Bild 1.4. Mehrfache Sonnenuntergänge. Da die Erde rund ist, können Sie am Abend mehr als einen Sonnenuntergang sehen. Stellen Sie sich am Fuße eines nach Westen hin abfallenden Berges auf. Wenn die Sonne untergegangen ist, laufen Sie schnell auf die Spitze, dann werden Sie für einen Moment die Sonne wiedersehen. Den umgekehrten Effekt erreichen Sie, wenn Sie bei Sonnenaufgang den Berg hinunterlaufen

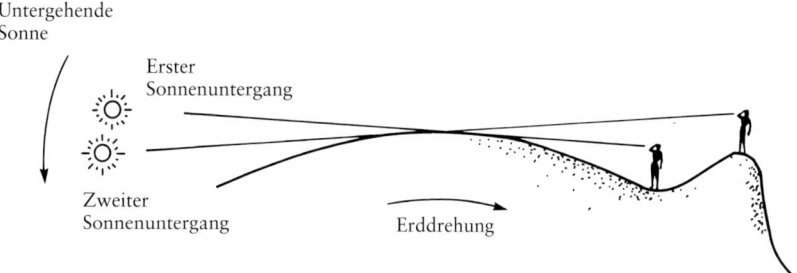

Sonnenzeit

Die Sonne bewegt sich jeden Tag in westlicher Richtung über den Himmel. Dies nützt man zum Bau einer Sonnenuhr aus. Deren Konstruktion kann sich zwar zu einem faszinierenden geometrischen Problem entwickeln, es gibt jedoch ein sehr einfaches Verfahren, um auch ohne Berechnungen eine genaugehende Sonnenuhr zu bauen. Zuerst muß man ein ebenes Gelände finden, das den ganzen Tag über sonnenbeschienen ist. Als nächstes schneide man einen kräftigen, dünnen, ein bis zwei Meter langen Stock an beiden Enden spitz zu. Nun schlage man ihn senkrecht in die Erde, so daß die Spitze seines Schattens auf den Boden fällt. Dann schneide man eine Reihe kurzer Stöcke ab, markiere alle Stunde oder Viertelstunde die Stellung der Schattenspitze und schreibe auf jeden Stock die entsprechende Uhrzeit.

Während die Sonne über den Himmel wandert, bewegt sich der Schatten über den Boden. Ist der große, aufrechtstehende Stock, auch Gnomon genannt, lang genug, können Sie seine Schattenbewegung in weniger als einer Minute erkennen. Ist der Stock zwei Meter lang, bewegt sich die Schattenspitze in einer Stunde etwa um ein Drittel der Stablänge, also rund 60 Zentimeter, weiter. Das entspricht einem Zentimeter pro Minute. Im Vergleich hierzu »huscht« die Schattenspitze des 300 Meter hohen Eiffelturms mit einer Geschwindigkeit von 1,5 Metern pro Minute über den Boden.

Die Jahreszeiten

Jeden Tag erreicht die Sonne mittags in der Nähe des Meridians, also des durch Zenit, Nadir und die beiden Himmelspole laufenden Großkreises, ihren höchsten Punkt am Himmel. Betrachtet man die Sonnenuhr das ganze Jahr über, so erkennt man an der Länge des Schattens, daß sich die mittägliche Sonnenhöhe mit den Jahreszeiten ändert. Für Beobachter auf der nördlichen Halbkugel beginnt der Sommer offiziell, wenn die Sonne ihren nördlichsten Punkt erreicht hat. Dann nämlich steigt sie am höchsten und beschreibt den größten Bogen am Himmel (Bild 1.5).

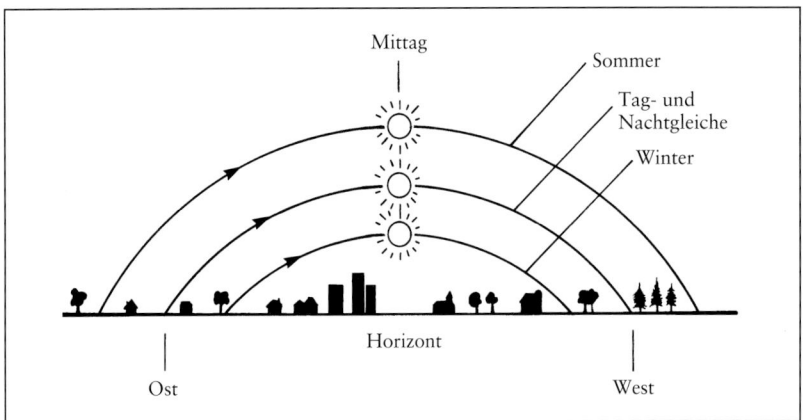

Bild 1.5. Die Bewegung der Sonne über dem südlichen Horizont. Der höchste Punkt am Himmel sowie Auf- und Untergang am Horizont verschieben sich im Laufe eines Jahres. Die Sonne geht zu den Äquinoktien (Tag- und Nachtgleiche) genau im Osten auf und im Westen unter. Im Sommer geht sie im Nordosten auf, erreicht ihren höchsten Stand und bleibt am längsten am Himmel. Im Winter geht sie im Südosten auf, steigt nur wenig über den Horizont, und die Tage sind kürzer

Innerhalb eines Jahres scheint die Sonne nach Norden und Süden zu wandern, weil ihr jährlicher Weg 23,5 Grad gegenüber der Äquatorebene der Erde geneigt ist. Diesen Weg nennt man die Ekliptik (nach dem griechischen Wort für ausbleiben, verschwinden), denn nur dort können Finsternisse stattfinden. Auf beiden Halbkugeln steht die Sonne im Sommer am höchsten, und ihre Strahlen treffen nicht so flach auf die Erdoberfläche (Bild 1.6). Allerdings sind die Jahreszeiten auf den beiden Hemisphären um ein halbes Jahr gegeneinander verschoben, so daß auf der Südhalbkugel beispielsweise der Sommer am 21. Dezember beginnt.

Tag und Nacht

Zu jedem Zeitpunkt ist eine Hälfte der Erdoberfläche sonnenbeschienen, während die andere im Dunkeln liegt (Bild 1.7). Die Grenze zwischen diesen beiden Hälften ist die Dämmerungszone. Die Erde dreht sich vom Nordpol aus gesehen entgegen dem Uhrzeigersinn. In dieser sogenannten prograden Bewegungsrichtung umkreisen die Erde und alle anderen Planeten auch die Sonne.

Zweimal im Jahr überquert die Sonne den Himmelsäquator. An diesen Tagen geht sie genau um 6:00 Uhr (lokaler Zeit) im Osten auf und um 18:00 im Westen unter. An diesen Äquinoktien sind Tag und Nacht überall auf der Erde gleich lang. Dann beginnt der Frühling (auf der Nordhalbkugel etwa am 21. März) beziehungsweise der Herbst (etwa am 21. September). An allen anderen Tagen im Jahr sind die Zeiten von Sonnenaufgang und Sonnenuntergang sowie deren Positionen am Horizont abhängig von der geographischen Breite und dem Datum.

Es gibt noch zwei weitere wichtige Tage: Die Solstitien, an denen die Sonne am weitesten vom Himmelsäquator entfernt ist. Am 21. Juni

Bild 1.6. Die Jahreszeiten. Die Erdrotationsachse weist stets in dieselbe
Richtung, nämlich zum Polarstern.
Dadurch ändert sich die Neigung
der Nord- und Südhalbkugel bezüglich der Sonne, und die Sonnenstrahlen treffen in verschiedenen
Winkeln auf die Erdoberfläche. So
entstehen die Jahreszeiten. Im Sommer ist die Oberfläche stärker zur
Sonne geneigt, und die Strahlen fallen fast senkrecht auf den Boden. Im
Winter ist die entsprechende Hemisphäre weiter von der Sonne weg-
geneigt, so daß die Strahlen in fla-
cherem Winkel auftreffen. Wenn es
in der einen Hemisphäre Sommer
ist, ist es in der anderen Winter. (Die
Größen der Erde und der Sonne sowie der Durchmesser der Erdbahn
sind nicht maßstabsgetreu wieder-
gegeben)

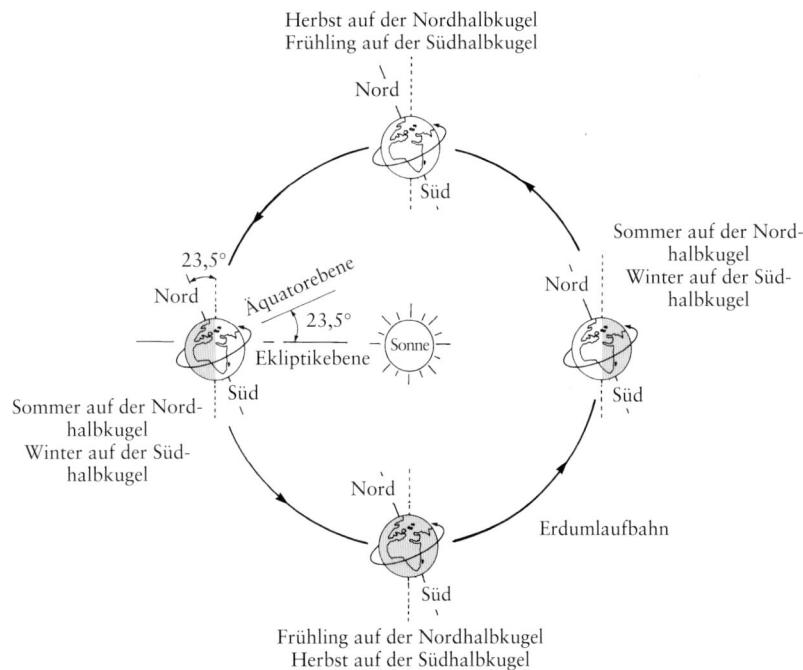

steht sie am nördlichsten, und wir haben auf der Nordhalbkugel den
längsten Tag des Jahres; am 21. Dezember steht sie am südlichsten, so
daß jetzt auf der Südhalbkugel der längste Tag ist.

Die Farben des Sonnenuntergangs

Beim Sonnenuntergang geht die Farbe der Sonne von blendendem
Weiß in Rot über, weil der blaue Anteil des Lichts bei dem längeren
Weg durch die Atmosphäre stärker gestreut wird. Das gestreute Licht

Bild 1.7. Tag und Nacht. Die Erde
dreht sich einmal in 24 Stunden um
ihre Achse; dadurch entstehen Tag
und Nacht. Jeder Ort auf der Erde
bewegt sich auf einem Kreis parallel
zum Äquator und verbringt dabei, je
nach seiner geographischen Breite,
verschieden lange Zeit im Sonnen-
schein. Hier ist in der Nordhemi-
sphäre Sommer und auf der Südhalbkugel Winter. Weit nördlich gelegene
Orte sind länger in der Sonne, weil
die Erdachse stark zur Sonne geneigt
ist. An den Äquinoktien sind alle
Orte auf der Erde genau einen halben Tag lang im Sonnenlicht; Tag
und Nacht sind gleich lang

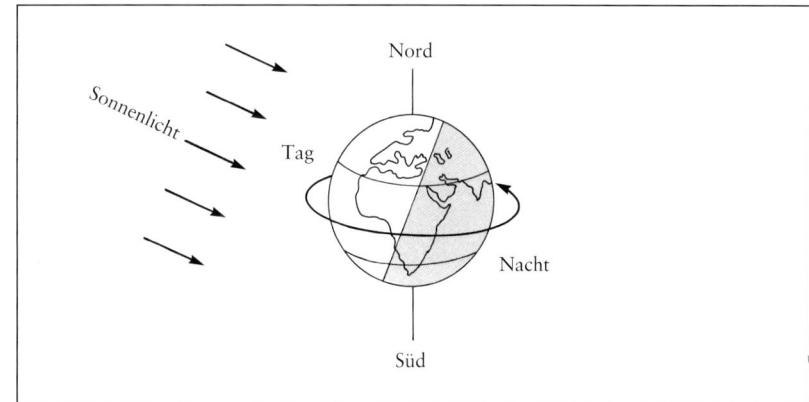

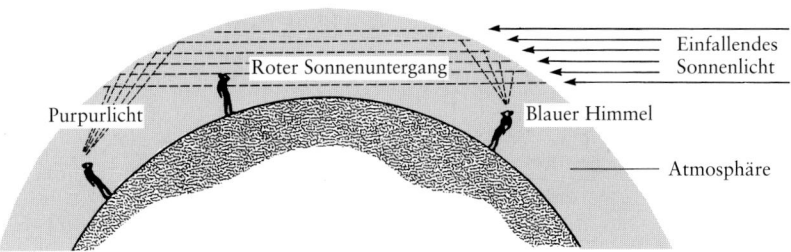

Bild 1.8. Blauer Himmel, roter Sonnenuntergang und Purpurlicht. Die Atmosphäre ist wie farbloses Glas, und doch ist der Himmel normalerweise blau und bei Sonnenuntergängen rot. Der Grund hierfür ist, daß das einfallende Sonnenlicht alle Farben enthält, und die Luftmoleküle blaues Licht viel stärker streuen als rotes. Steht die Sonne hoch über uns, erreicht uns hauptsächlich das gestreute Licht, und der Himmel erscheint blau. Beim Sonnenuntergang muß das Licht jedoch einen weiten Weg durch die Atmosphäre zurücklegen, so daß der größte Teil des Lichts bereits herausgestreut ist, bevor es uns erreicht. Deshalb ist die untergehende Sonne rot. Staub unterstützt diesen Effekt noch. Kurz nach dem Sonnenuntergang wird die obere Atmosphäre mit rotem Licht angestrahlt und in die Dämmerungszone reflektiert. Dadurch leuchtet der westliche Himmel in einem intensiven purpurfarbenen Licht

erhellt dadurch den Himmel über dem westlichen Horizont. Er glüht auch weiterhin in einem hellen Gelb, wenn die Sonne bereits untergegangen ist, während der östliche Horizont schnell dunkler wird. Diese Dunkelheit breitet sich vom Horizont nach oben aus, weil der Erdschatten in den Himmel steigt.

In den mittleren Breiten ist die Sonne nach etwa 20 Minuten 4 Grad unter den Horizont gesunken. Dann beginnt eines der interessantesten Schauspiele: Im Westen färbt sich der Himmel etwa auf halbem Wege zwischen dem Horizont und dem Zenit rosarot. Diese Färbung breitet sich schnell aus, und nach etwa 5 bis 10 Minuten verschwindet sie ebenso schnell, wie sie gekommen ist. Diese Erscheinung nennt man das Purpurlicht. Dabei mischt sich die blaue Farbe des Himmels mit dem roten Licht der untergegangenen Sonne, das von hohen Wolkenschichten oder Staub reflektiert wird (Bild 1.8). Das Purpurlicht kann speziell nach heftigen Vulkanausbrüchen außergewöhnlich farbenfreudig sein.

DIE BEWEGUNG DES MONDES

Der wandelbare Mond

Die tägliche Bewegung des Mondes von Ost nach West rührt von der Rotation der Erde in östlicher Richtung her. Im Laufe eines Monats bewegt er sich jedoch vor dem Sternenhintergrund in östlicher Richtung, weil er die Erde umkreist. Einmal im Monat kommt er dabei der Sonne so nahe, daß sie ihn mit ihrem gleißenden Licht überstrahlt und er so für einige Tage nicht zu sehen ist. Dies ist die Neumondzeit.

Wenn wir ein, zwei Tage nach Neumond am frühen Abend den Himmel über dem westlichen Horizont mit einem Fernglas absuchen, entdecken wir vielleicht die schmale Sichel des Mondes, die auf die untergegangene Sonne deutet. Die beiden Hörner der Sichel liegen dabei beidseitig und mit gleichem Abstand zu einer Verbindungslinie vom Mittelpunkt des Mondes zu dem der Sonne. Innerhalb kurzer Zeit verschwindet jedoch die fahle Mondsichel im Dunst der Atmosphäre. Auf

Bild 1.9. Die Erscheinungen des ▷ Mondes. Ist weniger als die Hälfte des Mondes angestrahlt, so sprechen wir von einer Sichel. Die Amerikaner nennen ihn dann crescent, hörnchenförmiges Plätzchen. Ist er mehr als zur Hälfte beleuchtet, so nennen sie ihn den Buckligen. Innerhalb eines Monats wächst der Mond also von einem Hörnchen zu einem Buckligen an und wird dann, nach Vollmond, wieder zum Hörnchen. (Foto: Lick Observatorium)

Zunehmende Sichel

Erstes Viertel

Zunehmender »Buckliger«

Vollmond

der gegenüberliegenden Seite verdunkelt der Erdschatten den östlichen Himmel, und etwa eine halbe Stunde nach Sonnenuntergang erscheinen die ersten Sterne.

Am nächsten Abend finden wir den Mond bereits einfacher. Er steht etwas höher über dem Horizont, ist weiter von der Sonne entfernt, und die Sichel ist etwas breiter geworden. Nacht für Nacht wächst die Sichel weiter an, und ein immer größerer Teil der Oberfläche wird von der Sonne angeleuchtet (Bilder 1.9 und 1.10).

Vachel Lindsay hat dies in einem Gedicht zum Ausdruck gebracht:

Der Mond ist für den Nordwind ein Plätzchen nur.
Er beißt ihn an, Tag für Tag
Bis nur noch ein Bröckchen bleibt
das schließlich ganz zergeht.

Abnehmender »Buckliger«

Drittes Viertel

Abnehmende Sichel

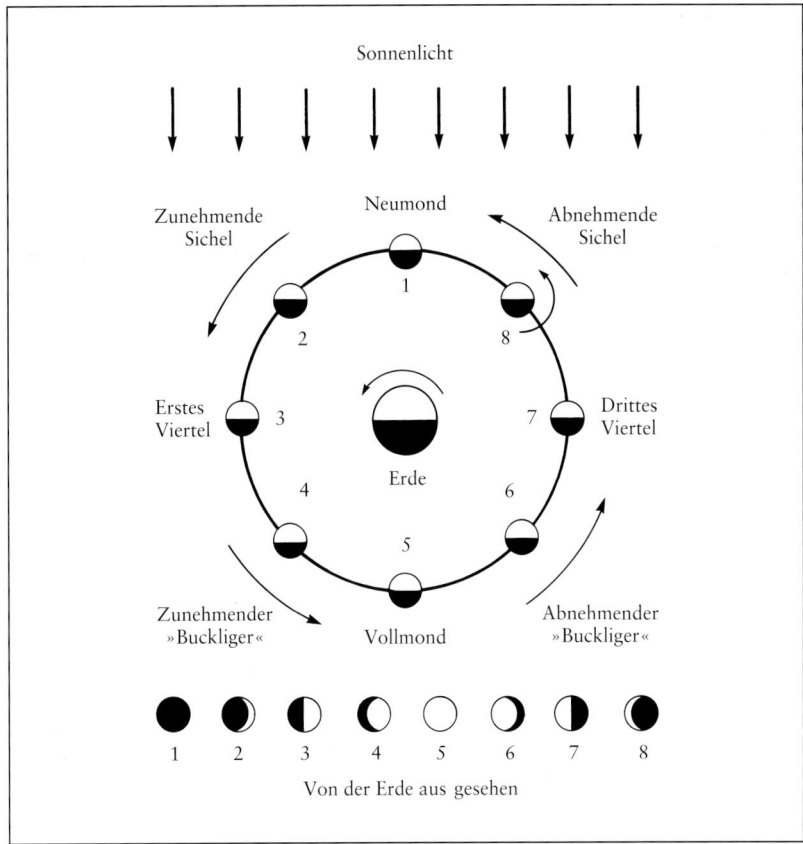

Bild 1.10. Die Mondphasen. Das Sonnenlicht beleuchtet eine Hälfte des Mondes, während die andere im Dunkeln liegt. Durch den Umlauf um die Erde sehen wir verschiedene Teile des Mondes angestrahlt. Die numerierten Punkte kennzeichnen die Phasen, wie sie ein Beobachter von der Erde aus (*unten*) sieht. Eine Periode von Neumond zu Neumond, ein sogenannter synodischer Monat, dauert 29,53 Tage. In einer Nacht sehen alle Beobachter dieselbe Mondphase. Da der Mond sich während eines Umlaufs um die Erde genau einmal um seine eigene Achse gedreht hat, kehrt er uns immer dieselbe Seite zu. Die mit *2* bis *8* gekennzeichneten Mondphasen findet man in den Aufnahmen von Bild 1.9 wieder

Der Südwind ist ein Bäcker.
Der knetet Wolken fein in seiner Stub'
und backt ein' knusprig neuen Mond … gierig
Nord … Wind … ißt … erneut!

In der dritten oder vierten Nacht nach Neumond können wir bereits den gesamten Mond erkennen. Dann nämlich umgibt eine aschfahl schimmernde Scheibe die Sichel, so daß man manchmal von dem »alten Mond in den Armen des neuen« spricht (Bild 1.11). Dieser Schimmer kommt dadurch zustande, daß von der Erde reflektiertes Sonnenlicht die Mondoberfläche schwach beleuchtet. Dieser sogenannte Erdschein ist einige Nächte lang sichtbar, dann wird die Mondsichel jedoch so hell, daß sie ihn überstrahlt.

Wären wir um die Neumondzeit auf dem Mond, so würden wir die voll beleuchtete Erde an einem tief schwarzen Himmel sehen (Bild 1.12). Sie wäre 84 mal heller als der Vollmond, weil sie eine 14 mal größere Fläche besitzt und das Licht 6 mal besser reflektiert. Es wäre hell genug zum Lesen und gefahrlosen Spazierengehen auf der unebenen Mondoberfläche. Der Mondboden würde im Licht der Erde leuchten.

Bild 1.11. Venus und die Mondsichel mit dem grauen Erdschein. Wenige Stunden vor dieser Aufnahme befand sich die Venus noch hinter dem Mond. Eine solche Bedeckung sieht man relativ selten. Sie kann nur dann eintreten, wenn der Mond eine Sichel ist, da Venus sich nie sehr weit von der Sonne entfernt. Der schwache Erdschein beleuchtet den Mond. Er entsteht durch Sonnenlicht, das von der Erde reflektiert wird. (Foto: Johnny Horne)

Eine Woche nach Neumond sehen wir die Hälfte des Mondes. Während dieser Dichotomie ist das Mondgesicht in zwei gleich große Hälften geteilt. Die Tag-Nacht-Grenze nennen wir Terminator. Dieses ist das erste Viertel, bei dem der Mond bereits so hell strahlt, daß der aschgraue Erdschein nicht mehr zu sehen ist.

Zwei Wochen nach Neumond geht der Vollmond im Osten genau dann auf, wenn die Sonne untergeht. Er bleibt die ganze Nacht über am Himmel und geht bei Sonnenaufgang wieder unter. In der Vollmondzeit steht die Sonne direkt dem Mond gegenüber, der dann einige Nächte lang so hell ist, daß er die meisten Sterne überstrahlt. Durch ei-

Bild 1.12. Erdaufgang. Diese Aufnahme, gewonnen von den Apollo 11-Astronauten, zeigt die über dem Horizont des Mondes aufgehende Erde. Im Vordergrund erstreckt sich das Mare Smythii, das von der Erde aus als flaches Lavabett oder Mare nur schwach sichtbar ist. Es befindet sich am äußersten östlichen Rand des Mondes. (Foto: NASA)

nen Feldstecher erkennt man von einigen hellen Kratern ausgehende
weißliche Streifen, sogenannte Mondstrahlen, die sich sehr weit über
die Oberfläche erstrecken. Die meisten Krater sind nur schwer erkennbar, da sie keine Schatten werfen. Aber die großen dunklen und hellen
Gebiete lassen sich leicht ausmachen. Sie formen das Bild vom Mann
im Mond beziehungsweise von Mann und Frau im Mond.

Beobachten wir den Mond aufmerksam mehrere Nächte lang, so
werden wir auf seiner Oberfläche keine Veränderungen feststellen
können, denn er kehrt uns die ganze Zeit über dieselbe Seite zu, und
das bereits seit Millionen von Jahren. Der Grund hierfür ist, daß er
sich genauso schnell um seine Achse dreht wie er für einen Erdumlauf
benötigt. Nach einer weiteren Woche erreicht der Mond das dritte
Viertel. Dann ist sein Gesicht wieder durch den Terminator genau in
zwei Hälften geteilt; hell im Osten und dunkel im Westen.

In William Shakespeares *Romeo und Julia* erklärt Romeo in der
zweiten Szene des zweiten Aufzugs Julia seine Liebe mit den Worten:

> Ich schwöre, Fräulein, bei dem heil'gen Mond,
> Der silbern dieser Bäume Wipfel säumt... .

Diese Erscheinung ist allerdings eine Täuschung, da wir im Dunkeln
nicht in der Lage sind, Farben zu sehen. Julia antwortet ihm denn auch
gewitzt:

> O schwöre nicht beim Mond, dem Wandelbaren,
> Der immerfort in seiner Scheibe wechselt,
> Damit nicht wandelbar dein Lieben sei!

Gegen Ende der vierten Woche nimmt der alte Mond wieder die Form
einer schmalen Sichel an, die in Richtung Sonne weist. Kurz vor Sonnenaufgang finden wir den Mond in der Dämmerung über dem östlichen Horizont; nun ist auch erneut der graue Erdschein sichtbar. Der
Zyklus eines Monats ist dann beendet, wenn der Mond im hellen Sonnenlicht verschwindet. Dort bleibt er etwa drei Tage lang unsichtbar,
um danach als Neumond wieder aufzutauchen. (Die beschriebenen
Bewegungen sind in Tabelle 1.1 zusammengefaßt.)

Die Ebene der Mondbahn ist gegenüber dem Erdäquator geneigt,
so daß der »wandelbare Mond« sich jeden Monat nach Norden und

Tabelle 1.1. Der Mondzyklus während eines Monats

Phase	Aufgang	Untergang
Neumond	Sonnenaufgang	Sonnenuntergang
Erstes Viertel	Mittag	Mitternacht
Halbmond	Sonnenuntergang	Sonnenaufgang
Drittes Viertel	Mitternacht	Mittag

Süden bewegt. Diese Bewegung beeinflußt sowohl dessen Höhe am Himmel als auch seine Auf- und Untergangszeiten. Im Winter steigt der Vollmond viel höher als im Sommer, während die Sonne gerade umgekehrt mittags im Sommer hoch und im Winter tief steht. Dieses Verhalten beruht darauf, daß der Vollmond der Sonne fast genau gegenübersteht, so daß die Nord-Süd-Bewegung des Mondes derjenigen der Sonne genau entgegengesetzt ist: Der Sommer-Vollmond steht tief am südlichen Himmel, während der Winter-Vollmond hoch steht.

Sonnen- und Mondfinsternisse

Der Mond gerät durchschnittlich ein- oder zweimal im Jahr in den Erdschatten. Dann tritt eine Mondfinsternis ein, die von der nächtlichen Hälfte der Erde aus zu sehen ist. Bild 1.13 zeigt (nicht maßstabsgetreu) das Erde-Mond-System und den Erdschatten während der Mondfinsternis. Es gibt zwei Bereiche in diesem Schatten: den Kernschatten, in dem der Mond vollständig bedeckt ist, und den Halbschatten, in dem er teilweise bedeckt ist. Der Kernschatten ist dunkler und bildet einen engen Kegel, der von der Sonne wegweist. Bewegt sich der Mond in den Kernschatten hinein, so nimmt er eine rötliche Färbung an (Bild 1.14). Für die alten Hebräer war dies eine Versinnbildlichung für das Ende der Welt. Zum Beispiel erklärte der Prophet Joel:

> Der Herr werde wunderbare Zeichen wirken
> am Himmel und auf der Erde:
> Blut und Feuer und Rauchsäulen.
> Die Sonne wird sich in Finsternis verwandeln
> und der Mond in Blut... .

Eine Sonnenfinsternis tritt dann ein, wenn der Mond einen Teil der Sonne verdeckt und sein Schatten auf die Erde fällt (Bild 1.15). Eine

Bild 1.13. Mondfinsternis. Wenn der Mond durch den Erdschatten läuft, kommt es zu einer Mondfinsternis. Tritt er dabei in den Kernschatten ein, gibt es eine totale Finsternis, denn dort erreicht ihn kein direktes Sonnenlicht. Streift der Mond lediglich den Kernschatten oder läuft durch den Halbschatten, sehen wir eine partielle Mondfinsternis. In den Halbschatten dringt ein Teil des Sonnenlichts ein

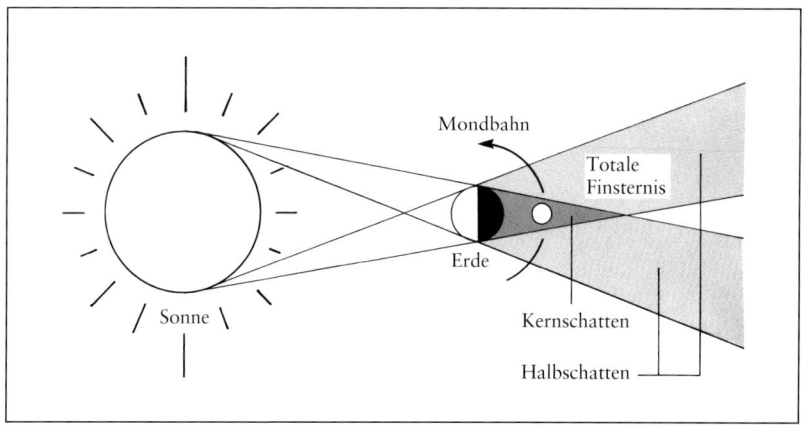

Bild 1.14. Der kupferfarbene Mond. Hätte die Erde keine Atmosphäre, würde der Mond bei einer Finsternis völlig verdunkelt werden. Das Foto zeigt jedoch, daß er sich etwa eine Stunde lang dunkelrot färbt. Der Grund hierfür ist Sonnenlicht, das in der Erdatmosphäre gebrochen wird und so auf den Mond trifft. Es färbt sich dabei rot, weil es, genauso wie beim Sonnenuntergang, einen weiten Weg durch die Atmosphäre zurücklegt. Ist die Erde während der Finsternis stark bewölkt, so wird das Sonnenlicht zum großen Teil absorbiert, und der Mond erscheint dunkler. (Foto: Eric Mandon; aufgenommen mit einem 14-Zentimeter-Refraktor an der Volkssternwarte Rouen während der Mondfinsternis vom 16. September 1978)

totale Sonnenfinsternis läßt sich jedoch nur entlang eines schmalen Streifens auf der Erdoberfläche beobachten. Von anderen Gegenden aus gesehen erscheint die Sonne nur teilweise bedeckt.

Die Umlaufbahn des Mondes um die Erde ist etwas länglich. Bei dem mittleren Abstand reicht die Spitze des Kernschattens ziemlich genau bis in den Mittelpunkt der Erdkugel. Bei einer solchen Konfigura-

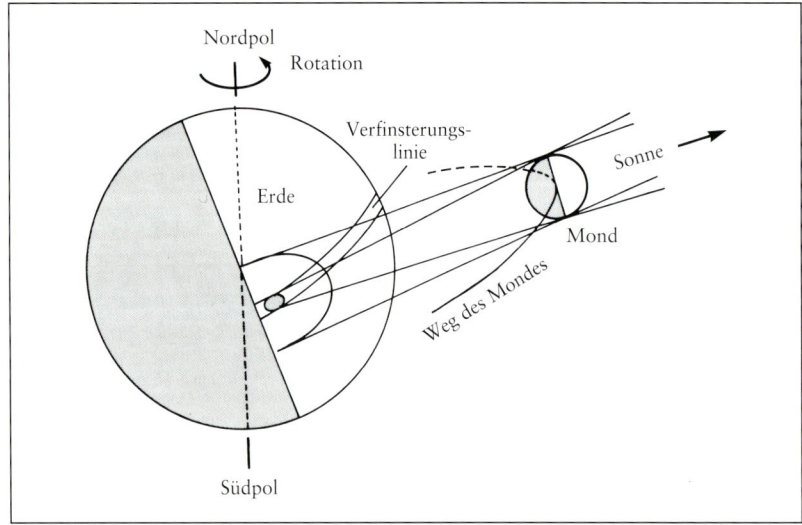

Bild 1.15. Sonnenfinsternis. Bei einer Sonnenfinsternis wirft der Mond seinen Schatten auf die Erde. Vom Kernschattenbereich aus ist die Sonne nicht mehr zu sehen, während sie im Halbschattenbereich nur partiell bedeckt ist. Eine totale Sonnenfinsternis ist nur von der Spitze des Kernschattens aus sichtbar, die in einem schmalen Band über die Erde läuft

Bild 1.16. Eine mehrfach belichtete Aufnahme einer totalen Sonnenfinsternis. Da Mond und Sonne fast denselben Winkeldurchmesser besitzen, kann der Mond die Sonne vollständig bedecken. Dieses Foto machte Akira Fuji am 16. Februar 1980

tion ist eine totale Sonnenfinsternis innerhalb eines schmalen Streifens möglich (Bild 1.16).

Ist der Mond weit von der Erde entfernt, so reicht sein Kernschatten nicht bis auf die Erdoberfläche. Dann erscheint uns der Mond kleiner als die Sonne, so daß bei einer Sonnenfinsternis um den Mond herum ein heller Ring der Sonnenscheibe sichtbar bleibt. Dies nennt man eine ringförmige Sonnenfinsternis, bei der es nicht so dunkel wird und die nicht so reizvoll wie eine totale Finsternis ist. Eine ringförmige Sonnenfinsternis hat eine ähnliche Wirkung wie eine partielle, weil die Sonne blendend hell ist. Während einer totalen Sonnenfinsternis dagegen können wir die feine äußere Atmosphäre sehen, die sonst vom gleißenden Sonnenlicht überstrahlt wird. Bild 1.17 zeigt die Finsternisverläufe für die Jahre 1985 bis 1995.

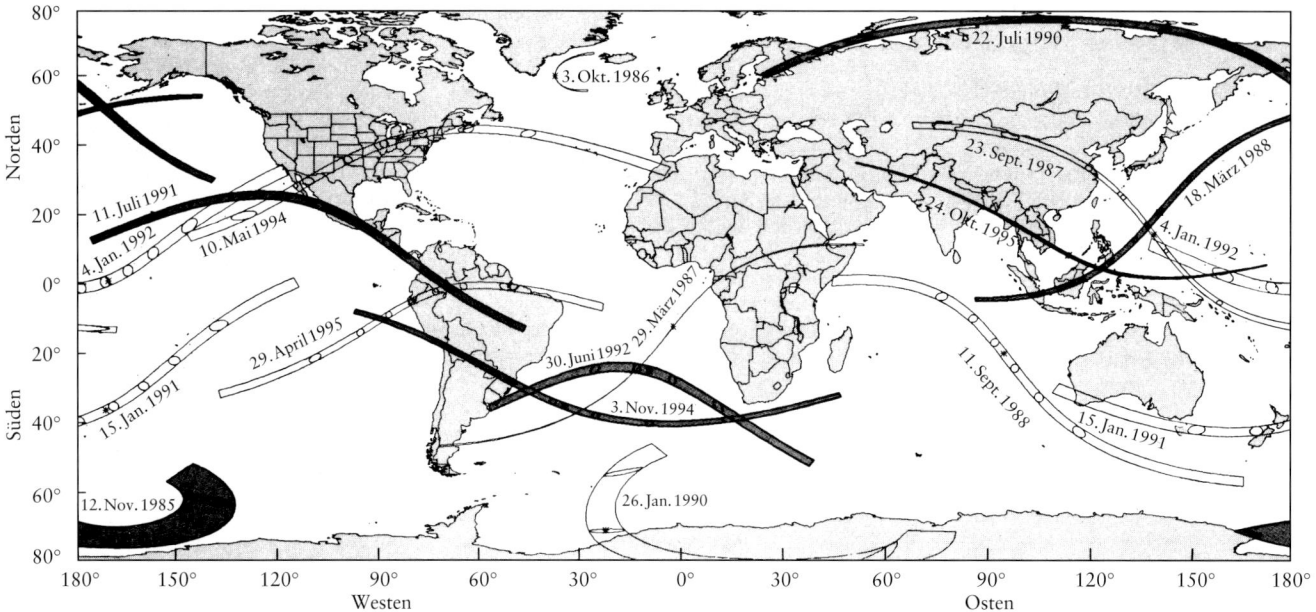

DIE BEWEGUNGEN DER PLANETEN

Bahnen der Planeten am Himmel

Die Sterne erscheinen unbeweglich am Firmament. Die Gelehrten bemerkten jedoch schon früh sieben Himmelskörper, die im allgemeinen
in östlicher Richtung wanderten: Sonne, Mond, Merkur, Venus, Mars,
Jupiter und Saturn. Jedes dieser wandernden Objekte war mit einem
Tag der Woche verbunden, was sich heute noch in den Namen einiger
Wochentage widerspiegelt: Sonntag, Montag (Sonne und Mond),
Dienstag (lateinisch Martis), Mittwoch (lateinisch Merkredi), Freitag
(lateinisch Veneris). Die deutschen Bezeichnungen gehen teilweise auf
die entsprechenden germanischen Götter zurück.

Selbst die frühesten Himmelsbeobachter müssen bereits bemerkt
haben, daß sich alle diese Wandelsterne entlang eines schmalen Bandes
bewegen. Heute ist uns dieses Band unter dem Namen Tierkreisgürtel
oder Zodiakus bekannt, was auf das griechische Wort für Tier zurück-
geht. Dieses Band erstreckt sich etwa 9 Grad ober- und unterhalb der
Ekliptik. Die Planetenbahnen können also nicht sehr stark gegenüber
der Erdumlaufbahn geneigt sein.

Wenn die äußeren Planeten (Mars, Jupiter, Saturn, Uranus, Neptun und Pluto) in Opposition zur Sonne stehen und damit der Erde am
nächsten kommen, leuchten sie besonders hell. Dann kehren sie plötzlich ihre ostwärts gerichtete Bewegung um und laufen nun nach Westen. Nach einigen Monaten schwenken sie jedoch wieder in ihre ur-

Bild 1.17. Zentrallinien von 16
Sonnenfinsternissen zwischen 1985
und 1995. Graue Streifen kennzeichnen totale Finsternisse, offene
Bänder ringförmige Finsternisse.
Die Ellipsen verdeutlichen die Ausdehnung derjenigen Gebiete, in
denen eine totale oder ringförmige
Finsternis in einem bestimmten Moment sichtbar ist. Die Kreuze nahe
der Mitte der Bänder markieren die
Orte mit der längsten Finsternis-
dauer

Bild 1.18. Retrograde Schleifen. Dieses Foto zeigt die Bewegungen der Planeten am Himmel. Wenn die äußeren Planeten der Sonne am nächsten und somit am hellsten sind, scheinen sie auf ihrer Bahn anzuhalten und schließlich umzukehren, bevor sie nach einiger Zeit wieder zu ihrer normalen Bewegungsrichtung zurückkehren. Dieses Phänomen nennen die Astronomen heute retrograde Bewegung. Diese Aufnahme der Bewegungen von Mars, Jupiter und Saturn vor dem Sternenhimmel entstand im Planetarium München. (Foto: Erich Lessing/Magnum)

sprüngliche Bewegung nach Osten um. Diese sogenannte Schleifen- oder retrograde Bewegung ist am auffälligsten beim Mars, weil er von den äußeren Planeten der Erde am nächsten kommt (Bild 1.18).

Einige wenige Astronomen der Antike glaubten, daß die Sonne im Mittelpunkt des Sonnensystems steht. Es war aber das geozentrische Weltbild, das die Ansichten der Astrologen und Astronomen bis in das 17. Jahrhundert hinein bestimmte. Die Bewegungen der Planeten ließen sich damals sowohl im heliozentrischen wie im geozentrischen Weltbild gleich gut beschreiben. Außerdem waren die Gelehrten der Meinung, daß die himmlischen Körper sich nicht unbedingt so verhalten müßten wie die irdischen (Bild 1.19). Die meisten Theorien gründeten auf der Voraussetzung, daß der Himmel perfekt sei und die Planeten sich auf der idealen Bahn, nämlich einem Kreis, bewegen müßten. Claudius Ptolemäus (circa 100 bis 170 n. Chr.) konnte alle beobachteten Planetenbewegungen, ob retrograd oder prograd, mit einem System erklären, in dem die Körper auf Kreisbahnen liefen, die wiederum auf einem Kreis um die Erde liefen. Man nannte diese Vorstellung Epizykeltheorie.

Im 16. Jahrhundert setzte Nikolaus Kopernikus (1473 bis 1543) die Sonne ins Zentrum des Planetensystems und legte 1543 mit seinem Werk *De revolutionibus orbium coelestium* (*Über die Kreisbewegungen der Weltkörper*) den Grundstein für die Kopernikanische Revolution. Allerdings hatte Kopernikus hierfür keine neuen Beobachtungen der Planeten vorgenommen; dies übernahm kurze Zeit später Tycho

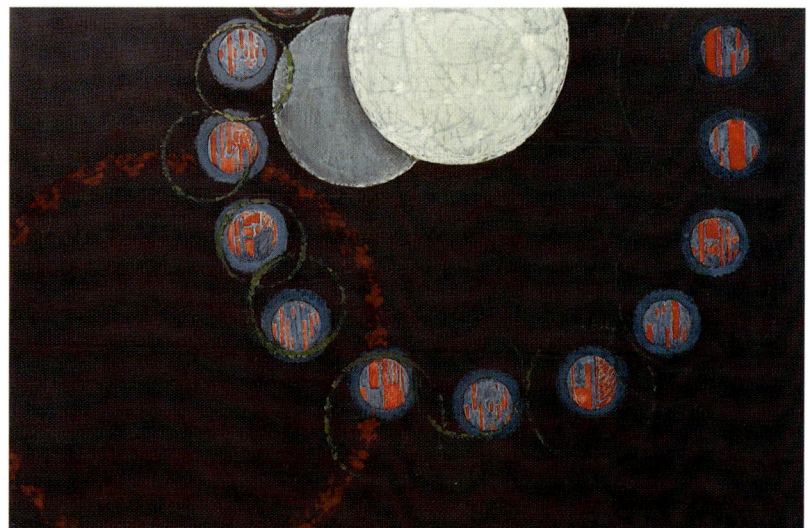

Bild 1.19. Der erste Schritt. František Kupka scheint in diesem Gemälde die Schwierigkeiten beim Verständnis der Planetenbewegungen und deren Ursache zum Ausdruck bringen zu wollen. (Museum of Modern Art, New York)

Brahe. Außerdem fand Kopernikus keine neuen Gesetze für die Planetenbewegung. Dies gelang erstmals Johannes Kepler (1571 bis 1630), der äußerst sorgfältig Tychos Beobachtungsdaten analysierte. Kopernikus lieferte auch keine neuen Beobachtungsdaten, die für das heliozentrische System sprachen; das war die Errungenschaft von Galileo Galilei. Kopernikus' Buch wurde jedoch zu einem Symbol für eine neue Sicht des Himmels, eine Sicht, die unweigerlich die Erde und die anderen Planeten den Gesetzen irdischer Physik unterstellten.

Die Arbeiten von Nikolaus Kopernikus waren weniger wegen ihrer methodischen Details zur Berechnung von Planetenpositionen bedeutsam. Vielmehr war es die neue Geisteshaltung dieses Forschers, die fortan die Entwicklung wissenschaftlicher Hypothesen prägte. Er ebnete den Weg für eine neue Sichtweise, nach der Planetenmodelle nicht nur reine Rechenwerkzeuge waren, sondern darüber hinaus Naturvorgänge theoretisch erklärten. Die Modelle wurden nicht nur Schritt für Schritt entwickelt, bis sie mit den Beobachtungen übereinstimmten, sondern sie beruhten auf einheitlichen Gesetzen, nach denen sich alle Planeten bewegten.

Der Sternenbote des Galileo Galilei

Eines der faszinierendsten und lebendigsten Bücher der Astronomie war der im Jahre 1610 von Galileo Galilei (1564 bis 1642) veröffentlichte *Sternenbote*. Galilei beschreibt hierin seine Entdeckungen, die er bei seinen ersten Himmelsbeobachtungen mit einem Fernrohr machte. Mit seinem Werk holte er sozusagen den Himmel auf die Erde und eröffnete damit ein neues Zeitalter der Astronomie – eine Ära, in der

Bild 1.20. Galileo Galileis Beobachtungen des Mondes. Diese an
seinem Fernrohr angefertigten
Zeichnungen veröffentlichte Galilei
1610 in dem *Sidereus Nuncius*, seinem *Sternenboten*. Galilei entdeckte
als erster die Schatten der Krater,
die er deutlich hervorhob. Etwa zur
selben Zeit beobachtete auch
Thomas Harriot den Mond; er bemerkte die Krater jedoch nicht

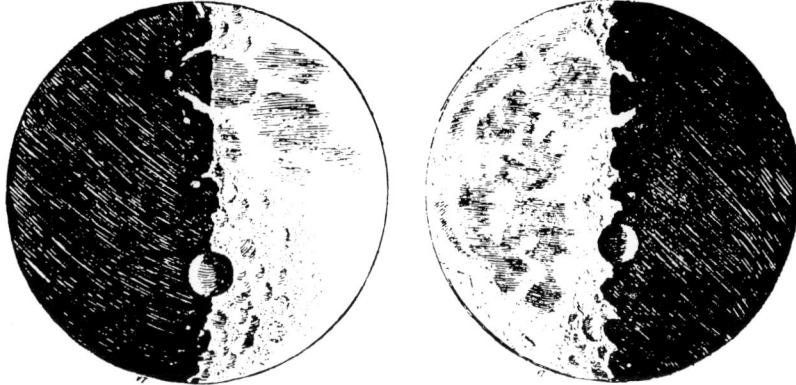

man nun die Himmelskörper selbst detailliert untersuchen konnte und
nicht nur, wie bisher, ihre Bewegungen am Himmel. Sonne, Mond und
die Planeten wurden plötzlich physikalische Objekte mit Unregelmäßigkeiten, Flecken und eigenen Monden. Sie waren nicht mehr länger die perfekten himmlischen Diamanten der alten Gelehrten. Galileo
war von seinen Entdeckungen natürlich äußerst fasziniert, schienen
sie ihm doch reichlich Argumente gegen die klassischen Vorstellungen
des Aristoteles und das Modell des Ptolemäus zu liefern.

Bild 1.20 zeigt einige Zeichnungen, die Galileo bei der Beobachtung des Mondes anfertigte. Obwohl sein erstes Fernrohr nur eine Linse mit einem Durchmesser von 4 Zentimetern besaß, entdeckte er da-

Bild 1.21. Die Phasen der Venus.
Ist Venus voll beleuchtet, so erscheint sie uns klein und weiter
entfernt. Wenn sie der Erde am
nächsten kommt, wirkt sie etwa
siebenmal größer und hat die Form
einer schmalen Sichel. Im Jahre
1610 schrieb Galilei bei der Beobachtung dieser Phasen: »Die Mutter der Liebe (Venus) ahmt die Formen von Cynthia (Mond) nach.«
Die Beobachtung der Phasen und
der unterschiedlichen scheinbaren
Größe der Venus war für Galilei
ein entscheidendes Argument dafür,
daß die Planeten um die Sonne kreisen. (Foto: Lowell Observatory)

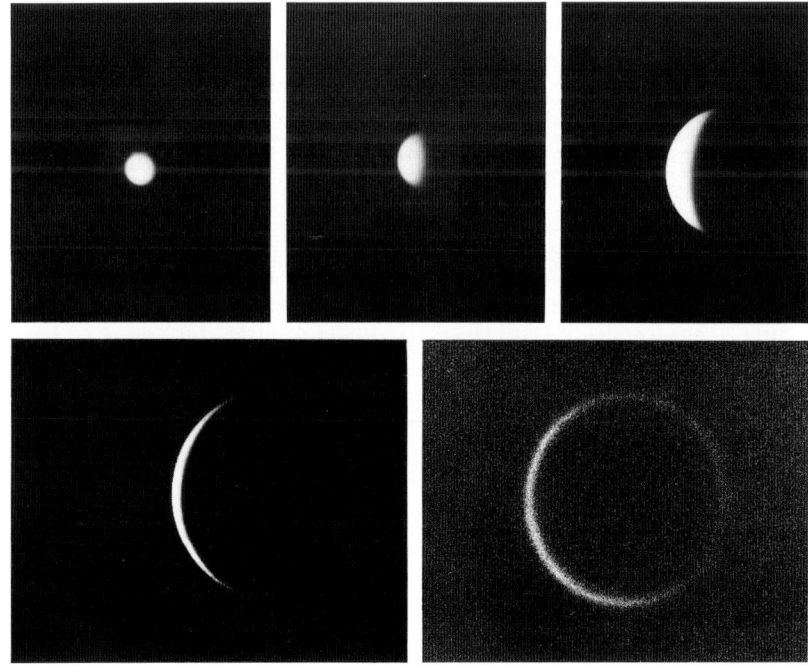

mit doch die Phasen der Venus (Bild 1.21) sowie die vier großen Jupitermonde, die den Planeten wie ein Planetensystem im Kleinen umkreisen. Diese Beobachtungen forderten eine grundsätzlich neue
Sichtweise bei der Beschreibung des Sonnensystems. Sie führten letztendlich zu einer Reihe neuer Gesetze, mit denen sich sowohl die Bewegungen der Planeten als auch die aller Sterne und Galaxien im Universum beschreiben lassen.

Der Entwurf der Planetenbahnen

Könnten wir das Sonnensystem aus größerer Entfernung vom eklipti-
kalen Nordpol aus betrachten, so würden wir alle Planeten auf fast
kreisförmigen Bahnen die Sonne entgegen dem Uhrzeigersinn umrunden sehen. Aus den bekannten Umlaufzeiten und einigen einfachen Beobachtungen der Planetenpositionen lassen sich die Formen und
Größen der Bahnen im Vergleich zur Erdbahn bestimmen. Auf diese
Weise können wir Keplers Weg zu den Gesetzen der Planetenbewegung verfolgen.

Um die Bahnen aller Planeten zu konstruieren, müssen wir zwei
unterschiedliche Ansätze machen: zum einen für die inneren Planeten
Merkur und Venus, zum anderen für die äußeren Planeten. Kepler
selbst machte keine speziellen Annahmen über die Planetenbahnen.
Wir wollen jedoch zur Vereinfachung davon ausgehen, daß die
Erdbahn nahezu kreisförmig ist und alle Planetenbahnen in einer
Ebene liegen.

Die inneren Planeten. Für Venus ist es am einfachsten. Bild 1.22 zeigt
einen Blick auf die Venusbahn vom Nordpol der Ekliptik aus gesehen.
Drei Stellungen sind markiert: (1) die untere Konjunktion, (2) die
größte westliche Elongation und (3) die obere Konjunktion. Der von
der Erde aus gesehene Winkelabstand der Venus von der Sonne wird
Elongation genannt. Die Winkel α und β bezeichnen den Winkelabstand bei den größten Elongationen.

Beobachtet man die Venus einige Jahre lang, so stellt man fest, daß
α und β immer gleich groß sind. Das bedeutet, daß die Venus zu den
Zeiten der größten Elongationen auch immer den gleichen räumlichen
Abstand zur Sonne hat. Das heißt die Venusbahn ist kreisförmig, und
bei den größten Elongationen stehen die Verbindungslinien Sonne-Ve-
nus und Erde-Venus senkrecht aufeinander. In diesen Momenten haben wir also für unsere Konstruktion ein rechtwinkliges Dreieck vorliegen, in dem einer der Winkel α ist. Dieses Dreieck ist in Bild 1.22
schraffiert. Die Verbindungslinie Erde-Sonne bildet die Hypothenuse
und gegenüber dem Winkel α befindet sich die Sonne-Venus-Linie.
Die Länge dieser Seite gibt den relativen Radius der Venusbahn.

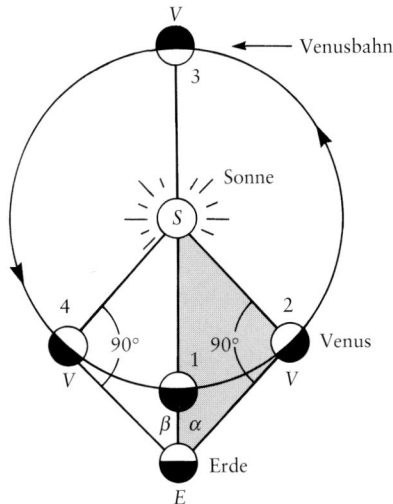

Bild 1.22. Der Durchmesser der
Venusbahn. Venus läuft auf einer
fast perfekten Kreisbahn (Exzentrizität lediglich 0,006) mit dem
Radius SV um die Sonne. Aus den
Beobachtungen der unteren Konjunktion (*1*) und der größten Elongation (*2*) oder (*3*) ermittelt man die
Winkel α und β. Hiermit lassen sich
sowohl das rechtwinklige Dreieck
EVS konstruieren als auch die
Strecken SV und SE bestimmen. Das
Verhältnis SV/SE ergibt den Abstand
der Venus von der Erde in Astronomischen Einheiten (AE). Der mittlere Abstand Erde-Sonne beträgt per
Definition 1 AE

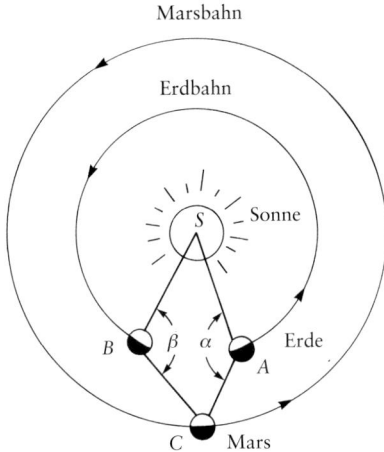

Bild 1.23. Die Umlaufbahn des Mars. Die Konstruktion der Marsbahn beruht darauf, daß der Planet nach einem siderischen Jahr, entsprechend 687 Tagen, an seine Ausgangsposition zurückkehrt. Beobachtet man Mars von der Erde aus jeweils im Abstand eines siderischen Jahres, so erhält man die Winkel α und β. Das sind die beiden Winkelabstände des Mars von der Sonne, vom Standpunkt der Erde aus. Mit Hilfe dieser beiden Winkel lassen sich die Erde-Mars-Verbindungslinien AC und BC konstruieren, die sich auf der Marsbahn im Punkt C schneiden. Wiederholt man diese Messungen in zwei weiteren Nächten, die wieder um ein siderisches Jahr getrennt sind, kann man damit die Marsbahn vollständig konstruieren

Die Merkurbahn läßt sich nicht ganz so einfach bestimmen, weil sie nicht kreisförmig ist. Dies ersehen wir daraus, daß der Winkelabstand zur Sonne bei verschiedenen größten Elongationen schwankt. Wir könnten diese Exzentrizität zwar vernachlässigen und so die Bahn, analog wie bei Venus, grob bestimmen. Allerdings müßten wir dann für jeden Umlauf den Winkelabstand bei den größten Elongationen neu messen.

Die äußeren Planeten. Jetzt bestimmen wir die Bahnen der äußeren Planeten. Da sich alle äußeren Planeten gleich verhalten, begnügen wir uns mit einem Beispiel. Wir nehmen Mars und nutzen die Tatsache aus, daß er nach einem siderischen Jahr dieselbe Position auf seiner Bahn erreicht hat (Bild 1.23). Befindet sich die Erde am Punkt A, messen wir den durch Sonne-Erde-Mars gebildeten Winkel α. Dann warten wir ein siderisches Marsjahr ab. Nehmen wir einmal an, die Erde befinde sich dann im Punkt B, während der Mars wieder an derselben Stelle wie zuvor angelangt ist. Nun messen wir den Winkel β, gebildet durch Sonne-Erde-Mars, zeichnen die Positionen der Erde an diesen beiden Tagen ein und ziehen von dort zwei Linien, die sich am Mars schneiden. Dann wählen wir ein zweites Punktepaar, A' und B', das durch ein weiteres siderisches Marsjahr voneinander getrennt ist und wiederholen die Messung. (Hierbei müssen die Punkte A und A' nicht weit voneinander entfernt sein. Lediglich die Strecken A–B und A'–B' sind wichtig.)

Auf ähnliche Weise bestimmte Kepler die Bahnen der Planeten. Wir kommen nun zu den von ihm gefundenen Gesetzen, mit denen er die Planetenbewegungen beschrieben hat.

DIE HARMONIE DER WELTEN

In der Hoffnung, eine neue, genauere Beschreibung des Sonnensystems zu finden, beobachtete der dänische Astronom Tycho Brahe (1546 bis 1601) sehr häufig die Planeten. Dies war noch vor dem Zeitalter der Fernrohre. Er benutzte hierfür raffinierte Instrumente, die an riesige Zielfernrohre erinnern, an denen ringförmige Gradmesser angebracht waren. Es gelang ihm jedoch nie, seine Beobachtungen mit einer Planetentheorie gänzlich in Einklang zu bringen. Den Mathematiker Johannes Kepler beunruhigten diese Unstimmigkeiten schließlich so sehr, daß er die Vorstellung von Kreisbahnen und Epizykeln verwarf. Er suchte nach einer neuen Lösung, bei der die Planetenbahnen nicht kreisförmig waren. Anfänglich war für ihn die physikalische Ursache dieser zunächst noch unbekannten Bahnform von zweitrangiger Bedeutung.

Zuerst versuchte es Kepler mit eiförmigen Bahnen, verwarf diese Idee jedoch bald wieder. Dann entdeckte er, daß sich die Bewegungen beschreiben lassen, wenn man annimmt, daß die Planeten sich auf Ellipsen bewegen, in deren einem Brennpunkt die Sonne steht. Hieraus wurde schließlich Keplers erstes Gesetz. Seine Zeitgenossen, selbst Galilei, konnten sich an diese Vorstellung allerdings nicht gewöhnen und lehnten sie ab. Was hatten Ellipsen mit den Planeten zu tun? Und nur einmal angenommen, es würde stimmen, wie könnten wir hiermit die Planetenstellungen vorhersagen?

Auf die erste Frage hatte Kepler keine Antwort. Für ihn waren Ellipsen lediglich geometrische Hilfsmittel. Die zweite Frage konnte er aber beantworten. Er fand nämlich heraus, daß die Planeten sich umso schneller bewegen, je näher sie der Sonne sind. In der Tat konnte er dieses Verhalten sogar in eine mathematische Form bringen, die wir anhand von Bild 1.24 erklären möchten. Stellen Sie sich eine Verbindungslinie zwischen einem Planeten und der Sonne vor. Bei dem Umlauf um die Sonne überstreicht diese Linie eine Fläche. Keplers zweites Gesetz besagt nun, daß in gleichlangen Zeitintervallen gleichgroße Flächen überstrichen werden. Dies ist auch als Flächensatz bekannt. In Bild 1.24 bewegt sich der Planet auf den Strecken A–B, C–D und E–F zwar mit verschiedenen Geschwindigkeiten, aber die jeweils überstrichenen Flächen sind gleich groß.

Der sonnennächste Punkt heißt Perihel; dort bewegt sich der Planet am schnellsten. Im entferntesten Punkt, dem Aphel, ist er am langsamsten. Die Verbindungslinie zwischen Aphel und Perihel nennt man die große Achse der Ellipse. Die halbe Strecke, die große Halbachse, bezeichnet man mit dem Buchstaben a. Sie entspricht fast genau dem mittleren Abstand des Planeten von der Sonne.

Die ersten beiden Keplerschen Gesetze sind rein geometrisch und beschreiben lediglich die Form der Bahn. Das dritte Keplersche Gesetz legt die Geschwindigkeiten fest, mit der ein Planet die Sonne umkreist. Es ist auch unter dem Namen Harmoniegesetz bekannt und besagt, daß die Quadrate der Umlaufzeiten zweier Planeten sich wie die dritte Potenz der mittleren Abstände von der Sonne verhalten. Die Umlaufgeschwindigkeit nimmt mit zunehmender Entfernung ab, so daß entferntere Planeten längere Umlaufzeiten und geringere Bahngeschwindigkeiten besitzen. Bild 1.25 zeigt den Zusammenhang zwischen der Umlaufzeit und der großen Halbachse für die Planeten und die hellen Monde Jupiters. Es ist zu beachten, daß beide Geraden dieselbe Steigung besitzen, wie es das dritte Keplersche Gesetz beschreibt. Sind einmal die Umlaufzeit und der mittlere Abstand eines Planeten bekannt, läßt sich aus jeder beliebigen Positionsbestimmung die Position für jeden anderen Zeitpunkt errechnen.

Kepler schloß aus der Existenz dieser Gesetze auf ein »belebtes Prinzip« zwischen der Sonne und ihren Planeten, das heißt eine Kraft,

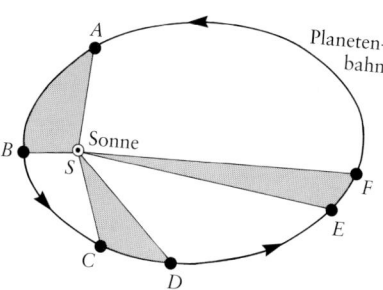

Bild 1.24. Die ersten beiden Keplerschen Gesetze. Das erste Keplersche Gesetz besagt, daß die Planeten auf Ellipsenbahnen die Sonne umkreisen, welche sich in einem der Brennpunkte befindet. Nach dem zweiten Gesetz überquert der Fahrstrahl eines Planeten in gleichen Zeiten gleiche Flächen, die hier grau wiedergegeben sind. Dies ist der sogenannte Flächensatz. Der Planet benötigt für die Strecken *AB*, *CD* und *EF* die gleiche Zeit. Die Planeten bewegen sich am schnellsten, wenn sie der Sonne am nächsten sind (im Perihel) und am langsamsten im entferntesten Punkt, dem Aphel

Bild 1.25. Das dritte Keplersche Gesetz. Die Umlaufzeiten der Planeten sind gegen ihre große Halbachse *a* in logarithmischer Skala aufgetragen. Die Gerade besitzt eine Steigung von 3/2. Dies entspricht genau dem dritten Keplerschen Gesetz, nach dem die Quadrate der Umlaufzeiten mit der dritten Potenz der Abstände anwächst. Diese Beziehung gilt für alle Körper, die sich auf elliptischen Bahnen bewegen, auch für die vier großen Jupitermonde

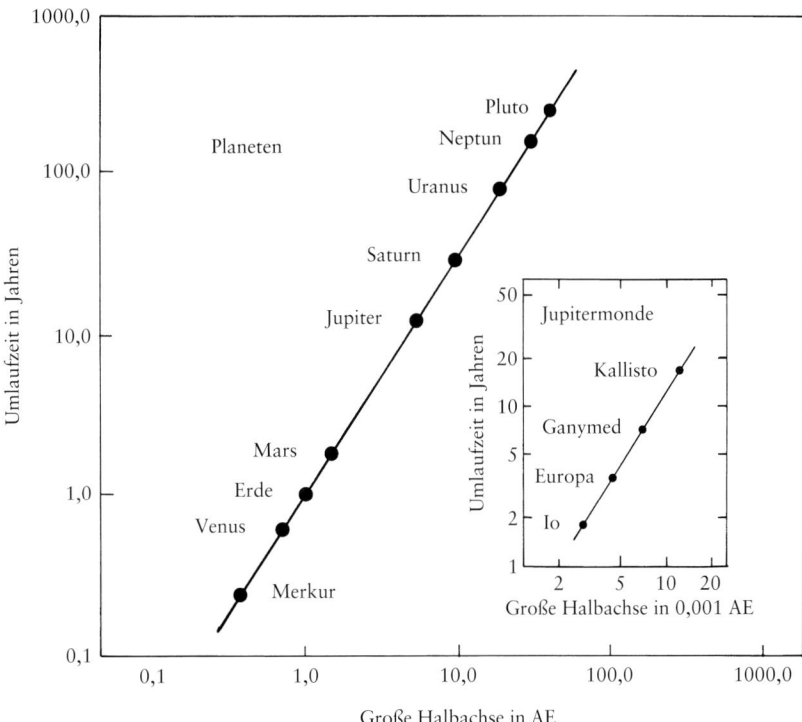

die die Körper beschleunigt. Zwar hatte man bereits im 14. Jahrhundert damit begonnen, fallende Körper, und damit das Prinzip der Beschleunigung, zu untersuchen. Kepler war aber gegen Ende des 16. Jahrhunderts offenbar der erste, der die Idee von Kraft und Beschleunigung auf die Planeten übertrug. Er verglich diese mit großen Steinen und nahm an, daß die Bewegungen der Planeten mit denen fallender Körper auf der Erde durch eine einheitliche Kraft verbunden waren – eine Kraft, die von der Sonne ausging. Weiter schloß er, daß die Kraft der Sonne proportional mit der Entfernung zu ihr abnimmt. Eine Annahme, die sich später als nicht ganz richtig erwies. Erst hundert Jahre später fand Isaac Newton das Gesetz genau heraus: Die Schwerkraft nimmt mit dem Quadrat der Entfernung ab.

Keplers Gesetze stehen noch heute als Denkmal für seine Suche nach universellen Gesetzen. Sein Werk stellt eine Übergangsphase in der Astronomie dar. Zwar lag zu seiner Zeit die Idee von einheitlichen physikalischen Gesetzen in der Luft, aber bis dahin basierten diese nicht auf der entsprechenden Beschreibung von Bewegung und Kraft. Es blieb anderen Forschern wie Galilei überlassen, den Schlüssel hierfür durch Experimente an beschleunigten Körpern zu finden.

Kepler und Galilei entfachten die wissenschaftliche Revolution, die von Kopernikus vorbereitet worden war – eine Revolution, die in dem Werk Newtons seinen Höhepunkt fand. Seine Arbeiten werden wir etwas später in diesem Kapitel behandeln.

KURZINFORMATION I.I

Ein erster Hinweis auf die große Entfernung der Sonne

Aristarch von Samos (ca. 310 bis 230 v. Chr.) ersann eine geniale Methode, um die Entfernung der Sonne zu bestimmen. Obwohl das Prinzip der Methode richtig ist, ergab sie damals einen falschen Wert, gerade wegen der großen Entfernung. Die Skizze verdeutlicht das Prinzip. Wir blicken hier auf die Umlaufbahn des Mondes, der im ersten und dritten Viertel steht. Die Größenverhältnisse sind zum besseren Verständnis der Methode nicht maßstabsgetreu wiedergegeben. Der Trick besteht darin, den Zeitpunkt des Halbmondes genau zu bestimmen. In diesem Moment würde ein Beobachter auf dem Mond einen Winkelabstand von 90 Grad zwischen Erde und Sonne messen. Von der Erde aus gesehen stehen Sonne und Mond jedoch etwas weniger als 90 Grad auseinander. Wir schreiben für diesen Winkel $90 - \beta$. Der kleine Winkel β ist also der Winkel zwischen Erde und Mond von der Sonne aus gesehen. Seine Größe hängt von dem Abstand Sonne–Erde ab.

Aristarch bemerkte nun, daß der Mond länger braucht, um vom ersten Viertel zum dritten Viertel zu gelangen als vom dritten zum ersten. Er hoffte, aus der Zeitdifferenz den Winkel β errechnen zu können. Für die Entfernungen der Sonne und des Mondes D_S und D_M gilt die Beziehung $D_M/D_S = \sin \beta$.

Aristarch ermittelte (fälschlicherweise) für β 3 Grad, woraus er berechnete, daß die Sonne 20 mal weiter von der Erde entfernt sein müsse als der Mond. In Wirklichkeit beträgt der Winkel lediglich 0,15 Grad. Um diesen Wert zu messen, hätte Aristarch den Zeitpunkt des Vollmondes bis auf 5 Minuten genau festlegen müssen. Dies ist ein hoffnungsloses Unterfangen, allein schon wegen der unregelmäßigen Mondoberfläche. Zumindest konnte Aristarch damals aber zeigen, daß die Sonne viel weiter entfernt ist als der Mond.

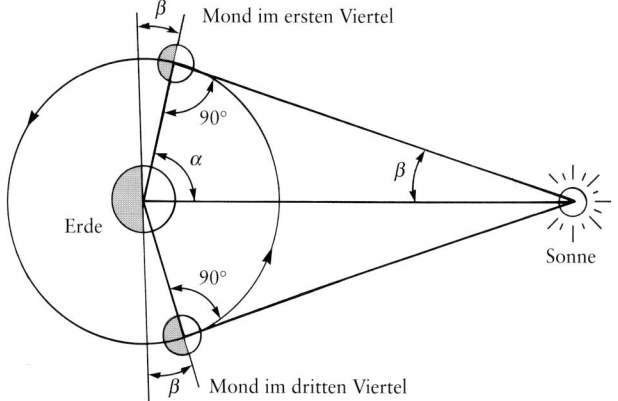

DIE BESTIMMUNG DER SONNENENTFERNUNG

In der Mitte des 17. Jahrhunderts akzeptierte man Keplers Beschreibung der Planetenbewegung als ein maßstabsgetreues Modell der relativen Abstände der Planeten von der Sonne. Es war zwar bekannt, daß die Sonne viel weiter von der Erde entfernt ist als der Mond (s. Kurzinformation 1.1), aber es gab noch keine genaue Bestimmung der absoluten Entfernungen, also keinen quantitativen Maßstab für das Modell. Die Astronomen wußten, daß man die Entfernung Erde–Sonne (die Astronomische Einheit, AE) direkt in Kilometern angeben konnte, sofern sie nur eine einzige Planetenentfernung absolut messen konnten. Damit wäre das Problem des Maßstabs gelöst gewesen.

Seitdem ist dieser Maßstab auf verschiedene Art und Weise bestimmt worden. All diese Methoden lassen sich in zwei Kategorien unterteilen:

1. Bestimmung des Umfangs der Erdbahn in Kilometern und anschließende Division durch 2π.

Der Umfang der Erdbahn läßt sich ermitteln, indem man die Bahngeschwindigkeit in Kilometern pro Sekunde mißt und anschließend mit der Anzahl der Sekunden pro Jahr multipliziert. Die Geschwindigkeit beträgt 29,8 km/s. (Mit dieser Geschwindigkeit würde eine Reise um die Erde 22 Minuten dauern.) Multipliziert man diese Geschwindigkeit mit der Anzahl der Sekunden pro Jahr (circa 31,56 Millionen Sekunden) und dividiert das Ergebnis durch 2π, so erhält man:

Mittlere Entfernung von der Erde zur Sonne
= 150 Millionen Kilometer = 1 Astronomische Einheit.

Die Entfernung Erde–Sonne ist etwa 4000 mal größer als der Erdumfang und 400 mal größer als die Entfernung Erde–Mond.

2. Bestimmung der Entfernung zu einem Planeten oder Asteroiden und anschließende Berechnung des Erdbahnhalbmessers in Vielfachen dieser Entfernung.

Diese zweite Methode ist etwa vergleichbar damit, daß man die Entfernung zweier Städte in Kilometern und anschließend deren Entfernung auf einer Landkarte in Millimetern mißt, um so den Maßstab zu bekommen. Dies gelang erstmals, indem man Triangulationen von verschiedenen Orten auf der Erde an nahen Planeten und einigen Asteroiden vornahm. In jüngerer Zeit mißt man die Laufzeit von Radarsignalen zu den nächsten Planeten. Multipliziert man die halbe Laufzeit mit der Lichtgeschwindigkeit, so erhält man die Entfernung des Planeten (s. Kurzinformation 1.2).

Der zur Zeit beste Wert für die Astronomische Einheit beträgt 149 597 870 Kilometer. Hiermit lassen sich die Entfernungen und mittleren Bahngeschwindigkeiten berechnen (s. Anhang, S. 369). Der holländische Physiker Christiaan Huygens verdeutlichte in seinem 1698 erschienen Buch *Entdeckung der Himmelswelt* die Dimensionen des Planetensystems anhand einer Gewehrkugel. Er nahm an, daß das Geschoß mit einer Geschwindigkeit von etwa 180 Metern in der Zeitspanne »eines Pulsschlages« fliegt. Diese Kugel bräuchte dann 25 Jahre, um von der Erde zur Sonne zu gelangen. Eine Reise vom Jupiter zur Sonne dauerte 125 Jahre und vom Saturn zur Sonne gar 250 Jahre. Wenn wir einmal davon ausgehen, daß ein Pulsschlag eine Sekunde lang ist, so erhalten wir mit den heute bekannten Entfernungen 26, 135 und 247 Jahre. Diese Werte stimmen recht gut überein.

NEWTONS APFEL UND DIE UNIVERSELLE GRAVITATION

Wenn wir der bekannten Anekdote Glauben schenken dürfen, saß Isaac Newton (1643 bis 1727) unter einem Baum, von dem ein Apfel nicht weit von ihm ins Gras fiel. Dabei schoß ihm durch den Kopf, daß die Schwerkraft offenbar auch auf der Spitze des höchsten Berges unvermindert existiert. Warum sollte sie dann nicht auch bis zum Mond reichen? Vielleicht ließ sich der Umlauf des Mondes um die Erde auch als ein ständiges Fallen in Richtung zur Erde auffassen.

KURZINFORMATION 1.2
Entfernungsbestimmung der Venus durch Radarbeobachtungen

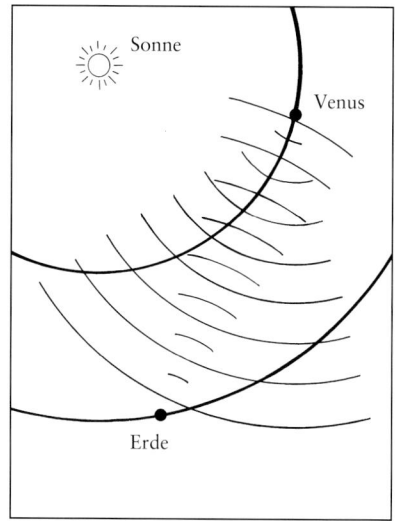

Die Entfernungen der nächsten Planeten lassen sich messen, indem man einen Radarstrahl aussendet und die Laufzeit des Echos mißt. Die Zeichnung zeigt einen Radarstrahl, der zur Venus gesendet wird. Der Strahl wird an der Oberfläche in viele Richtungen reflektiert, so daß das rückkehrende Signal nur noch eine geringe Intensität besitzt. Ist T die Laufzeit des Signals für den Hin- und Rückweg und c die Lichtgeschwindigkeit, so erhält man die gesamte Laufstrecke aus cT und die Entfernung der Venus aus $cT/2$. Bei der Venus beträgt die Laufzeit während der unteren Konjunktion 4,6 Minuten und steigt bis auf 28,7 Minuten in der oberen Konjunktion an.

Will man die Entfernung genau berechnen, so muß man noch eine kleine Korrektur anbringen. Sie stammt von der Bewegung der Planeten sowie der Raumkrümmung im Gravitationsfeld der Sonne. Letzteres wird mit Einsteins Allgemeiner Relativitätstheorie berechnet. Umgekehrt läßt sich mit der Messung dieser Korrektur die Relativitätstheorie überprüfen (s. Kurzinformation 1.3).

Um die Stärke der Erdschwerkraft am Ort des Mondes auszurechnen, verglich Newton die Beschleunigung des Mondes mit der eines Apfels. Hierzu nahm er an, daß der Mond auf einem Kreis umläuft und zeigte, daß der Apfel eine etwa 4000 mal stärkere Beschleunigung erfährt als der Mond. Newton bemerkte, daß dieses Verhältnis etwa so groß ist wie die Entfernung des Mondes vom Erdmittelpunkt dividiert durch die Entfernung des Apfels vom Erdmittelpunkt zum Quadrat:

$$\left(\frac{400\,000}{6378}\right)^2 = 3933.$$

Aus dieser Übereinstimmung schloß Newton, daß die Beschleunigung mit dem Quadrat der Entfernung abnimmt.

Newtons geniale Ergebnisse können wir etwa so zusammenfassen: Die durch die Schwerkraft ausgeübte Beschleunigung eines Körpers auf einen anderen ist proportional zur Masse des anziehenden Körpers (in diesem Fall der Erde). Fassen wir den Wert der Beschleunigung als das Verhältnis der Kraft zu der beschleunigten Masse auf, so erhalten wir den folgenden Ausdruck für die Schwerkraft, die von der Erde auf den Apfel oder auch den Mond ausgeübt wird:

$$F_{\text{Schwerkraft}} = \frac{GMm}{R^2}.$$

Hierin bedeuten G die universelle Gravitationskonstante, M die Masse der Erde und m die des Apfels oder des Mondes sowie R die Entfernung zum Erdmittelpunkt. Mit diesem Ausdruck läßt sich übrigens das dritte Keplersche Gesetz herleiten. Newton nahm an, daß diese Kraft zwischen allen Körpern im Universum wirkt, wobei er einen großen Schritt zu einem Gesetz vollzog, das wir wie folgt umschreiben wollen:

Universelle Gravitation.

Jeder Körper im Universum zieht jeden anderen Körper mit seiner Schwerkraft an. Diese wirkt in Richtung der direkten Verbindungslinie zwischen zwei Körpern und ist proportional zu dem Produkt ihrer Massen und umgekehrt proportional zum Quadrat des Abstandes.

Von allen bekannten Kräften ist die Gravitation die weitreichendste. Auf kleinsten Distanzen wie zwischen den Atomen in einem Kristall spielt sie keine Rolle, aber im Universum bestimmt sie über riesige Entfernungen hinweg die Bewegungen der Sterne und Galaxien. Hierfür gibt es zwei Gründe: Erstens fällt die Schwerkraft relativ langsam ab, nämlich mit dem Quadrat der Entfernung. Dadurch hat sie eine weitaus größere Reichweite als die Kräfte, die den Atomkern zusammenhalten. Zweitens besitzt die Gravitation keine negativen und positiven Pole. Hierdurch unterscheidet sie sich von der elektrischen Kraft, bei der sich anziehende und abstoßende Kräfte zwischen gleichnamigen und ungleichnamigen Ladungen gegenseitig verringern. Das bewirkt eine Abschirmung weit voneinander entfernter Atome. Soweit heute bekannt ist, gibt es keine abstoßende Gravitation zwischen »gleichnamigen Massen« und somit auch keine Abschirmung gegen die Schwerkraft. Das heißt jedes Atom spürt die Anziehung aller anderen Atome im Universum.

Aus diesen Gründen spielt die Schwerkraft die entscheidende Rolle bei der Bewegung von Planeten und Quasaren oder bei der Entstehung eines Schwarzen Loches, und letztlich bestimmt sie die großräumige Struktur des Universums.

EINE NEUE GRAVITATIONSTHEORIE

Probleme mit Merkur

Fast zweieinhalb Jahrhunderte lang glaubte man, das Planetensystem würde sich genauso verhalten, wie es die Newtonschen Gesetze verlangten. Die Bahnen der Planeten, Asteroiden und selbst der Kometen schienen mit großer Genauigkeit berechenbar zu sein, und für viele Astronomen wurde es zur Lebensaufgabe, die komplizierten Bewegungen im Sonnensystem aufzuklären.

Nur ein Planet bereitete zunehmend Schwierigkeiten: Merkur. Es war nicht möglich, die alten und neuen Positionsmessungen mit den Newtonschen Gesetzen in Einklang zu bringen. Eine genaue Analyse zeigte schließlich, daß die elliptische Umlaufbahn Merkurs sich um 43 Bogensekunden pro Jahrhundert im Raum dreht. Dies war etwas mehr als vorausgesagt (Bild 1.26), das Perihel drehte sich zu schnell um die Sonne.

Der französische Mathematiker Urbain Jean Joseph Leverrier (1811 bis 1877) bemerkte das unerklärbare Vorwärtswandern von Merkurs Perihel und führte es auf einen bisher unentdeckten Planeten zurück, der noch innerhalb der Merkurbahn die Sonne umkreisen sollte. Ein solcher Planet wäre wegen der Helligkeit der Sonne grundsätzlich schwer zu entdecken gewesen. Aber er hätte als schwarzer Fleck erkennbar sein müssen, wenn er vor der Sonne vorbeizieht. Und tatsächlich berichteten bald einige Astronomen von dem prophezeiten Durchgang, so daß Leverrier die Entdeckung eines neuen Planeten verkündete, den er Vulkan nannte. Aber die Ankündigung war voreilig gewesen, denn die Flecken entpuppten sich als normale Sonnenflecken, die auf der rotierenden Sonne über deren Oberfläche zogen. Vulkan wurde niemals entdeckt, und für die Unstimmigkeit der Periheldrehung fand man später eine andere Erklärung.

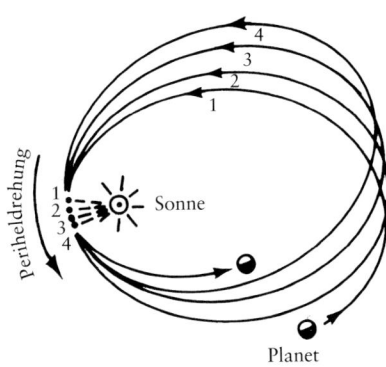

Bild 1.26. Präzession von Merkurs Perihel. Hier ist etwas übertrieben dargestellt, wie das Perihel langsam auf der Umlaufbahn weiterwandert. (Das Perihel ist der sonnennächste Punkt auf der Planetenbahn.) Dieses Phänomen wurde zuerst der Schwerkraftwirkung eines unbekannten Planeten zugeschrieben, den man Vulkan taufte. Heute wissen wir, daß es diesen Planeten nicht gibt. Das merkwürdige Verhalten Merkurs wurde schließlich durch Einsteins Gravitationstheorie erklärt, in der die Sonne den umgebenden Raum krümmt

Bild 1.27. Schwerelosigkeit in der
Erdumlaufbahn. Der erste Welt-
raumspaziergang eines Astronauten
ohne Seilverbindung mit dem Raumschiff am 7. Februar 1984. Bruce
McCandless II trug eine 150 kg
schwere Steuerungseinheit mit
24 Stickstoffdüsen sowie eine Klein-
bildkamera. Mit dieser Steuereinheit
konnte er sich in der Schwerelosigkeit gezielt bewegen. (Foto: NASA)

Eine gekrümmte Geometrie vereinigt Raum, Zeit und Materie

Albert Einstein (1879 bis 1955) ging bei seinem Versuch, das Problem der Schwerkraft und der Planetenbewegung zu lösen von dem soge-nannten Äquivalenzprinzip aus:

Die Wirkungen in einem Gravitationsfeld und einem beschleunigten Bezugssystem sind äquivalent, das heißt durch Messungen nicht voneinander unterscheidbar.

Das Äquivalenzprinzip erklärt, warum Astronauten in der Erdum-laufbahn schwerelos sind (Bild 1.27). Fällt ein Raumschiff frei durch den Raum, verhält sich innen alles so, als gäbe es keine Gravitation.

Darüber hinaus nahm Einstein das sogenannte Kovarianzprinzip an. Es besagt, daß alle Gesetze der Physik auch in allen beschleunigten Bezugssystemen gelten. Diese Grundsätze führten ihn nicht nur zu ei-ner Revision des Newtonschen Gravitationsgesetzes, sondern darüber hinaus zu einer fundamental neuen Beziehung zwischen Raum und Materie. Das Ergebnis war seine Allgemeine Relativitätstheorie, eine der größten Errungenschaften der modernen Wissenschaft.

Nach der Allgemeinen Relativitätstheorie krümmt die Materie den umgebenden Raum, und diese Krümmung ist die Ursache der Gra-vitation. Wäre keine Materie im Universum, so wäre der Raum nicht gekrümmt und ließe sich mit einer ebenen Geometrie beschreiben, die der griechische Mathematiker Euklid entwickelt hat. Der gekrümmte Raum muß jedoch mit einer nicht-euklidischen Geometrie beschrie-ben werden (Bild 1.28).

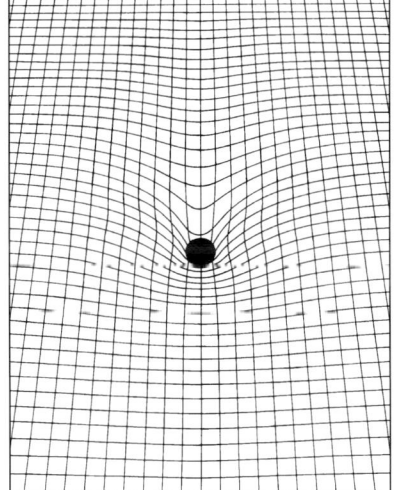

Bild 1.28. Die Raumkrümmung.
Ein massereicher Körper krümmt
den umgebenden Raum, der ohne
jede Materie durch die Euklidische
Geometrie beschrieben würde. Die
Krümmung ist in der Nähe des Körpers am größten und nimmt mit zunehmendem Abstand ab

KURZINFORMATION 1.3
Das Gewicht des Lichts

In der Nähe eines massereichen Körpers können ganz beträchtliche
Abweichungen vom Newtonschen Gesetz auftreten. So wird beispielsweise Licht in der Nähe eines Sterns durch die Raumkrümmung abgelenkt. Der Stern wirkt dabei wie eine Gravitationslinse, die die
Hintergrundsterne scheinbar ein wenig verschiebt. Im 18. Jahrhundert
verglichen die Astronomen das Licht mit Gewehrkugeln und meinten,
daß die Sonne aufgrund des Newtonschen Gravitationsgesetzes Licht
ablenken müsse. Einstein sagte für diesen Effekt einen doppelt so hohen Wert wie Newton voraus. Es war ein enormer Erfolg, als Einsteins
Voraussage, nämlich eine Verschiebung von 1,75 Bogensekunden am
Sonnenrand, 1919 während einer Sonnenfinsternis bestätigt wurde.

Die Meßgenauigkeit konnte erst in jüngster Zeit drastisch gestei-
gert werden, indem man radiointerferometrische Messungen an
Quasaren vornahm. Dies sind leuchtkräftige Radioquellen mit stern-
förmigem Aussehen. Mit diesen Messungen ließ sich Einsteins Voraussage bis auf weniger als ein Prozent genau bestätigen. Noch größere
Genauigkeit erzielte man mit Radiosignalen von Planeten und Raumsonden. Man nutzt hierfür den Effekt aus, daß sich durch die Raumkrümmung in der Nähe der Sonne die Laufzeit eines Radiosignals ver-
längert, weil auch Radiowellen der Krümmung folgen müssen. Wie in
der Abbildung gezeigt, läßt sich diese Laufzeitverzögerung mit einer
extrem genaugehenden Uhr an einem Radarecho von der Venus nachweisen. Die Verzögerung beträgt lediglich zwei Zehnmillionstel der
gesamten Laufzeit von 1000 Sekunden! Sie ist am größten, wenn die
Welle am dichtesten an der Sonne vorbeiläuft. (Nach I. Shapiro)

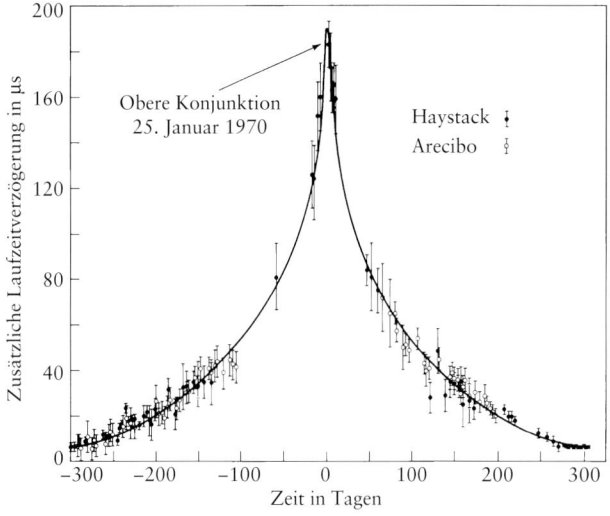

Tabelle 1.2. Einige Unterschiede zwischen der Newtonschen und der Einsteinschen Theorie

Newtons Theorie	Einsteins Theorie
1. Masse übt eine Kraft aus, die man Gravitation nennt.	1. Masse krümmt die Raum-Zeit, die daraus resultierene Bewegung täuscht die Wirkung einer Kraft vor.
2. Die Gravitation wirkt ohne Zeitverzögerung an allen Orten.	2. Die Wirkung der Gravitation breitet sich mit Lichtgeschwindigkeit aus.

Bild 1.29. Albert Einstein. Er sagte voraus, daß das Licht von Sternen im Gravitationsfeld der Sonne doppelt so stark abgelenkt wird wie nach der Newtonschen Theorie. Seine Vorhersage konnte während einer Sonnenfinsternis im Jahre 1919 bestätigt werden. (Foto: Bettman Archive)

Man erhält hieraus ein Gravitationsgesetz, das etwas vom Newtonschen abweicht. Diese Abweichung bewirkt, daß die Planetenbahnen nicht genau elliptisch sind. Auf einer reinen Ellipse kommt ein Planet nach einem Umlauf genau wieder an seinen Ausgangspunkt zurück. Auf einer Bahn, wie sie die Allgemeine Relativitätstheorie vorhersagt, ist dies nicht der Fall. Hier wandert der Planet etwas über den Anfangspunkt hinaus. Dies kann man auch so verstehen, daß die reine Ellipse sich dreht, das heißt das Perihel schreitet bei jedem Umlauf etwas fort. Einstein errechnete für die Periheldrehung des Merkur 43 Bogensekunden pro Jahrhundert – genau den beobachteten Wert. Da die Raumkrümmung mit wachsendem Abstand von der Sonne abnimmt, sind die Periheldrehungen für die anderen Planeten wesentlich kleiner als bei Merkur. Einige Unterschiede zwischen der Newtonschen und der Einsteinschen Gravitationstheorie sind in Tabelle 1.2 zusammengestellt.

Nach Einsteins Theorie müssen auch die Lichtstrahlen der Raumkrümmung um einen Körper folgen (s. Kurzinformation 1.3). Dies ist eine der bekanntesten Voraussagen, die man experimentell überprüft hat (Bild 1.29). Wenn wir die gravitative Wechselwirkung und somit auch die Bewegung von Raumschiffen genau verstehen wollen, brauchen wir also Einsteins Theorie. Dies bringt uns zu dem eigentlichen Thema dieses Buches: die Erforschung des Sonnensystems im Zeitalter der Weltraumfahrt.

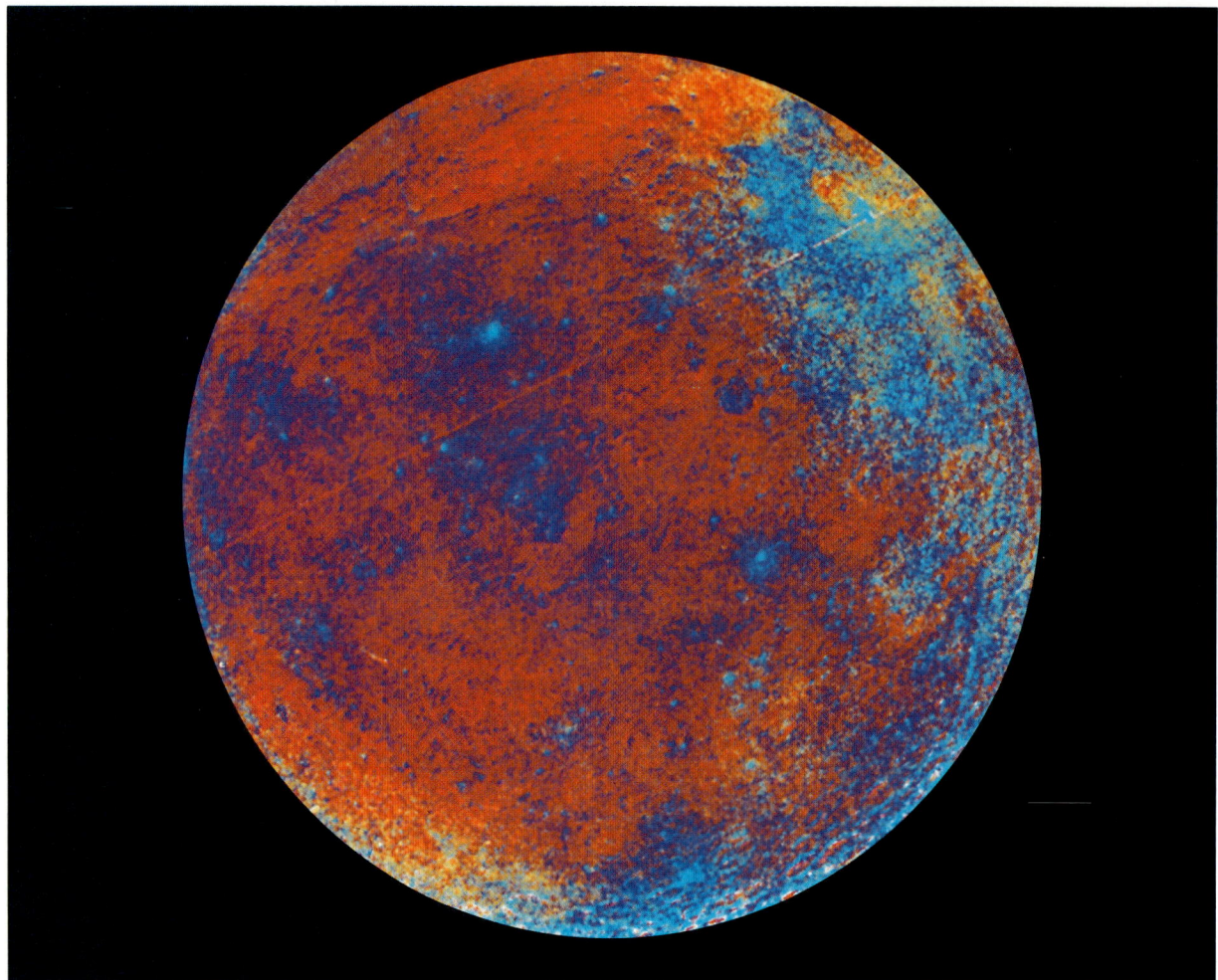

Der Mond. Diese Aufnahme machte die Raumsonde Galileo, als sie im Gravitationsfeld der Erde Schwung holte. Die Farbdarstellung zeigt die unterschiedliche mineralische Zusammensetzung der Oberfläche. Das grün-blaue Gebiet (*oben rechts*) ist Oceanus Procellarum, ein tiefliegendes Mare-Becken, angefüllt mit dunklem, vulkanischem Basalt. Während die tiefblauen Mare-Gebiete reich an Titan sind, bestehen die grünen, gelben und orange-farbenen Bereiche aus Basalt mit wenig Titan aber viel Eisen und Magnesium. Die von Kratern zerklüfteten Hochländer sind rot. Sie bestehen aus hellem, leichtem Gestein mit relativ geringen Anteilen an Titan, Eisen und Magnesium. Im Dezember 1992 holte Galileo ein zweites Mal an der Erde Schwung, um Jupiter anzufliegen. Im Dezember 1995 soll sie den Riesenplaneten erreichen. (Foto: NASA)

KAPITEL 2

Der Mond: Sprungbrett zu den Planeten

*Der Mond besitzt keine Atmosphäre.
Aus diesem Grunde bleibt sein Himmel
auch am Tage pechschwarz, kein Ton ist hörbar,
und es gibt kein Wetter.
Die meisten Oberflächenformationen sind bereits
älter als 3 Milliarden Jahre. In seiner Frühzeit war er
mit einem Lavasee bedeckt, heute überzieht ihn
eine feine Staubschicht. Es gibt kein Wasser,
und Leben ist nicht möglich.
Dies ist wahrscheinlich auch früher der Fall gewesen. Der Mond wirkt wie eine Bremse auf die
Erdrotation. Als Folge davon werden die Erdtage
immer länger, und der Mond entfernt sich
immer weiter von der Erde.*

Ebbe und Flut haben das Leben auf der Erde entscheidend beeinflußt; für manche Tiere üben sie eine Schlüsselfunktion bei der Fortpflanzung aus. Ironischerweise ist der Mond selbst eine öde Wüste, die im wesentlichen über die vergangenen 3 Milliarden Jahre hinweg unverändert geblieben ist, abgesehen von vereinzelten Meteoriteneinschlägen, die neue Krater erzeugten. Er bildet sozusagen ein Archiv der Entwicklungsgeschichte von Erde und Mond. Aus ihm können wir herauslesen, daß beide Himmelskörper einem heftigen Strom von Planetesimalen ausgesetzt waren. Als Astronauten in den siebziger Jahren Expeditionen auf dem Mond vornahmen hofften sie, den Schlüssel für dessen Entstehung zu finden. Ihre Reisen brachten uns viele neue Einsichten, von denen in diesem Kapitel die Rede sein soll.

DIE MONDOBERFLÄCHE

Ein Blick aus größerer Entfernung

Schaut man sich den Mond mit dem bloßen Auge an, erkennt man lediglich unregelmäßig geformte dunkle und helle Flächen (Bild 2.1). Obwohl er in einer klaren Nacht sehr hell erscheint, ist er doch dunkler als die meisten irdischen Felsen, wie Bild 2.2 verdeutlicht.

Der Mond dreht sich während eines Erdumlaufs genau einmal um seine eigene Achse. Diese Synchronisation bewirkt, daß wir von der Erde aus immer dieselbe Seite des Mondes sehen. Wir nennen sie die Vorderseite, im Gegensatz zur unsichtbaren Rückseite. Sie können sich diese Synchronisation selbst veranschaulichen, wenn Sie einen

Bild 2.1. Der Vollmond. Die von der Erde aus sichtbare vordere Hälfte des Mondes. Der Kontrast zwischen den dunklen Maren und den großen Kratern mit den hellen Strahlen wird hier besonders deutlich. Das Südpolgebiet (*unten*) wird von dem hellen Auswurfmaterial des verhältnismäßig jungen Kraters Tycho beherrscht. Im Nordwesten (*oben links*) zeichnet sich direkt oberhalb der hellen Krater Kopernikus und Kepler (*Mitte links*) das dunkle Mare Imbrium ab. Östlich (*rechts*) davon befindet sich das Mare Serenitatis. (Foto: Lick Observatory)

Ball in die Hand nehmen und sich langsam drehen. Während Sie sich einmal um sich selbst drehen, sehen Sie immer dieselbe Seite des Balls. Dieser hat sich aber, durch das Umkreisen Ihres Körpers, gleichzeitig einmal um seine eigene Achse gedreht.

Als Galileo Galilei im Jahre 1609 das erste Mal sein einfaches Fernrohr auf den Mond richtete entdeckte er, daß die dunklen Flecken weich und eben, wie große Meere aussahen (Bild 1.20). Er nannte sie deswegen *Mare*, nach dem lateinischen Wort für Meer. Heute wissen wir, daß es kein Wasser auf dem Mond gibt und wahrscheinlich auch nie gegeben hat. Als Galilei sich den Mond in der Nähe der Tag- und Nachtgrenze genauer anschaute, erkannte er eine zerklüftete Landschaft mit hohen Bergen, die lange Schatten warfen. Die meisten Berge befanden sich in den helleren Gebieten, die er *Terrae* (lateinisch für Land) nannte. Von ihnen wissen wir heute, daß sie Hochländer sind, die sich über die umgebenden Mare erheben (Bild 2.3). Damit hatte Galilei den ersten Beweis erbracht, daß der Mond keinesfalls eine reine Kugel ist, wie es Aristoteles behauptet hatte.

Galilei schrieb: »Durch die mehrmals wiederholten Beobachtungen jener Flecken aber gelangten wir zu der Auffassung und Ge-

Bild 2.2. Der Mond über Half Dome. Dieses Foto verdeutlicht, daß das Mondgestein dunkler ist als die meisten irdischen Felsen. Obwohl uns der Vollmond am nächtlichen Himmel hell erscheint, reflektiert seine Oberfläche nur 7 Prozent des Sonnenlichts. (Foto: Ansel Adams Publishing Right Trust)

wißheit, daß die Oberfläche des Mondes nicht glatt, gleichmäßig und von vollkommener Kugelgestalt ist, wie eine große Schar von Philosophen von ihm und den anderen Himmelskörpern glaubte, sondern ungleich, rauh und mit vielen Vertiefungen und Erhebungen, nicht anders als das Antlitz der durch Bergketten und tiefe Täler allerorts unterschiedlich gestalteten Erde.«

Galilei gab sich mit diesem qualitativen Eindruck nicht zufrieden und entwickelte eine einfache geometrische Methode, um aus der Länge der Schatten die Höhe der Mondberge zu berechnen. Dabei stellte er fest, daß diese Erhebungen durchaus mit denen auf der Erde vergleichbar sind. Da der Mond aber kleiner ist als die Erde, handelt es sich sozusagen um eine bergigere Welt.

100 km

Bild 2.3. Ebene Mare und rauhe Hochländer. Diese, von einem Raumschiff aus gewonnene Aufnahme zeigt den Westrand des Mare Serenitatis (Meer der Heiterkeit). Man erkennt die Grenze zwischen der ebenen, lavagefüllten Mare-Ebene (*rechts*) und dem zerklüfteten, kraterzerfurchten Hochland. Parallel zum Rand dieses Beckens haben sich einige Grate gebildet, die manchmal auch Runzelfalten genannt werden. Die Ebene ist gleichzeitig mit dem Hochland vor etwa 4 Milliarden Jahren in einem heftigen Meteoritenbombardement entstanden. Als Folge davon floß vor etwa 3,5 Milliarden Jahren Lava aus dem Mondinnern und füllte das Mare Serenitatis. (Foto: NASA)

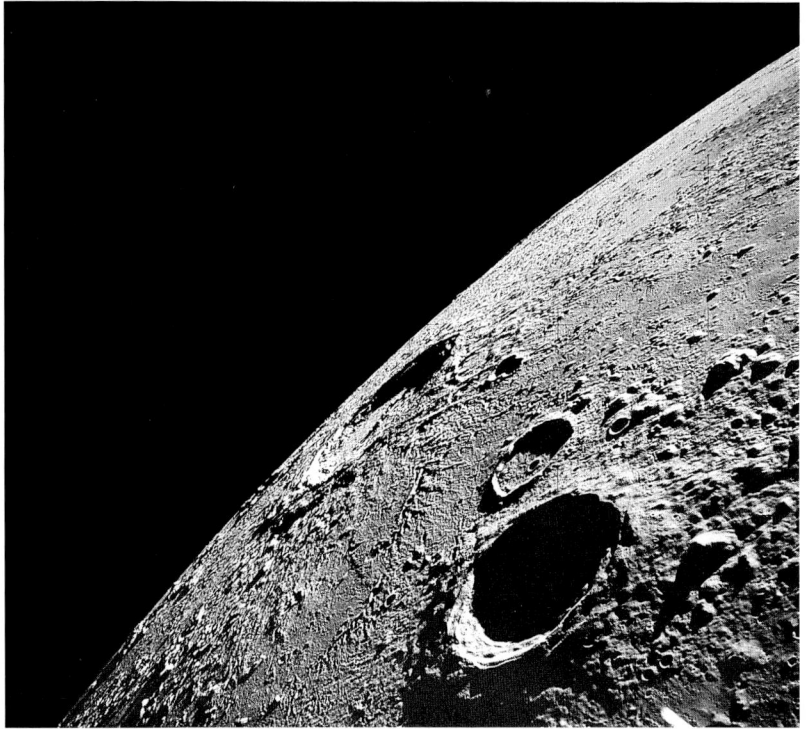

Bild 2.4. Die Krater Kopernikus und Reinhold. Nahe am Horizont befindet sich der 93 Kilometer durchmessende Krater Kopernikus, der von einem Kranz heller Strahlen umgeben ist. Sie bestehen aus hellem Auswurfmaterial, das sich bei der Entstehung des verhältnismäßig jungen Kraters vor etwa 900 Millionen Jahren ablagerte. Bei den Vordergrundkratern handelt es sich um Reinhold A und B. (Foto: NASA)

Bild 2.5. Mondstrahlen. Weiße Strahlen gehen von dem Krater Tycho (*oben rechts*) aus und erstrecken sich über weite Teile der Mondoberfläche. Tycho ist mit einem Durchmesser von 85 Kilometern und einem Alter von 107 Millionen Jahren ein großer, relativ junger Krater. Nur bei diesen jungen Kratern sind die weißen Strahlen so gut erhalten. Bei den älteren sind sie nachgedunkelt oder durch Meteoriteneinschläge verwischt worden. *Unten links* ist das Mare Nectaris als dunkler Fleck zu erkennen. Die Brillanz dieser Aufnahme wurde durch eine Nachbehandlung mit Hilfe der sogenannten unscharfen Maskierung erzielt. Man erhöht damit den Kontrast und die Auflösung. (Foto: Anglo-Australian Telescope, 1976, aufbereitet von David F. Malin)

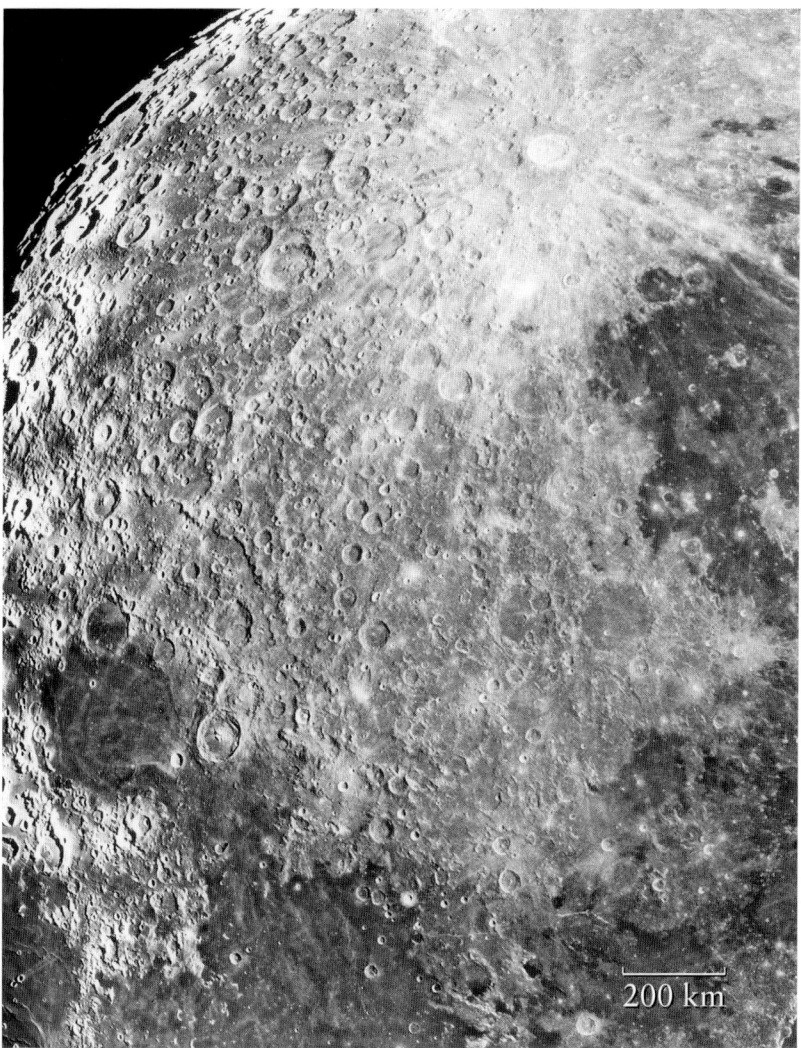

Die auffälligsten Gebilde auf dem Mond sind die runden Krater, mit denen die gesamte Oberfläche übersät ist (Bild 2.4). Mit dem bloßen Auge sind sie nicht zu erkennen, aber bereits ein Fernglas zeigt die größten von ihnen. Besonders um Vollmond herum erkennt man helle Streifen, die von einigen Kratern wie Radspeichen ausgehen. Diese Mondstrahlen bestehen aus Material, das bei der Entstehung des Kraters herausgeschleudert wurde. Einige von ihnen erstrecken sich über ein Viertel des Mondumfangs (Bild 2.5).

Die Schatten auf dem Mond sind tiefschwarz, was bereits den ersten Hinweis darauf liefert, daß der Mond keine Atmosphäre besitzt. Schatten auf der Erde werden nämlich immer durch das Streulicht der Atmosphäre aufgehellt, das an einem klaren Tag immerhin ein Zehntel der Helligkeit der Sonne erreicht. Auf dem Mond gibt es außer dem di-

34 km

Bild 2.6. Timocharis. Der mittelgroße Krater Timocharis zeigt aufgrund seines relativ geringen Alters noch viele Einzelheiten des Einschlags, bei dem das Material in alle Richtungen geschleudert wurde. Der Primärkrater besitzt einen Durchmesser von 34 Kilometern. *Unten links* im Bild sieht man jedoch noch zahlreiche Sekundärkrater, die häufig in kleinen Gruppen oder in Form von Ketten auftreten. Sie stammen von Felsbrocken, die beim Einschlag des Meteoriten fortgeschleudert wurden und weiter flogen als das Material, das die Strahlen bildete. (Foto: NASA)

rekten Sonnenlicht lediglich das Licht der Sterne, so daß die Schatten dunkler sind.

Es gibt noch weitere Hinweise darauf, daß der Mond ohne Atmosphäre ist. Der früheste war die Beobachtung, daß die Bedeckung eines Sterns durch den Mond schlagartig passiert, ganz anders als das langsame Verschwinden der Sonne, Sterne und Planeten an unserem Horizont. Hätte der Mond ebenfalls eine Atmosphäre, so würde bei der Bedeckung eines Sterns dessen Licht langsam schwächer werden. Tatsächlich verschwindet er jedoch in weniger als einer Sekunde. Die Schwerkraft des Mondes reicht nicht aus, um eine Atmosphäre zu halten. Ohne Atmosphäre gibt es auf dem Mond keine farbenprächtigen Sonnenuntergänge, der Himmel ist auch am Tage pechschwarz, kein Geräusch stört die unendliche Ruhe, und es gibt keine Wolken und kein Wetter.

Selbst mit dem kleinsten Fernrohr lassen sich viele Einzelheiten erkennen. Schmale Bergketten stehen noch als Überreste eines abgesunkenen Kraterrandes, ein vereinzelter sonnenbeschienener Gipfel erhebt sich in der Mitte eines im Schatten liegenden Kraters. Lange gewundene Rillen schlängeln sich wie Flüsse, einen Kilometer breit und hunderte von Kilometern lang. Es gibt helle und dunkle Krater, von denen sich einige überlappen und andere bedecken: Zentralberge und Mehrfachringwälle fallen auf sowie Gruppen von Sekundärkratern, die offensichtlich von dem Auswurf eines Meteoriteneinschlags herrühren. Die Hochländer sind so stark mit Kratern übersät, daß kein ebenes Gelände mehr übrig blieb. Ein neuer Krater läßt sich nur an seinem hellen Auswurfmaterial identifizieren (Bild 2.6). Beim genaueren Hinsehen erkennt man selbst in den Mare hier und dort kleine Krater.

Ursprung der Mondkrater

Viele Krater besitzen einen ebenen Boden, aus dem sich ein Zentralberg erhebt. Zuerst vermutete man, es handle sich um Vulkane, aber die Ähnlichkeit mit irdischen Vulkanen ist nur gering (s. Kurzinformation 2.1). Die Mondkrater entstanden durch explosive Meteoriteneinschläge. Meteorite sind feste Körper im Sonnensystem, die die Größe von Asteroiden erreichen können. Die meisten sind jedoch nur kleine Staubpartikel. Erreicht ein solcher Körper die Oberfläche eines Planeten, so nennt man ihn Meteorit.

Die Strahlen, die von einigen Kratern ausgehen deuten ebenfalls darauf hin, daß der Mond keine Atmosphäre besitzt. Früher glaubte man, es handle sich um Brüche, die durch den Einschlag entstanden, und aus denen Gas austritt. Heute wissen wir, daß sie aus verstreutem

KURZINFORMATION 2.1
Mondkrater – Vulkane oder Bomben?

Anfänglich glaubten die Astronomen, die Mondkrater seien vulkanischen Ursprungs. Zwei Argumente schienen dies zu bestätigen. Erstens sind alle Krater rund und ähneln damit den irdischen Vulkankratern. Zweitens hatten zwei Jahrhunderte lang ehrbare Astronomen Leuchterscheinungen gesehen, die sie an Vulkaneruptionen erinnerten. Vor allem in der Nähe des hellsten Mondkraters, Aristarchus, sowie Alphonsus (auf der Aufnahme, nächste Seite, zu sehen) waren solche Sichtungen besonders häufig.

Nach und nach sprach jedoch immer mehr für die Theorie, daß es sich um Meteoritenkrater handelt. Zuerst fand man heraus, daß die meisten Kraterböden gegenüber der Umgebung abgesenkt sind, ganz im Gegenteil zu irdischen Vulkankratern. Außerdem entsprach die Menge des Materials in den Ringwällen in etwa dem ausgehobenen Bodenmaterial, und schließlich wurde es klar, daß ein Einschlagskrater eigentlich durch eine Explosion entsteht. Diese hinterläßt immer einen runden Krater, unabhängig von der Flugrichtung des Geschosses.

Dagegen ließen sich überlappende Kraterränder mit der Vulkantheorie schwer erklären, und die hellen Strahlen, die von jungen Kratern ausgehen, sprachen ebenfalls für die Einschlagstheorie.

Die Diskussion kam jedoch erst zu einem abschließenden Ende, als man Bodenproben vom Mond mitbrachte. Proben aus den Hochlandkratern und den großen Becken sind Konglomerate. Das heißt sie bestehen aus Fragmenten ehemals verschiedenen Gesteins, das durch enormen Druck, wie er bei einem Einschlag auftritt, zusammengeschweißt wurde. Die zerklüftete Hochlandkruste ist ein wahres Museum an Einschlagsnarben, die von einem frühen Meteoriten-Bombardement stammen.

Obwohl sich die Mare in einer frühen Vulkanismusphase mit Lava füllten, ist der Mond offensichtlich seit 3 Milliarden Jahren nicht mehr vulkanisch aktiv. Die Ausbrüche, von denen zahlreiche Astronomen berichtet haben, waren sehr wahrscheinlich optische Täuschungen.

Der Krater Alphonsus besitzt jedoch ein überraschendes Phänomen. Auf seinem Boden befinden sich einige längliche Krater, die von einem dunklen Halo umgeben sind. Sie sind mit einigen Spalten assoziiert und könnten vulkanischen Ursprungs sein. Wahrscheinlicher ist aber wohl die Theorie, daß es sich um Sekundärkrater handelt.

119 km

Staub bestehen. Sandähnliche Partikel, kleine Steine und Felsbrocken, die bei der explosiven Entstehung des Kraters herausgeschleudert wurden. Dieses Material hätte sich in einer Atmosphäre nie so weit ausbreiten können. Die kleineren Teilchen wären verglüht, die mittelgroßen in der näheren Umgebung heruntergefallen, und nur wenige Brocken wären etwa tausend Kilometer weit geflogen. Eventuell hat sogar ein beträchtlicher Teil der kleinen Partikel den Mond verlassen. Erreichen die Teilchen eine Geschwindigkeit von mindestens 2,38 Kilometer pro Sekunde, so können sie aus dem Gravitationsfeld des Mondes entweichen.

Genau von oben gesehen ist jeder Krater rund, obwohl die Meteoriten aus völlig verschiedenen Richtungen auf dem Boden aufgeschlagen sein müssen – einige fast senkrecht, andere in einem flachen Winkel. Während die großen Krater flach sind, besitzen die kleineren steile innere Wälle und einen schüsselförmigen Boden. Darüber hinaus ist die Menge des herausgeflogenen Materials genauso groß wie die in dem Ringwall, das heißt würde man das Wallmaterial in den Krater zurückschieben, so würde der Boden auf das Niveau der Umgebung angehoben. Am einfachsten und überzeugendsten lassen sich diese Tatsachen erklären, wenn man annimmt, daß die Krater durch Explosionen entstanden sind; nicht durch Bomben im üblichen Sinn, sondern durch den Einsturz von Meteoriten (Bild 2.7). Versuchen wir einmal, uns solch ein Ereignis vorzustellen.

Ein Meteorit bewege sich mit einer Geschwindigkeit von 30 bis 40 Kilometern pro Sekunde auf einer elliptischen Bahn um die Sonne. Er wird nun durch die Anziehungskraft der Erde aus seiner Bahn geworfen, kreuzt die Mondbahn und kollidiert mit dem Erdtrabanten. Die Aufschlagsgeschwindigkeit beträgt dann zwischen 2 und 70 Kilo-

Bild 2.7. Die Entstehung eines Kraters. Ein aufprallender Meteorit erzeugt einen runden Krater, dessen Durchmesser etwa 40 mal größer ist als er selbst. Die Tiefe des Kraters beträgt nur etwa ein Zehntel des Durchmessers, und der Kraterboden ist gegenüber dem umliegenden Gelände abgesenkt. Obwohl der Meteorit beim Aufschlag verdampft, schlägt die Explosion Material aus dem Boden heraus und schleudert es in alle Richtungen. Dabei entstehen ein erhöhter Rand, radial verstreutes Auswurfmaterial und Sekundärkrater. Bei großen Kratern bildet sich durch das Zurückschlagen des Mondbodens in der Mitte ein Zentralberg

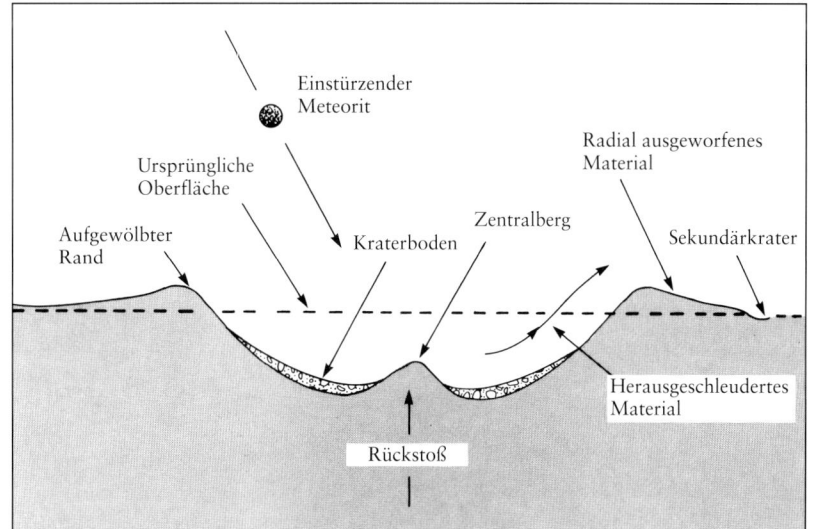

metern pro Sekunde, je nach der Richtung, aus der er sich dem Mond nähert. Ein von hinten kommendes Geschoß beispielsweise wird von dem Mond eingefangen, der sich selbst mit einer Geschwindigkeit von 30 Kilometern pro Sekunde um die Sonne bewegt. In einem solchen Fall werden die beiden Körper eher sanft kollidieren.

Der einstürzende Körper wird plötzlich abgebremst, und seine Bewegungsenergie verwandelt sich in Wärme, wobei ein starker Druck sowie eine hohe Temperatur entstehen. Dies erzeugt eine Stoßwelle, die in das umgebende Gestein eindringt, es komprimiert und zertrümmert. Das Ergebnis ist eine Explosion, die einen Krater erzeugt. Die Bewegungsenergie des einstürzenden Körpers ist groß genug, um sich selbst und ein Vielfaches des Mondgesteins zu verdampfen. Ein durchschnittlicher Meteorit mit einer Geschwindigkeit von 25 Kilometern pro Sekunde besitzt genug Energie, um das 1000fache seines eigenen Gewichts zu schmelzen oder das 100fache zu verdampfen. Darüber hinaus wissen wir, daß bei einem solchen Einsturz nicht nur Material aufgeschmolzen und verdampft wird. Schlagen wir mit einem Hammer auf einen Stein oder ein Eisstück, so schmilzt oder verdampft nur ein kleiner Teil des Materials, der größte Teil wird einfach zerstoßen. Anstatt die Materie in einzelne Moleküle aufzulösen, zerkleinern wir es zu Molekülclustern und kleinen Körnern. Diese Körner waren ursprünglich in einem Kristallgitter eingebettet und von Fehlstellen und schwachen Schichten umgeben. Deswegen lassen sie sich leicht und ohne Zerstörung herauslösen. Auf diese Weise kann in diesem Pulverisierungsprozeß weitaus mehr Materie freigesetzt werden als beim Schmelzen oder Verdampfen.

Es ist schwer zu sagen, wieviel Mondgestein bei einem Meteoriteneinsturz pulverisiert beziehungsweise verdampft. In Experimenten hat man jedoch herausgefunden, daß ein Meteorit schätzungsweise das 10 000fache seiner eigenen Masse herausschleudern kann. Der Dampf trägt die kleineren Partikel vom Einschlagspunkt aus in alle Richtungen mit sich fort; daher die runde Kraterform.

Die Entstehung der großen Krater läßt sich eher dadurch veranschaulichen, daß man einen Stein in Gelatine wirft. Es entsteht zuerst ein großes Loch, aber aufgrund ihrer Konsistenz schlägt die Gelatine zurück und in der Mitte entsteht ein kleiner Berg. Die Größe eines solchen Kraters veranschaulicht Bild 2.8. Man erkennt, daß der Durchmesser etwa zehnmal größer ist als die Tiefe, wobei wir zur Vereinfachung annehmen, daß der Krater die Form eines flachen Zylinders besitzt. Der Krater wird dann einen etwa 40 mal größeren Durchmesser aufweisen als der Meteorit. So hinterläßt beispielsweise ein 250 Meter durchmessender Meteorit einen Krater mit einem Durchmesser von 10 Kilometern.

Die größten Einschlagskrater stellen die Mare dar (s. Tabelle 2.1). Eines der aufallendsten auf der Vorderseite ist das Mare Imbrium mit

Bild 2.8. Tiefe und Durchmesser der Krater. Mondkrater und künstlich erzeugte Bombenkrater liegen in diesem Diagramm auf einer Kurve, was für den meteoritischen Ursprung der Mondkrater spricht. Krater, die durch einen Einsturz erzeugt werden, sind immer rund, unabhängig davon, aus welcher Richtung der Körper einschlägt. In der Lücke zwischen künstlichen Kratern und Mondkratern gibt es einige Erdkrater meteoritischen Ursprungs. (Nach: Ralph B. Baldwin: The Face of the Moon, University Press, Chicago 1949, Seite 132)

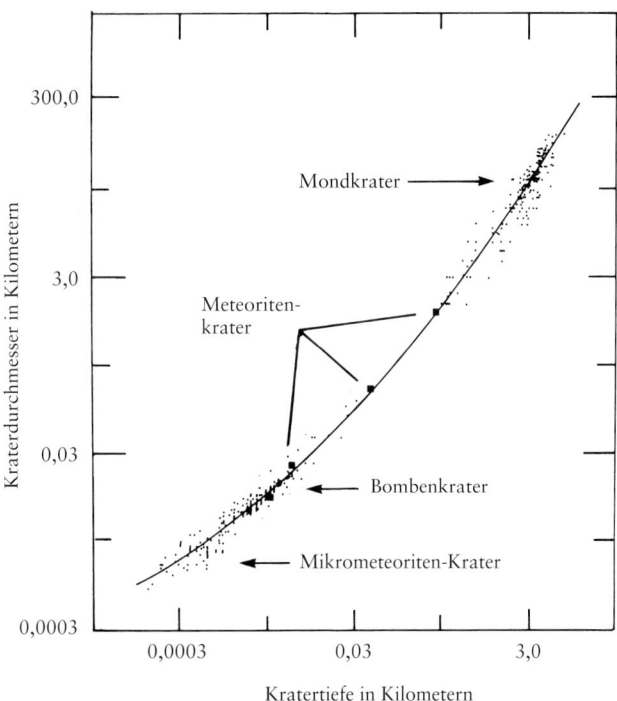

einem Durchmesser von 1500 Kilometern, das man bereits mit bloßem Auge sehr gut sehen kann. Es bildet das eine Auge im Gesicht vom »Mann im Mond«. Dieses große Becken war vermutlich die Folge des Einschlags eines Meteoriten mit einem Durchmesser von 40 Kilometern. Becken dieser Größe entstanden bereits in einer frühen Phase des Mondes und füllten sich mit flüssiger Lava aus dem Innern.

Tabelle 2.1. Große Einschlagsbecken und Mare

Mare (lateinisch)	Becken (deutsch)	Beckendurchmesser in Kilometern
Oceanus Procellarum	Ozean der Stürme	3200
Mare Imbrium	Regenmeer	1500
Mare Crisium	Meer der Gefahren	1060
Mare Orientale	Östliches Meer	930
Mare Serenitatis	Meer der Heiterkeit	880
Mare Nectaris	Honigmeer	860
Mare Smythii	Smyth-Meer	840
Mare Humorum	Meer der Feuchtigkeit	820
Mare Tranquilitatis	Meer der Ruhe	775
Mare Nubium	Wolkenmeer	690
Mare Foecunditatis	Meer der Fruchtbarkeit	690

Bild 2.9. Die Apenninen. Das Mare Imbrium (*oben links*) ist umgeben von den Apenninen (*unten rechts*). Die radiale Struktur und die steil nach innen abfallenden Hänge dieser Berge waren erste Hinweise darauf, daß es sich bei dem Imbrium-Becken um einen Einschlagskrater handelt. Der größte Krater auf dieser Aufnahme heißt Archimedes; er besitzt einen Durchmesser von 83 Kilometern. (Foto: Lick Observatory)

83 km

Das Geschoß, welches das Mare Imbrium erzeugte, hätte fast den Mond in Stücke gerissen. Es erzeugte radial nach außen laufende Bergketten und Täler, die ein Viertel um den Mond herumlaufen, und es verstreute Auswurfmaterial über einen großen Teil der Vorderseite. Dieses Gebiet nennen wir die Fra-Mauro-Formation.

Bei allen Kratern mit Durchmessern von mehr als 120 Kilometern war die Einschlagsenergie so groß, daß der Boden zurückschlug. Er schwappte förmlich auf und ab und erzeugte dabei mehrere Ringe. Der Kraterrand stürzte schließlich ein und bildete einen terrassierten Wall. Nach dem Einschlag vibrierte die Oberfläche wie eine Trommel. Ein Beispiel hierfür ist das Imbrium-Becken (Bild 2.9). Den äußeren Ring bilden einige auffällige Bergketten wie die Apenninen im Osten (*rechts*), darüber die Alpen und darunter die Karpaten. Die zwei inneren Ringe sind durch die kreisförmigen Wälle des Mare sowie vereinzelte Berge markiert. Dies deutet darauf hin, daß die bei der Explosion entstandenen, ringförmigen Bergketten in der Lava versanken, die das Imbrium-Becken füllte. Auf diese Weise entstanden viele der auffälligen Bergzüge als Rand oder innerer Ring eines Einschlagskraters, der sich später mit Lava füllte. Es gibt keinerlei Hinweise auf eine Gebirgsbildung in jüngerer Zeit, wie wir es von der Erde her kennen. Die Tatsache, daß die Berge fast ausnahmslos durch den Einschlag von Meteoriten entstanden sind, erklärt eventuell auch ihre verhältnismäßig geringe Höhe von selten mehr als 2,5 Kilometern, obwohl die geringe Schwerkraft des Mondes weitaus höhere Berge zulassen würde.

DER MOND AUS DER NÄHE

Reise zum Mond

Das Weltraumzeitalter begann am 4. Oktober 1957, als die Sowjetunion den ersten künstlichen Erdsatelliten, Sputnik 1, ins All schoß. Zwei Jahre später schickten sie ihre Raumsonde Luna 3 auf eine Reise um den Mond, um die ersten Fotos von der bis dahin unbekannten Rückseite aufzunehmen (s. Kurzinformation 2.2). Auf diesen Aufnahmen erkannte man sofort, daß die Rückseite sich von der Vorderseite durch eine viel geringere Zahl von Maren unterscheidet.

Vor der ersten bemannten Mondlandung wurden drei Arten von Robotern zum Mond geschickt, um zwei wichtige Fragen zu klären. Erstens mußte man die Gegenden ausfindig machen, die zu felsig für eine gefahrlose Landung waren. Zweitens hatten einige Wissenschaftler die Hypothese aufgestellt, daß der Mond von einer dicken, vielleicht einen Kilometer tiefen Staubschicht bedeckt sei, die eine Landung unmöglich machen würde und in der die Astronauten auf Nimmerwiedersehen versinken würden. Schließlich wußte man ja, daß 4 Milliarden Jahre lang auf den Mond ein Meteoritenhagel niedergeprasselt war. Dieses Bombardement hatte möglicherweise die Oberfläche in ein lockeres Gemisch aus Felsen, Steinen, Körnern, Erde und Staub, den sogenannten lunaren Regolith, verwandelt. Gerade die weitaus häufigeren kleinen Meteorite hatten, so befürchtete man, den Boden wie ein Sandstrahlgebläse in eine feine Staubschicht aufgelöst (Bilder 2.10 und 2.11).

Um diese Unwägbarkeiten zu klären, schlugen drei Ranger-Sonden auf dem Mond auf. Vorher sendeten sie jedoch zahlreiche Bilder zur Erde. (Beim Betrachten dieser Bilder überkam einen ein schwindelerregendes Gefühl, und die Übertragung endete schließlich mit dem

Die Rückseite des Mondes

Im Oktober 1959, zwei Jahre nach dem Start des ersten künstlichen Erdsatelliten, schoß die Sowjetunion die Raumsonde Luna 3 zum Mond. Damit war eine neue Ära im Weltraumzeitalter angebrochen – eine Ära der ferngesteuerten Erkundung und direkten Erforschung des Mondes.

Luna 3 umkreiste einmal den Mond und fotografierte dabei seine Oberfläche. Als sie in Erdnähe zurückgekehrt war, tastete eine kleine Fernsehkamera die Bilder ab und sendete sie zu einem Empfänger am Boden. Die Bilder (gegenüberliegende Seite, *links*) enthüllten zwar keine Details, zeigten aber deutlich, daß es auf der Mondrückseite weitaus weniger Mare gibt. Ein Mare mit einem Durchmesser von 445 Kilometern wurde entdeckt (in dem Bild mit I gekennzeichnet) und auf den Namen Mare Moscoviense (Moskau-Meer) getauft. Die anderen dunklen Mare am linken unteren Rand sind bekannt und von der Erde aus am östlichen Mondrand zu sehen: Das Mare Crisium (II), Mare Marginis (III) und Mare Smythii (V).

Amerikanische Astronauten an Bord von Apollo 16 untersuchten die Mondrückseite detaillierter (*unten rechts*). Sie bestätigten, daß diese Hemisphäre hauptsächlich aus hellen und kraterzerklüfteten Hochlandgebieten besteht. Es gibt zwar ein Einschlagsbecken, das dem Imbrium-Becken ähnelt, aber merkwürdigerweise haben sich die Becken auf der Rückseite nicht mit dunkler Lava gefüllt.

Im Dezember 1990 flog die Raumsonde Galileo nahe an der Erde vorbei und machte dabei ungewöhnliche Aufnahmen vom Mond (gegenüberliegende Seite). Die Gebiete auf der linken Seite dieser Aufnahme sind von der Erde aus nie sichtbar. Auf der rechten, erdzugewandten Seite des Mondes erkennt man Oceanus Procellarum. Die dunklen Bereiche am westlichen Rand gehören zum Mare Orientale, das von der Erde aus gerade noch am Mondrand sichtbar ist.

Diesen grundlegenden Unterschied zwischen den beiden Hemisphären verstehen die Astronomen mittlerweile recht gut. Die Kruste ist auf der Mondrückseite dicker als auf der Vorderseite, was den Lavaausfluß verhinderte. Außerdem hat die Erde mit ihrer Schwerkraft viele Meteoriten angezogen und auch in Richtung zum Mond abgelenkt. Hier trafen sie vornehmlich auf die uns zugewandte Seite.

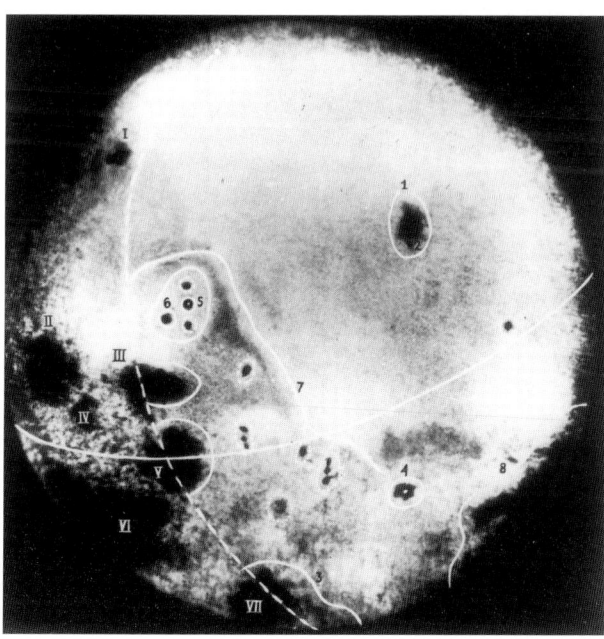

483 km

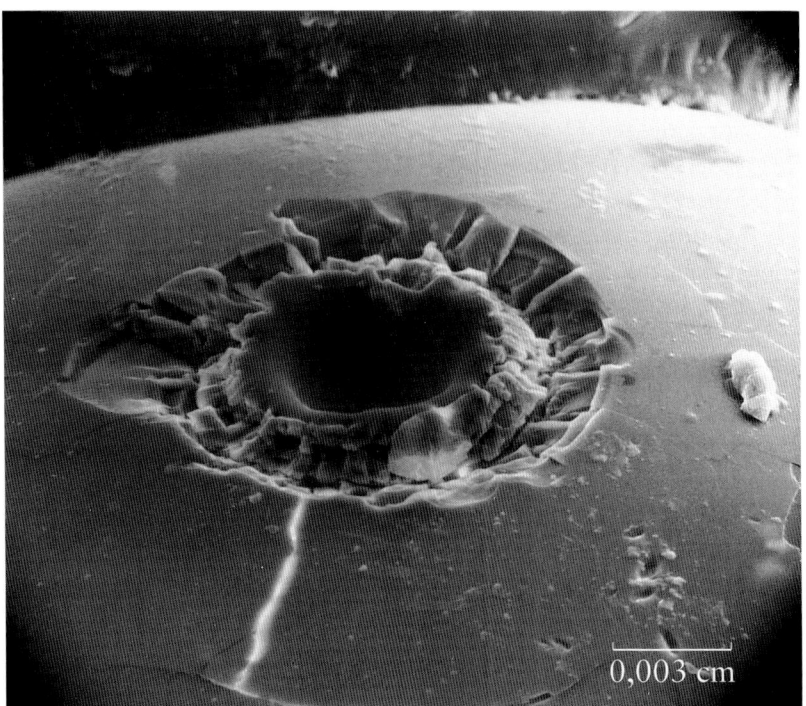

Bild 2.10. Mikrometeoritenkrater. Mikrokrater auf einer Glasplatte, die vom Mond mitgebracht wurde. Das zentrale Loch besitzt einen Durchmesser von 30 Mikrometern (0,03 Millimeter). Solche Krater entstehen durch den Einschlag kleiner Staubpartikel mit Geschwindigkeiten von einigen Kilometern pro Sekunde. (Foto: NASA)

Bild 2.11. Licht und dunkler Boden. Der Jahrmilliarden während Beschuß durch Mikrometeoriten läßt den Mondboden dunkler erscheinen. Das hellere Material ist aus den relativ jungen Kratern herausgeschleudert worden und deswegen nicht solange dem Meteoritenbeschuß ausgesetzt gewesen. Es wird in den kommenden Milliarden Jahren nach und nach ebenfalls dunkler werden. (Foto: NASA)

Aufschlag der Sonde.) Danach folgten fünf Lunar Orbiter, die den größten Teil der Mondoberfläche aus einer Entfernung von einigen hundert Kilometern abfotografierten und dabei lediglich die beiden Pole aussparten. Mit Hilfe dieser Karten wählte man die Landeplätze aus. Nebenbei entdeckten die Wissenschaftler auch große Massenkonzentrationen, sogenannte Mascons, unter der Mondoberfläche (s. Kurzinformation 2.3). In der Endphase der Vorbereitungen landete die sowjetische Mondsonde Luna 9 sowie fünf amerikanische Surveyor-Sonden weich auf dem Mond. Die Kontrollmannschaft auf der Erde verfolgte gespannt, wie die Beine der dreifüßigen Sonden den Boden berührten. Sie sanken nur wenige Zentimeter ein. Damit war bewiesen, daß es die gefürchtete tiefe Staubschicht nicht gibt und daß Menschen sehr wohl auf dem Mond gehen können, ohne bis über den Kopf zu versinken.

Im Dezember 1968 umrundeten zum ersten Mal Astronauten den Mond (Apollo 8), und am 20. Juli 1969 landeten die ersten Menschen auf unserem Trabanten (Apollo 11). Die eigentliche Landung fand mit der käferförmigen Landefähre statt, die von dem Mutterschiff abkoppelte, das weiter den Mond umrundete. Michael Collins blieb in der Umlaufbahn, während Neil Armstrong und Edwin Aldrin mit der Fähre abstiegen und landeten. Dann kletterte Armstrong vor den Augen von schätzungsweise 500 Millionen Fernsehzuschauern vorsichtig die Leiter herunter und stand schließlich sicher auf der feinkörnigen Oberfläche. Ein alter Traum war wahr geworden: Der Mensch setzte seinen Fuß auf den Boden einer anderen Welt (s. Kurzinformation 2.4). Die folgenden Worte Armstrongs gingen damals um die ganze Welt: »Dies ist ein kleiner Schritt für einen Menschen, aber ein großer Schritt für die Menschheit.« Am nächsten Tag schrieb eine italienische Tageszeitung kurz und treffend: »Fantastico!«.

Die Kameras der Astronauten zeichneten eine öde, von Kratern vernarbte und mit Staub bedeckte Wüste auf. Sie zeigten die scharfen Umrisse der Schuhabdrücke und keinerlei Staubwolken über der luftleeren Oberfläche. Der Staub klebte an den Astronautenanzügen und Instrumenten. Die Astronauten gingen wie auf einem gepflügten Acker oder nassem Sand. Der größte Teil des feinen Staubs war durch das ständige Aufwühlen des Bodens durch die Meteoriten in dem Regolith nach unten gesunken.

Insgesamt landeten sechs bemannte Raumfahrzeuge auf dem Mond, das letzte, Apollo 17, im Dezember 1972 (Bilder 2.12 und 2.13). Alle Landeplätze befinden sich auf der Vorderseite (Bild 2.14). Sie wurden so gewählt, daß die Mondproben von möglichst unterschiedlichen Bodenarten stammten. Während die ersten Astronauten noch zu Fuß den Mond erkundeten (Bild 2.15), benutzten sie später Rover mit großen Maschendrahträdern (Bild 2.16). Ihre Weltraumanzüge schützten sie gegen die grelle Sonne und hielten innen eine

Mascons

Als man die Umlaufbahnen von Raumsonden auf der Vorderseite des Mondes genau verfolgte, fand man heraus, daß sie in Richtung der Mare angezogen wurden. Die Sonden verhielten sich so, als würden die Mare große Massenkonzentrationen enthalten, die den Namen Mascon (aus dem englischen Mass concentration) erhielten. Praktisch alle Mare auf der Vorderseite zeigten dieses unerwartete Phänomen. Die überschüssige Masse beträgt etwa 10^{21} Gramm, entsprechend 1/100 000 der Mondmasse.

Worum handelt es sich bei diesen Mascons? Die einfachste Erklärung ist die folgende: Mascons sind Gebiete, in denen die leichte Mondkruste dünner ist, so daß mehr Platz für den dichteren Basalt der Mare und das aufsteigende Mantelmaterial nach jüngeren Einschlägen vorhanden ist. Wenn der Mond ursprünglich während der Entstehung der Mascons innen geschmolzen war, so mußten diese wahrscheinlich aufgrund ihrer höheren Dichte unter die Oberfläche absinken. Das bedeutet daß die Mascons in einem Zeitraum vor 4 bis 3 Milliarden Jahren erstarrt sein müssen, nämlich in der Zeit zwischen der Entstehung der Einschlagsbecken und dem Ende der großen Lavaströme.

Da die Bahnen der Sonden auf der Rückseite des Mondes nicht verfolgt werden konnten, wissen wir nicht, ob es dort ebenfalls Mascons gibt.

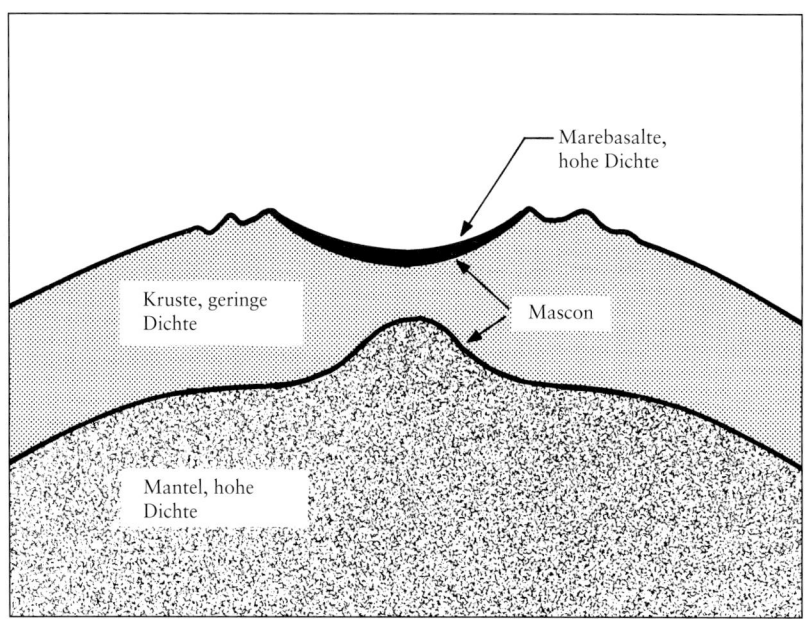

Bild 2.12. Lichtgemalte Mond-
landschaft. Für einen kurzen
Moment gelangte Sonnenlicht auf
den belichteten Film und färbte
die normalerweise graue Mond-
landschaft rot und gold ein. Im
Hintergrund erkennt man die
Abhänge der Taurus-Berge. (Foto:
NASA)

KURZINFORMATION 2.4
Der Mensch auf dem Mond

Die glänzenden Erfolge der Sowjets wirkten auf die amerikanische
Raumfahrt wie elektrisierend. Am 27. Mai 1961 verkündete John
F. Kennedy dem Kongreß sein berühmtes Programm mit der Erklärung: »Ich glaube, daß diese Nation es sich zum Ziel setzen sollte,
noch vor dem Ende dieses Jahrzehnts einen Menschen auf dem Mond
zu landen und ihn sicher wieder zur Erde zurückzubringen.«

Gerade acht Jahre später war dieses Ziel erreicht. Am 20. Juli 1969
betrat Neil Armstrong als erster Mensch den Mond. An seinem Schuh-
abdruck (s. Bild) erkennt man die etwa einen Zentimeter dicke Staubschicht auf dem Mondboden. Da der Mond keine Atmosphäre, kein
Wasser und kein Wetter besitzt, wird dieser Abdruck wahrscheinlich
10 Millionen Jahre lang zu sehen sein. Nach dieser Zeit haben ihn
Mikrometeoriten verwischt. Insgesamt waren 12 Astronauten auf
dem Mond.

14 cm

eigene Atmosphäre, so daß die Astronauten mehrere Tage auf dem Mond bleiben konnten. Bei jedem Aufenthalt ließen sie Geräte zurück, mit denen sich der Wärmefluß aus dem Mondinnern messen läßt, sowie Seismometer, um Schwingungen, ausgelöst durch Mondbeben oder Meteoriteneinschläge, zu registrieren. Außerdem stellten sie mehrflächige Spiegel auf, deren Seiten so aufeinandersaßen, wie die drei Flächen einer Kiste besitzen und die Laserlicht von der Erde reflektieren. Auf diese Weise können die Astronomen die Entfernung des Mondes sowie seine Bewegung auf wenige Zentimeter genau vermessen.

Nachdem die Astronauten zum Mutterschiff in der Umlaufbahn zurückgekehrt waren, koppelten sie die Landefähre ab und flogen innerhalb von drei Tagen zur Erde zurück. Biologen hatten die Befürchtung, daß die Astronauten oder die Mondproben einen todbringenden Virus auf der Erde einschleppen könnten. Aus diesem Grunde mußten die Astronauten der ersten drei Landeunternehmen nach ihrer Rückkehr drei Wochen lang in Quarantäne. Sie blieben jedoch bei bester Gesundheit, so daß den nachfolgenden Astronauten diese Prozedur erlassen wurde.

Bild 2.13. Mond und Erde vom Weltraum aus gesehen. Bei ihrer letzten Mondumrundung beobachteten die Astronauten von Apollo 17, wie die Erdsichel über dem Horizont der Mondrückseite aufging. (Foto: NASA)

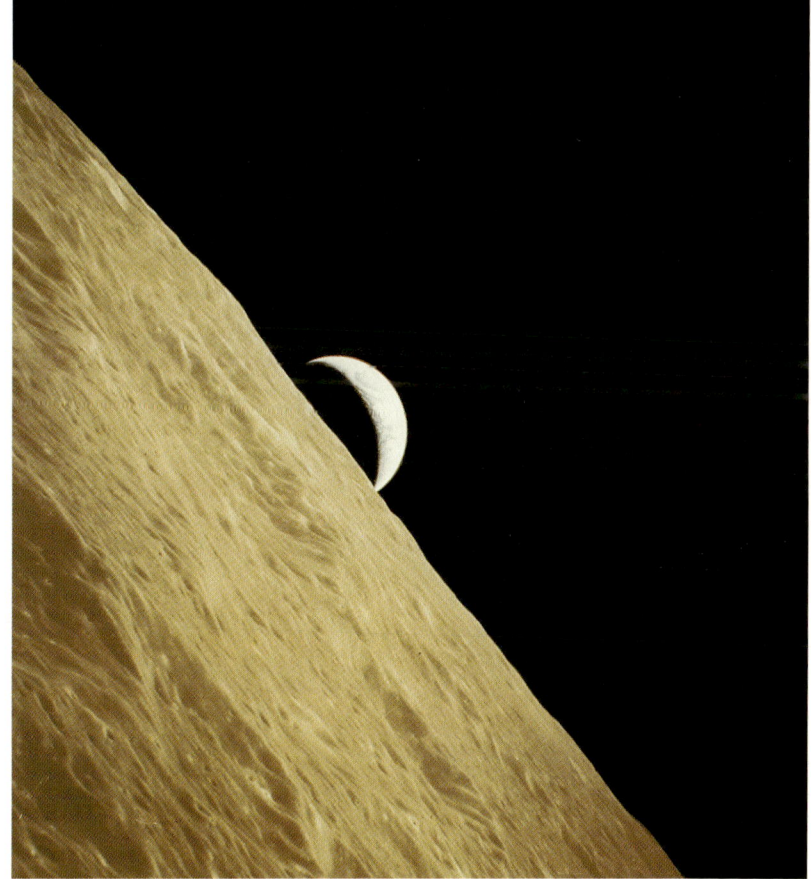

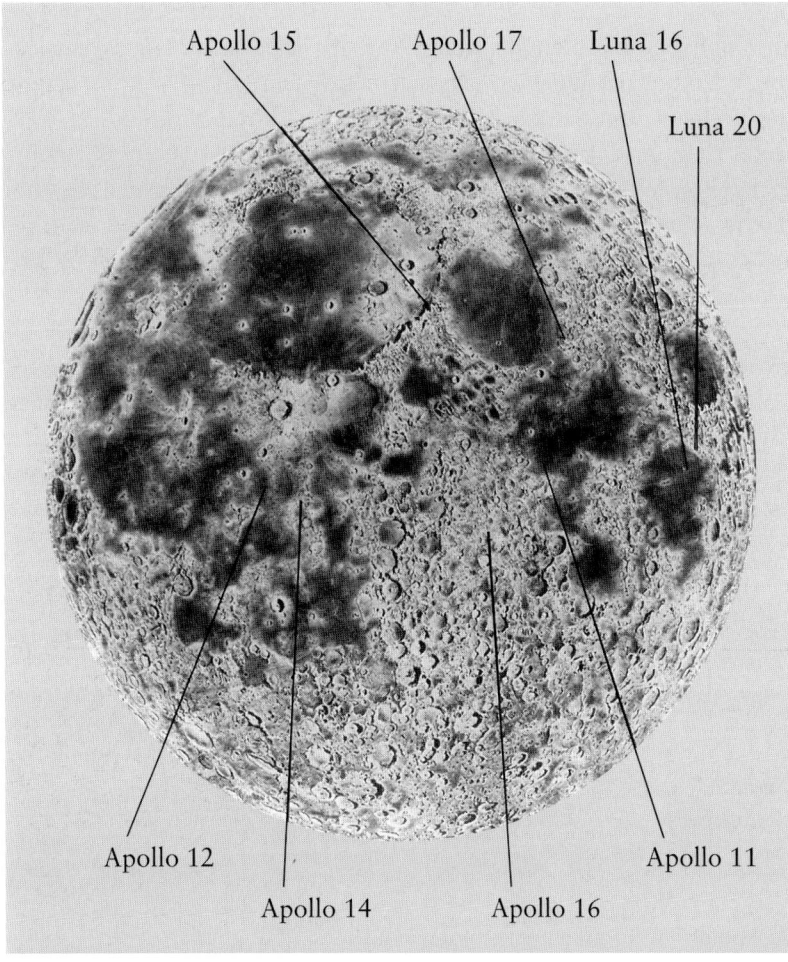

Apollo 15   Apollo 17   Luna 16

Luna 20

Apollo 12

Apollo 14   Apollo 16   Apollo 11

Bild 2.14. Landeplätze. Die Apollo-Landeplätze wurden so ausgesucht, daß man Bodenproben aus möglichst unterschiedlichen Gebieten erhielt. Apollo 11 und 12 landeten im Mare Tranquilitatis beziehungsweise Oceanus Procellarum. Die Gesteinsproben von diesen Stellen zeigten, daß die beiden Mare sich vor 3 beziehungsweise 3,4 Milliarden Jahren mit Lava füllten. Für Apollo 14 wurde eine Landestelle in der Fra-Mauro-Formation ausgewählt. Dieses Gelände ist mit Material bedeckt, das vor 4 Milliarden Jahren bei der Entstehung des Imbrium-Beckens über die Oberfläche verstreut wurde. Die Astronauten von Apollo 15 sammelten von einem Punkt in den Apenninen aus sowohl Material aus dem Hochland als auch aus einem Mare und der Hadley-Rille. Apollo 16 und 17 landeten im Hochland in der Nähe des Kraters Descartes beziehungsweise des Mare Serenitatis. Die unbemannten Sonden Luna 16 und 20 brachten geringe Proben von Hochlandgestein und Mare-Basalten aus der Umgebung des Mare Fecunditatis zur Erde zurück

Bild 2.15. Mondspaziergang. Ein Astronaut wandert an einem Krater vorbei, der durch die Umverteilung des Mondmaterials in dem feinkörnigen Regolith entstanden ist. Kleine Partikel haben die Mondoberfläche sandgestrahlt und dabei eine dünne Schicht mit einer weichen, welligen Oberfläche geschaffen und kantige Felsbrocken geschliffen. Größere Meteoriten schleudern dabei Felsen aus der Tiefe über die Oberfläche. (Foto: NASA)

Bild 2.16. Mondauto. Während die Astronauten von Apollo 11 und 12 sich nicht weit von der Mondfähre entfernen konnten und dies auch nur auf ebenem Gelände, waren die Astronauten der nachfolgenden Missionen in der Lage, mit einem Rover weitere Ausflüge in rauherem Gelände zu unternehmen. Dieser Rover steht am Fuße der Apenninen. Im Hintergrund ist die mit fast 5000 Metern höchste Erhebung dieser Bergkette, der Mount Hadley, zu erkennen. Der Rover blieb auf dem Mond. Ohne Wind, Regen und Rost wird er Jahrmillionen überstehen, aber Mikrometeoriten schießen unaufhörlich kleine Löcher in seine Oberfläche. (Foto: NASA)

Mondgestein

Die Astronauten brachten 382 Kilogramm Gestein vom Mond zurück, bei dem es sich ausnahmslos um abgekühlte Lava handelte (Bild 2.17). Das Mare-Gestein ähnelt Basalt, einem dunklen, fast schwarzen und sehr feinkörnigen Material. Auf der Erde kommt es in Verbindung mit Lavaströmen vor, die in Form von hohen Säulen erstarrt sind. Während das Hochlandgestein verhältnismäßig viel Kalzium und Aluminium enthält, ist das der Mare reicher an Magnesium, Eisen und Titan.

Nachdem die Lava erstarrt war, wurde sie durch einschlagende Meteoriten wieder zertrümmert und über die Oberfläche geschleudert. Durch weitere nachfolgende Einschläge wurde dieses Gestein dann wieder zusammengedrückt. Die hierbei entstandenen Brekzien sind das häufigste Mondgestein.

Das Mondgestein hat eine sehr ähnliche Zusammensetzung wie das der Erde, bis auf eine wichtige Ausnahme: Der Mond besitzt weitaus weniger leicht flüchtige Elemente, wie Natrium und Kalium, sowie Elemente, die sich in der geschmolzenen Lava lösen, wie Gold und

Bild 2.17. Sammeln von Bodenproben. Ein Astronaut von Apollo 17 nimmt Proben von einem Felsen, von dem man glaubt, daß er hoch oben im Nordmassiv der Landestelle entstanden ist. Der große Felsen rollte vor etwa einer Milliarde Jahren herunter und zerfiel dabei in fünf Teile. Der gesamte Felsen muß etwa 20 Meter groß gewesen sein. Das Südmassiv ist auf der anderen Seite des Tales sichtbar. (Foto: NASA)

Nickel. Diese Abreicherung deutet darauf hin, daß das Mondmaterial früher einmal heißer gewesen sein muß als das der Erde. Hierfür spricht auch, daß die Mondmaterie mit Elementen angereichert ist, die hohen Temperaturen standhalten können.

Es gibt kein Wasser auf dem Mond, und anscheinend gab es auch nie welches. Das Mondgestein zeigt keine Anzeichen dafür, daß es jemals Wasser ausgesetzt gewesen ist, und es enthält auch keine Feuchtigkeit oder hydratisiertes Material. Auf der Erde ist der Sauerstoff im Gestein und im Wasser eingelagert, auf dem Mond nur im Gestein. Auch Mineralien sind im Vergleich zur Erde seltener, während es auf dem Mond etwa 100 gibt, weist die Erde rund 2000 auf. Die Ursache hierfür ist wahrscheinlich das Fehlen von Wasser und Luft, was auch die Bildung von Erzen, wie Kupfererz, verhinderte.

Da das Mondgestein nie mit Wasser oder freiem Sauerstoff in Kontakt gekommen ist, würde es auf der Erde seine chemische Zusammensetzung ändern. Aus diesem Grunde muß man es in Behältern mit einer trockenen, sauerstofffreien Stickstoffatmosphäre aufbewahren und sie immer von außen mit Handschuhen behandeln, die luftdicht an der Innenwand des Behälters befestigt sind. In der übrigen Zeit wird das Gestein in einem stählernen Tresor im Lunar Receiving Laboratory des NASA Johnson Space Center in Houston, Texas, verwahrt.

Die Proben enthalten offenbar weder Fossilien und lebende Organismen noch anderes organisches Material. Der Mond ist eine lebensfeindliche Wüste.

Von der Zeit und dem Mond

Die Wissenschaftler konnten in ihren Laboratorien nicht nur die chemische Zusammensetzung des Mondgesteins bestimmen, sondern auch dessen Alter. Die hierfür verwendete Radionuklidmethode funktioniert nach folgendem Prinzip: Einige Atomkerne, sogenannte instabile Mutterisotope, zerfallen mit einer konstanten Rate in leichtere Isotope, die Tochterisotope. Mißt man nun den Anteil der Tochterisotope und ist die Zerfallsrate bekannt, so läßt sich daraus das Alter des Gesteins bestimmen (s. Tabelle 2.2).

Diese Methode ist vergleichbar damit, daß man die Zeitdauer eines Brandes dadurch bestimmt, daß man die Asche wiegt und das Feuer eine Weile beobachtet, um herauszubekommen, wie schnell die Asche produziert wird. Das Verfahren funktioniert natürlich nur unter der Annahme, daß der Wind nicht einen Teil der Asche weggeblasen hat. Andernfalls ist das errechnete Alter zu gering.

Eine ähnliche Einschränkung gibt es auch bei der Radionuklidmethode. Die Tochterisotope müssen vollständig im Gestein verblieben sein, da sonst das ermittelte Alter zu gering ist. In Wirklichkeit können die Tochterisotope sehr leicht entweichen, wenn das Material schmilzt, das heißt sie werden erst ab dem Zeitpunkt eingeschlossen, an dem die Lava erstarrt ist. Deshalb ist das gemessene Alter eigentlich die Zeitspanne, die zwischen der Erstarrung und heute vergangen ist. Wird das Gestein in der Zwischenzeit von einem Meteoriten getroffen und schmilzt kurzzeitig wieder, so wird die Radioaktivitätsuhr erneut auf Null gestellt. Man mißt also immer die Zeitspanne seit dem *letzten* Aufschmelzen des Materials.

Diese Methode läßt sich auch auf Meteorite anwenden, die auf die Erde gefallen sind. Man erhielt für sie ein Alter von 4,6 Milliarden Jahre, was heute als das Alter des Sonnensystems angenommen wird. Fast

Tabelle 2.2. Radioaktive Isotope für die Altersbestimmung

Elternisotop	Tochterisotop	Halbwertszeit in Jahren
Rubidium-87	Strontium-87	49 Milliarden
Rhenium-187	Osmium-187	43 Milliarden
Lutetium-176	Halfinium-176	35 Milliarden
Thorium-232	Blei-208	14 Milliarden
Samarium-147	Neodym-143	11 Milliarden
Uran-238	Blei-206	4,5 Milliarden
Kalium-40	Argon-40	1,25 Milliarden
Uran-235	Blei-207	704 Millionen
Plutonium-244	Xenon-132,134,136	83 Millionen
Iod-129	Xenon-129	17 Millionen

alle Hochlandgesteine des Mondes lieferten ein Alter um 4 Milliarden Jahre; nur einige wenige gehen mit 4,4 Milliarden Jahre bis auf die Entstehung des Mondes zurück.

Die Chronologie des Erdtrabanten begann demnach vor etwa 4,4 Milliarden Jahren, als die Körper des Sonnensystems aus dem Urnebel auskondensierten. Möglicherweise bildete sich der Mond aus mehreren kleinen Körpern, den Planetesimalen, aber die Spuren seines Ursprungs und seiner frühen Entwicklung haben sich im Nebel der Zeit verloren. Wir wollen diese Lücke vorerst überspringen und am Ende des Kapitels zu dem Problem zurückkehren, nachdem wir mehr über das Innere des Mondes und die Wirkungen der Gezeiten gelernt haben.

DAS INNERE DES MONDES

Mondbeben

Ebenso wie auf Erde gibt es auch auf dem Mond Beben. Sie wurden erstmals mit Hilfe empfindlicher Seismometer nachgewiesen, die Apollo-Astronauten an vier weit auseinanderliegenden Stellen auf der Mondoberfläche aufgestellt hatten. Da es auf dem Mond keine Erschütterungen durch Wind, Gezeiten der Ozeane oder Straßenverkehr gibt, lassen sich dort viel schwächere Beben nachweisen als auf der Erde. Mondbeben überschreiten selten Stärke 2 auf der Richter-Skala. Selbst wenn man direkt über dem Zentrum eines starken Mondbebens stünde, würde man es nicht spüren. (Die Stärke eines Erdbebens wird auf der logarithmischen Richter-Skala angegeben. Hierfür wird die Amplitude einer seismischen Welle mit Hilfe eines Seismometers gemessen. Erdbeben mit einer Stärke zwischen 1 und 3 auf der Richter-Skala können zwar registriert, aber nicht vom Menschen gefühlt werden. Ab Stärke 5 werden Gebäude beschädigt, noch stärkere Beben – das heftigste erreichte Stärke 8 – können alle Gebäude zerstören.)

Mondbeben sind nicht nur sanfter als irdische, sondern sie verhalten sich auch anders. Während die Erschütterungen bei uns plötzlich einsetzen und nur einige Minuten lang dauern, bauen sich die Wellen der Mondbeben langsam auf und halten über eine Stunde lang an. Offenbar ist der Mondkörper ein ideales Medium für die Ausbreitung seismischer Wellen.

Einige Mondbeben werden von einstürzenden Meteoriten ausgelöst; sie treten in unregelmäßigen Abständen auf. Viele der tieferliegenden Beben wiederholen sich jedoch in halbmonatlichem, also 14tägigem Abstand. Außerdem treten sie vornehmlich dann auf, wenn Erde und Mond am geringsten (Perigäum) oder am weitesten voneinander entfernt (Apogäum) sind. Dies läßt darauf schließen, daß Gezeitenkräfte die Mondbeben hervorrufen, wenn der Mond auf seiner elliptischen Bahn zur Erde hingezogen und von ihr fortgeschleudert wird. Wahrscheinlich hat sich der Mondkörper an eine durchschnittliche Gezeitenkraft angepaßt, so daß bei größeren oder kleineren Kräften das Gestein aufgrund innerer Spannungen gegeneinander wirkt, was dann zu den Mondbeben führt.

Darüber hinaus ereignen sich Mondbeben nicht immer nur zu denselben Zeiten, sondern auch an bestimmten Stellen. Der Ursprung der tiefen Mondbeben liegt 800 bis 1000 Kilometer unter der Oberfläche, viel tiefer als die Erdbeben, die in etwa 100 Kilometer Tiefe entstehen. Es gibt sogar bevorzugte Stellen im Innern für die Entstehung von Beben.

Der Aufbau des Mondes

Mit Hilfe der Seismometer-Aufzeichnungen war es möglich, die Geschwindigkeit der seismischen Wellen im Innern des Mondes zu ermitteln. Hieraus ließ sich dann ein Modell des Mondinnern ableiten, genauso wie es die Geologen für die Erde getan haben (s. Kapitel 5 »Die rastlose Erde«). Man unterscheidet zwei Arten seismischer Wellen: Erstens Longitudinalwellen; sie ähneln einfachen Schallwellen, die sich sowohl in festen als auch in flüssigen Körpern ausbreiten können. Zweitens Transversalwellen; sie entsprechen den seitwärts laufenden Wellen, wie man sie zum Beispiel in einem Topf mit Gelatine beobachten kann. Transversalwellen benötigen feste Stoffe und können sich nicht in Flüssigkeiten ausdehnen. Diese beiden Typen lassen sich auf dem Mond unterscheiden, weil sie die Seismometer auf verschiedene Weise anregen. Vergleicht man das unterschiedliche Verhalten von

Bild 2.18. Das Innere des Mondes. Dieser Querschnitt durch den Mond zeigt dessen innere Struktur. Die Mondkruste ist auf der erdzugewandten Seite dünner als auf der abgewandten. Flüssige Lava konnte durch Spalten in der dünnen Kruste an die Oberfläche gelangen, wo die meisten Mare entstanden. Am unteren Rand der Lithosphäre, in einer Tiefe von etwa 1000 Kilometern, entstehen die tiefen Mondbeben. Nach unten schließt sich die teilweise geschmolzene Asthenosphäre an. Das Massenzentrum, *M*, ist gegenüber dem geometrischen Mittelpunkt der Kugel (*gestrichelter Kreis*) *F* in Richtung zur Erde verschoben. Wahrscheinlich besitzt der Mond einen kleinen eisenreichen, geschmolzenen Kern

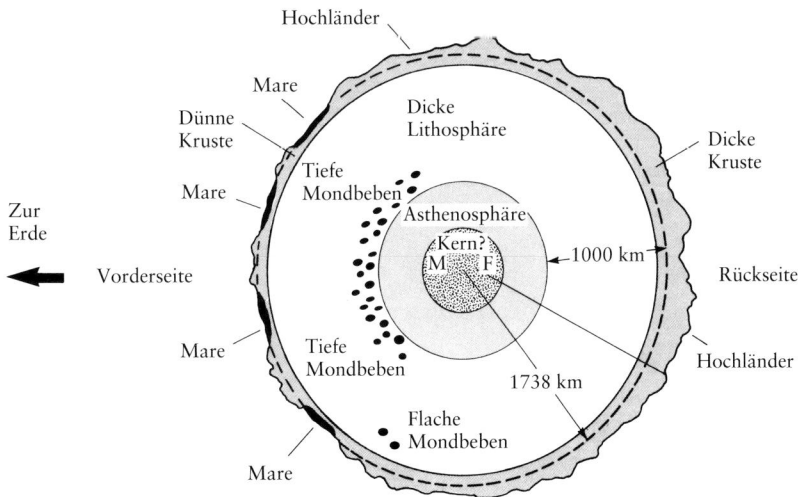

Transversal- und Longitudinalwellen, so kann man daraus auf Bereiche geschmolzenen Gesteins schließen.

Nach den heutigen Modellen besitzt der Mond eine 60 bis 100 Kilometer dicke Kruste aus leichtem Material und darunter eine 1000 Kilometer tiefe Lithosphäre aus dichtem, festem und kaltem Gestein (Bild 2.18). Darunter wird der Mond nach innen immer wärmer, und unterhalb einer Tiefe von 1400 Kilometern könnte das Gestein geschmolzen sein. Merkwürdigerweise entstehen die Mondbeben nahe der Grenze zwischen dem festen und dem geschmolzenen Gestein. Möglicherweise besitzt der Mond ebenso wie die Erde einen metallischen Kern, der allerdings wesentlich keiner sein muß. Diese Vermutung paßt auch sehr gut zu der Beobachtung, daß der Mond kein globales Magnetfeld hat (s. Kurzinformation 2.5).

KURZINFORMATION 2.5
Der Magnetismus des Mondes

Mit Hilfe von Raumsonden, die den Mond in einer Höhe von etwa 100 Kilometern umkreisen, stellten Wissenschaftler fest, daß es große magnetische Gebiete in der Mondkruste gibt. Diese Magnetfelder sind bis zu 100 Kilometer breit, ergänzen sich jedoch nicht zu einem globalen Magnetfeld. Der Mond besitzt keinen Nord- oder Südpol wie die Erde, und insgesamt ist sein Feld eine Million Mal schwächer als das irdische.

Das auf die Erde gebrachte Mondgestein besitzt ebenfalls Anzeichen von Restmagnetismus, den das Gestein seit seiner Erstarrung vor 3 Milliarden Jahren konserviert hat. Die Magnetfeldstärken in diesen Gesteinen betragen ungefähr 0,003 Gauß; das ist etwa 100 mal schwächer als das Erdmagnetfeld am Äquator. Dieser Mondmagnetismus ist als Fossil eines ehemaligen Feldes erhalten geblieben, das eventuell einmal ebenso stark war wie das heutige Erdmagnetfeld.

Über die Ursachen des damaligen Magnetfeldes weiß man nicht viel, aber es gibt verschiedene mögliche Erklärungen dafür. Eventuell erzeugte der geschmolzene Kern das Feld, so wie es bei der Erde heute noch der Fall ist. Als dann der Mondkern weiter abkühlte und der Mond immer langsamer rotierte, wurde auch das Magnetfeld schwächer, bis es den heutigen Wert erreichte. Vielleicht ist das Magnetfeld auch bereits im Urnebel vorhanden gewesen und vom Mond während der Entstehungsphase eingeschlossen worden. Schließlich ist es auch möglich, daß die Erde den Mond magnetisierte, als die beiden Körper noch weitaus dichter zusammen waren. Dies ist eines der ungelösten Probleme der heutigen Mondforschung.

Entstehung der Hochländer und Mare

Die chemische Zusammensetzung und das hohe Alter der Hochländer lassen vermuten, daß sie in der Frühzeit des Mondes entstanden, als dessen Oberfläche noch geschmolzen war und einen Magma-Ozean bildete. Das spezifisch leichtere Material strömte zur Oberfläche, während dichtere Materialien ins Innere absanken. Vor etwa 4,4 Milliarden Jahren erstarrte dann der Magma-Ozean zu einer dünnen Kruste mit geringerer Dichte. Teile dieser Kruste finden wir heute in den Hochländern wieder, die reich an leichten Elementen wie Kalzium und Aluminium sind.

In der daran anschließenden Phase, bis vor etwa 3,9 Milliarden Jahren, war die Kruste einem Bombardement von übriggebliebenen Planetesimalen und Felsbrocken ausgesetzt. Die großen Einschlagsbecken und die meisten Hochlandkrater entstanden vor etwa 4 Milliarden Jahren durch diesen besonders heftigen Beschuß.

Nach und nach nahm der Planetesimalhagel ab, so daß die äußeren Schichten weiter abkühlen konnten (Bild 2.19). Das Innere erwärmte sich weiterhin leicht durch den radioaktiven Zerfall langlebiger instabiler Elemente wie Uran und Thorium. Danach folgte eine Phase des Vulkanismus, in der vor 4,2 bis 3,1 Milliarden Jahren basaltische Lava aus dem Innern nach oben stieg und die großen Einschlags-

Bild 2.19. Abnahme der Kraterentstehungsrate. Die Entstehungsrate von Mondkratern ist hier gegen die Zeit aufgetragen. Die mit Pfeilen gekennzeichneten Stellen entsprechen den verschiedenen Apollo-Landeplätzen. Vor 4 Milliarden Jahren entstanden sehr viele Krater in einem heftigen Meteoritenbombardement. Danach sank die Kraterrate jedoch innerhalb von einer Milliarde Jahre rapide ab und blieb schließlich seit rund 2 Milliarden Jahren konstant

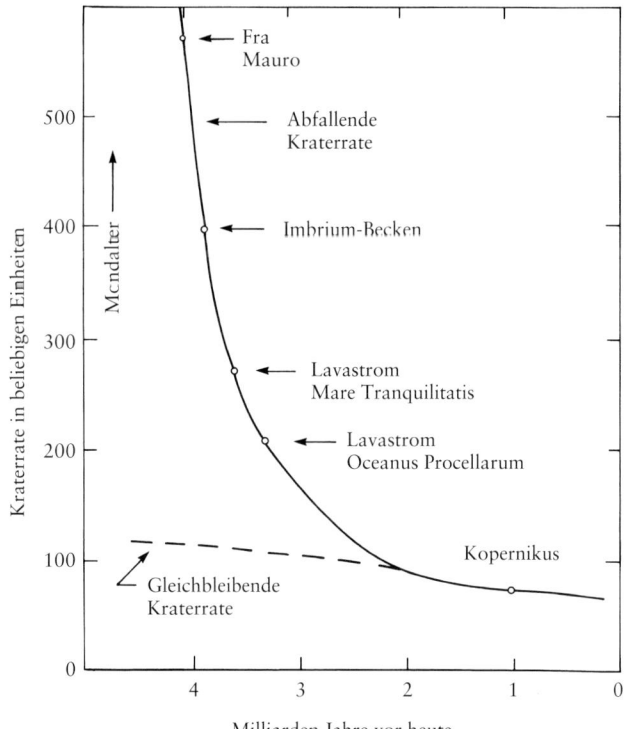

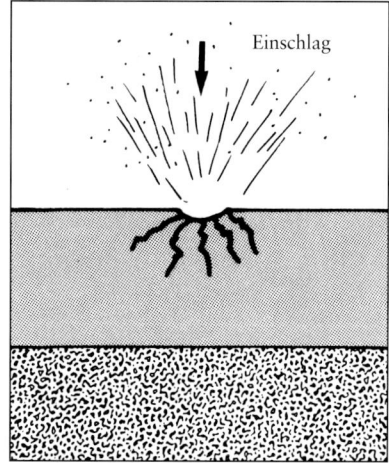 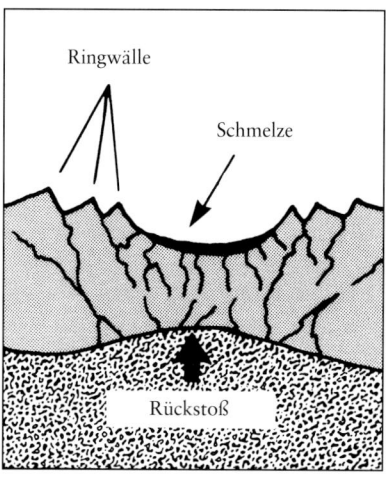 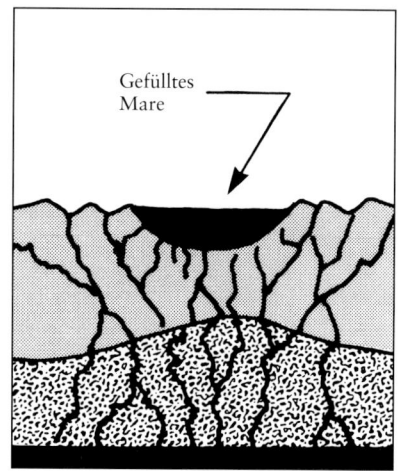

krater füllte, die wir heute als runde dunkle Mare sehen (Bild 2.20). Die Lava breitete sich vom Vulkanschlot schnell in einer dünnen Schicht in alle Richtungen aus und bedeckte seine Quellen, so daß keine Vulkanberge entstehen konnten (Bild 2.21). In einigen Mare hinterließen nachfolgende Lavaflüsse ihre Spuren, was uns deutlich zeigt, daß die Mare nicht in einem einzigen schnellen Vulkanausbruch entstanden. Wir schließen dies aus den großen Altersunterschieden der Basalte von mehr als einer Milliarde Jahre.

Die Lava überschwemmte alle Krater, die ihr in den Weg kamen und schaffte somit reinen Tisch für nachfolgende Meteoriteneinschläge, deren Häufigkeit zu der Zeit jedoch schon stark abgenommen hatte (Bild 2.22). Aus diesem Grunde sind die Mare verhältnismäßig glatt und die meisten ihrer Krater klein und relativ jung.

Die Ära des Vulkanismus dauerte etwa 800 Millionen Jahre an, bis die äußere Schicht langsam dicker geworden war und die Lava nur noch in den tieferen Schichten arbeiten konnte, eventuell sogar gänzlich zum Stillstand kam.

Schließlich wurde der Mond ein trostloser, ruhiger Himmelskörper, der nur noch ab und zu von dem kosmischen Bombardement verändert wird (s. Tabelle 2.3). Abgesehen von den großen Einschlägen, die die Krater mit den hellen Strahlen erzeugten, sowie der Pulverisierung durch kleine Meteoriten, hat sich die Mondoberfläche in den letzten 3 Milliarden Jahren nicht mehr verändert.

Das bedeutet, daß die heute an der Oberfläche liegenden Felsen und der Boden selbst in den vergangenen hunderten von Millionen Jahren nur wenige Meter unter der Oberfläche lagen. In derselben Zeit entstanden auf der Erde die Alpen und der Atlantik – das Mondgestein blieb unverändert.

Bild 2.20. Entstehung der Mare. Stürzt ein Meteorit auf die Mondoberfläche, so zerbricht er in viele kleine Stücke oder verdampft unter Umständen vollständig. Dabei sprengt er einen Krater in die Oberfläche (*links*), und eine Stoßwelle zertrümmert das darunterliegende Gestein. Die Explosion schiebt das Material zu ringförmigen Wällen auf (*Mitte*), während die untere Gesteinsschicht sich wegen des geringeren Materiedrucks von oben hochwölbt. Dabei erzeugt dieser Buckel weitere Risse im Gestein, während am Grunde des Kraters geschmolzenes Gestein erstarrt. Auf diese Weise entstanden alle großen Einschlagsbecken in einer Zeitspanne vor 4,3 bis 3,9 Milliarden Jahren. Später erwärmte sich das Innere durch den Zerfall radioaktiver Elemente und Lava konnte durch Risse an die Oberfläche steigen. In einem Zeitraum vor 3,9 bis 3,1 Milliarden Jahren füllten sich so Lage für Lage die großen Becken, die wir heute als Mare erkennen

Bild 2.21. Lavaflüsse im Mare Imbrium. Der Vulkanismus auf dem Mond ist im Mare Imbrium eingefroren, wie man hier bei tiefstehender Sonne besonders deutlich sieht. Der durchschnittlich nur 30 Meter tiefe, dünnflüssige Lavastrom floß über eine Entfernung von 600 Kilometern in nordöstlicher Richtung (*oben rechts*). Diese große Distanz erfordert einen kräftigen Lavaausstoß. Dennoch sind keine Anzeichen für eine Explosion zu erkennen, und man fand an der Stelle, von der der Lavafluß ausging, auch keine Vulkankegel oder Schlote. Die Lava war so dünnflüssig, daß sie sich sehr schnell auf der Oberfläche ausbreitete und nicht zu Vulkankegeln auftürmte. (Foto: NASA)

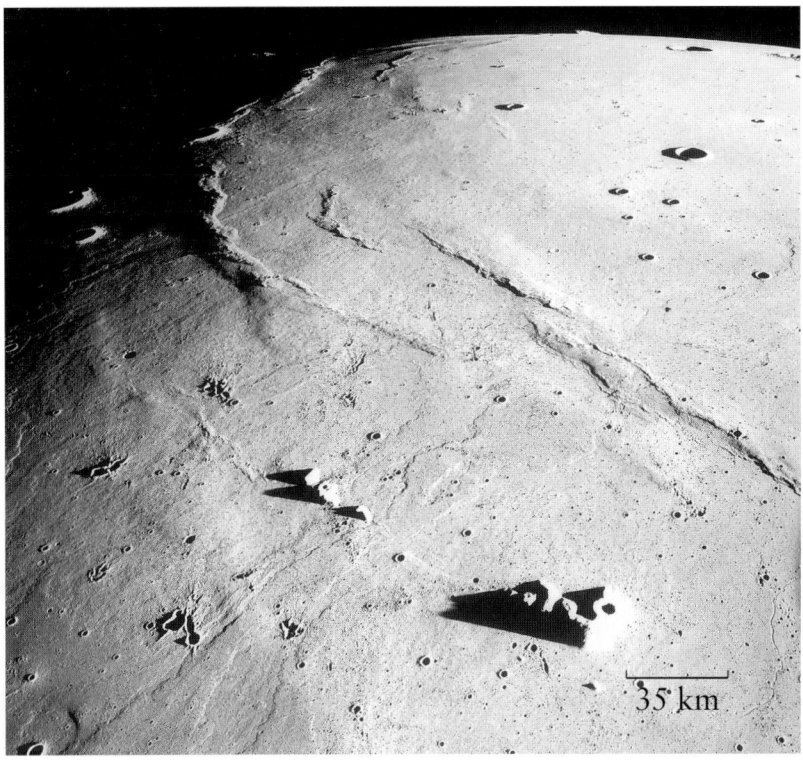

Bild 2.22. Geisterkrater. Ein alter Krater (*unten*) wurde durch Lavamassen, die das Mare Imbrium bildeten, fast vollständig zugedeckt. Der darüber befindliche Krater Lambert ist weitaus jünger. Um ihn herum ist noch das Auswurfmaterial erkennbar, das bei dem Meteoriteneinschlag aus ihm herausgeschleudert wurde. Man sieht hieran, daß große Meteoriten sowohl vor als auch nach dem Auffüllen des Mare Imbrium auf dem Mond einschlugen. (Foto: NASA)

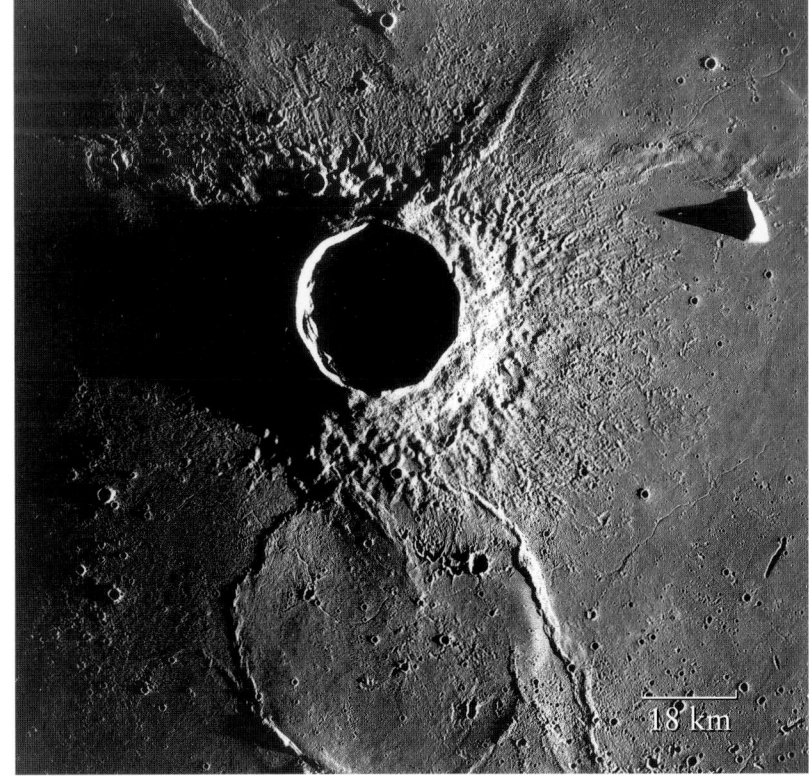

Tabelle 2.3. Wichtige Ereignisse in der Geschichte des Mondes

Entstandene Formation	Zeit in Milliarden Jahren	Prozeß
Mond	Etwa 4,5	Akkretion
Magma-Ozean	4,4	Akkretion und Schmelzen
Kruste	4,4 – 4,2	Differentiation und Abkühlung
Hochländer, Einschlagsbecken	4,2 – 3,9	Starkes Bombardement
Mare	4,2 – 3,1	Vulkanismus
Regolith, Ebene Oberfläche	3,1 bis heute	Schwaches Bombardement

DIE GEZEITEN, VERGANGENHEIT UND ZUKUNFT DES MONDES

Bei einem Spaziergang am Meer können wir beobachten, wie die Wellen weiter und weiter den Strand hochlaufen: Die Flut setzt ein. Wenige Stunden später kehrt sich der Vorgang wieder um, die Wellen ziehen sich zurück. Alle 12,5 Stunden kehrt die Flut zurück, allerdings erreichen die Wellen nicht immer dieselbe Höhe.

Zur Entstehung der Gezeiten tragen sowohl die Sonne als auch der Mond bei, wobei der Mond den größeren Anteil an dem Rhythmus von Ebbe und Flut besitzt; sein Einfluß ist 2,2 mal größer. Wir wollen zunächst einmal die Sonne außer Betracht lassen, da ihre Wirkung der des Mondes ähnlich ist.

Die Schwerkraft des Mondes verformt den Ozean zu einem Ellipsoid (entsprechend der Form eines Rugby-Balls) mit zwei hohen Flutbergen. Da sich die Erde dreht, hebt und senkt sich der Meeresspiegel, je nachdem ob der entsprechende Teil des Ozeans sich gerade an einer der beiden ellipsenförmigen Ausbuchtungen befindet oder nicht. Wir erleben dies als Steigen und Fallen des Meeresspiegels. In der Mitte des Ozeans beträgt der Tidenhub lediglich 10 bis 30 Zentimeter und bleibt unbeobachtbar. Trifft der Flutberg jedoch auf eine Küste, kann er sich zu einer Höhe von zwei bis drei Metern, in großen Buchten, wie der von Fundy in Neu-Schottland, sogar bis zu 10 oder 20 Metern auftürmen.

Erdbeben und Vulkanausbrüche können riesige Wellen zur Folge haben, die sich dann über den Ozean ausbreiten und an den Küsten brechen. Solche Wellen nennt man häufig Gezeitenwellen, obwohl sie mit den Gezeiten nichts zu tun haben. Richtig heißen sie *Tsunami*, nach dem japanischen Wort für große Hafenwelle.

Der Verlauf der Gezeiten

Die Schwerkraft des Mondes nimmt mit zunehmender Entfernung ab, so daß sie auf der mondzugewandten Seite der Erde am stärksten und auf der entgegengesetzten am geringsten wirkt; der dazwischenliegende Erdkörper spürt eine mittlere Kraft. Das hat zur Folge, daß der Mond das Wasser auf der ihm zugewandten Erdhälfte vom Erdmittelpunkt wegzieht. Der Erdmittelpunkt selbst wird vom Meer auf der mondabgewandten Erdseite weggezogen. Dadurch entsteht auch auf der mondabgewandten Seite ein Gezeitenberg. Ursache für die zwei Flutberge auf der Erde ist also die unterschiedliche Schwerkraft des Mondes auf den Erdkörper (Bild 2.23).

Im Laufe eines Monats ändern Sonne und Mond ihre Stellung relativ zur Erde. Dadurch verstärken und verringern sie ihre Kräfte gegenseitig, was zu dem Wechsel von Spring- und Nippfluten führt. Springflut setzt bei Neu- und Vollmond ein, wenn sich die Kräfte von Sonne und Mond addieren; Nippflut entsteht nahe dem ersten und dritten Viertel des Mondes, wenn sich die Kräfte subtrahieren. Die Springflut ist normalerweise zwei- bis dreimal höher als die Nippflut (Bild 2.24).

Die Zeitpunkte der Flut sind von Ort zu Ort verschieden. Auf dem Weg vom offenen Meer muß sich die Flut unter Umständen durch zahlreiche Inseln, Halbinseln und Kanäle hindurcharbeiten. Diese verschlungenen Wege verzögern die Ankunftszeiten und variieren sowohl mit dem Ort als auch mit dem Tag im Monat. Das Ergebnis ist, daß die Flut nur in seltenen Fällen genau dann eintritt, wenn der Mond am

Bild 2.23. Ursache für die Gezeiten. Die Schwerkraft des Mondes erzeugt in den irdischen Ozeanen zwei Gezeitenberge; einen auf der dem Mond zugewandten und einen auf der von ihm abgewandten Seite. Der Berg auf der zugewandten Seite eilt dem Mond aufgrund der Erdrotation voraus. Dadurch entsteht eine Zeitverzögerung zwischen dem Durchgang des Mondes durch den Meridian (wenn der Mond am höchsten über uns steht) und der höchsten Flut. Da dieser Berg nicht auf der Verbindungslinie Erde-Mond liegt, wirkt eine Kraft auf den Mond, die ihn in Vorwärtsrichtung zu beschleunigen versucht. Das führt dazu, daß der Mond sich langsam von der Erde entfernt

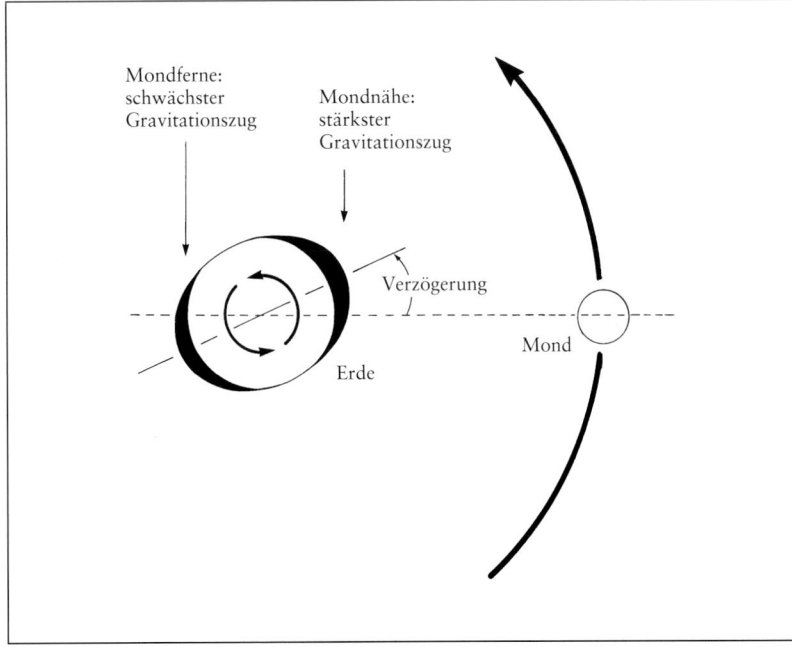

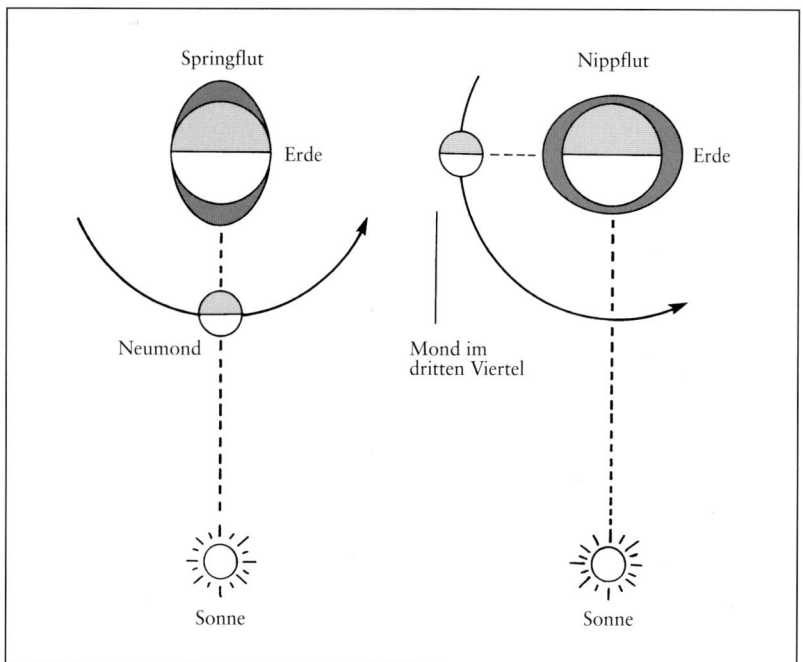

Bild 2.24. Spring- und Nippflut. Die Höhe der Gezeiten und die Mondphasen hängen von der Stellung von Sonne, Erde und Mond zueinander ab. Stehen Sonne und Mond hintereinander (*links*), so addieren sich ihre Kräfte, und es kommt zur höchsten Flut und niedrigsten Ebbe. Solche Springfluten ereignen sich bei Neu- und Vollmond. Steht der Mond im ersten oder dritten Viertel (Halbmond), so daß die Anziehungskräfte von Sonne und Mond senkrecht aufeinander stehen (*rechts*), wirken die Gezeitenkräfte gegeneinander. Die Folge sind die höchste Ebbe und die niedrigste Flut, die sogenannte Nippflut. Die gesamte Wassermenge der Ozeane ist natürlich immer dieselbe. Der Mond übt eine 2,2 mal größere Gezeitenkraft aus als die Sonne. Die Höhe der Flutberge ist im Vergleich zur Erde weit übertrieben dargestellt

höchsten steht, sondern normalerweise ein oder zwei Stunden später, von Fall zu Fall auch noch später. Ähnliche Verzögerungen kann man auch in Tidebecken feststellen. Sie beginnen sich zu füllen, wenn die Flut einsetzt und sind bei Flut am vollsten. Sie entleeren sich aber nicht sofort mit Einsetzen der Ebbe und erreichen ihren geringsten Wasserstand erst lange nach der Ebbe.

Wäre die Erde ein langsam rotierender Planet ohne Kontinente, so würde die Flut ihren höchsten Stand entlang der Verbindungslinie der beiden Mittelpunkte von Erde und Mond erreichen, also wenn der Mond im Zenit steht. Auf der Erde ist dies nicht der Fall. Die Reibung an den Kontinenten und die schnelle Rotation der Erde treiben den Flutberg voran, so daß er der Erde-Mond-Linie etwa 3 Grad vorauseilt. Auf offener See setzt die Flut deshalb ungefähr 12 Minuten nach dem Meridiandurchgang des Mondes ein.

Die Tage werden länger

Unser Planet spürt bei seiner täglichen Rotation einen Widerstand. Der ständige Strom von Ebbe und Flut führt zu Wirbeln im Wasser, die wiederum Reibung erzeugen und auf Kosten der Erdrotation Energie verbrauchen, man sagt auch dissipieren. Das Ozeanwasser erwärmt sich so durch die Gezeiten leicht, und die Rotationsgeschwindigkeit der Erde nimmt ab. Die Gezeiten wirken mit ihrer Reibung wie Bremsen auf die sich drehende Erde, ähnlich wie Autobremsen auf die Räder wirken und sich dabei erhitzen. Insgesamt beträgt die Leistung dieser Gezeitenbremse 5 Milliarden PS, entsprechend 3,7 Milliarden Kilowatt. Dadurch verringert sich die Rotationsgeschwindigkeit der Erde, und die Tage werden um etwa 2 Millisekunden (0,002 Sekunden) pro Jahrhundert oder alle 50 000 Jahre um 1 Sekunde länger. Morgen ist der Tag 60 Milliardstel Sekunden länger als heute.

Diese Änderung der Tageslänge paßt auch sehr gut mit alten Aufzeichnungen von totalen Finsternissen zusammen. Man kann nämlich die heutige (geringere) Rotationsgeschwindigkeit der Erde benutzen, um daraus die Sichtlinien von Finsternissen von vor 2500 Jahren zu berechnen. Wissenschaftler stellten dabei fest, daß die berechneten Finsternislinien einige tausend Kilometer weiter westlich lagen als es tatsächlich der Fall gewesen war. Dies ist gleichbedeutend damit, daß die Erde sich, nach dieser Rechnung, um eine Vierteldrehung zu wenig gedreht hätte, beziehungsweise ihre Rotationsgeschwindigkeit früher größer war als heute. (In Wirklichkeit ist die ganze Geschichte etwas komplizierter, weil die Länge eines Monats auch zugenommen hat, wodurch sich die Diskrepanz zwischen den berechneten und den tatsächlichen Finsternislinien erheblich verringert.)

Auf diese Weise verhilft uns einerseits ein besseres Verständnis der Gezeiteneffekte, die alten astronomischen Aufzeichnungen zu entschlüsseln. Andererseits ermöglichen die Aufzeichnungen ein besseres Verständnis der Gezeiteneffekte. Abgesehen von solchen historischen Bestimmungen bemerken wir Menschen diese Änderung der Erdrotation nicht, und sie wurde bis heute nicht direkt gemessen. Sie ist überlagert von unregelmäßigen Störungen durch die Launen des Wetters und der Jahreszeiten. Alles in allem ist die Erdrotation keine gute Wahl mehr für eine genaugehende Uhr. Die Astronomen bevorzugen heute Atomuhren wegen der extremen Genauigkeit über lange Zeiträume hinweg (s. Kurzinformation 2.6).

Paläontologen ist es gelungen, an fossilen Korallen die Erdrotation indirekt zu bestimmen. Das Wachstum dieser Korallen läßt sich an

KURZINFORMATION 2.6
Die ungleichmäßige Uhr der Erde

Die Gezeitenwechselwirkung von Sonne und Mond mit der Erde bewirkt, daß die Rotationsgeschwindigkeit der Erde abnimmt. Als Folge davon werden die Tage in 100 Jahren um 2 Millisekunden (0,002 Sekunden) länger.

Darüber hinaus rotiert die Erde über Monate oder gar Jahrzehnte hinweg mal schneller mal langsamer. Bis vor kurzem benutzten die Astronomen die Erde als Uhr, wobei sich dieses erratische Verhalten in

unregelmäßigen Abweichungen von beobachteten und vorausgesagten Positionen des Mondes am Himmel äußerte. Das war zunächst
nicht überraschend, doch als sie diese Abweichungen auch bei den Planeten fanden wußten sie, daß ihre Uhr falschging. Sie brauchten also
eine neue Uhr. Der erste Schritt bestand darin, die Zeit anhand des
Umlaufs der Erde um die Sonne neu zu definieren. Man nannte dies die
Ephemeridenzeit. Aber auch sie stellte sich bei genauerer Beobachtung
der Erdbewegung als unbefriedigend heraus, so daß sie nach einer dritten Methode suchten. Die Antwort war die Atomuhr, deren Prinzip
auf der gleichmäßigen Schwingung von Atomen beruht. Heute benutzt man für die Aufzeichnung der Bewegungen der Erde, des Mondes und der Planeten diese Atomzeit. Unser Bild zeigt die Erdrotation,
gemessen in der Atomzeit.

Die Unregelmäßigkeit der Erdbewegung hat verschiedene Ursachen. Es gibt zwei Arten saisonaler Schwankungen der Tageslänge, die
Amplituden bis zu einer Millisekunde (0,001 Sekunden) erreichen. Bei
der ersten Art handelt es sich um eine jährliche Schwankung, bei der
die Erde im Herbst schneller und im Frühjahr langsamer rotiert. Sie
wird durch halbjährige Änderungen der globalen Windfelder hervorgerufen. Die zweite Art besteht in einer halbjährigen Variation der Tageslänge, die wahrscheinlich von Gezeitendeformationen der Erde
herrührt. Dem überlagert ist eine langsame Schwankung über Jahrzehnte hinweg. Sie hat ihre Ursache vermutlich in einer Verformung
des flüssigen Erdkerns. Dieser rotiert nämlich langsamer als der ihn
umgebende feste Mantel, was zu einer Verschiebung des Magnetfeldes
in westlicher Richtung und einer Schwankung der Tageslänge über
Jahrzehnte hinweg führt.

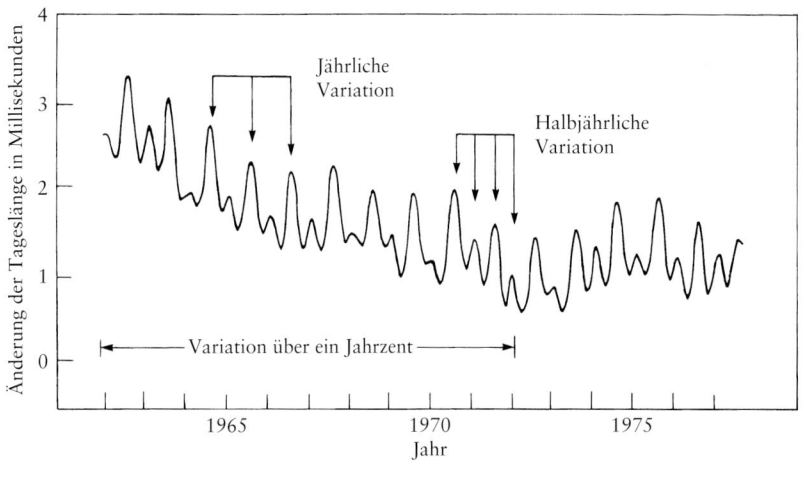

Jahresbändern und feinen Tagesrillen ablesen. Sie entstehen durch tägliche und jährliche Änderungen der Wassertemperatur, die einen Einfluß auf die Wachstumsrate besitzt. Die Tage waren in der Vergangenheit kürzer, aber das Jahr dauerte so lange wie heute. Das heißt das Jahr hatte damals mehr Tage. Alte Korallen bestätigen dies, denn sie weisen eine größere Anzahl von Tagesrillen pro Jahresband auf als die heutigen. Eine sorgfältige Zählung ergab, daß vor 400 Millionen Jahren ein Tag nur 22 Stunden hatte. Ähnlichen Untersuchungen an fossilen Algen, sogenannten Stromatolithen, ergaben, daß vor 2 Milliarden Jahren ein Tag sogar nur 10 Stunden besaß. Jeder Versuch, die Änderung der Tageslänge mit geologischen Methoden zu bestimmen, ist jedoch immer mit der Unsicherheit behaftet, daß die Kontinente und ihre Festlandsockel sowie die Ozeane in der Vergangenheit ständig ihre Stellung zueinander und ihre Größe drastisch geändert haben.

Der Gezeiteneinfluß der Erde auf den Mond

Der Mond zieht an den Ozeanen der Erde und gemäß Newtons drittem Gesetz, daß jede Kraft eine Gegenkraft hervorruft, ziehen die Ozeane am Mond. Das Resultat ist, daß der Mond sich immer weiter von der Erde entfernt. Wie wir gesehen haben (Bild 2.23), läuft der Flutberg auf der mondzugewandten Seite der Erde dem Mond immer etwas voraus. Dieser Berg zieht den Mond vorwärts, während der Berg auf der abgewandten Seite den Mond zurückzieht. Der Zug in Vorwärtsrichtung ist jedoch größer, weil der Flutberg näher am Mond ist, so daß der Mond insgesamt von der Erde Drehimpuls aufnimmt.

Mit einem Blick auf die entsprechenden Gleichungen ist leicht einzusehen, daß die Gezeitenwirkung zu einer Vergrößerung der Mondumlaufbahn führt. Eine Änderung der Tageslänge um 0,002 Sekunden in 100 Jahren ergibt eine Vergrößerung des Abstands Erde–Mond von 4 Zentimetern pro Jahr. Dieser Wert ist mit den von den Apollo-Astronauten aufgestellten Laserreflektoren gerade noch meßbar. Außerdem wird mehr Drehimpuls auf den Mond übertragen je näher er der Erde ist. Dies führt dazu, daß die Umlaufbahn immer elliptischer wird. Demnach war die Mondbahn früher kreisförmiger und näher an der Erde als heute.

Wird der Mond sich eines Tages ganz von der Erde entfernen? Wahrscheinlich nicht, denn das Erde-Mond-System besitzt zu wenig Energie, um die Bindungsenergie der beiden Körper zu überwinden. Lediglich das Eindringen eines dritten massereichen Körpers könnte dazu führen (oder einige fantastische Projekte, nach denen riesige Raketen auf dem Mond aufgestellt und von dort ins Weltall geschossen werden!). Letztendlich wird folgendes passieren: Die Erdtage werden immer länger und eventuell die Dauer eines Monats erreichen. Wenn ein Tag und ein Monat gleichlang sind, werden sich die durch den Mond erzeugten Flutberge nicht mehr über die Erdoberfläche bewegen, so daß nur noch ein geringer Tidenhub durch die Sonne entsteht. Der Mond hängt bewegungslos am Himmel und ist nur noch von einer Hemisphäre aus sichtbar. (Vielleicht organisieren dann Reisebüros spezielle Flüge zur »mondsichtbaren« Erdhälfte.) In diesem Stadium wird sich der Mond nicht mehr weiter von der Erde entfernen.

Dann, in einigen Milliarden Jahren, übernimmt die Sonne die Gezeitenwirkung und verlangsamt die Rotationsgeschwindigkeit noch weiter, bis ein Tag länger dauert als ein Monat. In diesem Moment nimmt die Erde Drehimpuls vom Mond auf, so daß die beiden Himmelskörper sich einander wieder nähern. Dann begibt sich der Mond allerdings auf einen Weg der Selbstzerstörung, denn er nähert sich der Erde soweit, bis ihn schließlich deren Gezeitenkraft zerreißt. Möglicherweise bilden seine Überreste einen Ring um die Erde, jedenfalls wird er sein Leben wohl dort beenden, wo es begann – in der Nähe der Erde. Bis dahin hat sich die Sonne allerdings schon zu einem riesigen Stern aufgebläht und Erde und Mond verschluckt.

DIE UNSICHERE HERKUNFT DES MONDES

Nach den Apollo-Missionen war es erstmals möglich, genauere Anforderungen an die Entstehungstheorien des Mondes zu stellen. Obwohl es bis heute keine sichere Antwort auf die Frage nach der Herkunft des Mondes gibt, konnte doch zumindest eine verhältnismäßig befriedigende Theorie entwickelt werden.

Anforderungen an die Theorien zur Herkunft des Mondes

Wir wissen schon seit langem, daß unser Mond im Vergleich zu anderen Planeten ein verhältnismäßig großer Trabant ist. Seine Umlaufbahn ist insofern merkwürdig, als sie weder in der Erdumlaufbahn noch in der Äquatorebene liegt. Darüber hinaus besitzt das Erde-Mond-System einen ungewöhnlich großen Drehimpuls. Wichtiger ist vielleicht noch die geringe mittlere Dichte des Mondes, wie sie etwa die äußeren Schichten der Erde besitzen. Der Mond kann nicht denselben Aufbau wie die Erde haben. Zum Beispiel ist es nicht möglich, daß sich in seinem Zentrum ein großer Eisenkern befindet.

Die Untersuchungen im Weltraumzeitalter stellten noch weitere Bedingungen an die Theorien (s. Tabelle 2.4). So ergaben Altersbestimmungen mit Hilfe der Radionuklidmethode, daß einige Mondgesteine bereits 4,4 Milliarden Jahre alt sind und der Mond somit zu-

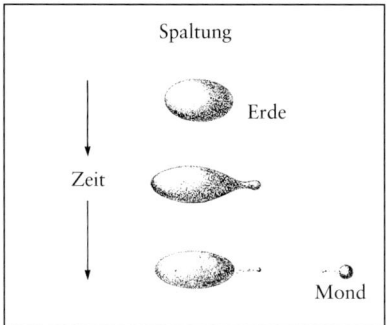
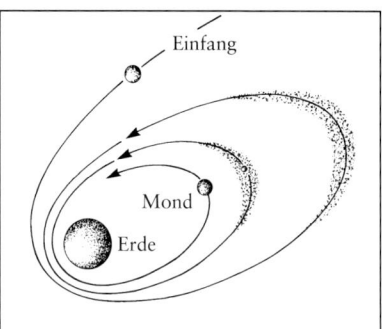
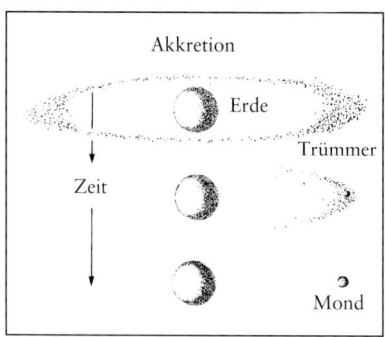

Bild 2.25. Klassische Mondentstehungstheorien. Nach der Abspaltungstheorie (*links*) drehte sich die Erde so schnell, daß sich aus dem äquatorialen Ring ein Teil abspaltete und zum Mond wurde. In der Einfangtheorie (*Mitte*) geht man davon aus, daß ein herumvagabundierender Körper der Erde so nahe kam, daß sie ihn aufgrund der Schwerkraft einfangen konnte. Wir haben hier den Fall dargestellt, daß der eingefangene Körper zunächst in mehrere Teile zerfällt und sich später wieder zu einem großen Mond zusammenballt. Die Akkretionstheorie versucht, die Entstehung des Mondes aus einer, die Erde umkreisenden, Staubscheibe zu erklären (*rechts*)

mindest seit dieser Zeit ein fertig ausgebildeter Körper sein muß. Der Mond muß etwa gleichzeitig mit den anderen Planeten des Sonnensystems entstanden sein.

Außerdem gibt es deutliche Unterschiede in der chemischen Zusammensetzung der Erde und des Mondes, was uns weitere Hinweise für die Entstehung des Mondes liefert. Der Mond weist zum Beispiel weniger flüchtige Elemente auf. Sie konnten möglicherweise deswegen leichter in den Weltraum entweichen, weil das Mondmaterial früher sehr heiß war. Dies führte vielleicht zu seiner relativ geringen Dichte und der Anreicherung mit hitzebeständigen Elementen.

Dies sind in groben Zügen die Tatsachen, die es zu erklären gilt. Es gibt drei klassische Theorien (Bild 2.25). Aber wie schon Sherlock Holmes in *The Adventure of Silver Blaze* sagte: »Ich befürchte, daß es

Tabelle 2.4. Bedingungen für Modelle zur Entstehung des Mondes

Bedingung	Folgerung
Mittlere Dichte = 3,344 g/cm^3	Kein großer Eisenkern
Langsame Vergrößerung der Umlaufbahn	Mond war früher näher an der Erde
Mondgestein bis zu 4,4 Milliarden Jahre alt	Mond so alt wie die Erde
Abreicherung an Metallen	Entfernung von Eisen vor der Entstehung
Abreicherung an flüchtigen Elementen	Entstehung bei hoher Temperatur
Anreicherung an hitzebeständigen Materialien	Kondensation der protoplanetaren Wolke bei hoher Temperatur
Verhältnisse der Sauerstoffisotope	Erde und Mond sind in demselben Gebiet des Sonnensystems entstanden
Großer Drehimpuls	Eine starke streifende Kollision

gegen jede von uns vorgebrachte Theorie schwere Einwände gibt.«
Eine weitere, erst kürzlich aufgestellte Einschlagstheorie, ist hingegen
vielversprechender.

Die Abspaltungstheorie

Diese Theorie wird durch die Tatsache nahegelegt, daß der Mond sich
heute von der Erde entfernt und demnach die beiden Körper früher
näher beisammen waren und die Erde schneller rotierte. Die Abspaltungstheorie geht davon aus, daß die Proto-Erde kontrahierte, dadurch immer schneller rotierte, so daß durch die Zentrifugalkraft in
der Nähe des Äquators ein Wulst entstand. Die Erde verformte sich
also immer stärker von einer Kugel zu einer länglichen Birne. Bei weiterer Erhöhung der Rotationsgeschwindigkeit dehnte sich der »Hals«
immer weiter, bis sich schließlich ein Klumpen abspaltete und den
Mond bildete. Ereignete sich dies, nachdem sich der Eisenkern im Erd-
zentrum formiert hatte, so wäre das Mondmaterial eisenarm und würde den äußeren Schichten der Erde entsprechen. (Die Wissenschaftler
vermuten übrigens, daß das Absinken des Eisens zum Erdmittelpunkt
die Rotationsgeschwindigkeit noch zusätzlich erhöhte und somit die
Entstehung des Mondes auf diese Weise unterstützt hat.) Nachdem
sich der Mond gebildet hatte, entfernte er sich durch die Gezeitenreibung langsam von der Erde bis zu seiner heutigen Umlaufbahn. Diese
Theorie ist deswegen besonders attraktiv, weil sie sowohl die geringe
Dichte als auch die große Masse des Mondes gut erklärt, fast schon zu
gut.

Es gibt jedoch zwei dynamische Gründe, die für diese Theorie ver-
hängnisvoll zu sein scheinen. Erstens müßte sich die Erde mit einer Periode von weniger als 2,65 Stunden gedreht haben, um den Mond ab-
zuspalten. Dies erscheint sehr unwahrscheinlich, weil dann der
Drehimpuls der Proto-Erde mindestens viermal größer gewesen sein
müßte als der Drehimpuls des heutigen Erde-Mond-Systems. Da sich
Drehimpuls nur sehr schwer wegschaffen läßt, verlangt diese Theorie
nach einem Prozeß, mit Hilfe dessen der überschüssige Drehimpuls
auf die anderen Körper des Sonnensystems übertragen wird. Mit
großem Einfallsreichtum haben die Astronomen einen solchen Mechanismus gefunden, allerdings geht diese Vorstellung auf Kosten der
schönen Einfachheit der Abspaltungstheorie (Bild 2.26). Das zweite
Problem besteht darin, daß die Umlaufbahn des Mondes gegenüber
der Äquatorebene der Erde geneigt ist. Wenn sich der Mond tatsächlich aus dem äquatorialen Wulst abgespalten hat, so sollte er sich auch
in der Äquatorebene bewegen. Eine mögliche Erklärung wäre der Einschlag eines Meteoriten, der bewirkt hat, daß eine Ebene aus der anderen herauskippte.

Bild 2.26. Moderne Abspaltungs-
theorien. Computersimulationen ergaben, daß die geschmolzene Erde
bei schneller Rotation instabil wird.
Sie bildet dann große Spiralarme aus
(*rechts*), die sich eventuell zu einem
Ring schließen. In dem dichtesten
Teil des Rings hätte dann der Mond
entstehen können, während die
übrige Materie in den Weltraum entwich und dabei dem System Drehimpuls entzog. Diese Abspaltung
kann sich nur dann vollzogen haben,
wenn die Erde fast vollständig geschmolzen war und man für ihr Material eine verschwindend geringe
Viskosität (Zähigkeit) annimmt. Bezieht man jedoch Viskositätseffekte
in die Rechnung mit ein (*links*), so
entwickelt sich eine ursprünglich
verdrehte, schnell rotierende Erde (*a*)
über die Stationen (*b*) und (*c*)
eine Rotationsperiode später zu der
Konfiguration (*d*). In diesem Fall
findet keine Abspaltung statt, weil
Energiedissipation eine Rotations-
instabilität verhindert. (Nach
Richard H. Durisen, Indiana University (*rechts*) und Alan P. Boss,
Carnegie Institution of Washington
(*links*))

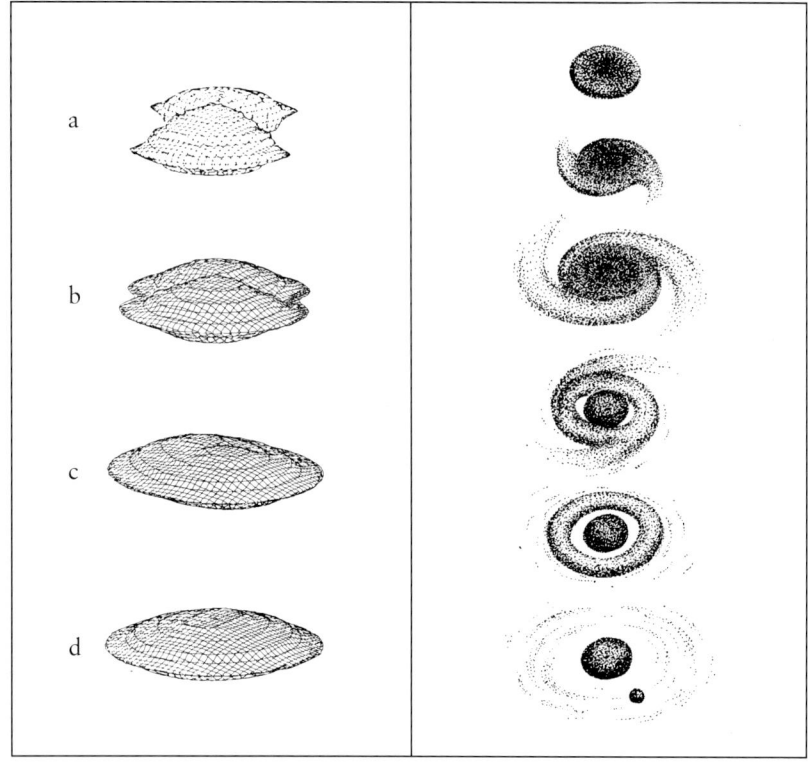

Die Einfangstheorie

Wenn der Mond nicht aus der Erde herausgerissen wurde, entstand er
vielleicht an einem anderen Ort im Sonnensystem und wurde bei einem nahen Vorbeiflug an der Erde von ihr eingefangen. Diese Einfangstheorie hat den wesentlichen Vorteil, daß sie Unterschiede in den
chemischen Häufigkeiten zwischen Erde und Mond leicht erklären
kann. Je weiter die beiden Entstehungsorte auseinanderlagen, desto
größer könnten die chemischen Unterschiede gewesen sein. Allerdings
fällt es auch mit dieser Theorie schwer, die Einzigartigkeit des Mondes
zu verstehen, denn es sieht so aus, als ob sich unser Trabant chemisch
von allen anderen Planeten und Monden unterscheidet.

Ein anderes, schwerwiegendes Problem besteht darin zu verstehen, wie die Erde den Mond überhaupt einfangen konnte. Damit ein
von außen kommender Körper in einer Erdumlaufbahn verbleibt,
muß Energie verbraucht werden, damit die Gesamtenergie von Erde
und Mond nicht größer ist als deren Bindungsenergie. Dafür hätte der
Mond bei der Annäherung an die Erde abgebremst werden müssen,
wofür die Schwerkraft allein nicht verantwortlich sein kann. Jeder
Körper, der sich der Erde nähert ohne mit ihr zusammenzustoßen,
wird lediglich auf eine neue Umlaufbahn um die Sonne umgelenkt und

entfernt sich schnell wieder von der Erde. Das heißt ein Objekt, das auf die Erde zurast wird von deren Schwerkraft beschleunigt und nimmt dabei genügend Energie auf, um sich schnell wieder zu entfernen, immer vorausgesetzt, es kollidiert nicht mit der Erde. Dieses Verhalten ist vergleichbar mit dem eines Spielzeugautos, das einen Berg hinunterrollt, und dabei so schnell wird, daß es den nächsten Berg wieder hinauffahren kann. Ein Beispiel in unserem Sonnensystem sind die Kometen. Sie rasen auf die Sonne zu, werden in ihrer Nähe stark beschleunigt und fliegen dann wieder in das äußere Planetensystem zurück, ohne von der Sonne eingefangen zu werden.

Die Anhänger der Einfangstheorie fügen zur Lösung dieses Problems an, der Mond habe sich der Erde aus einer nahegelegenen Umlaufbahn langsam genähert und seine überschüssige Energie durch Zusammenstöße mit Planetesimalen oder Gezeitenreibung verloren. Andere Wissenschaftler halten dies für sehr unwahrscheinlich.

Die Akkretionstheorie

In der dritten klassischen Theorie nimmt man an, daß der Mond in der Nähe der Erde entstanden ist, und zwar auf die gleiche Weise wie die anderen Planeten. Demnach bildete sich der Mond aus einer Wolke von Planetesimalen entweder gleichzeitig mit der Erde oder etwas später aus den übriggebliebenen Trümmern der Erdentstehung.

Diese Theorie scheint sehr gut auf Planeten wie Jupiter zuzutreffen, der ein System von Monden besitzt, das an das Planetensystem erinnert. Was aber passierte mit denjenigen Planeten, die keine Monde besitzen, wie Merkur und Venus oder Mars mit seinen zwei Miniaturmonden? Wenn dies der normale Weg war, auf dem der Mond und die mondreichen Planeten entstanden sind, haben wir einige Probleme, diese anderen Systeme zu verstehen. Und warum sollte dann die chemische Zusammensetzung von Erde und Mond so unterschiedlich sein? Warum haben die flüchtigen Elemente gerade die Mondmaterie verlassen und nicht die der Erde, wenn doch beide Körper so nahe beieinander entstanden sind?

Nur mit besonderen Annahmen können wir die Schwierigkeiten der Akkretionstheorie umgehen. Die flüchtigen Elemente hätten sich beispielsweise schon in einer sehr frühen Phase aus dem Mond herauslösen können, und möglicherweise besaßen Merkur und Venus früher auch Monde, die aber durch die Gezeitenwirkung der Sonne auf ihre Planeten herunterstürzten. Vielleicht beraubte ein Asteroidenschwarm Mars seiner Monde und hinterließ die zwei kleinen Körper als Visitenkarte. Dennoch bleibt der geringe Eisengehalt des Mondes unerklärbar, und außerdem verliert die Akkretionstheorie durch solche speziellen Annahmen ihren Reiz.

Die Einschlagstheorie

Viele Astronomen liebäugeln in letzter Zeit mit einer Einschlagstheorie, die sich von den drei klassischen Theorien unterscheidet (Bild 2.27). Hiernach stieß ein Planetesimal von der Größe des Mars seitlich mit der noch jungen Proto-Erde zusammen. Diese Kollision mag vor etwa 4,5 Milliarden Jahren stattgefunden haben, als sich auf der teilweise geschmolzenen und chemisch differenzierten Erde eine feste Kruste zu bilden begann. Durch die Wucht des Aufschlags wurden die Oberflächen der beiden Körper zertrümmert und verdampft, und zahlreiche Bruchstücke wurden ins Weltall geschleudert. Einige von ihnen blieben in einer Erdumlaufbahn und sammelten sich in einer Scheibe. Hier bildeten sich zunächst kleinere Monde und daraus schließlich der heutige Mond.

Entstand der Mond dabei hauptsächlich aus dem Mantelmaterial des Einschlagskörpers, so würde dies die Unterschiede in der chemischen Zusammensetzung von Mond und Erde erklären. Zum Beispiel besitzt der Mond dann deswegen so wenig Eisen, weil dieses in dem Einschlagskörper bereits zum Kern abgesunken war, der bei der Kollision unversehrt blieb. Die geringe Häufigkeit an flüchtigen Elementen erklärt sich daraus, daß diese bei der hohen Temperatur nach dem Zusammenstoß verdampft sind. Diese neue Theorie erklärt somit viele

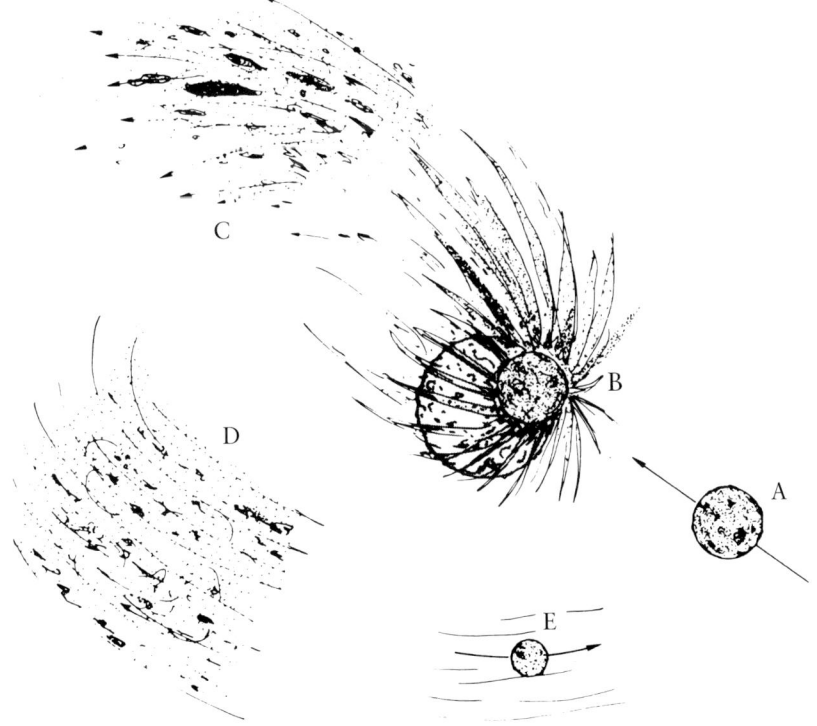

Bild 2.27. Einschlagstheorie. Nach dieser Theorie stieß ein Planetesimal von der Größe des Mars (*A*) seitlich mit der Proto-Erde (*B*) zusammen. Es ereignete sich eine gigantische Explosion, bei der beide Körper auseinanderspritzten. Ein Teil der Materie verblieb auf der Erdumlaufbahn (*C*), während der Rest sich entweder von der Erde entfernte oder auf sie herabstürzte. Aus der umlaufenden Materie (*D*) entstand der Proto-Mond, der durch seine Schwerkraft solange Material aus seiner Umgebung aufsammelte, bis er die heutige Größe (*E*) erreicht hatte. Dieses Material stammte möglicherweise aus dem Mantel des Planetesimals. (Nach Alan P. Boss, Carnegie Institution of Washington)

Beobachtungsfakten mit einem Mindestmaß an besonderen Annahmen. Ein Astronom bemerkte dazu: »Sie verlangt keine Magie, keine besondere Fürsprache, kein zusätzliches Hindrehen und keinen *deus ex machina*.« Nur eine besondere Annahme ist nötig: Ein Körper von der Größe des Mars muß auf Kollisionskurs mit der Erde geraten sein. Auf der anderen Seite verlangt das außergewöhnliche Erde-Mond-System auch nach außergewöhnlichen Erklärungen, und darüber hinaus gibt es zahlreiche Hinweise auf Zusammenstöße massereicher Körper im frühen Sonnensystem. Alle gängigen Theorien haben ihre Stärken und Schwächen, und es besteht Übereinstimmung darüber, daß die Einschlagstheorie überlebensfähig ist.

Obwohl ein heftiges Meteoriten-Bombardement auf dem Mond alle Zeugnisse aus den ersten 600 Millionen Jahren auslöschte, war die Erkundung unseres Trabanten richtungsweisend für eine Lösung des Problems seiner Entstehung. Darüber hinaus öffnete die Reise zum Mond das Tor für die Erkundung des gesamten Planetensystems. Der Mond war der erste Anflughafen auf unserer Reise zu den Planeten und zukünftig vielleicht auch einmal zu den Sternen.

KURZINFORMATION 2.7
Der Mond – Zusammenfassung

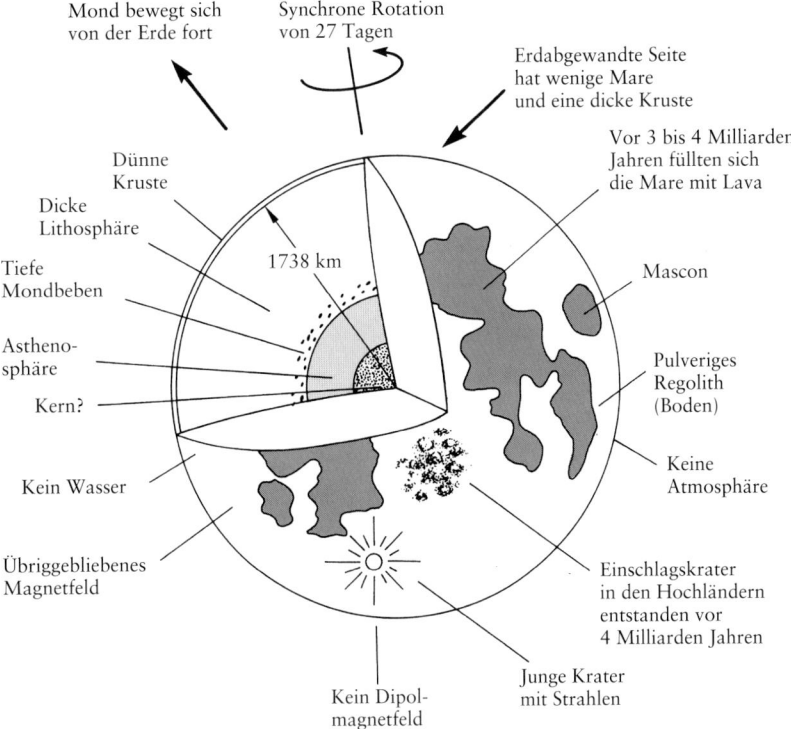

Masse: $7{,}353 \cdot 10^{25}$ Gramm $= 0{,}0123\,M_E$ (Erde = 1)
Radius: 1738 Kilometer $= 0{,}2725\,R_E$ (Erde = 1)
Mittlere Dichte: $3{,}344$ g/cm^3
Rotationsperiode: $27{,}322$ Erdtage
Umlaufperiode: $27{,}322$ Erdtage
Mittlere Entfernung von der Erde: $3{,}844 \cdot 10^5$ Kilometer

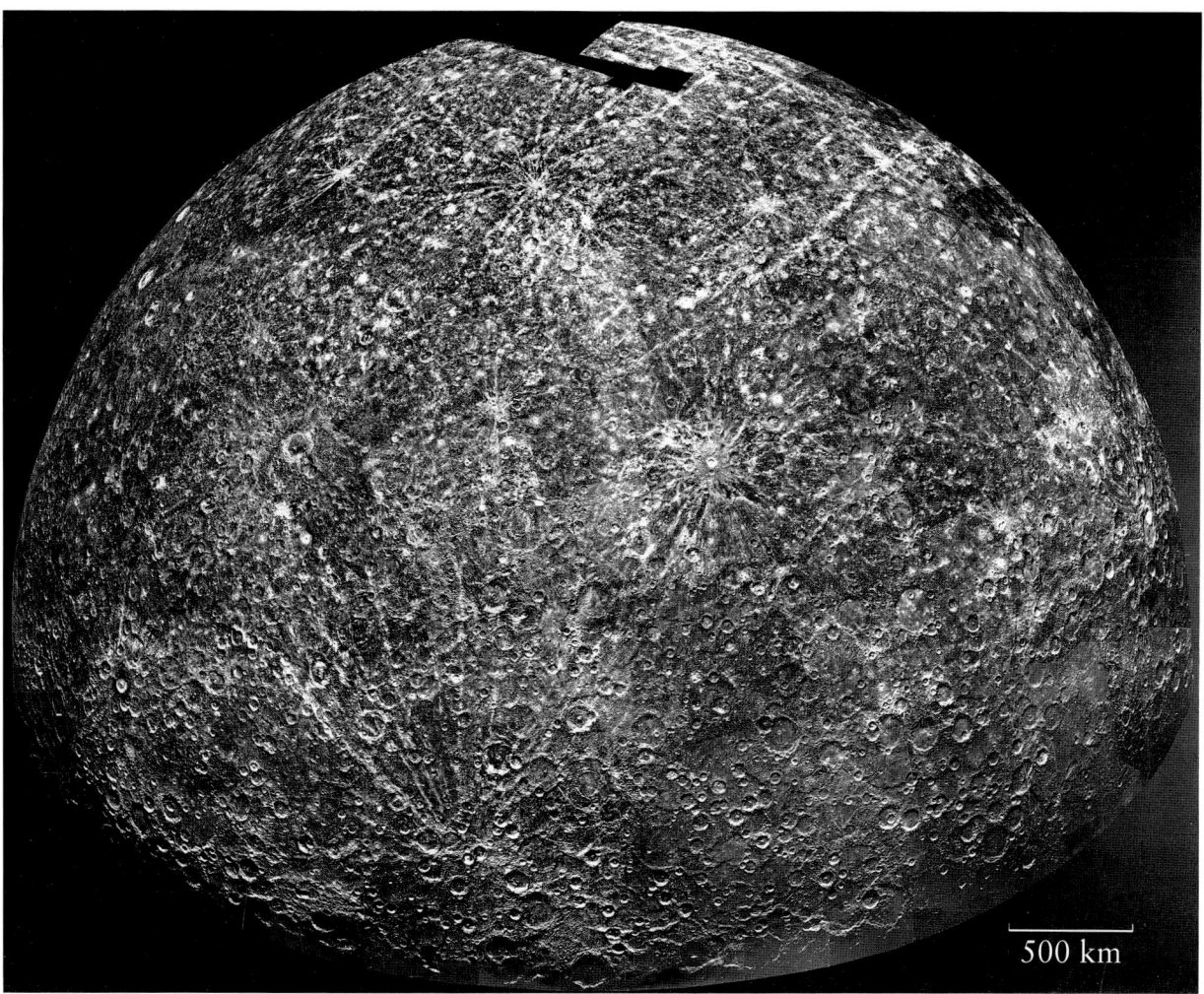

500 km

Die Südhalbkugel des Merkur. Die mit Kratern übersäte Oberfläche des Merkur erinnert stark an die Hochländer des Mondes. Mond und Merkur besitzen beide keine Atmosphäre, so daß es keine Oberflächenerosion durch Wind oder Wasser gibt. Diese beiden Himmelskörper haben deshalb die Zeugnisse eines heftigen Meteoriten-Bombardements in der Frühzeit des Planetensystems bewahrt. (Foto: NASA)

KAPITEL 3

Merkur: eine zerfurchte Welt

*Merkur ähnelt äußerlich dem Mond,
während sein Inneres mit dem der Erde
vergleichbar ist.
Möglicherweise verlor der Planet
einen Teil seiner Materie, als er mit einem Körper
von der Größe des Mondes zusammenstieß.*

Der Planet Merkur erhielt seinen Namen nach dem römischen Gott des Handels, der dem griechischen Götterboten Hermes entsprach. Er umkreist die Sonne auf einer engeren Bahn als alle anderen Planeten und weist daher mit 88 Tagen das kürzeste Jahr sowie mit einer Geschwindigkeit von 48 Kilometern pro Sekunde die höchste Bahngeschwindigkeit auf.

Lange Zeit wußte man so gut wie nichts über Merkur, bis ihn eine unbemannte interplanetare Raumsonde anflog und Radarbeobachtungen möglich wurden. Diese widerlegten zahlreiche alte Vorstellungen, die man sich von Merkur gemacht hatte. 1985 sorgten Beobachtungen von der Erde aus für eine weitere Überraschung. Diese Themen werden wir im folgenden schildern.

EINE KLEINE WELT IM GLANZ DES SONNENLICHTS

Merkur besitzt einen sehr kleinen scheinbaren Durchmesser am Himmel. In der scheinbaren Helligkeit übertreffen ihn zwar nur wenige Sterne, da er aber immer in der Nähe der Sonne steht, läßt er sich nur schwer beobachten. Mit bloßem Auge ist Merkur nur in der Dämmerung und nahe am Horizont durch eine dicke Luftschicht zu sehen (Bild 3.1). Die Astronomen versuchten deshalb, Merkur am Tage zu beobachten, wenn er hoch am Himmel steht und sein Licht nur eine dünne Luftschicht durchqueren muß. Dies ist allerdings nur mit einem Teleskop möglich, so daß viele Astronomen Merkur noch nie mit bloßem Auge gesehen haben. Überflüssig zu sagen, daß sich solche Beobachtungen sehr schwer durchführen lassen.

Nach Pluto besitzt Merkur mit 7 Grad die größte Bahnneigung zur Ekliptik und die exzentrischste aller Planetenbahnen. Lediglich die Kometen und gelegentlich auch einmal ein Asteroid übertreffen Merkur und Pluto in dieser Hinsicht. Es ist wahrscheinlich kein Zufall, daß diese beiden Planeten an den Rändern des Planetensystems solche Extreme darstellen. Ihr Außenseiterdasein im solaren Nebel mag ihnen

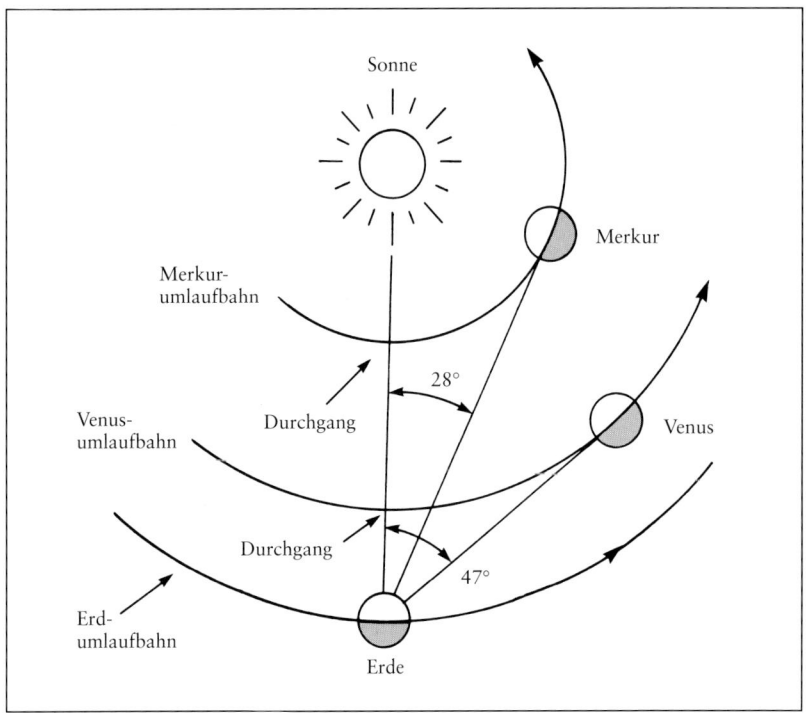

Bild 3.1. Die größten Elongationen. Anders als die äußeren Planeten stehen Merkur und Venus nachts nie hoch am Himmel. Sie umkreisen die Sonne innerhalb der Erdumlaufbahn, sind ihr also immer relativ nahe und erscheinen stets nur kurz vor Sonnenaufgang oder kurz nach Sonnenuntergang. Außerdem zeigen sie Phasen wie der Mond. In ihren Elongationen sehen wir Merkur und Venus nie in einem größeren Winkelabstand als 28 beziehungsweise 47 Grad von der Sonne

Entfaltungsmöglichkeiten für ein ungewöhnliches Verhalten im Planetensystem geboten haben.

Das Sonnenlicht ist auf Merkur zehnmal intensiver als auf dem Mond, und mittags steigen die Temperaturen auf über 700 Kelvin (ca. 430 Grad Celsius) an – heiß genug, um Zinn, Blei und sogar Zink zu schmelzen. Um Mitternacht herum ist die Oberfläche schutzlos dem interplanetaren Raum ausgesetzt, so daß die Temperaturen auf 100 Kelvin, entsprechend etwa −170 Grad Celsius, absinken. Damit ist die Temperaturdifferenz größer als auf jedem anderen Mond oder Planeten im Sonnensystem.

Das von der Oberfläche reflektierte Sonnenlicht hat eine merkwürdige Eigenschaft, die wir auch vom Mond her kennen: es ist schwach polarisiert. Für das bloße menschliche Auge unbeobachtbar, läßt sich dieser Effekt mit einem Polarisationsfilter nachweisen. Dies ist ein Hinweis darauf, daß die Oberfläche mit einer Staubschicht bedeckt ist, die durch den ständigen Meteoritenhagel entstanden ist.

Merkurs heiße Oberfläche ermöglicht es auch den Atomen in der Atmosphäre, in den Weltraum zu entweichen. Berühren sie die Oberfläche, werden sie beschleunigt und können durch Merkurs geringe Schwerkraft kaum zurückgehalten werden.

Merkur ist eine kleine Welt, nicht viel größer als unser Mond und sogar etwas kleiner als der Jupitermond Ganymed und Saturns Titan. Der Radius läßt sich verhältnismäßig einfach aus seiner Winkelausdehnung und seiner Entfernung errechnen. Der neueste Wert beträgt 2439 Kilometer, etwa 40 Prozent größer als der Mondradius. Seine Masse ist, wie die von Venus, schwieriger zu bestimmen, weil er keine Monde besitzt. Zunächst ermittelte man sie aus seiner Schwerkraftwirkung auf Venus und die Erde. Dieser Wert konnte dann verbessert werden, als die Raumsonde Mariner 10 in einem Abstand von 5800 Kilometern an Merkur vorbeiflog. Aus ihrer Bahnablenkung errechneten die Wissenschaftler Merkurs Masse zu $3,302 \cdot 10^{26}$ g.

Merkur besitzt eine relativ hohe Dichte. Obwohl sein Volumen nur knapp dreimal größer ist als die des Mondes, weist er die vierfache Masse auf. Daraus ergibt sich eine mittlere Dichte von etwa 5,43 g/cm^3, vergleichbar mit der mittleren Erddichte von 5,52 g/cm^3. (Beide Dichten sind durch die hohen Drücke im Planeteninnern leicht erhöht, wobei sich der Effekt bei der Erde stärker auswirkt. Im drucklosen Zustand hätte das Merkurmaterial sogar eine etwas höhere Dichte als das der Erde.) Die einfachste Erklärung hierfür ist, daß Merkur einen besonders hohen Anteil an Eisen besitzt, dem weitaus häufigsten schweren Element im Universum. Ist das Eisen im Kern konzentriert, so nimmt dieser über Dreiviertel des Planetenradius ein.

MERKURS DÜNNE ATMOSPHÄRE

Die Atmosphären der äußeren Planeten entdeckte man auf drei verschiedene Arten: (1) durch die Beobachtung von Wolken und Dunstschichten, die sich über die Oberfläche hinwegbewegen; (2) durch spektroskopische Untersuchungen auf der Tagseite des Planeten, wobei sich atmosphärische Moleküle durch Absorption des Sonnenlichts bemerkbar machen; (3) durch die Ablenkung von Sternlicht nahe der Planetenoberfläche. Diese Methoden funktionieren nur bei einer relativ ausgedehnten und dichten Atmosphäre. Keine dieser Methoden erbrachte Anzeichen für eine Atmosphäre auf Merkur.

Es gibt eine vierte Methode, bei der man auf der Nachtseite des Planeten nach einem schwachen Leuchten der Atmosphäre sucht, entsprechend den Polarlichtern auf der Erde. Ein großer Teil dieser Strahlung wird im ultravioletten Spektralbereich emittiert. Als Mariner 10 die Oberfläche mit einem UV-Spektrometer danach absuchte, fand sie keine der erwarteten Emissionslinien, sondern lediglich kleine Mengen an Helium, atomaren Wasserstoff sowie Spuren atomaren Sauerstoffs. Die Zusammensetzung dieses Gases ließ darauf schließen, daß es sich hier um eine Schwade der Sonnenatmosphäre handelte, die sich von ihr gelöst hatte und von Merkur eingefangen worden war. Dieses Gas ist als Sonnenwind bekannt und für das Verhalten der Kometenschweife (s. Kapitel 11 »Kometen: Wanderer zwischen den Welten«)

und Polarlichter auf der Erde verantwortlich. Merkur fängt wahrscheinlich Teilchen aus dem Sonnenwind ein und füllt damit ständig
seine dünne Atmosphäre auf.

Aus der Intensität der atmosphärischen Emission errechneten die
Wissenschaftler die Teilchendichte zu 4500 Helium- und 8 Wasserstoffatomen pro Kubikzentimeter. Mit dieser Dichte, der Oberflächentemperatur sowie der Schwerkraft läßt sich der Atmosphärendruck auf Merkurs Oberfläche abschätzen. Er beträgt etwa $2 \cdot 10^{-10}$
Millibar, also etwa ein Fünftel eines Tausendmilliardstels des Atmosphärendrucks auf der Erde. (Auf der Erde beträgt der Druck in Mee-
resspiegelhöhe typischerweise 1000 Millibar oder 1 bar.) Merkurs
dünne Atmosphäre ist damit ein weitaus besseres Vakuum als es in
einem Laboratorium auf der Erde leicht hergestellt werden kann.

Damit schien alles klar zu sein: Merkur »leiht« sich seine Atmosphäre von der Sonne lediglich aus und hat seine eigenen Gase vollständig verloren. Dann, im Jahre 1985, wendete man eine fünfte Methode an und entdeckte tatsächlich eine weitere Atomsorte in Merkurs
Atmosphäre. Für diese trickreiche Methode benötigt man ein erdgebundenes Teleskop mit einem Spektrometer. Das Teleskop wurde am
Tag auf Merkur gerichtet, als er hoch oben am Himmel stand. In dem
beobachteten Spektrum überlagert sich dann die Emission Merkurs
mit der des Himmels. Die Astronomen beobachteten deshalb abwechselnd die helle Oberfläche Merkurs und den Himmel und subtra-
hierten anschließend im Computer das Himmelsspektrum von dem
Merkurs. In dem auf diese Weise erhaltenen Spektrum des Planeten
fanden sie im gelben Spektralbereich starke Absorptionslinien, die von
Natrium aus der Sonnenatmosphäre stammten. Diese waren jedoch
überlagert von zwei dünnen Natrium-Emissionslinien, die man normalerweise im Sonnenspektrum nicht sieht. Sie mußten also aus der
Merkuratmosphäre kommen. Da diese Linien nicht auf der Nachtseite
Merkurs gesehen worden waren, mußten sie durch die Sonneneinstrahlung entstanden sein.

Dieses Natriumlicht besitzt eine so große Intensität, daß Merkurs
Atmosphäre etwa 150 000 Natriumatome pro Kubikzentimeter enthalten muß (entsprechend einem Druck von $1,2 \cdot 10^{-11}$ Millibar). Damit ist Natrium eines der häufigsten Elemente, und natürlich stellten
sich die Astronomen sofort die Frage: Woher kommt diese große Menge? Die wahrscheinlichste Quelle ist wohl das Oberflächengestein.
Möglicherweise schlagen die Teilchen des Sonnenwindes die Natriumatome aus dem Material heraus. Hierfür spricht auch die anschließende Entdeckung von Kalium in der Merkuratmosphäre.

DIE VERZÖGERTE ROTATION

Es gibt noch eine zweite Geschichte über Merkur, die eine entscheidende Wende erfuhr. Sie begann mit Teleskopbeobachtungen, die falsch interpretiert wurden, bis Radarsignale die Wahrheit enthüllten.

Anfangs glaubten die Astronomen, daß die Gezeitenkräfte der Sonne die Rotationsdauer so lange verzögert hätten, bis sie ebensolang war wie ein Umlauf um die Sonne, nämlich 88 Tage. So wie der Mond der Erde immer dieselbe Seite zukehrt, sollte immer nur eine Seite Merkurs der Sonne zugewandt sein. Der italienische Astronom Giovanni Schiaparelli (1835 bis 1910) wollte diese Hypothese überprüfen und beobachtete deshalb bestimmte Oberflächenmerkmale Merkurs mit seinem 18-Zoll-Teleskop. In der Tat schloß er aus diesen Beobachtungen, daß sich Merkur in einer gebundenen Rotation befindet. Ein dreiviertel Jahrhundert lang glaubten Astronomem daran, und noch in der Mitte des zwanzigsten Jahrhunderts stellte einer von ihnen fest, daß die Rotationsdauer weniger als ein Tausendstel von der Umlaufzeit abweicht. All diese Astronomen irrten sich.

Im Jahre 1965 ermittelte man die wahre Rotationsdauer mit Hilfe von Radarsignalen (Bild 3.2). Eine riesige Megawattantenne sendete

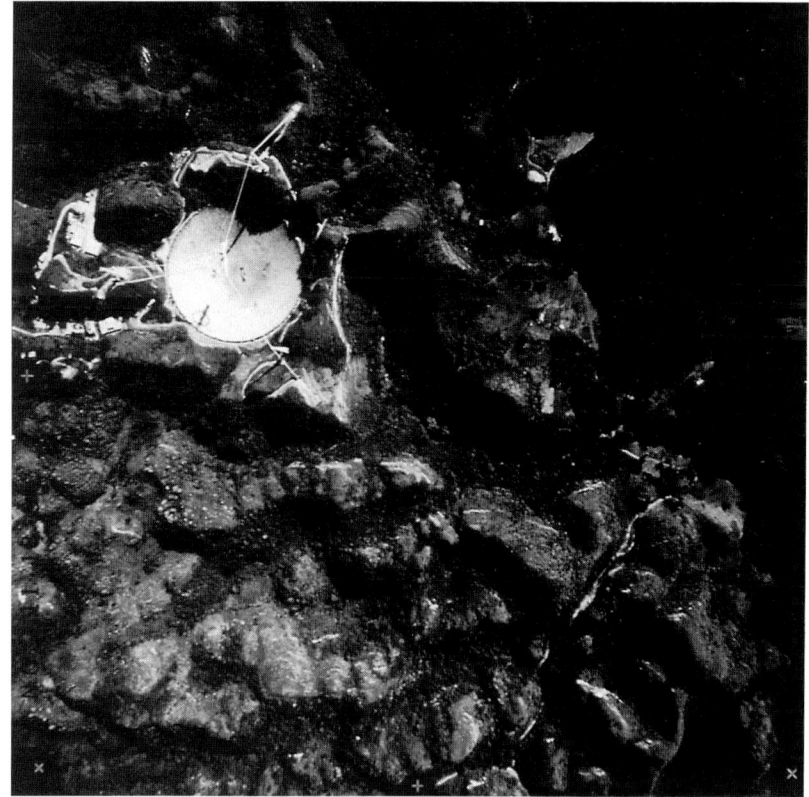

Bild 3.2. Das Radioteleskop von Arecibo. Das größte Radioteleskop der Erde liegt eingebettet in den Bergen in der Nähe von Arecibo auf Puerto Rico. Mit diesem 305 Meter durchmessenden Teleskop wurden 1965 erstmals Radarpulse zum Merkur geschickt und wieder empfangen. Hieraus ließ sich die Rotationsdauer des Planeten bestimmen. Bis dahin hatte man fälschlicherweise angenommen, daß Merkur der Sonne immer dieselbe Seite zukehrt, also seine Rotationsdauer gleich seiner Umlaufzeit sei

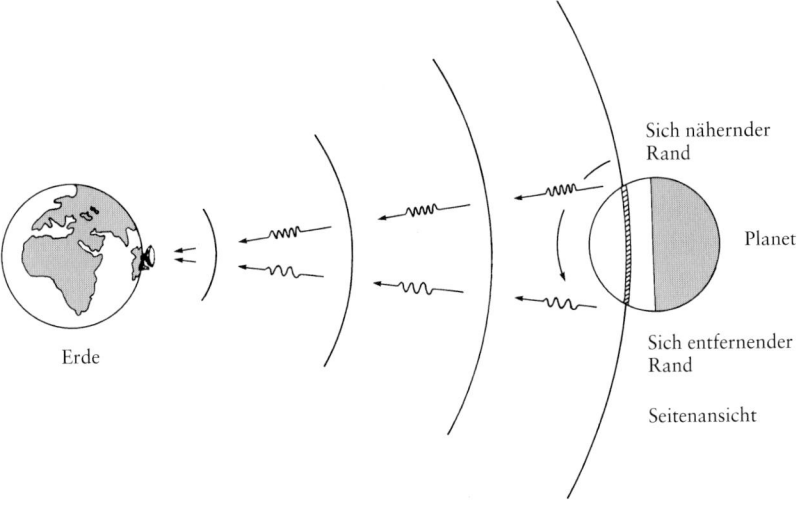

Erde · Sich nähernder Rand · Planet · Sich entfernender Rand · Seitenansicht

Bild 3.3. Radaruntersuchung des Merkur. Das Radarsignal breitet sich als Kugelwelle aus, so daß nur ein geringer Teil auf Merkur trifft. Die reflektierten Wellen sind aufgrund der Rotation des Planeten doppler-verschoben. Kommen die Wellen von der sich wegdrehenden Seite, sind sie rotverschoben, das heißt zu größeren Wellenlängen hin. Die Wellen von der auf uns zukommenden Seite sind blauverschoben, also zu kleineren Wellenlängen hin. Aus der Größe dieser Verschiebung läßt sich die Rotationsgeschwindigkeit errechnen. Kennt man die Geschwindigkeit, S, sowie den Umfang des Planeten, C, erhält man die Rotationsdauer aus $P = C/S$

ein Signal mit geringer Bandbreite aus, das sich wie Wellen im Teich ausbreitete. Nur ein geringer Teil dieser Welle wurde an der Merkuroberfläche reflektiert und gelangte etwa 10 Minuten später wieder zu der Antenne zurück, die nun als Empfänger diente. Wie in Bild 3.3 erläutert, weitete sich durch die Rotation des Merkur die Bandbreite des Signals auf. Eine Seite des Planeten bewegt sich auf uns zu, die andere von uns fort. Diese Bewegungen verursachen eine Wellenlängenverschiebung des Echos, aus der sich die Rotationsgeschwindigkeit und somit auch die Rotationsdauer Merkurs errechnen lassen. Das Ergebnis war überraschend: Die Rotationsdauer betrug 58,6 Tage, also genau Zweidrittel der bisher so lange geglaubten 88 Tage. Das bedeutet, Merkur dreht sich bezüglich der Sterne innerhalb von zwei Umläufen um die Sonne genau dreimal um die eigene Achse.

Wie konnte dieser Beobachtungsfehler passieren? Es gibt keine einfache Erklärung dafür. Wahrscheinlich trugen mehrere Umstände dazu bei. Einerseits sind Oberflächenmerkmale nur sehr schwer zu erkennen, so daß die Astronomen sich vielleicht bei ihrer Interpretation durch die vorherigen Beobachtungen der 88-Tage-Periode beeinflussen ließen. Es gibt aber noch einen weiteren Grund. Wenn sich Merkur nach zwei Sonnenumläufen dreimal um die eigene Achse gedreht hat, kehren dieselben Oberflächenmerkmale wieder auf die sonnenbeschienene Seite zurück. Das mag einige Astronomen, die Merkur im Abstand von zwei Umläufen beobachteten, zu dem Glauben verführt haben, Merkur würde in 88 Tagen rotieren. Sie hätten nur dann die richtige Periode herausbekommen können, wenn sie Merkur sorgfältig in *jedem* 88-Tage-Intervall beobachtet hätten. Aus diesem Grunde war die Hälfte aller Beobachtungen, die zu der 88-Tage-Periode führten, im Prinzip korrekt, aber viele der Beobachtungen, die einen Widerspruch aufdeckten, wurden ignoriert oder übersehen. Dies ist ein

treffendes Beispiel für einen Fall, in dem unglückliche Beobachtungsbedingungen und theoretische Vorhersagen fast jeden Wissenschaftler
in die Irre führen können.

Innerhalb einer siderischen Rotation um die eigene Achse legt
Merkur Zweidrittel seines Umlaufs um die Sonne zurück, aber die Sonne scheint sich nur ein Drittel auf ihrem Weg um den Planeten bewegt
zu haben, das heißt es ist nur ein Drittel eines Merkurtages vergangen
(Bild 3.4). Anders gesagt: Der Planet führt an einem Merkurtag drei siderische Rotationen beziehungsweise zwei Umläufe um die Sonne aus.

Warum rotiert Merkur mit einer Periode, die Zweidrittel seiner
Umlaufdauer entspricht? Die Antwort hierauf finden wir in den Gezeitenkräften, die auf seinen länglichen Körper wirken sowie in der stark
elliptischen Umlaufbahn. Würde sich Merkur auf einer Kreisbahn bewegen, so hätte sich seine Rotation auf die 88-Tage-Periode eingestellt, und er würde der Sonne immer dieselbe Seite zukehren. Aber die
Gezeitenkraft der Sonne wächst an, wenn Merkur sich ihr nähert, und
diese Kraft zieht an dem länglichen Körper des Planeten. Dieses ständige Ziehen beschleunigt die Rotation, was vermutlich zu der heutigen
schnelleren Rotation von 58,6 Tagen führte. Wir haben hier also einen
Fall, in dem Rotation und Umlauf stark aneinander gekoppelt sind
und können deshalb auch von einer »Spin-Bahn-Kopplung« sprechen.
Ist diese Rotationsdauer einmal erreicht, so bleibt sie erhalten. Versucht der Planet etwas schneller zu rotieren, zieht die Gezeitenkraft
den Planeten zurück und verlangsamt dadurch die Rotation wieder.
Versucht er sich langsamer zu drehen, so beschleunigt ihn die Gezeitenkraft wieder. Aus diesem Grunde ist anzunehmen, daß diese
3:2-Resonanz auch in Zukunft bestehen bleiben wird.

Bild 3.4. Rotation von Merkur
und dem Mond. Die Gezeitenkraft
der Erde hat den Mond in eine
Synchronumlaufbahn gezwungen,
und der Wulst des Mondes verhindert seine freie Rotation. Aus
diesem Grunde dauert eine Umdrehung um die eigene Achse genauso lange wie ein Umlauf um die
Erde, so daß wir immer nur eine
Seite des Mondes sehen. Merkurs
Rotation wurde durch die Gezeitenkraft der Sonne verringert. Da Merkur eine längliche Form besitzt,
dreht er sich heute bei einem Sonnenumlauf eineinhalbmal um die
eigene Achse. Er rotiert somit bezüglich der Sterne mit einer Periode von
58,6 Erdtagen, entsprechend Zweidrittel seiner Umlaufdauer von
88 Erdtagen. Das bedeutet, daß ein
Merkurtag zwei Merkurjahre
dauert

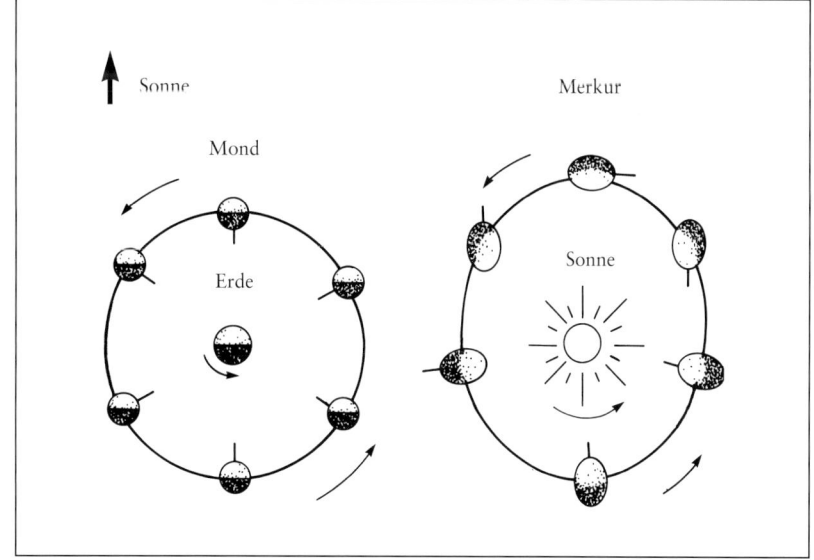

Die langsame Rotation des Merkur mag auch daran liegen, daß er keinen Mond besitzt. Wenn nämlich die Rotationsdauer eines Planeten kleiner ist als die Umlaufzeit des Mondes, kann die Gezeitenkraft Planet und Mond zusammenziehen. Auch Venus rotiert langsam und besitzt keinen Mond. Einige Astronomen glauben sogar, daß Merkur ein ehemaliger Mond der Venus war und durch Gezeitenwirkung in eine eigene Umlaufbahn um die Sonne geriet.

EINE MONDÄHNLICHE OBERFLÄCHE

Am 29. März 1974 bewegte sich die Raumsonde Mariner 10 im Glanz der Sonne auf Merkur zu. Sieben Wochen zuvor war sie bei einem nahen Vorbeiflug an Venus in Richtung Merkur umgelenkt worden. Nach dem Vorbeiflug über der Nachtseite des Merkur schwenkte Mariner 10 in eine Umlaufbahn um die Sonne ein und wurde so selbst ein kleiner Planet. Auf dieser Bahn kamen sich Merkur und Mariner 10 alle halbe Jahr nahezu an derselben Stelle nahe, so daß der Planet wiederholt beobachtet werden konnte. Bei drei Begegnungen machte die Sonde Nahaufnahmen, aber schließlich ging das Steuergas zur Neige, und der Radiosender mußte abgeschaltet werden.

Bei diesen drei Vorbeiflügen übermittelte Mariner 10 von der halben Merkuroberfläche Aufnahmen, die eine 5000 mal bessere Auflösung besaßen als die besten Bilder, die bis dahin von der Erde aus gemacht worden waren. Diese Nahaufnahmen zeigten eine nie gesehene mondähnliche Landschaft, die uns die Vergangenheit dieses Planeten erahnen lassen. Aber die Erkundung Merkurs im Weltraumzeitalter steht noch am Anfang, denn die Auflösung der Mariner-Aufnahmen ist kaum besser als die mit erdgebundenen Teleskopen gewonnenen Mondaufnahmen. Viele Einzelheiten warten noch auf ihre Entdeckung.

Merkurs Oberfläche ist, wie die des Mondes, übersät mit Kratern aller Größe, von großen Becken mit Durchmessern von 1000 Kilometern bis zu kleinen Kratern mit Durchmessern von 100 Metern, der Auflösungsgrenze der Mariner-Aufnahmen (Bild 3.5). Die Ähnlichkeit fast aller Merkurkrater mit denen des Mondes spricht dafür, daß auch sie durch Meteorite entstanden und später erodiert sind. Wie auf dem Mond gibt es kleine kugelförmige Krater sowie größere mit Zentralbergen, flachen Böden und Terrassen. Beide Welten weisen sowohl junge Krater mit hellen Strahlen als auch ältere ohne dieses markante Merkmal auf.

Anders als auf dem Mond hat man die Krater nach Malern, Komponisten und Schriftstellern benannt. Der größte Krater heißt Beethoven, dann folgen der Größe nach geordnet Tolstoi, Raphael, Goethe

Bild 3.5. Weltraumaufnahmen von Merkur. Mosaik mehrerer Aufnahmen, die von einer Raumsonde bei Annäherung an den Planeten (*links*) und Entfernung von ihm gewonnen wurden. Die stark von Kratern zerfurchte Oberfläche erinnert an die Hochländer des Mondes. Auch Krater mit hellen Strahlen, wie man sie vom Mond her kennt, gibt es auf Merkur. (Foto: NASA)

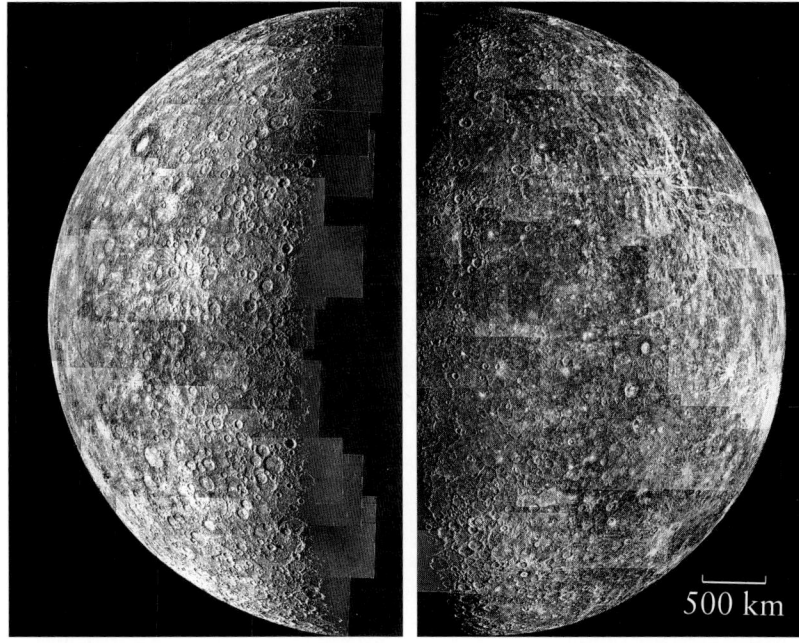

und Homer. Auch Mozart, Matisse und Mark Twain wurden auf diese Weise verewigt.

Es gibt kleinere Unterschiede zum Mond aufgrund der stärkeren Schwerkraft des Merkur. Da die Schwerkraft auf der Merkuroberfläche etwa doppelt so groß ist wie auf dem Mond, ist das Einschlagsmaterial von den Kratern nicht so weit fortgeschleudert worden. Außerdem findet der Übergang von einem einfachen zu einem komplexen Krater bereits bei kleineren Durchmessern statt. Ein komplexer Krater entsteht durch nachrutschendes Material an den Kraterrändern. Außerdem sind die Merkurberge nicht so hoch wie auf dem Mond. Dies ist wahrscheinlich ebenfalls eine Folge der stärkeren Schwerkraft. Dadurch ist das Gestein im Vergleich zu seiner inneren Stärke schwerer als auf dem Mond, was die Entstehung hoher Berge verhindert. Insgesamt zieht die größere Schwerkraft die Berge stärker nach unten.

Zahlreiche Einschlagsbecken, von denen viele mehr als 200 Kilometer Durchmesser aufweisen, sind von mehreren Ringen umgeben. Das größte von ihnen ist das Caloris-Becken, benannt nach dem lateinischen Ausdruck für Wärme, denn es befindet sich an einer der zwei Stellen, die der Sonne im Perihel zugewandt sind (Bild 3.6). Bei allen drei Mariner-10-Begegnungen lag das Caloris-Becken zur Hälfte hinter dem Terminator im Schatten. Es scheint von einem unregelmäßigen Bergring mit einem Durchmesser von 1300 Kilometern und einer Höhe von 2 Kilometern umgeben zu sein und erinnert ein wenig an die Mondbecken Orientale und Imbrium. Anders als diese füllte sich das

Bild 3.6. Das Caloris-Becken. Das 1300 Kilometer durchmessende Caloris-Becken ist von mehreren Ringen umgeben (*Mitte links*) und wird von Bergen eingegrenzt, die sich 2 Kilometer über ihre Umgebung erheben. Brüche und Bergkämme durchziehen seinen Boden. Das Caloris-Becken ähnelt stark dem Orientale-Becken auf dem Mond. Beide entstanden durch den Einschlag eines Meteoriten mit mehreren zehn Kilometern Durchmesser. (Foto: NASA)

Caloris-Becken anscheinend fast unmittelbar nach dem Einschlag mit flüssiger Lava. Man kann dies daran erkennen, daß der äußere und der innere Ring etwa gleichviele Krater aufweisen.

Obwohl Mond und Merkur unterschiedliche Massen besitzen und sich in verschiedenen Abständen um die Sonne bewegen, sind ihre Oberflächen sehr ähnlich. Dies läßt darauf schließen, daß in der Frühzeit des Planetensystems die Meteoriten über das gesamte innere Son-

Bild 3.7. Discovery Rupes. Merkur unterscheidet sich vom Mond durch riesige Klippen oder Steilhänge, die seine Oberfläche durchschneiden. Der hier gezeigte dunkle Steilhang erstreckt sich über 500 Kilometer und durchbricht dabei zwei Krater mit Durchmessern von 30 und 45 Kilometern. Den Namen Discovery Rupes erhielt dieser Steilhang nach dem Schiff von Robert F. Scott, mit dem er seine erste Antarktis-expedition unternahm, während das Wort Rupes aus dem Lateinischen stammt und soviel wie steile Klippe bedeutet. Diese bis zu 4 Kilometer hohen Steilhänge entstanden vermutlich, als der Planet sich abkühlte und zusammenzog. (Foto: NASA)

nensystem verteilt waren. Möglicherweise wurde Merkur in derselben Zeit bombardiert wie der Mond. Sicher sind wir allerdings nicht, denn wir kennen weder das Alter des Merkurgesteins, noch besitzen wir eine absolute Chronologie für seine Oberflächenmerkmale.

Eine weitere Ähnlichkeit mit dem Mond besteht darin, daß Merkur sowohl stark mit Kratern durchsetzte Hochländer als auch weniger zernarbte Flachländer aufweist. Alles in allem scheint Merkur eine ähnliche Serie von Ereignissen hinter sich zu haben wie der Mond. Beide Körper waren einem heftigen Meteoriten-Bombardement ausgesetzt, dem ein Ausfließen flüssiger Lava aus dem Innern folgte. Allerdings zog sich Merkur bei der Abkühlung offenbar stark zusammen, so daß die Vulkanschlote zugedrückt wurden, während sie auf dem Mond offen blieben.

Merkurs einzigartige gewundene Steilhänge oder Klippen entstanden wahrscheinlich, als sich das Innere abkühlte und der Planet schrumpfte. Sie sehen aus wie die Runzeln eines verdorrten Apfels. Wie Schlangen ziehen sie sich durch Krater und Ebenen. Sie erreichen dabei Längen von 500 Kilometern und erheben sich bis zu 3 Kilometer über ihre Umgebung, ähnlich wie die Pyrenäen. Man glaubt, daß diese Berge große Krustenplatten verbinden, die sich auf der einen Seite hoch- und auf der anderen hinuntergeschoben haben. Dabei entstanden Brüche, die Berge und Krater gleichermaßen durchtrennten. Einen dieser Steilhänge, genannt Discovery Rupes, zeigt Bild 3.7. Aus diesen Bergen läßt sich abschätzen, daß der Planet seinen Radius um 3 bis 4 Kilometer verringerte. Dies ist auch etwa der Wert, den man erwartet, wenn der zunächst flüssige Mantel beim Abkühlen erstarrt.

Bei genauem Hinsehen erkennt man, daß die Hänge ältere Krater verschoben haben und selbst wiederum von jüngeren Kratern deformiert wurden. Sie müssen also entstanden sein, als das heftige Meteoriten-Bombardement bereits nachgelassen hatte, jedoch nicht erst in jüngster Zeit. Merkwürdigerweise machte Merkur in dieser Zeit, anders als die übrigen terrestrischen Planeten, keinen Ausdehnungsprozeß durch.

EIN ERDÄHNLICHES INNERES

Obwohl Merkurs Äußeres dem Mond ähnelt, kommt sein Inneres wahrscheinlich dem der Erde näher. Seine mittlere Dichte entspricht etwa der der Erde und ist 1,6 mal höher als die des Mondes. Ursache für diese hohe Dichte ist ein massereicher Eisenkern, der Dreiviertel des Durchmessers einnimmt und von einem verhältnismäßig dünnen Mantel umgeben ist. Damit ist der Eisenkern etwa so groß wie der Mond. Aus der großen Ähnlichkeit des Merkurmantels mit dem des

Mondes folgern die Wissenschaftler, daß er ebenfalls aus Silikaten besteht. Diese setzten sich bereits kurz nach der Entstehung aus dem Urnebel von dem Kern ab, als der Planet zum Großteil noch flüssig war.
Durch ihr hohes Gewicht sanken die Eisenatome langsam zum Mittelpunkt ab, und die Silikate bildeten den leichteren Mantel.

Eisen ist relativ schwer und kann im geschmolzenen Zustand aus
den äußeren Bereichen eines entstehenden Planeten ins Innere fließen.
Beim Absinken gibt es Gravitationsenergie ab, genauso wie herab-
fließendes Wasser in einem Wasserkraftwerk. Im Innern des Planeten
reicht diese Energie aus, um einen großen Teil des Körpers aufzu-
schmelzen. Merkur konnte aber schnell wieder abkühlen, weil er einen
kleinen Radius besitzt, so daß sein Inneres verhältnismäßig dicht an
der Oberfläche liegt. Die Kruste bildete dann eine einzige große Platte
ohne Tektonik.

Warum besitzt Merkur so große Mengen Eisen und nur wenig Gestein? Einige Astronomen vertreten die Meinung, daß Merkurs Kern
früher von einem dickeren Gesteinsmantel umgeben war, der dann
durch eine katastrophale Kollision mit einem kleineren Körper wegge-
schleudert wurde.

Die in einem Planeten erzeugte Wärme kann sich zwar in seinem
gesamten Innern ausbreiten, jedoch nur von seiner Oberfläche in den
Weltraum abgegeben werden. Kleinere Körper können schneller abkühlen als große. Aus diesem Grunde vermuteten die Astronomen,
daß Merkur in seinem Innern fest sein müsse, im Gegensatz zur Erde,
die einen flüssigen Kern besitzt. Auf der anderen Seite hätte Merkur
bei einer vollständigen Auskühlung um 40 Kilometer schrumpfen
müssen, was aber wiederum nicht zu der Höhe der Steilhänge paßt.
Daher kann die Möglichkeit eines flüssigen Kerns nicht ganz ausgeschlossen werden, zumal Merkur ein Magnetfeld besitzt.

DAS SELTSAME MAGNETFELD DES MERKUR

Mariner 10 hatte ein empfindliches Magnetfeldmeßgerät an Bord, ein
sogenanntes Magnetometer. Bei der Annäherung an Merkur zeichnete
das Instrument die Magnetfeldschwankungen des Sonnenwindes auf.
Als die Sonde jedoch in die Nähe des Planeten gelangte, überschritt sie
plötzlich die Grenze zu einem neuen Gebiet – ein Gebiet, in dem ein
planetares Magnetfeld herrschte. Bei weiterer Annäherung stieg die
Feldstärke weiter an, woraus die Wissenschaftler schlossen, daß sie an
der Oberfläche etwa ein Prozent des Erdmagnetfeldes erreicht. Solch
ein Feld ist stark genug, um in dem Sonnenwind eine langgestreckte
magnetische Höhle zu bilden, deren Schweif von der Sonne wegweist
(Bild 3.8).

Bild 3.8. Das Magnetfeld des Merkur. Merkurs Magnetfeld ist eine Miniaturausgabe des Erdmagnetfeldes mit einer bogenförmigen Bug-Stoßfront sowie einer Magnetosphäre und einem Magnetschweif. Merkurs Magnetfeldachse fällt fast mit seiner Rotationsachse zusammen, und der magnetische Nordpol weist, wie auf der Erde, in die Richtung des geographischen Nordpols. Die elektrisch geladenen Teilchen des Sonnenwindes drücken das Magnetfeld auf der einen Seite in einer Bug-Stoßfront zusammen und ziehen es auf der gegenüberliegenden Seite schweifförmig in die Länge

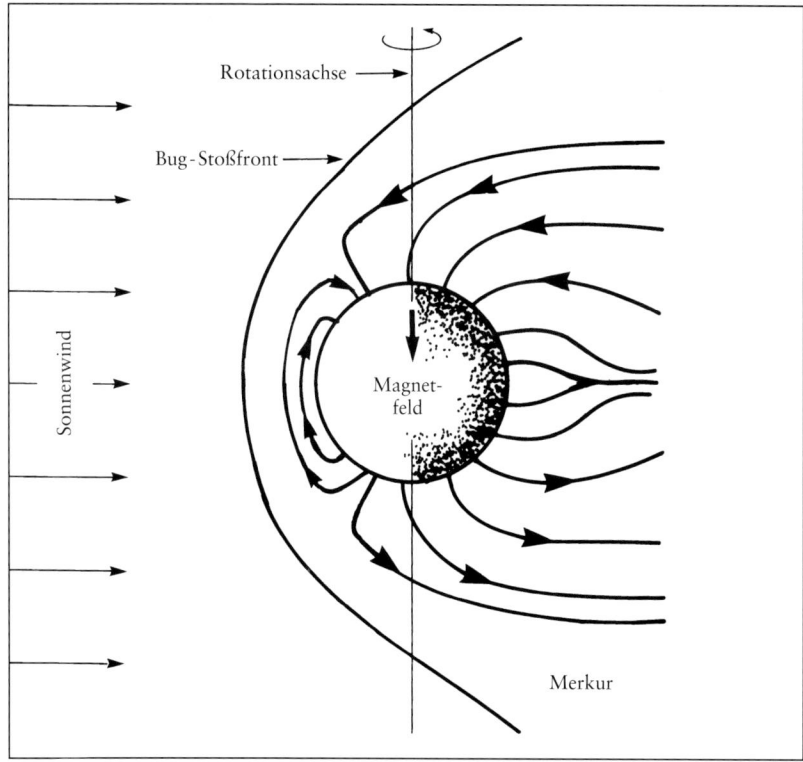

In der Nähe des Planeten hat das magnetische Dipolfeld etwa die Form eines Stabmagneten, dessen Achse fast mit der Rotationsachse zusammenfällt. Das Feld des Merkur und seine magnetische Höhle (Magnetosphäre) sind eine Miniaturausgabe des Erdfeldes, abgesehen davon, daß Merkur einen größeren Teil seiner Magnetosphäre einnimmt. Aus diesem Grund prallen die geladenen Teilchen, die er in seinem Magnetfeld einfängt, schnell auf die Oberfläche, wo sie das Gestein absorbieren. Merkur besitzt daher keine Gürtel mit eingefangenen Teilchen, vergleichbar mit den Van-Allen-Gürteln der Erde (s. Kapitel 5 »Die rastlose Erde«).

Die Entdeckung des Magnetfeldes kam völlig überraschend, und dessen Ursache ist heute noch ein Rätsel. Man glaubte, daß ein flüssiger Eisenkern, der wie ein Dynamo wirkt, unbedingte Voraussetzung für die Erzeugung eines Magnetfeldes sei. Aufgrund der geringen Größe Merkurs sollte der Kern jedoch schon vor langer Zeit abgekühlt sein. Und selbst wenn er einen flüssigen Kern besäße, so wäre wahrscheinlich die Rotationsgeschwindigkeit des Planeten zu gering, um ein solches Magnetfeld zu erzeugen. So hat zum Beispiel Venus vermutlich einen flüssigen Kern, rotiert mit einer Periode von 243 Tagen allerdings so langsam, daß sie kein nachweisbares Magnetfeld erzeugt. Die beste Erklärung ist vielleicht, daß der Kern Merkurs durch Wär-

meabgabe beim Zerfall radioaktiver Elemente flüssig blieb und das
Magnetfeld trotz der geringen Rotation erzeugt wird. Eine andere
Möglichkeit besteht vielleicht darin, daß der Sonnenwind Merkurs
Magnetfeld hervorruft.

Wie wir später noch sehen werden, hat jeder Planet seine Eigenarten, und Merkur macht hierin keine Ausnahme.

KURZINFORMATION 3.1
Merkur – Zusammenfassung

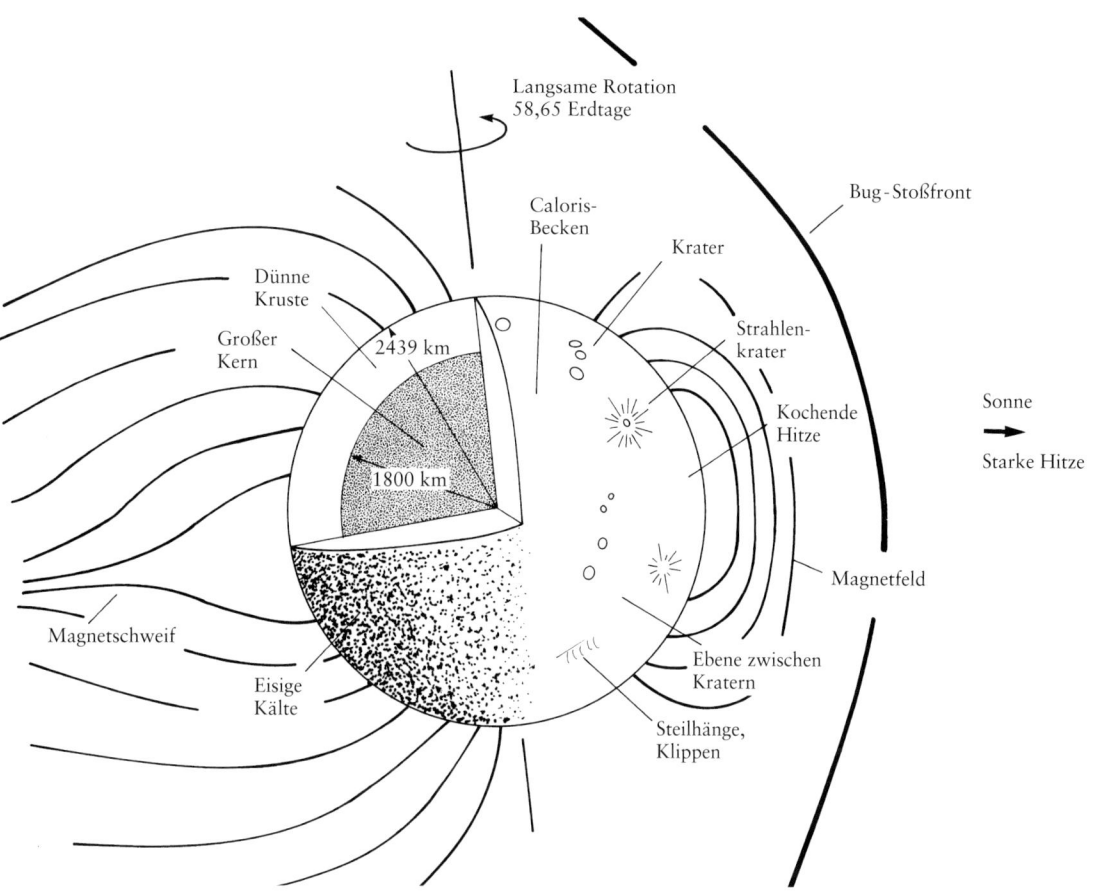

Masse: $3,30 \cdot 10^{26}$ Gramm $= 0,055 M_E$ (Erde – 1)
Radius: 2439 Kilometer $= 0,382 R_E$ (Erde = 1)
Mittlere Dichte: 5,43 g/cm^3
Rotationsperiode: 58,6462 Erdtage
Umlaufperiode: 87,969 Erdtage
Mittlere Entfernug von der Sonne: 0,387 AE
Magnetfeldstärke an der Oberfläche: 0,0035 Gauß

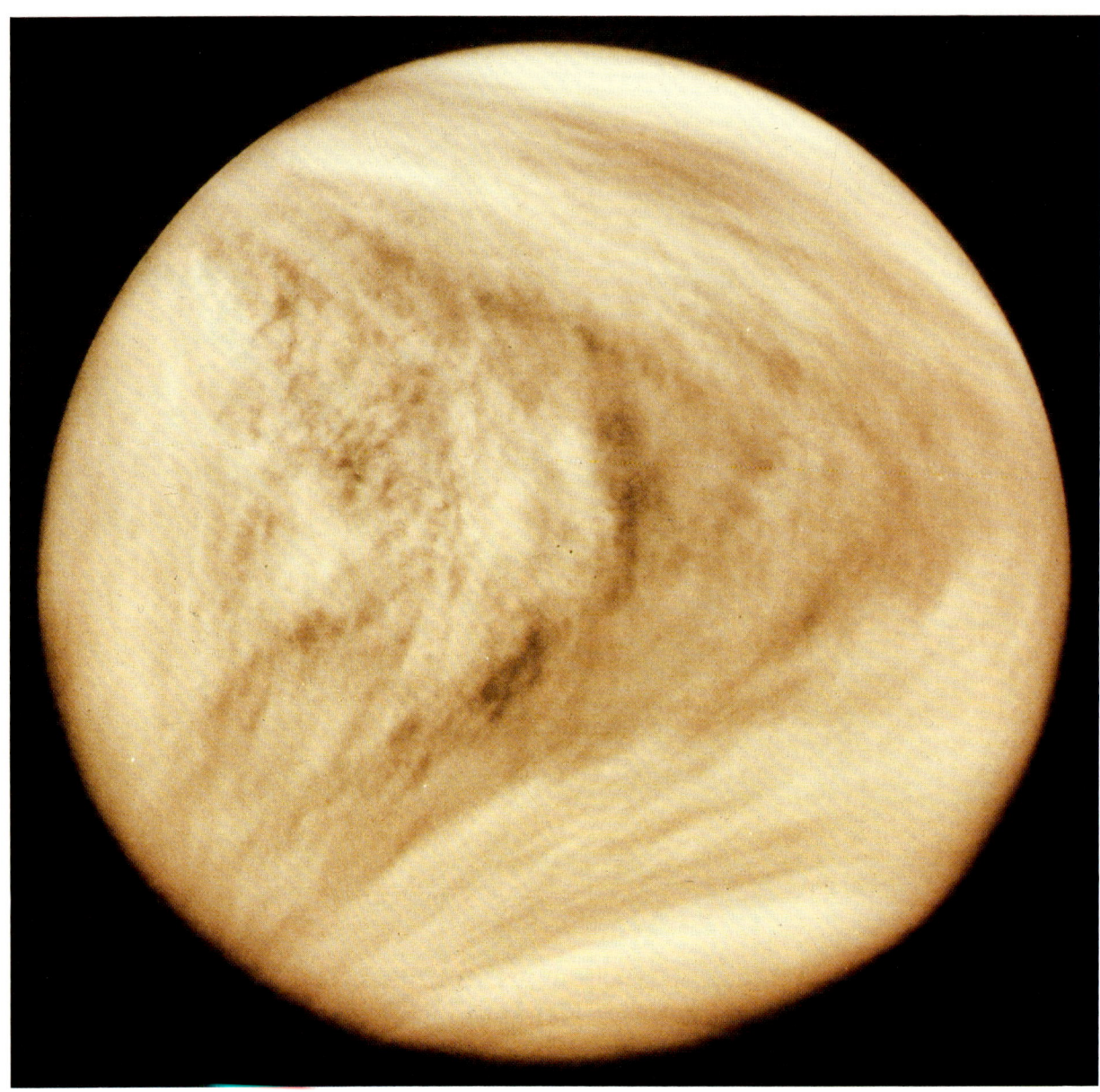

Die verhüllte Venus. Helle Wolken aus Schwefelsäure bedecken die Polargebiete der Venus. Der cremig-gelbe Wolkenschleier umrundet den Planeten innerhalb von vier Erd-tagen mit einer Geschwindigkeit von 360 Kilometern pro Stunde. Die Flecken in der Mitte stammen ver-mutlich von Konvektion, hervorge-rufen durch die Sonneneinstrahlung. (Foto: NASA)

KAPITEL 4

Venus: der verhüllte Planet

Auf Venus gibt es keine Jahreszeiten und keine täglichen Temperaturschwankungen; an der Oberfläche ist es ständig so heiß, daß Blei schmelzen würde. Diese enormen Temperaturen verursacht der Treibhauseffekt. Obwohl Venus heute völlig ausgetrocknet ist, bedeckten möglicherweise einst große Ozeane ihre Oberfläche. Einschlagskrater sind im Innern mit Lava angefüllt und von asymmetrisch verteiltem Auswurfmaterial umgeben. Kleinere Krater bilden manchmal Haufen. Vertikale Bewegungen und aus Hot Spots aufsteigende Magma haben die Oberfläche verformt und zu Hügeln, Rissen und Bergen geführt. Ausfließende Lava hat einst die Oberfläche gänzlich bedeckt und eingeebnet: zehntausende von Vulkanen sind heute erkennbar. Einige Vulkane haben einzigartige Formen, wie Spinnweben, Coronae und Kuppeln. Zumindest einer von ihnen ist möglicherweise auch heute noch aktiv.

DIE GÖTTIN DER LIEBE

Die enthüllte Göttin

Der Planet Venus erhielt seinen Namen nach der römischen Göttin der Schönheit und der sinnlichen Liebe; ihr griechisches Vorbild war Aphrodite. Die Babylonier nannten den Planeten Ischtar, die Himmelsgebieterin, und für die Chinesen war der Planet »Der schöne Weiße«. Venus war also seit jeher Symbol der Liebe und Schönheit (Bild 4.1). Eines der griechischen Haupheiligtümer der Aphrodite stand auf der Insel Kythera, was dem Planeten oft das Adjektiv kytherisch einbrachte. Wir wollen diese Bezeichnung anstelle des römischen venusisch verwenden.

Venus ist in vielerlei Hinsicht die Schwester der Erde (Bild 4.2). Ihr Radius beträgt 95 Prozent des Erdradius und ihre Masse 81 Prozent der Erdmasse, so daß die Schwerkraft an ihrer Oberfläche auch etwa der irdischen entspricht.

Bis zu den siebziger Jahren hatte kein Mensch die Venusoberfläche unter der undurchdringlichen Wolkendecke zu Gesicht bekommen, so daß es genügend Spielraum für Spekulationen gab. Einige Wissenschaftler glaubten sogar, daß es dort an merkwürdigen Kreaturen nur

so wimmeln müsse. Da Venus näher an der Sonne ist als die Erde, müßte jeder Quadratmeter doppelt soviel Sonnenlicht erhalten, so daß
man ein angenehmes, warmes Klima unter der Wolkendecke vermutete. Außerdem nahm man an, daß es Wasser geben müsse. Einige Leute
glaubten deswegen, die kytherischen Lebewesen würden in einer
feuchtwarmen Welt mit dampfenden Sümpfen und Urwäldern präch-
tig gedeihen.

Diese romantischen Vorstellungen änderten sich jedoch drastisch
mit den Entdeckungen des Weltraumzeitalters, als Raumsonden die
Wolkenschicht durchdrangen und eine wahrhaft höllische und tote
Oberfläche vorfanden. Unter der reinen, strahlenden Wolkendecke
verbirgt der Planet der Liebe ein Inferno!

Die Venusatmosphäre enthält dieselben Bestandteile wie die irdische aber in deutlich anderen Anteilen (s. Tabelle 4.1). Die Venusatmosphäre besteht zum Großteil aus Kohlendioxid (CO_2), einer kleinen Menge an Stickstoff (N_2) und einer Spur Sauerstoff (O_2) mit einem
Anteil von 20 in 1 Million.

Venus ist bis zur gänzlichen Trockenheit ausgekocht, ähnlich wie
ein Wasserkessel, den man zu lange auf dem Feuer gelassen hat. Es gibt

Bild 4.1. Die Geburt der Venus.
Glaubt man der Sage, so kam Venus,
Göttin der Liebe und Tochter des
Himmelsgottes Uranos, in die Welt,
indem sie nackt dem Meer entstieg.
Sandro Botticellis Gemälde zeigt die
Schaumgeborene. (Foto: Uffizien,
Florenz)

 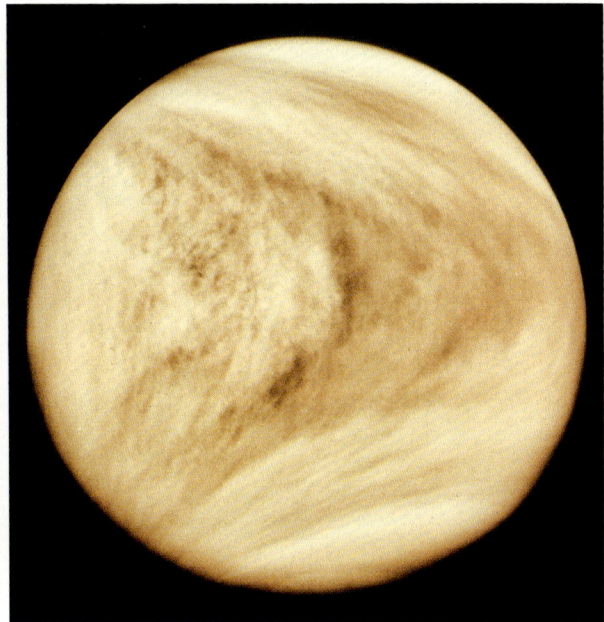

Bild 4.2. Vergleich von Erde und Venus. Durch das Teleskop erscheint Venus als eintöniger Planet, umgeben von einer dicken, undurchdringlichen Wolkendecke. Ihr Radius beträgt 95 Prozent des Erdradius, ihre Masse 81 Prozent der Erdmasse. Venus umrundet in 225 Erdtagen die Sonne bei einem mittleren Abstand von 0,723 Astronomischen Einheiten. Sie kommt der Sonne also nur wenig näher als die Erde. Wegen dieser Ähnlichkeiten wurde sie häufig unser »Schwesterplanet« genannt

auch keine Jahreszeiten wie auf der Erde. Auf ihrer Oberfläche ist es sehr düster, denn die dichte, wolkige Atmosphäre verschluckt bereits in großen Höhen 98 Prozent des Sonnenlichts. Aus diesem Grunde sind die Felsen in ein trübes Licht eines orangefarbenen Himmels getaucht.

Vergleich der Entwicklungen von Erde und Venus

Erde und Venus haben ganz unterschiedliche Entwicklungen durchgemacht. Auf der Erde wurde der größte Teil des Kohlendioxids von den Lebewesen in den Ozeanen aufgenommen und schließlich in Kalkstein oder anderen Carbonatgesteinen eingeschlossen. Erst die Pflanzen lie-

Tabelle 4.1. Häufigkeiten der wichtigsten Bestandteile in den Atmosphären von Venus und Erde

Bestandteil	Venus (untere Atmosphäre) in Prozent	Erde (Meereshöhe) in Prozent
Kohlendioxid (CO_2)	96,4	0,03
Stickstoff (NO_2)	3,4	78,08
Wasserdampf (H_2O)	0,01 (variabel)	5,0 (variabel)
Sauerstoff (O_2)	<0,002	20,95

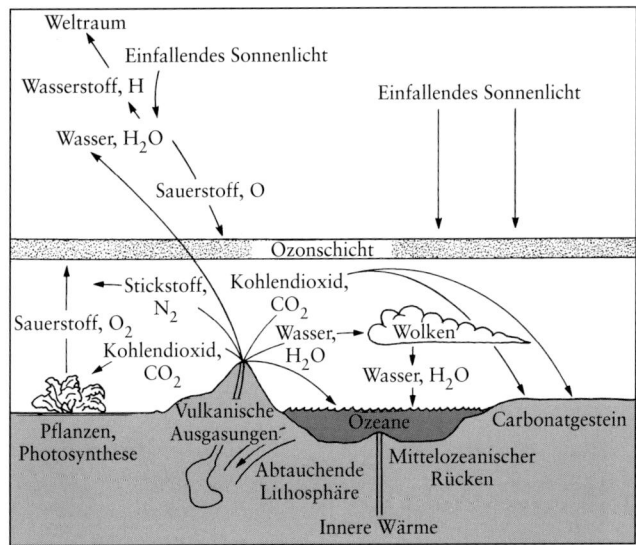
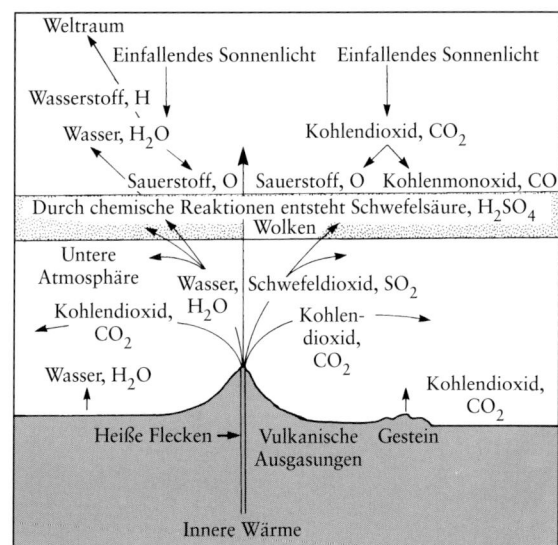

ferten den Sauerstoff, der die Atmosphäre für uns atembar macht. Venus dagegen entwickelte sich in einer trockenen, weitgehend sauerstofflosen Welt bei hohen Temperaturen. Heute ist die Venusoberfläche so heiß, daß jedes Lebewesen auf ihr zugrundegehen und jeder Ozean verdampfen würde.

Ursprünglich begann die Entwicklung von Erde und Venus fast wie bei Zwillingen. Wir wissen, daß heute in den irdischen Carbonatgesteinen genausoviel Kohlendioxid enthalten ist wie in der Venusatmosphäre (Bild 4.3). Der entscheidende Unterschied lag wahrscheinlich in der größeren Sonnennähe, verbunden mit dem Treibhauseffekt, auf den wir später noch zu sprechen kommen. Die etwas höhere Temperatur auf Venus führte möglicherweise dazu, daß der Planet immer heißer wurde, bis hin zu den heutigen Bedingungen. Nur wegen der etwas größeren Entfernung von der Sonne entwickelte sich die Erde zu einer lebenden Welt, auf der sich eine große Vielfalt an Lebewesen heranbilden konnte. Dieses Gleichgewicht ist sehr kritisch. Würde die Erde nur ein wenig näher an die Sonne geraten, so würde sich der Treibhauseffekt enorm verstärken, und ein Verdampfen der Ozeane und Absterben aller Lebewesen wäre die Folge. Möglicherweise führen wir solch einen sich selbst beschleunigenden Treibhauseffekt gerade selbst herbei, indem wir fossile Brennstoffe verfeuern und die tropischen Regenwälder abholzen und damit ständig den Kohlendioxidgehalt der Atmosphäre erhöhen.

Bild 4.3. Das Schicksal der vulkanischen Gase. Bei Vulkanausbrüchen auf der Erde (*links*) und vermutlich auch auf Venus (*rechts*) geraten Wasserdampf und Kohlendioxid in die Atmosphäre. Auf der Erde schlug sich ein großer Teil des Wassers in den Ozeanen nieder, und das meiste Kohlendioxid wurde vom Gestein aufgenommen oder durch Photosynthese in Sauerstoff und Kohlehydrate umgewandelt. Auf Venus wurde es vermutlich so heiß, daß alle möglicherweise vorhandenen Ozeane verdampften und das Kohlendioxid aus dem Gestein heraus in die Atmosphäre entlassen wurde. Offenbar gibt es keinen Sauerstoff in der Venusatmosphäre und somit auch keine Ozonschicht, so daß ultraviolettes Sonnenlicht langsam den meisten Wasserdampf zerstörte und dessen eine Komponente, der Wasserstoff, in den Weltraum entwich

DIE ATMOSPHÄRE

Glühende Hitze und enormer Druck

Venussonden durchdrangen die Wolkendecke und fanden darunter eine eintönige und glühend heiße Atmosphäre. Wie in Bild 4.4 gezeigt, steigt die Temperatur zum Boden hin bis auf 730 Kelvin (entsprechend etwa 460 Grad Celsius) an. Die untere dichte Atmosphäre speichert so viel Wärme und transportiert sie so effizient von einem Teil des Planeten zum anderen, daß es weder tägliche oder jahreszeitliche noch über die Breitengrade hinweg nennenswerte Temperaturschwankungen gibt. Vom Äquator zum Pol variiert die Temperatur an der Oberfläche nur um wenige Grad, und auch während der langen Nächte wird es nicht kühler.

Außerdem lastet auf der Oberfläche eine 90 mal schwerere Atmosphäre als auf der Erde. Der Druck an der Venusoberfläche entspricht also dem in einer Wassertiefe von 900 Metern. Die große Menge an Kohlendioxid ist für diese schwere Atmosphäre verantwortlich. Wäre es auf der Erde so heiß wie auf Venus, würde alles Wasser verdampfen und sich das gesamte Kohlendioxid aus den Gesteinen lösen. Unsere Atmosphäre würde dadurch 300 mal schwerer werden, und selbst wenn der Wasserdampf gänzlich verschwinden würde, hätte die verbleibende Atmosphäre immer noch die Masse der heutigen Venusatmosphäre.

Bild 4.4. Eine heiße und schwere Atmosphäre. Druck und Temperatur nehmen im unteren Bereich der Atmosphäre zum Boden hin stetig zu. Etwa 60 Kilometer über der Oberfläche, im Bereich der Wolken, sind die meteorologischen Bedingungen vergleichbar mit denen in der Wolkendecke der Erde. Dort herrscht eine Temperatur von 250 Kelvin und ein Druck von 0,1 bar. Diese Wolken sind jedoch etwa achtmal weiter vom Boden entfernt als auf der Erde, und am Grunde der Atmosphäre herrschen völlig andere Bedingungen. Dort erreicht die Temperatur 730 Kelvin, und die Atmosphäre wiegt neunzigmal mehr als auf der Erde. (Nach Alvin Seiff et al.: Science *205*, 47 (1979))

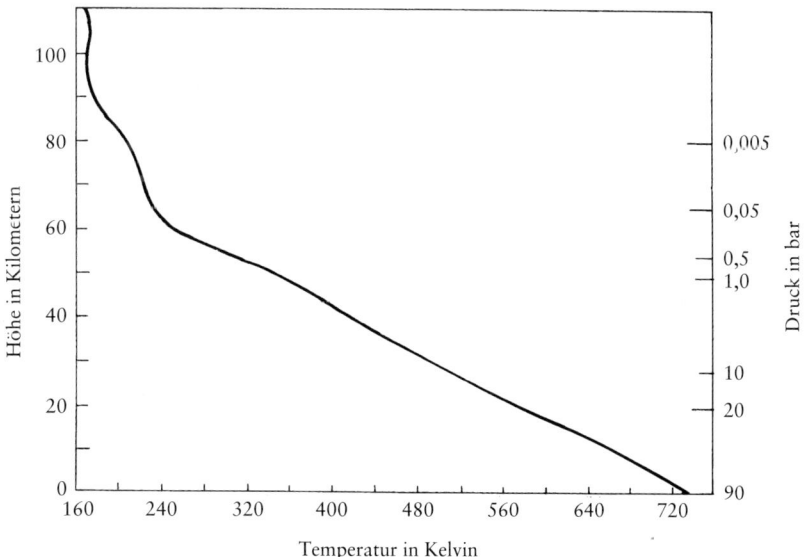

Bild 4.5. Wolken im ultravioletten Licht. Im Bereich des sichtbaren Lichts erkennt man in der Wolkendecke der Venus keine Details. Im Ultravioletten zeigen sich jedoch einige Bänder. Starke zonale Winde wirken mit schwächeren, polwärts gerichteten zusammen und treiben die Wolken langsam in Spiralen den Polen zu. Die Venusatmosphäre ist normalerweise gelb. Die blaue Färbung in dieser Aufnahme wurde künstlich gewählt, um einige Details deutlicher zu zeigen. Diese Aufnahme machte die Mariner-10-Sonde aus einer Entfernung von 760 000 Kilometern. (Foto: NASA)

Saurer Regen und wütende Stürme

Die Astronomen wissen schon seit einigen Jahrhunderten, daß Venus ständig von Wolken bedeckt ist (Bild 4.5). Eine genaue Untersuchung des reflektierten Sonnenlichts deutete darauf hin, daß die reflektierenden Teilchen rund sind, also vermutlich eher Flüssigkeitstropfen als Eiskristalle sind. Flüssiges Wasser konnten die Wissenschaftler ausschließen, da es bei den niedrigen Temperaturen an der Wolkenoberfläche von 250 Kelvin (entsprechend −20 Grad Celsius) sofort zu Eis gefrieren würde. Auch andere in Erwägung gezogene Flüssigkeiten kamen aufgrund ihrer optischen Eigenschaften zunächst nicht in Frage. Ihr Brechungsindex unterscheidet sich von dem der Teilchen in den Venuswolken.

Schließlich fanden die Astronomen die verblüffende Antwort: Venus ist mit einer Wolkendecke aus Schwefelsäure bedeckt! Ihre Tröpfchen besitzen den beobachteten Brechungsindex von 1,44. (Schwefelsäure wird hauptsächlich in Autobatterien verwendet und erzeugt bei Smog das Brennen in den Augen.) In großen Höhen tragen auch Schwefelteilchen zu dem Dunst bei.

Die fahlgelben Wolken der Venus unterscheiden sich stark von den weißen auf der Erde. Letztere entstehen bei der Abkühlung aufsteigender Luft. Die Temperatur nimmt mit zunehmender Höhe ab, und der Wasserdampf kondensiert zu Tröpfchen aus oder gefriert zu Kristallen. Die Venuswolken hingegen ähneln eher dem irdischen Smog, denn sie entstehen durch eine Reihe chemischer Reaktionen, an denen gasförmiges Schwefeldioxid und Wasserdampf beteiligt sind. An der Oberfläche der Wolkendecke spielen sich vor allem photochemische Reaktionen ab, die ihre Energie aus dem Sonnenlicht beziehen, während sich unter der Wolkendecke thermochemische Reaktionen ereignen, die durch die enorme Hitze angetrieben werden.

Gasförmiger Schwefel und Schwefeldioxid sind wahrscheinlich durch Vulkanausbrüche in die Atmosphäre gelangt, wie auch heute noch auf der Erde. Diese schwefelhaltigen Gase steigen durch die trockene Atmosphäre auf und bilden mit Wasserdampf Wolken aus Schwefelsäure. Sinken diese Schwefelsäuretropfen in die wärmere Atmosphäre ab, verdampfen sie, und das Gas steigt wieder zu den oberen Schichten auf. Aus diesem Grund ist der saure Regen vermutlich schon in der trockenen Venusatmosphäre verdampft, bevor er den Boden erreicht. Anders als auf der Erde, wo sich der Schwefel im Wasser löst oder auf den Boden fällt, wo er dann Wälder und Seen schädigt.

Aufeinanderfolgende UV-Aufnahmen zeigten, daß stürmische Winde die hochliegenden Wolken von Osten nach West blasen. Sie erreichen dabei Geschwindigkeiten von 100 Metern pro Sekunde oder 360 Kilometern pro Stunde (s. Bild 4.6 und Kurzinformation 4.1). Diese Winde ähneln den irdischen Jet-Strömen, die auch in vergleichbaren Höhen auftreten. Bei dieser Geschwindigkeit umrundet die Wolkendecke Venus über ihrem Äquator in vier Erdtagen. Merkwürdigerweise dreht sich die Venus zwar in derselben Richtung um ihre Achse, aber mit einer weitaus längeren Periode von 243 Erdtagen. Das heißt die Winde treiben die äußere Atmosphäre weitaus schneller um

Bild 4.6. Stürmische Winde. Ein Wind mit einer Geschwindigkeit von 360 Kilometern pro Stunde treibt die obere Wolkenschicht innerhalb von 4 Erdtagen einmal um die Venus herum. Diese, von Pioneer-Venus an drei aufeinanderfolgenden Tagen aufgenommenen UV-Aufnahmen zeigen dies sehr deutlich. Die Y-förmigen Wolken ziehen nach Westen (*links*). Die Winde werden von einer zonalen (von West nach Ost) Zirkulation bestimmt. Venus dreht sich zwar in derselben Richtung um die eigene Achse, allerdings viel langsamer; sie benötigt für eine Umdrehung 243 Erdtage. (Foto: Larry Travis und NASA)

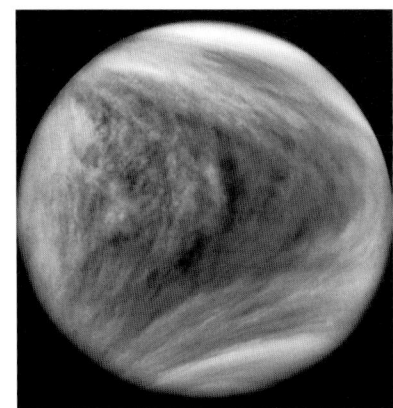
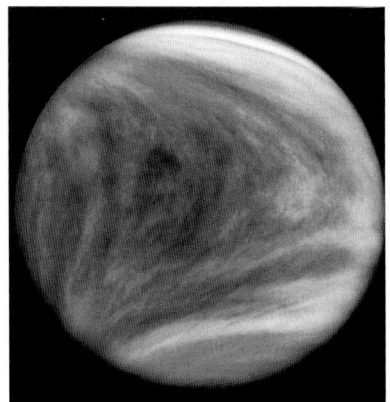

den Planeten als dieser rotiert. Im Gegensatz dazu bewegt sich der größte Teil der Erdatmosphäre synchron zur Oberfläche mit, und die Jet-Ströme sind auf enge Bereiche der oberen Atmosphäre beschränkt.

Wahrscheinlich treibt die in den Wolken absorbierte Sonnenstrahlung diese bemerkenswerte Zirkulation an. Das ganze Jahr über trifft das Sonnenlicht auf den Äquator der Venus, und die Pole wären sehr kalt, würde die Atmosphäre die Wärme nicht vom Äquator dorthin transportieren.

In beiden Hemisphären zirkuliert die Wärme in einer einzigen Hadley-Zelle (Bild 4.7). Warme Luft steigt über dem Äquator zur

---

KURZINFORMATION 4.1
Wolken und Winde der Venus

Venus ist vollständig unter einer Wolkendecke verborgen, die sich bis in eine Höhe von 70 Kilometern über der Oberfläche erhebt. Weltraumsonden, die auf Venus landeten, sowie Ballons, die in der Atmosphäre schwebten, konnten drei verschiedene Schichten in diesen schwefelhaltigen Wolken nachweisen. Während die oberste Schicht kleine Schwefelsäuretröpfchen enthält, halten sich in der mittleren Schicht größere aber weniger Teilchen auf. Die unterste Schicht besitzt die größte Dichte und die größten Teilchen. Dort sind die Verhältnisse vergleichbar mit dem übelsten Großstadtsmog. Der unterste Bereich der Atmosphäre ist bis in eine Höhe von 31 Kilometern klar, weil es dort so heiß ist, daß alle Teilchen verdampfen. Die eigentliche Wolkenschicht ist, einschließlich der unteren Dunstschicht, etwa 40 Kilometer mächtig. Die Wolkendecke der Erde ist im Vergleich dazu nur sechs Kilometer dick.

In allen Breitenbereichen herrschen retrograde Winde vor, deren Geschwindigkeit mit der Höhe zunimmt. Von einer schwachen Brise am Boden entwickeln sie sich in großen Höhen zu einem heftigen Sturm mit einer Geschwindigkeit von 100 Metern pro Sekunde, entsprechend 360 Kilometern pro Stunde.

Im Juni 1985 wurde eine beispiellose internationale Erforschung der Venusatmosphäre erfolgreich durchgeführt. Zwei Ballons, die von den sowjetischen Sonden Vega 1 und 2 abgeworfen wurden, schwebten 33 Stunden lang mit einer mittleren Geschwindigkeit von 240 Kilometern pro Stunde in der Atmosphäre und legten dabei ein Drittel des Planetenumfangs zurück. Sie trugen sowjetische, amerikanische und französische Meßgeräte. Einer der Ballons wurde zeitweilig von Fallwinden erfaßt und schwebte einige Stunden lang nur noch mit einer Geschwindigkeit von 10 Kilometern pro Stunde.

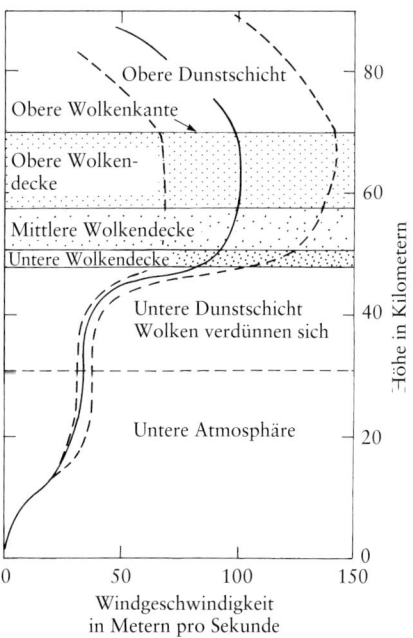

Bild 4.7. Die Hadley-Zelle. Das einfallende Sonnenlicht wärmt die Äquatorgegend stärker auf als die Pole. Dadurch wird eine Zirkulation angetrieben, die warmes Gas vom Äquator zum Pol transportiert. Wärme steigt am Äquator auf und strömt an der oberen Wolkendecke zu den Polen. Dort sinkt sie ab und kehrt entlang der unteren Wolkenkante zum Äquator zurück. Das Photo ist eine Infrarotaufnahme der Pioneer-Venus-Sonde. Es zeigt die Nordpolgegend in einer Mittelung über 72 Tage. Man erkennt eine dipolartige Struktur beidseitig des Pols, die ihn in 2,7 Erdtagen umrundet. Die zwei Punkte am Pol stellen eventuell Einbrüche in der Atmosphäre dar, in der das Gas nach unten strömt. (Die IR-Aufnahme wurde von Dr. D. J. Diner vom Jet Propulsion Laboratory aufbereitet, Foto: F. W. Taylor und NASA)

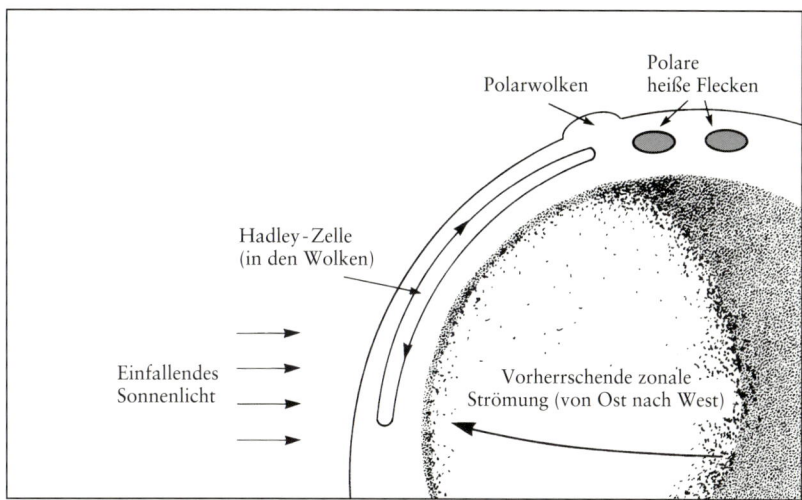

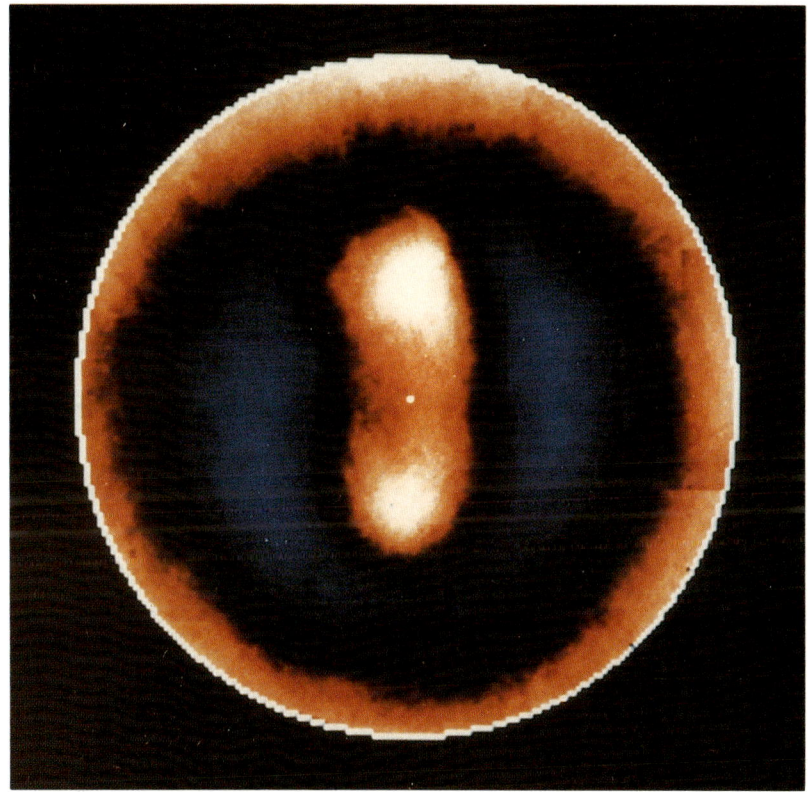

Wolkendecke auf, und von dort wehen die Winde zu den Polen und erwärmt sie. Dort sinkt sie herunter und strömt am unteren Rand der Wolkendecke zum Äquator zurück. Die stärkere zonale (östliche oder westliche) Zirkulation vereinigt sich mit der schwächeren Hadley (Nord-Süd)-Zirkulation zu einem Wirbel, der die Wolken langsam in einer Spirale zu den Polen führt.

DIE TEMPERATUR DER VENUS

Der Treibhauseffekt – die gefangene Wärme

Auf jedem Planeten stellt sich die Temperatur so ein, daß er genausoviel Energie in den Weltraum abstrahlt wie er von der Sonne empfängt. Seine Temperatur hängt demnach von seiner Entfernung zur Sonne und dem Anteil des absorbierten Sonnenlichts ab. Bei der Erde erwärmen etwa 70 Prozent der einfallenden Sonnenstrahlung die Oberfläche direkt, der Rest wird in den Weltraum reflektiert. Auf Venus reflektieren und absorbieren die Wolken bereits den größten Teil des Lichts, und nur ein geringer Prozentsatz erreicht die Oberfläche.

Einfache Rechnungen ergeben allerdings, daß demnach alle Ozeane auf der Erde gefroren sein müßten, und auch auf Venus sollte es eigentlich relativ kalt sein. Diese Rechnungen berücksichtigen allerdings nicht den Treibhauseffekt. Darunter versteht man die Fähigkeit der Atmosphäre, in geringen Höhen Wärme zu speichern.

Diese eingefangene Wärme heizt die Planetenoberfläche auf höhere Temperaturen auf, als es allein durch die direkte Sonnenstrahlung der Fall wäre. Auf der Erde führt dies zu einer Temperaturerhöhung von etwa 30 Grad Celsius. Auf Venus bewirkt der Treibhauseffekt jedoch eine Erhöhung von mehreren hundert Grad (Bild 4.8). Ihre Koh-

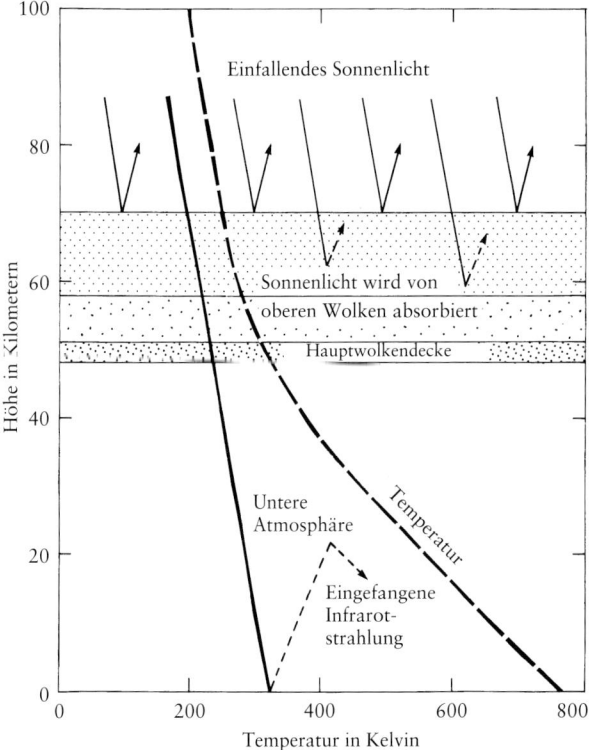

Bild 4.8. Gefangene Wärme. Etwa 70 Prozent des einfallenden Lichts wird bereits an der Oberseite der Wolkendecke reflektiert. Den größten Teil der verbleibenden Strahlung absorbieren die Wolken (*kurze gestrichelte Linien*). Nur etwa zwei Prozent des Sonnenlichts erreichen die Oberfläche, von wo sie als Wärmestrahlung (auch thermische Strahlung genannt) im infraroten Wellenlängenbereich in geringer Höhe wieder abgestrahlt wird (*gestrichelte Linie*). Die Atmosphärengase absorbieren die Infrarotstrahlung bereits in geringer Höhe und heizen den Boden auf. Dieser Treibhauseffekt ist für die außergewöhnlich hohe Temperatur auf Venus verantwortlich

lendioxidatmosphäre ist für sichtbares Sonnenlicht, das die meiste Energie enthält, durchsichtig. Sie hält aber das von der Oberfläche abgegebene Infrarotlicht, die Wärmestrahlung, zurück. Das einfallende Sonnenlicht kann also die Atmosphäre passieren, die Wärmestrahlung wird in geringen Höhen zurückgehalten.

Sowjetische Astronomen hatten geglaubt, daß die dicke Venusatmosphäre gar kein Sonnenlicht bis zum Boden durchdringen lassen würde, so daß sie ihre ersten Sonden mit Scheinwerfern ausstatteten, um die Umgebung am Boden zu erhellen. Diese Scheinwerfer waren dann jedoch für die historischen Aufnahmen der kytherischen Felsenlandschaft nicht nötig.

Wo ist das Wasser geblieben?

Möglicherweise besaß Venus einst viel Wasser, das zu dem heutigen Inferno beitrug. Es ist möglich, daß ein früher, schwacher Treibhauseffekt dazu führte, daß einiges Wasser verdampfte, der Wasserdampfgehalt in der Atmosphäre stieg und noch mehr Wärmestrahlung absorbiert werden konnte. Dadurch verdampfte noch mehr Wasser und mehr Wärme wurde gespeichert. Es ist denkbar, daß dieser Vorgang außer Kontrolle geriet und zu einem sich selbst beschleunigenden, sogenannten Rückkopplungs-Treibhauseffekt führte. Letztendlich verdampfte das Ozeanwasser gänzlich, die Atmosphäre nahm den gesamten Wasserdampf auf, und die Temperatur stieg bis auf den heutigen Wert an.

Ein Hinweis darauf, daß es früher einmal Wasser auf Venus gab, ist ein besonders hoher atmosphärischer Deuteriumanteil. Deuterium ist Wasserstoff chemisch sehr ähnlich, jedoch schwerer und kann deswegen länger in der Atmosphäre verbleiben. Auf der Erde ist es in einem Anteil von 0,016 Prozent in den Ozeanen vorhanden, in der Venusatmosphäre ist sein Anteil 100 mal höher. Die einfachste Erklärung für diesen Deuteriumüberschuß ist, daß Venus einst große Mengen an Wasser und damit auch an schwerem Wasser besaß. Nachdem das Wasser verdampft war, wurde es von der Sonnenstrahlung gespalten, und der Wasserstoff entwich in den Weltraum. Das Deuterium konnte aufgrund seiner größeren Masse jedoch zum Teil in der Atmosphäre verbleiben. Aus der heutigen Deuteriummenge schätzt man, daß Venus einst eine Wassermenge besaß, die mindestens einigen Zehntelprozent der heutigen irdischen Meere entspricht – genügend, um Venus mit einem 10 Meter tiefen Ozean zu bedecken.

Flüssiges Wasser würde auf Venus heute sofort verdampfen, und der atmosphärische Wasserdampfanteil beträgt nur 0,001 Prozent des Wassers in den irdischen Ozeanen. Wo ist aber das ursprüngliche Wasser geblieben? Eine Möglichkeit besteht in der Photodissoziation von

Bild 4.9. Welche Farbe hat Venus? Eine Panoramaaufnahme der Venusoberfläche, aufgenommen von Venera 13 (*oben*), zeigt, daß nur noch orangefarbenes Licht die dicke Atmosphäre zu durchdringen vermag; der violette und blaue Anteil wird absorbiert. Wenn man diese Färbung im Computer aus der Aufnahme herausnimmt, erscheint die Oberfläche dunkel und nahezu farblos (*unten*). Spektralanalysen im nahen Infrarotbereich deuten darauf hin, daß das Gestein oxidiert ist. Durch die hohe Oberflächentemperatur wird die Farbe buchstäblich aus dem Boden herausgebacken. (Foto: Carle M. Pieters, Brown/Vernadski-Institut mit Genehmigung der Akademie der Wissenschaften der UdSSR)

Wasserdampf durch die solare UV-Strahlung in der oberen Atmosphäre. Dabei wird das Wassermolekül in seine Bestandteile Wasserstoff, H, und Sauerstoff, O, nach der folgenden Reaktion aufgespalten

$$\text{Photon} + H_2O \rightarrow 2H + O.$$

Während das leichte Wasserstoffatom in den Weltraum entweicht, reagiert der Sauerstoff mit dem Oberflächengestein. Spektralanalysen des Venusgesteins deuten in der Tat darauf hin, daß es oxidiert ist. Möglicherweise ist dort der Sauerstoff der Urozeane gebunden (Bild 4.9).

Wenn dieser Vorgang von Dissoziation und Entweichen über einen langen Zeitraum andauerte, könnte Venus auf diese Weise den größten Teil ihres Wasserdampfs verloren haben. Warum verliert dann aber die Erde heute nicht durch denselben Prozeß einen Teil seines Wassers? Aus dem Erdinnern fließen täglich etwa eine Million Tonnen Wasser in die Ozeane, und der größte Teil hiervon bleibt in den Meeren. Das verdunstende Wasser bildet schnell Wolken und kehrt als Regen wieder zur Oberfläche zurück. Es gerät nie in so große Höhen, daß es vom Sonnenlicht zerstört werden könnte.

UNTER DEN WOLKEN

Venus rotiert rückwärts

Kein menschliches Auge hat bisher die Venusoberfläche gesehen, aber Radiowellen vermögen die Wolkendecke zu durchdringen und tasten die darunter verborgene Oberfläche ab. Mit Hilfe von reflektierten Radarpulsen entdeckten Astronomen, daß die Rotationsrichtung entgegengesetzt zur Umlaufrichtung um die Sonne ist. Auf Venus geht die Sonne im Westen auf, nicht im Osten.

Außerdem zeigten die Radarbeobachtungen, daß Venus langsamer rotiert als alle anderen Planeten; sie benötigt für eine Umdrehung 243 Erdtage. Diese Rotationsdauer ist noch länger als ein Umlauf um die Sonne, der 225 Erdtage dauert. Warum rotiert dieser Planet so langsam?

Gezeitenwirkungen

Die Ursache für die langsame Rotation liegt eventuell bereits in der Entstehungsgeschichte des Planeten. Es können aber auch die Gezeiten hierfür verantwortlich sein, denn durch die schwache Gezeitenwirkung der Sonne entstehen zwei Buckel. Der rotierende Planet zieht diese Berge mit sich, so daß sie nicht mehr auf der Verbindungslinie zur Sonne liegen. Dadurch wirkt die Schwerkraft der Sonne verzögernd auf die Venusrotation, ähnlich wie bei Merkur. Es bleibt aber die Eigentümlichkeit, daß die Rotationsdauer länger als die Umlaufzeit ist. Möglicherweise sind hierfür noch andere Kräfte verantwortlich.

Venus besitzt kein starkes Magnetfeld

Wenn Venus überhaupt ein Magnetfeld besitzt, so ist es mindestens 10 000 mal schwächer als das der Erde; ein normaler Kompaß wäre dort also nutzlos (s. Kurzinformation 4.2). Das ist eigentlich sehr überraschend, denn Erde und Venus haben etwa dieselbe Größe und Masse, und man vermutet, daß sie sich auch im inneren Aufbau ähneln. Warum besitzen sie dann nicht auch vergleichbare Magnetfelder? Bei der Erde vermuten wir, daß Eisen zum Kern abgesunken ist, wobei Wärme entstand. Zum anderen produzierten radioaktive Elemente beim Zerfall Energie, so daß der Erdkern geschmolzen ist. Man nimmt an, daß die Zirkulation dieses flüssigen Eisens das Erdmagnetfeld erzeugt. Analog geht man auch im Zentrum der Venus von einem flüssigen Kern aus, dennoch weist sie kein Magnetfeld auf. Eine mögli-

che Erklärung für diese Diskrepanz könnte in der geringen Rotationsgeschwindigkeit liegen, die möglicherweise nicht ausreicht, um im
Kern eine nennenswerte Zirkulation anzuregen.

Venus wird enthüllt – globale Aspekte

Unsere Kenntnisse von der Venusoberfläche wuchsen sprunghaft an,
als man Radarbeobachtungen, zunächst von der Erde aus und später
auch mit Radars an Bord der Sonden Pioneer-Venus und Venera 15
und 16, durchführte. Radarwellen können nämlich die dichte Wolkendecke durchdringen. Die Radarkarten zeigten, daß der größte Teil der

KURZINFORMATION 4.2
Wechselwirkung der Venus mit dem Sonnenwind

Venus besitzt kein spürbares Magnetfeld, das den Sonnenwind abweh-
ren könnte (s. Kapitel 5 »Die rastlose Erde«), aber die dichte Atmo-
sphäre hindert den Sonnenwind, bis an die Oberfläche vorzudringen.
Energiereiche Photonen des Sonnenlichts ionisieren einige Atome und
Moleküle in der oberen Atmosphäre und bilden so eine Ionosphäre.
Diese elektrisch leitende Schicht ist vergleichbar mit der irdischen Io-
nosphäre. Sie erzeugt eine bogenförmige Stoßfront und schützt Venus
vor dem Sonnenwind. Die Wechselwirkung des Sonnenwinds mit der
Ionosphäre führt eventuell zu dem elektrischen Rauschen, daß den
Blitzen auf der Erde entspricht. Da Venus kein Magnetfeld besitzt,
kann sie auch keine Teilchen einfangen, das heißt es gibt auch keine
Strahlungsgürtel, wie die Van-Allen-Gürtel der Erde.

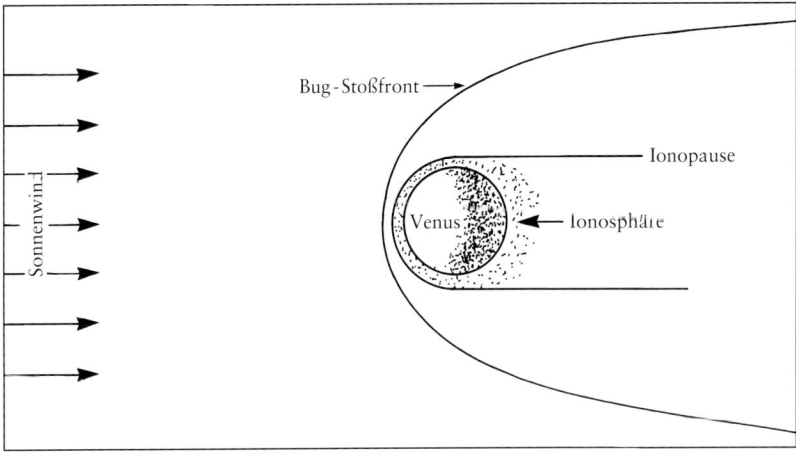

Oberfläche, abgesehen von den wenigen Hochländern und den einzeln stehenden Vulkanen, außerordentlich eben ist. Dann offenbaren jedoch die Radarbilder der Magellan-Sonde bemerkenswerte, bisher unbekannte Oberflächenformationen.

Das Höhenmeßgerät an Bord der Sonde bestimmte direkt unterhalb von ihr die Topographie bis auf 10 Meter genau, während das zur Seite blickende Radar noch Details mit Durchmessern von 120 Metern zu erkennen vermochte. (In diesen Aufnahmen erscheinen ebene Flächen dunkel, rauhe hingegen hell.) Während Magellan den Planeten immer wieder umrundete, drehte sich dieser langsam unter ihr. Viele tausend Messungen ergaben so nach einer Rotationsperiode von 243 Tagen eine fast vollständige Karte der Oberfläche.

Diese Radarkarte bestätigte, daß die Oberfläche sehr eben ist und sich stark von der irdischen unterscheidet. Gäbe es keine Ozeane, könnte man die Erde in zwei Ebenen einteilen: die der Ozeanböden und der Kontinente. Im Gegensatz dazu befindet sich die Venusoberfläche zum Großteil auf einem Niveau; über 80 Prozent weichen nicht mehr als einen Kilometer vom mittleren Radius von 6052 Kilometer ab (Bild 4.10). Diese Tiefebenen bezeichnet man mit dem griechischen Wort *Planitiae*. Ausfließende Lava hat sie eingeebnet.

Die Radaraufnahmen von Magellan enthüllten Einzelheiten großer und kleiner Vulkane, terrassenförmiger vulkanischer Calderen und beträchtlicher Lavaausflüsse. Das geschmolzene Gestein brannte sich Wege in die vorhandenen Ablagerungen und schuf lange, schmale

Bild 4.10. Verteilung von Oberflächenmerkmalen. Angegeben ist die prozentuale Verteilung von Oberflächengebieten in verschiedenen Höhen über dem mittleren Planetenradius. Die Venusoberfläche ist größtenteils ungewöhnlich wellig und flach, aber einige Gebiete steigen auf große Höhen an, die vergleichbar mit denen auf der Erde sind. Die Kontinente und Ozeanböden liegen jeweils leicht oberhalb beziehungsweise erheblich unterhalb vom mittleren Erdradius. Auf dem Mond und Mars verteilen sich die Erhebungen über einen weiteren Bereich als diejenigen auf Venus. Ihre Verteilungen weisen jedoch nicht die Doppelstruktur wie bei der Erde auf. (Nach James W. Head et al.: American Scientist 65, 21 (1977) und Gordon Pettengill et al.: Scientific American 243, 54 (1980))

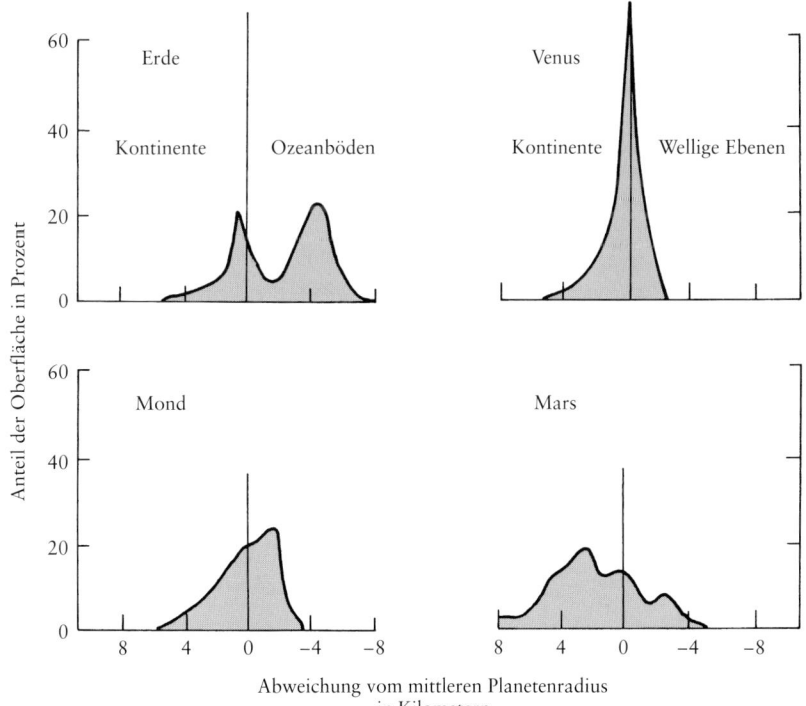

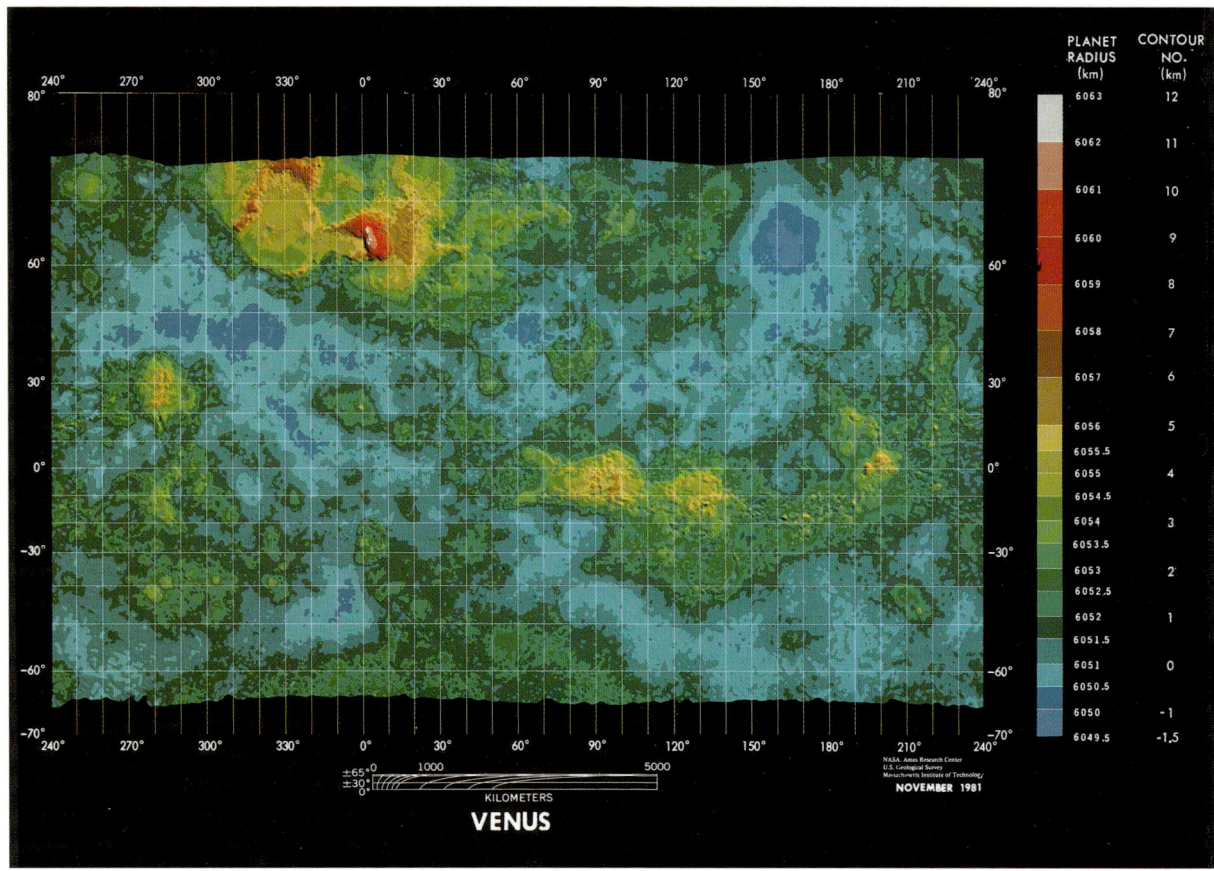

Bild 4.11. Radarkarte der Venus-oberfläche. Die Höhen wurden von der Pioneer-Venus-Sonde gemessen und in einer Farbcodierung wieder-gegeben. Die Farbskala ist dabei so gewählt, daß die Erhebungen stärker betont werden. Über 80 Prozent der Oberfläche weichen nicht mehr als 500 Meter von dem mittleren Radius von 6051,9 Kilometer ab, der in blau-grüner Farbe erscheint. Etwa 20 Prozent der Oberfläche bilden Niederungen, die ungefähr 1,6 Kilometer unter dem mittleren Planetenradius liegen. Die rest-lichen 10 Prozent sind hochgelegene Gebiete, die aus zwei Plateaus be-stehen: Ischtar Terra im hohen Nor-den und Aphrodite Terra direkt unterhalb des Äquators. Lakschmi Planum liegt innerhalb von Ischtar Terra, besitzt einen Durchmesser von 2500 Kilometern und erhebt sich circa 4 Kilometer über das Flachland. Die höchste Erhebung bei 6062 Kilometern ist grau gekenn-zeichnet und bildet den Gipfel der im Norden aufragenden Maxwell Montes (rot). Die bis zu 11 Kilo-meter hoch aufsteigenden Berge überragen damit den Mount Everest um 2 Kilometer. (Foto: Peter Ford und Gordon Pettengill, Massa-chusetts Institute of Technology und Eric Eliason, US Geological Survey und NASA)

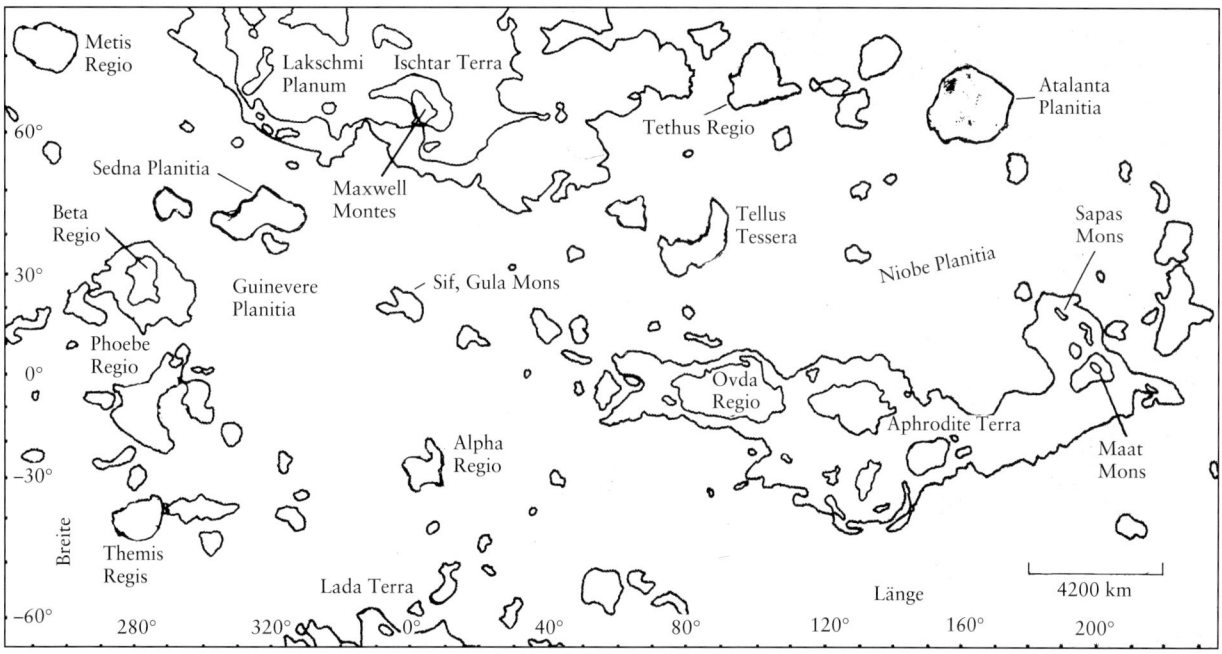

Bild 4.12. Großräumige Ober-flächenmerkmale. Diese Karte zeigt die Hauptgebiete auf Venus. Der Höhenabstand zwischen zwei Konturlinien beträgt 2 Kilometer. Der größte Teil der Oberfläche liegt etwa auf demselben Niveau. Höher gelegene Gebiete beschränken sich im wesentlichen auf Ischtar Terra im Norden und Aphrodite Terra nahe des Äquators. Ischtar Terra besitzt etwa die Größe von Australien. Das darin befindliche Hochplateau im Westen, Lakschmi Planum, ist an allen Seiten von Bergen umgeben (Bild 4.22). In den hochgelegenen Regionen nahe des Äquators findet man von Beta Regio bis Maat Mons ausgedehnten Vulkanismus (Bild 4.23). Die meisten Ober-flächenformationen tragen den Namen von Frauen oder weiblichen Gottheiten alter Religionen und Kul-turen (Kurzinformation 4.3). (Aus: Sky and Telescope *83*, 261 (1992))

Kanäle, die an die sinusförmigen Rillen auf dem Mond erinnern. Diese Venuskanäle sind fast durchgehend einen Kilometer breit und winden sich mitunter über tausende von Kilometern über die Oberfläche.

Obwohl ein weiter Teil der Oberfläche eben und leicht geschwun-gen ist, ist doch etwa 10 Prozent mit Hochländern bedeckt, die sich bis zu 11 Kilometer über ihre Umgebung erheben. Es gibt zwei große Hochplateaus: Ischtar Terra hoch im Norden und Aphrodite Terra di-rekt südlich des Äquators (Bilder 4.11 und 4.12). Ischtar Terra ist nach der babylonischen Göttin der Liebe benannt, während Aphrodite die griechische Fruchtbarkeitsgöttin war (Kurzinformation 4.3). Messun-gen der Schwerkraft deuten darauf hin, daß der größte Teil der Hoch-länder in der äußeren Schale des Planeten wurzeln. Wahrscheinlich treiben sie auf dem zäh fließenden Mantelmaterial.

Aphrodite Terra hat etwa die Größe von Afrika; Ischtar Terra ist größer als die Vereinigten Staaten, und Lakschmi Planum, das im westlichen Teil von Ischtar Terra liegt, ist doppelt so groß wie das ähn-lich aussehende Himalaya-Plateau. Ebenso wie der afrikanische Kon-tinent, so ist auch Aphrodite Terra von großen Brüchen oder Schluch-ten durchzogen. Einige von ihnen sind 3 Kilometer tief und 1000 Kilometer lang. Lakschmi ist von hochaufragenden Bergen ähn-licher Länge umgeben.

Weite Hochländer beherrschen das Gebiet entlang des Äquators (Bild 4.13). Diese äquatorialen Hochländer, wie sie manchmal ge-meinsam benannt werden, erstrecken sich von Beta Regio bis Aphro-

KURZINFORMATION 4.3
Namensgebung auf Venus

Große Geländeformen auf Venus sind mit den folgenden Namen gekennzeichnet: Mons (Berg), Planitia (Tiefebene), Regio (Region) und
Terra (ausgedehntes Gebiet). Einige Formationen, wie Tesserae und
Coronae, gibt es ausschließlich auf Venus. Darüber hinaus findet man
zahllose Einschlagskrater und ein Plateau oder Planum. Alle diese Formationen sind nach Frauen benannt, die in der Geschichte, Mythologie oder Religion eine wichtige Rolle gespielt haben. Die einzige Ausnahme bilden Maxwell Montes, in Gedenken an den großen
britischen Physiker sowie Alpha und Beta (Regio). Die in Bild 4.12 gezeigten Gebiete heißen:

Name	Person
Aphrodite Terra	Griechische Göttin der Liebe
Atalanta Planitia	Amazonenhafte Jägerin aus Arkadien
Guinevere Planitia	Gemahlin des Briten Arthur
Gula Mons	Babylonische Mutter der Erde und schöpferische Kraft
Ischtar Terra	Babylonische Göttin der Liebe
Lada Terra	Slavische Göttin der Liebe
Lakschmi Planum	Indische Göttin der Liebe und des Krieges
Maat Mons	Ägyptische Göttin der Wahrheit und Gerechtigkeit
Metis Regio	Griechische Göttin der Weisheit und erste Gemahlin des Zeus
Niobe Planitia	Tochter des Königs Tantalos, wurde in einen weinenden Fels verwandelt, weil sie um ihre von Apollon und Arte-mis getöteten Kinder trauerte
Ovda Regio	Griechische Titanin mit übernatürlichen Kräften
Phoebe Regio	Griechische Titanin, Beiname der Artemis
Sapas Regio	Phönikische Göttin
Sedna Planitia	Mythische Eskimofrau, deren Finger zu Seehunden und Walen wurden
Sif Mons	Teutonische Göttin, Gemahlin des Thor
TellusTessera	Griechische Titanin, römische Göttin der Erde
Tethus Regio	Griechische Titanin, gebar die Flüsse und Okeaniden
Themis Regio	Griechische Titanin, Göttin der Rechtsordnung

Die Namen können von jedem vorgeschlagen werden. Sie müssen
dann aber noch von der Internationalen Astronomischen Union geklärt und überprüft werden.

Bild 4.13. Äquatoriale Hochländer. Die Magellan-Sonde hat die Venusoberfläche vollständig und damit weitgehender kartiert als es jemals zuvor mit der Erde geschehen ist. Insbesondere der Meeresboden ist hier nach wie vor eine *terra incognita*. Das Radar an Bord der Sonde vermag die dichte Wolkendecke zu durchdringen und fand ein, den gesamten Planeten umspannendes Netz von hohen Vulkanen und langen Lavaflüssen. Tiefe Gräben und Spalten ziehen sich entlang der Äquatorgegend von Beta Regio (*links*) bis zur Ostseite von Aphrodite Terra (*rechts*). Die Mehrzahl der großen Schildvulkane findet man in den äquatorialen Hochländern, die wahrscheinlich auf tiefreichenden Wurzeln ruhen. Der orangene Farbton auf den Bildern von Venera 13 und 14 soll die Farbe des Sonnenlichts am Boden wiedergeben. Im direkten Sonnenlicht, also ohne die Filterwirkung der Atmosphäre, wäre die Oberfläche grau. (Foto: NASA)

dite Terra. Die einzelnen Hochländer sind eher kreisförmig, was darauf schließen läßt, daß sie aus großen Vulkanen und Lavaergüssen bestehen. Darüber hinaus findet man dort sehr häufig lange Brüche und Schluchten. Sie entstanden wahrscheinlich, als aufquellende Magma die Oberfläche zerbrach.

Auf Venus ist die Dichte großer Krater wesentlich geringer als auf dem Mond oder Merkur. Das Fehlen sehr großer Einschläge führen die Planetologen darauf zurück, daß die Oberfläche relativ jung ist. Es wurden keine Formationen gefunden, die älter als etwa eine Milliarde Jahre sind. Damit ist die Venusoberfläche viel jünger als die des Mondes, welche vor etwa 4 Milliarden Jahren einem heftigen Meteoritenbeschuß ausgesetzt war.

In früheren Zeiten war Venus wahrscheinlich ähnlich stark mit Kratern übersät wie der Mond, aber dann überflutete ein Lavastrom den gesamten Planeten und ebnete ihn förmlich ein. Legt man die für das innere Sonnensystem in etwa bekannte Entstehungsrate der Krater zugrunde, so sieht man, daß ein Großteil der Oberfläche zum letzten Mal vor ungefähr 400 Millionen Jahren mit Lava bedeckt wurde.

Es gibt nur wenige Krater, die im nachhinein durch Vulkanismus
verändert wurden (Bild 4.14), was darauf schließen läßt, daß die vulkanische Aktivität in dem Gebiet der jetzigen Krater verhältnismäßig
gering gewesen sein muß. Auf der anderen Seite gibt es Gegenden, die
weder Einschlags- noch Vulkankrater aufweisen. Sie müssen erst in
jüngerer Zeit durch Lava eingeebnet worden sein. Möglicherweise
sind einige Vulkane auch heute noch aktiv, allerdings gibt es dafür keine eindeutigen Hinweise.

Die dichte Atmosphäre beeinflußt Kraterformen

Auf den ersten Blick sehen die Krater auf dem Mond und auf Venus
sehr ähnlich aus: Im Innern erhebt sich ein Zentralberg, der von mehreren kreisförmigen Ringen sowie inneren terrassenförmigen Wällen
umgeben ist; die Böden sind eben (im Radar dunkel) und das Auswurfmaterial rauh (im Radar hell) (Bild 4.15). Im Vergleich zur Erde verwittert und erodiert das Oberflächengestein dank der Trockenheit
sehr langsam, obwohl die Atmosphäre sehr dicht ist. Aus diesem
Grund sehen die Krater noch genauso unverändert aus wie auf dem
Mond. Aber die Atmosphäre beeinflußt sowohl den einfallenden Meteoriten als auch das ausgeworfene Gestein. Dadurch entstehen Kra-
terformen, wie man sie nirgendwo sonst im Sonnensystem findet.

Das aus dem Krater herausgesprengte Material sammelt sich
außen oft in asymmetrischen Formen an, die an Lappen oder Blüten-
blätter erinnern (Bilder 4.16 und 4.17). Bei einem einfachen ballistischen Flug würde man dies nicht erwarten. Offensichtlich wirkt die
dichte Atmosphäre auf das Auswurfmaterial so ein, daß sich dieses
wie eine turbulente Flüssigkeit verhält. Trifft der Meteorit schräg auf
die Oberfläche, bewirkt die einlaufende Druckwelle, daß kein Material in die rückwärtige Richtung (aus der der Meteorit kam) fliegen
kann. Deshalb sieht man hier kein radar-helles Gestein. Der Mond
hingegen besitzt keine Atmosphäre, so daß das Material wie bei einer
Explosion auf ballistischen Bahnen in alle Richtungen davonspritzt.

Die mit hoher Geschwindigkeit einfallenden Meteorite können in
der Atmosphäre sehr starke Druckwellen erzeugen, die das Oberflächengestein pulverisieren und aufwirbeln. Dabei entstehen radar-
dunkle Gebiete, die den drei- oder vierfachen Kraterdurchmesser einnehmen können.

Bemerkenswerterweise bilden Krater mit einem Durchmesser von
weniger als 15 Kilometern sehr oft Haufen, besitzen keine kreisförmigen Ränder und sehr hügelige Böden (Bild 4.18). Ein solcher Kraterhaufen entsteht, wenn der einfallende Meteorit vor dem Einschlag in
der dichten Atmosphäre auseinanderbricht und die einzelnen Fragmente dann gleichzeitig, dicht nebeneinander einschlagen.

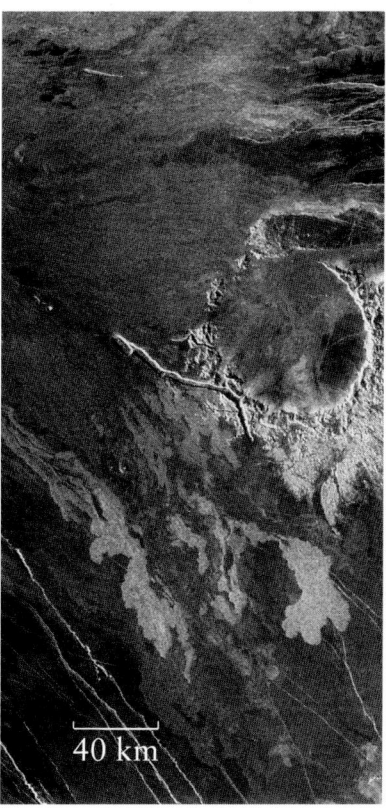

Bild 4.14. Einschlagskrater Alcott.
Meteoritenkrater auf Venus sind im
allgemeinen nicht durch vulkanische
Aktivitäten gestört. Eine Ausnahme
hiervon bildet der Krater Alcott mit
einem Duchmesser von 71 Kilometern. Er wurde vor rund 400 Millionen Jahren von Lava überspült,
die sich damals über den größten
Teil der Planetenoberfläche ergoß
und große, alte Krater bedeckte.
Dabei begrub sie fast den gesamten
Krater, bis auf den Rand und den
südöstlichen Bereich (*unten rechts*)
des Auswurfmaterials. Der Krater ist
nach der Amerikanerin Louisa May
Alcott benannt, die *Little Women*
geschrieben hat. (Foto: NASA)

Bild 4.15. Einschlagskrater Danilova. Die Meteoritenkrater auf Venus werden kaum erodiert, so daß sie sehr jung aussehen. Alle Krater mit einem Durchmesser von mehr als 20 Kilometern sind zumindest teilweise mit Lava gefüllt. Der im Radarbild dunkel erscheinende Teil des Kratergrundes besteht wahrscheinlich aus erkalteter Lava. Dünne, dunkel wirkende Lava sickerte auch aus dem südlichen Teil des äußeren Auswurfmaterials (*unten*) heraus und floß in Richtung Südwesten (*unten links*). Der Meteoriteneinschlag kann den Lavastrom entweder direkt durch Gesteinsschmelze erzeugen oder indirekt, indem er Vulkanismus von heißen Schichten dicht unter der Oberfläche auslöst. Die Menge des geschmolzenen Materials sollte, bei derselben Kratergröße, auf Venus fünfmal größer sein als auf dem Mond. Der Grund hierfür ist die stärkere Gravitation und somit auch höhere Einschlagsgeschwindigkeit der Meteoriten. Dieser Krater mit einem Durchmesser von etwa 50 Kilometern ist nach der russischen Ballettänzerin Maria Danilova benannt. (Foto: NASA)

Bild 4.16. Einschlagskrater Aurelia. Wie ein Spitzenrand umgibt dieses Auswurfmaterial den Krater Aurelia. Wahrscheinlich traf der Meteorit schräg von links oben auf die Oberfläche, so daß sich dort kein Auswurfmaterial befindet. In der dichten Atmosphäre verhält sich das herausgeschleuderte Material wie eine Flüssigkeit, was zu dieser blütenartigen Struktur führt. Der Krater mit einem Durchmesser von 31 Kilometern erhielt seinen Namen zu Ehren der Mutter Julius Caesars. (Foto: NASA)

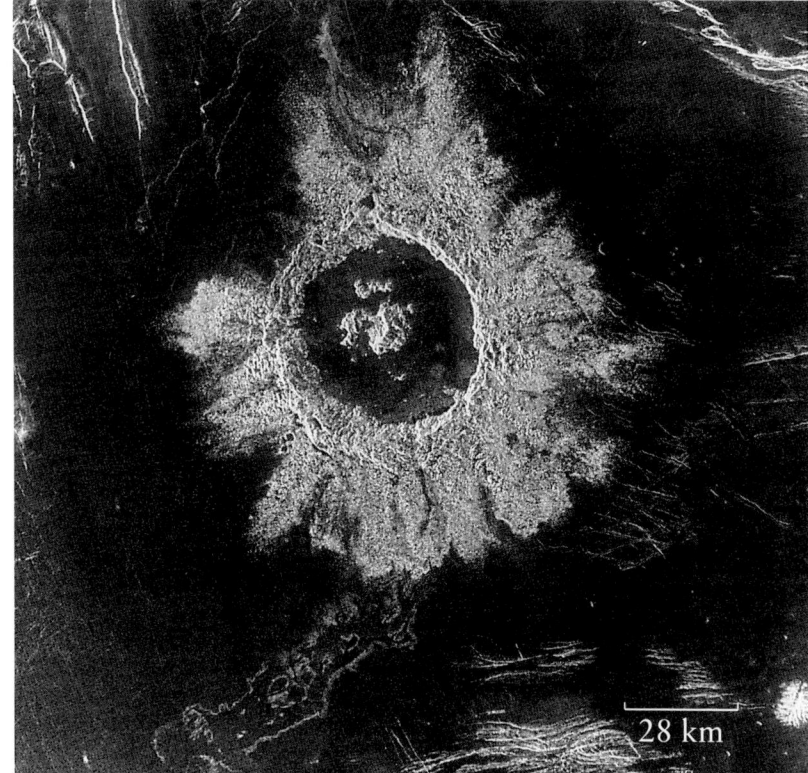

28 km

16 km

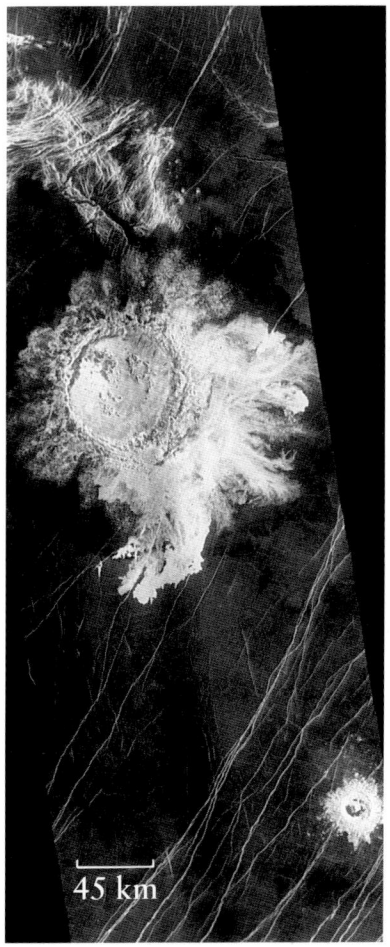

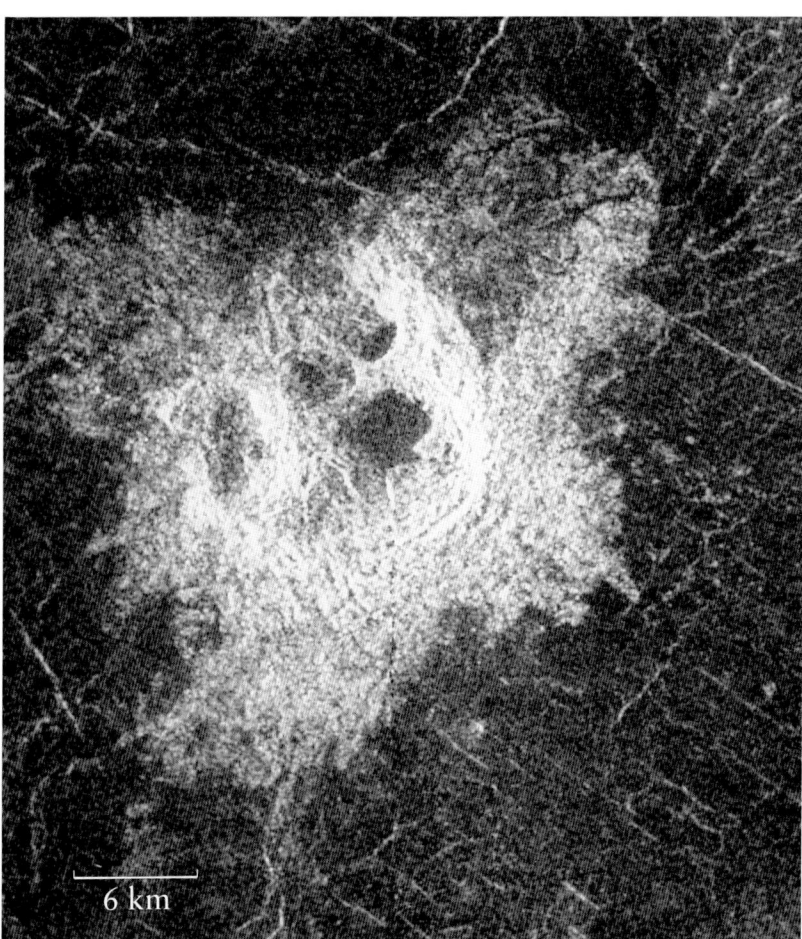

Bild 4.17. Einschlagskrater Stuart. Das ausgeworfene Material ist asymmetrisch um diesen schönen Krater herum verteilt, was wahrscheinlich auf die Wechselwirkung mit der dichten Atmosphäre zurückzuführen ist. Der Rand, mit einem Durchmesser von 67 Kilometern, umgibt einen Kraterboden, der möglicherweise einzigartige physikalische und elektrische Eigenschaften besitzt. Mit seinem Namen wurde Maria Stuart, ehemals Königin von Schottland, geehrt. (Foto: NASA)

Bild 4.18. Kraterhaufen. Dieses asymmetrische Gebilde besteht in Wirklichkeit aus vier eng benachbarten Einschlagskratern. Der unregelmäßige Rand und der hügelige Boden entstanden wahrscheinlich, weil der Meteorit in der dichten Venusatmosphäre in mehrere Teile zerbrach. Der mittlere Durchmesser dieses Kraterhaufens beträgt etwa 14 Kilometer. (Foto: NASA)

Tektonik auf Venus

Die Venusoberfläche ist auch durch interne Kräfte erheblich verformt, gebrochen, gestaucht und gedehnt worden. Das zunehmende Alter hat das Antlitz der Venus stark zerfurcht und faltig werden lassen (Bild 4.19). Diese Deformierung der Kruste und die sie verursachenden inneren Veränderungen bezeichnet man nach einem griechischen Wort mit *Tektonik*.

Beispielsweise hat man bisher ausschließlich auf Venus kreuzgitterartig gebrochene Oberflächen entdeckt (Bild 4.20). Diese weit ausgedehnten Gebiete nennen die Planetologen *Tesserae*, nach dem griechischen Wort für Kachel. Sie entstanden vermutlich als Folge ausgedehnter Brüche im Innern, die offenbar nichts mit dem sonst auf der Oberfläche vorherrschenden Vulkanismus zu tun haben. Wiederholt auftretende tektonische Aktivitäten dieser Art haben einige der hochliegenden Tesserae in ein chaotisches Bruchsystem verwandelt, in dem sich mehrere, gerade und gebogene Strukturen verschiedener Größe überlagern (Bild 4.21).

Die tektonischen Vorgänge auf der Erde und Venus sind sehr verschieden, weil die äußere Schale der Erde, die sogenannte Lithosphäre, in zahlreiche, sich langsam bewegende Platten mit Ausdehnungen von einigen tausend Kilometern zerbrochen ist (s. Kapitel 5 »Die rastlose Erde«). Auf Venus hingegen haben die Planetologen keine Anzeichen

Bild 4.19. Ovda Regio. Die Venusoberfläche ist von unzähligen Brüchen durchzogen. Sie reichen von fein ausgebildeten Netzen dünner Spalten bis zu riesigen Schluchten mit einigen tausend Kilometer Länge. Durch zeitweiliges Aufbrechen und Falten entstanden hohe Kuppeln und Bergketten wie in diesem Hochlandgebiet mit dem Namen Ovda Regio. Es bildet den westlichen Teil von Aphrodite Terra (Bild 4.12). Die zwischen den Bergketten befindlichen Täler füllten sich mit Lava und erscheinen hier wie helle, dicht beieinander liegende Inseln in dunkler See. Ein Einschlagskrater mit einem Durchmeser von 60 Kilometern (*oben links*) überlagert die ältere Lava. Ein ausgedehntes Bruchsystem erstreckt sich von der kreisförmigen Formation (*unten rechts*) wie Speichen eines Rades. Diese Risse schneiden ältere Oberflächenmerkmale. Das hier abgebildete Gebiet umfaßt in Ost-West-Richtung 600 Kilometer und in Nord-Süd-Richtung 545 Kilometer. Es erhielt seinen Namen nach einer Titanin mit übernatürlichen Fähigkeiten. (Foto: NASA)

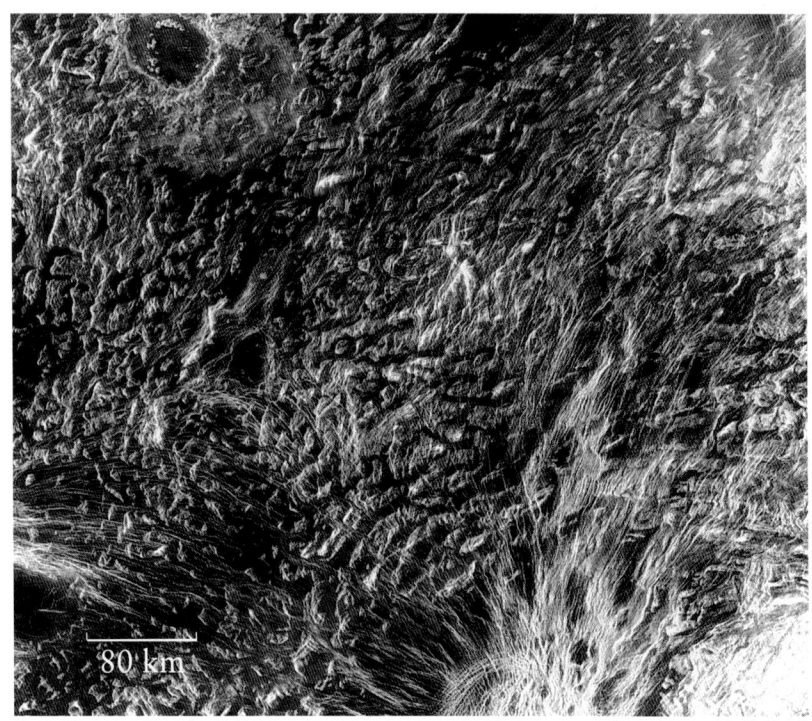

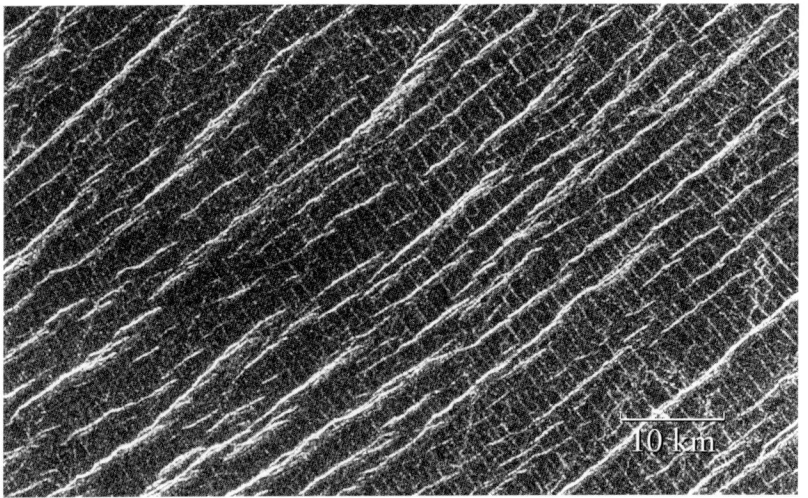

Bild 4.20. Tessera. Dieses Gebiet befindet sich auf der kleinen Anhöhe zwischen Sedna Planitia und Guinevere Planitia (Bild 4.12). Es weist kreuzgitterartige Brüche oder Spalten auf, die im Radarbild hell erscheinen. Solche rechtwinkligen Systeme von Bergketten und Gräben entstehen in leicht erhöhtem Gelände (1 bis 2 Kilometer), wobei die länglichen Strukturen jeweils fast gleich große Abstände haben, die zwischen 1 und 20 Kilometern variieren können. Diese als Tesserae bekannten Formationen scheinen durch wiederholtes Aufbrechen der Oberfläche entstanden zu sein, obwohl sie möglicherweise nichts mit vulkanischer Aktivität zu tun haben. Ihren Namen erhielten sie von dem griechischen Wort für Kachel oder Fliese. (Foto: NASA)

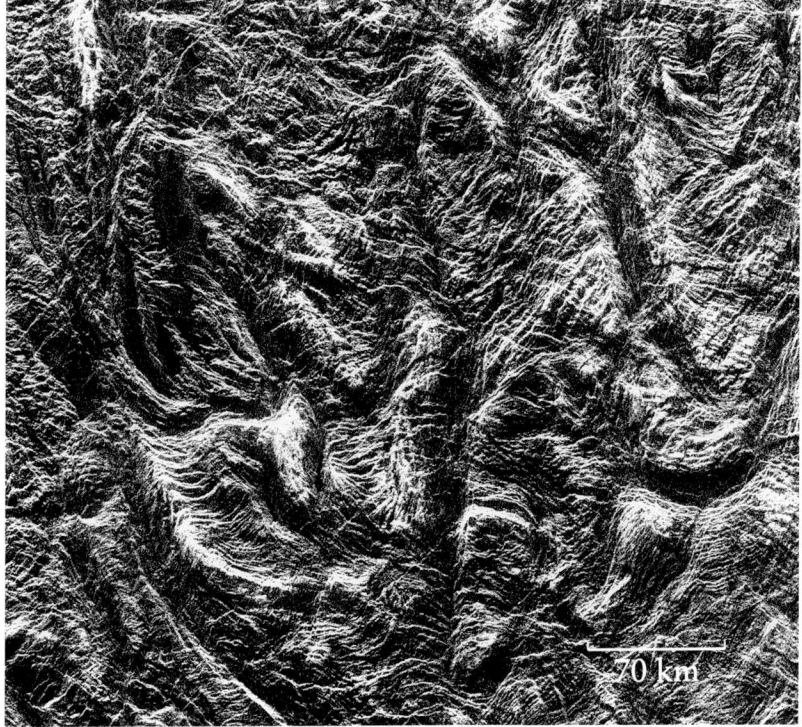

Bild 4.21. Ein chaotisches Tessera-Gelände. Offenbar führten mehrfache Oberflächendeformationen zu dieser Tessera, die komplizierter erscheint als die in Bild 4.20 gezeigte. Solche chaotischen Tesserae findet man relativ häufig in Geländen, die bis zu 3 Kilometer oberhalb der umgebenden Ebene liegen. Das hier gezeigte Gebiet befindet sich im zentralen Teil von Alpha Regio (Bild 4.12). Die größten Bergrücken und Täler sind etwa 10 Kilometer breit und weniger als 70 Kilometer lang. (Foto: NASA)

für solche Platten gefunden. Es gibt keine langen, zusammenhängenden Grabensysteme, wie diejenigen auf dem Meeresboden. Darüber hinaus gibt es keine Vulkanketten, wie sie auf der Erde die Subduktionszonen markieren, an denen zwei Platten zusammenstoßen. Die Lithosphäre der Venus scheint eine durchgehende Schale zu sein. Dies würde auch erklären, warum es auf Venus im wesentlichen nur ein Oberflächenniveau gibt, auf der Erde jedoch zwei.

Es gibt kein Wasser auf der Venusoberfläche, und auch das Innere ist möglicherweise außergewöhnlich trocken, so daß kaum Wasser zur »Schmierung« einer möglichen Plattenbewegung zur Verfügung steht. Wahrscheinlich hat sich die äußere Lithosphäre »festgefressen«, ähnlich wie ein Motor ohne Öl. Daher kann sie sich auch nicht global horizontal bewegen.

Die wesentlichen topographischen Merkmale sind wahrscheinlich durch Hot Spots entstanden, in denen im wesentlichen vertikale Bewegungen stattfinden. In diesem Modell steigen im Innern Blasen geschmolzenen Gesteins auf, breiten sich unter der Oberfläche aus und drücken dabei, ähnlich wie ein Schneidbrenner, Löcher in die Kruste. Dies setzt voraus, daß es Kanäle gibt, durch die Magma aufquellen kann. Hierbei entstehen große, erhöhte Oberflächenformationen. Gleichzeitig wird die Oberfläche gedehnt. Sie bricht auf, und die Lava quillt aus den Vulkanen und Spalten heraus. Da man auf Venus keine Vulkanketten gefunden hat, schließt man, daß es keine oder zumindest so gut wie keine Krustenbewegung gibt, wie wir sie von der irdischen Plattentektonik her kennen.

Durch den Zerfall radioaktiven Materials entsteht im Innern offenbar genügend Wärme, um die Konvektion in zahlreichen Hot Spots anzutreiben.

Die größten tektonischen Deformationen sehen wir heute in den vier Gebirgszügen Akna, Freyja, Maxwell und Danu Montes (Bild 4.22). Sie ragen über 10 Kilometer hoch auf und umgeben das Hochlandplateau Lakschmi Planum. Diese Gebirgsketten ähneln mit ihren eingekerbten Kämmen und engen Tälern denen auf der Erde. Es gibt sie auch nur auf diesen beiden Planeten.

Wie die Bergketten auch immer auf Venus entstanden sein mögen, sicher sind sie nicht das Resultat zusammenstoßender Kontinentalplatten, wie es bei den Alpen oder dem Himalya der Fall ist. Auf Venus scheinen sie durch emporquellende Magma und Vulkanismus entstanden zu sein.

Vulkane auf Venus

Die Venusoberfläche ist mit Zehntausenden von Vulkankratern übersät. Die größeren unter ihnen sind vergleichbar mit Hawaii, die zahlreicheren, kleineren Vulkane haben die Form von Kuppeln. Ausfließende Lava bedeckte offensichtlich einst die Oberfläche und ebnete sie vollständig ein; ein Vulkan ist möglicherweise sogar noch heute aktiv (Bild 4.23). In der Vergangenheit waren die Vulkane auf Venus weitaus aktiver als auf der Erde!

Die meisten Vulkane haben eine ebenso runde Form und flache Hänge wie Schildvulkane auf der Erde. Sie entstehen durch Lavaergüs-

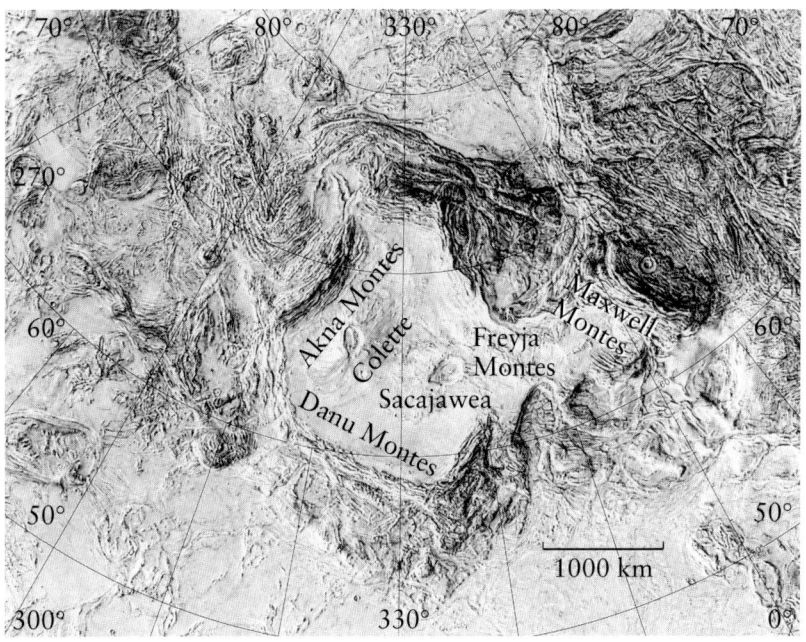

70°   80°   330°   80°   70°
270°
60°   60°
   Akna Montes Colette   Freyja   Maxwell
              Sacajawea   Montes   Montes
   Danu Montes
50°   50°
                    1000 km
300°   330°   0°

Bild 4.22. Gebirgszüge. Venus und Erde sind die einzigen Planeten im Sonnensystem, auf deren Oberflächen es Gebirge gibt. Die vier bekannten Gebirgsketten, Akna, Freyja, Maxwell und Danu Montes, befinden sich im westlichen Ischtar Terra und umgeben ein zentrales Plateau mit geschwungenen Ebenen. Sie sind jeweils etwa 1000 km lang. Das Hochplateau Lakschmi Planum erhebt sich 3 bis 4 km über den mittleren Planetenradius. In der Umgebung ragen einige Berge bis in Höhen von 6 km auf. Im Innern ist Lakschmi offenbar mit Lava gefüllt. Außerdem gibt es die zwei Vulkanzentren Colette Patera und Sacajawea Patera. Messungen der Schwerkraft sowie topographische Daten lassen darauf schließen, daß Lakschmi tiefreichende Wurzeln besitzt, die sich über ein 2300 km langes Gebiet bis in eine mittlere Tiefe von 130 km erstrecken. Wahrscheinlich wird Lakschmi von vertikalen Bewegungen des darunterliegenden Materials gestützt. Die anderen Gebirge, Akna und Freyja, erhielten ihre Namen nach der Geburtsgöttin auf Yukatan beziehungsweise der Ur- und Erdgöttin in der altnordischen Mythologie; Danu war die Göttermutter bei den Kelten; James Clerk Maxwell britischer Physiker. Die beiden Vulkane sind nach der französischen Schriftstellerin Claudine Colette sowie der Schwarzfuß-Indianerin Sacajawea benannt. Der Gipfel auf Maxwell Montes enthält einen anderen, flachen Krater oder Patera. Er heißt Cleopatra, nach der Königin von Ägypten (Nach einer USGS-Karte unter Verwendung von Radardaten von Arecibo, Pioneer sowie Venera 15 und 16)

se, die sich über weite Strecken wie heißes Öl ausbreiten und dabei runde, relativ seicht ansteigende Erhebungen bilden. Die größten Schildvulkane erreichen auf Venus einige hundert Kilometer Durchmesser, sind aber nur wenige Kilometer hoch (Bild 4.24).

Andererseits scheinen auch Formationen durch zähflüssige Lava entstanden zu sein. An einigen Stellen trat diese dicke Masse offenbar durch Öffnungen im Boden aus und erstarrte in Form von flachen Kuppeln, die an Pfannkuchen erinnern (Bild 4.25). Ihre Oberflächen sind zerbrochen und gefaltet wie eine Brotkruste. Möglicherweise geschah dies, als die nachfolgende Lava erkaltete und sich verdichtete.

Der Vulkanismus erzeugte auch Strukturen, wie man sie bisher nur auf Venus gefunden hat. Da gibt es die sogenannten Spinnweben (nach dem englischen arachnoids) und die Coronae (nach dem lateinischen Wort für Krone). Man vermutet, daß beide Oberflächenformationen (Bilder 4.26 und 4.27) durch Hot Spots entstehen. Wenn die heiße Magma aus dem Innern aufsteigt und gegen die Kruste drückt, hebt sich das Gelände und formt eine runde Kuppel. Dabei entstehen sowohl Bergrücken als auch Gräben, die aufbrechen und aus denen die Lava herausfließt. Kühlt das Material ab, kann die Kuppel wie ein riesiger Hefeteig zusammenfallen, und übrig bleibt ein großer, von Gräben und Bergkämmen durchzogener Ring.

Die Venera-Sonden fanden noch weitere Hinweise auf vulkanische Aktivität auf Venus. Nach ihrer Landung analysierten sie grob einige Gesteinsproben und stellten fest, daß diese irdischem Lavagestein der Ozeanböden und lunarem Mare-Gestein ähneln. Dieser Basalt fand

Bild 4.23. Maat Mons. Diese räumliche Darstellung der Radardaten zeigt den 8 Kilometer hohen Gipfel des Maat Mons. Im Vordergrund erkennt man Lavaströme, die sich über hunderte von Kilometern durch zerfurchtes Gelände ziehen. Es ist der zweithöchste Berg auf Venus. Während fast alle anderen Gipfel auf den Radarbildern hell erscheinen, ist dieser dunkel. Möglicherweise ist er mit frischer Lava bedeckt und noch heute aktiv. Die orangefarbene Tönung wurde nach den Bildern der Sonden Venera 13 und 14 gewählt. Sie soll den optischen Eindruck des Lichts auf der Venusoberfläche vermitteln. (Foto: NASA)

sich an verschiedenen Landeplätzen. Das deutet ebenfalls darauf hin, daß sich einst vulkanische Lava über einen großen Teil der Venusoberfläche ergoß. Vielleicht dauert dieser Prozeß bis heute an.

Aufnahmen der gelandeten Sonden zeigten sowohl scharfkantige, unerodierte Felsen als auch losen Sand und Staub (Bild 4.28). Die jung aussehenden Felsen und der Boden geben Anlaß zu der Vermutung, daß durch vulkanische Aktivität altes erodiertes Gestein durch neues ersetzt wird. Darüber hinaus lassen sich die flachen, plattenartigen Steine direkt auf flüssige Lava zurückführen. Als die geschmolzene Lava über die Oberfläche floß und abkühlte, entstanden diese dünnen, zerbrochenen Gesteinsschichten, die wir auf den Venera-Photos deutlich erkennen.

Es gibt zahlreiche Hinweise auf Vulkane und Lavaergüsse, aber die heutigen Beobachtungen können nicht eindeutig darüber entscheiden, ob Venus heute noch geologisch aktiv oder tot ist. So wurden beispielsweise Schwankungen des Schwefeldioxidgehalts in der Atmosphäre auf Ausgasungen von Vulkanen zurückgeführt. Ein solcher, heute noch aktiver Vulkan könnte Maat Mons sein. Unterschiedliche Bedingungen der atmosphärischen Zirkulationen könnten jedoch

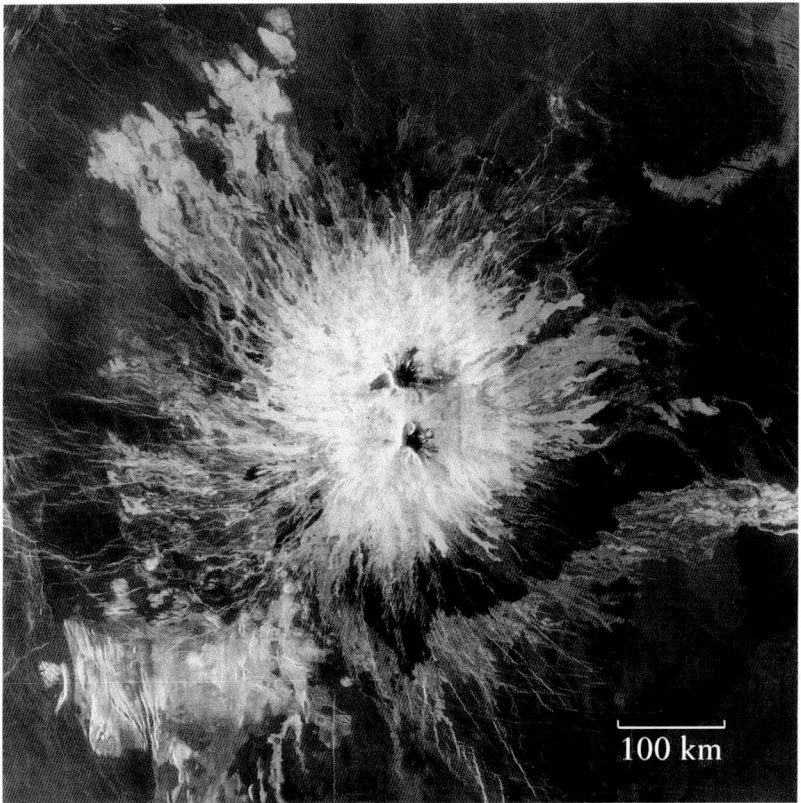

Bild 4.24. Sapas Mons. Dieser Vulkan hat einen Durchmesser von etwa 400 Kilometern, ist jedoch nur 1,5 Kilometer hoch. Er erhielt seinen Namen nach einer phönikischen Göttin. An den Seiten des Vulkans überlagern sich zahlreiche Lavaströme, die an den Hängen ausgetreten sind. Ähnliches findet man auch bei terrestrischen Vulkanen wie den Schildvulkanen auf Hawaii. Auf dem Gipfel befinden sich zwei, im Radarbild dunkel erscheinende, Tafelberge sowie Gruppen von Mulden mit Durchmessern bis zu einem Kilometer. Sie entstanden vermutlich, als Magmakammern im Boden ausliefen und die darüberliegenden Gesteinsschichten einbrachen. Ein Einschlagskrater nordöstlich des Vulkans (*oben rechts*) mit einem Durchmesser von 20 Kilometern ist teilweise von Lava begraben worden. (Foto: NASA)

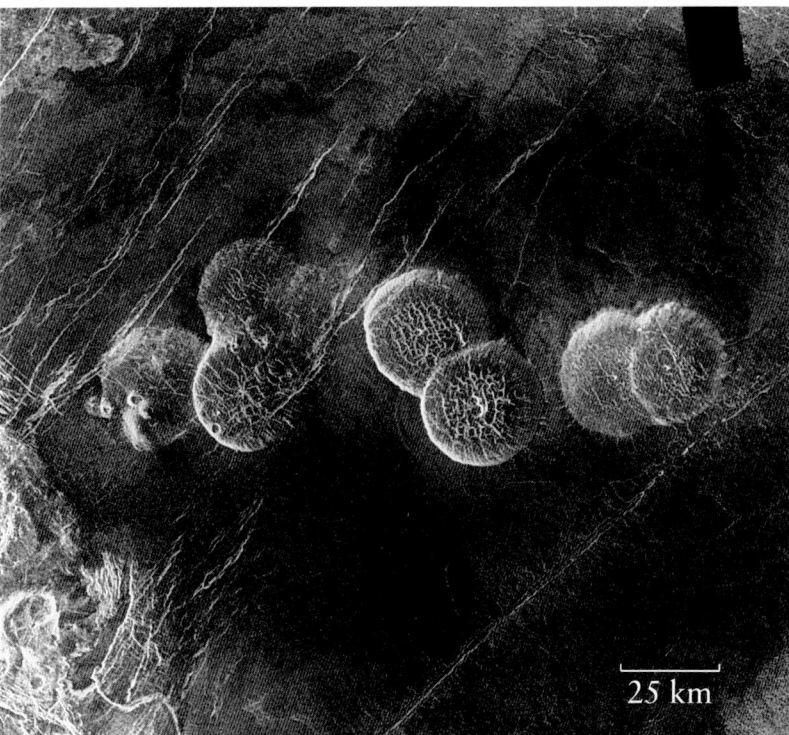

Bild 4.25. Kuppeln wie Pfannkuchen. Diese sieben runden Vulkankuppeln mit Durchmessern von jeweils etwa 25 Kilometern haben sehr steile Ränder, die einige hundert Meter hoch sind. Ein Netz von radial und konzentrisch verlaufenden Brüchen durchzieht ihre ebenen Oberflächen. Die Kuppeln entstanden vermutlich eher unter der Einwirkung von zäher, träge fließender Masse als von leicht flüssiger und schneller Lava. Bei Ausbrüchen aus Öffnungen, deren Ränder sich kaum über die Oberfläche erhoben, trat die Lava langsam in alle Richtungen aus und erzeugte die flachen Gebilde, die an riesige Pfannkuchen erinnern. (Foto: NASA)

Bild 4.26. Spinnweben. Zentrale Kuppeln sind von konzentrisch angeordneten Linien und komplizierten Brüchen umgeben wie eine Spinne von ihrem Netz. Diese Spinnweben (im englischen arachnoids) erreichen Ausdehnungen zwischen 50 und 230 Kilometer. Da sie den Coronae ähneln (Bild 4.27), im allgemeinen aber kleiner sind, vermuten einige Planetologen, daß sie Vorläufer der Coronae sind. Beide Phänomene entstehen wahrscheinlich durch heißes Material, das aus dem Innern aufsteigt. (Foto: NASA)

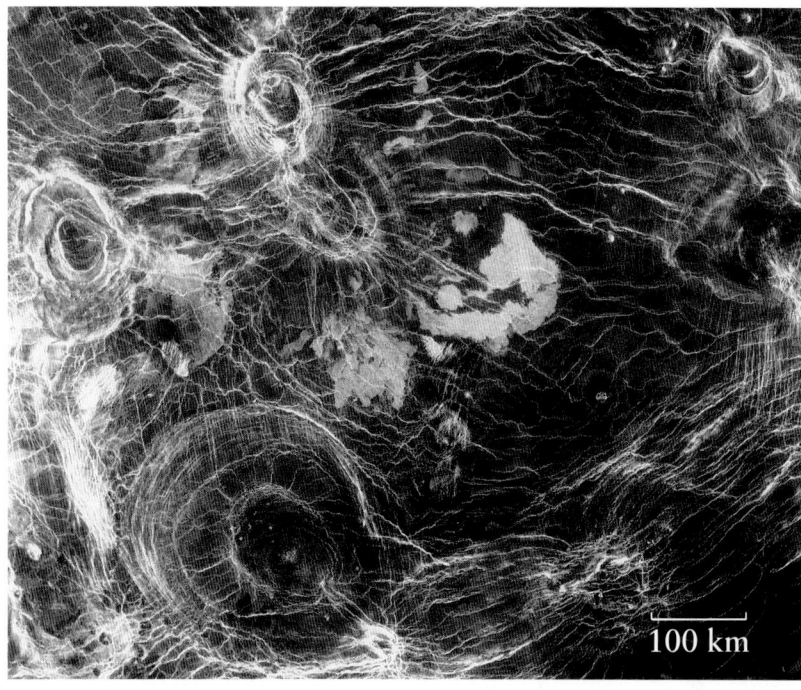

Bild 4.27. Corona. Solche runden oder ovalen Gebilde mit Durchmessern zwischen 200 und mehr als 1000 Kilometern nennt man Coronae. Der Innenbereich erhebt sich leicht über die Umgebung und ist von konzentrisch angeordneten Bruchsystemen umgeben. Das Innere selbst ist ebenfalls von radial und konzentrisch verlaufenden Brüchen durchzogen. Auch Lavaströme und »Pfannkuchen« findet man in diesen einzigartigen Gebilden. Die runde Corona in der Bildmitte hat einen Durchmesser von ungefähr 200 Kilometern. All die Eigenarten, wie die runde Form, die leichte Erhebung, das komplizierte Bruchsystem sowie der begleitende Vulkanismus lassen sich möglicherweise durch heiße, aus dem Innern aufquellende Magma erklären. (Foto: NASA)

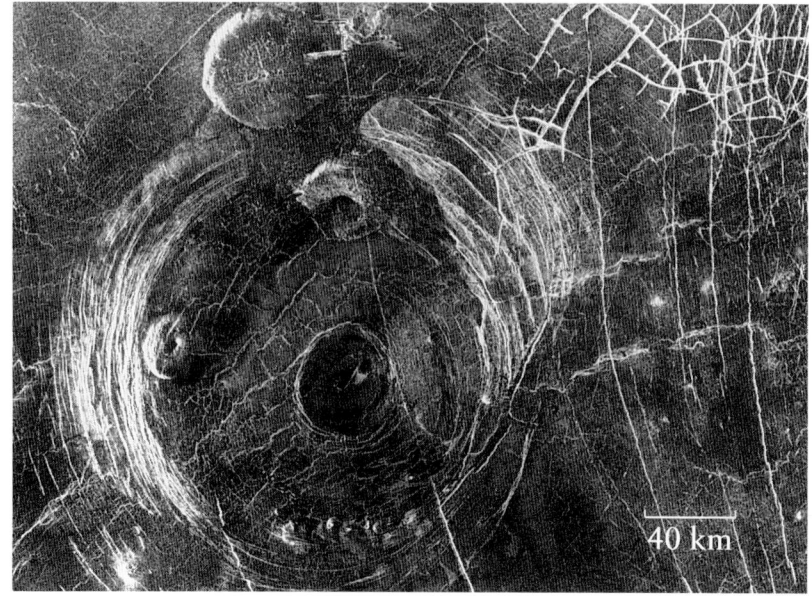

ebensogut dafür verantwortlich sein, und bisher hat niemand einen Vulkanausbruch direkt beobachtet. Obwohl also sämtliche Spekulationen über eine heutige vulkanische Aktivität nicht beweisbar sind, gibt es doch viele Hinweise darauf, daß Venus zumindest eine dynamische, aktive Welt gewesen ist, deren gesamte Oberfläche fast ausschließlich durch Vulkane geprägt wurde.

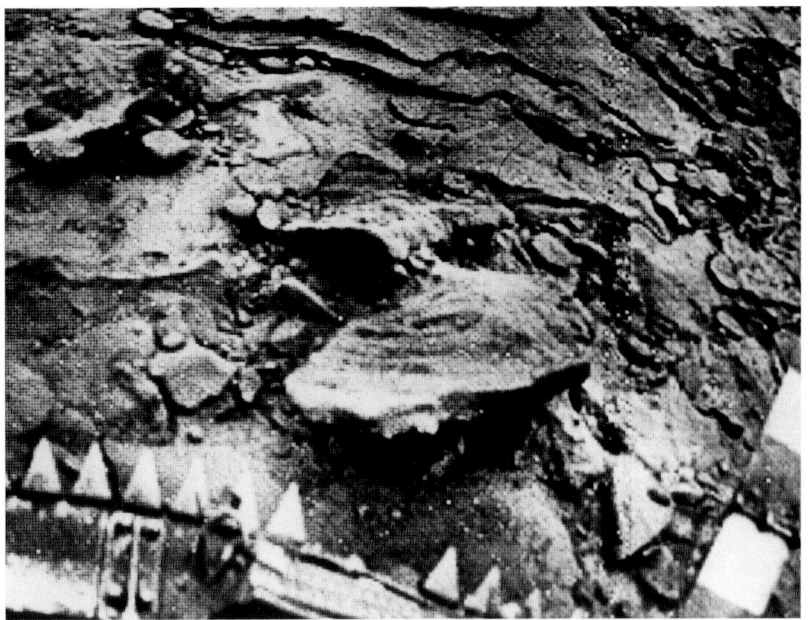

Bild 4.28. Oberflächengestein. Diese Aufnahmen von der Oberfläche wurden von den Venera-Sonden 1982 gemacht. Die Wissenschaftler hatten erwartet, daß der hohe Druck, die enorme Temperatur sowie die ätzende Atmosphäre die Oberfläche schmelzen, deformieren und chemisch verwittern würden, so daß sie völlig eben und ohne Bodenmerkmale sein müsse. Dieses Foto zeigt jedoch losen Sand, Staub und Felsen. Bei den dünnen Steinplatten könnte es sich um geschmolzene Lava handeln, die beim Abkühlen auseinanderbrach. Eine ansatzweise durchgeführte chemische Analyse deutete in der Tat darauf hin, daß das Oberflächengestein aus basaltischer Lava besteht. (Foto: Josef Shklovsky)

KURZINFORMATION 4.4
Venus – Zusammenfassung

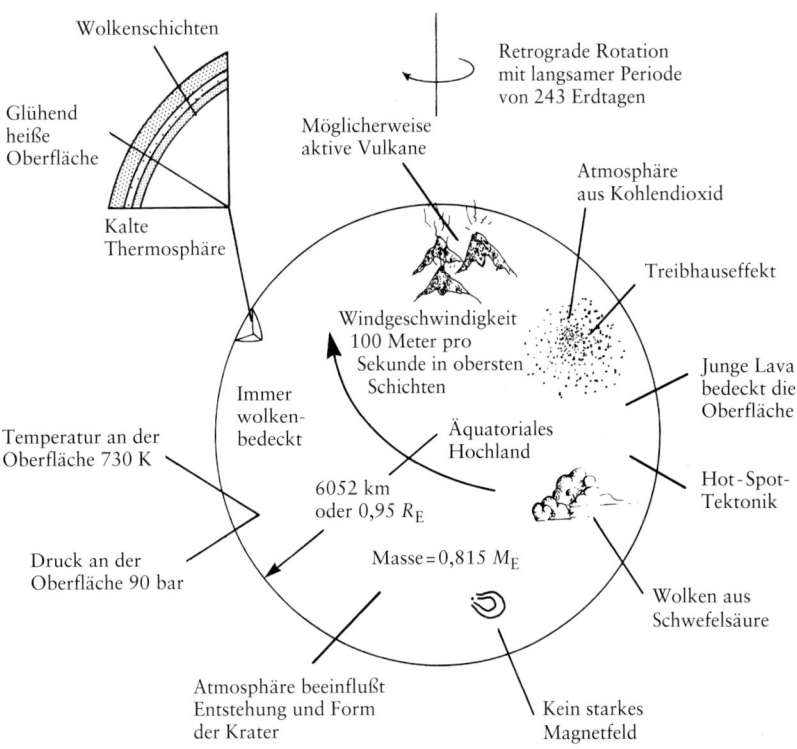

Masse: $4,87 \cdot 10^{27}$ Gramm $= 0,815\ M_E$ (Erde $= 1$)
Mittlerer Radius: 6052 Kilometer $= 0,949\ R_E$ (Erde $= 1$)
Mittlere Dichte: $5,25$ g/cm^3
Siderische Rotationsperiode: 243 Tage, 36 Minuten (retrograd)
Umlaufperiode: 224,701 Tage
Mittlere Sonnenentfernung: 0,723 AE
Keine Monde
Kein nachweisbares eigenes Magnetfeld

Der Wasserplanet Erde. Fast Dreiviertel der Erde sind mit Wasser bedeckt, wie man bei diesem Blick auf den Pazifik gut erkennen kann. Unten glänzt weiß der antarktische Eisschild. (Foto: NASA)

KAPITEL 5

Die rastlose Erde

Eine dünne Luftschicht umgibt den Wasserplaneten Erde. Chemische Stoffe greifen die empfindliche Ozonschicht an, die uns vor der gefährlichen ultravioletten Sonnenstrahlung schützt. Wir verbrauchen fossile Brennstoffe und zerstören die tropischen Wälder, was eine Verstärkung des Treibhauseffektes und somit eine globale Erwärmung zur Folge hat. Die Atmosphäre und ein magnetischer Schild schützen uns vor energiereichen Teilchen von der Sonne. Dabei entstehen die farbigen Polarlichter. Altes magnetisiertes Gestein zeigt deutlich, daß das Erdmagnetfeld sich in der Vergangenheit einige Male umgepolt hat und sich heute möglicherweise in einer Phase erneuter Umpolung befindet. Boston und Italien gehörten einst beide zu Afrika, ein Gletscher bedeckte vor langer Zeit die Sahara, und der Pazifische Ozean reichte bis an die Küste Colorados. Kontinente stoßen zusammen und bilden große Bergketten oder entfernen sich voneinander, wobei neue Ozeane entstehen.

DER PLANET ERDE

Ein empfindliches Gleichgewicht

Leben wie wir es kennen und Meere, in denen es entstanden ist, gibt es in unserem Planetensystem nur auf der Erde. Unsere nächsten Nachbarn, Venus und Mars, sind zu heiß beziehungsweise zu kalt. Auf Venus gibt es nur Wasserdampf, und auf Mars ist das Wasser in Form von Eis unter der Oberfläche vergraben. Nur auf der Erde herrschen Temperaturen zwischen 273 und 373 Kelvin, bei denen Wasser flüssig ist.

Etwa 97 Prozent der gesamten Wassermenge der Erde befindet sich in den Ozeanen, nur ein kleiner Teil, nämlich ein hundertstel Promille pro Jahr, nimmt an dem Wasserkreislauf teil. Es verdunstet aus den Ozeanen, kondensiert zu Wolken, regnet dann in Seen ab und gelangt von dort über die Flüsse zurück ins Meer. 80 Prozent des gesamten Süßwasservorrates ist im Eis der Pole gespeichert, wo die Salze aus dem Meerwasser ausgefroren sind.

Wasser ist eine phantastische Substanz; wir selbst bestehen zum Großteil daraus. Viele Stoffe lösen sich darin. Wenn es gefriert, dehnt es sich aus und seine Dichte nimmt ab, im Gegensatz zu fast allen anderen Materialien. Aus diesem Grund schwimmt Eis auf den Seen und

Ozeanen, so daß diese von oben nach unten zufrieren. Auf diese Weise bildet die Eisschicht einen Schutz für Tiere und Pflanzen im Wasser.

Heute bedecken die Meere Dreiviertel der Erdoberfläche. Gäbe es auf der Erde keine Erhebungen, würde der gesamte Globus von einem 2,8 Kilometer tiefen Ozean überzogen sein. Während der vergangenen Eiszeiten war es auf der Erde viel kälter. Die Gletscher drangen bis in mittlere Breiten vor, und die Ozeane waren wesentlich flacher.

In der Frühzeit des Sonnensystems schien die Sonne nur halb so hell wie heute. Damals fiel auf die Erde nicht mehr Licht als heute auf den Mars. Gab es unter diesen Bedingungen bereits Ozeane? War es warm genug, damit Leben entstehen konnte? Wie veränderte sich die chemische Zusammensetzung der Atmosphäre? Werden die heutigen Temperaturen so bleiben?

Seit langem schon rätseln Geologen und Astronomen an diesen Fragen herum, und erst in jüngster Zeit ist deutlich geworden, daß die Vorgänge in den Ozeanen, in der Atmosphäre und im Erdinnern stark ineinandergreifen und voneinander abhängen. Unsere Atmosphäre beeinflußt die Temperatur des Planeten. Vulkane und auch menschliche Aktivitäten ändern die chemische Zusammensetzung und damit möglicherweise auch die Temperatur der Atmosphäre.

Das Ökosystem unseres Planeten ist somit vielen Einflüssen ausgesetzt und das Ergebnis eines empfindlichen Gleichgewichts. In der Vergangenheit hat sich dieses System selbst reguliert, aber durch unsere industriellen Aktivitäten beginnen wir, dieses Gleichgewicht langsam zu verschieben. Wir werden in diesem Kapitel noch häufiger auf dieses Problem zurückkommen.

Unsere geschichtete Atmosphäre

An einem warmen, trockenen und windstillen Tag nehmen wir die Luft um uns herum kaum wahr. Dann besteht sie fast ausschließlich aus molekularem Stickstoff (78 Prozent) und Sauerstoff (21 Prozent) sowie Spuren von Argon und etwa 0,03 Prozent Kohlendioxid. Obwohl der Kohlendioxidanteil nur sehr gering ist, ist dieses Molekül doch lebensnotwendig, wie wir noch sehen werden. Außerdem enthält die Atmosphäre noch einen schwankenden Anteil an unsichtbarem Wasserdampf, H_2O, der in tropisch-feuchten Gebieten bis zu 5 Volumenprozent erreicht.

Ein Liter Luft wiegt etwas mehr als ein Gramm, also etwa 1000 mal weniger als Wasser. Über einer heißen Flamme sehen wir Rauch aufsteigen, an manchen Tagen nutzen Segelflugzeuge Aufwinde aus. Heiße Luft steigt entlang der Kerzenflamme auf und führt frischen Sauerstoff zu. Ohne diesen Luftstrom würde die Flamme bald ausgehen. Solch ein Strom kann sich nur dank des Schwerkraftfeldes entwickeln, in einem Raumschiff brennt keine Kerze. Der Grund dafür ist, daß in einem Gravitationsfeld die Dichte der Luft nach oben abnimmt, so daß warme Luft aufsteigt. In der Schwerelosigkeit ist das anders. Dort würde sich die verbrannte Luft um die Flamme herum anreichern und sie ersticken.

Normalerweise sind die einzelnen Moleküle weit voneinander entfernt, so daß sich ein Gas, ebenso die Atmosphäre, durch äußeren Druck leicht zusammenpressen läßt. Befindet sich die Luft in einem Behälter, so stoßen die Moleküle umso häufiger gegen die Wände, je weiter man das Volumen verkleinert. Dies verursacht den Luftdruck, ohne den die Atmosphäre einfach auf den Erdboden sinken würde. (Flüssigkeiten verhalten sich ganz anders. Bei ihnen braucht man riesige Kräfte, um die Dichte zu erhöhen.)

Erhöht man den Druck eines Gases, so verringert sich dessen Volumen; dieses Gesetz ist einer der Schlüssel zum Verständnis der Erdatmosphäre. Der andere Schlüssel ist die Schwerkraft, die die Luft zum Boden zieht. Zum Vergleich stelle man sich einen Stapel Matratzen vor. Die unteren Matratzen müssen das Gewicht der auf ihnen lastenden tragen und werden zusammengedrückt. Die obersten ändern ihre Form fast gar nicht, da sie keine Matratzen zu tragen haben. Ähnlich ist es mit der Atmosphäre: Die oberen Schichten drücken die unteren zusammen. Nach oben hin läßt der Druck nach, und am oberen Rand entweichen die Atome in den Weltraum. In einer Höhe von 10 Kilometern (etwas über dem Gipfel des Mount Everest) sind Druck und Dichte der Atmosphäre auf 10 Prozent der Werte am Boden abgesunken. Keine Insekten und nur wenige Vögel können in dieser dünnen Luft noch fliegen.

Die Abnahme des Luftdrucks mit zunehmender Höhe ermöglicht es, mit Ballons zu fliegen. Auf die Hülle drückt von allen Seiten die Luft. Der Druck von oben ist jedoch etwas geringer als derjenige von unten, weil der Luftdruck nach oben abnimmt. Der Auftrieb des Ballons ergibt sich dann aus der Differenz zwischen der (an der Unterseite) nach oben und der (an der Oberseite) nach unten drückenden Kraft. Ist die Auftriebskraft genauso groß wie das Gewicht des Ballons einschließlich seines Gasinhalts, so hängt er regungslos in der Luft. Ist er mit einem leichten Gas wie Helium oder Wasserstoff gefüllt, so ist er insgesamt leichter und steigt auf.

Auch die Temperatur ändert sich mit der Höhe, allerdings nimmt sie nicht einfach ab wie der Luftdruck. In jeder Höhe ist die Temperatur davon abhängig, wieviel Energie die Luft aufnimmt und wieviel sie abgibt. Die Atmosphäre läßt sich in vier Stockwerke mit unterschiedlichen Energiebilanzen einteilen. Das unterste Stockwerk ist durch Strahlung im optischen und infraroten Spektralbereich bestimmt, das folgende durch ultraviolette und das oberste durch Röntgenstrahlung von der Sonne.

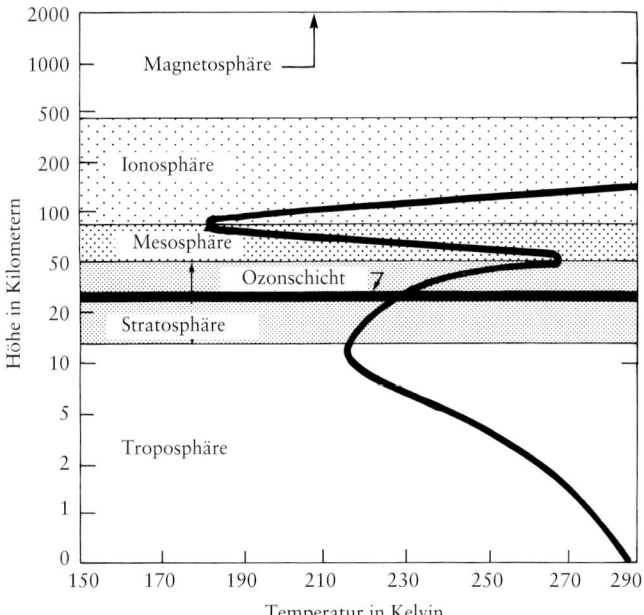

Bild 5.1. Schichtstruktur der Erdatmosphäre. Die Temperatur nimmt
in der unteren Atmosphärenschicht,
der Troposphäre, nach oben hin ab,
in der darüberfolgenden Schicht, der
Stratosphäre, jedoch wieder zu. Die
Ozonschicht spielt eine entscheidende Rolle bei dem Schutz der Erdoberfläche vor ultravioletter Strahlung. Oberhalb von 80 Kilometern
spaltet der energiereiche Anteil der
Sonnenstrahlung Elektronen von
den Atomen ab, und die übrig blei-
benden Ionen und Elektronen bilden
die elektrisch leitfähige Ionosphäre

Die unterste Schicht ist die sogenannte Troposphäre, in der sich
auch unser Wetter abspielt (Bild 5.1). Sonnenlicht im sichtbaren Bereich erwärmt den Erdboden und die Meeresoberfläche, die wiederum
die unterste Luftschicht erwärmen. Die mittlere Oberflächentemperatur beträgt 288 Kelvin (15 Grad Celsius), und die Wärmestrahlung
hält diese Temperatur wie ein natürlicher Thermostat in einem engen
Bereich konstant. Wird der Boden durch intensive Sonnenstrahlung
überhitzt, so strahlt dieser mehr Energie in den Weltraum ab und kühlt
sich selbst, vor allem in klaren, trockenen Nächten, wenn die Infrarotstrahlung leicht die Atmosphäre nach außen durchdringen kann.
Kühlt der Boden stark ab, so strahlt er weniger Energie ab und speichert seine Wärme.

Es gibt noch einen weiteren natürlichen Thermostat: die an warmen Tagen aufsteigende Luft. Diese Luftströme transportieren Wärme
nach oben, verteilen sie dort und kondensieren unter bestimmten Bedingungen als Schönwetterwolken aus. Die aufsteigende Luft dehnt
sich wegen des abnehmenden Luftdrucks aus und kühlt dabei um etwa
7 Grad Celsius pro Kilometer ab. Diese Luftströme geraten bis in eine
Höhe von 12 Kilometern, der obersten Schicht der Troposphäre, wo
die niedrigsten Temperaturen herrschen. Nur sehr geringe Luftmen-
gen können in noch größere Höhen gelangen.

Das nächste Stockwerk ist die sogenannte Stratosphäre. Hier
steigt die Temperatur nach oben hin an, weil molekularer Sauerstoff
(O_2) und Ozon (O_3) den ultravioletten Anteil des Sonnenlichts absorbieren. Würde diese Strahlung bis zur Erdoberfläche vordringen, so

Bild 5.2. Das Nachthimmels-
leuchten oder Airglow. Diese farbverstärkte Aufnahme machten
Apollo-16-Astronauten vom Mond
aus. Man erkennt deutlich die durch
das ultraviolette Himmelsleuchten
rot erscheinende Halberde. Die Farbe entsteht durch angeregte Sauerstoffatome auf der Tagseite der Erde.
Über die Nachtseite erstrecken sich
außerdem blaue Streifen von Polarlichtern. (Foto: NASA)

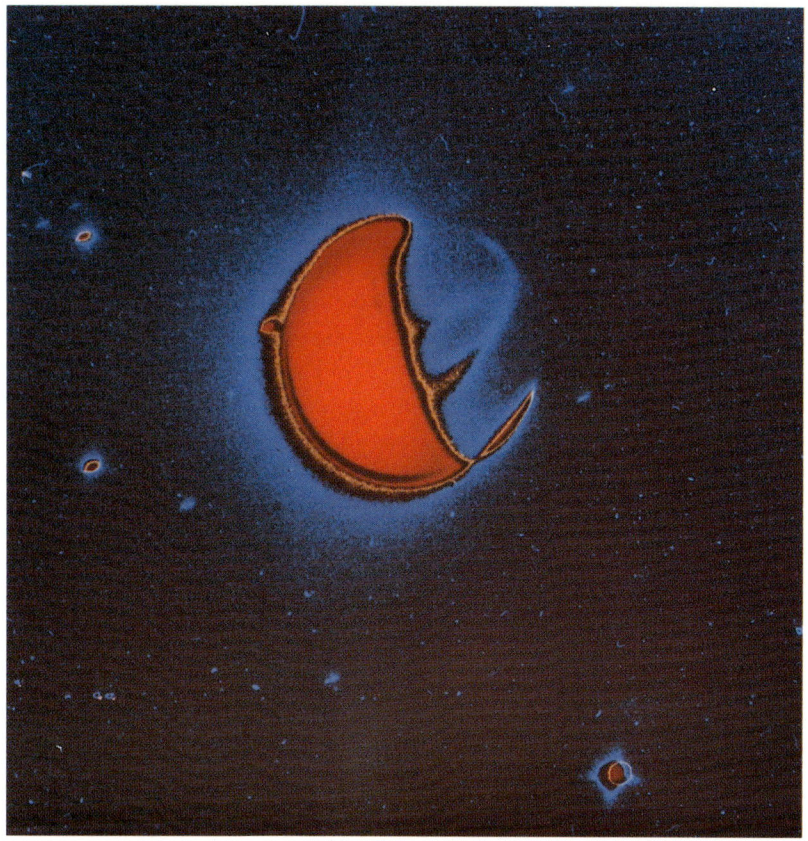

würde sie wahrscheinlich alles Leben vernichten. Einen kleinen Teil
der UV-Strahlung absorbiert das stratosphärische O_2, wobei es in zwei
Sauerstoffatome aufgespalten wird:

$$\text{UV-Photon} + O_2 \rightarrow O + O.$$

Ein Teil der Energie des UV-Photons wird auf Atome übertragen, die
dann wiederum UV-Licht abstrahlen. Dies führt zu dem Nachthim-
melsleuchten (Airglow), das vom Weltraum aus deutlich zu sehen ist
(Bild 5.2).

Einige der freien Sauerstoffatome lagern sich an O_2 an und bilden O_3:

$$O_2 + O \rightarrow O_3.$$

Dieses neue Molekül, das Ozon, absorbiert ebenfalls ultraviolettes
Sonnenlicht. Obwohl von einer Million Luftmolekülen nur eines
Ozon ist, schluckt es die gesamte UV-Strahlung. Die UV-Photonen
sind zwei- bis dreimal energiereicher als die des sichtbaren Lichts. Sie
sind in der Lage, bestimmte organische Moleküle wie die DNS aufzubrechen und erhöhen die Hautkrebswahrscheinlichkeit. Einige Wis-

senschaftler haben darauf hingewiesen, daß eine erhebliche, etwa 50prozentige Abnahme des atmosphärischen Ozons zur Erblindung aller Lebewesen führen würde, die ständig der Sonnenstrahlung ausgesetzt sind. Ein geringerer Abbau könnte bereits dauerhafte Mißernten zur Folge haben.

Bestimmte chemische Verbindungen zerstören das Ozon. Sie wurden vor etwa einem halben Jahrhundert erfunden und seitdem künstlich hergestellt. Es sind die sogenannten Fluorchlor-Kohlenwasserstoffe (FCKW). Dieser Name zeigt schon an, woraus sie bestehen, nämlich aus Fluor, Chlor und Kohlenwasserstoff. Sie finden in vielen Bereichen Verwendung, zum Beispiel als Kühlgas in Kühlschränken und Klimaanlagen, als Schäumstoffe für Isolatoren, als Treibgase in Spraydosen und als Säuberungsmittel bei der Herstellung von Computerchips.

Der eigentliche Schädling in diesen Verbindungen ist das Chlor. Es bricht das Ozonmolekül in normalen Sauerstoff auf, so daß die absorbierende Wirkung des Ozons verringert wird. Darüber hinaus überlebt das Chloratom diesen Prozeß und kann seine Zerstörung weiter fortsetzen. Ein einziges Chloratom kann bis zu 100 000 Ozonmoleküle zerstören, bevor es von einem anderen Molekül eingefangen und aus der Stratosphäre entfernt wird.

Wie das Ozonloch über dem Südpol zeigt, haben wir schon mit der Zerstörung der Ozonschicht begonnen. Es entsteht während des antarktischen Frühlings und reißt eine Lücke in den Ozonschild, die größer ist als der antarktische Kontinent. Globale Winde transportieren die chemischen Stoffe aus dem Äquatorgebiet und den Tropen zu den Polen hin, wo sie sich in einem großen Luftwirbel anreichern, bis im Frühjahr die Sonne in diesem Gebiet wieder scheint. Das antarktische Ozonloch ist in den vergangenen zehn Jahren offenbar größer geworden, und ein ähnlicher, wenngleich auch schwächerer und nicht so kalter Wirbel, bildet sich über dem Nordpol aus. Allerdings entwickelt sich dort bis jetzt noch kein Ozonloch. Dies hätte wohl noch schlimmere Folgen, weil diese Gegend dichter bewohnt ist.

Die Entdeckung des Ozonlochs lenkte auch das Auge der Öffentlichkeit auf die Zerbrechlichkeit der Ozonschicht und überzeugte die internationale Gemeinschaft, die Produktion der FCKW bis zum Jahre 2000 einzustellen. Das unterzeichnete Abkommen kam sicher nicht zu früh, denn bis heute ist bereits eine große Menge dieser Stoffe in der Stratosphäre gespeichert. Die Chloratome sind sehr langlebig und werden ihr zerstörerisches Werk in der Ozonschicht noch über Jahrzehnte hinweg fortsetzen. Sehr wahrscheinlich wird sich das Ozonloch noch bis in das nächste Jahrhundert hinein vergrößern, und wir können nur hoffen, daß sich die Entwicklung umkehrt, bevor schwerwiegende Schäden eintreten.

Oberhalb der Ozonschicht schließt sich die Ionosphäre an, die durch die Röntgenstrahlung der Sonne erzeugt wird. Diese Schicht ist elektrisch leitend und für die Ausbreitung von Radiowellen entscheidend. Röntgenstrahlen spalten Elektronen von den atmosphärischen Atomen ab. Die dabei entstehende elektrische Schicht wirkt wie ein Spiegel für langwellige Radiostrahlung, wie sie zum Beispiel Amateur- oder Radiosender verwenden. Radiowellen mit kürzerer Wellenlänge können die Ionosphäre dagegen durchdringen, weil sie, bildlich gesprochen, klein genug sind, um sich zwischen den Elektronen hindurchzuschlängeln. Sie werden bei Satellitensendungen von Kontinent zu Kontinent benutzt.

Kontinente, Ozeane und Ozeanböden

Die Erdoberfläche läßt sich grob in zwei Hauptformationen einteilen: die hohen, trockenen Kontinente und die tiefen, nassen Ozeanböden. Diese beiden Gebiete werden von den sogenannten Kontinentalsockeln oder Schelfen getrennt.

Die Erdoberfläche erscheint uns sehr zerklüftet. Es gibt fast 9 Kilometer hohe Berge sowie Gräben, die noch weiter in die Tiefe der Ozeane hinabreichen. Ein maßstabsgetreues Modell der Erde wäre allerdings relativ eben, denn diese Extreme machen nur ein zehntel Prozent des Erdradius aus. Auf einem Fußball würden sie als winzige Dellen mit einer Erhebung von kaum mehr als einem zehntel Millimeter erscheinen, etwa so groß wie der Punkt am Ende dieses Satzes.

Die Erde besitzt deswegen nicht so große Erhebungen, weil an ihrer Oberfläche eine große Schwerkraft herrscht und die äußeren Schichten so massereich sind. Dadurch überwiegt die Schwerkraft gegenüber den elektrischen Kräften, die zwischen den Atomen im Gestein wirken. Auch der Aufbau in konzentrischen Schalen um den Erdmittelpunkt herum ist eine Folge der starken Gravitation. In kleineren Körpern, wie Asteroiden mit Durchmessern von wenigen hundert Kilometern, sind die elektrischen Kräfte stärker, und das Gestein kann seine ursprüngliche unregelmäßige Gestalt bewahren.

Eigenschaften der Erdkugel

Selbst wenn wir die Kontinente und Ozeane zu einer ebenen Oberfläche verschmieren könnten, wäre die Erde nicht genau kugelförmig. Die Fliehkraft erzeugt am Äquator eine Ausbeulung, oder, wie manche Menschen lieber sagen, sie plattet die Erde an den Polen etwas ab. Aus diesem Grunde beträgt der äquatoriale Radius 6378 Kilometer, während der polare um 21 Kilometer kleiner ist. Die Astronauten konnten diese Abweichung mit bloßem Auge nicht erkennen, sie läßt sich aber vom Boden aus feststellen, indem man Sternpositionen exakt

vermißt. Sie zeigt sich auch in ihrer unterschiedlichen Schwerkraftwirkung auf Uhren und Satelliten.

Teilt man die enorme Masse von 6000 Milliarden Milliarden Tonnen durch das Volumen der Erde, so erhält man ihre mittlere Dichte zu
5,5 g/cm³. Was dies bedeutet, können wir ermessen, wenn wir einen
Stein aufheben. Er wird nur eine etwa halb so große Dichte haben.
Zum geringen Teil ist der große Druck im Erdinnern, der das Gestein
zusammendrückt, für diesen Unterschied verantwortlich. Der wesentliche Grund muß aber in einer großen Häufigkeit von Material mit hoher Dichte liegen. Da Eisen das häufigste schwere Element im Universum ist, glauben die Geologen heute, daß die Erde einen großen
Eisenkern besitzt.

REISE ZUM MITTELPUNKT DER ERDE

Das Erdinnere ist schalenförmig aufgebaut, ähnlich wie ein Pfirsich.
Die Dichte steigt nach innen an, und die verschiedenen Schichten sind
oft durch scharfe Übergänge voneinander getrennt. Es gibt drei
Hauptschichten: (1) die Kruste, (2) den Mantel und (3) den dichten,
vermutlich aus Nickel und Eisen bestehenden Kern (Bild 5.3). Sie sind
sozusagen die Schale, das Fruchtfleisch und der Kern der Erde.

Kruste und Mantel

Die äußerste Schale der Erde besteht aus einer dünnen, steinigen Kruste, deren Dicke zwischen 10 und 65 Kilometern schwankt. Der
darunterliegende Mantel reicht bis eine Tiefe von schätzungsweise
2900 Kilometern. Diese beiden Schichten setzen sich im wesentlichen
aus Silikaten zusammen. Das sind Mineralien aus Silizium und Sauerstoff und anderen Elementen. Im Mantel sind die Mineralien reich an
Magnesium und Eisen. Sie sind fest, abgesehen von einer dünnen, teilweise flüssigen Schicht direkt unterhalb der Kruste. Die Kruste besteht
dagegen aus Material mit geringerer Dichte wie Quarz und Feldspat,
die viel Silizium und Aluminium enthalten. Die kontinentalen Granite
und ozeanischen Basalte entstanden in der glühenden Schmelze der
Vulkane (Tabelle 5.1).

Die Energie für diesen Schmelzprozeß stammt vom Zerfall radioaktiver Elemente im oberen Teil der Kruste. Dort steigt die Temperatur
auch mit zunehmender Tiefe an und erreicht bei 1,5 Kilometern bereits
80 Grad Celsius, so daß in tiefen Grubenschächten Klimaanlagen
nötig sind. Würde dieser Temperaturanstieg sich weiter fortsetzen,
wäre das Gestein in 50 Kilometer Tiefe geschmolzen. Tatsächlich ist

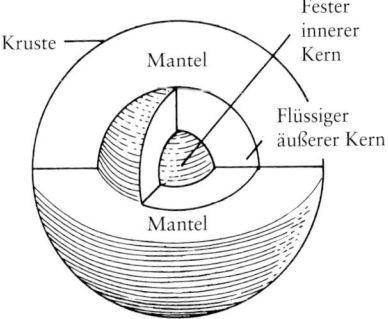

Bild 5.3. Kruste, Mantel und Kern.
Die verhältnismäßig dünne Ge-
steinskruste bedeckt den dicken
Silikatmantel. Beide umgeben den
äußeren Kern, der hauptsächlich aus
Eisen besteht, und den inneren Kern
aus reinem Eisen. Diese Schichtstruktur ermittelten Geologen aus
der Untersuchung seismischer Wellen, die beim Durchgang durch die
Erde an den Schichten reflektiert
werden

Tabelle 5.1. Die fünf häufigsten Elemente im Erdgestein

Element	Symbol	Mittlere Häufigkeit in Massenprozent
Eisen	Fe	34,6
Sauerstoff	O	29,5
Silizium	Si	15,2
Magnesium	Mg	12,7
Nickel	Ni	2,4

das Gestein aber im gesamten Mantel bis in eine Tiefe von 2900 Kilometern fest. Der Temperaturanstieg muß sich also vermindern, was darauf schließen läßt, daß die wärmeerzeugenden radioaktiven Elemente sich hauptsächlich in den äußeren Schichten befinden.

Bohrungen und Bergstollen reichen nicht sehr weit in die Tiefe, wir können aber den Aufbau des Erdinnern aus Erdbeben erschließen (s. Kurzinformation 5.1). Im Griechischen heißt Erdbeben *seismos*, was von dem Wort schütteln abgeleitet ist. Heute nennen wir Erdbebenwellen auch seismische Wellen, und Seismologie ist die Wissenschaft von den Erdbeben.

Die meisten Erdbeben entstehen dadurch, daß sich direkt unter der Oberfläche große Gesteinsblöcke bewegen und zusammenstoßen. Die hierbei entstehenden Wellen breiten sich ähnlich aus wie Wasserwellen auf einem Teich. Sie wandern in alle Richtungen und lassen sich mit Seismometern an verschiedenen Orten nachweisen. Aus den unterschiedlichen Ankunftszeiten kann der Geologe den Weg der Wellen durch den Erdkörper feststellen und an deren Entstehungsort zurückverfolgen. Ein großer Teil der Wellen durchquert das tiefe Erdinnere und erscheint auf der anderen Seite an der Oberfläche.

Die seismischen Wellen laufen in Gesteinen verschiedener Festigkeit mit unterschiedlicher Geschwindigkeit, so wie eine Saite immer höher klingt, je stärker sie gespannt ist. Das führt dazu, daß die Wellen auf ihrem Weg abgelenkt und fokussiert werden, als würden sie durch eine Linse laufen. (Die Linse des menschlichen Auges veranschaulicht dies nur schlecht, aber ähnlich wie die konvex gebogene Linsenoberfläche Licht auf die Retina bündelt, fokussiert das Gestein im Erdinnern seismische Wellen.) Die sorgfältige Aufzeichnung und Analyse zahlreicher Erdbebenmuster (ähnlich wie bei der Auswertung einer Röntgenaufnahme) ermöglichte es, die Schichtung des Erdinnern aufzuklären (Bild 5.4).

Unter den Ozeanen ist die Kruste am dünnsten, unter den Kontinenten am dicksten. Da das Krustenmaterial eine geringere Dichte besitzt, »schwimmt« es auf dem Mantel. Hohe Berge setzen sich nach unten durch lange Krustenwurzeln fort, die ihnen den nötigen Auftrieb verschaffen, ganz ähnlich wie Eisberge im Meer.

KURZINFORMATION 5.1
Der Pulsschlag der Erde

Wir können nicht ins Erdinnere sehen und selbst unsere tiefsten Bergwerke sind lediglich kleine Beulen in der Oberfläche. Wissenschaftler
fanden eine Möglichkeit, Erdbeben zu nutzen, um damit ins Innere zu
horchen. Obwohl Erdbeben nicht weiter als 700 Kilometer unter
Oberflächen entstehen, erschüttern sie doch den ganzen Planeten und
bringen ihn wie eine Glocke zum Schwingen.

Erdbeben erzeugen verschiedene Arten von Wellen. Es gibt P- und
S-Wellen, die den Erdkörper durchqueren und Oberflächenwellen, die
um ihn herumlaufen. Die Geschwindigkeit dieser Wellen hängt von
der Dichte und Festigkeit des Materials ab, das sie durchlaufen. Die
P-Wellen (benannt nach den englischen Wörtern push (Schub) und
pull (Zug)) sind physikalisch Schallwellen sehr ähnlich, obwohl sie
viel langsamer schwingen als hörbarer Schall. Die S-Wellen dagegen
bringen die Erde senkrecht zu ihrer Ausbreitungsrichtung zum
Schwingen. Anders als Schallwellen können sie sich nicht in Flüssigkeiten ausbreiten, sondern nur in festen, elastischen Medien, ähnlich
wie Gelatine.

Seismometer an der Erdoberfläche registrieren die Ankunft dieser
Wellen, ähnlich wie ein Arzt mit einem Stethoskop die Herztöne mißt.
Bei einem Erdbeben erreichen die Wellen verschiedenen Typs die Erdoberfläche an verschiedenen Orten und zu verschiedenen Zeiten.
Hieraus können die Seismologen das Profil des Erdinnern ableiten,
ähnlich wie ein Arzt mit einem Ultraschallgerät das ungeborene Kind
im Mutterleib beobachtet.

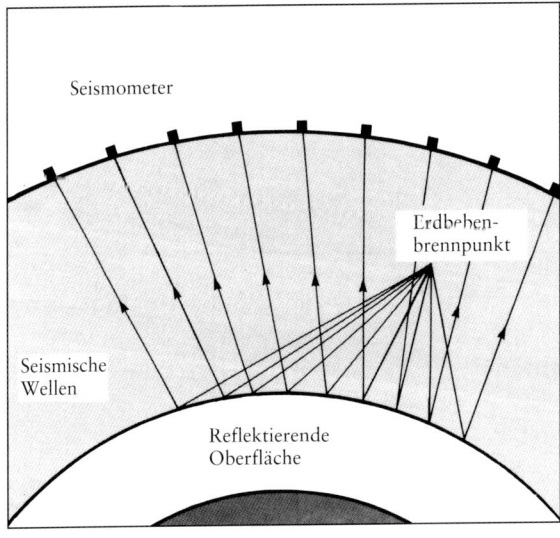

Bild 5.4. Schalenaufbau des Erdinnern. Die Struktur des Erdinnern läßt sich durch unterschiedliche Geschwindigkeiten seismischer Wellen beschreiben. Ein Bereich geringer Geschwindigkeit im oberen Mantel kennzeichnet die heiße, fließfähige Asthenosphäre in einer Tiefe zwischen 100 und 300 Kilometern. Darüber liegt die kalte, feste Lithosphäre. Die Grenze zwischen Mantel und Kern in 2900 Meter Tiefe macht sich durch einen steilen Abfall in der Geschwindigkeit der P-Wellen bemerkbar. Die S-Wellen durchdringen diese Grenze gar nicht. Bei einem Radius von 1260 Kilometern werden die P-Wellen wieder schneller; hier befindet sich die Grenze zwischen dem flüssigen äußeren und dem festen inneren Kern

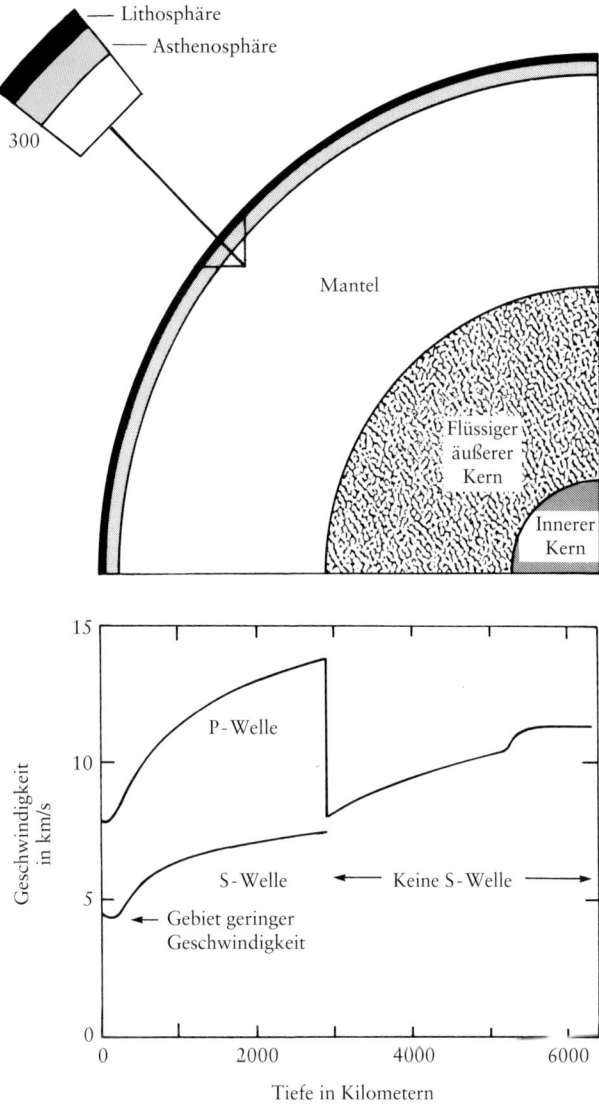

Lithosphäre und Asthenosphäre

Die äußere feste Schicht unter den Ozeanen und Gebirgen ist etwa 100 Kilometer tief und heißt Lithosphäre. Darunter schließt sich die Asthenosphäre oder Fließzone an, die bis in eine Tiefe von etwa 300 Kilometern reicht.

Während Kruste und Mantel verschiedene chemische Zusammensetzungen haben, unterscheiden sich Lithosphäre und Asthenosphäre in ihrer Festigkeit. Das Wort Lithosphäre geht auf das griechische Wort *lithos*, Stein, zurück. Asthenosphäre kommt vom griechischen *asthenos*, ohne Stärke. Die Asthenosphäre ist warm und fließfähig und

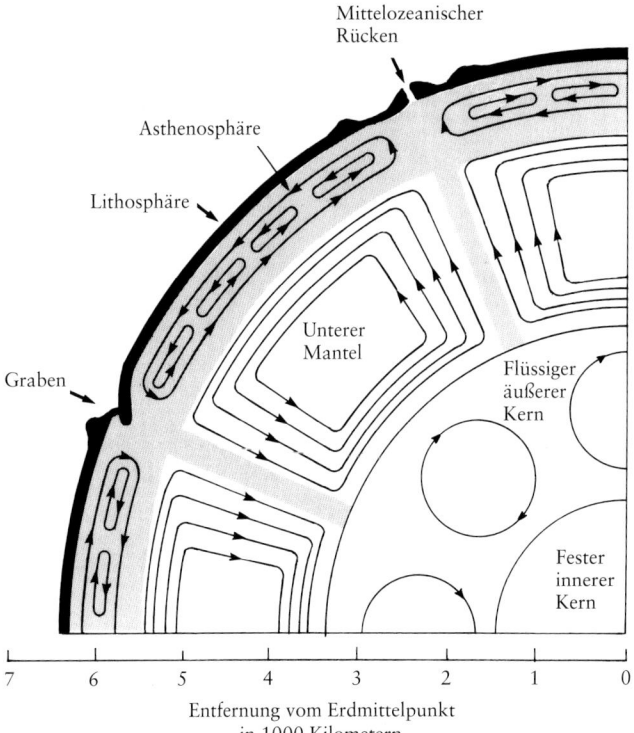

Mittelozeanischer
Rücken

Asthenosphäre

Lithosphäre

Graben

Unterer
Mantel

Flüssiger
äußerer
Kern

Fester
innerer
Kern

7   6   5   4   3   2   1   0

Entfernung vom Erdmittelpunkt
in 1000 Kilometern

Bild 5.5. Konvektionszellen. Lang-gestreckte, zylinderförmig neben-einanderliegende Konvektionszellen in der Asthenosphäre treiben die Platten der Lithosphäre wie ein För-derband an. Eine großräumigere Konvektionszone transportiert Wärme vom vulkanischen mittel-ozeanischen Rücken zur tiefen-ozeanischen Subduktionszone. Die Konvektion im flüssigen äußeren Kern erzeugt wahrscheinlich das Erdmagnetfeld

zeichnet sich durch eine besonders geringe Ausbreitungsgeschwindig-keit seismischer Wellen aus.

Wahrscheinlich sammelten sich die radioaktiven Elemente in die-sem Bereich an, während sich der Erdkern ausbildete. Zwar ist ihre Konzentration zu gering, um das Gestein zu schmelzen, aber sie reicht doch aus, um ihm eine wachsweiche Konsistenz zu verleihen. Das Ge-stein der Asthenosphäre beginnt langsam zu fließen, wenn es über län-gere Zeit hohem Druck ausgesetzt ist, aber es wird fester (besser: ela-stisch), wenn es den plötzlichen Schlag eines Erdbebens verspürt.

Die Kontinente sind in die Lithosphäre eingebettet und fließen auf der Asthenosphäre, so daß sie sich auf der Erdoberfläche gegeneinan-der verschieben. Angetrieben werden sie von tiefliegenden und sehr langsamen Strömen elastischen Gesteins im äußeren Kern und in der Asthenosphäre (Bild 5.5).

Der Kern

Der Erdkern erstreckt sich etwa über den halben Erdradius, das heißt er nimmt ein Achtel des Volumens ein. Wäre die Dichte überall gleich groß, so müßte der Erdkern auch ein Achtel der Gesamtmasse besit-zen. Tatsächlich ist er aber dreimal schwerer. Der Kern muß also eine sehr große Dichte haben, die auf die Existenz von Eisen hindeutet. Die Analyse der seismischen Wellen zeigt, daß der Kern keineswegs eine völlig ebenmäßige Kugel ist. Vielmehr zerfurchen Gräben seine Oberfläche, die tiefer als der Grand Canyon sind, und es gibt Gebirge, höher als der Mount Everest. Vermutlich sind aufquellende Konvektionsströme hierfür verantwortlich.

Die Temperatur im Erdinnern läßt sich nur sehr schwer bestimmen. Sie beträgt schätzungsweise 6900 Kelvin – heißer als die Sonnenoberfläche. Auf den ersten Blick würde man vermuten, daß der innere Kern deswegen flüssig sein müsse, die seismischen Wellen sprechen jedoch dagegen. Offenbar ist das Material in der Umgebung des Erdmittelpunktes fest. Um dies zu verstehen, muß man sich den hohen Druck im Innern von etwa 3,56 Millionen Atmosphären vergegenwärtigen. Man hat versucht, die Verhältnisse im Erdinnern in Laboratorien nachzuvollziehen und kam dabei zu der verblüffenden Erkenntnis, daß Eisen unter diesem hohen Druck selbst bei Temperaturen von einigen tausend Grad noch fest bleibt.

Diese enorme Hitze ist seit der Entstehung der Erde vor 4,6 Milliarden Jahren im Innern gespeichert worden. Nur langsam entweicht die Wärmeenergie in äußere, flüssige Schichten geringeren Drucks. Dadurch wird hier eine Umwälzbewegung angeregt, ähnlich wie in einem Topf mit dickflüssiger Suppe auf der Herdplatte. Das geschmolzene Gestein zirkuliert dabei mit der Geschwindigkeit eines wachsenden Fingernagels (wenige Zentimeter pro Jahr) und zieht dabei die Wurzeln der darüberliegenden Kontinente mit sich. Der Druck dieser Flüsse auf die Asthenosphäre und den unteren Rand der Lithosphäre ist also der Motor der Kontinentalverschiebung.

Die Ursache für den Schalenaufbau des Erdinnern ist nach wie vor ein geologisches Rätsel. Es gibt zwei Theorien, um ihn zu erklären. In der Theorie der heißen Akkretion geht man davon aus, daß die Erde aus einem heißen Urnebel entstand und bereits im frühen Stadium geschmolzen war. Das heißt, daß zuerst der eisenreiche Kern entstand und sich das Silikatmaterial später darauf ablagerte, als der Nebel bereits etwas abgekühlt war. Das würde bedeuten, daß die Erde bereits seit ihren frühesten Tagen diesen schalenförmigen Aufbau besitzt.

Nach der Theorie der kalten Akkretion entwickelte sich die Erde auf kompliziertere Weise. Danach bildete sich zuerst eine homogene, feste Erdkugel. Durch den Zerfall radioaktiver Elemente, die gleichmäßig verteilt waren, erwärmte sich das Innere bis zum Schmelzpunkt. Bei der Verflüssigung sanken die schweren Elemente aufgrund der Gravitation ins Innere ab und bildeten schließlich den schweren Kern, während die leichteren Elemente nach oben stiegen und sich in chemisch verschiedenen Schichten ansammelten. Nach dieser Differenzierung der Elemente kühlte die Erde von außen nach innen ab, und die feste Kruste sowie der Mantel entstanden.

DIE UMGESTALTUNG DER ERDE

Die Kontinentalverschiebung

Die Erdoberfläche ist merkwürdig asymmetrisch. Während auf der
Südhalbkugel die Ozeane überwiegen, dominieren auf der Nordhalbkugel die Kontinente. Die Kontinente wiederum zeigen bemerkenswerte Symmetrien in ihren Formen, vor allem entlang der Küsten am
Atlantik. Beispielsweise würde die Ostseite Südamerikas sehr gut an
die Westküste Afrikas passen. In der Tat ähneln sich die Ost- und West-
küsten der Kontinente am Atlantik wie die beiden Ufer eines Flusses
(Bild 5.6). Diese Ähnlichkeit bezieht sich nicht nur auf die Küsten-

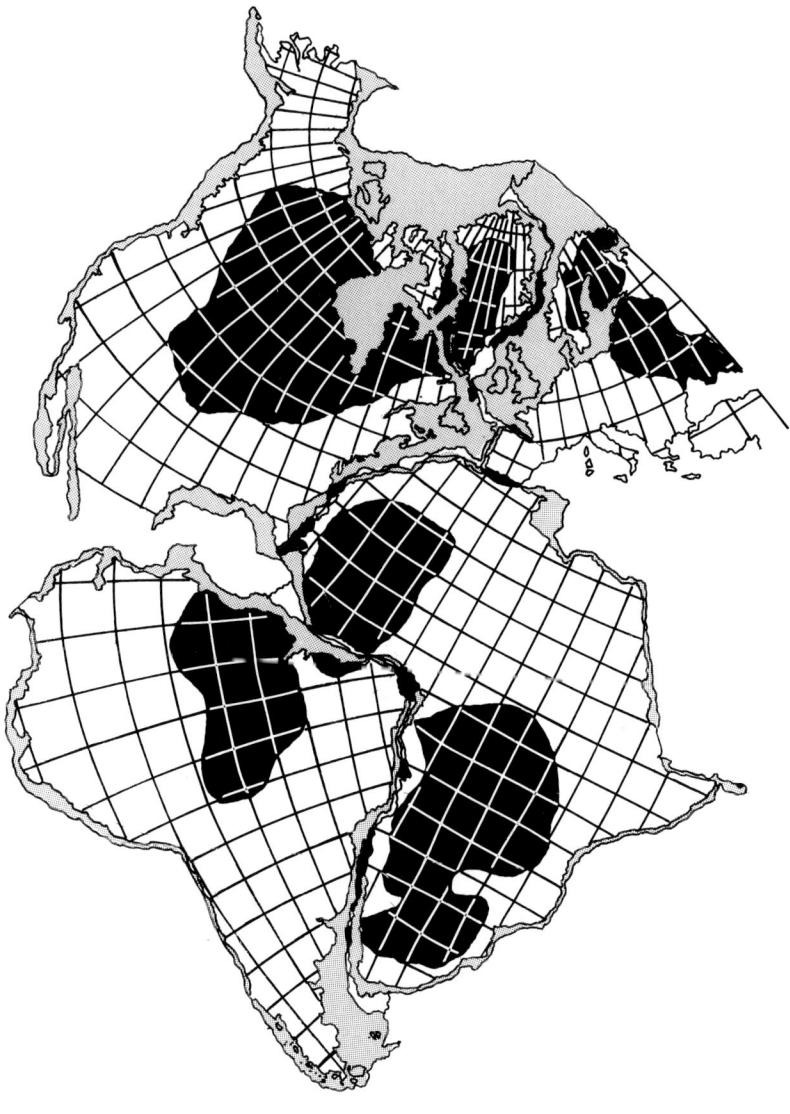

Bild 5.6. Die Paßform der Kontinente. Die Kontinente fügen sich
wie Teile eines Puzzles aneinander.
Diese Darstellung zeigt die Umrisse
in einer Tiefe von 910 Metern unter
dem Meeresspiegel (graue Gebiete).
In den weißen Bereichen bleiben
zwischen den Kontinenten Lücken,
während diese sich in den schwarzen
Bereichen überlappen. Die großen
schwarzen Gebiete innerhalb der
Kontinente sind zwischen 1,7 und
3,8 Milliarden Jahre alt. (Aus: Philo-
sophical Transactions of the Royal
Society (London) *A258*, 41 (1965))

Vor 200 Millionen Jahren

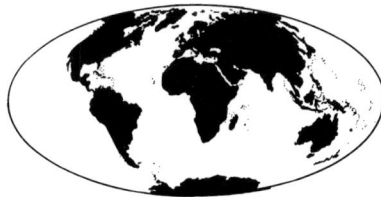

Heute

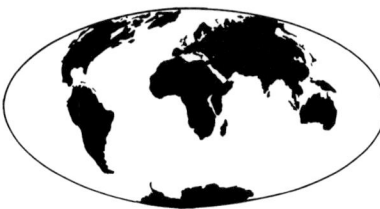

In 50 Millionen Jahren

Bild 5.7. Die Kontinentalverschiebung. Vor 200 Millionen Jahren waren alle heutigen Kontinente zu einem Superkontinent, genannt Pangäa, vereint und von einem Ozean umgeben (*oben*). Auf den Rücken der Platten verschoben sie sich in ihre heutigen Positionen (*Mitte*). Das untere Bild zeigt die Erde, wie sie in 50 Millionen Jahren aussehen wird

form, sondern ebenso auf geologische Formationen und Fossilienfunde. Heute können wir als gesichert annehmen, daß alle Kontinente früher zu einer einzigen Landmasse vereint waren, die auseinanderbrach und deren Teile sich heute noch auseinanderbewegen. Diesen hypothetischen Kontinent nennt man Pangäa, was so viel wie »alle Länder« bedeutet. Er zerbrach vor etwa 200 Millionen Jahren, geologisch gesehen also vor noch gar nicht allzulanger Zeit (Bild 5.7).

Der Geologe Alfred Wegener stellte die Theorie der Kontinentalverschiebung Anfang des 20. Jahrhunderts auf. Sie wurde zuerst von den meisen Geologen abgelehnt. Sie sahen in der »Paßform« der Kontinente nicht mehr als bei zwei gegenüberliegenden Flußufern. Außerdem konnten sie nicht verstehen, wie die Kontinente sich durch die Erdkruste verschieben sollten, insbesondere der Meeresboden, der nach ihrer Meinung sehr fest sein sollte. Ohne einen plausiblen Mechanismus konnten sie die Theorie der Kontinentalverschiebung nicht anerkennen und verspotteten sie zeitweilig sogar. Erst die Untersuchung des Meeresbodens mit Hilfe von Schallwellen lieferte erste Hinweise auf die Richtigkeit von Wegeners Hypothese.

Das Meeresbodenwachstum, sea-floor spreading

Erst in jüngerer Zeit gelang es den Geologen, eine Tiefenkarte des Meeres zu erstellen. Zuerst benutzten sie dafür Sprengladungen, die sie an verschiedenen Stellen im Meer zur Explosion brachten. Anschließend maßen sie die Laufzeit der Schallwellen und bestimmten daraus die Meerestiefe. Aus vielen Einzelmessungen setzten sie die erste Tiefenkarte zusammen. Mitte des 20. Jahrhunderts entwickelten sie eine neue Methode, das sogenannte Sonar, bei der laufend Schallwellen ausgesandt werden. Diese Technik war viel effektiver und lieferte eine weitaus detailliertere Karte. Heutzutage verwendet man Satelliten, um den Meeresboden sichtbar zu machen, als wären die Weltmeere leer (Bild 5.8).

Diese Karten zeigen ein riesiges, 74 000 Kilometer langes Netz breiter Gebirgszüge, die sich wie eine Schlange durch alle Meere ziehen. Dieser sogenannte mittelozeanische Rücken ist so lang, daß die Alpen, die Anden, das Himalaya-Gebirge und die Rockie Mountains bequem in ihm Platz fänden. An den Stellen, an denen diese Berge die Oberfläche erreichen, finden wir Inselketten vor (Bild 5.9). Sie sind Unterwasservulkane, die durch aufquellende Lava aus der tiefen Kruste oder dem oberen Mantel entstanden.

Noch auffälliger sind die tiefen Täler oder Gräben, die den mittelozeanischen Rücken spalten, als hätte jemand mit einem Messer hineingeschnitten. Der mittelozeanische Rücken läßt sich eigentlich eher mit einem Riß in einem Stück Papier als mit einem Schnitt verglei-

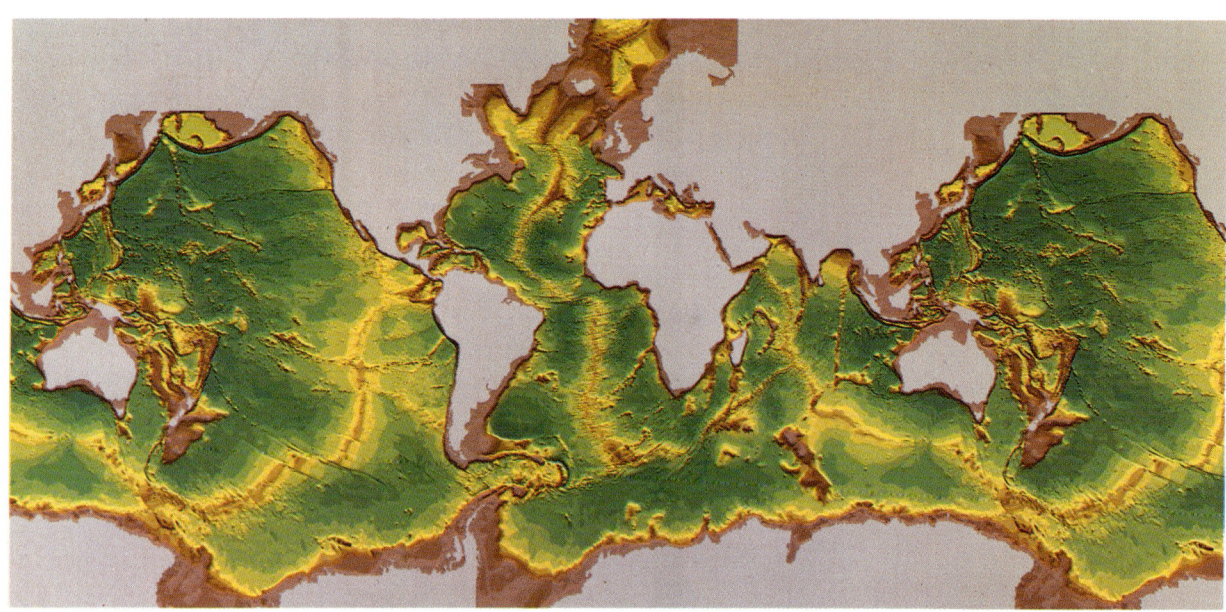

chen, denn an dieser Stelle schiebt sich der Meeresboden an beiden Seiten auseinander. Aus der Spalte quillt heiße Lava hervor, bewegt sich nach außen, kühlt ab und erstarrt. Ihre Dichte steigt dabei an, und schließlich sinkt sie unter die Kontinente wieder ab. Diesen Vorgang nennt man Meeresbodenwachstum oder sea-floor spreading.

In der ewigen Nacht dieser Tiefseegräben leben seltsame Tiere. Das erhitzte und mineralienreiche Wasser aus dem mittelozeanischen Graben wärmt und ernährt sie dort unten. Riesige Muscheln, Schlauchwürmer und Krebse leben hier ohne Licht und ernähren sich von Mineralien und Bakterien, die in den Vulkanausflüssen gedeihen.

Das Auseinanderstreben des Meeresbodens geht zu langsam voran, um mit den heutigen Methoden direkt meßbar zu sein. Mittlerweile sprechen jedoch so viele Indizien dafür, daß daran nicht mehr gezweifelt wird.

Erstens sind die Sedimente auf dem Meeresboden noch verhältnismäßig jung; keines ist älter als 200 Millionen Jahre. Außerdem müßten sie dicker sein, wenn es sie schon so lange gäbe wie die Ozeane. Die jungen Meeresböden haben offenbar die alten ersetzt.

Zweitens ließ sich das Alter von Fossilien bestimmen, die man im Meeresboden gefunden hat. Hierbei stellte man fest, daß das Gestein in der Mitte am jüngsten ist und mit zunehmender Entfernung vom mittelozeanischen Rücken immer älter wird. Sowohl das Durchschnittsalter als auch die Dicke der Sedimente nimmt mit dem Abstand vom Rücken zu.

Drittens weist der Meeresboden symmetrisch zum mittelozeanischen Rücken Umkehrungen der Magnetfeldrichtung auf. Solche

Bild 5.8. Karte vom Meeresboden. Diese Karte fertigten Geologen mit dem SEASAT-Satelliten an. Der mittelatlantische Rücken verläuft in der Mitte von oben nach unten und trennt Afrika von Nord- und Südamerika. Wie man deutlich sieht, durchziehen eine ganze Reihe von großen Rücken die Meeresböden, allerdings nicht immer in der Mitte zwischen den Kontinenten. (Foto: William F. Haxby, Lamont-Doherty Geophysical Observatory, Columbia University)

Bild 5.9. Vulkaninseln. Fast drei Jahre nachdem die Insel Surtsey vor der isländischen Küste aus dem Meer aufgestiegen war, explodierten am 19. August 1969 drei Vulkane. Die im Hintergrund erkennbare Vulkaninsel Jolnir verschwand einen Monat nach dieser Aufnahme wieder im Meer, während Surtsey heute für wissenschaftliche Untersuchungen freigegeben ist. All diese Vulkaninseln, einschließlich Island, sind Stellen, an denen sich der mittelozeanische Rücken aus dem Meer erhoben hat. (Foto: Hjalmar R. Bardarson, Reykjavik, aus seinem Buch *Ice and Fire*)

Feldumkehrungen fand man auch an den Abhängen von Vulkanen, was auf eine Umkehrung des globalen Erdmagnetfeldes in der Vergangenheit hindeutet. Wenn flüssige Lava aus einem Vulkan oder dem mittelozeanischen Rücken herausquillt, richten sich darin befindliche Eisenteilchen im Erdmagnetfeld aus, und die jeweilige Richtung bleibt beim Erstarrungsprozeß wie ein Fossil im Gestein erhalten.

Mit Hilfe des radioaktiven Zerfalls läßt sich bestimmen, wann das Vulkangestein erstarrte, so daß man eine Chronologie der Magnetfeldumkehrungen aufstellen kann. Diese Zeitskala ermöglicht es wiederum, anhand der beobachteten Ummagnetisierungen den Meeresboden zu datieren und daraus die Geschwindigkeit des Meeresbodenwachstums zu errechnen (s. Kurzinformation 5.2). Die Ergebnisse sind erstaunlich genau: Der Meeresboden entfernt sich mit einer Geschwindigkeit von 2 bis 20 Zentimetern pro Jahr von den Rücken fort. Das entspricht 4000 bis 40 000 Kilometern in 200 Millionen Jahren – genug, um die heutige Größe der Ozeane zu erklären.

KURZINFORMATION 5.2
Die Magnetbandaufzeichnung der Erde

Altes magnetisches Gestein deutet darauf hin, daß das Erdmagnetfeld
nicht immer dieselbe Richtung besaß. Hinweise hierfür entdeckten
Wissenschaftler an Vulkanhängen und im Meeresboden. Als die geschmolzene Lava an die Oberfläche floß, richteten sich die magnetischen Teilchen nach dem Erdmagnetfeld aus. Als sie erstarrte, konser-
vierten sie diese Ordnung. Diese magnetischen »Fossilien« speichern
somit Richtung und Intensität des Erdmagnetfeldes. Die Untersuchung
vieler magnetischer Fossilien verschiedenen Alters und von unterschiedlichen Orten brachte eine große Überraschung: Das Erdmagnetfeld hat in der Vergangenheit viele Male seine Richtung gewechselt.

Das Alter der Gesteine an Land kann man als Zeitskala für die
Magnetfeldwechsel benutzen (*rechts*). In den vergangenen 3,6 Milliarden Jahren ist das Magnetfeld neunmal umgeschlagen. Die Daten
zeigen »normale« Zeitalter (grau), in denen eine Kompaßnadel wie
heute zum geographischen Nordpol gezeigt hätte und Epochen der
Umpolung (weiß).

Magnetfeldmeßgeräte, die von einem Schiff an einer Leine ins
Meer abgelassen und über den Boden gezogen wurden, wiesen ein
Streifensystem wechselnder Polung nach, das symmetrisch zu beiden
Seiten des mittelozeanischen Rückens verläuft (*links*). Wenn die Lava
aus dem Rücken herausfließt und erstarrt, friert es die Magnetfeldrichtung ein. Durch das Meeresbodenwachstum wird der Boden
immer weiter vom Rücken weggeschoben, wodurch das beobachtete
magnetische Streifenmuster entsteht.

In den letzten 4000 Jahren ist das Erdmagnetfeld um mehr als
50 Prozent schwächer geworden, das heißt die Erde steuert auf eine
erneute Umpolung in einigen tausend Jahren zu. Dann werden Kom-
paßnadeln ihre Richtung umkehren, und bestimmte Tierarten, die das
Magnetfeld zur Orientierung benutzen, müssen sich einem veränderten Feld anpassen.

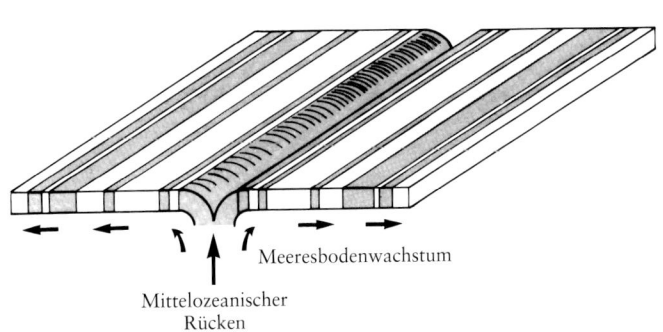

Meeresbodenwachstum

Mittelozeanischer
Rücken

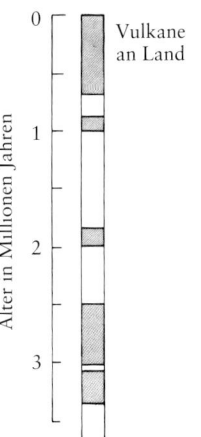

Alter in Millionen Jahren

0

1

2

3

Vulkane
an Land

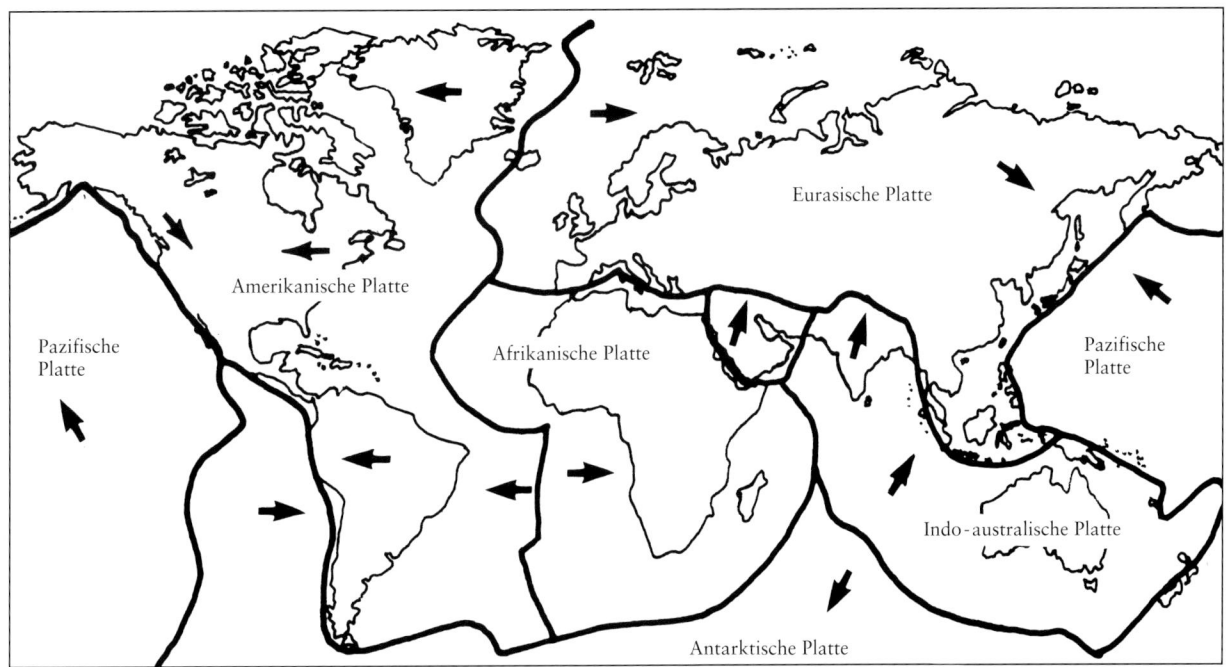

Bild 5.10. Die sechs großen Platten. Die Lithosphäre der Erde ist in sechs große Platten zerbrochen: die pazifische, amerikanische (einschließlich Nord- und Südamerika), die afrikanische, eurasische, indo-australische und antarktische Platte. Obwohl sie einige tausend Kilometer durchmessen, sind sie lediglich 100 Kilometer dick. Jede Platte bewegt sich von einem mittelozeanischen Rücken fort und zu einer tiefenozeanischen Subduktionszone hin. Die Richtungen sind durch Pfeile angegeben. Die kleinere Nazca-Platte zwischen der pazifischen und amerikanischen Platte bewegt sich auf die westliche Kante Südamerikas zu

Plattentektonik

Die Magma quillt also an den mittelozeanischen Rücken auf und bildet nach der Erstarrung die neue Lithosphäre. Dabei zerbricht sie in ein Mosaik großer Platten mit mehreren tausend Kilometern Durchmesser, die entfernt an zerbrochene Eierschalen erinnern (Bild 5.10). Die Platten bewegen sich über den elastischen Mantel und ziehen die Kontinente mit. Die Kontinente sind in die Platten eingepflanzt, und die Kontinentalverschiebung ist eine Folge der Plattenbewegung, hervorgerufen durch das Meeresbodenwachstum. Die Kontinentalbewegung läßt sich heutzutage direkt bis auf weniger als 1 Zentimeter genau messen. So trägt die Pazifikplatte beispielsweise Los Angeles jedes Jahr um 3 bis 6 Zentimeter pro Jahr weiter nach Norden, so daß diese Stadt in 10 Millionen Jahren ein Vorort von San Francisco sein wird, eine gleichbleibende Geschwindigkeit vorausgesetzt (Bild 5.11). Auf der anderen Seite entfernen sich Massachusetts und Schweden jedes Jahr um 1,7 Zentimeter voneinander. Zu Zeiten von Christoph Kolumbus war der Atlantik demnach 9 Meter schmaler als heute.

Stoßen zwei Platten zusammen, können sie an den sogenannten Subduktionszonen wieder in den Mantel eintauchen. Entlang dieser Zonen ragt die Lithosphäre wie eine Rolltreppe steil in die Erde hinein und erzeugt Gräben, die weit tiefer unter den Meeresspiegel absinken als sich der Mount Everest darüber erhebt. Da das kontinentale Gestein eine geringere Dichte besitzt als das Erdinnere, bleibt es oben,

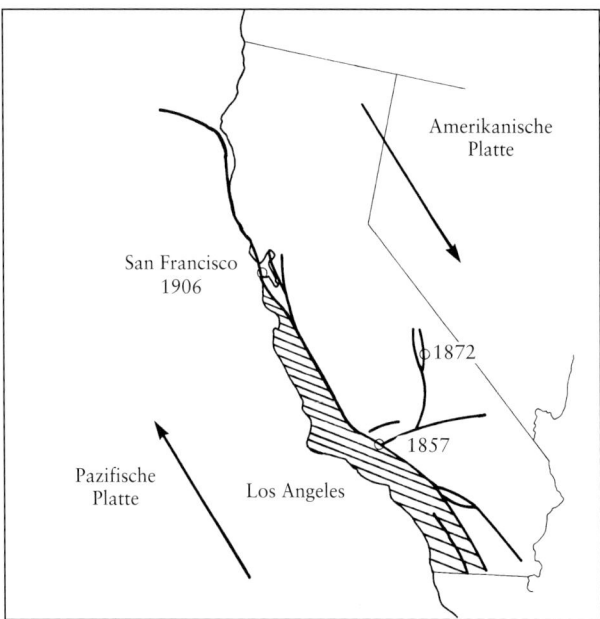

Bild 5.11. Los Angeles wandert. Los Angeles bewegt sich auf der pazifischen Platte mit einer Geschwindigkeit von 5 Zentimetern pro Jahr auf San Francisco zu, das seinerseits zwischen der amerikanischen und pazifischen Platte eingeklemmt ist. Diese beiden Platten stoßen an der quer durch Kalifornien laufenden San-Andreas-Spalte zusammen und reiben aneinander wie Mühlsteine. Die Kreise und Jahreszahlen markieren Orte, an denen sehr schwere Erdbeben auftraten, die mindestens Stärke 8 auf der Richter-Skala erreichten. Ein Beben der Stärke 7,1 erschütterte am 17. Oktober 1989 San Francisco

während der Ozeanboden absinkt. Aus diesem Grunde schwimmen die Kontinente ständig wie Inseln oben und sind weitaus älter als der Meeresboden.

Die Platten sind relativ fest und verformen sich nur an den Rändern. Wir können uns nun jede Platte wie ein rotierendes Segment einer Kugeloberfläche vorstellen, das sich um eine Achse dreht, die durch den Erdmittelpunkt geht. Stoßen die Platten aneinander, so können sich Spannungen aufbauen. Wenn diese Spannungen gegenüber den inneren Kräften des Gesteins oder den Reibungskräften überwiegen, rutscht eine Platte plötzlich weiter, und es kommt zu Erdbeben. Aus diesem Grunde sind Plattengrenzen durch Erdbebenringe oder andere geologische Aktivitäten wie Vulkane und junge, sich in der Entstehung befindende Berge gekennzeichnet.

Stoßen zwei Platten frontal zusammen, so können sie auch zu einer einzigen Platte verschmelzen. Kontinente sind also auch in der Lage, zu wachsen, indem sie an ihren Rändern Material ansammeln. Ein Beispiel hierfür ist die amerikanische Platte. Dort reichte einst der Pazifik bis nach Colorado, doch der Kontinent dehnte sich immer weiter nach Westen aus.

Aber was bewegt die Platten? Das heiße, zähflüssige Material unter den Platten bewegt sich langsam, kreisförmig rollend auf und ab. Durch diese sogenannte Konvektion steigt heißes Gestein auf, breitet sich seitwärts aus und zieht dabei Teile der Lithosphäre mit sich. Dann kühlt es ab und sinkt in tiefere Schichten hinunter. Dort erhitzt es sich erneut und steigt in einem neuen Zyklus wieder auf.

Konvektion tritt dann auf, wenn geschmolzenes Gestein sich durch Wärme ausdehnt und durch darüberliegendes kühleres Material hindurch aufsteigt, ähnlich wie in einem erhitzten Wassertopf. Dadurch wird das Material des oberen Mantels in einigen hundert Millionen Jahren durchmischt. Das erklärt auch, warum die chemische Zusammensetzung der Basaltgesteine aus dem mittelozeanischen Rücken überall auf der Erde ähnlich ist.

Wir wissen also, daß die Energie, die die Kontinente verschiebt, den Meeresboden wachsen läßt sowie Erdbeben und Vulkaneruptionen verursacht, aus dem heißen Erdinneren kommt. Wenn irgendwann einmal der Zerfall radioaktiver Elemente, der die Wärme liefert, aufhört, wird die Erde geologisch tot sein und Erosion wird seine Berge langsam abschleifen.

Gebirgsbildung

Selbst die größten Gebirge können nicht ewig den Erosionskräften von Wind, Wasser und Eis widerstehen. Alte Bergketten wie die Appalachen oder der Ural waren früher ebenso hoch wie heute der Himalaya, doch sie wurden zu mittelhohen, verhältnismäßig weich geschwungenen Bergen ausgewaschen. Im Verlauf der 4,6 Milliarden Jahre dauernden Erdgeschichte wären die Erosionskräfte in der Lage gewesen, alle Kontinente abzutragen, so daß der gesamte Globus schon lange unter einem einzigen Ozean verschwunden sein müßte. Nur die Tatsache, daß Berge ständig neu entstehen, hat die Erde vor diesem Schicksal bewahrt.

Berge bilden sich zum Beispiel, wenn zwei Platten zusammenstoßen (Bild 5.12). Tragen die Platten Kontinente, so wölben sie sich hoch und bilden aus Land und Meeressedimenten eine Bergkette. Auf diese Weise entstand der Himalaya, als Indien (damals ein Teil Afrikas) Asien rammte. Heute noch taucht die Platte, auf der Indien liegt, unter die asiatische Platte ab, vergrößert dadurch den indischen Ozean und hebt den Himalaya weiter hoch. Ein anderes Beispiel sind die Alpen. Sie entstanden, als Italien sich von Afrika löste und mit der damaligen Küste der Schweiz zusammenstieß. Heute schiebt die afrikanische Platte Italien immer noch nach Norden und hebt die Alpen an.

Eine andere Art der Gebirgsbildung ist auf dem Meeresboden über einem sogenannten Hot Spot möglich. Ein Hot Spot ist ein Kanal, durch den Lava durch die Lithosphäre hindurch an die Oberfläche dringt. Die Lava bahnt sich dann wie ein Schweißbrenner seinen Weg durch die Lithosphärenplatte und tritt als Vulkan aus. Die Platte schiebt sich über die tief in der Erde verwurzelte Magmaquelle hinweg, so daß Vulkaninseln und unterseeische Berge entlang einer Kette entstehen (Bild 5.13). Auf diese Weise bildeten sich die Hawaii-Inseln,

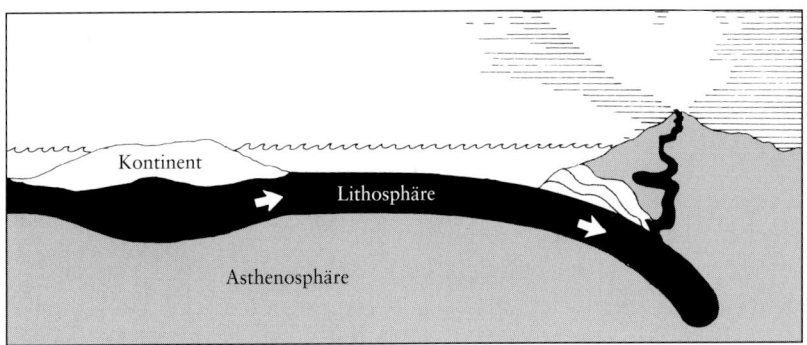

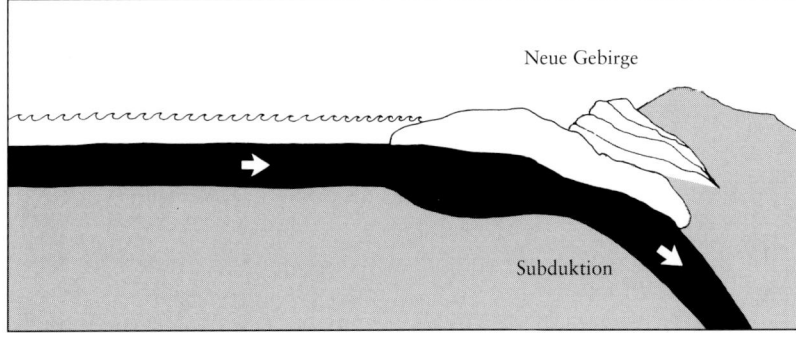

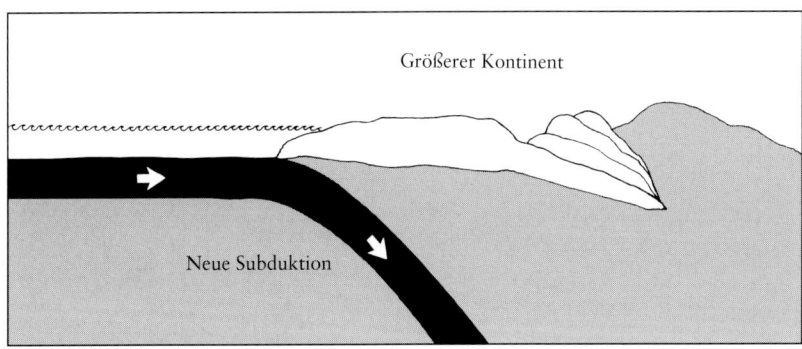

Bild 5.12. Zusammenstoß zweier Platten. Zwei Platten, von denen eine an ihrer Vorderseite einen Kontinent trägt, stoßen frontal zusammen. Wenn sich die Lithosphäre dieser Platte unter die Kontinentalplatte schiebt, entstehen dort Vulkane (*oben*). Stoßen dann die beiden Kontinente zusammen, so türmen sich Gebirge auf (*Mitte*). In manchen Fällen kann die fortschreitende Platte zerbrechen und zum Stillstand kommen, so daß die zwei Kontinente zu einem neuen verschmelzen. An einer anderen Stelle entsteht dann eine neue Subduktionszone (*unten*)

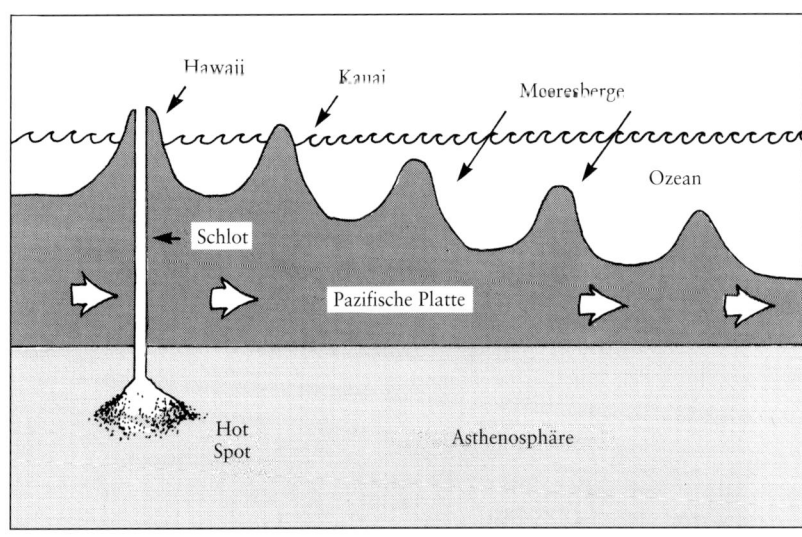

Bild 5.13. Hot Spot. Von einem fest im Erdinnern ruhenden Hot Spot aus steigt flüssige Magma durch einen langen Schlot an die Oberfläche, wie in dem Vulkan Mauna Loa auf Hawaii. Da die pazifische Platte sich bewegt, schiebt sie die Vulkane über den Hot Spot hinweg, und Wind und Wasser erodieren die Berge schließlich solange, bis sie im Meer verschwinden

Bild 5.14. Nyiragongo. Afrika sitzt auf einer Platte, die sich seit 30 Millionen Jahren nicht mehr bewegt hat. Der gesamte Kontinent beginnt langsam unter dem hohen Druck zahlreicher Hot Spots auseinanderzubrechen. Dabei entsteht das 4500 Kilometer lange Ostafrikanische Grabensystem (Rift Valley), das sich bis nach Vorderasien erstreckt. Vulkanausbrüche wie dieser des Nyiragongo füllen das Tal, während es sich ausweitet. Später entsteht hier vielleicht einmal ein neuer See. (Foto: Bruce Coleman)

als die pazifische Platte nach Osten wanderte. Die jüngste dieser Inseln befindet sich am westlichen Ende der Kette. Nach einem alten hawaiianischen Märchen wanderte der feurige Vulkangott Pele von einer Insel zur anderen und grub dabei feurige Löcher in jede Insel, bevor er sich auf Hawaii niederließ.

Bleibt eine kontinentale Platte über einem Hot Spot stehen, so kann die hochquellende Magma den gesamten Kontinent hochheben, bis er auseinanderbricht und ein Graben entsteht (Bild 5.14). Quillt die Magma nur für kurze Zeit hoch, so entsteht lediglich ein kleinerer Riß wie das Rheintal. Hält der Vorgang aber länger an, weitet sich der Graben auf und erreicht unter Umständen die Küste, so daß Meerwasser eindringen kann (Bild 5.15). So entstanden das Rote Meer und der Golf von Aden, die sich nach wie vor vergrößern und Afrika immer weiter von Asien trennen (Bild 5.16).

Wir haben also heute ein neues, dynamisches Bild von der Erde gewonnen. Zusammenstoßende Kontinente drücken ganze Ozeane zu-

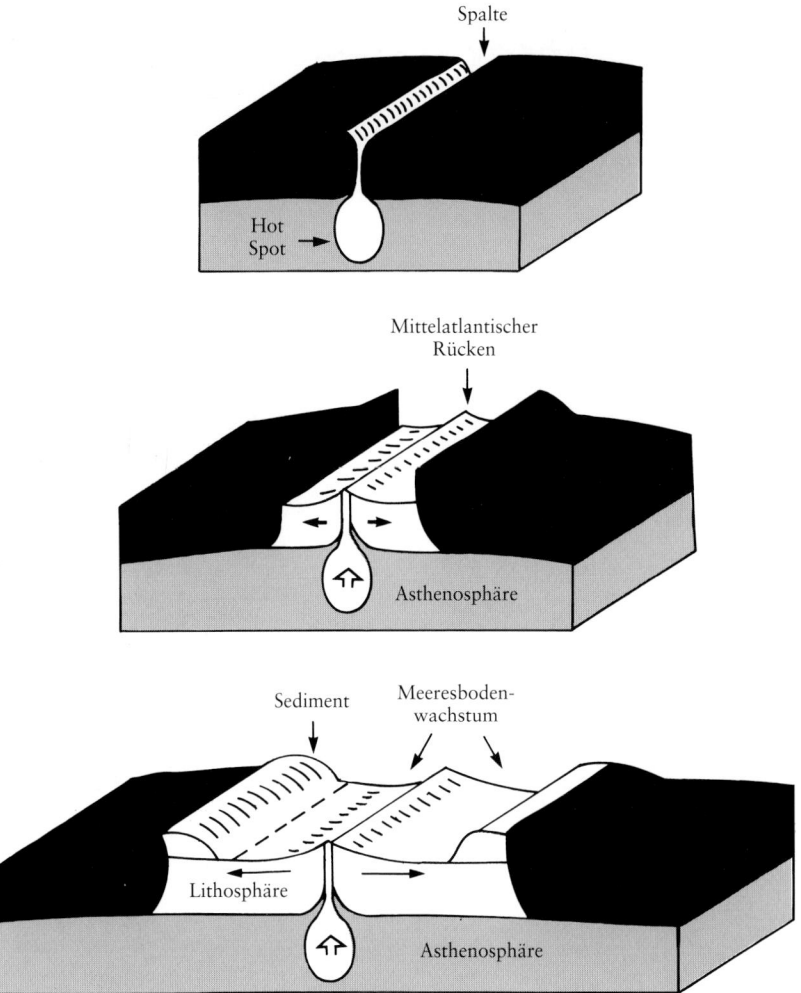

Bild 5.15. Die kontinentale Gra-
benbildung. Flüssige Lava steigt aus
dem Erdinnern auf und spaltet die
Oberfläche. Der Riß wächst, weitet
sich auf und läßt neuen Boden für
einen zukünftigen Ozean entstehen

sammen, und über einem Hot Spot tun sich mitten in einem Kontinent
neue Meere auf. Heute wird das Mittelmeer immer schmaler, weil
Afrika sich auf Europa zubewegt, während sich der Atlantik und das
Rote Meer ständig verbreitern. Der Meeresboden erhält seine ewige
Jugend, indem neues Gestein aus dem mittelozeanischen Rücken
nachfließt und altes in tiefen Gräben versinkt. Aus diesen Subduktionszonen steigen aus dem Innern Lava und vulkanische Gase auf, die
einen entscheidenden Einfluß auf die Atmosphäre und das Leben auf
der Erde ausüben.

Bild 5.16. Ein neuer Ozean. Vor etwa 20 Millionen Jahren begannen der afrikanische Kontinent und die arabische Halbinsel sich voneinander zu lösen. Hierbei entstand das Rote Meer, das in einigen hundert Millionen Jahren so groß wie der Atlantik sein kann. (Satellitenaufnahme: NASA)

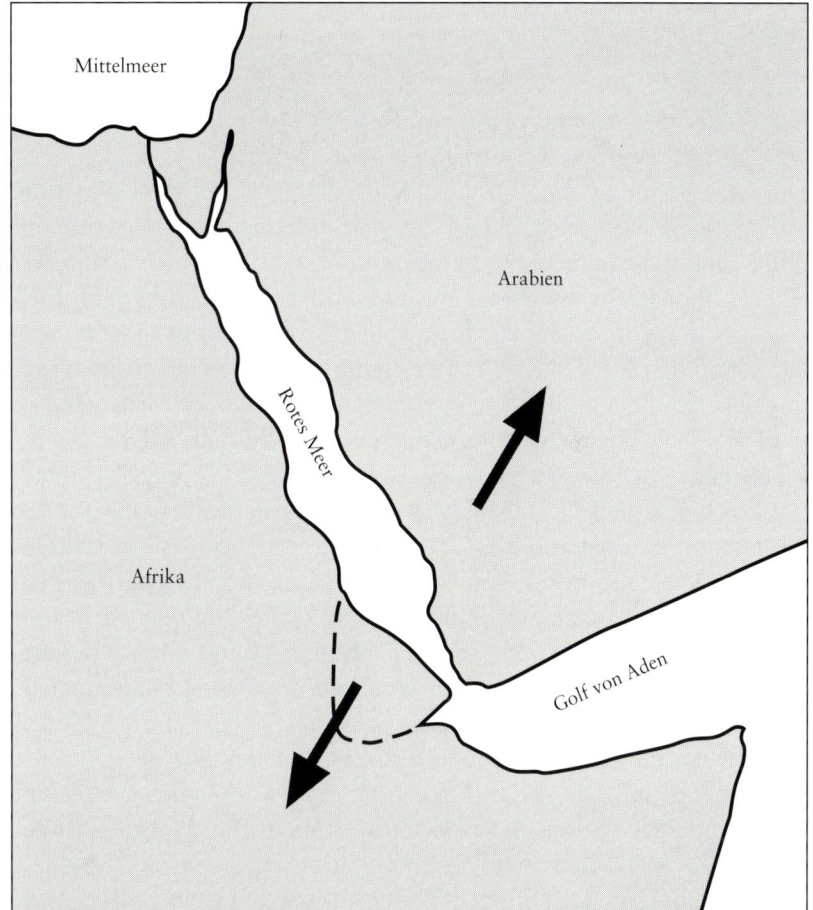

DIE ENTWICKLUNG DER ATMOSPHÄRE

Klarer Himmel und heftige Stürme

Die Erde ist der einzige Ort im Planetensystem, auf dem wir ohne
Hilfsmittel leben können. Die Luft enthält genügend Sauerstoff zum
Atmen und das Sonnenlicht hat genau die richtige Stärke, damit das
Wasser in unserem Körper nicht gefriert oder kocht. Früher glaubten
die Astronomen, das läge einzig und allein an der richtigen Entfernung
zur Sonne. Heute ist klar, daß unser Planet zusätzlich eine »Klimaanla-
ge« besitzt, in der zahlreiche, ineinandergreifende Zyklen für ein dynamisches Gleichgewicht sorgen. Es scheint so zu sein, daß die »Fein-
regulierung« dieses Gleichgewichts durch das Leben selbst geschieht.

Der bekannteste Zyklus ist der Wasserkreislauf. Er bestimmt das
Wetter und die klimatischen Unterschiede zwischen den beiden Hemisphären. Der Motor dieses Kreislaufes ist das Sonnenlicht. 30 Prozent der einfallenden Strahlung werden zurück in den Weltraum
reflektiert und haben somit keinen Einfluß auf unser Klima. Die Atmosphäre absorbiert 19 Prozent, wodurch die Ozonschicht entsteht
und die obere Atmosphäre erwärmt wird. Die Meere und der Boden
absorbieren die verbleibenden 51 Prozent. Letztendlich gelangt auch
diese Energie in Form von Infrarotstrahlung wieder in den Weltraum,
so daß die Bilanz ausgeglichen ist. Insgesamt strahlt die Erde fast genausoviel Energie ab wie sie von der Sonne erhält.

Etwa ein Drittel der auf dem Boden ankommenden Strahlung geht
in die Verdunstung von Meerwasser. Der Wasserdampf steigt auf, kondensiert eventuell zu Wolken aus und wird vom Wind über weite
Strecken fortgetragen, bevor er irgendwo als Regen, Schnee oder Ha-
gel wieder zur Erde gelangt. Geht das Wasser im Ozean nieder, verringert sich vorübergehend die Salzkonzentration. Regnet es über dem
Land, sammelt sich das Wasser in Seen und Flüssen und gelangt eventuell auch von dort aus wieder ins Meer.

Auf diese Weise durchläuft das gesamte Wasser der Weltmeere alle
2 Millionen Jahre einmal diesen Kreislauf. Da die Ozeane mindestens
3,5 Milliarden Jahre alt sind, muß ihr Wasser bereits mehrere tausendmal durch den Zyklus hindurchgegangen sein. Das sind natürlich nur
Durchschnittswerte; einige Wasserteilchen sind in dem Kreislauf gefangen und durchlaufen ihn viel schneller, andere halten sich tief im
Meerwasser auf und brauchen weitaus länger für einen Durchlauf.

Dieser Wasserkreislauf bestimmt weitgehend unser Wetter (Bild
5.17). Wenn Wasser verdunstet, wird dafür Wärme benötigt, die der
Wind über weite Strecken transportiert und wieder freigibt, wenn der
Wasserdampf zu flüssigem Wasser kondensiert. Die Winde wiederum
entstehen durch die ungleichmäßige Sonneneinstrahlung auf der Erde.

Bild 5.17. Der Wasserkreislauf. Wasser verdampft aus dem Meer, steigt mit der Luft auf und kondensiert in Form von Wolken aus. Der Wind trägt diese Wolken über weite Entfernungen, bis sie irgendwo über dem Land oder dem Meer abregnen. Der größte Teil des Frischwassers, das auf dem Land niedergeht, gelangt wieder ins Meer. Die Zahlen geben die entsprechenden Wassermengen in Einheiten von 10 000 Kubikkilometern an

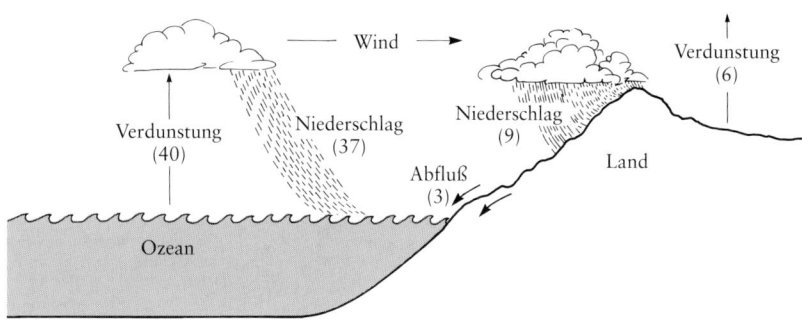

In der Äquatorgegend scheint die Sonne intensiver als an den Polen, was zu Windströmungen führt, die Wärme in kühlere Regionen bringen und große Temperaturdifferenzen ausgleichen.

In den Tropen werden die Luftströme zu großen Wirbeln, die man Hadley-Zellen nennt. Diese Zellen drehen sich vornehmlich in Nord-Süd-Richtung, obwohl die Erdrotation sie ablenkt. Entlang des Äquators vereinigen sie sich zu den Passatwinden, die fast das ganze Jahr über in westlicher Richtung wehen. In größeren Höhen treten starke Jet-Strömungen in östlicher Richtung auf und bestimmen die Temperaturzonen. Ihre sinusförmige Bahn ähnelt dem Mäander eines Flusses. Zwischen den Passatwinden und den Jet-Strömungen bestimmen hauptsächlich Hochdruckzellen die Atmosphäre. Auf der Nordhalbkugel drehen sie sich im Uhrzeigersinn, auf der Südhalbkugel in entgegengesetzter Richtung. In den Polgegenden dagegen gibt es vorwiegend Tiefdruckzellen, die sich auf der Nordhalbkugel entgegen dem Uhrzeigersinn, auf der Südhalbkugel mit dem Uhrzeigersinn drehen.

Unser Wort Zyklon stammt von dem griechischen Ausdruck für Rad. Auf der Nordhalbkugel bezeichnet man damit ein Tiefdruckgebiet, das entgegen dem Uhrzeigersinn rotiert, während ein Antizyklon ein Hochdruckgebiet ist, das sich im Uhrzeigersinn dreht. Zyklone führen zu stürmischem Wetter und können sich zu Hurrikanen (über dem Atlantik und der Karibik) oder Taifunen (Pazifik und Chinesisches Meer) entwickeln. Auf der Südhalbkugel ist der Drehsinn der Zyklone umgekehrt.

Der Atem des Lebens

Fast der gesamte atmosphärische Sauerstoff und das Kohlendioxid stammen von der Atmung der Tiere beziehungsweise der Photosynthese der Pflanzen. Tiere benötigen Sauerstoff beim Einatmen und geben beim Ausatmen Kohlendioxid und Wasserdampf ab. Grüne Pflanzen dagegen nehmen Kohlendioxid und Wasser auf, verbrauchen sie bei der Photosynthese und entlassen Sauerstoff in die Luft. Diese Symbio-

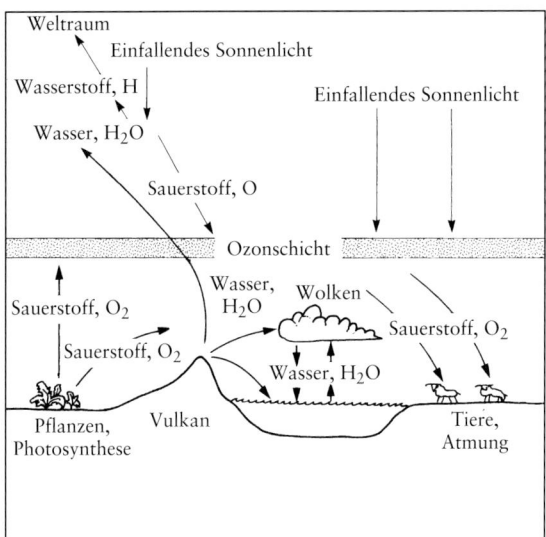

Weltraum
Einfallendes Sonnenlicht
Wasserstoff, H
Einfallendes Sonnenlicht
Wasser, H₂O
Sauerstoff, O
Ozonschicht
Sauerstoff, O₂
Wasser, H₂O
Wolken
Sauerstoff, O₂
Sauerstoff, O₂
Wasser, H₂O
Pflanzen, Vulkan
Photosynthese
Tiere, Atmung

Bild 5.18. Der Sauerstoffkreislauf.
Pflanzen reichern die Luft durch
Photosynthese mit Sauerstoff an,
während Tiere ihn beim Atmen verbrauchen. Auch bei der Auffüllung
der Ozonschicht sowie bei der Ver-
witterung von Gestein wird der
Atmosphäre Sauerstoff entzogen.
Andererseits entsteht freier Sauerstoff, wenn energiereiches Sonnenlicht Wassermoleküle spaltet

se von Tieren und Pflanzen ist eines der bemerkenswertesten Eigenschaften des Lebens auf der Erde.

Lebende und tote Materie beeinflussen sich gegenseitig. Einige
Menschen konstruierten sich daraus ein Weltbild, in dem die Erde ein
globales System bildet, ähnlich einem komplexen Organismus. Diese
Idee benannten sie nach der griechischen Urmutter Erde *Gäa* oder
Gaia. Danach beeinflussen Pflanzen und Tiere die Welt der Steine,
Meere und der Luft gerade in dem Maße, daß eine möglichst lebens-
freundliche Umwelt entsteht.

Ursprünglich war die Atmosphäre sauerstoffarm, bis vor etwa
2 Milliarden Jahren blau-grüne Algen damit begannen, Sauerstoff zu
produzieren. Vor 400 Millionen Jahren war bereits so viel Sauerstoff
in der Luft, daß die ersten Lebewesen aus dem Wasser an Land krie-
chen konnten. Und würden die Pflanzen nicht ständig Sauerstoff nach-
liefern, so hätten Menschen und Tiere in kaum 300 Jahren alles verbraucht. Durch die Photosynthese wird das gesamte Wasser auf der
Erde ungefähr alle 2 Millionen Jahre gespalten und durch die Atmung
wieder zusammengefügt (Bild 5.18). Über Millionen von Jahren atmeten unsere Vorfahren denselben Sauerstoff und tranken dasselbe Wasser wie wir, speicherten es kurzfristig im Körper und gaben es wieder
an die Atmosphäre ab.

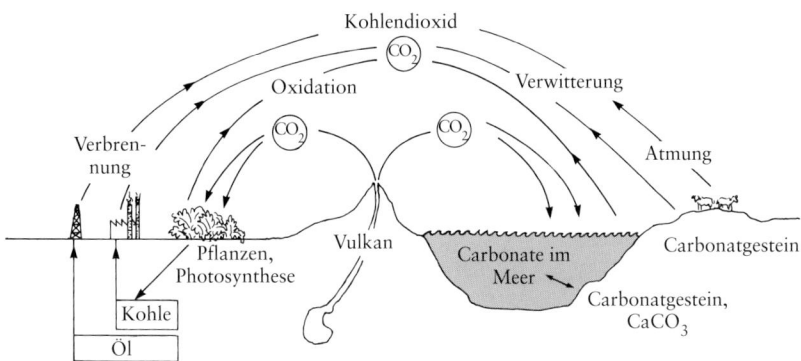

Bild 5.19. Der Kohlendioxid-Kreislauf. Kohlendioxid, CO₂, durchläuft in einem großen Kreislauf die Atmosphäre, Pflanzen, organische Sedimente, die Meere und Carbonatgesteine. Aus der Luft gelangt das Kohlendioxid ins Meer und wird von Pflanzen durch Photosynthese aufgenommen. Durch absterbende Pflanzen lagert es sich in Gas, Kohle und Öl ab, und im Meer wird es in Calciumcarbonat-Gestein gebunden. Kohlendioxid gelangt wieder in die Atmosphäre, wenn organisches Material oxidiert, Carbonatgestein verwittert, Öl verbrannt wird, Tiere atmen oder Vulkane ausgasen

Vulkanismus und der Kohlendioxid-Kreislauf

Sowohl die Erde selbst als auch die Pflanzen und Tiere bestimmen die chemische Zusammensetzung der Atmosphäre. In der Frühzeit waren es Vulkane, die die Atmosphäre aufbauten. Sie spiehen geschmolzenes Gestein aus und entließen Gase aus dem oberen Erdmantel, die im wesentlichen Wasserdampf, H_2O, Kohlendioxid, CO_2 sowie etwas Stickstoff, N_2 und Schwefeldioxid, SO_2, enthielten (s. Tabelle 5.2).

Der beschriebene Kohlendioxid-Kreislauf ist ein entscheidender Prozeß in unserer Atmosphäre (Bild 5.19). Das Kohlendioxid geht nicht nur durch die Umwandlung in Sauerstoff bei der Photosynthese verloren, sondern löst sich auch im Meereswasser, wo es von Plankton und Schalentieren aufgenommen wird. Wenn diese absterben, sinken die Schalen auf den Boden und bilden dort eine Schicht aus Calciumcarbonat, $CaCO_3$, wie die Kreidefelsen von Dover. Diese Ablagerungen haben heute ein so großes Ausmaß erreicht, daß schätzungsweise 100 000 mal mehr Kohlendioxid im Gestein gebunden ist als in der Atmosphäre. Tatsächlich entspricht der Kohlendioxidgehalt im irdischen Gestein etwa dem in der Venusatmosphäre.

Tabelle 5.2. Die wichtigsten Gase, die bei Vulkanausbrüchen auf Hawaii in die Atmosphäre gelangten

Gas	Bestandteil in Volumenprozent
Wasserdampf (H_2O)	77,0
Kohlendioxid (CO_2)	11,7
Schwefeldioxid (SO_2)	6,5
Stickstoff (N_2)	3,0
Wasserstoff (H_2)	0,5
Kohlenmonoxid (CO)	0,5
Schwefel (S_2)	0,3

Ohne das Meeresbodenwachstum wäre dieses Kohlendioxid für
alle Zeiten der Atmosphäre entzogen. Dabei spielt sich folgendes ab:
Das Meeresbodengestein taucht bei der Kontinentalverschiebung tief
in die Asthenosphäre ab. Dort zerstört die große Hitze das Calciumcarbonat und entläßt Kohlendioxidgas. Dieses findet schließlich häufig durch Vulkanschlote seinen Weg zurück in die Atmosphäre. Hier
verbleibt es dann, bis es durch Photosynthese zerstört oder erneut im
Gestein gebunden wird. In der Luft spielt es eine entscheidende Rolle
für die Temperatur am Erdboden.

Erwärmung und Kühlung der Erdatmosphäre

Venus ist mit seiner Oberflächentemperatur von 700 Kelvin ein gutes
Beispiel für den Treibhauseffekt durch Kohlendioxid, der sich analog
auch auf der Erde abspielt. Bei uns ist dieser Effekt allerdings nicht so
stark ausgeprägt, weil das meiste Kohlendioxid im Gestein gebunden
ist. Ändert sich der Kohlendioxidanteil in der Atmosphäre, so wird
sich auch der Treibhauseffekt ändern.

Der Treibhauseffekt beruht darauf, daß direktes Sonnenlicht seine
Wärme tief in die Atmosphäre hineinbringen kann. Auf der anderen
Seite verhindern Wasserdampf und Kohlendioxid das Entweichen der
infraroten Wärmestrahlung. Dringt Sonnenlicht ein, so steigt die Temperatur, und es entweicht mehr Wärme, bis wieder ein Gleichgewicht
herrscht. Ist jedoch mehr Wasserdampf und Kohlendioxid in der Luft,
steigt die Temperatur an, weil nächtliche Wolken eine Abkühlung verhindern. Genauer gesagt hält der Wasserdampf in den Wolken die
Wärmestrahlung zurück.

Viele Geologen glauben, daß die Temperaturschwankungen, die
wir heute als Warm- und Eiszeiten bezeichnen, eine Folge von Schwankungen im natürlichen Gehalt von Wasserdampf und Kohlendioxid
sind. Steigt der Kohlendioxidanteil in der Luft, so steigt die Temperatur, und es verdunstet mehr Wasser, das heißt der atmosphärische Wasserdampfgehalt steigt. Dadurch kann noch weniger Infrarotstrahlung
entweichen, und der Treibhauseffekt verstärkt sich selbst.

Schwankungen im Treibhauseffekt könnten einige Rätsel wie das
folgende erklären. In der Frühzeit der Erde schien die Sonne nur halb
so intensiv wie heute, wärmte die Erde also auch nur halb so sehr. (Dies
hat man zum einen aus der Theorie der Sternentwicklung und zum anderen aus der Beobachtung junger Sterne geschlossen.) Ohne wesentlichen Treibhauseffekt wäre es damals auf der Erde so kalt gewesen, daß
ein Großteil der Meere gefroren wäre. Allerdings gibt es keinen geologischen Hinweis auf eine solche globale Eiszeit. Es scheint, als habe
Kohlendioxid in der Atmosphäre erheblich zur Erwärmung der Erde
beigetragen (s. Kurzinformation 5.3).

Auch das Rätsel der Warmzeit, als Dinosaurier die Erde bevölkerten und tropische Pflanzen nahe am Südpol wuchsen, findet eventuell eine Lösung im Treibhauseffekt. Angenommen, eine erhöhte Aktivität im flüssigen Gestein des oberen Erdmantels führte zu einem stärkeren Meeresbodenwachstum. Dann wäre mehr Kohlendioxid in die Atmosphäre gelangt, und durch einen stärkeren Treibhauseffekt hätte sich die Erde erwärmt.

Möglicherweise droht der Erde durch den Treibhauseffekt eine unheilvolle Zukunft. Zum einen wird die Sonne mit zunehmendem Alter langsam immer heller werden. Dadurch erwärmt sich die Atmosphäre weiter, und mehr Kohlendioxid wird sich aus dem Oberflächengestein lösen. Das würde einen sich selbst verstärkenden Treibhauseffekt auslösen. Das wird allerdings noch viele hundert Millionen Jahre dauern. Es gibt aber einen weiteren Effekt, der wesentlich schneller wirken könnte.

Seit Beginn der industriellen Revolution pumpen die Menschen mehr und mehr Kohlendioxid und andere, den Treibhauseffekt fördernde Gase in die Luft. In dieser kurzen Zeitspanne hat sich der Anteil an atmosphärischem Kohlendioxid um 25 Prozent erhöht, zum Teil als Folge der Verbrennung fossiler Energieträger wie Kohle, Öl und Gas. Aber auch Waldbrände tragen dazu bei, weil Bäume viel Kohlendioxid enthalten. Nach dem heutigen Stand ist für das nächste Jahrhundert mit einer Verdoppelung des heutigen CO_2-Wertes zu rechnen. Zwar ist die Auswirkung dieser Zunahme nicht völlig klar, die Klimatologen sind jedoch, vorsichtig gesagt, besorgt, daß dies zu einer globalen Erwärmung führt.

KURZINFORMATION 5.3
Schrittmacher der Eiszeiten

Die Erde hat eine Reihe von Warm- und Kaltzeiten, auch Eiszeiten genannt, durchgemacht. In den Eiszeiten bedeckten riesige Eisschilde die Kontinente und Polarmeere. Die Eismassen breiteten sich in Richtung zum Äquator aus und schliffen dabei große Landstriche, bis das Klima sich erwärmte und das Eis sich zurückzog.

Untersuchungen an Versteinerungen in Tiefseesedimenten lassen darauf schließen, daß die großen Eiszeiten (weiß) in den letzten 500 000 Jahren in regelmäßigen Abständen von 25 000, 40 000 und 100 000 Jahren eintraten, wobei die 100 000-Jahre-Periode am auffälligsten ist. Kleine Änderungen in der Umlaufbahn der Erde um die Sonne sowie in der Orientierung der Rotationsachse bewirken diese Periodizität, da sich hierbei der Einfall des Sonnenlichts auf die Erdoberfläche ändert.

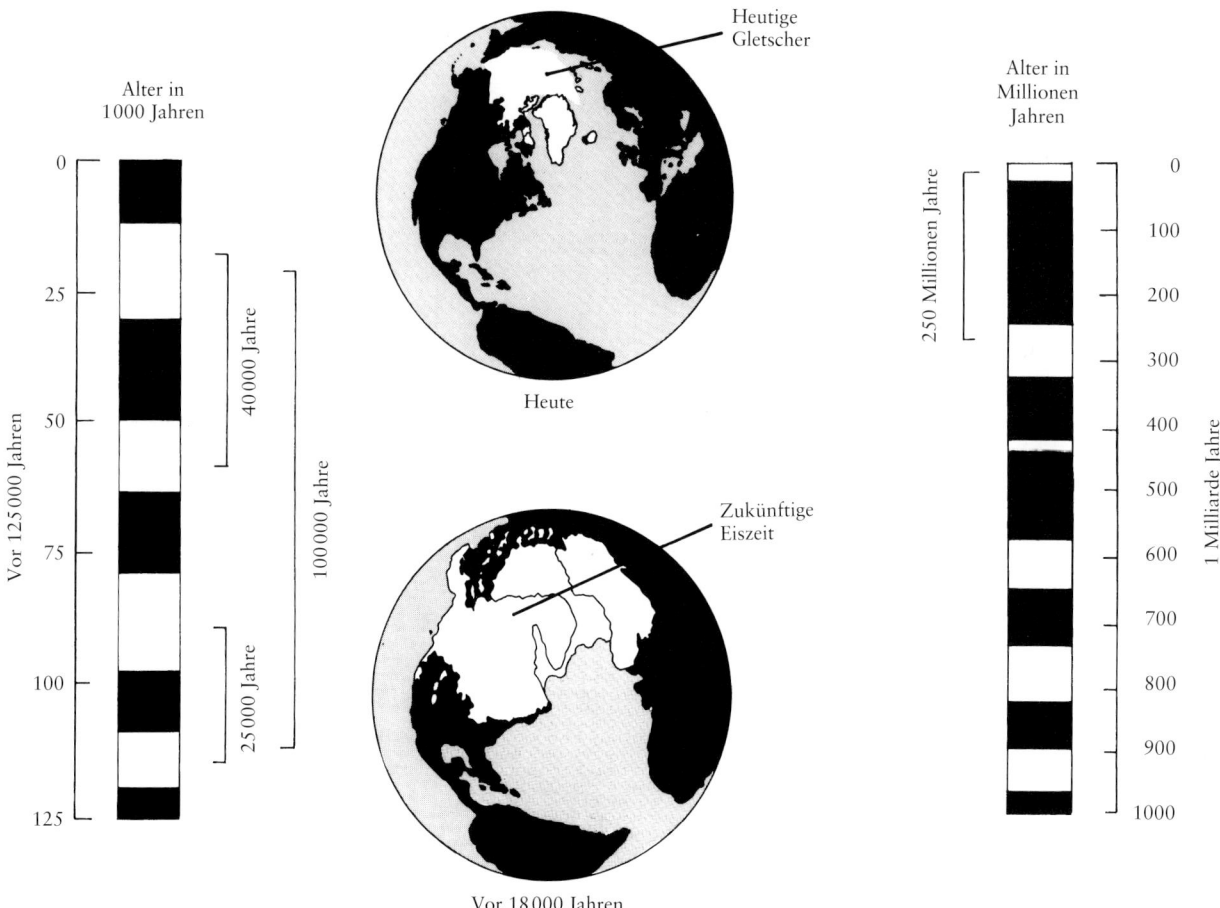

Alter in
1000 Jahren

Vor 125 000 Jahren

40 000 Jahre

100 000 Jahre

25 000 Jahre

Heutige
Gletscher

Heute

Zukünftige
Eiszeit

Vor 18 000 Jahren

Alter in
Millionen
Jahren

250 Millionen Jahre

1 Milliarde Jahre

Die Gravitationseinflüsse der anderen Planeten sowie des Mondes
und der Sonne erzeugen diese zyklischen Störungen. Die Planeten wirken auf die Elliptizität der Erdbahn ein, so daß diese zwischen einer
schwach ausgebildeten Ellipse und einem Kreis schwankt. Dies bewirkt die Periode von 100 000 Jahren. Die 40 000-Jahre-Periode rührt
von einer langsamen Drehung der Erdrotationsachse im Raum her.
Mond und Sonne ziehen mit ihrer Schwerkraft an dem äquatorialen
Wulst, was zu einer Präzession der Erdachse mit einer Periode von
25 000 Jahren führt.

Im Moment befinden wir uns in einer Warmzeit, aber die Erde
steuert möglicherweise auf eine neue Eiszeit zu. Das wird davon abhängen, ob die globale Erwärmung durch die Zunahme von Kohlendioxid in der Atmosphäre den durch die astronomischen Prozesse erzeugten Kühlungseffekt ausgleichen oder sogar übertreffen wird.

Einige Computersimulationen sagen für das nächste Jahrhundert eine Zunahme der globalen Temperatur um einige Grad Celsius voraus. Dies hätte das Austrocknen vieler Landstriche einerseits und das Überfluten vieler Küsten wegen des Abschmelzens der Polkappen andererseits zur Folge. Einige Wissenschaftler gehen sogar noch weiter und prophezeien den apokalyptischen Untergang aller Lebewesen durch einen sich selbst beschleunigenden Treibhauseffekt. Andere halten dies für übersteigerte Ängste und meinen, unsere reale Welt sei viel zu kompliziert, um sie im Computer angemessen zu simulieren und zuverlässige Voraussagen machen zu können.

Konnten wir die beginnende globale Erwärmung eventuell schon nachweisen? In der Tat gibt es Hinweise für einen solchen Trend, aber die Daten sind aus zwei Gründen noch nicht stichhaltig. Erstens sind die Aufzeichnungen nicht vollständig oder homogen genug, und zweitens ist der globale Temperaturanstieg bisher nur über einen verhältnismäßig kurzen Zeitraum nachweisbar. Es könnte sich auch um eine natürliche Schwankung handeln, die vielleicht durch die Pflanzen wieder eingedämmt wird.

Das mag allerdings Wunschdenken sein, denn Tatsache ist, daß es wärmer wird. Abgesehen von den Unsicherheiten stimmen die Fachleute darin überein, daß die Treibhausgase schnell zunehmen, und eine globale Erwärmung erfolgen muß, wenn dieser Trend anhält. Nur über die Einzelheiten, das Wann und Wieviel, können wir weiter diskutieren.

Die Entwicklung umzukehren wird nicht einfach sein. Das würde Maßnahmen mit langfristigen Auswirkungen erfordern: Die Verbrennung fossiler Energieträger müßte drastisch eingeschränkt und die großräumige Abholzung der Regenwälder eingestellt werden, eventuell müßten wir sogar riesige Wälder anpflanzen. In Südkalifornien hat man erste Schritte unternommen, um die Smogbildung zu verhindern. Rasenmäher mit Verbrennungsmotoren wurden verboten, es darf nicht mehr frei in Innenstädten geparkt werden, und bis zum Jahre 2007 müssen alle Fahrzeuge auf Elektroantrieb oder Motore mit sauberen Treibstoffen umgestellt sein.

Es ist nicht nur die Sonnenstrahlung, die das labile Gleichgewicht beeinflußt, sondern auch die Feuchtigkeit und das Kohlendioxid in der Atmosphäre. Die Nachbarplaneten Venus und Mars konnten das Gleichgewicht nicht halten und haben heute ein lebensfeindliches Klima. Venus ist wegen der Überhäufigkeit von Kohlendioxid glühend heiß geworden, und Mars besitzt, wie wir noch sehen werden, nur sehr wenig Kohlendioxid, so daß seine Oberfläche zu kalt ist. Möglicherweise verwandelt sich der gefrorene Mars jedoch in einen warmen Planeten mit flüssigem Wasser, wenn die Sonne heller wird, und auf der Erde die Ozeane verdampfen. Wird es dann interplanetare Grundstücksmakler geben?

POLARLICHTER UND DIE IRDISCHE MAGNETHÜLLE

Der Sonnenwind

Licht und Wärme sind nicht die einzigen Einflüsse der Sonne auf die Planeten. Das innere Sonnensystem ist einem ständigen heißen Sturm von der Sonnenatmosphäre ausgesetzt. Dieser sogenannte Sonnenwind besteht aus elektrisch geladenen Teilchen (Protonen, Elektronen und Heliumionen), die am Ort der Erde eine Geschwindigkeit von rund 400 Kilometern pro Sekunde haben, so daß sie für die Strecke von der Erde zu Sonne nur wenige Tage benötigen. Allerdings beträgt die Dichte dieses Stromes an der Erdbahn nur noch 5 Teilchen pro Kubikzentimeter. Für irdische Verhältnisse ist dies ein nahezu perfektes Vakuum, und mit zunehmendem Abstand von der Sonne nimmt die Dichte noch weiter ab, bis sich der Teilchenwind im interstellaren Medium verliert.

Einige Astronomen sagten die Existenz des Sonnenwindes aufgrund von Beobachtungen an Kometenschweifen voraus, die wie Wetterfahnen von der Sonne fortweisen. Es war ein großer Erfolg, als später Raumsonden die Teilchen nachweisen und messen konnten. Sie sind auch für eines der schönsten Naturschauspiele verantwortlich, nämlich die Polarlichter.

Das Farbenspiel der Polarlichter

Weit über den höchsten Wolken der Polargegend spannt sich ein Lichtvorhang über den Nachthimmel. Man nennt die Polarlichter auch Aurora, nach der römischen Göttin der Morgenröte. Das Farbenspiel eines Polarlichtes dauert normalerweise etwa eine halbe Stunde und kann zu jeder Zeit auftreten, wenngleich man es im Winter wegen der längeren Nächte häufiger sieht (Bild 5.20). Ursache hierfür sind Böen im Sonnenwind.

Man unterscheidet Nordpolarlichter (Aurora borealis) und Südpolarlichter (Aurora australis). Die Wikinger glaubten, es seien die Geister gefallener Krieger auf dem Weg nach Walhalla, dem Land der Götter. Später glaubte man, es handle sich um Sonnenlicht, das am Eis der Polkappen reflektiert würde. Diese Idee mußte jedoch verworfen werden, als man feststellte, daß die Polarlichter in einer Höhe von 100 bis 400 Kilometern, also weit über der Atmosphäre, auftreten.

In Wirklichkeit entstehen die Farben der Polarlichter durch leuchtenden Sauerstoff und Stickstoff, die Hauptbestandteile der Atmosphäre. In großen Höhen zwischen 100 und 200 Kilometern liegt Sauerstoff atomar vor. Ein Strom von Elektronen mit hoher Energie

Bild 5.20. Aurora borealis. Dieses Bild von Frederic Church aus dem Jahre 1865 zeigt das Farbenspiel eines Polarlichtes. (Foto: National Museum of American Art, Smithsonian Institution, Geschenk von Eleanor Blodgett)

fällt kaskadenförmig in die obere Atmosphäre ein und wirkt wie eine elektrische Entladung. Dabei stoßen sie mit Atomen und Molekülen zusammen und regen diese an, wobei sie selbst Energie verlieren. Die Atome geben diese Energie in Form sogenannter Fluoreszenzstrahlung ab, ähnlich wie in einer Neonröhre. Die energiereicheren Elektronen regen Sauerstoffatome zu grünem Leuchten an, die energieärmeren zu rotem. Ionisierte Stickstoffmoleküle strahlen bläuliches Licht ab.

Dies hatte man aus Beoachtungen vom Erdboden aus geschlossen. Viele Jahre lang glaubten die Geophysiker, die Polarlichter wären eine direkte Folge der Elektronenwolken, die von den Sonnenflecken ausgestoßen und vom Erdmagnetfeld eingefangen würden. Beobachtungen von Satelliten aus zeigten dann jedoch, daß die Elektronen zwar von der Sonne kommen, aber im Magnetschweif der Erde und in den Van-Allen-Gürteln gespeichert werden, bevor sie in die Atmosphäre eindringen. Die Van-Allen-Gürtel sind zwei erdnußförmige, elektrisch leitende Schichten. Sie umgeben die Erde hoch über dem Äquator und reichen mehrere Erdradien weit in den Weltraum hinaus (Bild 5.21).

Die Van-Allen-Gürtel fangen die Elektronen und Ionen des Sonnenwindes mit ihren magnetischen Kräften wie ein Käfig ein, und ent-

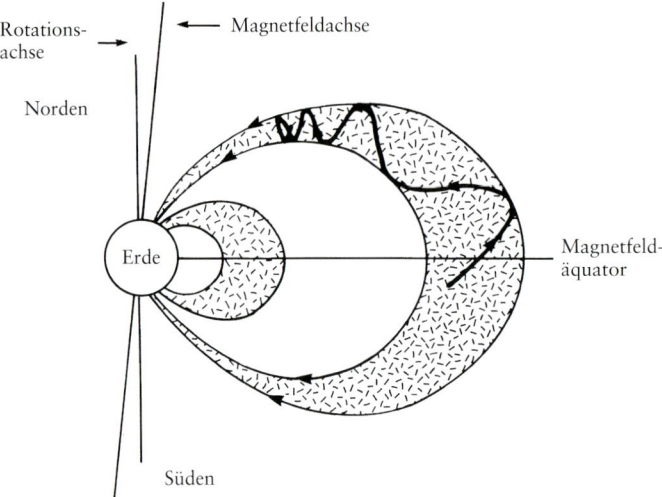

Bild 5.21. Die Van-Allen-Gürtel. Die Van-Allen-Gürtel fangen geladene Teilchen ein, die dann entlang der Magnetfeldlinien auf Spiralbahnen zwischen den Polen hin- und herpendeln. Je mehr sie sich den Polen nähern, desto stärker wird das Magnetfeld, das ihre Bewegungsrichtung langsam zur Seite umlenkt, bis sie schließlich sogar ihre Richtung umkehren. Von diesem Spiegelpunkt aus rasen sie dann innerhalb weniger Sekunden zum Umkehrpunkt des anderen Pols

In der Abbildung: Rotationsachse, Magnetfeldachse, Norden, Erde, Magnetfeldäquator, Süden

lassen die Teilchen später schubweise in die obere Atmosphäre. Jede Aurora ist eigentlich ein ovaler Ring, der den magnetischen Nord- oder Südpol umgibt (Bild 5.22). Vom Boden aus sieht man immer nur einen Teil dieses Rings, der dann als Himmelserscheinung an einen Vorhang erinnert. Vom Weltraum aus wird jedoch deutlich, daß Polar-

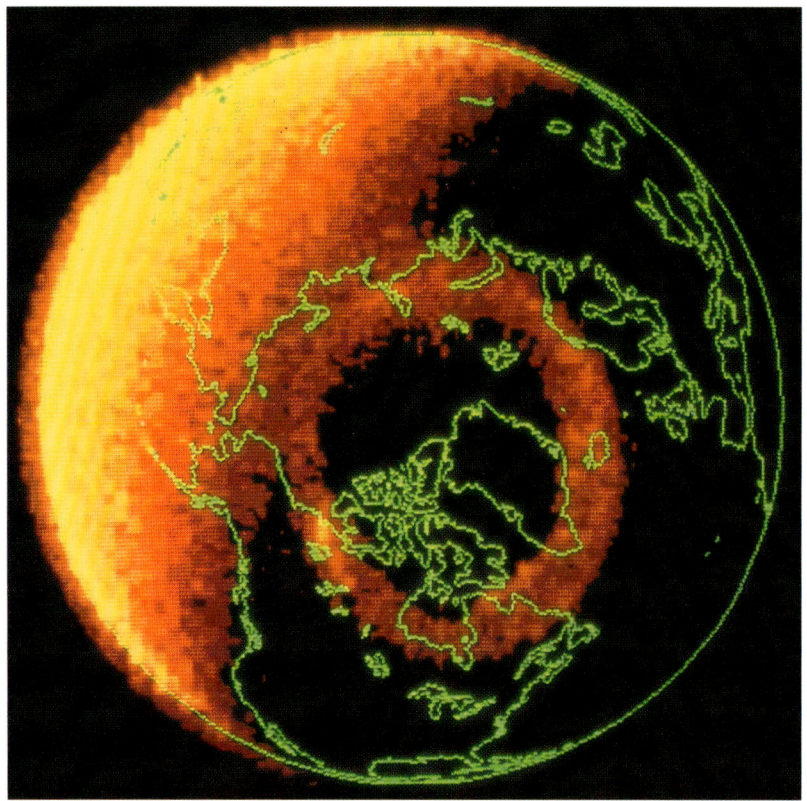

Bild 5.22. Die ovale Aurora. Dieser 4500 Kilometer durchmessende Auroraring liegt über dem Nordpol. Er wird von einer elektrischen Entladung an der Grenze zwischen Magnetosphäre und Sonnenwind erzeugt. Die helle Sichel (*oben links*) ist die Tagseite. Wissenschaftler von der University of Iowa machten dieses Bild mit dem Dynamics Explorer aus einer Entfernung von 20 000 Kilometern. (Foto: Louis A. Frank)

lichter über beiden Polen gleichzeitig entstehen. Um dieses Verhalten
zu verstehen, müssen wir wissen, wie das Erdmagnetfeld mit dem Sonnenwind wechselwirkt.

Das Erdmagnetfeld

Im Jahre 1600 veröffentlichte William Gilbert, Naturforscher und
Leibarzt von Königin Elisabeth I von England, ein kleines Traktat mit
dem Titel *De magnete magnus magnes ispe est globus terrestris*, was
übersetzt etwa bedeutet »Von der Erdkugel, die selbst ein großer Ma-
gnet ist«. Gilbert wollte damit erklären, warum eine Kompaßnadel
immer nach Norden zeigt und nahm an, die Erde sei von einem Magnetfeld umgeben, das dem eines Stabmagneten ähnelt. 1838 zeigte
der deutsche Mathematiker Carl Friedrich Gauß, daß das Dipolfeld in
der Erde erzeugt werden muß. Das Wort Dipol bedeutet, daß das Feld
zwei Pole, nämlich Nord und Süd, haben muß und die Feldlinien am
Südpol aus- und am Nordpol wieder eintreten. Dazwischen zeigt es einen symmetrischen Verlauf (Bild 5.23).

Elektrische Ströme im Erdinnern, eventuell durch die Drehung des
halbflüssigen Erdkerns angetrieben, erzeugen das Magnetfeld. (Auf
ähnliche Weise entsteht das Feld eines Elektromagneten durch eine
stromdurchflossene Spule.) Die fast zusammenfallenden Achsen des

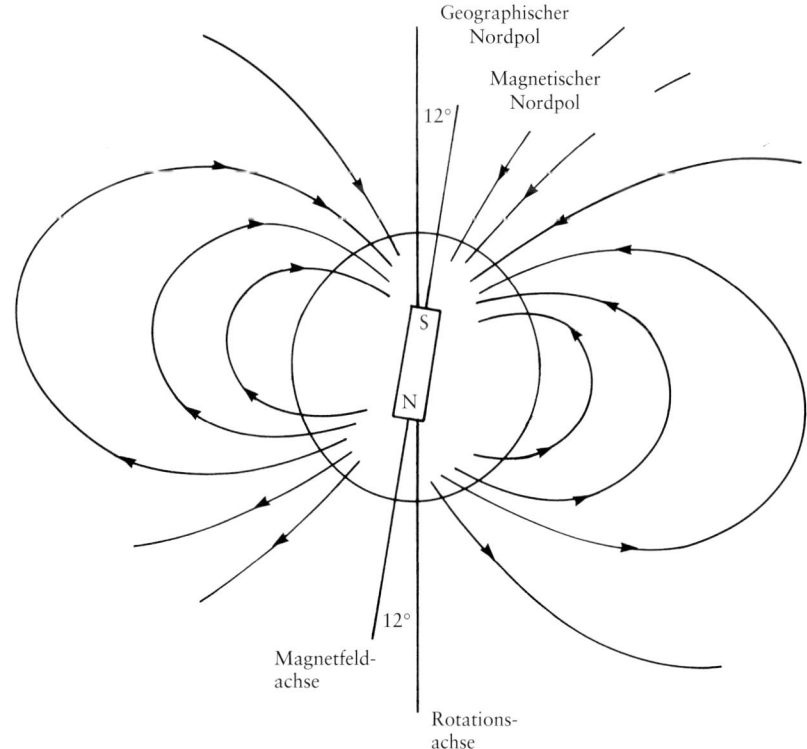

Bild 5.23. Das Dipolfeld. Das globale Magnetfeld der Erde sieht aus,
als würde sich im Erdinnern ein
großer Stabmagnet befinden. Die
Feldlinien treten am Südpol aus und
am Nordpol ein. Die Magnetfeldachse ist um 12 Grad gegen die
Rotationsachse geneigt. In größerer
Entfernung verzerrt der Sonnenwind
die symmetrische Dipolform
(s. Bild 5.24)

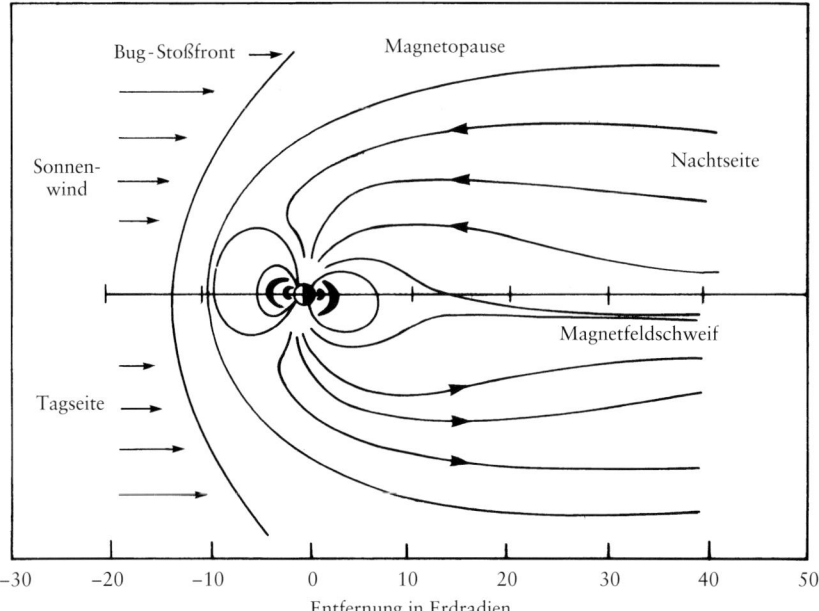

Bug-Stoßfront →   Magnetopause

Sonnen-
wind   Nachtseite

Tagseite   Magnetfeldschweif

−30   −20   −10   0   10   20   30   40   50
                    Entfernung in Erdradien

Bild 5.24. Die Magnetosphäre. Das Magnetfeld umgibt die Erde wie ein großer Schild. Auf der sonnenzugewandten Seite drückt der Sonnenwind diese Magnetosphäre ein und erzeugt in einem Abstand von 10 Erdradien eine Bug-Stoßfront. Auf der entgegengesetzten Seite zieht der Wind die Magnetosphäre zu einem langen Schweif in die Länge. Die Erde befindet sich mit ihrem Dipolfeld innerhalb dieses magnetischen Käfigs, der uns vor dem heftigen Sonnenwind schützt. Einige Teilchen gelangen durch den Magnetfeldschweif in die Van-Allen-Gürtel und erzeugen die Polarlichter

Magnetfeldes und der Erdrotation sprechen deutlich für einen ursächlichen Zusammenhang zwischen Magnetfeld und Erdrotation. Ein einfaches Experiment zeigt, daß in einem runden Leiter, den der Strom in östlicher Richtung, in Rotationsrichtung, durchläuft, auch der magnetische Nordpol zum geographischen Nordpol weist. Änderungen in der Stärke und der Richtung des Stromes könnten dann für die Umpolungen des Erdmagnetfeldes in prähistorischen Zeiten verantwortlich gewesen sein.

Das Erdmagnetfeld ist an der Oberfläche mehrere hundertmal schwächer als ein gewöhnlicher Hufeisenmagnet. Es erstreckt sich jedoch weit in den Weltraum hinaus und ist stark genug, um den Sonnenwind in einer Entfernung von 10 Erdradien »stromaufwärts« in einer magnetischen Stoßwelle aufzuhalten. Diese Bug-Stoßfront ist der Kopf eines magnetischen Käfigs, der die Erde umgibt. »Stromabwärts« erstreckt sich dieser Käfig über mindestens 200 Erdradien und läuft in einer sogenannten magnetischen Neutrallinie aus. Dieser Magnetschweif ensteht durch den Druck des Sonnenwindes auf das Erdmagnetfeld (Bilder 5.24 und 5.25).

Diese Verzerrung führt zu den Polarlichtern. Trifft nämlich eine besonders heftige Böe auf das Magnetfeld, so zieht es dies weiter in die Länge. Irgendwann schlägt es zurück und bildet viel näher an der Erde eine magnetische Neutrallinie. Dabei bricht das Erdmagnetfeld um die Van-Allen-Gürtel herum zusammen und drückt diese weiter an die Atmosphäre heran, so daß aus den Gürteln Teilchen in die Polarlichtzonen überspringen können. Dabei entsteht ein Paar ovaler Polarlichtringe, der eine über dem Nord- und der andere über dem Südpol.

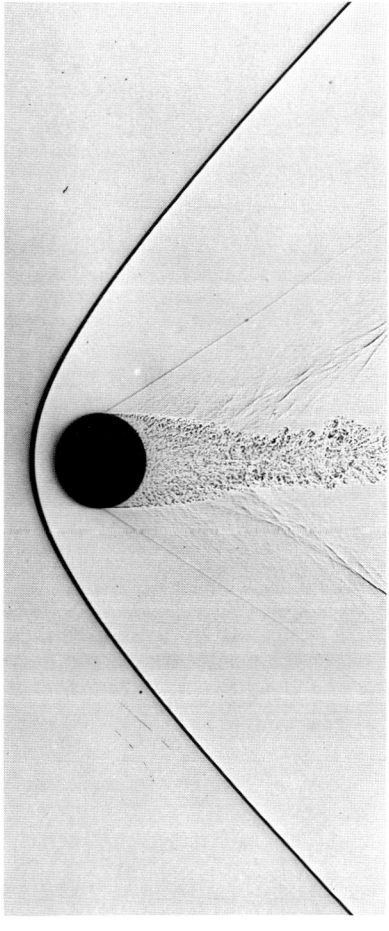

Die Erde – Zusammenfassung

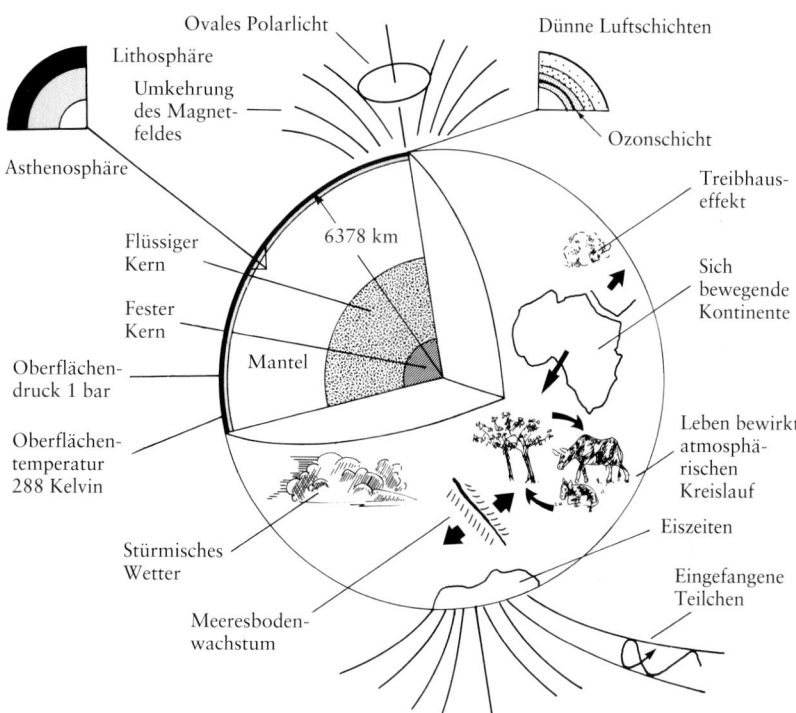

◁ *Bild 5.25.* Bugwelle einer fliegenden Kugel. Diese Bugwelle ähnelt der Bug-Stoßfront, in der der Sonnenwind auf die Magnetosphäre trifft. Außerdem zieht sie eine Turbulenzwelle hinter sich her, die an den Magnetschweif der Erde erinnert. (Foto: Alexander C. Charters, Marine Science Institute, University of California, Santa Barbara. Aufgenommen im US Army Ballistics Research Laboratory, Aberdeen Proving Ground, Maryland)

Masse: $5{,}975 \cdot 10^{27}$ Gramm
Radius: 6378 Kilometer
Mittlere Dichte: $5{,}52$ g/cm^3
Rotationsdauer: 23 Stunden, 56 Minuten, 4 Sekunden
Umlaufzeit: 1 Jahr = 365,26 Tage
Mittlere Entfernung von der Sonne:
    1,00 AE = 149,6 Millionen Kilometer
Anzahl bekannter Monde: 1
Magnetfeldstärke an der Oberfläche = 0,35 Gauß

Dämmerung auf Mars. Weiße Wolken aus Wassereis strömen am westlichen Hang des Vulkans Olympus Mons (dunkler runder Fleck) entlang. Auf dem Südpol haben sich im Winter weiße Schneefelder aus Kohlendioxid (Trockeneis) abgelagert. Das große äquatoriale Canyonsystem Valles Marineris zeichnet sich als schwach sichtbarer Graben in der rötlichen Äquatorgegend ab. (Foto: NASA)

KAPITEL 6

Mars: die rote Wüste

*Mars ist in seinem Innern aktiv, und auf seiner
Oberfläche explodierten einst Vulkane.
Enorme Wasserfluten und tiefe Flüsse zerschnitten
seine Oberfläche. Zu diesen Zeiten war
der Planet vermutlich wärmer, und er besaß eine
dichtere und feuchtere Atmosphäre. Heute regnet es
allerdings nicht mehr, und das Wasser ist
wahrscheinlich im Boden und in den Polkappen
gefroren. Gab es damals Leben auf Mars?
Einer der Marsmonde wird irgendwann mit dem
Planeten zusammenstoßen.*

EIN ERDÄHNLICHER PLANET

Jahreszeiten

Mars ist von der Sonne aus gesehen der vierte Planet und kann uns in
Opposition als zweithellster Himmelskörper nach Venus erscheinen.
Er hat die Menschen schon in prähistorischer Zeit vor allem wegen sei-
ner roten Färbung fasziniert. Die alten Gelehrten verbanden mit ihm
den Krieg, so daß ihn die Babylonier, Griechen und Römer nach ihren
Kriegsgöttern Nirgal, Ares und Mars benannten.

In den letzten Jahrhunderten fiel den Astronomen bei ihren Beobachtungen mit Teleskopen das erdähnliche Aussehen auf. Mars besitzt
Polkappen, die mit den Jahreszeiten wachsen und schrumpfen sowie
dunkle Flecken, die ebenfalls im Laufe eines Marsjahres ihre Form ändern. Es gibt auch unveränderliche Oberflächenmerkmale, die man
einst für Kontinente und Meere hielt. Außerdem bilden sich in bestimmten Gegenden hin und wieder weiße Wolken, was ohne eine Atmosphäre nicht möglich ist. Häufig beobachten Astronomen gelbe
Staubwolken, die sich zu gewaltigen Staubstürmen ausweiten und den
gesamten Planeten einhüllen können.

1659 entdeckte Christiaan Huygens eine große dreieckige Ober-
flächenformation, die wir heute nach den nordafrikanischen Wüstengebieten Syrtis Major Planitia nennen. In Wirklichkeit handelt es sich
um ein Hochplateau. Aus diesen Beobachtungen leitete Huygens eine
Rotationsperiode von ungefähr 24 Stunden ab. Der Marstag ist mit
24 Stunden, 37 Minuten und 22,6 Sekunden etwa genausolang wie
ein Erdtag, aber das Jahr ist dort knapp doppelt so lang. Die Rotationsachse ist bei beiden Planeten etwa um denselben Betrag gekippt, so
daß es auch auf Mars vier Jahreszeiten gibt, die allerdings doppelt so
lange dauern wie bei uns.

KURZINFORMATION 6.1
Jahreszeitliche Winde

Während des Frühjahrs schrumpfen auf der Nordhalbkugel die Polkappen, und in den mittleren Breiten verfärbt sich der Boden dunkel.
Früher hielt man dies für einsetzende Vegetation nach der Eisschmelze.
Heute wissen wir, daß diese dunklen Gebiete dadurch zustandekommen, daß kräftige Winde hellen Staub aus bestimmten Gegenden wegtragen und in anderen ablagern. Dadurch ändert sich das Antlitz der
Marsoberfläche mit den Jahreszeiten.

Helle und dunkle Streifen, häufig mehrere zehn Kilometer lang
und einige Kilometer breit, weisen in Windrichtung und offenbaren
uns das globale Windfeld. Die hellen Streifen bestehen aus Staubteilchen, die sich auf der windabgewandten Seite (Lee) von Kratern und
Bergen ablagern. Die dunklen Streifen erklärt man sich als vom Wind
erodiertes Gestein. Kräftige Winde tragen die feine Staubdecke ab und
geben den erodierten Boden frei.

Das menschliche Auge läßt viele dieser Streifen zu langen Strukturen verschmelzen, ähnlich wie es in einer Zeitung die vielen kleinen
Punkte zu einem Foto kombiniert. Die abnehmende Helligkeit der
Syrte Major ist ein gutes Beispiel für das Anwachsen und Verschmelzen dunkler Streifen. Das globale Muster heller und dunkler Gebiete
ändert sich mit den Jahreszeiten, beziehungsweise der Richtung und
Stärke der Winde.

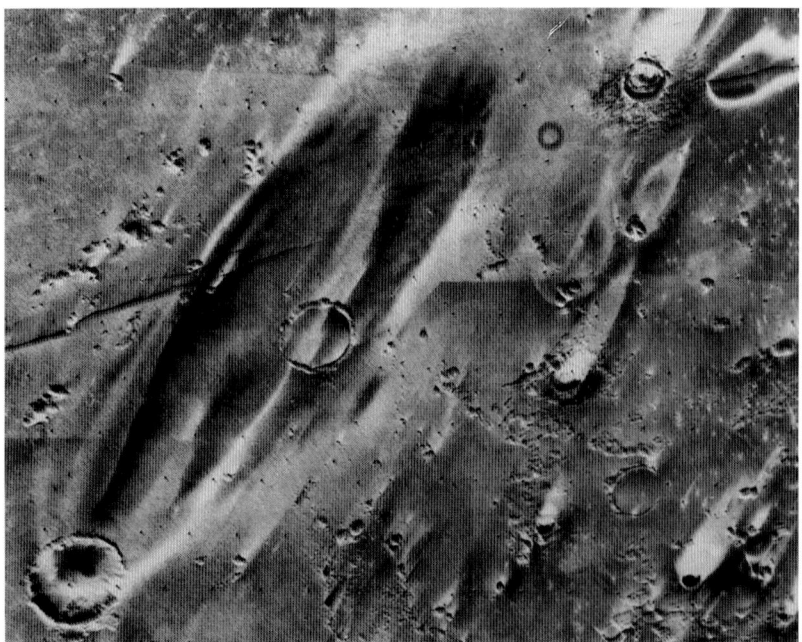

Mars weist also eine Atmosphäre, Wolken, Polkappen und Jahreszeiten auf. Diese Erdähnlichkeit verleitete natürlich häufig Wissenschaftler zu der Vermutung, es gäbe Leben auf diesem Planeten. Die mit den Jahreszeiten sich ändernden Oberflächenmerkmale wurden zum Beispiel als Hinweis auf Vegetation angesehen (s. Kurzinformation 6.1). Gegen Ende des letzten Jahrhunderts glaubten einige Astronomen, lange gerade Formationen entdeckt zu haben, die sie intelligenten Lebewesen zuschrieben. Die meisten dieser sogenannten Marskanäle wurden nie photographiert, und die unbemannten Raumsonden fanden sie nicht (s. Kurzinformation 6.2).

Mars im Raumfahrtzeitalter

Selbst die größten Teleskope auf der Erde zeigen lediglich ein verwaschenes Bild des Mars. Die Luftunruhe begrenzt die Auflösung auf etwa 100 Kilometer. Detailliertere Untersuchungen blieben deswegen den Raumsonden vorbehalten, die den Planeten umrundeten und schließlich sogar landeten und Bodenproben nahmen.

Diese Marsflüge gehören zu den technologischen Meisterleistungen des 20. Jahrhunderts. Nur die Leistungsfähigkeit großer Computer ermöglichte es, die Sonden in einer Entfernung von 300 Millionen Kilometern noch auf 50 Kilometer genau zu steuern. Riesige Radioantennen und empfindliche Detektoren waren nötig, um die schwachen Signale noch zu empfangen. Ihre Intensität entsprach derjenigen einer Streichholzflamme auf Mars.

Diese Untersuchungen zeigten uns ein ganz anderes Bild unseres Nachbarplaneten. Vulkane, die vielleicht heute noch aktiv sind, und innere Prozesse veränderten die Oberfläche. Ein riesiger Wulst und große Risse prägen seine Form, außerdem besitzt Mars zwei unterschiedliche Hemisphären. Früher flossen mehrfach Flüsse auf seiner Oberfläche, heute sind große Wassermengen in den Polkappen gefroren. Diese Entdeckungen diskutieren wir im Rest dieses Kapitels.

DIE ATMOSPHÄRE

Die Zusammensetzung der Atmosphäre

Die Astronomen wissen schon seit mehreren Jahrhunderten, daß Mars eine Atmosphäre besitzt. Sie folgerten dies aus den veränderlichen Polkappen, der morgendlichen Wolkenbildung sowie den Staubstürmen, die von Zeit zu Zeit den gesamten Planeten einhüllen. Die chemische

KURZINFORMATION 6.2
Die Marskanäle

Im Jahre 1877 überraschte Giovanni Schiaparelli die Astronomen mit
der Entdeckung schmaler, gerader dunkler Linien, die die Marsoberfläche über weite Strecken durchzogen. Er bemerkte, daß diese sogenannten Kanäle sich überkreuzten und teilweise parallel zu laufen
schienen. Unten ist Schiaparellis Merkator-Projektion aus dem Jahre
1881 gezeigt. Camille Flammarion vermutete daraufhin, daß es sich
hierbei um ein Bewässerungssystem handele, mit dem in einer sterben-
den Marswelt das wenige Wasser über dem Planeten verteilt würde. Er
war davon überzeugt, daß die Marsbewohner technisch weiterent-
wickelt waren als die Menschen.

Einige Jahre später veröffentlichte Percival Lowell, ein wohlha-
bender Geschäftsmann aus Boston, voller Begeisterung diese Karten in
seinem Buch über den Mars. Lowell überzeugte damit einen großen
Teil der Öffentlichkeit davon, daß es sich um Bewässerungskanäle
handele, während zahlreiche Astronomen deren Existenz bestritten.
Heute wissen wir, daß keiner der Lowellschen Kanäle mit den
Canyons auf den Fotos der Marssonden übereinstimmt. Die Kanäle
waren eine optische Täuschung, die dadurch zustandekommt, daß
unser Auge kleine, unzusammenhängende Details zu einem großen
Muster verbindet.

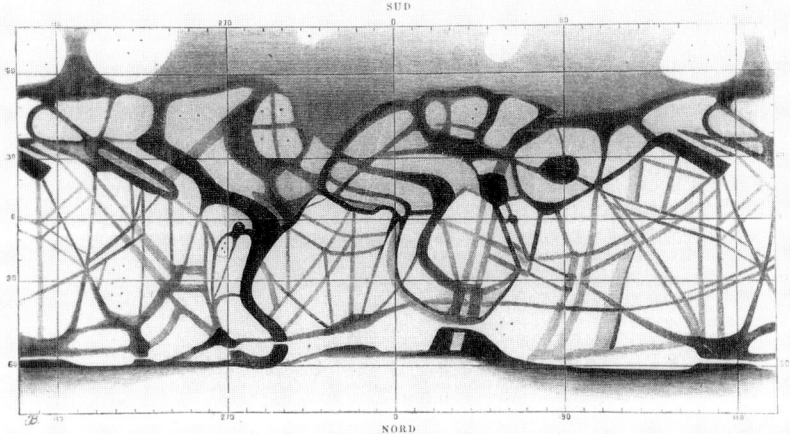

Bild 6.1. Die Atmosphären von Mars und Erde. Während die Erde von aufquellenden weißen Wolken bedeckt ist, entstehen in der dünnen Marsatmosphäre nur wenige dünne und hochliegende Wolken

Zusammensetzung sowie die Temperatur und der Druck an der Oberfläche ließen sich jedoch erst mit Raumsonden ermitteln.

Die chemische Zusammensetzung bestimmte Viking 1, als sie 1976 auf der Oberfläche landete. Danach besteht die Marsatmosphäre vorwiegend aus Kohlendioxid (95,3 Prozent), Stickstoff (2,7 Prozent) und Argon (1,6 Prozent). Der geringe Anteil an Sauerstoffmolekülen (0,13 Prozent) ist wahrscheinlich eine Folge der Zerstörung von Kohlendioxid durch energiereiche Sonnenstrahlung (s. Tabelle 6.1 und Bild 6.1).

Tabelle 6.1. Vergleich der chemischen Zusammensetzung der Mars- und Erdatmosphäre (in Volumenprozent)

Gas	Mars (aus Viking-1-Daten)	Erde (in Meereshöhe)
Kohlendioxid (CO_2)	95,3%	0,03%
Stickstoff (N_2)	2,7%	78,08%
Argon (Ar)	1,6%	0,93%
Sauerstoff (O_2)	0,13%	20,95%
Wasser (H_2O)	0,03%	bis zu 5%
Ozon (O_3)	0,03 von 1 Million	1 bis 10 von 1 Million

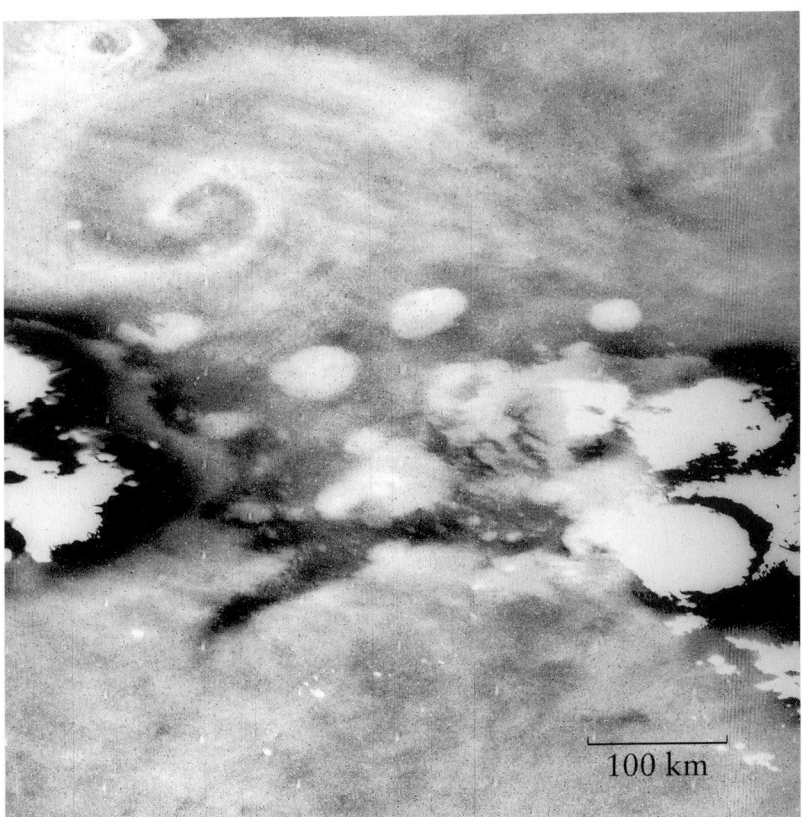

100 km

Bild 6.2. Ein Zyklon. In der Nähe von Vulkangipfeln sowie in Sturmfronten wie dieser hier bilden sich Wassereiswolken. Zyklone entstehen, wenn kalte Polarluft unter wärmere Luft aus niederen Breiten strömt. (Foto: NSSDC)

Der Wasserdampfanteil in der Atmosphäre ist geringer als in den trockensten Gebieten auf der Erde. Würde all das Wasser auskondensieren, so würde es nicht mehr als einen Kubikkilometer einnehmen, gerade so viel wie in einem See mit zwei Kilometer Durchmesser und 100 Meter Tiefe. Der Grund dafür ist die geringe Dichte und Temperatur der Atmosphäre. Sie ist mit Wasserdampf gesättigt, so daß es jederzeit schneien kann (s. Bilder 6.2 und 6.3). Mars besitzt keine Ozonschicht, die ihn vor energiereicher, ultravioletter Sonnenstrahlung schützen könnte.

Untersuchungen der chemischen Zusammensetzung führten zu der Vermutung, daß Mars, ebenso wie Venus und Erde, heute von einer Sekundäratmosphäre umgeben ist, die durch Ausgasungen aus dem Innern entstand. Sie weist aber einen geringeren Kohlendioxidgehalt auf als die der Venus und weitaus weniger Stickstoff als die der Erde. Eine Erklärung hierfür könnte sein, daß die Vulkanaktivität nicht so weit ging wie auf Venus oder der Erde. Auf der anderen Seite spricht vieles dafür, daß die Marsatmosphäre früher dichter war als heute.

Die Anziehungskraft des Mars ist groß genug, um Kohlendioxid in der Atmosphäre zu halten. Mars könnte also prinzipiell eine ähnlich dichte Atmosphäre besitzen wie Venus. Möglicherweise sind mehrere

Bild 6.3. Wetter auf Mars. Diese hochauflösende Aufnahme des Mars machte das Hubble-Weltraumteleskop 1990, zwei Wochen nach der Marsopposition. Es zeigt Details bis herunter zu einer Größe von 50 Kilometern. Bläuliche Wolken verdecken die nördliche Polkappe (*unten links*). In dem dunklen Gebiet, welches sich nach unten links erstreckt, liegt die Syrtis Major Planitia. Man vermutet, daß die dunkle Färbung von grobkörnigen Windablagerungen stammt, die zuvor von dunklem Vulkangestein abgetragen wurden. Das helle ovale Gebiet oberhalb der Mitte ist das HellasBecken. Es ist fast immer von Dunstwolken verhangen, zeitweilig entstehen hier auch Staubstürme. Dieses Foto entstand zu einer Zeit, als das Wetter ausnahmsweise einmal ruhig und die Oberfläche sichtbar war. (Foto: NASA)

Faktoren für die dünne Atmosphäre verantwortlich: das unvollständige Ausgasen, die geringere Anziehungskraft und die chemische Zusammensetzung des Planeten. Seine Dichte ist nämlich gering, was auf einen hohen Gehalt leichter Elemente hindeutet, die verhältnismäßig leicht aus der Atmosphäre entweichen können. Einige Astronomen spekulieren, daß Mars einst eine dichte Atmosphäre besaß, die wegen der energiereichen Sonnenstrahlung und der geringen Schwerkraft in den Weltraum entwich. Das ultraviolette Sonnenlicht ist nämlich in der Lage, die Moleküle in einzelne Atome aufzuspalten, die dann energiereicher sind und somit wesentlich leichter der Schwerkraft entkommen können.

Die dünne, kalte Marsluft

Die Marssonden fanden heraus, daß der Druck an der Marsoberfläche lediglich 1/160 Atmosphäre beträgt und somit geringer ist als in den irdischen Luftschichten, die die höchstfliegenden Flugzeuge erreichen. Wenn die Oberflächentemperatur unter etwa 150 Kelvin absinkt, kondensiert Kohlendioxid aus und gefriert auf der Oberfläche. Dies passiert im Winter an den Polen, die dann anwachsen. Zu Zeiten der größten Ausdehnung bedecken die Eiskappen 30 Prozent der jeweiligen Hemisphäre. Am Ende des Frühjahrs gehen sie ganz zurück oder nehmen nur noch etwa ein Prozent ein. Im Winter ist die Nordpolkappe etwa einen Meter tief, am Südpol, wo sie nie ganz verschwindet, ist sie eventuell noch dicker.

Innerhalb eines Marsjahres wird etwa ein Viertel des atmosphärischen Kohlendioxids zwischen den Polkappen und der Atmosphäre ausgetauscht. Das führt zu Schwankungen im Oberflächendruck von 20 Prozent.

KURZINFORMATION 6.3
Sand und Staub – vom Winde verweht

Der Wind läßt einige Sandkörner über den Boden springen, die dabei andere Körnchen anschubsen, die der Wind selbst nicht bewegen kann. Ein starker Wind kann Teilchen mit einer Größe von 160 Mikrometern (0,16 Millimeter) über die Oberfläche hüpfen lassen. Man nennt diesen Vorgang Saltation. Da kleinere Teilchen durch eine größere Kohäsion stärker am Boden haften, kann sie der Wind allein nicht bewegen. Ein hüpfendes Staubkorn ist jedoch in der Lage beim Aufprall solch eine kleinere Partikel hochzuschleudern, wo es dann vom Wind mitgenommen und eventuell in eine Staubwolke transportiert wird. Außerdem schieben die hüpfenden Körner größere Partikel über den Boden.

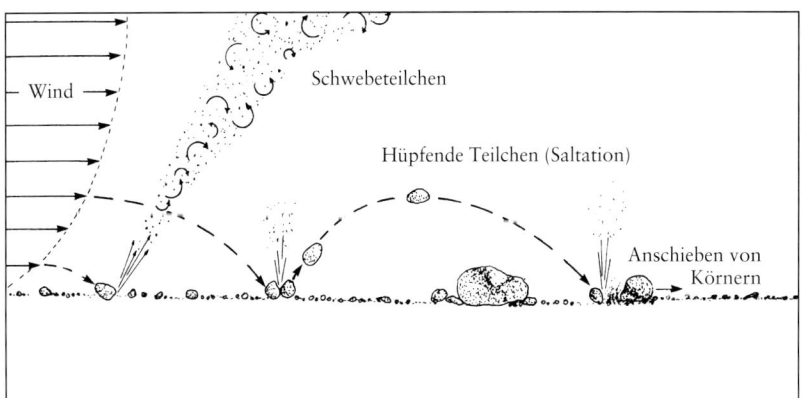

Die Marswinde

Von Zeit zu Zeit entwickeln sich heftige Stürme, die Sand aufwirbeln und in großen Wolken über die Oberfläche treiben. Dabei schleifen und erodieren sie die Marsoberfläche ganz erheblich. Man nennt dies, nach dem Herrscher der Winde Aeolus, aeolische Effekte. Wie auf der Erde, so folgen auch die Winde auf Mars täglichen und jahreszeitlichen Zyklen (s. Kurzinformation 6.1). Diese Winde haben die Oberfläche über Milliarden von Jahre geformt. Wegen des geringen Atmosphärendrucks muß die Windstärke sieben- bis achtmal höher sein, um den Staub so weit aufwirbeln zu können. Während auf der Erde eine Windgeschwindigkeit von 24 Kilometern pro Stunde ausreicht, sind auf Mars mehr als 180 Kilometer pro Stunde nötig. In großen Höhen gibt es sogar Winde mit 400 Kilometern pro Stunde.

Sanddünen sind ein ausgezeichnetes Beispiel für aeolische Effekte auf Mars. Die Winde nehmen dabei ständig Sand von der windzugewandten Seite auf und lagern die größeren Körner auf der windabgewandten Seite ab. Die Dünen wandern dadurch, ebenso wie in irdischen Wüsten, langsam weiter (s. Kurzinformation 6.3). Die globalen Sandstürme haben weitaus heftigere Auswirkungen. Starke Winde können sich zu lokalen Staubstürmen entwickeln, und mitunter vereinigen sich auch mehrere Stürme. Dann schleudern sie große Mengen an Staub in die Hochatmosphäre und wachsen zu einem globalen Sandsturm an. Ist erst einmal genügend Staub in der Atmosphäre, so kann sich der Sturm weiter dadurch aufrechterhalten, indem er Sonnenlicht in Bewegungsenergie umsetzt. Dies geschieht, indem der Staub Sonnenlicht absorbiert, die Atmosphäre erwärmt und dadurch starke Winde erzeugt. Dann verschwindet der Planet unter einer undurchdringlichen gelben Decke.

DIE OBERFLÄCHE

Krater und Einschlagsbecken

Ähnlich wie auf dem Mond, Merkur und auch der Erde, sind die Oberflächenformationen asymmetrisch verteilt. In der südlichen Hemisphäre finden wir die alten, stark von Kratern zerfurchten Hochländer, die den lunaren Hochländern sehr ähnlich sind. Im Norden befinden sich die jungen, tieferliegenden Vulkanebenen. Während ein Großteil des Nordens einige Kilometer unter dem mittleren Planetenradius liegt, ragt der Süden im wesentlichen einige Kilometer darüber hinaus. (Es gibt auch Ausnahmen. Im Norden erheben sich beispielsweise einige Vulkane bis zu 25 Kilometer über die Umgebung.)

300 km

Bild 6.4. Das Argyre-Becken. Diese Aufsicht von der Seite auf das Einschlagsbecken Argyre zeigt etwa die Hälfte des flachen, mit Lava gefüllten Bodens (*links*). Das Becken weist einen Durchmesser von etwa 800 Kilometern auf und ist von einer Bergkette umgeben. Das Umland ist von vielen Kratern zerfurcht, wie es für die südliche Hemisphäre typisch ist. Die beiden weißen Streifen über dem Horizont sind Wolken in einer Höhe von 30 Kilometern über der Oberfläche. (Foto: NASA und NSSDC)

Die Krater sowie die von mehreren Ringen umgebenen Einschlagsbecken sind sehr wahrscheinlich die Narben eines heftigen Meteoriten-Bombardements, wie auf dem Mond, Merkur und den Monden der großen Planeten (Bild 6.4). Die Geschichte dieses Bombardements und die anschließende Abnahme der Kraterentstehungsrate läßt sich aus der Anzahl der Krater in Abhängigkeit von ihrer Größe nachvollziehen. Obwohl die Anzahl der Krater mit abnehmender Größe wächst, gibt es auf Mars weniger kleine Krater als auf dem Mond. Die großen Krater sind abgetragen und sehen älter aus. Wahrscheinlich hat die Erosion die großen Krater verändert und zahlreiche kleinere bereits in einer frühen Phase abgetragen.

Vulkane auf Mars

Als sich 1971 die Raumsonde Mariner 9 Mars näherte, war dieser gerade von einem globalen Staubsturm eingehüllt. Deshalb zeigten die Kameras zunächst lediglich einen homogenen gelben Ball. Als sich der Staub dann langsam setzte, tauchten vier dunkle Flecken auf (Bild 6.5). Bei genauerer Untersuchung zeigten sich dort kraterähnliche Mulden. Selbst die dicke Staubschicht konnte diese riesigen Vulkane nicht verdecken. Mehrere Krater bildeten jeweils eine Caldera.

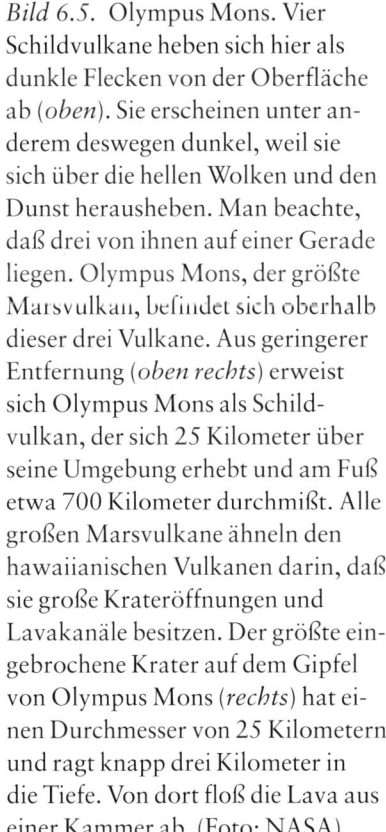

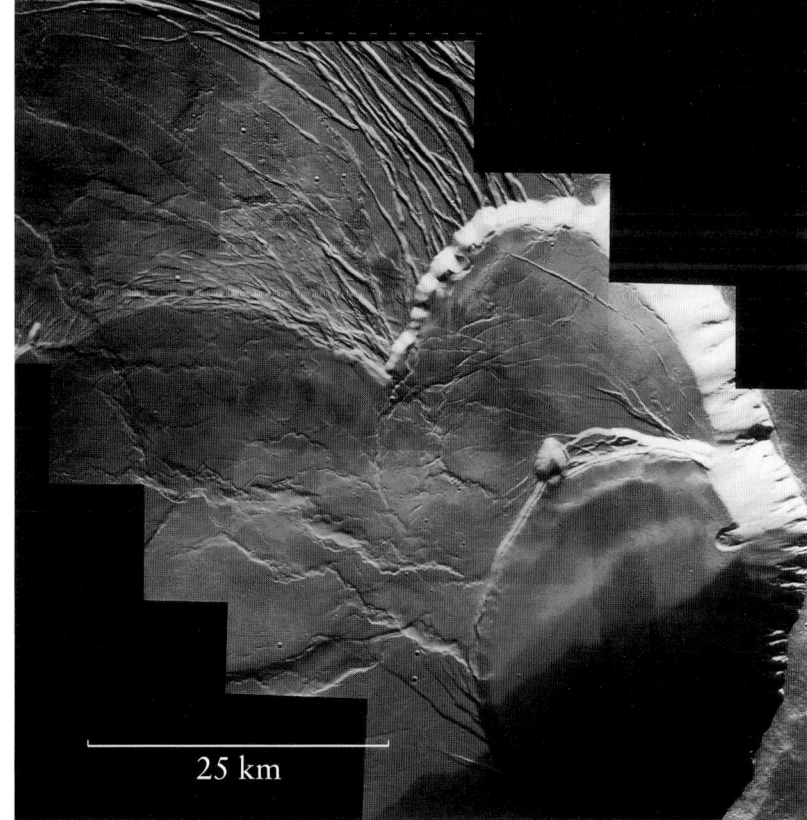

Bild 6.5. Olympus Mons. Vier Schildvulkane heben sich hier als dunkle Flecken von der Oberfläche ab (*oben*). Sie erscheinen unter anderem deswegen dunkel, weil sie sich über die hellen Wolken und den Dunst herausheben. Man beachte, daß drei von ihnen auf einer Gerade liegen. Olympus Mons, der größte Marsvulkan, befindet sich oberhalb dieser drei Vulkane. Aus geringerer Entfernung (*oben rechts*) erweist sich Olympus Mons als Schildvulkan, der sich 25 Kilometer über seine Umgebung erhebt und am Fuß etwa 700 Kilometer durchmißt. Alle großen Marsvulkane ähneln den hawaiianischen Vulkanen darin, daß sie große Krateröffnungen und Lavakanäle besitzen. Der größte eingebrochene Krater auf dem Gipfel von Olympus Mons (*rechts*) hat einen Durchmesser von 25 Kilometern und ragt knapp drei Kilometer in die Tiefe. Von dort floß die Lava aus einer Kammer ab. (Foto: NASA)

Der größte dieser Vulkane, Olympus Mons, hat an der Basis einen Durchmesser von 700 Kilometern und erhebt sich 25 Kilometer über seine Umgebung. Er ist somit dreimal höher als der Mount Everest. Der höchste Vulkan auf der Erde, Mauna Loa, Hawaii, durchmißt 120 Kilometer und ragt 9 Kilometer über den Meeresboden empor.

Warum können Marsvulkane so viel höher werden als irdische? Vielleicht hat es etwas mit der Dicke der Marskruste zu tun. Da Mars kleiner als die Erde ist, kühlte er wahrscheinlich schneller ab, und seine Lithosphäre wurde dicker als die irdische. Sie wurde zu stark, um in mehrere, sich bewegende Platten aufzubrechen. Das ermöglichte Vulkanen, längere Zeit über einem einzigen Hot Spot zu wachsen. Auf der Erde dagegen zerbrach die dünnere Lithosphäre in mehrere Platten, die sich über tief liegenden Magmaquellen hinwegbewegen. Diese Bewegung begrenzt das Wachstum der Vulkane und führt zu Vulkanketten wie die Hawaii-Kette. Über eine Meßzeit von mehreren tausend Stunden ließen sich keine Marsbeben nachweisen, was sehr gut zu der Beobachtung paßt, daß es keine Vulkanketten gibt.

Schildvulkane wie Olympus Mons entstehen durch wiederholte Eruptionen, bei denen Lava an den Hängen hinabfließt. Ähnlich wie die hawaiianischen Vulkane haben die Schildvulkane verhältnismäßig flach abfallende Flanken und fast kreisrunde Kratermulden auf dem Gipfel. In Kraternähe weist Olympus Mons nur wenige Einschlagskrater auf, was darauf schließen läßt, daß noch in junger Zeit, eventuell vor wenigen Millionen Jahren, Lava ausgeflossen ist. Zur Basis und dem äußeren Rand hin nimmt die Kraterdichte jedoch zu, das heißt die gesamte Formation ist wahrscheinlich schon einige Milliarden Jahre alt. Leider gibt es keine absolute Altersbestimmung für die Marsoberfläche. Aus Kraterzählungen läßt sich lediglich das relative Alter ableiten. Jüngere Oberflächenformationen sind noch nicht so häufig von Meteoriten getroffen worden. Alte Vulkane, genannt Patera, ähneln riesigen eingebrochenen und erodierten Schildvulkanen (Bild 6.6). Die sogenannten Tholus-Vulkane, ebenfalls Schildvulkane, besitzen jedoch nur wenige Krater und sind verhältnismäßig jung.

Wahrscheinlich ist Mars heute noch vulkanisch aktiv, denn es ist sehr unwahrscheinlich, daß der Planet seinen inneren Hochofen bereits abgestellt hat. Dennoch hat bisher keine Raumsonde einen Vulkanausbruch auf Mars registriert, und niemand weiß, wann sich der nächste ereignen wird.

Bild 6.6. Vulkantypen. An den ▷ Hängen sehr junger Krater wie Arsia Mons (*oben links*) gibt es nur wenige Einschlagskrater. Vulkane vom Tholus-Typ (*oben rechts*) haben aufgrund des Ausfließens dünnflüssiger Lava teilweise konvexe Steigungen und weisen verhältnismäßig wenige Einschlagskrater auf. Im Gegensatz dazu stehen die alten Vulkane wie Apollinarsis Patera und Tyrrhenia Patera (*unten links* und *rechts*), wo sich auf den Hängen viele Krater überlagern. (Fotos aufgenommen von der Viking-Sonde; Michael H. Carr und NASA)

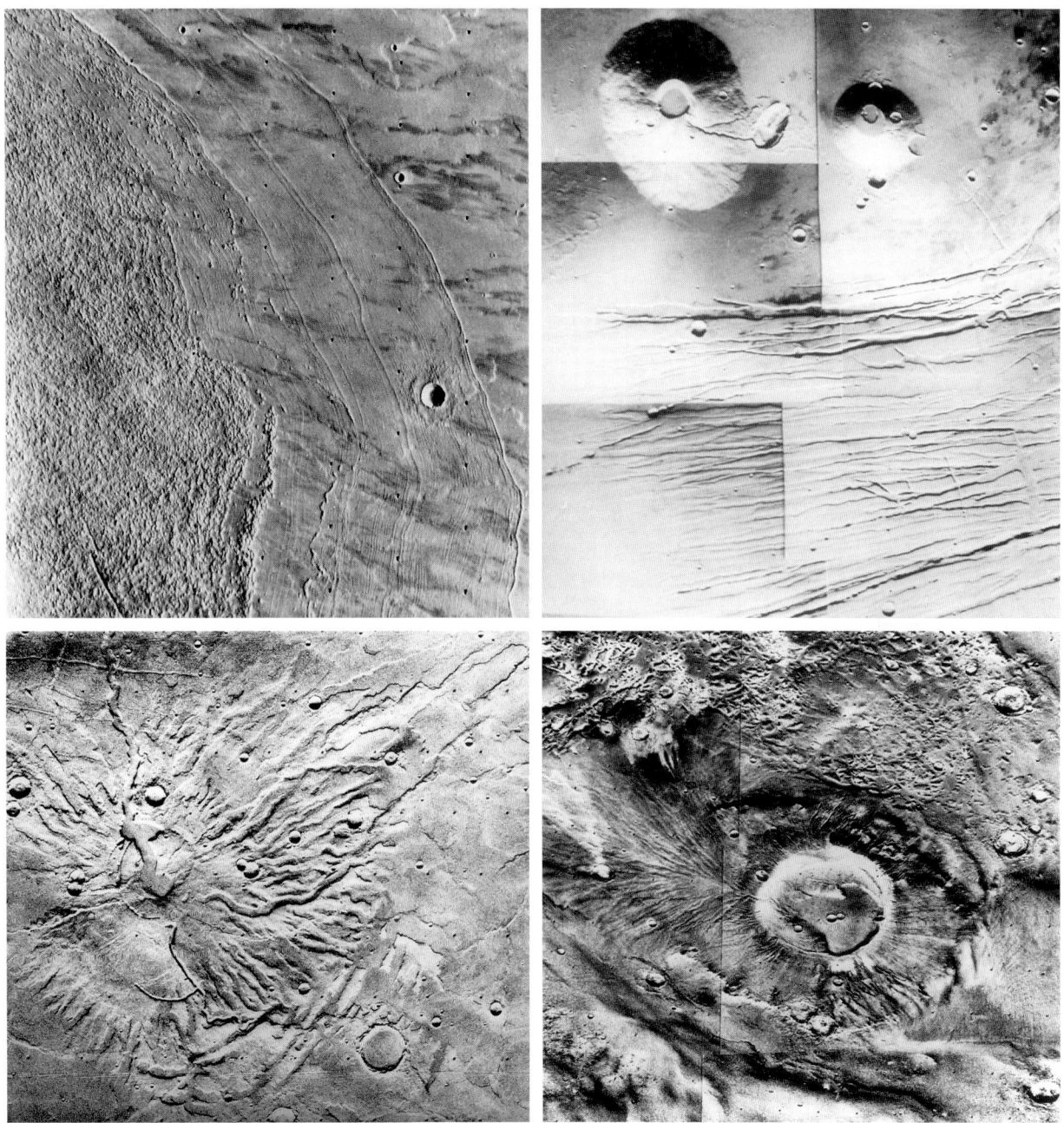

Eine aufgewölbte und zerbrochene Oberfläche

Als ein heftiger Meteoritenhagel auf Mars niederging und Lava über
seine Oberfläche floß, gingen auch in seinem Innern große Umstellun-
gen vor sich. Zwei große Klumpen entstanden, von denen der größte
der sogenannte Tharsis-Rücken ist. Als Tharsis sich ausdehnte, riß die

Bild 6.7. Farbmosaik des Mars. Dieses Mosaik der Nordhalbkugel wurde im Computer zusammengesetzt. Es zeigt im Westen (*links*) drei Vulkane als dunkle Flecken und im Süden (*Mitte unten*) das Canyonsystem Valles Marineris von Noctis Labyrinthus bis in die chaotische Ebene. Im Norden (*oben*) findet man Ausflußkanäle. Darüber hinaus erkennt man eine Reihe von Wolken und Dunstschleiern in der Nähe des Randes, vor allem durch ein Violettfilter. (Foto von der Viking-Sonde; Alfred S. McEwen, US Geological Survey)

Oberfläche auseinander und lange, weite Brüche wie das Valles Marineris öffneten sich. Bei dieser Oberflächendehnung entstand auch das in komplizierten Verzweigungen zerbrochene Noctis Labyrinthus (Labyrinth der Nacht).

    Die riesigen Canyonsysteme Noctis Labyrinthus und Valles Marineris schneiden die Äquatorzone und erstrecken sich nahezu über den halben Planeten (Bild 6.7). Durch die Temperaturunterschiede an den beiden Enden, weht dort ein kalter Wind hindurch (Bild 6.8). Eventuell hält dieser Vorgang der Dehnung und Streckung der Oberfläche heute noch an.

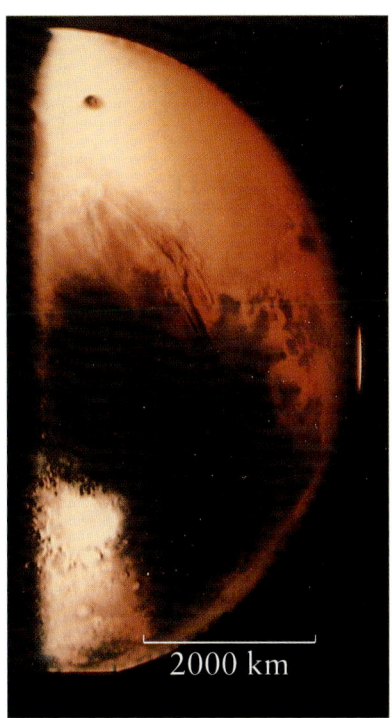

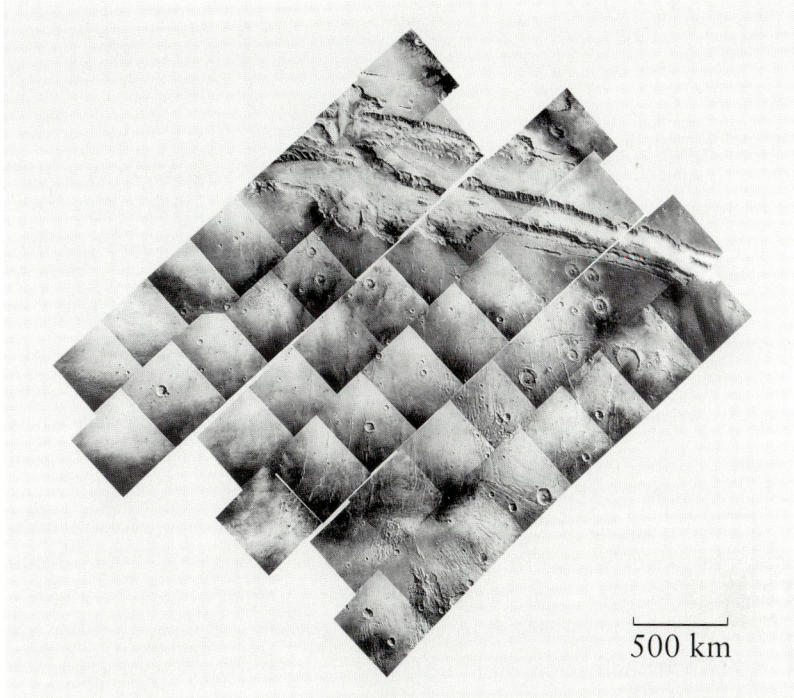

2000 km

500 km

Bild 6.8. Valles Marineris. Die Gesamtansicht (*oben*) verdeutlicht, daß die Canyons von Valles Marineris sich nahezu über die halbe Oberfläche des roten Planeten erstrecken. Die *obere rechte* Abbildung zeigt zwei große Spalten, während man auf der Detailaufnahme (*rechts*) eine große Bruchzone erkennt. Sie entstand wahrscheinlich, als Eis im Boden schmolz. Mit einer Geschwindigkeit von 100 Kilometern pro Stunde flossen damals 100 Milliarden Kubikmeter Material abwärts. (Foto: NASA und NSSDC)

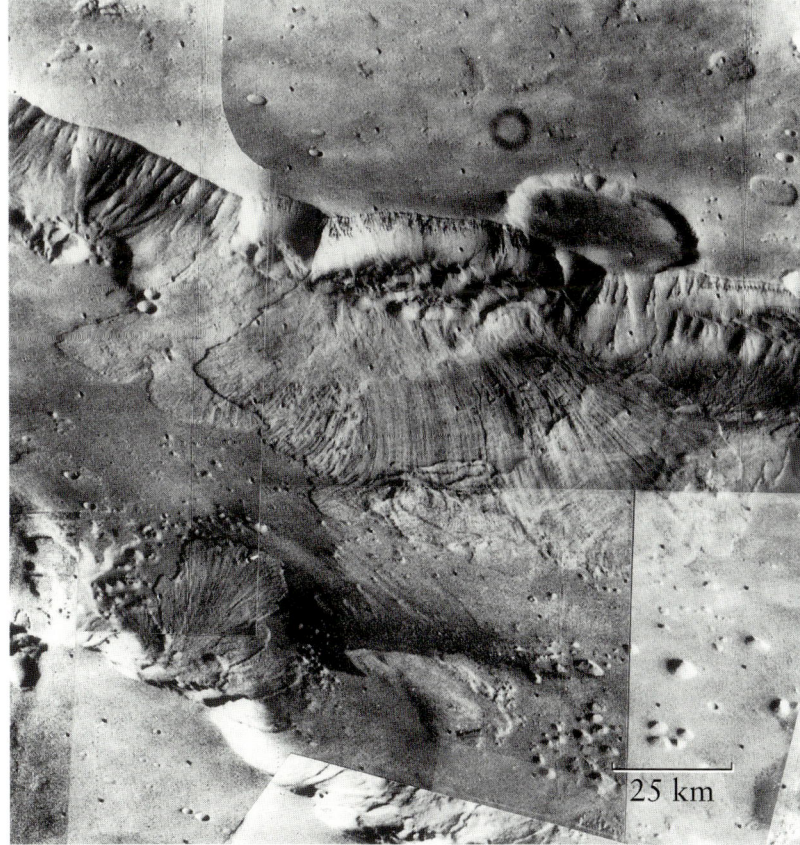

25 km

WASSER AUF MARS

Eis

Die Polkappen sind Wasserreservoirs. Im Winter friert am Nordpol
Kohlendioxid aus der Atmosphäre zu den beiden Eisdecken aus. Dies
ist jedoch nur eine jahreszeitlich begrenzte Ablagerung. Der größte
Teil des Trockeneises sublimiert in den wärmeren Sommermonaten in
die Atmosphäre und gibt dabei eine Schicht frei, die wahrscheinlich
aus Wassereis besteht. Dies haben die Wissenschaftler zuerst aus Tem-
peraturmessungen geschlossen, später bestätigten hohe Wasserdampf-
konzentrationen über dem Nordpol im Sommer diese Hypothese. Aus
der Eiskappe am Südpol sublimieren zwar nicht so große Mengen,
aber vermutlich gibt es auch hier Wasser.

Obwohl die Marsatmosphäre nur wenig Wasserdampf enthält,
muß relativ viel Wasser im Permafrostboden gespeichert sein, ähnlich
wie in dem ganzjährig gefrorenen Boden der arktischen Tundra. Man
schätzt die Dicke des Permafrostbodens auf einen Kilometer! Würde
diese Schicht schmelzen, so könnte das Eis zu einem Ozean verflüssi-
gen, der mit einer Tiefe von 10 bis 100 Metern den gesamten Planeten
umgäbe. Das meiste Wasser ist wohl an den Polen entweder in Form
von Eis gespeichert oder in den Mineralien chemisch gebunden.

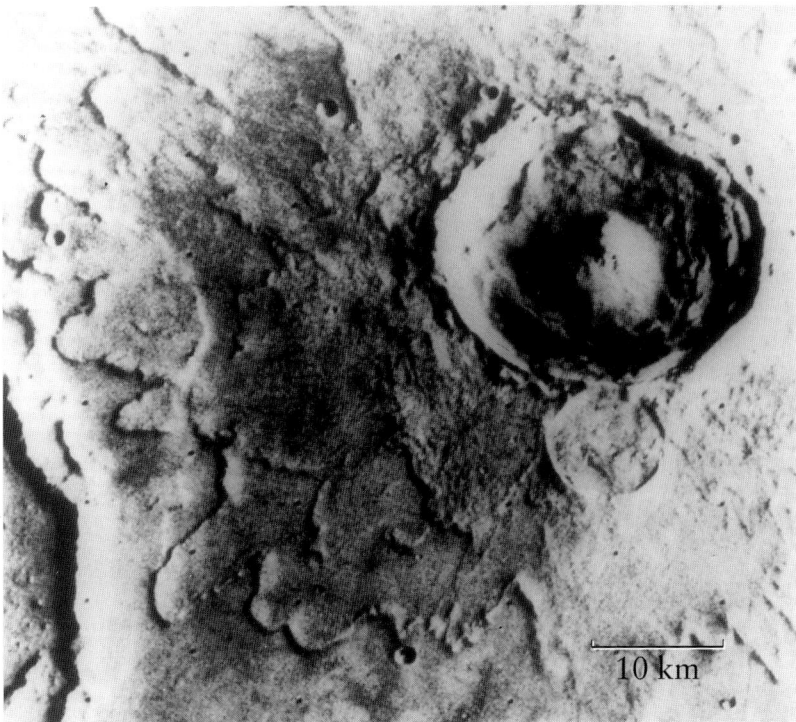

Bild 6.9. Der Krater Yuty. Das Material in der Umgebung des Kraters
Yuty lockerte sich, als ein ein-
stürzender Meteorit den Permafrostboden aufschmolz. Der herausgeschleuderte Schlamm schwappte
wie eine Welle über die Oberfläche
und gefror wieder. (Foto: NASA
und NSSDC)

Es gibt zahlreiche Hinweise für diese Wasserreservoirs. Die ungewöhnliche Form einiger Krater kann dadurch erklärt werden, daß der
Boden bei der Entstehung Wassereis enthielt. Haben die Krater Durchmesser von mehr als einigen Kilometern, so unterscheiden sie sich von
denen auf dem Mond oder Merkur. Schlug ein großer Meteorit auf
Mars ein, schmolz und verdunstete das Wassereis durch die Hitze,
oder es wurde flüssiges Wasser aus Schichten unterhalb des Permafrostbodens freigesetzt. Dampf und flüssiges Wasser wirkten dann
wie ein Schmiermittel für den fließenden Schutt. Das schlammartige
Material schwappte wellenförmig nach außen, trocknete und wurde
hart, oder es kühlte ab und gefror (Bild 6.9).

Die Kanäle und ehemaligen Seen

Heute kann es kein flüssiges Wasser auf Mars geben. In den meisten
Gebieten, vielleicht sogar überall ist die Temperatur unter dem Gefrierpunkt, und wenn sich der Boden einmal genügend erwärmt, sublimiert das Wasser sofort. Der rote Planet ist also eine trockene, un-
fruchtbare Wüste.

Allerdings gibt es zahlreiche Hinweise darauf, daß in früheren
Zeiten auf der Oberfläche Wasser floß. Beispielsweise finden wir an
vielen Stellen Kanäle (nicht zu verwechseln mit den Marskanälen
Schiaparellis), die an Flußbetten erinnern (Bild 6.10). Die Wassermenge, die diese Kanäle aus dem Boden herauswusch muß enorm gewesen
sein. Wahrscheinlich war sie rund 10 000 mal größer als der jährliche
Durchfluß des Amazonas.

Häufig gehen diese Ausflußkanäle von einem »chaotischen«
Gelände aus. Dort sind sie am breitesten und steilsten, verzweigen sich
aber kaum in Seitenarme. In den gewundenen Flußbetten finden wir
stromlinienförmige Berge, abgeschliffene Böden und große tropfen-
förmige Inseln. Teilweise sind die Kanäle auch miteinander verbunden. Kurzum: sie weisen eine Reihe von Merkmalen auf, die an
Flußläufe auf der Erde erinnern.

Die Entstehung dieser Ausflußkanäle hängt mit den chaotischen
Geländen zusammen, von denen sie ausgehen. In dem Permafrostboden sind große Mengen Wasser in Form von Eis gespeichert. Durch einen Meteoriteneinschlag oder einen Vulkanausbruch kann dieses Eis
plötzlich geschmolzen und fortgeflossen sein. Dabei entstanden große
Höhlen, die später einbrachen und heute als chaotisches Gelände zu
sehen sind. Die Millionen Tonnen Wasser ergossen sich aber in einer
riesigen Flutwelle und gruben tiefe Abflußkanäle in den Boden.

Es gibt noch eine weitere Art von Kanälen, die allerdings nichts
mit diesen chaotischen Geländen zu tun haben. Es sind die sinusförmigen Kanäle. Sie winden sich bergab und verschmelzen dabei mit zahl-

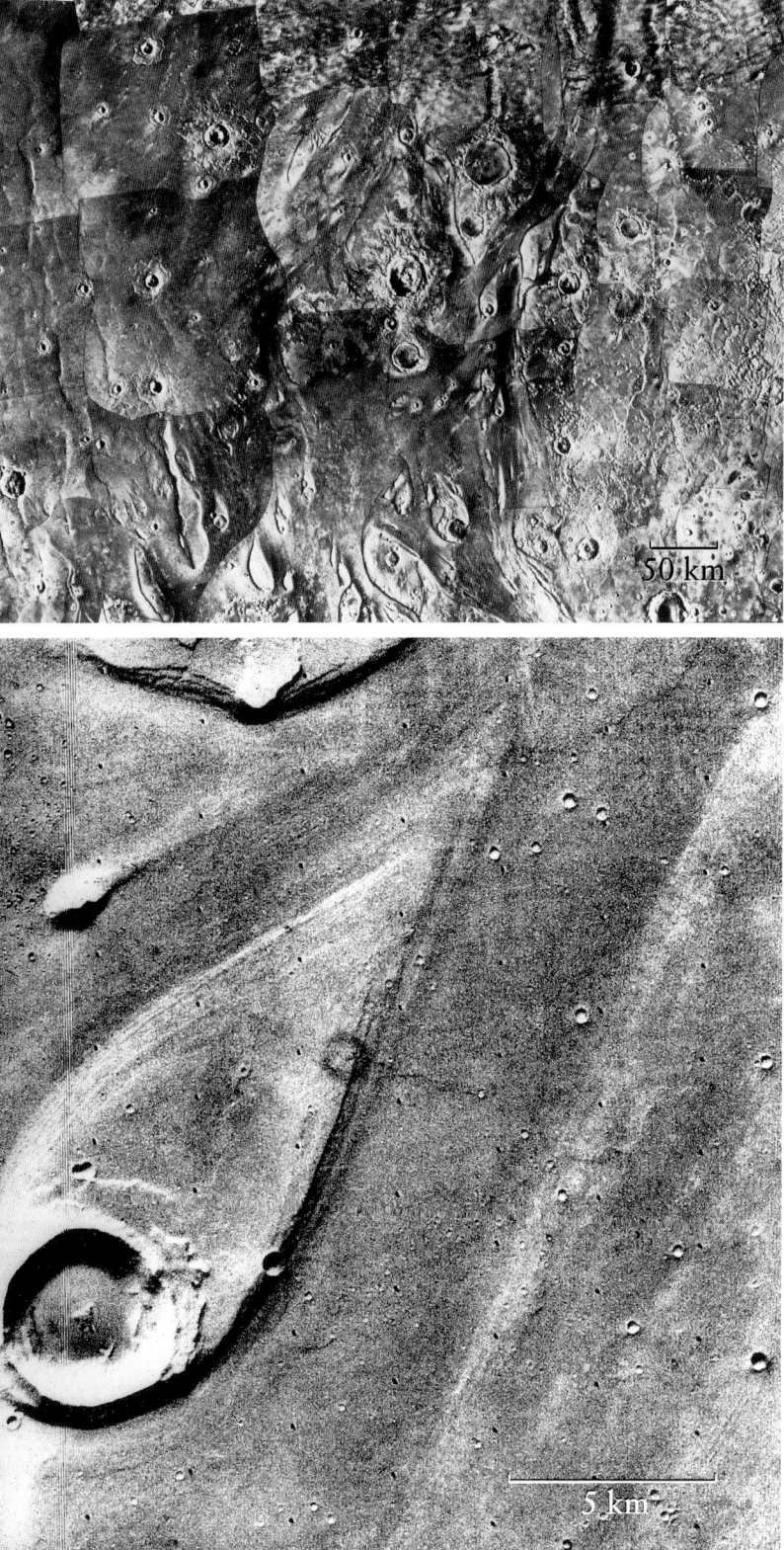

Bild 6.10. Ausflußkanäle. Die
Ares-Vallis-Region zeigt die Auswirkungen katastrophaler Über-
flutungen. Die langen Kanäle und
tropfenförmigen Inseln deuten darauf hin, daß auf der Marsoberfläche
einst Wasser floß. (Foto: Michael
H. Carr, US Geological Survey und
NASA)

Bild 6.11. Vallis Nirgal. Das sinusförmig gewundene Vallis Nirgal ist über 500 Kilometer lang. Die tiefen, steil abfallenden Nebenarme (*unten*) deuten darauf hin, daß sie in Höhlen einstürzten, die unterirdische Wasserströme ausgewaschen hatten. (Foto: NASA und NSSDC)

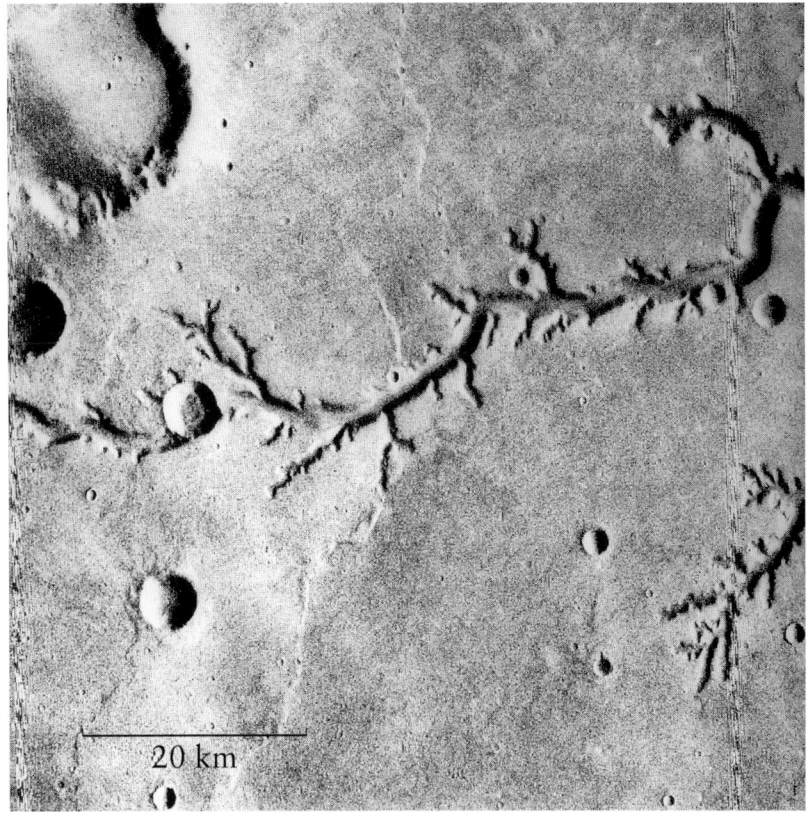

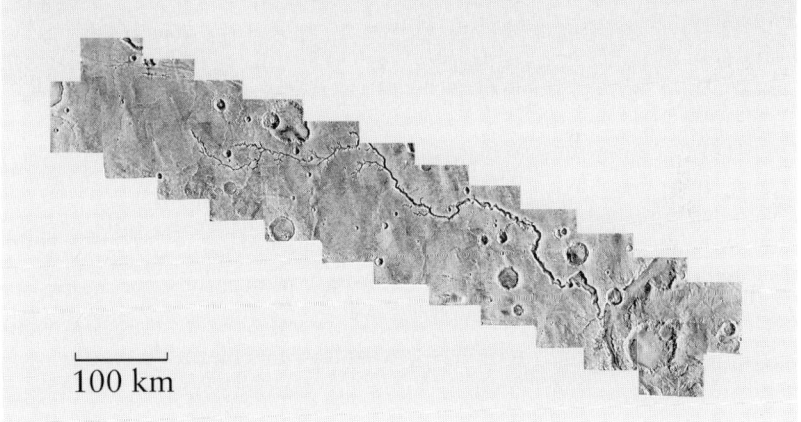

reichen, gut entwickelten Nebenarmen (Bild 6.11). Diese Nebenarme entstanden vermutlich durch langsame und ausdauernde Erosion durch Wasser, das entweder auf oder unter der Oberfläche floß.

Es gibt noch einen weiteren Hinweis darauf, daß einst Wasser auf Mars floß. In einigen Canyons erkennt man eine Abfolge von Ablagerungen (Bild 6.12), die an Sedimente an den Küsten mancher irdischer Seen erinnern. Sie entstanden vermutlich ebenfalls durch Wasser.

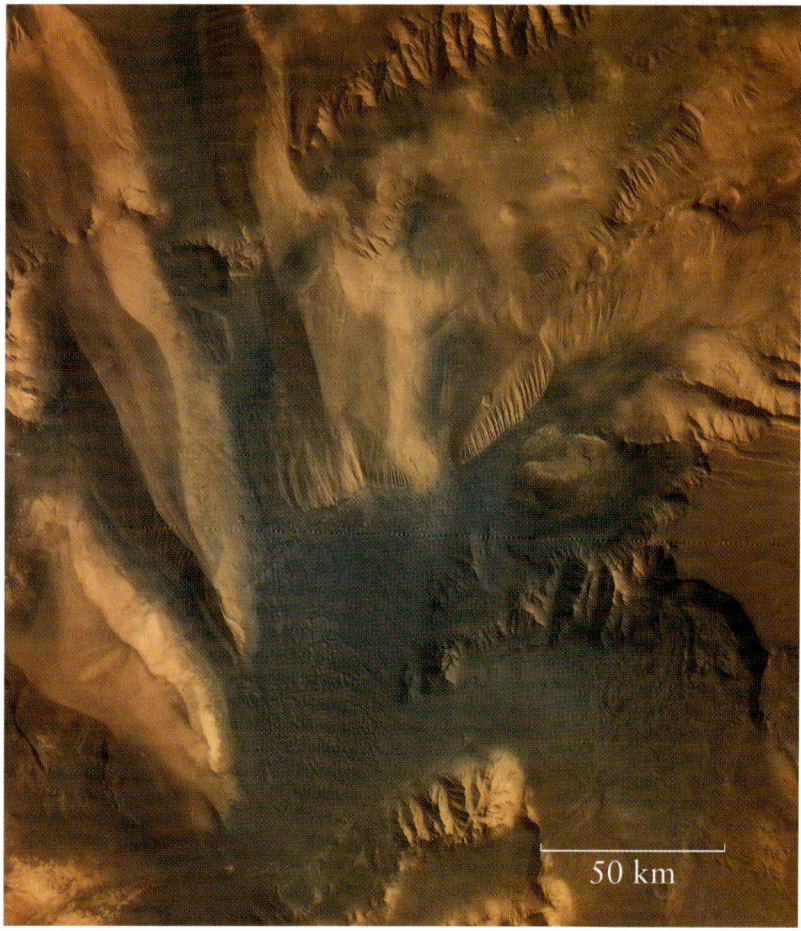

50 km

Bild 6.12. Das Candor Chasma im Valles Marineris. Diese farbverstärkte Aufnahme des Candor Chasma zeigt blaue, ebene Sedimentlagen, die offenbar im Wasser gelegen haben. Sie sind möglicherweise Überreste von großen, eisbedeckten Seen, die es einst auf Mars gab. (Foto: Alfred S. McEwen, US Geological Survey)

Die feuchte Epoche in der Geschichte des Mars

Es gab also offenbar Phasen in der Entwicklungsgeschichte des Mars, in der Wasser über seine Oberfläche floß. Möglicherweise traten sie in verschiedenen, unregelmäßigen Intervallen in einem Zeitraum zwischen 0,5 und 3,7 Milliarden Jahren vor der Gegenwart auf. Dann muß allerdings die Atmosphäre dichter und wärmer gewesen sein als heute. Möglicherweise unterstützten verschiedene Vorgänge die Wasserbildung. Bei heftigen Vulkanausbrüchen gelangte viel Kohlendioxid in die Atmosphäre und erzeugte durch den Treibhauseffekt eine warme und dichte Atmosphäre (Bilder 6.13 und 6.14).

   Höhere Temperaturen könnten auch durch ungewöhnliche Neigungen der Rotationsachse zustandegekommen sein. Aufwendige Computersimulationen zeigten, daß die Achse in Bezug zur Umlaufbahn mit verschiedenen Perioden zwischen einigen hunderttausend und Millionen von Jahren ihre Orientierung ändert. Einige Wissen-

850 km   200 km   50 km

Bild 6.13. Die Polkappe. Eisberge umgeben in schön geschwungenen Spiralen die Überreste einer Polkappe. Die regelmäßige Abfolge der Sedimente könnte eine Folge von Eiszeiten sein. (Foto: NASA und NSSDC)

schaftler glauben, daß diese Schwankungen einen entscheidenden Einfluß auf das Marsklima hatten und zu Eis- und Warmzeiten führten. Die Erdachse zeigt ähnliche Schwankungen, allerdings mit weit geringeren Amplituden.

Wenn Mars tatsächlich einst eine dichtere Atmosphäre besaß, wo ist sie dann geblieben? Möglicherweise löste sich einiges Kohlendioxid im Wasser und lagerte sich im Carbonatgestein ein, und die Atmo-

Bild 6.14. Kanäle und ihre Nebenarme. Einige Wissenschaftler glauben, daß solche Nebenarme nur durch ergiebige Regenfälle entstehen können. Dann müßte Mars von einer warmen und dichten Atmosphäre umgeben gewesen sein. Andere Forscher argumentieren, daß solche, scharf abknickenden Arme entstanden, als lokal im Boden Eis schmolz. (Foto: NASA und NSSDC)

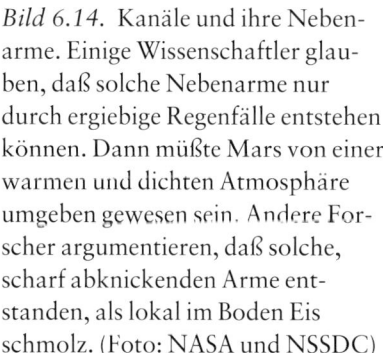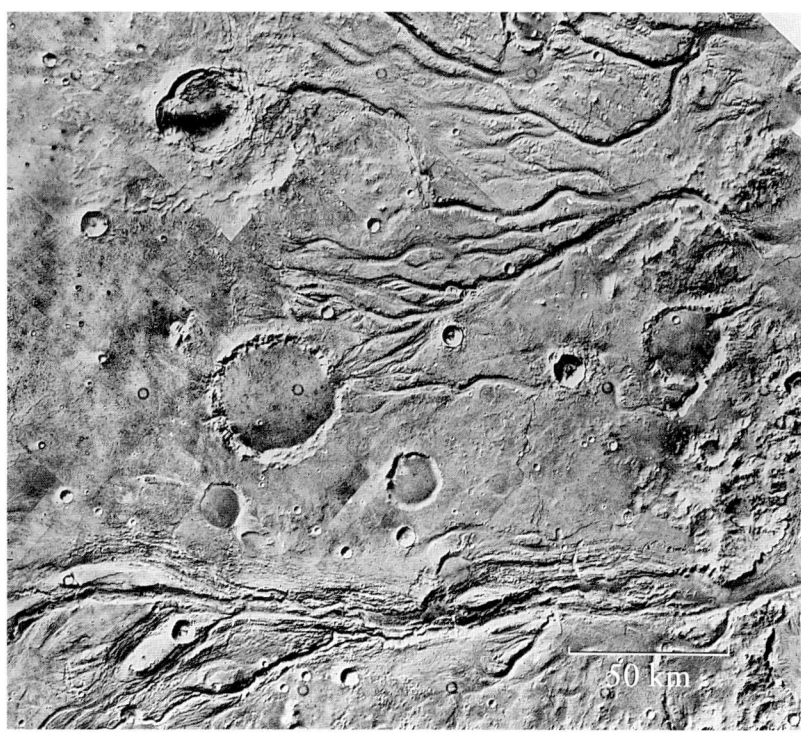

50 km

sphäre wurde dünner und kälter. Als Mars dann in eine Eiszeit geriet, trockneten die Flüsse aus, und das Wasser gefror im Boden und an den Polkappen. In seiner Jugend besaß Mars also möglicherweise alle Voraussetzungen für Leben. Dies bringt uns zu der Frage, ob es einst Leben auf unserem Nachbarplaneten gegeben hat.

CHANCEN FÜR LEBEN AUF MARS

Konnte auf Mars Leben entstehen?

Die Frage, ob es Leben auf Mars gab oder noch gibt, ist eng mit den Hypothesen über die Entstehung des Lebens auf der Erde verbunden. Viele Wissenschaftler glauben an die Theorie der chemischen Evolution, die auf einer genauen Untersuchung der chemischen Zusammensetzung und der Evolution der Lebewesen basiert. Der wesentliche Punkt ist, daß alle Lebewesen aus denselben molekularen Bausteinen aufgebaut sind, nämlich aus den Aminosäuren und Nukleotiden. Fossile Funde deuten darauf hin, daß die Vielzahl der Lebewesen aus einem Einzeller entstand, der sich vor 3,5 Milliarden Jahren im Urozean gebildet hat.

Eine Hypothese der chemischen Evolution geht davon aus, daß das Leben in der ersten Milliarde Jahre spontan durch chemische Reaktionen im Meer entstand. Es bildeten sich einfache Moleküle, die wieder zerbrachen und sich unter dem Einfluß des Sonnenlichts und von Blitzen zu immer komplizierteren Molekülen zusammenfügten. Schließlich entstanden Moleküle, die in der Lage waren, sich selbst zu reproduzieren. Damit war das Leben geboren.

Diese Hypothese ist nicht bewiesen, und Leben kann auch auf andere Weise entstanden sein. Sie basiert darauf, daß die Uratmosphäre sehr wasserstoffreich war und keinen freien Sauerstoff enthielt. Wir wissen aber nicht sicher, ob dies wirklich auf der Erde oder Mars der Fall war. Ist diese Hypothese richtig, so ist das Leben nicht einzigartig. Dann könnten sich unter den entsprechenden Bedingungen nach genügend langer Zeit auch auf anderen Planeten Lebewesen aus toter Materie entwickeln.

Aber konnte auch auf Mars Leben entstehen? Erde und Mars bildeten sich etwa zur selben Zeit aus ähnlichem Material in ähnlicher Entfernung von der Sonne, und vermutlich gab es auch Wasser auf Mars. Vielleicht atmeten Marslebewesen Kohlendioxid, und möglicherweise enthielt die Atmosphäre auch Sauerstoff, der heute im Gestein gebunden ist. Kurzum: Es waren vielleicht alle nötigen Voraussetzungen für die Entstehung von Leben vorhanden, und nach der Hypothese der chemischen Evolution könnte es auch entstanden sein.

Wie könnten wir Lebewesen auf Mars finden? Nach unseren Vorstellungen würde es aus denselben, im Universum häufigen Elementen aufgebaut sein wie auf der Erde. Hierzu gehört vor allem das Schlüsselelement Kohlenstoff. Es kann in Verbindung mit weiterem Kohlenstoff oder anderen Atomen komplexe, sogenannte organische Moleküle aufbauen. Hierzu gehören auch die Aminosäuren.

Organische Moleküle geben Lebewesen die Möglichkeit, sich zu entwickeln, anzupassen und sich selbst zu reproduzieren. Sie sind die Basis des Lebens, so daß die Suche nach Leben auf Mars gleichzeitig eine Suche nach organischen Molekülen ist. Aber Mars befindet sich in einer Eiszeit, und jedes Lebewesen müßte extrem widerstandsfähig und sehr klein sein.

Können Lebewesen in der feindlichen Marsatmosphäre überleben?

Wenn es Marswesen gäbe, die nicht in der dünnen Kohlendioxidatmosphäre ersticken oder in der Nacht erfrieren, so wären sie tagsüber einer tödlichen Ultraviolettstrahlung ausgesetzt. Selbst auf der Erde führt zu intensive UV-Strahlung zu einem Sonnenbrand, und einige Ärzte benutzen diese Strahlung, um mögliche Mikroorganismen auf ihren Instrumenten abzutöten. In der Erdatmosphäre schluckt die Ozonschicht einen großen Teil der energiereichen UV-Strahlung. Mars besitzt diesen Schutz jedoch nicht, so daß die Sonnenstrahlung die meisten irdischen Mikroorganismen auf Mars sofort abtöten würde. Das größte Hindernis für Leben auf Mars ist aber wohl das Fehlen von flüssigem Wasser.

Möglicherweise sind die Bedingungen auf Mars aber nicht für alle denkbaren Organismen lebensfeindlich. Schließlich entstand das Leben auf der Erde auch in einer für heutige Lebewesen tödlichen Atmosphäre. Damals gab es keinen Sauerstoff und auch keine schützende Ozonschicht. Die einzelligen blau-grünen Algen, die vor mehr als 3,5 Milliarden Jahren auf der Erde lebten, atmeten wahrscheinlich Kohlendioxid, ebenso wie unsre heutigen Pflanzen. In der Tat leben die Tetanus produzierenden Bakterien in einer Kohlendioxidatmosphäre und gehen bei Anwesenheit von Sauerstoff zugrunde. Einige Mikroben überlebten in Versuchen sogar die kalte, kohlendioxidreiche Marsatmosphäre, die man in einem Behälter simuliert hatte. So scheint es nicht unmöglich zu sein, daß es Organismen auf Mars gibt, die Kohlendioxid atmen und einen Schutzpanzer gegen das ultraviolette Licht ausgebildet haben.

Trotzdem waren natürlich die meisten Wissenschaftler sehr skeptisch, Leben auf Mars zu finden (s. Tabelle 6.2). Die Entsendung einer Marssonde, die nach Leben suchen sollte, bedurfte einer langfristigen Planung.

Tabelle 6.2. Hindernisse für Leben auf Mars

Hindernis	Nötige Anpassung
Kein flüssiges Wasser auf der Oberfläche	Wassergewinnung aus Eis oder Gestein durch Wärme oder chemische Reaktionen
Sehr wenig Sauerstoff in der Atmosphäre	Atmung von Kohlendioxid
Energiereiche, zerstörende UV-Strahlung	Schutz unter Steinen oder im Sand oder Ausbildung von Schutzschilden
Oberflächentemperatur steigt selten über die Schmelztemperatur von Wasser	Entwicklung innerer Wärme

Die Suche nach Leben

Als am 20. Juli des Jahres 1976 die Viking-1-Sonde weich im Chryse Planitia auf Mars landete (Bild 6.15), begann eines der ungewöhnlichsten und einfallsreichsten Experiment der Menschheit. Sechs Wochen später landete auf der anderen Seite des Planeten im Utopia Planitia Viking 2. Beide Sonden hatten die Aufgabe, nach Leben auf unserem Nachbarplaneten zu suchen.

Bild 6.15. Die Marsoberfläche. Die Marsoberfläche ähnelt einer Steinwüste auf der Erde. Die windverwehten Dünen bieten das Bild einer seicht geschwungenen Landschaft. Es ist eine gefrorene Einöde aus Felsen und Sand, die in einer Färbung aus Gelb, Rot und Braun schimmert. Staub in der Atmosphäre schlägt gegen erodierte Felsen. Die Stille wird von dem Brüllen der Stürme, dem Zischen des Staubs, dem Donner riesiger Erdrutsche und vielleicht den Eruptionen von Vulkanen unterbrochen

Bild 6.16. Die felsige Oberfläche. Scharfe Winde erodieren unablässig die Oberfläche des Marsgesteins und legen ihre natürliche dunkle Färbung frei, wie hier in der Umgebung der Sonde Viking 2. Die schwammartige Struktur einiger Steine rührt von platzenden Blasen her, die mit vulkanischen Gasen angefüllt waren. Von oben links nach unten rechts durchzieht eine mit feinkörnigen Sedimenten angefüllte Rinne das Bild. Der Felsen hinter der Rinne, in der rechten Bildhälfte, hat einen Durchmesser von etwa einem Meter. (Foto: Craig Leff, Washington University, Regional Planetary Image Facility)

Wie ging das vor sich? Der erste Test bestand darin, die Oberfläche nach sich bewegenden Tieren abzusuchen. Die Kameras waren so ausgelegt, daß sie in einer Umgebung von 1,5 Metern jedes Detail bis hinunter zu einer Größe von wenigen Millimetern erfassen konnten. Zwei Marsjahre lang machten die Kameras Aufnahmen der Landschaft, von den Landebeinen bis zum Horizont, doch es konnten keine Anzeichen für sich bewegende Lebewesen gefunden werden. Fazit: es gibt keine Form von Leben, größer als einige Millimeter (Bild 6.16).

Aber wie hätte der Lander unsichtbare Mikroorganismen ausmachen können? Sie sollten sich durch das Vorhandensein organischer Moleküle im Marsboden verraten. Lebende Mikroben bestehen aus diesen Molekülen, und tote Mikroben hinterlassen sie im Boden. Der Test auf organische Moleküle galt diesen Rückständen.

Die Sonden entnahmen Bodenproben, verschlossen sie in einem Behälter, erhitzten sie und wiesen die ausgasenden Moleküle nach. Die Analyse ergab nichts Überraschendes: Die Proben enthielten im wesentlichen die atmosphärischen Gase Kohlendioxid und Wasserdampf. Bis zu einem Anteil von wenigen Teilchen in einer Milliarde hinunter fand man keine organischen Moleküle.

Es gibt allerdings eine Lücke in der Argumentation. Das beschriebene Experiment suchte nach toten Organismen, von denen die meisten Wissenschaftler annehmen, daß sie, falls überhaupt existent, im Boden weitaus häufiger sind als lebende Organismen. Sollte es doch einige tote Mikroben im Marsboden geben, so müßten sie dort mehrere tausendmal seltener sein als in vergleichbarem irdischem Material. Nun besteht noch die Möglichkeit, daß die Marsmikroben äußerst ef-

fektive Verwerter sind und wie Kannibalen die Überreste ihrer eigenen
Art fressen. Die Biologen halten dies jedoch für sehr unwahrscheinlich.

Die anderen Geräte an Bord der Viking-Sonden suchten nach Anzeichen für lebende Mikroben. Sollte es Mikroorganismen auf Mars geben, so müßten sie die Atmosphäre einatmen sowie die vorhandene Nahrung aufnehmen und verdauen. Die drei Experimente könnte man deshalb den Atmungs-, Nahrungs- und Stoffwechseltest nennen.

Bei dem Atmungstest geht man davon aus, daß die Mikroben den häufigsten Bestandteil, nämlich Kohlendioxid einatmen. Pflanzenähnliche Organismen entnehmen somit der Atmosphäre Kohlenstoff, um organische Moleküle zu synthetisieren. Das heißt sie bauen diesen Kohlenstoff in ihren Körper ein. Der Trick bestand nun darin, das radioaktive Isotop Kohlenstoff-14 als sogenannten Tracer oder Markierungsstoff zu benutzen. Hierfür wurden Bodenproben fünf Tage lang in einer Atmosphäre ausgeheizt, die aus mit Kohlenstoff-14 versetztem Kohlendioxid und Kohlenmonoxid bestand. Dann wurden die Proben analysiert. Zur Überraschung der Wissenschaftler enthielten sie tatsächlich geringe Mengen an Kohlenstoff-14, was zunächst vermuten ließ, daß pflanzenähnliche Mikroorganismen der Atmosphäre Kohlenstoff entnommen hatten, um ihn mit der Energie des Sonnenlichts in organische Moleküle einzubauen. Dann wiederholten die Forscher das Experiment mit Bodenproben, die zuvor so stark aufgeheizt wurden, daß alle Mikroben, wie wir sie von der Erde her kennen, abgetötet sein mußten. Dennoch wies die Probe denselben Gehalt an Kohlenstoff-14 auf wie in dem ersten Test. Es ist bis heute nicht ganz klar, wie der Kohlenstoff im Gestein gebunden wird, aber durch Organismen geschieht es höchstwahrscheinlich nicht.

Bei dem Nahrungstest verwendete man ebenfalls Kohlenstoff-14 als Markierungsstoff. Hier suchten die Wissenschaftler jedoch Kohlenstoff, den die Organismen wieder abgeben. Sie reicherten den Boden mit flüssiger, radioaktiv markierter Nahrung an. Wenn Marsmikroben diese Nahrung aufnehmen, so die Argumentation der Forscher, würden sie auch den radioaktiven Kohlenstoff aufnehmen, verdauen und Kohlendioxid wieder abgeben — genauso wie irdische Mikroorganismen. Bei dem Experiment kamen in der Tat große Mengen an radioaktivem Kohlenstoff aus der Bodenprobe, was erneut auf Mikroorganismen schließen ließ. Als man weitere Nahrung hinzugab, stieg der Gehalt des radioaktiven Gases jedoch nicht an, ganz anders als bei irdischen Mikroben, die mehr Nahrung aufgenommen und somit mehr Kohlenstoff abgegeben hätten.

Die Wissenschaftler schlossen daraus, daß radioaktiver Kohlenstoff-14 bei chemischen Reaktionen zwischen der Nahrung und dem Marsboden freigesetzt werden kann. Somit lieferte der Nahrungstest keinen Hinweis auf Lebewesen, sondern gab uns lediglich Aufschlüsse über chemische Reaktionen im Marsboden.

Im Stoffwechseltest (auch Gasaustauschtest genannt) wurde dem Boden wieder flüssige Nahrung zugefügt, dieses Mal war sie jedoch nicht radioaktiv markiert. Die hochempfindlichen Instrumente suchten nach Gasen, die die mutmaßlichen Mikroorganismen bei der Verdauung abgeben. (Irdische Organismen setzen eine ganze Reihe von Gasen frei, was man dem Geruch verfaulender Nahrung bereits anmerkt.) Als die Probe Wasserdampf ausgesetzt wurde, entließ sie plötzlich sehr viel Sauerstoff. Zuerst glaubten die Wissenschaftler, pflanzenähnliche Organismen wären dafür verantwortlich, aber dafür war der Ausstoß zu schnell und zu kurz. Mikroben würden langsam wachsen und nach und nach immer mehr Sauerstoff produzieren. Darüber hinaus fand das Experiment im Dunkeln statt, wenn keine Photosynthese möglich ist. Nach weiteren Tests kamen die Wissenschaftler schließlich zu dem Schluß, daß der plötzliche Sauerstoffausstoß die Folge einer chemischen Reaktion zwischen dem Marsmaterial und dem Wasserdampf war.

Damit erbrachte keines der drei Experimente einen Hinweis für Mikroorganismen. Alle Meßergebnisse beruhten auf nicht-biologischen Reaktionen, und das einzige handfeste Resultat bestand in der Beobachtung ungewöhnlicher chemischer Reaktionen des Materials im Marsboden.

Die Tatsache, daß bis zu einem Anteil von einigen Teilchen in einer Milliarde keine organischen Moleküle vorhanden sind, setzt dem etwaigen Leben auf Mars enge Grenzen. Doch obwohl die Viking-Sonden keinen zweifelsfreien Hinweis für Mikroorganismen fanden, schließt dies natürlich nicht die Möglichkeit aus, daß dort früher Leben existiert hat. Es erscheint nicht ganz unmöglich, daß auf Mars ebenfalls Leben entstand, das bei der Abkühlung des Klimas ausstarb. Ist dies der Fall, so könnte es noch fossile Zeugen dieser Ära geben.

DIE GEHEIMNISVOLLEN MARSMONDE

Ein unorthodoxer Mond

Die zwei Marsmonde heißen Phobos (Furcht) und Deimos (Terror), benannt nach den Pferden, die den Wagen des Kriegsgottes Ares zogen (Bild 6.17). Phobos und Deimos umrunden den Planeten in der Äquatorebene in einem Abstand von 2,7 beziehungsweise 6,9 Marsradien. Sie sind ihm dabei so nahe, daß man sie von den Polen aus nicht sehen könnte. Entdeckt wurden sie im 19. Jahrhundert, aber bereits einhundert Jahre zuvor hatte Jonathan Swift in seinem Buch *Gullivers Reisen* Mars mit zwei fiktiven Monden versehen, deren Umlaufbahnen den tatsächlichen sehr nahe kamen.

Phobos verhält sich sehr unorthodox. Er ist dem Planeten so nahe, daß
er ihn an einem Marstag dreimal umrundet. (Die Umlaufzeit beträgt
7 Stunden und 39 Minuten, während ein Marstag 24 Stunden und
37 Minuten dauert.) Tatsächlich spiralt der Mond langsam auf die
Marsoberfläche zu. Wenn er sich weiter mit der heutigen Rate nähert,
wird er in 100 Millionen Jahren auf dem Mars aufschlagen oder vorher von dessen Gezeitenkraft zerrissen. Verglichen mit dem bisherigen
Lebensalter von 4,6 Milliarden Jahren erleben wir hier praktisch die
letzten Momente im Leben dieses Mondes.

Warum nähert sich Phobos dem Planeten immer weiter? Die Erklärung liegt in den Gezeitenkräften. Phobos erzeugt im Innern des
Planeten, ebenso wie der Mond auf der Erde, zwei Gezeitenwülste. Bei
seinem Umlauf läuft der Mond dem Wulst voraus, der wiederum den
Mond zurückzieht. Dadurch verliert er Energie und nähert sich immer
weiter dem Planeten. Nur weil Phobos den Planeten so schnell umrundet, wird er zum Planeten hingezogen. Die ungewöhnliche Phobos-
bahn führte auch zu exotischen Deutungen, bei denen man in dem
Mond einen künstlichen Trabanten sah (s. Kurzinformation 6.4).

KURZINFORMATION 6.4
Mutmaßungen über Phobos

Phobos nähert sich langsam dem Mars und wird dabei ständig schnel-
ler. Einige Astronomen glaubten, daß Reibung in einer mutmaßlichen
Marsatmosphäre hierfür verantwortlich sei, ebenso wie sie bei der
Erde den Absturz von Satelliten verursacht. Die Reibung der dünnen
Marsatmosphäre wäre allerdings nur dann ausreichend, wenn die
Dichte dieses Mondes tausendmal geringer wäre als die von Wasser.
Da es kein festes Material mit einer solch geringen Dichte gibt, schloß
der sowjetische Astrophysiker Josef Shklovsky, daß Phobos nicht mas-
siv sein könne. Er machte auf die Möglichkeit aufmerksam, daß es sich
um einen künstlichen, innen hohlen Satelliten einer vergangenen
Marsrasse handeln könne. 1966 nahm der amerikanische Astrophysiker Carl Sagan diesen Vorschlag in seinem Buch *Life in the Universe*
auf, in dem er beide Marsmonde als künstliche Satelliten einer Mars-
zivilisation bezeichnete, deren übrige Bauten schon längst unter dem
Sand des Planeten begraben seien. Erst die Raumsonden brachten die
Gewißheit, daß Phobos ein kraterübersäter Felsbrocken ist, und Gezeitenkräfte des Mars für die eigenartige Bewegung dieses Mondes
verantwortlich sind.

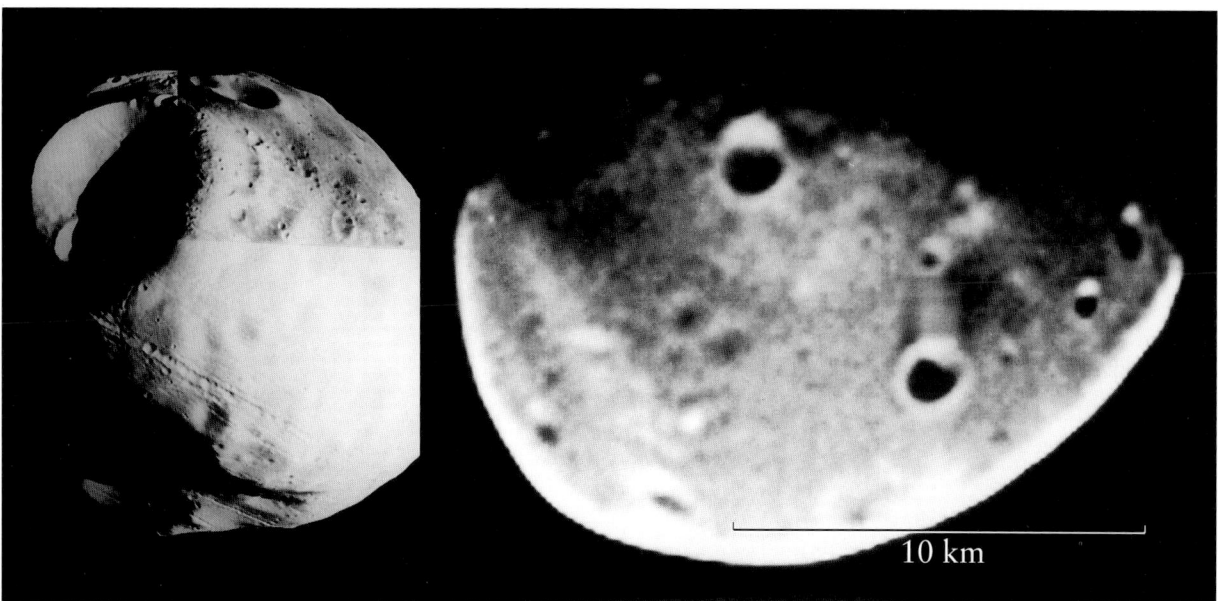

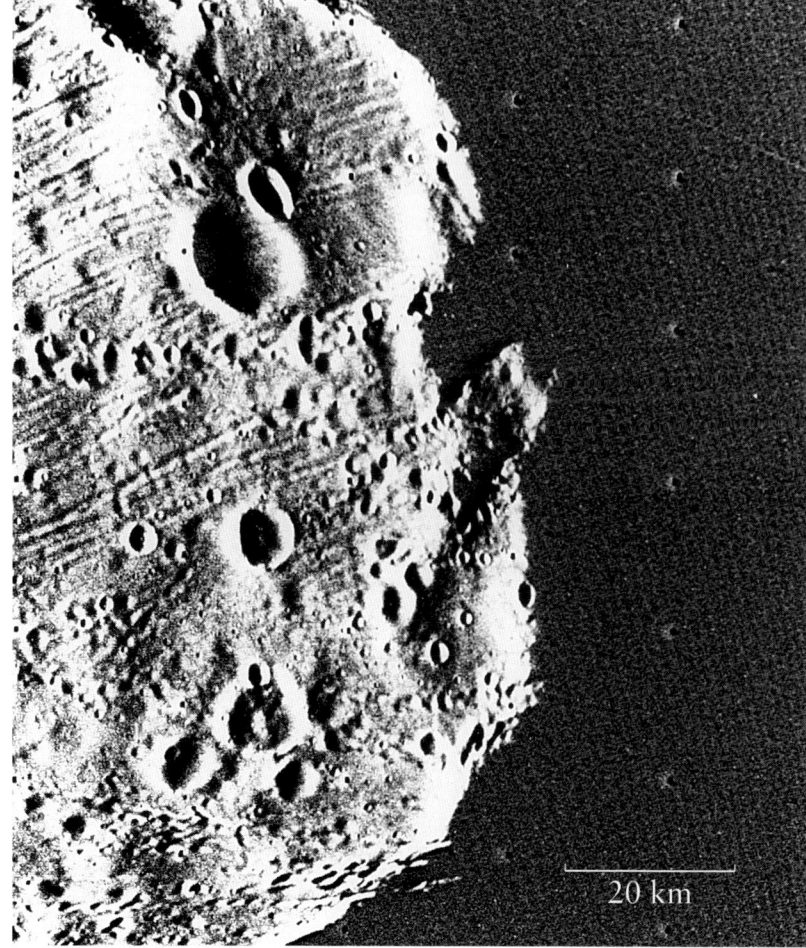

Bild 6.17. Die beiden Marsmonde
Phobos und Deimos. Ihre Schwerkraft ist zu gering, um eine Atmosphäre zu halten oder Kugelform
anzunehmen. Vor über 3 Milliarden Jahren überzog ein heftiges
Meteoritenbombardement die gesamte Oberfläche von Phobos (*oben
links* und *rechts*) und Deimos. Auf
Phobos verlaufen lange, fast parallele Rinnen entlang des Äquators
(*rechts*). Sie gehen über die Krater
hinweg und umgeben vermutlich
den gesamten Mond. Möglicherweise sind sie Merkmale starker innerer Spannungen, die bei dem Einschlag entstanden, der den größten
Krater hinterließ. (Foto: NASA)

Der Ursprung der Marsmonde

Woher stammen Phobos und Deimos? Entweder entstanden sie aus den Trümmern, die bei der Bildung des Mars übrig blieben oder sie bildeten sich irgendwo im Sonnensystem und Mars fing sie später ein. Möglicherweise handelte es sich bei den beiden Monden früher um einen einzigen Asteroiden, der bei der großen Annäherung an den Planeten auseinanderbrach. Sie ähneln nämlich stark diesen Kleinplaneten, die sich hauptsächlich im Asteroidengürtel zwischen Mars und Jupiter aufhalten. Sie sind ebenso unregelmäßig geformt und genauso dunkel wie Asteroiden, nicht wie Mars, der eine helle Farbe besitzt. Messungen der Raumsonden deuten außerdem darauf hin, daß Phobos eine sehr geringe Dichte hat, die nur etwa doppelt so hoch ist wie die von Wasser. Das ist vergleichbar mit einer bestimmten Sorte von Meteoriten, die möglicherweise auch aus dem Asteroidengürtel stammen. Dies alles legt die Vermutung nahe, daß Phobos und Deimos aus dem Asteroidengürtel stammen. Hier werden wir auch den nächsten Aufenthalt bei unserer Reise durch das Planetensystem einlegen.

KURZINFORMATION 6.5
Mars – Zusammenfassung

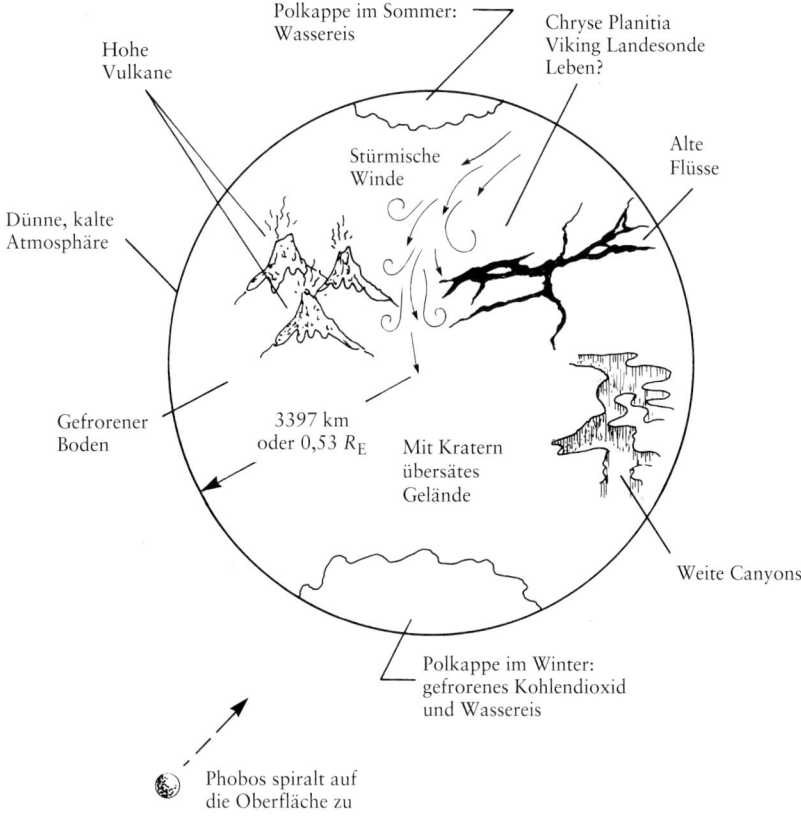

Masse: $6,4 \cdot 10^{26}$ Gramm $= 0,107\ M_{\mathrm{E}}$ (Erde $= 1$)
Radius: 3397 Kilometer $= 0,532\ R_{\mathrm{E}}$ (Erde $= 1$)
Mittlere Dichte: 3,93 g/cm^3
Rotationsperiode: 24 Stunden, 37 Minuten, 22 Sekunden
Mittlere Entfernung von der Sonne: 1,52 AE
Anzahl der Monde: 2
Ein Magnetfeld ließ sich nicht mit Sicherheit feststellen.

Meteoriten im Eis. Die Mitter-
nachtssonne scheint auf die windverwehten Eisfelder am Ende der
Welt. In dieser Gegend, nahe dem
antarktischen Allan-Gebirge, fand
man im Eis zahlreiche Meteoriten.
Sie sind wahrscheinlich Fragmente
von Asteroiden, die einst auf Bahnen
zwischen Mars und Jupiter die Sonne umkreisten. Einige wenige stammen eventuell vom Mond oder sogar
vom Mars. (Foto: Ursula Marvin,
Harvard-Smithsonian Center for
Astrophysics)

KAPITEL 7

Asteroiden, Meteore und Meterorite

Die Millionen von Asteroiden haben zusammen eine weitaus geringere Masse als unser Mond, und der Asteroidengürtel, in dem sich die meisten dieser Kleinplaneten bewegen, ist zum Großteil leer. Möglicherweise stieß vor 65 Millionen Jahren ein Asteroid mit der Erde zusammen und verursachte das Aussterben der Dinosaurier. Vielleicht kann man diese Kleinplaneten irgendwann einmal als Rohstoffquelle für Mineralien ausbeuten. Jedes Jahr dringen Meteorite mit einer Gesamtmasse von mehreren hundert Tonnen in die Erdatmosphäre ein; viele von ihnen findet man in der Antarktis. Die organischen Moleküle in den Meteoriten sind eine Milliarde Jahre älter als die ersten Lebewesen auf der Erde, aber sie sind nicht-biologischen Ursprungs. Einige wenige Meteorite stammen vom Mond oder Mars, die meisten sind Bruchstücke von Asteroiden.

DIE UMLAUFBAHNEN DER ASTEROIDEN

Erste Entdeckungen

In der ersten Nacht des 19. Jahrhunderts, am 1.Januar 1801, entdeckte Giuseppe Piazzi eine neue Welt. Bei der Anfertigung einer Himmelskarte bemerkte er einen Stern, der sich seit der letzten Beobachtung am Himmel bewegt hatte. Dieser Wandelstern entpuppte sich als kleiner Planet, der so weit entfernt war, daß man selbst durch ein großes Teleskop seine Oberfläche nicht erkennen konnte. Piazzi taufte ihn Ceres, nach der Göttin der Fruchtbarkeit und Schutzheiligen Siziliens. Noch bevor die anderen Astronomen von Piazzis Entdeckung hörten, verschwand Ceres hinter der Sonne, und als das Objekt wieder am Abendhimmel auftauchen sollte, fand man es nicht wieder. Als der junge Mathematiker Carl Friedrich Gauß von diesem Problem hörte, machte er sich daran, ein mathematisches Verfahren zu entwickeln, mit dem sich aus drei Beobachtungen die gesamte Bahn des Asteroiden berechnen ließ. Nun waren die Astronomen erfolgreich: Ein Jahr nach der Entdeckung fanden sie Ceres wieder.

Innerhalb eines Jahres wurden drei weitere dieser kleinen Planeten entdeckt, die man wegen ihres sternähnlichen Aussehens Asteroiden nannte (nach lateinisch *astra*, Stern). Aus ihrer schnellen Bewegung schlossen die Astronomen, daß sich die Asteroiden innerhalb des Sonnensystems auf Umlaufbahnen zwischen Mars und Jupiter bewegen. Aufgrund ihrer scheinbaren Helligkeit konnte man abschätzen, daß ihre Durchmesser weniger als tausend, oft sogar nur einige Dutzend Kilometer betragen.

Heute kennen wir die Bahnen von rund 2500 Asteroiden. Die meisten umkreisen die Sonne in Abständen zwischen 2,2 und 3,3 AE und haben Perioden zwischen 3 und 6 Jahren. Man nennt diesen Bereich den Asteroiden- oder auch Hauptgürtel.

Die hellsten Asteroiden besitzen Durchmesser zwischen 20 und 100 Kilometern. Himmelsdurchmusterungen haben gezeigt, daß es

KURZINFORMATION 7.1
Die Trojaner und der Lagrange-Punkt

Eine Gruppe von Asteroiden, Trojaner genannt, folgt Jupiter von der Sonne aus gesehen in einem Winkelabstand von 60 Grad. Sie liegen in der Nähe der zwei Lagrange-Punkte, die nach ihrem Entdecker Joseph Louis Lagrange (1736 bis 1813) benannt wurden. An diesen Stellen heben sich die Anziehungskräfte von Jupiter und der Sonne gegenseitig auf, so daß die Asteroiden sich dort in einer gravitativen Gleichgewichtslage befinden. Allerdings stören die anderen Planeten dieses Gleichgewicht, so daß die Trojaner innerhalb der beiden ovalen Gebiete hin- und herpendeln. Einige der Trojaner kommen dabei Jupiter vielleicht so nahe, daß dieser sie einfängt. Das könnte die ungewöhnlichen äußeren Monde des Planeten erklären.

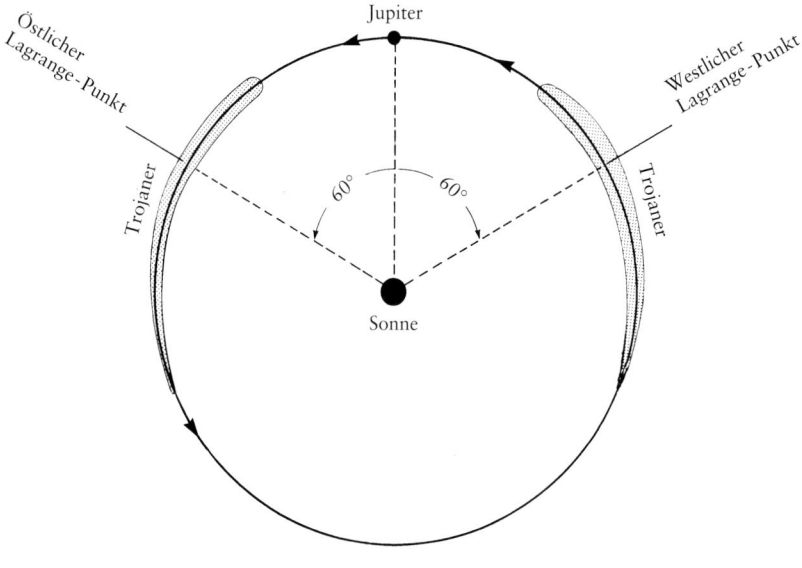

etwa eine halbe Million von ihnen im Hauptgürtel gibt, die größer als ein Kilometer sind. Die Astronomen schätzen aber, daß über eine Milliarde noch kleinerer Körper die Sonne umkreisen. Die kleinsten, mit Durchmessern von weniger als einem Millimeter, werden allerdings aus dem Sonnensystem herausgeblasen oder fallen auf die Sonne. Obwohl es so viele Asteroiden gibt, ist der Raum im Hauptgürtel dennoch fast leer. Dies haben die Raumsonden Pioneer 10 und 11 sowie Voyager 1 und 2 bewiesen, als sie in den 70er Jahren diesen Bereich unbeschadet durchflogen. Die Gesamtmasse aller Asteroiden ist sehr gering, sie beträgt nicht einmal 10 Prozent der Mondmasse.

Der Einfluß Jupiters

Die Asteroiden im Hauptgürtel bewegen sich auf leicht elliptischen Bahnen. Sie verteilen sich willkürlich über den gesamten Bereich und scheinen ihn auf den ersten Blick relativ gleichmäßig auszufüllen. Könnte man sie jedoch alle entlang einer Linie aufreihen, die von der Sonne ausgeht, so würde man eine besondere Verteilung erkennen. Es befinden sich nicht in jeder Entfernung von der Sonne gleichviel Asteroiden, sondern es gibt ganz deutliche Lücken, die sogenannten Kirkwood-Lücken. Sie erhielten ihren Namen nach dem amerikanischen Astronomen Daniel Kirkwood, der sie im Jahre 1866 entdeckte (Bild 7.1). Darüber hinaus halten sich in manchen Entfernungen besonders viele Asteroiden auf. Ein Beispiel sind die sogenannten Trojaner, deren Umlaufbahn praktisch mit der Jupiters identisch ist (s. Kurzinformation 7.1).

Bild 7.1. Die Kirkwood-Lücken. Trägt man die Anzahl der Asteroiden in Abhängigkeit von Ihrer Entfernung zur Sonne auf, so bemerkt man, daß die meisten sich im Hauptgürtel in einer Entfernung zwischen 2,2 und 3,3 AE aufhalten. Häufige gravitative Wechselwirkungen mit Jupiter führten dazu, daß einige Asteroiden aus den Kirkwood-Lücken herausgeschleudert wurden. Diese Lücken finden sich an den Stellen, wo die Umlaufzeit eines Asteroiden 1/4, 2/7, 1/3, 3/7 oder 1/2 der Jupiterumlaufzeit beträgt. Die Positionen sind in dem Diagramm gekennzeichnet

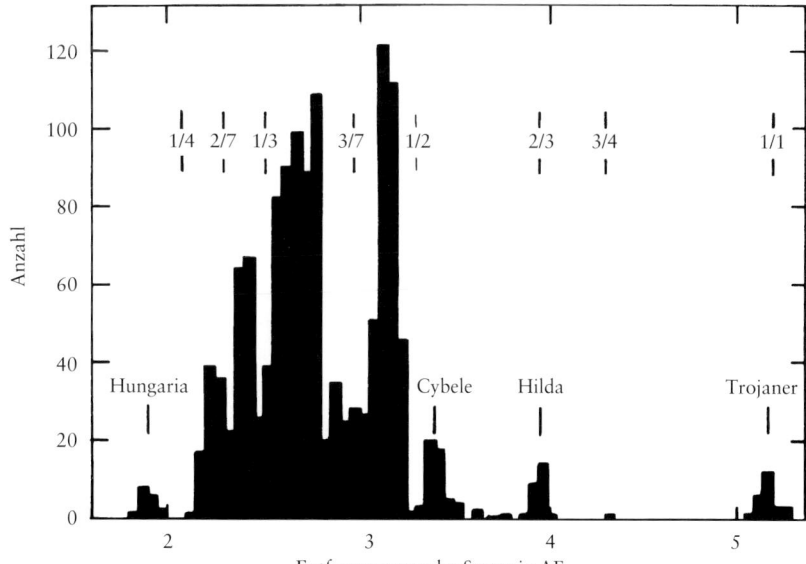

Nach dem dritten Keplerschen Gesetz, das für Asteroiden ebenso gilt wie für die großen Planeten, gehört zu jeder Umlaufbahn eine spezielle Umlaufzeit. Man kann deshalb diese räumliche Anordnung der Asteroiden ebenso als Anordnung der Umlaufzeiten ansehen. Betrachtet man die Periodenlücken einmal genauer, stellt man fest, daß sie bestimmten Bruchteilen der Jupiterperiode von 11,9 Jahren entsprechen. In den auffälligsten Kirkwood-Lücken betragen die Perioden 1/4, 2/7, 1/3, 2/5, 3/7 und 1/2 der Jupiterperiode (Bild 7.1).

Kirkwood führte die Lücken auf die Gravitationswirkung Jupiters zurück, die immer wieder an der gleichen Stelle der Bahn besonders stark ist. Dies ist durchaus plausibel, angesichts der großen Masse und geringen Entfernung des Planeten zum Hauptgürtel. Mit solchen »Gravitationsstößen« würde Jupiter die Asteroiden aus den sogenannten Resonanzbahnen in leicht davon abweichende Bahnen abdrängen. Betrachten wir beispielsweise einen Asteroiden, dessen Periode 2/7 derjenigen Jupiters entspricht. Er wird jedesmal an derselben Stelle nach genau 7 Umläufen von Jupiter einen Stoß bekommen, weil dieser in derselben Zeit genau zweimal die Sonne umrundet hat. Diese Resonanzwirkung ist in etwa mit dem periodischen Anstoßen eines Pendels vergleichbar. Wird es immer an derselben Stelle angestoßen, so erhöht sich dadurch seine Bewegungsenergie. Außerhalb solcher Resonanzen erfolgen die Stöße willkürlich, und der Asteroid wird mal beschleunigt und ein anderes mal abgebremst. Über lange Zeit gesehen wird der Asteroid also nicht in eine bestimmte Richtung beschleunigt.

Als man Kirkwoods Theorie einer genaueren Analyse unterzog, stellte man jedoch fest, daß sie einige Lücken nicht erklären konnte. Vereinfachte Rechnungen, in denen man die Bahn eines Asteroiden unter dem Einfluß Jupiters und der Sonne betrachtete, schienen genau das Gegenteil zu zeigen: Die Umlaufbahnen müßten sich vergrößern und verkleinern, ohne daß Lücken auftreten. Die Asteroiden schienen genauso schnell in die Lücken hineinzufliegen, wie andere hinauswanderten, und somit sollten alle Körper gleichmäßig verteilt sein. Die Astronomen mußten nach einer anderen Erklärung suchen. Einige nahmen an, daß die Lücken durch Zusammenstöße zwischen den Asteroiden entstehen. Asteroiden in Resonanz, so die Theorie, sollten sich auf stärker elliptischen Bahnen bewegen und somit eine höhere Wahrscheinlichkeit haben, mit anderen Kleinplaneten zusammenzustoßen. Aber auch hier zeigten genauere Rechnungen, daß die Asteroiden genauso oft in die Lücken hinein- wie herausgestoßen würden. Auch diese Theorie mußte begraben werden. Mit der Entdeckung der sogenannten Eindringlinge wurden die Asteroiden noch rätselhafter.

Bild 7.2. Der Strich eines Astero-
iden. Der Aten-Asteroid Ra-Shalom
umkreist die Sonne auf der kleinsten
Umlaufbahn und mit der kürzesten
Umlaufzeit (278 Tage) aller be-
kannten Asteroiden. Er besitzt einen
Durchmesser von 3,4 Kilometern.
Auf diesem Foto bewegte er sich so
schnell, daß er als Strich vor den
punktförmigen Sternen erscheint.
Die Aufnahme wurde mit dem
46cm-Schmidt-Teleskop auf dem
Mount Palomar, Kalifornien, ge-
macht. (Foto: Eleanor F. Helin, Jet
Propulsion Laboratory, California
Institute of Technology)

Die Eindringlinge

Obwohl sich die meisten Asteroiden im Hauptgürtel aufhalten, gibt es
bemerkenswerte Ausnahmen. Einige gelangen bis in die äußersten Bereiche des Planetensystems, andere wandern nach innen und kommen
dabei der Erde verhältnismäßig nahe. Die Amor-Asteroiden beispielsweise kreuzen die Marsbahn (Entfernung von der Sonne 1,5 AE),
nähern sich der Erde und kehren von dort zurück an den inneren Rand
des Hauptgürtels (2,2 AE). Es gibt noch zwei weitere Familien, die in
die Nachbarschaft der Erde geraten. Die Apollo-Asteroiden kommen
auf stark exzentrischen Bahnen aus dem Hauptgürtel und kreuzen die
Erdbahn, während sich die Asteroiden der Aten-Familie im Bereich
der Erdbahn aufhalten und sich nie weiter als bis zur Marsbahn von
der Sonne entfernen (Bild 7.2).

Offenbar hatte Kirkwoods Theorie nichts mit diesen extremen
Bahnen zu tun. Deswegen sahen viele Astronomen darin andere Ursachen. Entweder waren sie die Folge von Zusammenstößen oder Überreste aus den frühen Tagen des Sonnensystems.

Chaotische Bahnen

Eine befriedigende Antwort fand man erst in den 80er Jahren, als spezielle Computer gebaut wurden, mit denen erstmals die Bahnen ohne
vereinfachende Annahmen gerechnet werden konnten. Das Ergebnis
gab Kirkwoods Theorie in gewisser Hinsicht doch recht, jedoch mit einer entscheidenden Ergänzung. Darüber hinaus scheint sie sowohl die
Resonanzen als auch die Eindringlinge erklären zu können.

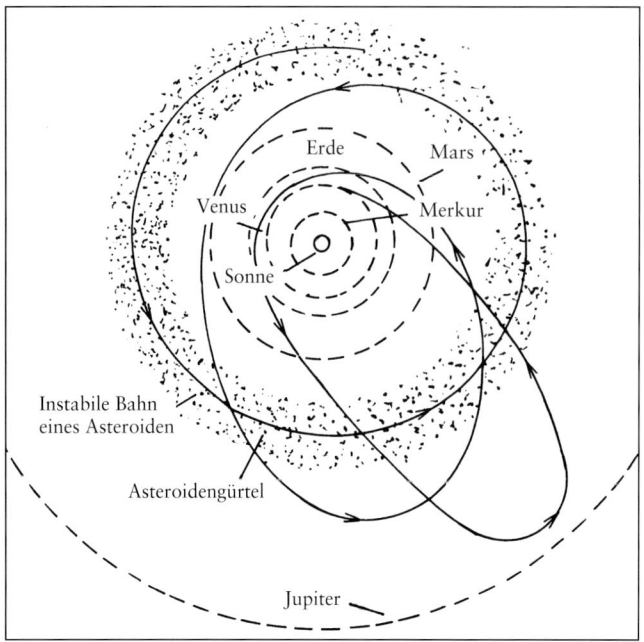

Bild 7.3. Hauptgürtel und Eindringlinge. Unter dem Einfluß der Schwerkraft Jupiters können Asteroiden auf chaotische Bahnen geraten. Die Bahnen von Asteroiden, die vorher im Hauptgürtel lagen, werden zu langgestreckten Ellipsen. Einige dieser Körper können zu Eindringlingen werden, die die Erdbahn kreuzen. Dann ist es auch möglich, daß sie mit der Erde zusammenstoßen

Verfolgt man im Computer die Bahn eines Asteroiden in der Nähe einer Resonanz, so stellt man fest, daß sie über Jahrtausende hinweg stabil bleibt, so wie es frühere Rechnungen auch bereits gezeigt hatten. Plötzlich beginnt die Bahn sich jedoch zu ändern und wird zu einer langgestreckten Ellipse. Es setzt offenbar ein chaotisches Verhalten ein, das noch nicht ganz verstanden ist. Sicher verursacht es aber Jupiter mit seiner großen Schwerkraft. Dies erklärt zwar die kleine Anzahl von Eindringlingen mit den elliptischen Bahnen, nicht jedoch die Lücken. Im nächsten Schritt, von Kirkwood nicht bedacht, würde allerdings folgendes passieren. Über große Zeiträume geht die scheinbar regelmäßige Bahn eines Asteroiden, der in eine Kirkwood-Lücke gerät, in eine elliptische Bahn über. Dies geht so weit, daß der Körper die Bahn des Mars oder der Erde kreuzt. Kommt er dabei mehrmals einem der Planeten nahe, so zieht ihn dieser in eine völlig andere Bahn, und der Asteroid kann zu einem Eindringling werden. (Unter Umständen kann er auch mit dem Planeten zusammenstoßen.) Der Asteroid wäre dem Hauptgürtel entrissen und die entsprechende Kirkwood-Lücke um einen Körper ärmer. Es können offenbar ausschließlich diejenigen Bahnen zu langgestreckten Ellipsen werden, die ursprünglich in der Nähe einer Resonanzbahn waren (Bild 7.3).

Die Erklärung lag also tatsächlich, wie von Kirkwood vermutet, in der Schwerkraft der Planeten. Aber erst die Entwicklung leistungsfähiger Computer ermöglichte es, die Bahnen der Asteroiden über lange Zeitskalen zu verfolgen und auch andere Planeten außer Jupiter miteinzubeziehen.

Einschläge auf der Erde

Insgesamt kreuzen etwa 1300 Asteroiden mit Durchmessern von mehr als einem Kilometer die Erdbahn. Prinzipiell sind also Zusammenstöße möglich. In einem solchen Fall würde der Asteroid auf der Oberfläche einschlagen und einen Krater hinterlassen, der wesentlich größer wäre als er selbst. Die Bewegungsenergie wird dabei explosionsartig frei. Ein Asteroid mit einem Durchmesser von einem Kilometer würde eine Energie freisetzen, die 1000 Atombomben mit einer Sprengkraft von jeweils 100 Megatonnen entspricht.

Unser Planet bewegt sich also wie eine kosmische Schießscheibe um die Sonne, und im Durchschnitt wird er dabei schätzungsweise alle Million Jahre von einem Körper mit einem Durchmesser von einem Kilometer getroffen. Kleinere Asteroiden sind häufiger und stoßen öfter mit der Erde zusammen. Zusammenstöße mit Kometen sind noch seltener, weil es etwa fünfzigmal weniger erdkreuzende Kometen vergleichbarer Größe als Asteroiden gibt.

Es ist nicht einfach, solche Einschlagskrater auf der Erde zu finden. Im Laufe der Zeit sind die meisten erodiert oder mit Wasser und Sand angefüllt. Eine weitere Schwierigkeit besteht darin, daß sich viele Krater in unwegsamem Gelände befinden. Aber die genaue Untersuchung von Luftaufnahmen förderte fast 100 Krater mit Durchmessern zwischen 1 und 140 Kilometer zu Tage (Bild 7.4). Man erkennt sie an verschiedenen Merkmalen, wie der runden Form, aufgeworfenen und

Bild 7.4. Einschlagskrater auf der Erde. Vor etwa 5 Millionen Jahren schlug ein Asteroid in Quebec, Kanada, ein und hinterließ diesen 3,2 Kilometer durchmessenden Krater. Man nennt diese Art von Krater auch Astroblem. (Foto: Richard A. F. Grieve, Brown University and the Department of Energy, Mines and Resources, Ontario)

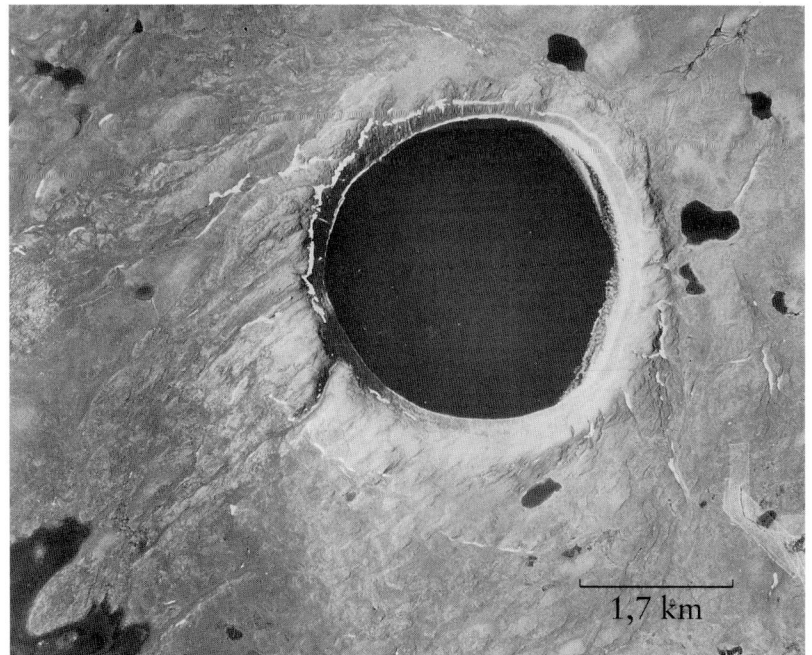

1,7 km

eingestürzten Rändern, umgedrehten Gesteinsschichten und in manchen Fällen Zentralhügeln und Mehrfachringen (s. Kurzinformation 7.2). Geologen konnten mit radiometrischen Methoden das Alter einiger geschmolzener Gesteine bestimmen. Sie lagen zwischen 10 000 und 2 Milliarden Jahren. Zwei der ältesten Krater (Sudbury, Ontario und Vredefort, Südafrika) haben Durchmesser von 140 Kilometern und entstanden vor fast 2 Milliarden Jahren. Der 24 Kilometer durchmessende Krater im Nördlinger Ries zwischen der Schwäbischen und Fränkischen Alb ist etwa 14,5 Millionen Jahre alt. Er ist der jüngste und am besten erhaltene Riesenkrater.

KURZINFORMATION 7.2
Identifizierung von Einschlagskratern auf der Erde

Woran erkennen Geologen Einschlagskrater? Einige von ihnen enthalten noch Material des eingeschlagenen Körpers, in anderen findet man terrestrisches Gestein, daß unter extremen Drücken und Temperaturen und der Wirkung einer Stoßwelle verformt wurde. Ein Beispiel hierfür sind die sogenannten Shatter Cones, die man in der Nähe einiger Krater gefunden hat. Sie weisen Spuren der Einwirkung einer Stoßwelle auf und weisen in Richtung des Einschlag. Sie entstehen vornehmlich bei Drücken von einigen zehntausend Atmosphären. Die hier gezeigten Shatter Cones sind einige Zentimeter hoch. Sie stammen vom Wells Creek, Tennessee-Basin, das einen Durchmesser von rund 9,6 Kilometern aufweist.

Das Unheil vom Himmel

Vor einiger Zeit fanden Wissenschaftler in einer einen Zentimeter dicken Tonschicht Hinweise darauf, daß einst ein riesiger Asteroid auf der Erde eingeschlagen sein muß. Eine Gruppe von Geologen unter der Leitung von Walter Alvarez datierte die Schicht geologisch anhand der daran anschließenden Schichten auf 65 Millionen Jahre. Dann bestimmten sie den Iridiumgehalt in dieser Ablagerung, um daraus die Zeitspanne abzuleiten, in der sich die Schicht gebildet hatte.

Iridium ist ein Element, das auf der Erde selten ist, in Meteoriten jedoch häufiger vorkommt. Da es ständig durch die Atmosphäre rieselt und sich im Boden ansammelt, läßt es sich als Uhr benutzen. In einem Jahrhundert geht durchschnittlich eine bestimmte Menge Iridium auf die Erde nieder und sammelt sich in der in diesen hundert Jahren gebildeten Schicht mit einer bestimmten Dichte an. Wächst eine Schicht in einem Jahrhundert aus irgendeinem Grund nur halb so schnell an, enthält sie doppelt soviel Iridium. Alvarez und seine Kollegen fanden nun in dieser Tonschicht eine dreißigmal höhere Iridiumkonzentration als in den angrenzenden Kalkschichten. Zunächst fanden einige Geologen dieses Ergebnis nicht sehr überraschend, denn sie vermuteten aus verschiedenen Gründen, daß die Tonschicht in diesem Teil der Erde besonders langsam gewachsen war, was die hohe Iridiumkonzentration erklären würde. Später fand man jedoch an vielen Stellen auf der Erde diese mit Iridium angereicherte Schicht, so daß die Geologen nach einer neuen Erklärung suchen mußten. Und da schien das Naheliegendste zu sein, daß die Erde vor 65 Millionen Jahren praktisch mit Iridium überschüttet wurde.

Nach einer Hypothese kam das Iridium durch den Einsturz eines riesigen Asteroiden auf die Erde. Die Explosion schleuderte dabei einen großen Teil des Materials in die Hochatmosphäre, wo Winde es über die gesamte Erde verteilten. Schließlich rieselte es wieder herab und bedeckte den Boden mit Material, das stark mit Iridium angereichert war. Um die gesamte Erde mit einer einen Zentimeter dicken Schicht zu bedecken, muß der Asteroid einen Durchmesser von mindestens 10 Kilometern gehabt haben. Solch ein großer Körper trifft die Erde im Durchschnitt alle 100 Millionen Jahre einmal.

Das ist aber noch nicht das Ende der Geschichte. Nach Meinung einiger Paläontologen starben am Ende der Kreidezeit die Dinosaurier sowie eine ganze Reihe von anderen Tieren und Pflanzen in verhältnismäßig kurzer Zeit aus. Die Ursache dieses Massensterbens ist nach wie vor ein Rätsel, aber es ereignete sich ebenfalls vor 65 Millionen Jahren, und viele Wissenschaftler glauben hierbei nicht mehr an einen Zufall. Sie argumentieren, daß der Einschlag eines so gewaltigen Asteroiden im Umkreis von einigen hundert Kilometern alle Pflanzen und Tiere tötete. Die Überlebenden hatten danach mit einem kräftigen Klimaumschwung zu kämpfen. Der Staub in der oberen Atmosphäre verdunkelte den Himmel, so daß die Temperaturen auf der Erde absanken. Pflanzen verdorrten oder erfroren und pflanzenfressende Tiere hatten nicht mehr genügend Nahrung. Ein solches Ereignis könnte also das Massensterben erklären. (Ein ähnliches Szenario sehen einige Wissenschaftler als Folge eines Atomkrieges voraus, wenn die Rußwolken brennender Wälder zu einem »nuklearen Winter« führen.)

Nachfolgende Untersuchungen an dieser ungewöhnlichen Tonschicht ergaben weitere Hinweise auf eine solche Katastrophe. Um mehr über die chemische Zusammensetzung des vermuteten Asteroiden herauszufinden, analysierten Wissenschaftler von der Universität Chicago Proben der Schicht aus Dänemark, Spanien und Neuseeland. Dabei stellten sie fest, daß die meisten meteoritischen Elemente verdampft sein mußten, aber sie fanden einen überhöhten Anteil an Kohlenstoff. Ein Großteil des Kohlenstoffs lag in Form von kleinen Rußteilchen vor. Sie besitzen eine unregelmäßige, flockige Struktur, wie sie, so die Wissenschaftler, bei Waldbränden entstehen. Die hohe Konzentration dieser Rußteilchen läßt darauf schließen, daß der einstürzende Asteroid große Flächenbrände auslöste. Die Asche mischte sich eventuell mit dem Meteoritenstaub und verdunkelte den Himmel, was dann die Abkühlung des irdischen Klimas unterstützte.

DIE PHYSIKALISCHEN EIGENSCHAFTEN
DER ASTEROIDEN

Größe, Form und Rotation

Nur wenige Asteroiden sind so groß und kommen der Erde nahe genug, um durch leistungsstarke Teleskope ihre Form erkennen zu lassen. 433 Eros ist einer von ihnen. Er hat ein leicht verbogenes, zigarrenförmiges Aussehen. Die meisten Asteroiden sind aber zu weit entfernt, von ihnen sehen wir nicht mehr als ein punktförmiges, flimmerndes Bild wie das eines Sterns. Bei ihnen gibt es keinen direkten Weg, die Größe oder die Form zu ermitteln. Die Astronomen messen aber ihre Helligkeit im visuellen und infraroten Spektralbereich (Wärmestrahlung) und bestimmen daraus die Reflektivität (Albedo) der Oberfläche. Ist der Albedowert bekannt, so läßt sich daraus die Größe der Oberfläche berechnen. Im Oktober 1991 kam die Raumsonde Galileo einem Asteroiden erstmals so nahe, daß sie Aufnahmen von seiner Oberfläche machen konnte (Bild 7.5).

Wir wollen hier nicht die Details dieses Verfahrens vorführen. Der wesentliche Punkt besteht aber darin, daß sich die visuelle Helligkeit des Asteroiden aus dem Produkt der Albedo und der reflektierenden

Bild 7.5. Der Asteroid 751 Gaspra. Diese Aufnahme des Asteroiden Gaspra machte die Raumsonde Galileo auf ihrem Weg zu Jupiter. Man erkennt zahlreiche Krater. Der beleuchtete Teil des Asteroiden hat eine Ausdehnung von 12 mal 16 Kilometer; er rotiert in etwas mehr als 7 Stunden einmal um seine Achse. Die Aufnahme wurde farblich etwas verstärkt, um feinere Abstufungen deutlicher hervorzuheben. (Foto: NASA)

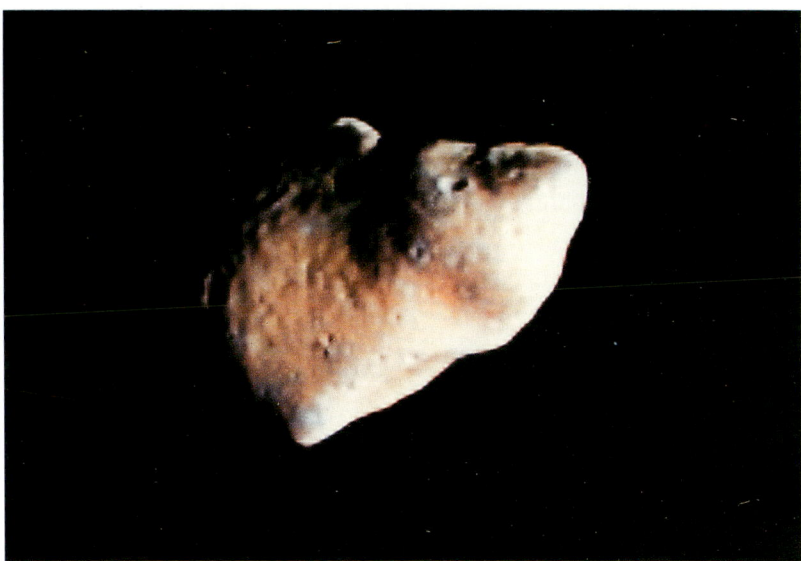

Oberfläche berechnen läßt. Sind die Umlaufbahn und die Albedo bekannt, kann man daraus die Oberfläche und den Radius ableiten. Zum Beispiel bedeckt den größten Asteroiden, Ceres, ein dunkles Oberflächenmaterial, so daß er schwächer leuchtet als der kleinere Asteroid Vesta. Die Anzahl der Asteroiden steigt mit abnehmendem Radius sehr stark an.

Bei vielen Asteroiden schwankt die Helligkeit, was die Astronomen auf die Rotation des Körpers mit unregelmäßiger Form zurückführen. Für diese Asteroiden läßt sich deshalb die Rotationsdauer bestimmen, indem man die Lichtkurve aufzeichnet und schaut, nach welcher Zeit sich die Helligkeitsvariation wiederholt. Eros zum Beispiel ist dann am hellsten, wenn er uns seine Längsseite zuwendet und am lichtschwächsten, wenn wir auf sein eines Ende blicken, das die kleinste Fläche besitzt. Bei einer Rotation sehen wir zweimal auf seine Längsseite, das heißt die Lichtkurve müßte zwei, wenn auch nicht unbedingt gleich hohe, Maxima haben. Die Ausmaße der länglichen Form lassen sich aus dem Verhältnis der Helligkeiten im Maximum und Minimum berechnen.

Auch die Ausrichtung der Rotationsachse kann man aus der Lichtkurve ableiten. Im Gegensatz zu den großen Planeten scheinen die Achsen der Asteroiden verhältnismäßig regellos im Weltraum ausgerichtet zu sein. Möglicherweise sind häufige Zusammenstöße sowohl für diese zufällige Orientierung als auch für die unregelmäßigen Formen verantwortlich.

Im Durchschnitt rotieren die Asteroiden mit Perioden zwischen 5 und 10 Stunden schneller als die meisten Körper des Sonnensystems. (Unter den Planeten kommt ihnen Jupiter mit 9 Stunden und 55 Minuten noch am nächsten.) Es gibt sogar einige Asteroiden, die fast so schnell rotieren, daß sie ihre eigene Fliehkraft zerreißt (s. Kurzinformation 7.3). Es ist nicht sicher, ob die Asteroiden bereits seit ihrer Entstehung so schnell rotieren oder ob sie durch Zusammenstöße beschleunigt wurden. Die unregelmäßige Ausrichtung der Rotationsachsen spricht allerdings dafür, daß Kollisionen eine wichtige Rolle gespielt haben.

Die Farben

Genaue Untersuchungen der Farben und Reflektivität der Asteroiden geben Aufschlüsse über die Natur ihrer Oberflächen. Hierfür vergleicht man das reflektierte Licht in verschiedenen Wellenlängenbereichen mit dem Sonnenlicht. Dies führte zu der Unterscheidung in drei Gruppen: die C-Asteroiden (C für Kohlenstoff), die S-Asteroiden (S für Silikate) und die M-Planetoiden (M für Metall). Die C-Asteroiden bestehen wahrscheinlich aus dunklem, kohlenstoffreichem Material; die S-Asteroiden aus relativ hellen und steinigen Silikaten mit kleineren Metallbeimischungen und die seltenen M-Asteroiden aus Metallen, vermutlich Eisen und Nickel (s. Kurzinformation 7.4).

Es besteht ein Zusammenhang zwischen der chemischen Zusammensetzung, die man aus der Farbe erschließt, und der Entfernung von

KURZINFORMATION 7.3
Wie schnell rotieren Asteroiden?

Einige Asteroiden rotieren mit der maximal möglichen Geschwindigkeit! Die schnellsten benötigen für eine Umdrehung nur wenige Stunden. Theoretische Berechnungen ergaben, daß diese Körper bei einer geringfügig höheren Umdrehungsgeschwindigkeit Material von ihrer Oberfläche fortschleudern würden.

Innerhalb einer bestimmten Asteroidenklasse rotieren die größten Körper am schnellsten. Bei einer bestimmten Größe drehen sich die metallischen M-Asteroiden schneller als die S-Asteroiden, während die kohlenstoffhaltigen C-Asteroiden am langsamsten sind.

Wenn die Asteroiden homogen aufgebaut sind, dann besitzen die M-Asteroiden eine hohe Dichte, während diejenigen der S-Klasse eine mittlere Dichte und die der C-Klasse die geringste Dichte haben. Das würde bedeuten, daß große und dichte Asteroiden am schnellsten rotieren. (Nach: Stanley F. Dermott und Carl D. Murray: Nature *296*, 418 (1982))

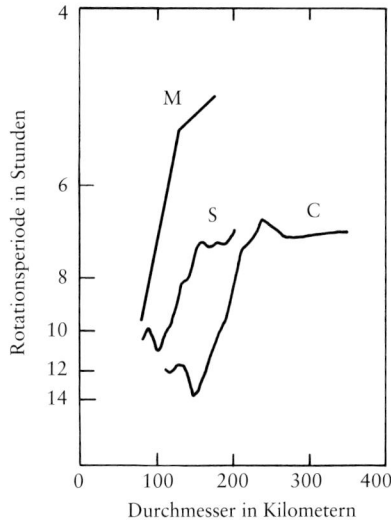

Bild 7.6. Verteilung der Asteroiden in Abhängigkeit von ihrer Sonnenentfernung. Die Farbe beziehungsweise chemische Zusammensetzung des Oberflächenmaterials hängt von der Entfernung zur Sonne ab. Mit zunehmenden Abstand finden wir zunächst die weißen E-Asteroiden und die roten S-Asteroiden, dann die schwarzen C- und schließlich die ungewöhnlich roten D-Asteroiden. Diese Differenzierung führt man auf eine Abnahme der Temperatur im Urnebel mit wachsender Entfernung von der Sonne zurück. Allerdings erklärt dieses einfache Modell nicht die geringe Häufigkeit der metallischen M-Asteroiden in der Mitte des Hauptringes. (Aus: Jonathan Gradie und Edward Tedesco: Science *216*, 1405 (1982))

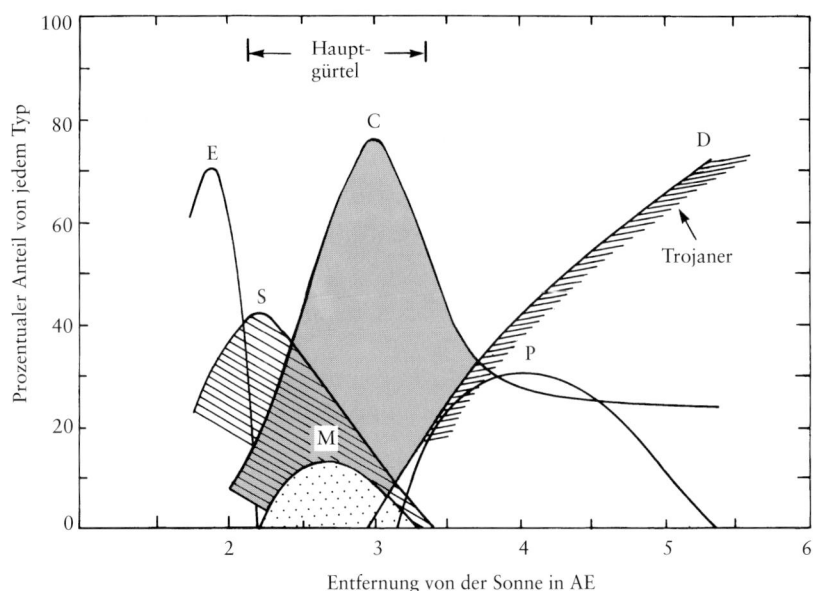

der Sonne (Bild 7.6). Während sich die meisten Asteroiden mit hoher Reflektivität am inneren Rand des Hauptgürtels aufhalten, reflektieren die weiter entfernten Körper im Mittel das Sonnenlicht schlechter. Die dunkelsten findet man in der Nähe der Jupiterbahn. Ihre rötliche Farbe beruht vermutlich auf organischen Bestandteilen.

KURZINFORMATION 7.4
Die chemische Zusammensetzung der Asteroiden

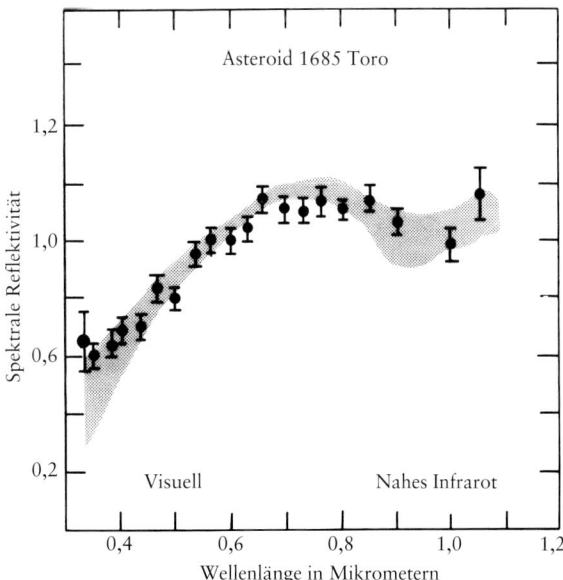

Das von den Asteroiden reflektierte Sonnenlicht zeigt charakteristi-
sche Absorptionslinien oder Einsenkungen, die man bekannten Mineralien zuordnen kann wie sie auch in irdischem Gestein oder Meteoriten vorkommen. So findet man zum Beispiel in dem Licht der
S-Asteroiden eine Einsenkung, die von Silikaten stammt. Eine auffällige Silikatabsorption ist hier im Spektrum des S-Asteroiden 1685 Toro
gezeigt (schwarze Punkte mit Fehlerbalken). Asteroiden wie Toro sind
möglicherweise die Mutterkörper von Steinmeteoriten, wie man sie
auf der Erde gefunden hat. Das schraffierte Band zeigt den Bereich, in
dem die Reflexionsspektren der steinigen chondritischen Meteorite
verlaufen.

Von großem Interesse sind auch seltene Asteroiden mit gut defi-
nierten Absorptionslinien. So deutet das Spektrum des C-Asteroiden
1 Ceres auf Eis auf der Oberfläche hin, und der E-Asteroid 4 Vesta
zeigt Anzeichen für vulkanischen Basalt. (Nach: R. Chapman et al.:
Astronomical Journal 78, 502 (1973))

KURZINFORMATION 7.5
Bergwerke im Weltraum

Die Temperaturunterschiede im solaren Urnebel können allein nicht
die metallischen Asteroiden erklären. Sie sind vermutlich Nebenpro-
dukte der Erhitzung und des Schmelzens im Innern einiger größerer
Körper. Metalle wie Nickel und Eisen sanken zum Kern ab, während
das Silikatmaterial oben schwamm. Die äußeren Schichten wurden
dann durch Zusammenstöße weggeschlagen, so daß der Metallkern
übrig blieb.

Vermutlich gibt es tausende von Metallasteroiden, die eventuell
einmal als Rohstoffquellen dienen könnten. Man könnte das Material
von der Oberfläche abräumen und wegen der geringen Schwerkraft
mit verhältnismäßig geringem Aufwand zurücktransportieren. Das
Metall ließe sich dann von einer Weltraumfähre bei einem nahen Vorbeiflug des Asteroiden zur Erde bringen. Einige Ingenieure kamen auf
die Idee, Asteroiden näher an die Erde heranzubringen. Hierfür müßte
man eine Kanone auf ihnen installieren, die Teilchen in den Weltraum
schießt und den Asteroiden wie eine Rakete antreibt. Ein Metall-
asteroid mit einem Durchmesser von einem Kilometer besitzt etwa
8 Milliarden Tonnen Metall mit einem Marktwert (1988) von etwa
5 Millionen Milliarden Dollar. Dieser Asteroid könnte die Erde
15 Jahre lang mit Eisen, 1250 Jahre mit Nickel, 10 Jahre mit Kupfer
und 3000 Jahre mit Kobalt versorgen.

Die abnehmende Reflektivität mit zunehmender Entfernung spiegelt wahrscheinlich die physikalischen Bedingungen im Urnebel wider. Vielleicht war es eine Folge der Temperaturabnahme mit zunehmender Entfernung von der Sonne. Dunkles Material, das reich an Kohlenstoff und Wasser war, konnte nur in den weiter entfernten, kühleren Regionen auskondensieren. Das hellere steinige Material dagegen war weniger leicht flüchtig und konnte in den heißeren Regionen überleben (s. Kurzinformation 7.5).

DER URSPRUNG DER ASTEROIDEN

Frühe Welten

Früher gab es zwei völlig verschiedene Theorien über den Ursprung der Asteroiden. Nach der ersten Theorie waren sie Bruchstücke eines ehemaligen Planeten, der zerrissen wurde. Die zweite sah in ihnen Vorstadien eines Planeten (sogenannte Planetesimale), der aber nie entstand. Heute haben die Astronomen eine Theorie, die zwischen diesen beiden liegt.

Die Masse aller Asteroiden beträgt insgesamt sieben zehntausendstel (0,0007) Erdmassen. Dies ist viel zu wenig, als daß daraus ein großer Planet hätte entstehen können. Aus dem gesamten Material hätte sich lediglich ein Mond mit einem achtel Erdradius bilden können. Dadurch entfällt die erste Theorie. Andererseits gibt es deutliche Hinweise darauf, daß früher viele Asteroiden in verhältnismäßig wenigen größeren Körpern enthalten waren. Das spricht gegen die zweite Theorie.

Etwa ein Drittel der bekannten Asteroiden läßt sich in nur zehn Familien einordnen. Die Mitglieder einer Familie bewegen sich auf so ähnlichen Bahnen, daß sie von einem einzigen Körper stammen müssen. Hunderte oder sogar Tausende kleiner Asteroiden einer Familie sind vermutlich das Resultat von Zusammenstößen zwischen den Mutterkörpern, die vielleicht Durchmesser von einigen hundert Kilometern besaßen. Darüber hinaus umrunden die Familienmitglieder die Sonne nicht nur auf fast identischen Bahnen, sondern sie zeigen auch eine Verwandtschaft bezüglich der Farben und chemischen Zusammensetzung der Oberfläche. Auch dies deutet sehr stark auf einen physikalischen Zusammenhang hin. Bild 7.7 zeigt schematisch die Rekonstruktion einer solchen Familie.

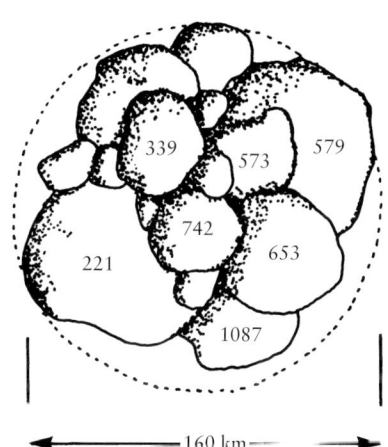

Bild 7.7. Die Eos-Familie. Versuch einer Rekonstruktion der Familie der Eos-Asteroiden, die früher vermutlich alle Bestandteil eines einzigen, etwa 160 Kilometer durchmessenden Körpers waren. Die Zahlen geben die Reihenfolge ihrer Entdeckung an. (Nach: Jonathan Gradie, Dissertation, University of Arizona (1978))

Ein Planet, der nie entstand

Warum gibt es die Asteroiden? Warum bildete sich in dem Raum zwischen Mars und Jupiter nicht auch ein normaler Planet, sondern dieser Schwarm von Planetoiden? Niemand weiß dies genau, aber möglicherweise verhinderte es die Nachbarschaft des Jupiter. Als dieser massereichste aller Planeten entstand, beeinflußte er mit seiner Schwerkraft seine Umgebung in der Weise, daß er die kleineren Planetesimale auf stark elliptische Bahnen zwang. Dadurch kam es häufiger zu Zusammenstößen, bei denen die größeren Körper in viele kleine zerbrachen.

METEORITE – STEINE, DIE VOM HIMMEL FALLEN

Weltraumgestein

Schon die alten Gelehrten hatten bemerkt, daß hin und wieder Steine vom Himmel fielen. Sie nannten die prächtige Leuchterscheinung, die ein solches Ereignis begleitet, einen Meteor. In der Apostelgeschichte (19, 35) wird von einem »heiligen Stein, der vom Himmel fiel« berichtet, der in einem Artemis-Tempel aufbewahrt wurde. Auch in einigen ägyptischen Pyramiden fand man diese schwarzen Steine. Hieroglyphen bezeichneten sie als himmlische Steine.

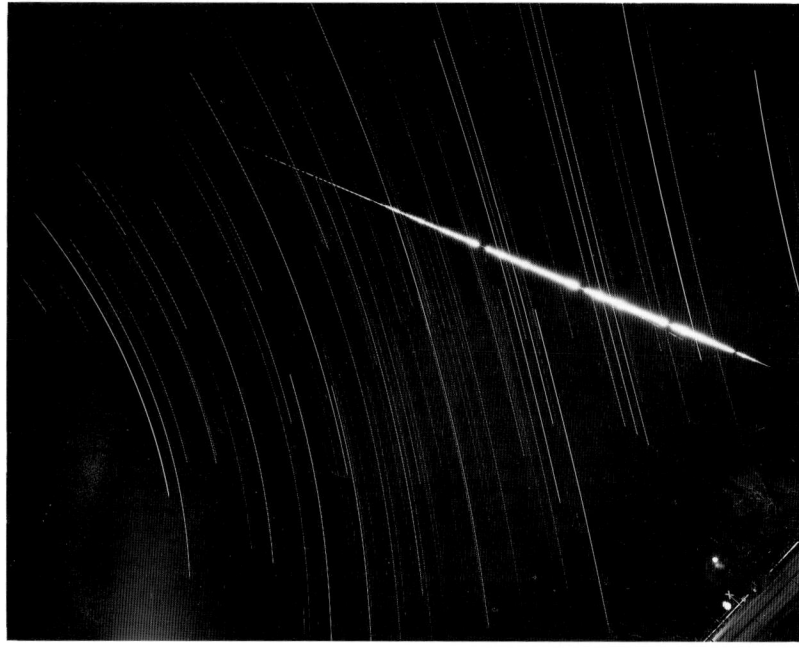

Bild 7.8. Ein Feuerball. Große Meteorite erzeugen bei ihrem Eintritt in die Atmosphäre eine helle Leuchtspur und häufig auch donnernde Geräusche. Man nennt solch eine Erscheinung Feuerball oder Bolide. Die Unterbrechung in der Leuchtspur stammt von einer periodisch arbeitenden Verschlußanlage in der Kamera. Sie dient dazu, den zeitlichen Verlauf der Erscheinung und die Geschwindigkeit des Meteoriten zu rekonstruieren. Die Sterne zeichnen während der dreistündigen Aufnahme am Himmel feine Striche. Das Foto wurde von der Prairie Network Station in Hominy, Oklahoma, gewonnen. (Foto: Smithsonian Astrophysical Observatory)

Heute wissen wir, daß die meisten Meteore durch kleine Bruchstücke der Kometen hervorgerufen werden. Sie haben typischerweise
die Größe einer Schneeflocke und sind zu klein, um den Erdboden zu
erreichen (s. Kapitel 11 »Kometen: Wanderer zwischen den Welten«).
In seltenen Fällen kann man einen sehr hellen Meteor sehen und eventuell ein donnerndes Geräusch dabei hören. Diese Feuerbälle entstehen, wenn Körper von der Größe eines Steins oder Felsens in die Erdatmosphäre eindringen (Bild 7.8).

Rund 40 000 Tonnen dieser kosmischen Trümmer treffen jährlich
auf die Erdatmosphäre, wovon der weitaus größte Teil sofort verdampft. Nur etwa 200 Tonnen gelangen überwiegend als mikrosko-
pisch kleine Körner zur Oberfläche. Zehn Meteorite werden jedes Jahr
gefunden, und das sind nur solche, die in bewohnten Gebieten der
Erde niedergehen. Sehr viele verschwinden im Meer, im Urwald oder
in der Wüste.

Funde in der Antarktis

Kürzlich erhöhte sich die Anzahl der gefundenen Meteorite sprunghaft, als eine Gruppe japanischer Wissenschaftler sehr viele davon im
antarktischen Eis entdeckte. In der Zwischenzeit konnten dort Tausende von Meteoriten geborgen werden. Fällt ein Meteorit auf das Eis,
so wird er zunächst in der trockenen Kälte vor Korrosion geschützt
und über einen langen Zeitraum hinweg tiefer und tiefer im Eis einge-
graben. Im Laufe der Zeit wandert der Eisschild langsam auf die Küste
zu und stößt dabei in allen Richtungen auf Berge. Die mitwandernden
Meteorite steigen dort hoch und gelangen schließlich, wenn der Wind
die obersten Schichten wegfegt, an die Oberfläche (Bild 7.9). Mit Hilfe
der radioaktiven Datierung fanden Wissenschaftler heraus, daß die

Bild 7.9. Meteorite in der Antarktis. Die Meteorite fallen auf die
Oberfläche und werden dort im Eis
eingelagert. Dieses bewegt sich langsam auf die Küste zu und kommt an
den Berghängen zum Stillstand.
Dort drängt es die Meteorite nach
oben, wo sie schließlich der
Wind freigegt. Schätzungsweise
750 000 Meteorite liegen noch im
Eis vergraben und warten darauf, an
die Oberfläche zu gelangen

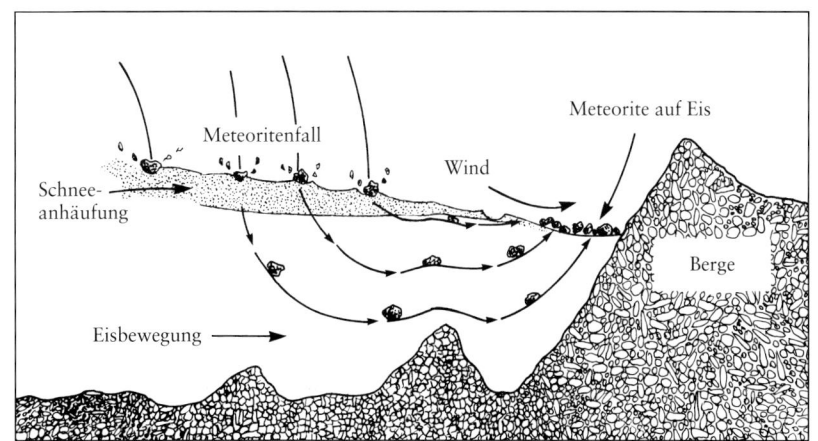

meisten antarktischen Meteorite vor etwa einer halben Million Jahre
auf die Erde gelangten. Die auf dem Land gefundenen Meteorite lagen
dagegen kaum länger als 200 Jahre auf der Erde.

Chronologie der Meteorite

Die Frage »Wie alt ist ein Meteorit?« kann verschiedene Bedeutungen
haben, das heißt sie kann sich auf verschiedene Ereignisse in der Geschichte eines Meteoriten beziehen. Wir wollen sie in drei Bereiche unterteilen:

1. Entstehung. Alle Meteorite entstanden in der Anfangszeit des Planetensystems. Die Mehrzahl von ihnen, die sogenannten Chondrite,
bildeten sich zusammen mit den Planeten direkt aus dem Urnebel. Ihre
chemische Zusammensetzung ist der solaren sehr ähnlich, abgesehen
davon, daß sie weitaus weniger Wasserstoff und Helium besitzen. Sie
bestehen nicht aus Erstarrungsgestein, waren also nie flüssig. Nur ein
kleiner Teil, die Achondrite, machten eine flüssige Phase in einem
Mutterkörper durch.

   Das Alter seit der Entstehung läßt sich, ähnlich wie beim Mondgestein, mit Hilfe radioaktiver Datierungsmethoden ermitteln. (Man
mißt hierfür die Konzentration der Zerfallsprodukte radioaktiver Elemente wie Rubidium und Uran.) Solche Messungen führten auf ein Alter von etwa 4,6 Milliarden Jahre. Meteorite sind somit mehrere hundert Millionen Jahre älter als das älteste Gestein auf der Erde. Sie
geben uns sowohl das wahre Alter des Sonnensystems als auch wichtige Hinweise auf dessen Entstehung.

2. Zerbrechen und Bestrahlung. Radioaktivität entsteht in Meteoriten
auch noch auf eine andere Art und Weise, nämlich durch die kosmische Strahlung. Dabei handelt es sich nicht um Strahlung im üblichen
Sinn, sondern um atomare Partikel, die die Meteorite bombardieren
und ein kleines Stück in die Oberfläche eindringen. Diese Teilchen
wandeln dabei einige Atome in radioaktive Isotope um, die wiederum
nach einer bestimmten Zeit in Tochterelemente zerfallen. Je länger ein
Meteorit der kosmischen Strahlung ausgesetzt ist, desto mehr Tochterelemente entstehen in ihm. Durch eine sorgfältige Messung der relativen Häufigkeit dieser Tochterelemente läßt sich dann die Bestrah-
lungsdauer des Meteoriten ermitteln.

   Die Bestrahlungsalter sind mit 5 bis 60 Millionen Jahren, gemessen am Alter des Planetensystems, verhältnismäßig gering. Die Meteorite müssen also die meiste Zeit über von der kosmischen Strahlung
abgeschirmt gewesen sein. Die Astronomen glauben deswegen, daß
der überwiegende Teil der Meteorite über einen langen Zeitraum hin-

weg in Mutterkörpern eingeschlossen waren, die wesentlich kleiner als die Erde, aber größer als ein typischer Meteorit waren. Ist diese Theorie richtig, so ist das Auseinanderbrechen des Mutterkörpers ein wichtiges Ereignis in der Chronologie eines Meteoriten. Das Bestrahlungsalter gibt somit die Zeitspanne seit dieser Fragmentation an.

3. Zusammenstoß mit der Erde. Gelangt der Meteorit schließlich auf die Erde, so ist er vor der kosmischen Strahlung geschützt. Es werden keine neuen radioaktiven Elemente erzeugt, und die bereits vorhandenen zerfallen langsam. In diesem Sinne bewahren die Atome eines Meteoriten praktisch dessen gesamte Chronologie, die sich nun mittels radiochemischer Methoden rekonstruieren läßt.

Typische Meteorite

Meteorite sind, zusammen mit Mondgestein und einigen Staubkörnern, die in der Hochatmosphäre gesammelt wurden, die einzigen Proben extraterrestrischen Materials, das wir besitzen. Die Oberfläche eines Meteoriten ist normalerweise mit einer dunklen, glasartigen Substanz bedeckt, die beim Sturz durch die Atmosphäre geschmolzen ist. Allerdings kann die Hitze nicht sehr tief in den Körper eindringen. Sein Inneres bleibt also unverändert und läßt sich, wenn man den Meteorit aufschneidet, mit einem Mikroskop oder einer chemischen Analyse untersuchen.

Die Meteorite lassen sich nach den chemischen Hauptbestandteilen in drei Gruppen einteilen (s. Tabelle 7.1). Die häufigste Komponente ist Gestein (Bild 7.10), wobei die meisten Steinmeteorite wiederum Chondrite sind (s. Tabelle 7.2). Sie haben ihren Namen von dem griechischen Wort *chondros*, was soviel wie Korn oder Same bedeutet (Bild 7.11).

Tabelle 7.1. Meteoritenklassen

Name	Zusammensetzung	Dichte[a] in g/cm^3	Prozentualer Anteil an allen Meteoriten
Stein	Silikate und Eisen-Nickel	3,5 – 3,8	95
Eisen	Nickel, Eisen	7,6 – 7,9	4
Stein-Eisen	Silikate und Eisen-Nickel	4,7	1

[a] Zum Vergleich: Das typische Gestein auf der Erde besteht aus Silikaten mit Dichten zwischen 3,1 und 3,3 g/cm^3. Meteorite sind normalerweise also dichter als irdisches Gestein.

Bild 7.10. Ein Steinmeteorit. Fragment eines Steinmeteoriten (Chondrit), der in der Nähe von Johnstown in Colorado niederging. (Foto: American Museum of Natural History)

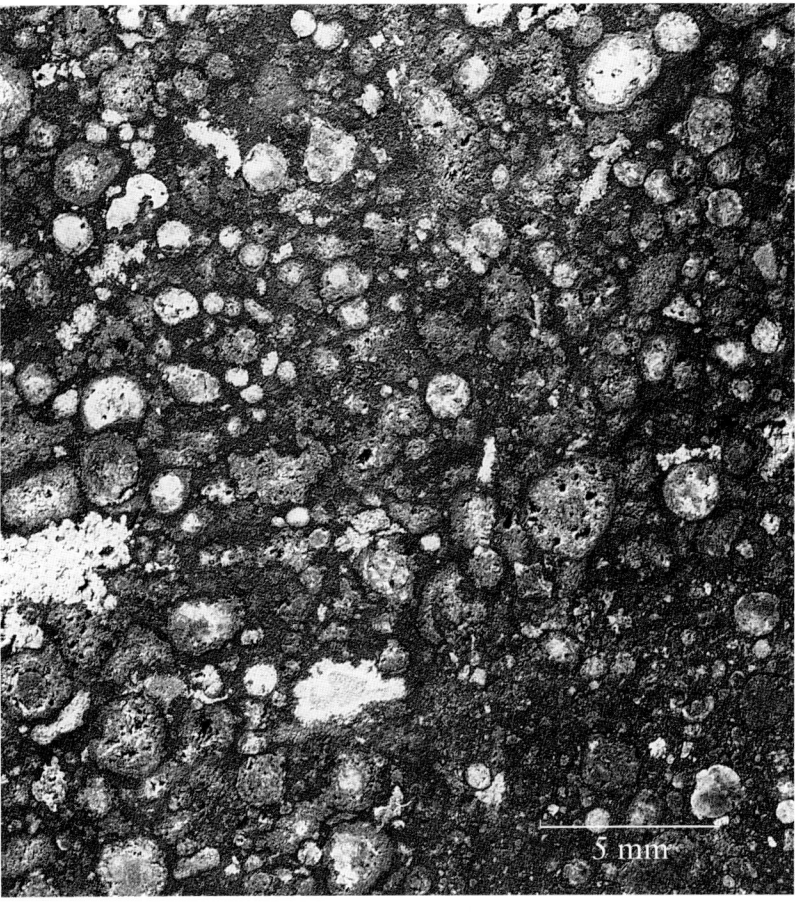

Bild 7.11. Chondren im Allende. Diese Aufnahme einer dünnen Schicht des Allende-Meteoriten zeigt unter dem Mikroskop zahlreiche runde Silikatchondren mit unregelmäßigen Einschlüssen. (Foto: Smithsonian Institution)

Tabelle 7.2. Zwei Arten von Steinmeteoriten

Name	Prozentualer Anteil	Aussehen
Chondrite	90	Zusammenschluß mit runden Einschlüssen bis zu 5 mm Durchmesser
Achondrite	10	Geschmolzen, homogen

Die meisten Meteorite besitzen eine größere Dichte als irdisches Gestein. Falls Sie also einmal einen dunklen, rundlich geformten Stein finden und glauben, es sei ein Meteorit, so prüfen Sie sein Gewicht im Vergleich zu einem normalen Stein derselben Größe.

Es gibt aber natürlich auch Ausnahmen von dieser Regel, wie eine Gruppe sehr seltener Meteorite, die sogenannten kohligen Chondrite. Sie sind leicht zerbrechlich und mit einer Dichte zwischen 2,2 und 2,9 g/cm^3 leichter als irdisches Gestein. Sie besitzen viel Kohlenstoff und Wasser und zählen zu den einfachsten und am wenigsten veränderten Körpern im Sonnensystem. In ihrer chemischen Zusammensetzung ähneln sie sehr der Sonne.

Seltene und exotische Funde

Ein kleiner, grün-brauner Meteorit aus der Antarktis hat eine erstaunliche Ähnlichkeit mit Brekzien (eine Art verkittetes Sedimentgestein) aus dem Hochland des Mondes (Bild 7.12). Die Häufigkeit zahlreicher Elemente und Gase ist fast identisch mit der des Mondgesteins und unterscheidet sich wesentlich von der in Meteoriten oder im Erdgestein. Es ist heute so gut wie sicher, daß dieser Stein vor etwa 100 000 Jahren bei einem Meteoriteneinschlag aus dem Mondboden herausgeschlagen und zur Erde katapultiert wurde.

Außerdem fand man im antarktischen Eis einige rätselhafte Achondrite, denen man den Namen SNC-Meteorite gab. Dies sind die Initialien der Orte, an denen diese Art von Meteoriten zuerst gefunden wurde: Shergotty (Indien), Nakhla (Ägypten) und Chassigny (Frankreich). Altersbestimmungen mit radioaktiven Methoden zeigten, daß die SNC-Meteorite vor 1,3 Milliarden Jahren aus geschmolzener Lava erstarrten. Da dies lange nach der Entstehung des Sonnensystems war, müssen sie aus alten Vulkanen stammen. Außerdem fanden Wissenschaftler in den Steinen kleine Glasklümpchen, wie sie typischerweise unter der Einwirkung einer starken Druckwelle entstehen. Wahrscheinlich war ein Meteoriteneinsturz hierfür verantwortlich, der das Gestein aus der Oberfläche eines Planeten herausschlug.

Woher kamen die SNC-Meteorite? Wahrscheinlich nicht von einem Asteroiden, da die meisten von ihnen bereits vor 4,5 Milliarden Jahren fest wurden. Auch der Mond scheidet aus, da auf ihm der Lavafluß bereits vor 3,1 Milliarden Jahren zum Stillstand kam. Venus kommt ebenfalls mit großer Wahrscheinlichkeit nicht in Frage, weil die dichte Atmosphäre das Entweichen des Gesteins vom Planeten verhindert hätte.

Als wahrscheinlichster Herkunftsort bleibt nur noch Mars, der als nächster Planet vor 1,3 Milliarden Jahren möglicherweise noch vulkanisch aktiv war. Und in der Tat ähneln die SNC-Meteorite in ihrer chemischen Zusammensetzung stark dem Marsgestein, das die Viking-Sonde analysiert hat. Vermutlich schlug vor 180 Millionen Jahren auf unserem Nachbarplaneten ein Meteorit in einem Lavafeld ein und schleuderte einiges Gestein in den Weltraum.

Bild 7.12. Meteorite vom Mond. Im polarisierten Licht zeigt die dünne Scheibe eines Meteoriten, der wahrscheinlich vom Mond stammt, seine verschiedenen Farben. Die relativen Häufigkeiten zahlreicher chemischer Elemente in diesem Meteorit sind mit denen von Mondproben praktisch identisch. Andererseits unterscheiden sie sich stark von den Häufigkeiten in Meteoriten oder in irdischem Gestein. (Foto: Darrell Henry, NASA)

Organische Moleküle in Meteoriten

Über hundert Jahre lang vermutete man, daß Meteorite ursprünglich organische Substanzen enthalten. In der Tat fanden die Wissenschaftler auch organische Moleküle, aber es wurde immer vermutet, daß sie erst auf der Erde dort hineingekommen waren. Den endgültigen Beweis dafür, daß Meteorite ursprünglich organisches Material enthalten, brachte die Entdeckung von 20 Aminosäuren, den Grundbausteinen des Lebens, in kohligen Chondriten aus der Antarktis. Diese Meteorite lagen die ganze Zeit über in einer sterilen Umgebung und wurden nach dem Fund keimfrei gelagert. Drüber hinaus enthielten sie eine Form rechtsdrehender Aminosäuren, die es auf der Erde nicht gibt. Hier sind alle Aminosäuren linksdrehend. Damit war es klar, daß es bereits eine Milliarde Jahre vor den ersten Lebensformen auf der Erde organische Substanzen im Weltraum gab. Darf man hieraus schließen, daß es zu dieser Zeit auch schon Leben gab?

Wahrscheinlich nicht. Die Moleküle in den kohligen Chondriten sind nach Meinung der meisten Wissenschaftler nicht biologischen Ursprungs, sondern entstanden vielleicht in urzeitlichen Gewittern. Kohlenmonoxid und Wasserstoff reagieren mit einem Eisenkatalysator zu organischen Molekülen, und unter Anwesenheit von Ammoniak kann man im Laboratorium in Funkenentladungen Aminosäuren herstellen. Die in den Meteoriten gefundenen organischen Moleküle sind deswegen wahrscheinlich nicht die Überreste früher extraterrestrischer Lebensformen, sondern auf chemischem Wege entstanden.

Der Zusammenhang zwischen Asteroiden und Meteoriten

Woher stammen die Meteorite? Es gibt kaum noch einen Zweifel daran, daß die meisten aus dem Asteroidengürtel kommen und Bruchstücke von Asteroiden sind. Hierfür gibt es zwei direkte Argumente:

1. *Die Umlaufbahnen.* Analysiert man die Leuchtspur von Meteoriten auf Fotografien, so kann man daraus ihre Geschwindigkeit und die Richtung beim Eintauchen in die Erdatmosphäre berechnen. Hierbei stellten die Astronomen fest, daß die meisten Meteorite aus dem Hauptgürtel jenseits der Marsbahn kommen.

2. *Die Farben.* Die Spektren des von den Asteroiden reflektierten Sonnenlichts ähneln sehr stark denen von Meteoriten, die im Laboratorium untersucht wurden. Beispielsweise ähneln die Spektren der S-Asteroiden denen der einfachen Steinmeteoriten, C-Asteroiden entsprechen etwa den kohligen Chondriten, und die Farben der M-Asteroiden sind vergleichbar mit denen von Eisenmeteoriten (Bild 7.13).

3. *Die Kristallstruktur.* Sägt man Eisenmeteorite durch, poliert sie und ätzt sie dann mit Säure, so zeigen die meisten von ihnen ein kompliziertes Muster an der Schnittfläche (Bild 7.14). Es entsteht durch kristalline Bereiche, die, abhängig von ihrer Orientierung an der Oberfläche, unterschiedlich mit der Säure reagieren. Größen und Formen der Kristalle deuten darauf hin, daß sie sehr langsam gewachsen sind. Außerdem müssen die Meteorite über mehrere zehn Millionen Jahre lang Temperaturen gehabt haben, die fast an den Schmelzpunkt heranreichten. Wahrscheinlich kühlten sie mit einer Rate von wenigen Grad pro Million Jahre ab.

Bild 7.13. Achondrite. Mikroskopaufnahme eines achondritischen Meteoriten, der am 15. Juni 1821 in der Nähe von Juvinas, Frankreich, niederging. Er enthält basaltisches Material, das beim Aufschmelzen und der anschließenden Separation im innern eines Mutterkörpers von der Größe eines Asteroiden entstand. Der hier gezeigte Ausschnitt ist 2,6 Millimeter breit. (Foto: Martin Prinz, American Museum of Natural History)

Bild 7.14. Widmannstättensche Figuren. Wenn man einen Eisenmeteorit poliert und mit Säure ätzt, zeigt er dieses typische Muster, das nach seinem Entdecker Widmannstättensche Figuren genannt wird. Es entsteht durch zwei verschiedene kristalline Eisen-Nickel-Legierungen. Diese Meteorite waren wahrscheinlich einst Teil eines größeren Körpers mit einem Radius zwischen 50 und 200 Kilometern. Die geschnittene Probe besitzt einen Durchmesser von etwa 5 Zentimetern. (Foto: Smithsonian Institution)

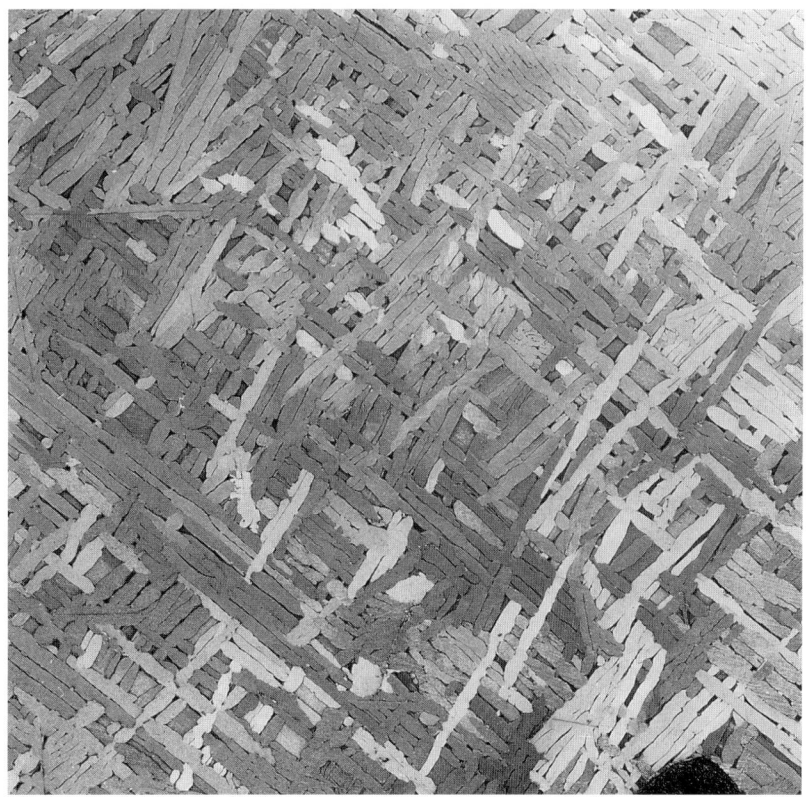

Diese langsame Abkühlung spricht dafür, daß die Meteorite einst im Innern eines größeren Körpers eingeschlossen waren. Ein kleiner Eisenmeteorit würde im Weltraum innerhalb einiger Tage abkühlen, ohne die großen Kristallstrukturen herauszubilden. Aus der Kühlrate kann man schließen, daß die Mutterkörper Durchmesser von 50 bis 200 Kilometern gehabt haben müssen. Dies ist genau die Größe der typischen Asteroiden, die wir von der Erde aus sehen können.

Die Kristallstruktur ist also ein wichtiger Hinweis auf die Verwandtschaft zwischen Meteoriten und Asteroiden. Bild 7.15 zeigt schematisch die Größenordnungen von Asteroiden, Meteoriten und nicht-kometaren Meteoroiden. Als Meteoroide bezeichnet man (hauptsächlich im angelsächsischen Raum) meteoritisches Material, das die Erdbahn kreuzt. Diese Gruppen sind nicht ganz scharf voneinander getrennt, sondern gehen langsam ineinander über. Am einfachsten erklären sich die Astronomen die Verwandtschaft von Asteroiden und Meteoriten damit, daß Meteorite Trümmer von Asteroiden sind, die vor noch nicht allzulanger Zeit zusammenstießen.

Wie auch immer die Geschichte der Asteroiden und Meteorite genau abgelaufen sein mag, diese primitiven Körper sind Zeugen der Vergangenheit. In ihnen ist praktisch die 4,6 Milliarden Jahre alte Entstehungsgeschichte unseres Sonnensystems eingefroren.

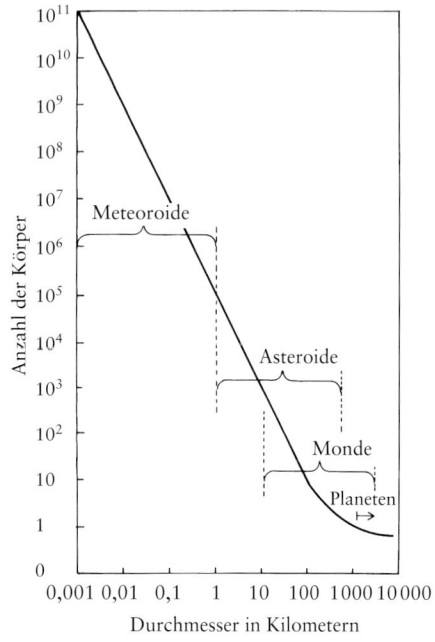

Bild 7.15. Interplanetare Trümmer. Die Körper im interplanetaren Raum stießen häufig zusammen und zerkleinerten sich dabei gegenseitig. Einige der großen Asteroiden haben noch Ausmaße eines kleinen Mondes, die kleinsten Trümmer nennt man manchmal Meteoroide

KURZINFORMATION 7.6
Asteroiden – Zusammenfassung

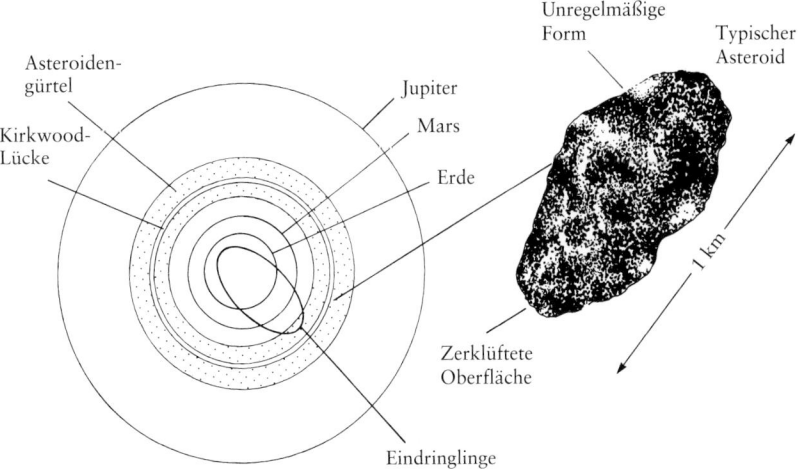

Ceres – der größte Asteroid
Masse: $1,2 \cdot 10^{24}$ Gramm = $0,0002$ M_E (Erde = 1)
Radius: 512 Kilometer = $0,08$ R_E (Erde = 1)
Mittlere Dichte: 2,3 g/cm³
Rotationsperiode: 9 Stunden, 4 Minuten, 41 Sekunden
Umlaufperiode: 4,61 Jahre
Mittlere Sonnenentfernung: 2,77 AE
Anzahl der Monde: 0

Der Riesenplanet. Jupiters Wolkendecke zeigt mehrere verschieden-
farbige Bänder. Außerdem sind hier
die beiden innersten Galileischen
Monde zu sehen. Direkt oberhalb
der Wolken erscheint der helle,
orangefarbene Mond Io. Europa befindet sich rechts von ihm und
leuchtet in eisigem Weiß

KAPITEL 8

Jupiter: der Gasriese

Seit mehr als drei Jahrhunderten existiert ein Wirbelsturm, der Große Rote Fleck, in der Jupiteratmosphäre. Woher kommen die Farben der Gashülle des Planeten? Jupiter besitzt wahrscheinlich keinen festen Kern. Er strahlt Wärme aus dem Innern ab und emittiert Radiowellen mit einer Leistung von 400 Milliarden Watt. Zwischen ihm und dem Mond Io fließt ein elektrischer Strom mit einer Stärke von 5 Millionen Ampère. Dieser Mond ist äußerst aktiv. Durch seine Vulkane kehrt er praktisch sein Inneres nach außen.

DER KÖNIG DER PLANETEN

Ein Blick von der Erde aus

Jupiter ist bei maximaler Helligkeit nach Venus der zweithellste Planet am Himmel. Er braucht für einen Sonnenumlauf 11,86 Jahre, das heißt pro Jahr bewegt er sich durch ein Sternzeichen des Tierkreises. Da er 5,2 Astronomische Einheiten von der Sonne entfernt ist, schwankt sein Abstand zur Erde nicht sehr stark. Aus diesem Grunde sind auch, anders als bei Mars und den inneren Planeten, sein scheinbarer Durchmesser und seine Helligkeit nahezu konstant.

Jupiter ist der größte aller Planeten. Sein Durchmesser ist 11 mal größer als der der Erde, sein Volumen 1330 mal. Im Teleskop bietet er einen herrlichen Anblick, der wohl nur noch von Saturn übertroffen wird. Die Planetenscheibe ist von dunklen Bändern überzogen, die parallel zum Äquator verlaufen. Vereinzelt bemerkt man auch dunklere Flecken. Den größten von ihnen, den Großen Roten Fleck, sieht man bereits durch ein kleines Fernrohr. Die Astronomen beobachten ihn schon seit über 300 Jahren.

Trotz seiner Größe rotiert Jupiter sehr schnell. Die genaue Rotationsdauer erhält man aus der Beobachtung von Radioausbrüchen aus der tiefen Atmosphäre. Aus dem wiederholten Auftauchen von Sturmzentren ließ sich eine Rotationsperiode von 9 Stunden, 55 Minuten und 29 Sekunden ableiten. Die schnelle Umdrehung dehnt die Atmosphäre in farbige Wolkenbänder. Außerdem erzeugt die Fliehkraft in der Äquatorgegend einen beachtlichen Wulst.

Vier Jupitermonde sind so hell, daß sie bereits durch ein Fernglas oder kleines Teleskop erkennbar sind, und da sie Jupiter so schnell umkreisen, läßt sich ihre Bewegung von Stunde zu Stunde verfolgen. (Wäre Jupiter nicht so hell, so könnte man die Monde bereits mit bloßem Auge sehen.) Galileo Galilei entdeckte sie im Januar 1610 mit dem gerade erfundenen Fernrohr. Eventuell hat sie unabhängig von ihm auch der deutsche Mathematiker Simon Marius beobachtet. Wir nennen diese vier Monde die Galileischen Monde; die Namen stammen aber von Marius: Io, Europa, Ganymed und Kallisto. Sie spielten eine wichtige Rolle bei der Durchsetzung des Kopernikanischen Weltbildes, denn sie waren damals die ersten Himmelskörper, die sich um ein anderes Zentrum als die Erde drehten (siehe Kapitel 1»Welten in Bewegung«).

Die Jupitermasse läßt sich aus den Umlaufzeiten und Bahnradien der Monde errechnen. Danach besitzt er 318 Erdmassen oder nahezu Dreiviertel der Masse aller Planeten. Allerdings ist seine mittlere Dichte mehr als viermal geringer als die der Erde, das heißt sie ist nur etwas größer als die von Wasser. Hieraus kann man schließen, daß Jupiter, ähnlich wie die Sonne, hauptsächlich aus Wasserstoff besteht. Es gibt kein anderes Element, das für eine solch geringe Dichte verantwortlich sein kann. Auch die anderen äußeren Planeten haben verhältnismäßig geringe Dichten, und sie werden von einer Vielzahl von Monden umkreist, die jeweils ein Sonnensystem im kleinen bilden.

Die Weltraumerkundung des Jupiter

Insgesamt haben fünf Raumsonden den Planeten erforscht. Pioneer 10 und 11 waren die ersten, die den Asteroidengürtel unbeschadet durchflogen. Dann folgten die zwei Voyager-Sonden. Die auf der Erde aufgefangene Energie, mit der die Jupiterbilder eintrafen, war so gering, daß man sie über hunderte von Milliarden Jahren hätte sammeln müssen, um eine Glühbirne damit für eine Sekunde zum Leuchten zu bringen. Ein Astronom meinte hinterher, daß es ebenso schwer wäre alle Daten zu verstehen wie aus einem Feuerwehrschlauch zu trinken.

Nach dem Rendezvous mit Jupiter wurde Pioneer 10 von dessen Gravitationsfeld aus unserem Planetensystem herausgeschleudert, während sich die anderen drei Sonden auf dem Weg zu Saturn begaben. Dort wiederum nutzten die Techniker die Gravitation Saturns aus, um Voyager 2 zu Uranus und Neptun umzuleiten. Sie erreichte diese Planeten 1986 beziehungsweise 1989. Im Oktober 1989 startete schließlich die Jupitersonde Galileo zu ihrer sechsjährigen Reise.

DIE OBERE ATMOSPHÄRE

Giftige Gase und Wasserstoff

Spektren des reflektierten Sonnenlichts zeigen, daß die obere Jupiteratmosphäre mit 120 bis 160 Kelvin verhältnismäßig kühl ist und zu etwa 79 Prozent aus Wasserstoffmolekülen und 19 Prozent Helium besteht. Außerdem gibt es noch geringe Bestandteile an Methan und Ammoniak (s. Kurzinformation 8.1 und Tabelle 8.1). Wasserdampf, komplexe Kohlenwasserstoffe sowie Acetylen kommen ebenfalls in sehr geringen Konzentrationen von einem Teil in einer Million oder weniger vor. Die relativen Anteile von Wasserstoff, Helium, Kohlenstoff und Stickstoff entsprechen etwa denen in der Sonne. Dies spricht dafür, daß Jupiter, im Gegensatz zu den terrestrischen Planeten, in etwa die Verhältnisse widerspiegelt, wie sie vor 4,6 Milliarden Jahren im Urnebel vorlagen.

Tabelle 8.1. Chemische Zusammensetzung der oberen Atmosphäre

Molekül	Häufigkeit[a] in Prozent
Wasserstoff, H_2	79
Helium, He	19
Methan, CH_4	0,0007
Ammoniak, NH_3	0,0002
Äthan, C_2H_6	0,0004
Acetylen, C_2H_2	0,0001

[a] Die Häufigkeiten von Wasserstoff und Helium entsprechen etwa der solaren Häufigkeit von 78 Prozent beziehungsweise 20 Prozent.

Stürmisches Wetter

Der Wind treibt Wolken durch die Atmosphäre, Stürme mit größeren Ausmaßen als die Erde und kontinentgroße Zyklone wirbeln umher. Kleinere Flecken jagen umeinander und verschlingen sich gegenseitig. Die Wolkenbänder erreichen Orkangeschwindigkeiten, und enorme Blitze entladen sich in der Atmosphäre.

Die farbigen Flecken und Streifen sind fast ausschließlich Sturmwolken (Bild 8.1), denn die schnelle Rotation zieht alle Wirbelstürme zu verschiedenfarbigen Wolkenbändern in die Länge. Bezogen auf die innere Rotation bewegen sich diese Bänder sowohl in östlicher als auch in westlicher Richtung. Mit Spitzengeschwindigkeiten von 540 km/h übertreffen sie die schnellsten Jet-Strömungen in der Erd-

KURZINFORMATION 8.1
Die chemische Zusammensetzung der Jupiteratmosphäre

Die chemische Zusammensetzung der oberen Atmosphäre läßt sich
aus dem Spektrum des reflektierten Sonnenlichts ermitteln. Jedes Atom
und jedes Molekül absorbiert und emittiert Licht mit einer ganz bestimmten Wellenlänge. Hieran läßt es sich im Spektrum identifizieren,
ähnlich wie man einen Menschen an seinem Fingerabdruck erkennt.

Die Infrarotstrahlung aus der oberen warmen Atmosphärenschicht von Jupiter und Saturn zeigt zahlreiche Merkmale, die im Sonnenspektrum nicht auftauchen. Wie in diesem Bild zu sehen, gibt es in
Jupiters Spektrum deutliche Hinweise auf molekularen Wasserstoff,
H_2, Ammoniak, NH_3, und Methan, CH_4. Auch in Saturns Atmosphäre finden wir molekularen Wasserstoff und Methan, aber es fehlt Ammoniak. Dafür gibt es mehr Acetylen, C_2H_2, und Äthan, C_2H_6.

In den äußeren kühlen Schichten von Jupiter und Saturn lassen
sich keine Heliumatome nachweisen. Allerdings kann man aus den
Wasserstofflinien im Spektrum auf die Anwesenheit von Helium
schließen, weil diese von Stößen zwischen Wasserstoffmolekülen und
Heliumatomen beeinflußt werden. (Nach: Rudolf A. Hanel)

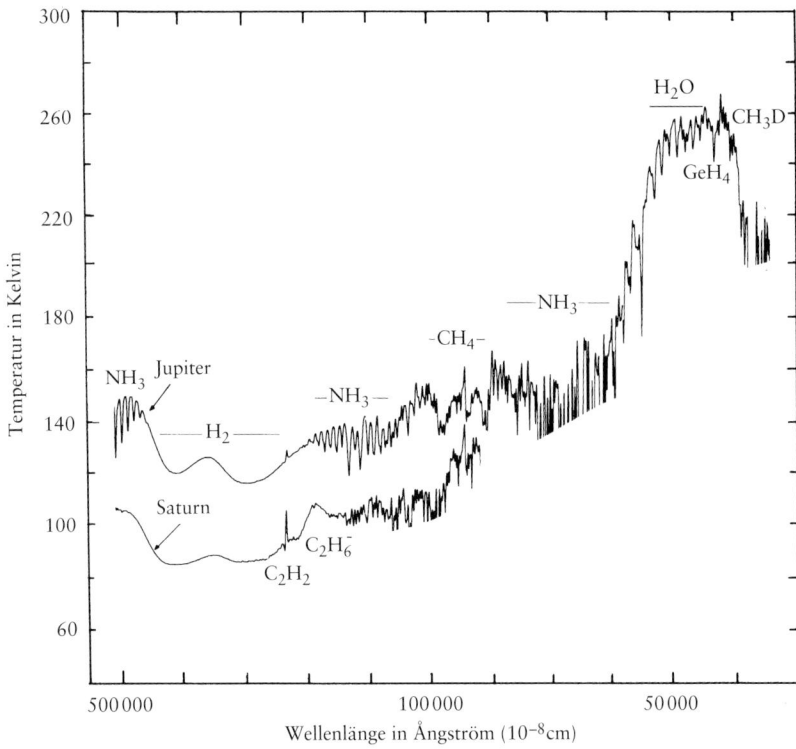

Bild 8.1. Jupiters turbulente Atmosphäre. Dunkle und helle Wolkenbänder umspannen den gesamten Planeten (*oben*). Der Große Rote Fleck (*unten*) ist ein riesiger Wirbelsturm, der sich mit einer Periode von 6 Tagen gegen den Uhrzeigersinn (antizyklonal) dreht. (Foto: JPL und NASA)

atmosphäre. In den hellen Bändern steigt Gas von unten auf, während es in den dunklen Bereichen absinkt.

Die großen Flecken erinnern an die Wirbelstürme auf der Erde, aber sie sind viel größer, farbiger und bleiben über Monate, Jahrzehnte oder gar Jahrhunderte bestehen. Der Große Rote Fleck ist ein riesiger Antizyklon, der in seinem Wolkenband entlangwandert und eventuell den gesamten Planeten umrundet.

Bild 8.2. Turbulente Wirbel. Der Große Rote Fleck saugt nahegelegene kleinere Wirbel auf, während andere an ihm entlangrollen und vermutlich Rotationsenergie zuführen. (Foto: JPL und NASA)

Es ist nach wie vor nicht ganz klar, warum er so rot ist. Möglicherweise spalten die Blitze oder das UV-Licht der Sonne Moleküle und setzen dabei Phosphor frei, das dem Roten Fleck seine Farbe verleiht. Andererseits könnten auch organische Moleküle dafür verantwortlich sein, die aus tieferen Schichten an die Oberfläche strömen.

Bei den Flecken handelt es sich um Wirbel, die zwischen den Ost-West-Strömungen hin- und hergeworfen werden. Während die kleineren sich dabei schnell auflösen, können die großen überleben. Die größten verschlucken oft die kleineren und versorgen sich so immer wieder mit neuer Energie. Mitunter kann es vorkommen, daß sich aus ihnen wieder kleinere Wirbel herauslösen (Bild 8.2). Die Lebensdauer der Wirbel hängt somit von ihrer Größe ab. Während sich die kleineren schon nach einigen Tagen auflösen, können die größten jahrzehntelang überleben.

Warum bestehen der Große Rote Fleck und die Windbänder über Jahrzehnte hinweg, während sich auf der Erde Stürme bereits nach Tagen oder Wochen wieder auflösen? Computersimulationen haben gezeigt, daß der Planet durch seine Rotation Bewegung auf die Atmosphäre überträgt und auf diese Weise Wirbel stabilisiert. Darüber hinaus gibt es wahrscheinlich keinen festen Kern, der mit der Atmosphäre wechselwirken könnte, so daß die Wetterphänomene sich frei bewegen und tief in die Atmosphäre eindringen können.

Die Wolkenschichten

Alle Erscheinungen, die wir auf Jupiter sehen, stammen aus einer Atmosphärenschicht, die eine Dicke von nur etwa einem Hundertstel des Planetenradius aufweist. Diese Schicht liegt auf einem tiefen See aus flüssigem Wasserstoff und Helium. Die Temperatur und der Druck steigen mit zunehmender Tiefe an (Bild 8.3). An der Wolkenobergrenze beträgt die Temperatur lediglich 114 Kelvin, aber in tieferen Schichten kann sie auf über 300 K, und damit über den Gefrierpunkt von Wasser (273 K), ansteigen. In diesen wärmeren Bereichen entspricht der Druck etwa dem auf der Erdoberfläche.

Im Gegensatz zur Erde, wo Stürme nur in einem einzigen Höhenbereich entstehen, besitzt Jupiter möglicherweise drei Wolkenschichten. Die Theoretiker vermuten, daß bei den tiefen Temperaturen an der Wolkenobergrenze gasförmiges Ammoniak zu weißen Wolken ausgefriert, die wir dann als helle Wolkenbänder sehen. Darunter verbindet sich Ammoniak mit Schwefelwasserstoff zu braunen Kristallen, die wie verfaulte Eier riechen. Diese Wolken aus Ammoniumhydrogensulfid erscheinen uns als die braunen Bänder. Die tiefste und somit wärmste Wolkenschicht besteht vermutlich aus bläulichen Wassereiskristallen. Etwa 60 Kilometer unter der Wolkenoberkante herrschen Drücke und Temperaturen, die mit denen auf der Erde vergleichbar sind.

In der giftigen Jupiteratmosphäre würde jedes Leben, wie wir es kennen, absterben. Allerdings könnte die Uratmosphäre der Erde eine ähnliche chemische Zusammensetzung besessen haben. In Laborexperimenten konnten Wissenschaftler bereits vor fast 40 Jahren durch elektrische Entladungen in einem Gasgemisch aus Methan, Ammoniak und Wasserstoff organische Moleküle herstellen. Dieses Gas entsprach in etwa dem der Jupiteratmosphäre, was Spekulationen über primitive Lebensformen in bestimmten Atmosphärenschichten zur Folge hatte. Aber Jupiter hat keine feste Oberfläche, auf der sich die Lebewesen bewegen könnten, und die starken Winde würden sie dau-

Bild 8.3. Verlauf von Druck und Temperatur in der Jupiteratmosphäre. Den Verlauf von Druck und Temperatur in der oberen Atmosphäre ermittelten Wissenschaftler aus Radiosignalen, die die Voyager-Sonde beim Vorbeiflug an Jupiter durch dessen Atmosphäre zur Erde sendete. In der Tropopause, bei einem Druck von 0,1 bar, erreicht die Temperatur mit 114 Kelvin ihr Minimum. In der darüberliegenden Stratosphäre läßt die einfallende Sonnenstrahlung die Temperaturen wieder ansteigen. Unterhalb der Tropopause befindet sich die Troposphäre, in der Druck und Temperatur nach unten hin stetig zunehmen. Dort gibt es möglicherweise drei Wolkenschichten aus Ammoniak, NH_3, Ammoniumhydrogensulfid, NH_4SH, und Wassereis. (Nach: von Eschleman: Science *204*, 977 (1979))

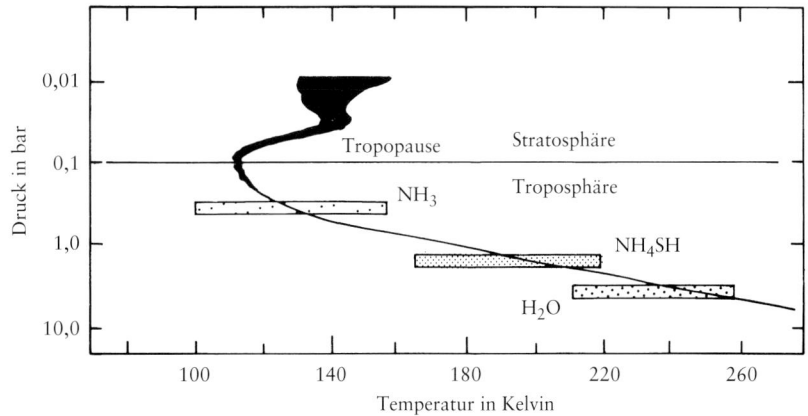

ernd in Zonen unterschiedlicher Temperatur transportieren. Trotzdem halten es einige phantasievolle Wissenschaftler für möglich, daß
riesig aufgeblasene Organismen in dem Wasserstoffmeer herumtrei-
ben und wie Quallen auf und ab schweben.

UNTER DEN WOLKEN

Ein Planet strahlt seine eigene Wärme ab

Als die Astronomen zum ersten Mal Jupiter im infraroten Spektralbereich beobachteten stellten sie zu ihrer Überraschung fest, daß der Planet doppelt soviel Wärme abstrahlt wie er von der Sonne empfängt. Er
muß also eine innere Wärmequelle besitzen!

In der großen Entfernung von der Sonne ist die Intensität ihrer
Strahlung auf 4 Prozent im Vergleich zur Erde abgesunken. Die tiefliegenden Wolken sind aber viel wärmer als man es erwarten würde. Diese zusätzliche Wärme, die auch eine Erwärmung der Polgegend bewirkt, muß aus dem Innern kommen. Im Gegensatz zu Sternen, die
ständig Energie durch thermonukleare Fusion erzeugen, besitzen die
Planeten normalerweise keine eigene Energiequelle. Jupiter scheint
hier eine Zwischenstellung einzunehmen.

Ein Großteil der inneren Wärme ist vermutlich noch aus der Entstehungszeit übrig geblieben. Damals zog er sich durch seine eigene
Schwerkraft zusammen und erwärmte sich. Seine enorme Größe
macht ihn zu einer effektiven Wärmefalle, aus der die primordiale
Wärme viel langsamer entweichen kann als aus den kleineren Planeten.

Hohe Drücke und fremdartige Materie

Je weiter man in das Innere eines Körpers eindringt, desto höher wird
der Druck. Rechnungen haben gezeigt, daß der Druck im Mittelpunkt
Jupiters rund 80 Millionen Mal höher sein muß als der Luftdruck an
der Erdoberfläche oder 7 Mal höher als im Erdmittelpunkt. Besäße Jupiter dieselbe Dichte wie die Erde, so wäre sein Druck sogar 125 Mal
höher (siehe Tabelle 8.2).

Wasserstoff, aus dem Jupiter vorwiegend besteht, wird unter diesen Bedingungen flüssig, so daß ein Großteil des Planeten ein riesiges
Wasserstoffmeer ist. Nur in den äußeren 1000 Kilometern, entsprechend 1,4 Prozent des Radius, ist er gasförmig. In einer Tiefe von
17 000 Kilometern (etwa ein Viertel des Radius) geht der flüssige
Wasserstoff bei einem Druck von 3 Millionen bar sogar in eine metal-
lische Form über. Die Materie ist dann so stark komprimiert, daß die

Bild 8.4. Der innere Aufbau.
Der Gasriese besitzt eine dünne Atmosphäre, die ein Meer aus flüssigem Wasserstoff umhüllt. Bei der enormen Dichte tief im Innern geht der flüssige molekulare Wasserstoff in flüssigen metallischen Wasserstoff über. (Foto: JPL und NASA)

(*1*) Wolkenoberkante: Aerosole
(*2*) Ammoniakkristalle
(*3*) Wolken aus Ammonium-hydrogensulfid
(*4*) Wolken aus Eiskristallen
(*5*) Wassertröpfchen
(*6*) Spurengase
(*7*) Flüssiger molekularer Wasserstoff
(*8*) Übergangsgebiet
(*9*) Flüssiger metallischer Wasserstoff
(*10*) Möglicher Kern

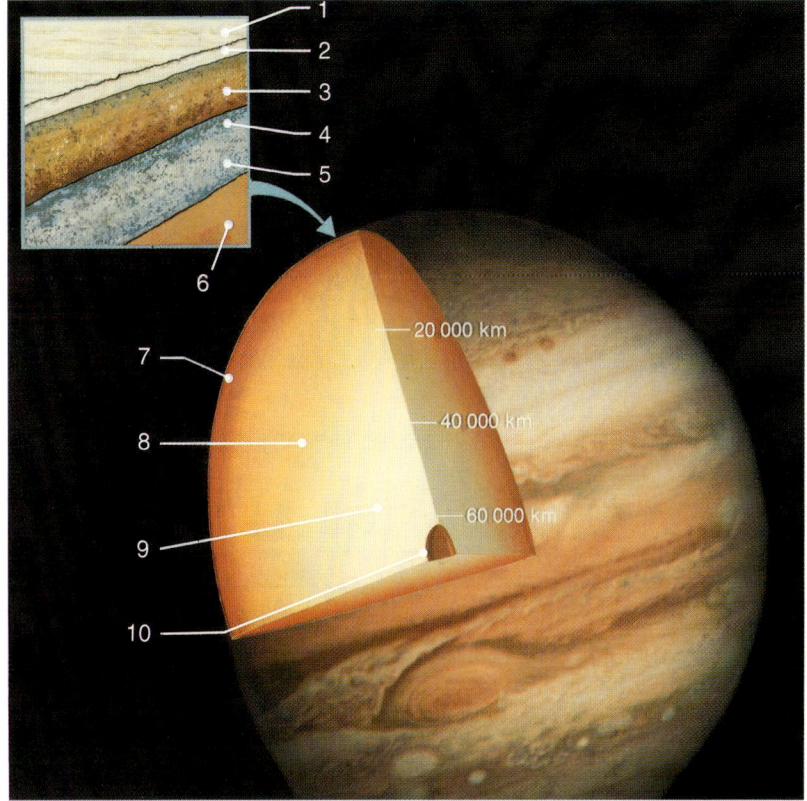

Atome nicht mehr in Molekülen gebunden sind, und auch die Elektronen können sich frei bewegen. Man spricht dann von metallischem Wasserstoff, weil er eine sehr gute Wärme- und elektrische Leitfähigkeit besitzt.

Jupiter besitzt in etwa die solare Elementhäufigkeit, so daß der Kern vermutlich aus schweren Elementen wie Silizium und Eisen besteht. Auch aus einer genauen Analyse der nicht-sphärischen Form kann man auf einen dichten, entweder festen oder flüssigen Kern

Tabelle 8.2. Druckbereiche

Ort	Relativer Druck
Unter dem Fuß eines Wasserschneiders	0,000 01
Im Innern einer Glühbirne	0,01
Erdatmosphäre auf Meereshöhe	1,0
Im Innern einer gefüllten Taucherflasche	100
In Tiefseegräben	1000
Druck bei dem Wasserstoff metallisch wird	3 000 000
Im Zentrum Jupiters	80 000 000

schließen. Ein Planet mit einer bestimmten Größe und Rotationsgeschwindigkeit ist stärker abgeplattet, wenn er einen dichten Kern hat.
Die beobachtete Form läßt sich mit einem Gesteinskern mit 15facher
Erdmasse erklären, der allerdings auf das doppelte Erdvolumen zusammengedrückt ist. Dieser Kern ist von einer riesigen Schale aus
flüssigem, metallischem Wasserstoff umgeben, und darüber liegt der
globale Ozean aus flüssigem, molekularem Wasserstoff (Bild 8.4).
Elektrische Ströme in Jupiters metallischer Schale erzeugen ein starkes
Magnetfeld.

JUPITERS MAGNETFELD

Radiosendungen von Jupiter

Jupiter strahlt bei kurzen Wellenlängen Radiowellen mit einer Leistung von einigen Milliarden Watt ab. Man nennt diese Emission Dezimeterstrahlung, da sie eine Wellenlänge von etwa 10 Zentimetern besitzt. Die Strahlung wird von Elektronen erzeugt, die mit hoher
Geschwindigkeit um die Feldlinien herumspiralen. Auf diese Weise
läßt sich das Magnetfeld aus der Strahlung konstruieren.

Sowohl die Magnetfeldstärke als auch die Energie der Elektronen
sind sehr viel höher als bei der Erde, außerdem sind die Magnetpole
gegenüber den Rotationspolen invertiert, das heißt eine Kompaßnadel
würde auf Jupiter nach Süden zeigen. Darüber hinaus ist die Magnetfeldachse, ähnlich wie auf der Erde, um 9,6 Grad gegen die Rotations-

Tabelle 8.3. Magnetfelder im Sonnensystem

Planet	Feldstärke in Gauß			Neigung der Achse[b] in Grad	Verschiebung[c] in Planetenradien
	min.	Äquator[a]	max.		
Merkur	0,0033	0,0033	0,0066	+14	0,05
Erde	0,24	0,31	0,68	+11,7	0,07
Jupiter	3,2	4,28	14,3	− 9,6	0,14
Saturn	0,18	0,215	0,84	0,0	0,04
Uranus	0,08	0,228	0,96	−58,6	0,3
Neptun	0,06	0,133	1,2	−46,8	0,55

[a] Die Werte gelten für Merkur und Erde an der Oberfläche und für die äußeren Planeten an der Wolkenoberkante. Venus und Mars haben kein nachweisbares Magnetfeld.
[b] Neigung der Magnetfeldachse gegen die Rotationsachse.
[c] Verschiebung der Dipolachse vom Mittelpunkt des Planeten.

achse geneigt. Diese Neigung bewirkt ein Wackeln des Magnetfeldes, was sich in der Dezimeterstrahlung widerspiegelt.

Beobachtungen von der Erde und von Sonden aus haben gezeigt, daß die Magnetfeldstärke etwa 12 mal größer ist als die des Erdfeldes am Äquator (siehe Tabelle 8.3). Wahrscheinlich erzeugen die innere Wärme und die Rotation elektrische Ströme, die für das Magnetfeld verantwortlich sind. Dies ist ganz ähnlich wie in der Erde. Allerdings sorgen die hohe Rotationsgeschwindigkeit und die große Ausdehnung der Schale aus flüssigem, metallischem Wasserstoff für die außergewöhnliche Stärke des Feldes.

Die Magnetosphäre

Eine weit ausgedehnte Magnetosphäre umgibt Jupiter wie eine rotierende Flasche, in der geladene Teilchen, vorwiegend Elektronen und Protonen, gefangen sind. In der Nähe des Planeten ist das Magnetfeld annähernd ein Dipol, aber in den äußeren Bereichen verzerren es der Sonnenwind und die geladenen Teilchen (Bild 8.5). Sie ist die größte dauerhafte Struktur im Planetensystem und wird nur hin und wieder von einem Kometenschweif übertroffen. Auf der sonnenabgewandten Seite erstreckt sich der Magnetschweif über fast eine Milliarde Kilometer bis hin zur Saturnbahn, entsprechend etwa der Entfernung Sonne-Jupiter. Der Schweif des Erdfeldes reicht dagegen mit einer Ausdehnung von etwa einer halben Million Kilometer gerade über die Mondbahn hinaus.

Der Sonnenwind traktiert ständig die äußere Magnetosphäre, so daß ihre Ausdehnung zwischen 50 R_J und 100 R_J schwankt. (Der Jupiterradius R_J beträgt 71 492 Kilometer.) Die innere Magnetosphäre ist

Bild 8.5. Die Magnetosphäre. Jupiters Magnetosphäre ist die größte, dauerhafte Struktur im Sonnensystem. An der Stelle, wo der Sonnenwind auf die Magnetosphäre trifft, entsteht eine bogenförmige Stoßwelle, ähnlich wie bei einem fahrenden Schiff im Wasser. Die Teilchen des Sonnenwindes umströmen das Magnetfeld, das hinter dem Planeten in einem langen Schweif ausläuft. Da die Stärke des Sonnenwindes schwankt, drückt dieser auch mehr oder weniger heftig auf das Magnetfeld, so daß der Abstand der Stoßwelle vom Planeten zwischen 50 und 100 Jupiterradien schwankt. In der Äquatorebene sorgen die nach außen gerichteten Kräfte und Drücke zusammen mit der schnellen Rotation des Planeten dafür, daß die Magnetosphäre die Form einer dünnen Scheibe annimmt. In dieser Magnetoscheibe läuft ein Ringstrom um Jupiter herum

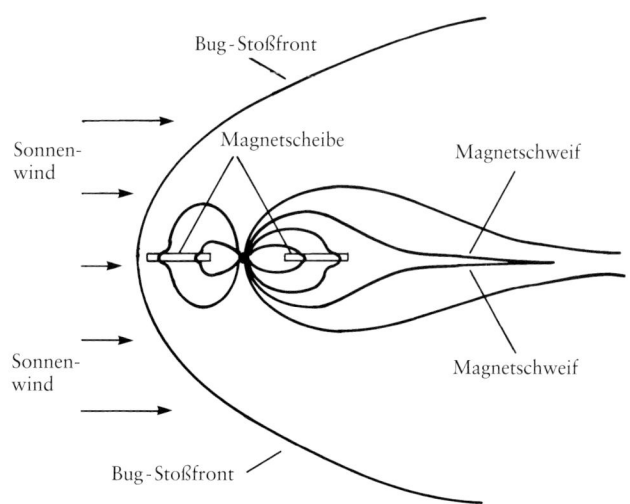

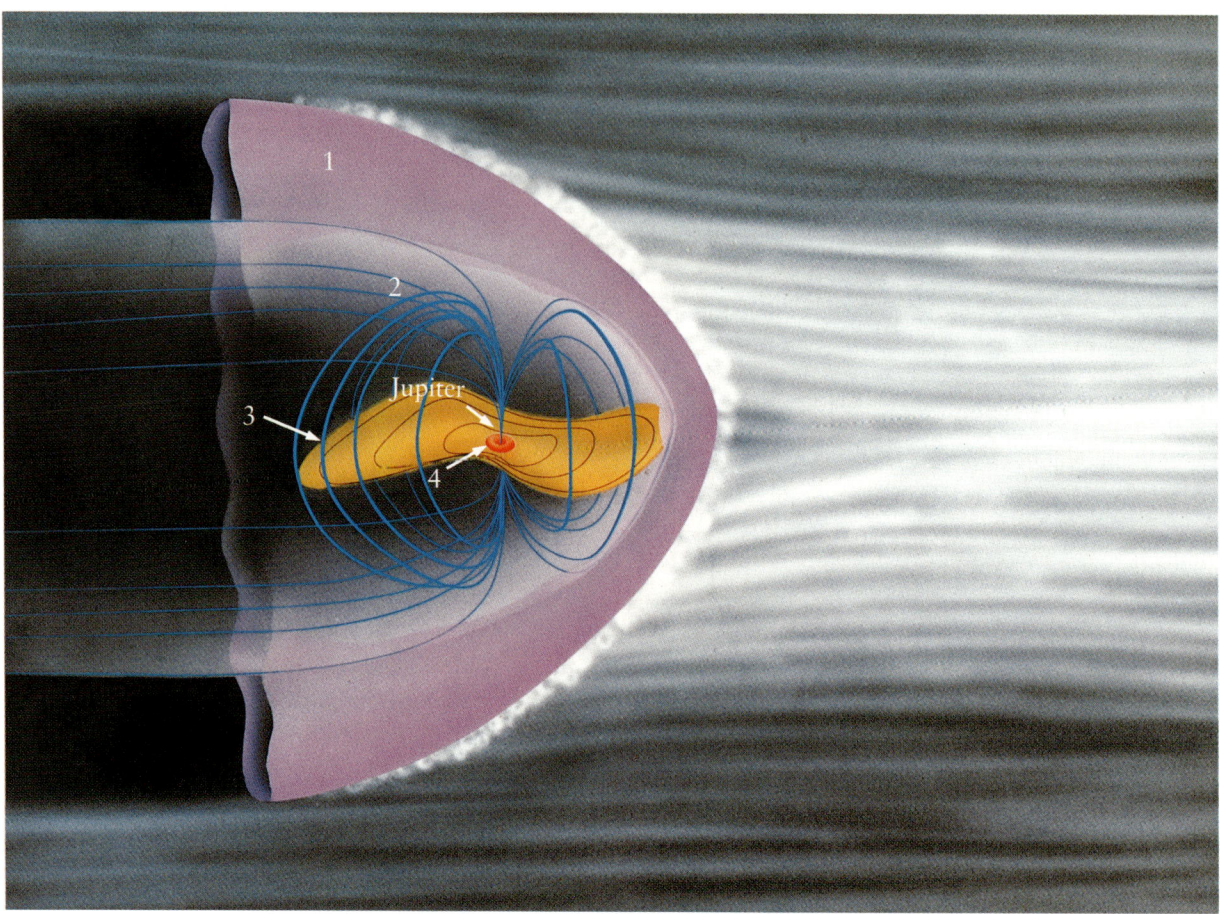

dagegen fest und rotiert mit dem Planeten (Bild 8.6). Geladene Teilchen werden in der Nähe des Planeten in erdnußförmigen Bereichen über dem magnetischen Äquator eingefangen. Diese Bereiche erinnern von der Form her an die irdischen Van-Allen-Gürtel, allerdings sind sie bei Jupiter bis zu eine Million Mal dichter mit Teilchen angefüllt als in Erdnähe. Es handelt sich sowohl um Schwefel- und Sauerstoffionen vom innersten Mond Io, als auch um Elektronen und Protonen aus dem Sonnenwind. Die irdischen Strahlungsgürtel enthalten dagegen vorwiegend Elektronen und Protonen.

Die Rotation des starken Magnetfeldes beschleunigt die Teilchen in der Nähe der Oberfläche. Diese üben wiederum einen Druck nach außen aus und blähen das Feld auf. Die Kräfte sind in der Äquatorgegend am stärksten, so daß dort das Feld zu einer dünnen, länglichen Magnetscheibe gedehnt ist. Hier werden die Teilchen so beschleunigt, daß sie in einem Ring um den Äquator herumlaufen.

Sonnenausbrüche können Teilchen aus den äußeren Bereichen der Magnetosphäre in den Weltraum hinaustreiben. Die Partikel dieses Ju-

Bild 8.6. Das Innere der Magnetosphäre. Die Ionen und Elektronen des Sonnenwindes (*rechts*) stoßen auf die Magnetosphäre, verbiegen die Feldlinien und erzeugen eine turbulente Stoßfront. Ios Plasmaring enthält energiereiche Schwefel- und Sauerstoffionen, die aus der Oberfläche des Mondes stammen. Die helle Scheibe besteht aus Plasma in der Ebene des magnetischen Äquators. (Nach Robert Wolff, JPL)

(*1*) Magnethülle
(*2*) Magnetfeldlinien
(*3*) Mitrotierendes Plasma
(*4*) Plasmaring Ios

piterwindes sind dann energiereicher als die des Sonnenwindes. Dieser Wind wird ständig nachgefüllt, und die Teilchen können die Erdbahn oder sogar die Merkurbahn erreichen.

Ios Wolke

Der innerste Mond Io ist eine Quelle für Natriumatome, die ihn ständig in einer leuchtenden Wolke von der Größe des Jupiter umgeben (Bild 8.7). Offenbar schlagen die hochenergetischen Teilchen des Strahlungsgürtels diese Atome aus Ios Oberfläche heraus. Sie können dann zwar von dem Mond entweichen, aber Jupiters Gravitationsfeld fängt sie ein und zwingt sie in eine Umlaufbahn um den Planeten. In diesem rotierenden Magnetfeld umrunden sie den Planeten innerhalb von 10 Stunden, während Io 42 Stunden für einen Umlauf benötigt. Die Wolke dehnt sich deshalb vor und hinter dem Mond aus, wobei sie ihm eher voraus- als hinterhereilt. Die Teilchen ordnen sich dabei in einer erdnußförmigen Wolke an, die im ultravioletten Spektralbereich leuchtet. Der Grund hierfür sind Elektronen, die mit den Schwefel- und Sauerstoffionen zusammenstoßen.

Jupiters Magnetfeld durchquert die Umgebung von Io und erzeugt dabei eine Flußröhre, in der elektrisch geladene Teilchen von Io zu Jupiter hinüberströmen (Bild 8.8). Man könnte sagen, der Mond sei durch eine elektromagnetische Nabelschnur mit dem Planeten verbunden. Diese Röhre stellt praktisch ein riesiges Kraftwerk dar, das mit einer Stromstärke von 5 Millionen Ampère eine Leistung von 2500 Milliarden Watt erzeugt. Diese elektrischen Ströme führen häufig zu heftigen Radioausbrüchen und, wenn sie auf die Atmosphäre treffen, zu hellen Polarlichtern.

Bild 8.7. Ios Natriumwolke. Von der Erde aus entdeckte man Ios Wolke (*links*), die neutrales Natrium enthält. Die Umlaufbahn des Mondes ist schematisch eingezeichnet. Die Natriumatome stammen von der Oberfläche Ios (markiert durch ein Kreuz), werden angeregt und leuchten im optischen Spektralbereich bei Wellenlängen von 5890 und 5896 Ångström. Diese Aufnahme wurde am Coudé-Fokus des 61cm-Teleskops des JPL am Table Mountain Observatory, Kalifornien, gemacht. (Foto: Bruce Goldberg und Glenn Garneau, JPL)

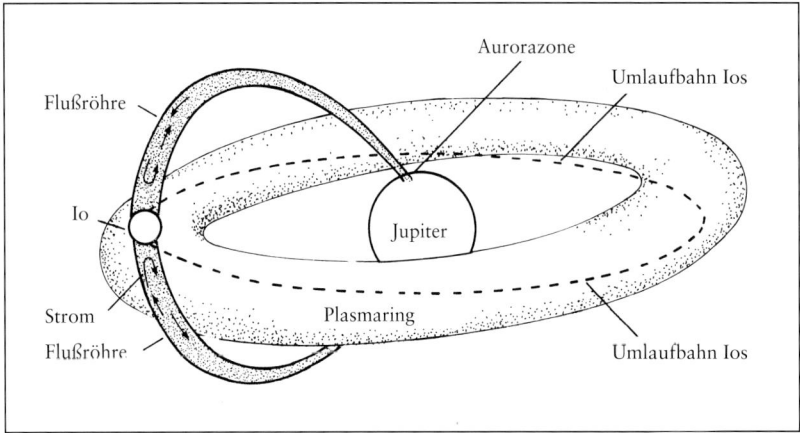

Bild 8.8. Flußröhre und Plasmaring. Durch eine Flußröhre zwischen Io und Jupiter fließt ein Strom von 5 Millionen Ampère. Die Mittelachse des Plasmarings fällt etwa mit Ios Umlaufbahn zusammen. Seine Dicke entspricht etwa dem Jupiterdurchmesser. In dem Ring bewegen sich energiereiche Schwefel- und Sauerstoffionen mit einer Temperatur von rund 100 000 Kelvin. Da die Magnetfeldachse gegenüber der Rotationsachse geneigt ist, bewegt sich Io in diesem Ring während eines Umlaufs auf und ab. Einige geladene Teilchen strömen wahrscheinlich von dem Plasmaring entlang der magnetischen Feldlinien in die Polregion Jupiters über. Dort erzeugen sie helle Polarlichter

JUPITERS RING UND SEINE MONDE

Die Galileischen Monde

Die vier Galileischen Monde umrunden Jupiter nahezu in seiner Äquatorebene auf fast kreisförmigen Bahnen (Bild 8.9). Sie heißen in der Reihenfolge ihres Abstandes vom Planeten: Io, Europa, Ganymed und Kallisto. Sie sind die 4 größten der insgesamt 16 Monde und kehren Jupiter immer dieselbe Seite zu. Sie benötigen einige Tage für einen Umlauf (siehe Tabelle 8.4).

Die Galileischen Monde erhielten ihre Namen nach den Geliebten des Zeus. Zeus verwandelte Io in eine Kuh, um sie vor seiner eifersüchtigen Frau zu verstecken, und Kallisto mußte zur Strafe für ihre Liebschaft mit Zeus den Rest ihres Lebens als Bärin verbringen. Europa wurde zu einem weißen Stier, nachdem sie Zeus nach Kreta entführt hatte, während Ganymed ein Trojanischer Jüngling war, der, von

Tabelle 8.4. Eigenschaften der Galileischen Monde

Mond	Entfernung vom Mittelpunkt des Planeten in Jupiterradien[a]	Umlaufperiode in Tagen	Radius in km[b]	Masse in 10^{25}g	Dichte in g/cm³
Io	5,95	1,716	1816	8,92	3,55
Europa	9,47	3,55	1563	4,87	3,04
Ganymed	15,1	7,155	2638	14,9	1,93
Kallisto	26,6	16,69	2410	10,7	1,83

[a] Mittlere Entfernung in Einheiten des Jupiterradius, R_J = 71 492 km.
[b] Zum Vergleich: Der Radius des Erdmondes beträgt 1738 km.

Bild 8.9. Die vier Galileischen Monde. Io, Europa, Ganymed und Kallisto bewegen sich innerhalb der Magnetosphäre des Jupiter. Kallisto nähert sich bei jedem Umlauf auf der sonnenzugewandten Seite der bogenförmigen Stoßwelle. Der kleine Mond Amalthea besitzt nur etwa ein Zehntel der Masse der Galileischen Monde. Er umkreist Jupiter noch innerhalb der Bahn Ios. Alle Monde sind einem ständigen Bombardement energiereicher Teilchen aus der Magnetosphäre ausgesetzt

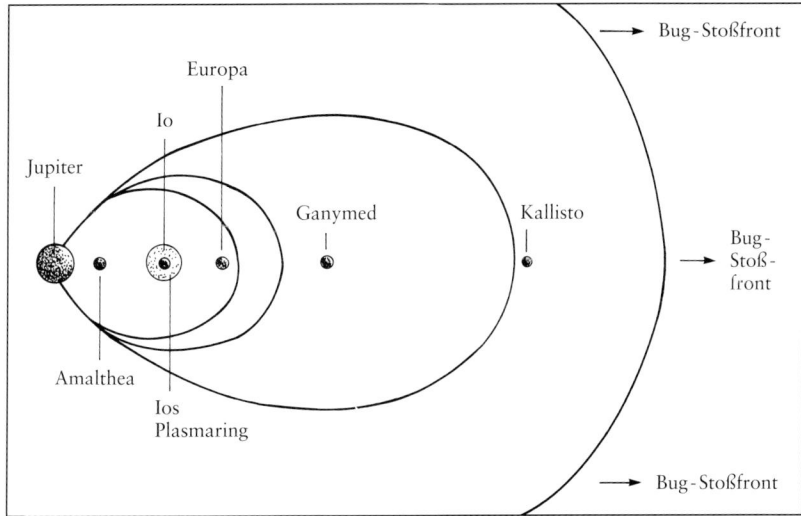

einem Adler entführt, seinen Dienst an der Göttertafel versah. Amalthea, der fünfte Jupitermond, bildet bei der Namensgebung eine Ausnahme. Sie war eine Nymphe, die Zeus als Kind mit der Milch einer Ziege nährte.

Io und Europa haben etwa die Größe unseres Mondes und mit etwa $3\,\text{g/cm}^3$ die Dichte von Gestein. Ganymed und Kallisto sind ungefähr so groß wie Merkur und haben mit circa $2\,\text{g/cm}^3$ eine wesentlich geringere Dichte. Offenbar bestehen sie zur Hälfte aus Gestein ($\varrho = 3\,\text{g/cm}^3$) und zur anderen Hälfte aus Wassereis ($\varrho = 1\,\text{g/cm}^3$).

Wahrscheinlich beeinflußte die unmittelbare Nähe zum Planeten die chemische Zusammensetzung der Monde. Io und Europa bestehen deswegen zum großen Teil aus Gestein, weil bei ihrer Entstehung der noch heiße Jupiter stark strahlte. Die Astronomen berechneten, daß Jupiter in der Frühphase etwa ein Hundertstel der Sonnenleuchtkraft und eine Zentraltemperatur von 50 000 Kelvin besaß. Damit heizte er seine Umgebung stark auf, und die inneren Monde konnten keine nennenswerten Mengen Wasser halten. Europa ist zwar mit Eis bedeckt, aber seine hohe mittlere Dichte spricht dafür, daß diese Decke verhältnismäßig dünn ist. Im Gegensatz dazu war es in den äußeren Bereichen kühler, so daß Ganymed und Kallisto das Eis halten konnten und sich dieses mit Gestein vermischte. Dies würde einerseits die geringe Dichte und andererseits die höheren Massen der beiden Monde erklären.

Die Galileischen Monde sind in ihrer Größe mit Merkur und dem Mond vergleichbar. Die Astronomen vermuteten deshalb auch, mit Kratern übersäte Oberflächen und lediglich geringe Anzeichen innerer Wärme oder gar Aktivität vorzufinden. Erst Voyager 1 und 2 offenbarten dann die ungewöhnlichen Welten, von denen jede ihr eigenes Gesicht hat. Es gibt weiche und rauhe sowie die jüngsten und ältesten Oberflächen.

Io: eine geologisch aktive Welt

Der innerste Galileische Mond, Io, hat fast dieselbe Dichte und Größe wie unser Mond, zeigt aber keinerlei Einschlagskrater. Stattdessen entdeckten die Voyager-Sonden Eruptionswolken, Vulkankegel und dampfende Lavaseen. Ios Vulkane schleudern Gas und Staub in großen Fontänen aus. Das Material reicht aus, um innerhalb von einer Million Jahre die gesamte Oberfläche mit einer 100 Meter dicken Schicht zu bedecken (Bild 8.10). Io scheint der vulkanisch aktivste Körper im gesamten Planetensystem zu sein. Die Kameras auf Voyager 1 registrierten 8 große Ausbrüche zur selben Zeit. Auf der Erde ereignen sich so viele Eruptionen innerhalb eines Jahrhunderts.

Wie in einem Geysir schießt das Material mit einer Geschwindigkeit von etwa einem Kilometer pro Sekunde (entsprechend der dreifa-

chen Schallgeschwindigkeit in der Erdatmosphäre) mehrere hundert Kilometer in die Höhe. Da Io nur eine geringe Schwerkraft und eine dünne Atmosphäre besitzt, dehnen sich die Fontänen weithin aus und lagern das Material in einem Ring mit einem Durchmesser bis zu 1400 Kilometern um den Vulkan herum ab (Bild 8.11).

Ios Vulkane kehren förmlich das Innere des Mondes nach außen und erneuern ständig die Oberfläche. Das derzeit sichtbare Oberflächenmaterial ist vermutlich vor nicht mehr als einer Million Jahre aus dem Innern gekommen. Offenbar haben sich Mantel und Kruste in der gesamten Geschichte des Mondes bereits mehrfach erneuert.

Vulkanaktivität erkennt man auch an großen Calderen und den damit verbundenen Lavaflüssen (Bild 8.12). Hunderte dieser schwarzen Vulkankegel übersäen die Oberfläche, und die von ihnen ausgestrahlte Wärme läßt sich sogar von der Erde aus nachweisen.

Was ist der Motor für diese ungewöhnlich heftige Aktivität? Sowohl die Wärme aus der Entstehungsphase des Mondes als auch aus dem radioaktiven Zerfall sollte längst in den Weltraum entwichen sein. Es ist die enorme Schwerkraft Jupiters, die in dem kleinen Mond innere Wärme erzeugt. Würde Io den Planeten auf einer Kreisbahn umrunden und ihm immer dieselbe Seite zuwenden, so wären die Flutberge unverändert gleich hoch, und es würde keine innere Wärme entstehen. Aber die äußeren Galileischen Monde ziehen ebenfalls ständig an Io und verformen dessen Bahn. Io wird laufend von den Kräften Jupiters und der Galileischen Monde, vor allem Europa, so stark hin- und hergezerrt, daß sich seine Oberfläche bei jedem Umlauf um 100 Meter verformt. Dadurch erwärmt sich das Innere des Mondes, ähnlich wie sich ein Draht erwärmt, den man schnell hin- und herbiegt. Das Gestein im Innern schmilzt, und es kommt zum Vulkanismus. Möglicherweise hat sich durch die hohen Temperaturen auch ursprünglich vorhandenes Wasser verflüchtigt.

Wenn es aber kein Wasser gibt, was treibt dann die Vulkanausbrüche an? Eine Theorie geht davon aus, daß in geringer Tiefe flüssiges Schwefeldioxid mit geschmolzenem Schwefel in Kontakt kommt und reagiert. Das Schwefeldioxid erhitzt sich, verdampft, und eine Mischung aus Flüssigkeit und Gas schießt in einer Röhre nach oben. Nach einer anderen Theorie können die Ausbrüche auch dadurch zustandekommen, daß heiße Silikate in der Kruste des Mondes Schwefel verdampfen.

◁ *Bild 8.10.* Ein aktiver Vulkan auf Io. Der größte bekannte Vulkan auf Io erhielt seinen Namen nach dem hawaiianischen Gott der Vulkane, Pele. *Oben rechts* erkennt man die Eruptionswolke, die sich etwa 300 Kilometer über die Oberfläche erhebt. Sie wurde aus dem zentralen, blau-weißen Bergkomplex ausgestoßen. In dieser farbkontrastverstärkten Aufnahme kommen auch sehr deutlich braune und gelbe konzentrische Ringe zum Vorschein. Sie bestehen aus Material, das sich um die Quelle der Vulkanwolke abgelagert hat. Der äußerste braune Ring erstreckt sich von *oben links* nach *unten rechts* und besitzt einen Durchmesser von etwa 1400 Kilometern. (Foto: Alfred McEwan, Tammy Rock und Laurence Soderblom, USGS)

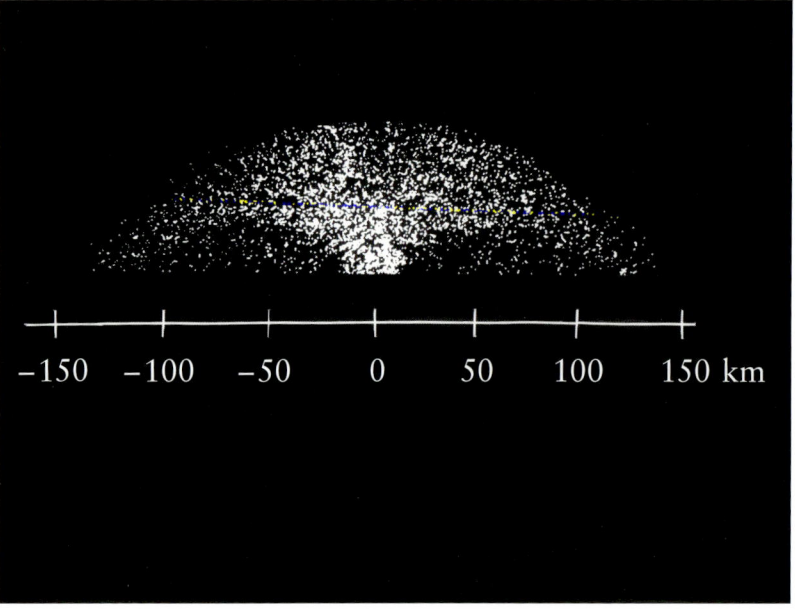

Bild 8.11. Fontänenartige Ausbrüche. Ein aktiver Vulkan explodiert auf Io (*oben*). Da dieser Mond keine nennenswerte Atmosphäre und somit auch keine Winde besitzt, breitet sich das Material aus Schwefel und gefrorenem Schwefeldioxid auf ballistischen Bahnen aus. In Computersimulationen ließ sich dieses Verhalten sehr gut nachvollziehen (*unten*). (Fotos: JPL und NASA (*oben*), Nicholas M. Schneider, Lunar Planetary Laboratory, Tucson (*unten*))

Bild 8.12. Lavaflüsse auf Io. Dunkle Lavaflüsse schlängeln sich über die Oberfläche. Die verschiedenen Farben stammen vermutlich von Schwefel mit unterschiedlichen Temperaturen. Einige Flüsse erstrecken sich über 200 Kilometer von den heißen, schwarzen Vulkankegeln, wie Ra Caldera (*unten links*), in die kühleren Gegenden. Die weißen Ablagerungen sind möglicherweise ausgestoßener Schwefel in einer anderen Form oder in Verbindungen wie Schwefeldioxid. Eine andere Caldera (*Mitte*) enthält eine bläuliche, sichelförmige Formation, die vielleicht die Folge einer weniger heftigen Eruption ist. (Foto: Alfred McEwan, USGS)

Europa: eine helle, ebenmäßige Welt

Der kleinste Galileische Mond, Europa, ist gleichzeitig auch der hellste. Während seine mittlere Dichte darauf schließen läßt, daß er aus Gestein besteht, reflektiert seine Oberfläche das Sonnenlicht wie Eis. Und in der Tat ist er auch mit einer riesigen Kruste aus Wassereis überzogen. Europa hat die ebenmäßigste Oberfläche aller Planeten und Monde; es gibt keine Erhebung über 100 Meter. Man sieht lediglich ein Netz langer, flacher und dunkler Streifen (Bild 8.13).

Die Gezeitenerwärmung wirkt auf Europa genauso wie auf Io, allerdings in geringerem Maße, weil Europa weiter von Jupiter entfernt ist. Möglicherweise reicht sie aber doch aus, um das Wasser am Gefrieren zu hindern. Es ist deshalb möglich, daß unter der wenige Kilometer dicken Eisschicht ein riesiger Ozean aus flüssigem Wasser die Oberfläche bedeckt.

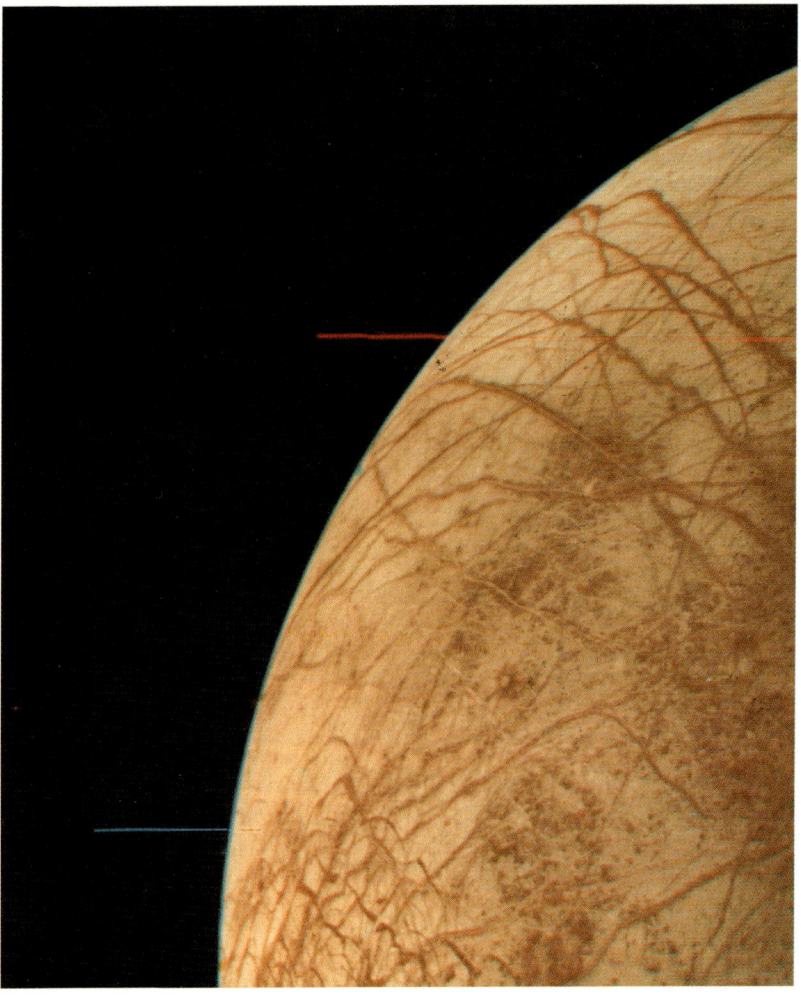

Bild 8.13. Europa. Die Oberfläche Europas ist von einem Netz dunkler Linien überzogen. Sie sind vermutlich die Folge innerer Spannungen, bei denen der Eismantel zerbrach. Die dabei entstehenden Risse sind mehrere 1000 Kilometer lang, aber nicht einmal 100 Meter tief. Möglicherweise füllten sich die Spalten aus dem wärmeren Innern mit Wasser oder weichem Eis. (Foto: JPL und NASA)

Der Eispanzer zeigt zahlreiche Brüche, die durch eine globale Ausdehnung, Meteoriteneinschläge oder Jupiters Gezeitenkraft verursacht werden. Dadurch quoll schmutziges Wasser nach oben und gefror in langen dunklen Streifen aus. Europas Oberfläche ähnelt in dieser Hinsicht den arktischen Eisfeldern auf der Erde, in denen Wasserströmungen fließendes Eis aufbrechen. Auch hier dringt Wasser nach oben und gefriert in den Spalten.

Ganymed: eine Welt aus Kratern und Spalten

Ganymed ist der größte Mond im gesamten Planetensystem. Er übertrifft sogar Merkur. Seine Dichte ist jedoch so gering, daß er im wesentlichen aus Wasser oder Eis bestehen muß. Wahrscheinlich ist er von einem dicken Mantel aus Wassereis bedeckt (Bild 8.14).

Bild 8.14. Ganymed. Auf Ganymeds Oberfläche finden wir sowohl große dunkle und helle Gebiete als auch strahlende Flecken, bei denen es sich um Einschlagskrater handelt. Da Ganymeds Eisoberfläche leicht elastisch ist, sind die Krater, gemessen an ihren Durchmessern, verhältnismäßig flach. (Foto: JPL und NASA)

Ganymeds Oberfläche zeigt Anzeichen für eine ganze Reihe von
geologischen Aktivitäten, einschließlich Krustenbewegung und Gebirgsbildung. Die Eishülle ist in mehrere dunkle Blöcke zerbrochen
(Bild 8.15), die offenbar zig Kilometer weit über die Oberfläche ge-
schoben wurden. Andere Gebiete sind von gefalteten Gebirgsketten
überzogen.

Wahrscheinlich zerbrach die Oberfläche in Folge einer generellen
Ausdehnung. In einer frühen Phase sank das Gestein ins Innere ab, und
das Eis stieg nach oben. Dort dehnte es sich wegen des geringeren
äußeren Drucks aus. Diese Krustenexpansion ist möglicherweise sowohl für die dunklen Blöcke als auch für die Gebirge verantwortlich.
Es gibt Gebirge, die sich überlagern, andere winden sich ineinander.
Einige Bergzüge überqueren Krater, während man auch Krater auf den
Bergen findet. Daraus schließen die Planetologen, daß die Gebirge
über einen längeren Zeitraum hinweg entstanden sind. Wahrscheinlich dauerte die Krustendeformation eine Milliarde Jahre lang an. Kraterzählungen zeigten, daß selbst der jüngste Berg noch 3 Milliarden
Jahre alt ist.

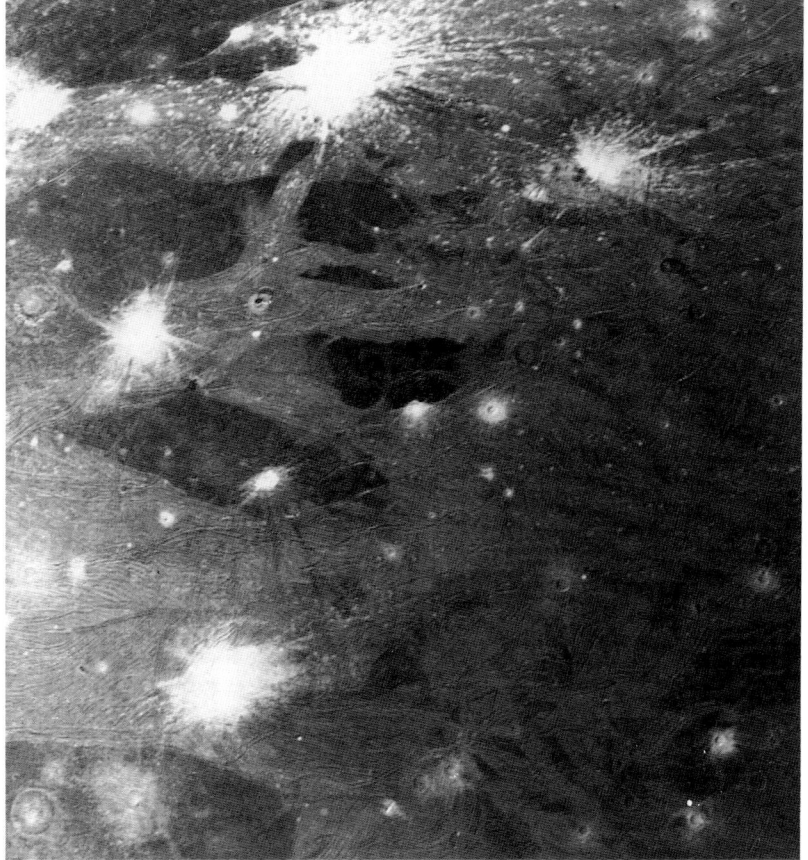

Bild 8.15. Kantige Blöcke auf Ganymed. Auf Ganymeds Oberfläche erkennt man zahlreiche Blöcke, die in der Eisoberfläche eingefroren sind. Sie vermitteln den Eindruck von eisüberzogenen Kontinenten, die auf durchscheinendem Eis schwimmen. Offenbar haben
sich die einzelnen Blöcke aufgrund der Krustenexpansion voneinander
getrennt. Bei dem helleuchtenden weißen Material in der Umgebung
von Kratern handelt es sich wahr-
scheinlich um reines Wasser, das bei
dem Meteoriteneinsturz aus dem
Innern herausspritzte. (Foto: JPL
und NASA)

Bild 8.16. Kallisto. Kallisto ist von einer Vielzahl von Kratern überzogen, die in seiner stahlharten Eisoberfläche erhalten bleiben. Sie sind sehr flach. Außerdem gibt es kaum große Krater, so daß der Rand des Mondes keine Oberflächenerhebung zeigt. Viele Krater sind von hellen Ringen umgeben, bei denen es sich vermutlich um klares Wasser handelt, das bei dem Meteoriteneinsturz auf die schmutzige Oberfläche gelangte. (Foto: JPL und NASA)

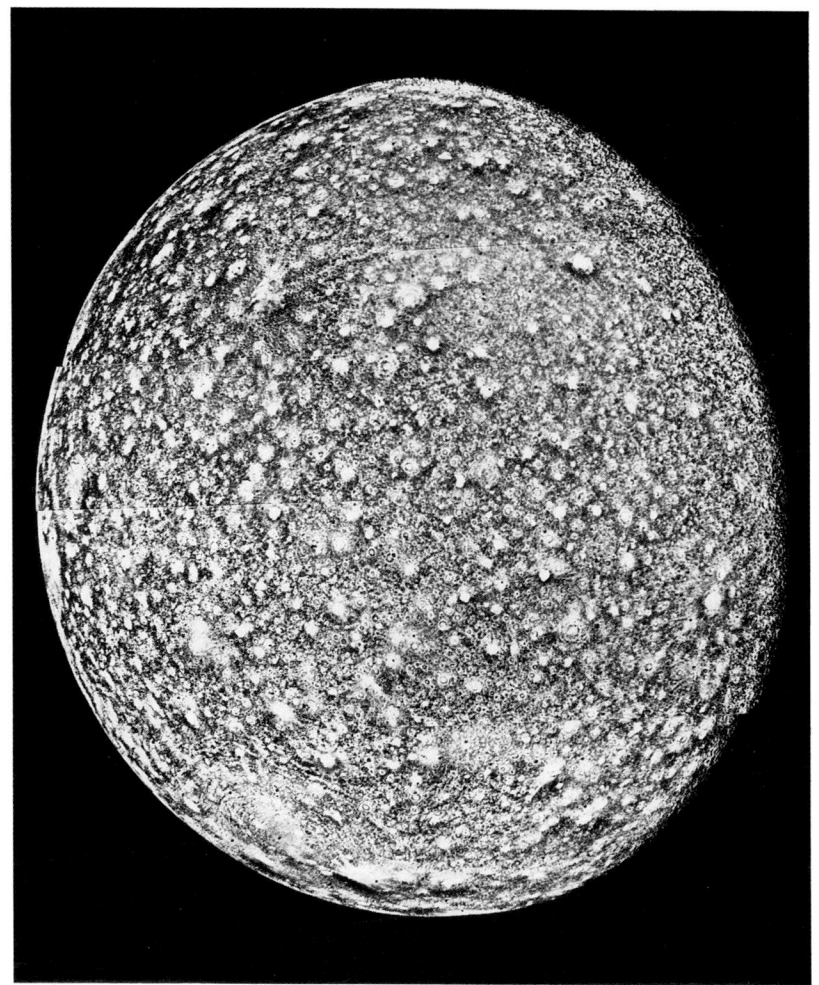

Kallisto: eine alte, mit Kratern übersäte Welt

Der am weitesten von Jupiter entfernte Galileische Mond Kallisto ist eine einfache Welt mit geringen Anzeichen für innere Aktivität (Bild 8.16). Da er mit mehr Kratern übersät ist als die anderen Galileischen Monde, muß seine Oberfläche am ältesten sein. Sie hat sich seit der Entstehung vor etwa 4,6 Milliarden Jahren vermutlich nicht mehr verändert und stellt somit ein Fossil aus dem solaren Urnebel dar.

Insofern ist Kallisto Merkur und dem Mond äußerlich sehr ähnlich, aber er unterscheidet sich doch in vielerlei Hinsicht von ihnen. So gibt es weder große Krater noch Vulkanebenen oder Gebirgszüge. Außerdem sind die Eiskrater viel flacher als auf dem Mond. Offenbar ist die Eiskruste nicht stabil genug, um die schweren Ringwälle zu tragen. Möglicherweise verformten und glätteten auch gletscherartige Eisbewegungen viele Krater (Bild 8.17).

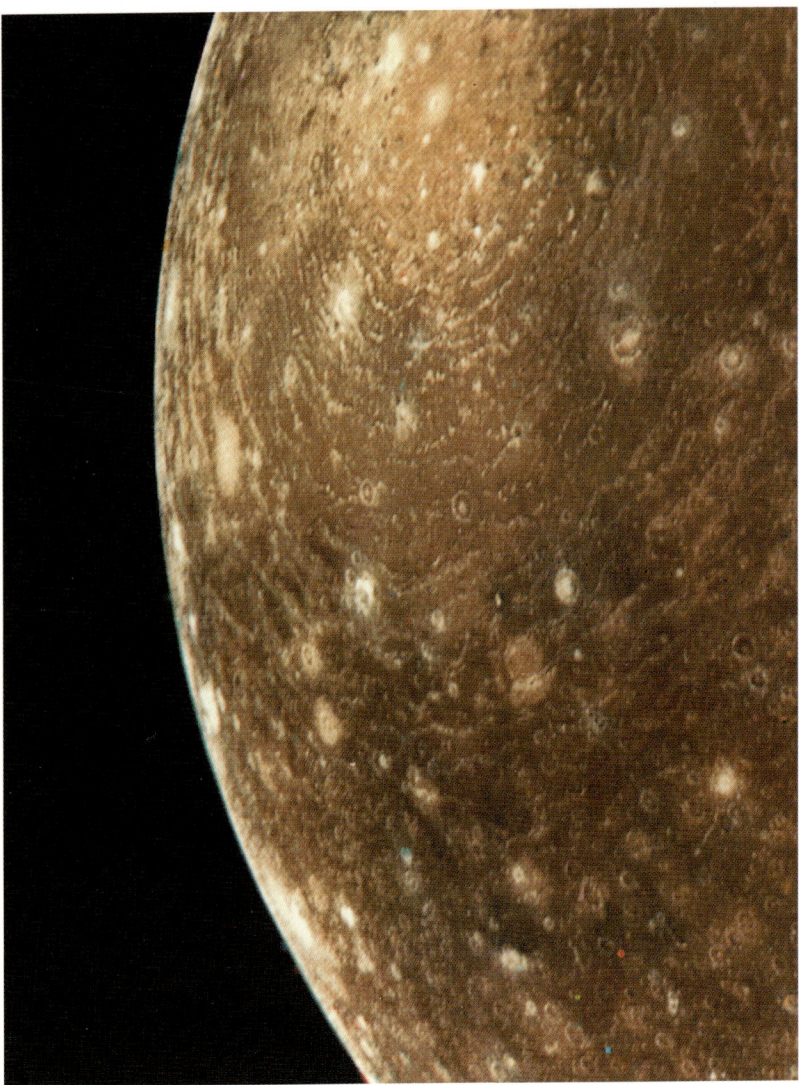

Bild 8.17. Walhalla. Die auffälligste Erscheinung auf Kallisto ist das ausgedehnte System konzentrischer Ringe. Die Astronomen haben es Walhalla nach der »Halle der Gefallenen« in der nordischen Sagenwelt benannt. Vor langer Zeit schlug im Zentrum dieser Ringe ein Meteorit ein, der, wie ein ins Wasser fallender Stein, ringförmige Wellen erzeugte, die anschließend gefroren. Offenbar versank der Meteorit unter der Oberfläche, so daß nur das Ringsystem blieb. (Foto: JPL und NASA)

Äußere und innere Monde

Ein Schwarm von 16 Monden umkreist Jupiter. Vier Monde bewegen sich noch innerhalb der Umlaufbahn von Io, acht entfernen sich auf stark exzentrischen und geneigten Bahnen so weit vom Planeten, daß selbst die Sonne einen Einfluß auf sie ausübt. Diese äußeren Monde lassen sich in zwei weit auseinanderliegende Gruppen unterteilen (Bild 8.18). Außerdem unterscheiden sich die vier inneren Monde von den äußeren dadurch, daß sie Jupiter prograd umlaufen, während die äußeren retrograde Bahnen besitzen. Wenn auch sie jemals auf prograden Bahnen gewesen sein sollten, so hat sie eventuell die Schwerkraft der Sonne aus diesen Bahnen herausgeworfen.

Die Astronomen vermuten, daß es sich bei den äußeren Monden um ehemalige Asteroiden handelt, die Jupiter bei einem nahen Vorbeiflug eingefangen hat. Möglicherweise entstanden diese zwei Gruppen aber auch dadurch, daß es sich ehemals um zwei größere Körper handelte, die dann auseinanderbrachen.

Bis zum Vorbeiflug der Voyager-Sonden war nur ein Mond innerhalb der Bahn Ios bekannt, nämlich Amalthea. Dieser dunkelrote Mond besitzt eine unregelmäßige Form. Er ist etwa 270 Kilometer lang und 150 Kilometer breit, wobei seine Längsachse auf Jupiter weist. Die Voyager-Sonden zeigten dann noch drei weitere Monde: Thebe zwischen Io und Amalthea mit einem Durchmesser von 80 Kilometern sowie Adrastea und Methis mit Durchmessern von 40 beziehungsweise 25 Kilometern. Sie bewegen sich an den äußeren Rändern des Jupiterrings.

Jupiters dünner Ring

Die Ringe des Saturn wurden bereits im 17. Jahrhundert entdeckt, und 1977 gab es die ersten Hinweise auf dünne Ringe um Uranus (siehe Kapitel 10). Jupiter war das dritte Mitglied im Bunde der Ringplaneten, allerdings kam diese Entdeckung nicht so überraschend. Bereits 1974 registrierte die Sonde Pioneer 11 bei ihrer Annäherung an den Planeten einen unerwarteten Rückgang der Zählrate energiereicher Teilchen. Dieser Effekt blieb zunächst unbeachtet, obwohl einige we-

Bild 8.18. Die äußeren Jupitermonde. Diese Monde umlaufen Jupiter auf stark exzentrischen Bahnen, die gegenüber der Äquatorebene des Planeten geneigt sind. Die vier inneren Monde dieser Gruppe umkreisen Jupiter auf prograden Bahnen in Entfernungen zwischen 11 und 12 Millionen Kilometern. Die äußeren vier Monde in Entfernungen zwischen 20 und 24 Millionen Kilometern laufen auf retrograden Bahnen um den Planeten

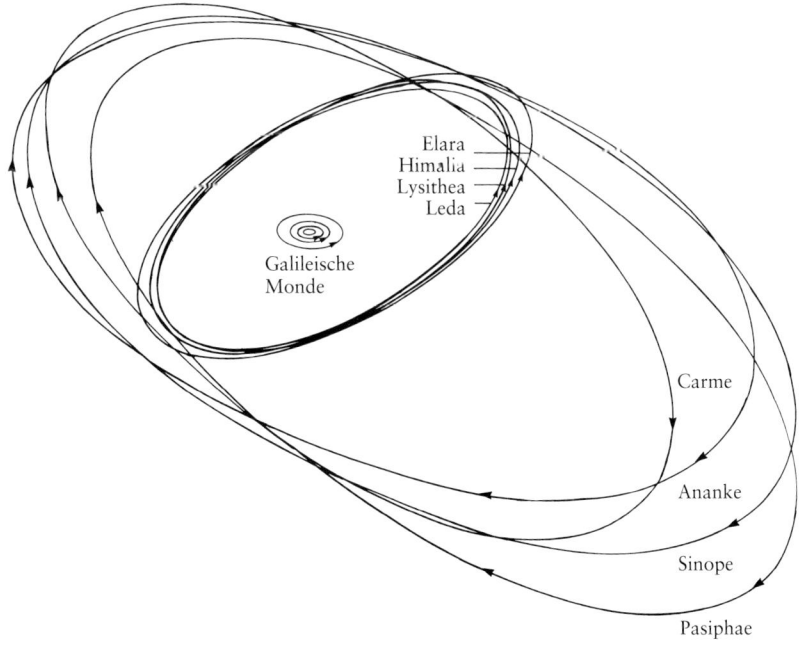

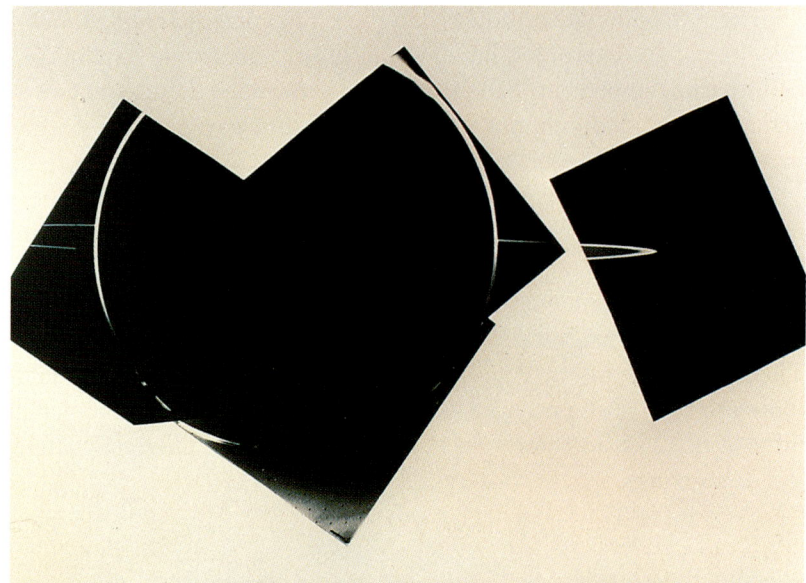

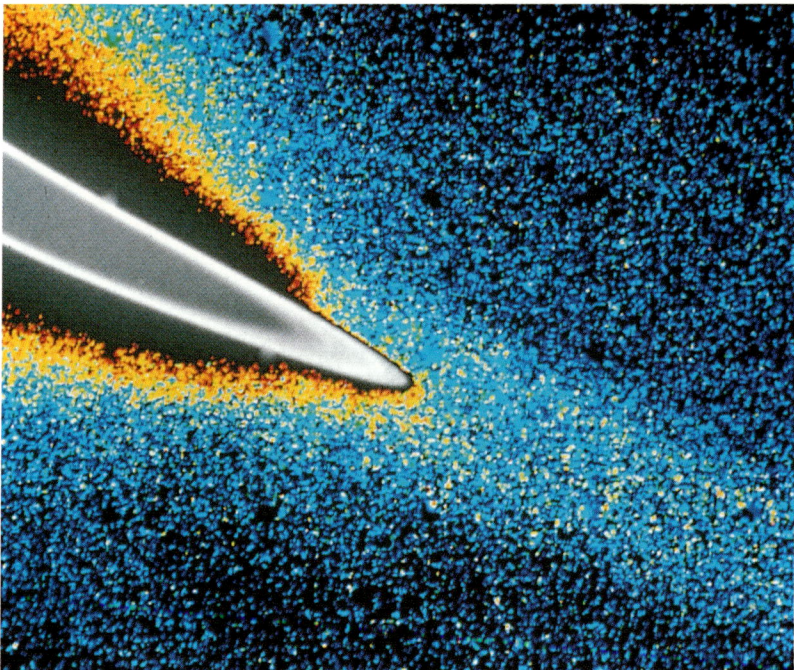

Bild 8.19. Der Jupiterring. Im Gegenlicht erscheint der Jupiterring besonders hell (*oben*), weil die kleinen Teilchen das Sonnenlicht vornehmlich in Vorwärtsrichtung streuen. Dieser Effekt läßt sich auch bei Zigarettenrauch vor einer hellen Lampe beobachten. Die Ausschnittvergrößerung (*unten*) zeigt deutlich den dünnen Hauptring sowie einen schwachen Halo, der ihn einhüllt. (Fotos: *oben*: NASA, *unten*: Mark Showalter und Joseph Burns, Cornell University)

nige Wissenschaftler darauf hinwiesen, daß die Ursache hierfür ein unbekannter Mond oder ein Teilchenring in einer Entfernung von etwa 1,83 Jupiterradien (R_J) sein könne. Nach langen Diskussionen entschloß man sich schließlich 1979 dazu, mit den Kameras von Voyager 1 intensiv nach dem vermuteten Ring zu suchen. Und in der Tat entdeckten die Wissenschaftler den dünnen Ring auf einer einzigen Aufnahme, während der die Sonde die Äquatorebene durchflog. Wie vermutet, befand sich der hellste Teil in einer Entfernung von 1,8 R_J vom Mittelpunkt des Planeten. Von der Erde aus war dieser Ring unbeobachtbar, weil er zu schwach und zu nahe am Planeten war. Nach seiner Entdeckung ließ er sich dann auch mit erdgebundenen Teleskopen im infraroten Spektralbereich nachweisen.

Der Ring war im Gegenlicht der Sonne besonders hell (Bild 8.19). Dieses Verhalten ist typisch für kleine Teilchen, die Licht vornehmlich in Vorwärtsrichtung streuen. Den gleichen Effekt können wir auch an manchen Tagen am Himmel sehen, wenn in der Sonnenumgebung das gestreute Licht den Himmel weiß erscheinen läßt, während er in der sonnenabgewandten Richtung blau ist. Aus dem Reflexionsverhalten läßt sich die Größe der Teilchen ableiten. Es stellte sich heraus, daß die Ringteilchen Durchmesser von einigen tausendstel Millimetern haben, etwa so wie in Zigarettenrauch. Darüber hinaus vermuten die Astronomen jedoch auch noch größere Brocken im Ring, die für die mit Pioneer 11 beobachtete Abnahme der energiereichen Teilchen verantwortlich sind.

Bild 8.20. Das Ringsystem. Jupiters Ringsystem besteht aus zwei Komponenten: einem dünnen Ring und einem ausgedehnten Halo. Der Ring ist etwa 600 Kilometer breit, aber nur 30 Kilometer dick. Nach einer Theorie stoßen die Ringteilchen mit Mikrometeoriten zusammen, und der dabei entstehende feine Staub wird dann durch elektrostatische Kräfte weggetragen. Aus diesem Grund sind sowohl der helle Ring als auch die schwache Scheibe von einem ausgedehnten Halo umgeben, der sich bis zu 5000 Kilometer ober- und unterhalb der Ringebene ausdehnt. (Nach: David Jewitt und G. Edward Danielson: Journal of Geophysical Research 86, 8500 (1981))

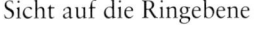

Sicht auf die Ringebene

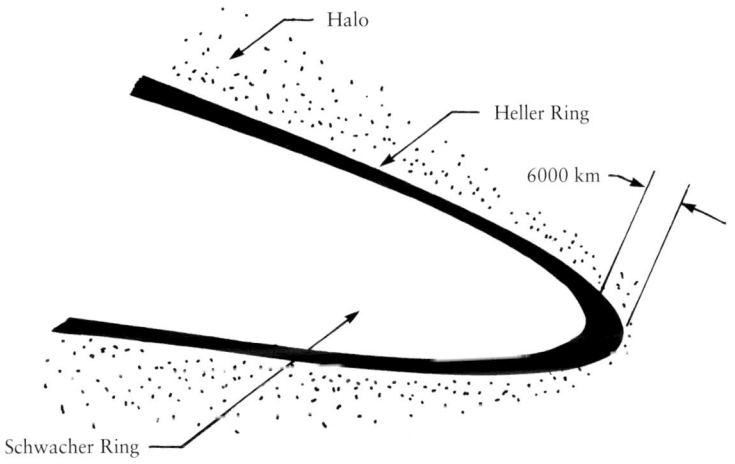

Sicht auf die Ringkante

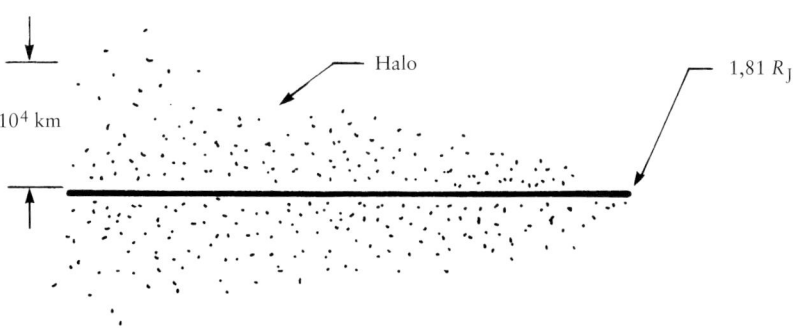

Die kleinen Teilchen bleiben wahrscheinlich nur eine bestimmte Zeit über im Ring und tauchen dann in die Jupiteratmosphäre ein (Bild 8.20). Das heißt der Ring muß laufend nachgefüllt werden. Möglicherweise gelangen sie durch Meteoriteneinschläge auf den zwei innersten Monden dorthin. Einer von ihnen, Adrastea, befindet sich nahe an der Ringkante, in einer Entfernung von 1,8 R_J vom Planetenzentrum, während der andere, Metis, noch näher am hellsten Teil des Rings den Planeten umkreist.

Hier endet unsere Weltraumexpedition zu Jupiter. Es folgt der Weiterflug zu Saturn.

Jupiter – Zusammenfassung

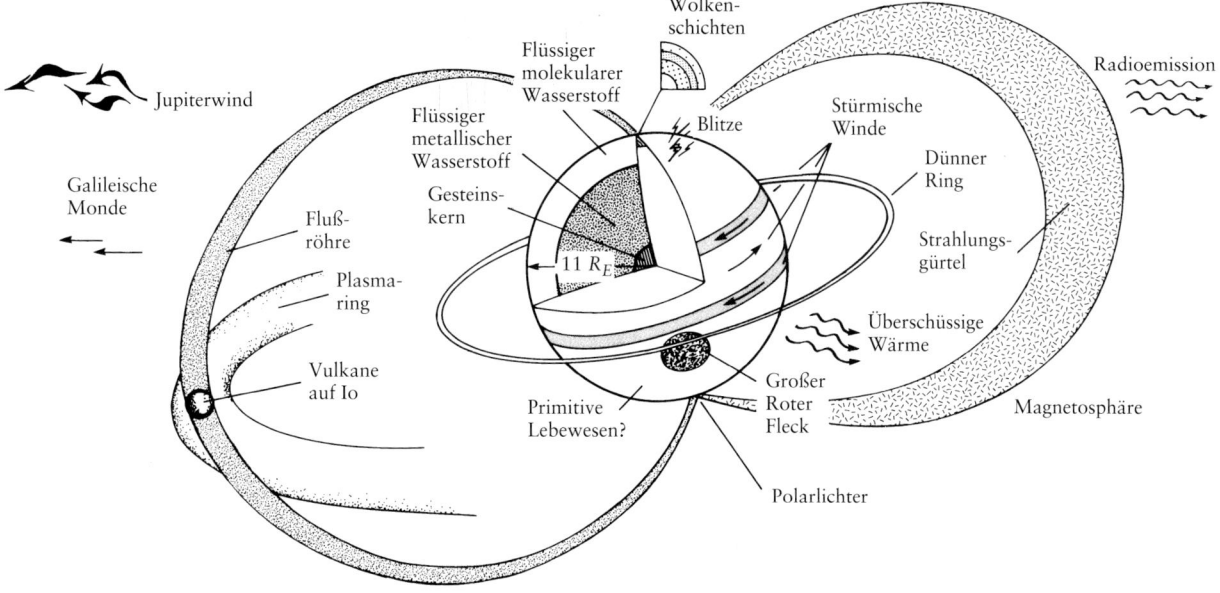

Masse: $1{,}90 \cdot 10^{30}$ Gramm $= 317{,}89\ M_E$ (Erde $= 1$)

Radius: 71 492 Kilometer $= 11{,}2\ R_E$ (Erde $= 1$)

Mittlere Dichte: $1{,}314$ g/cm^3

Rotationsperiode: 9 Stunden, 55 Minuten, 29,7 Sekunden

Umlaufperiode: 11,86 Jahre

Mittlere Entfernung von der Sonne: 5,203 AE

Anzahl der bekannten Monde: 16

Magnetfeldstärke an der Wolkenoberkante: 4,3 Gauß

Das Reich des Saturn. Saturn ist von prächtigen Ringen umgeben. Seine gelb-braune Atmosphäre zeigt ähnliche Bänder wie die des Jupiter, sie sind jedoch nicht so farbenprächtig. (Foto: JPL und NASA)

KAPITEL 9

Saturn: Herr der Ringe

Obwohl Saturn viel größer und massereicher als die Erde ist, würde er auf Wasser schwimmen. Computerrechnungen haben ergeben, daß im Innern Saturns seit zwei Milliarden Jahren ein Heliumregen auf das Zentrum niedergeht. Die Ringe reichen nicht bis auf die Wolkenoberkante hinab und sind voneinander getrennt; ihre Zahl geht in die Tausende. Warum haben Planeten überhaupt Ringe, und warum sind sie so scharf begrenzt? Der Saturnmond Titan ist von einer stickstoffreichen Atmosphäre umgeben, und möglicherweise bedeckt seine Oberfläche ein riesiger Ozean aus Äthan.
Zwei Saturnmonde begleiten beidseitig einen Ring wie zwei Schäferhunde; zwei andere vertauschen zeitweise ihre Umlaufbahnen.

DER PLANET SATURN

Grundlegende Merkmale

Saturn ist der sechste Planet von der Sonne aus gesehen und damit der entfernteste Planet, der noch mit bloßem Auge sichtbar ist. Er bewegt sich am langsamsten durch die Sternbilder des Tierkreises. Die Griechen gaben ihm den Namen Kronos, nach dem Vater Jupiters, während die Römer ihn nach dem Gott des Landbaus benannten. Griechen und Römer verbanden mit ihm den Gott der Zeit.

Saturn umkreist die Sonne in 29,5 Jahren in einer mittleren Entfernung von 9,5 AE. In der größten Entfernung erhält er von der Sonne pro Fläche hundertmal weniger Strahlung als die Erde. Da seine Äquatorebene 29 Grad gegen die Umlaufebene geneigt ist, gibt es auch auf Saturn jahreszeitliche Erscheinungen. Außerdem sehen wir aus diesem Grund im Verlauf mehrerer Jahre aus verschiedenen Blickwinkeln auf die Ringebene.

Saturn besitzt eine 95 mal größere Masse und einen knapp 9 mal größeren Radius als die Erde. In seinem Innern hätten 900 Erdkugeln Platz. Damit übertrifft ihn nur noch Jupiter an Größe. Diese beiden Planeten zeigen auch ansonsten zahlreiche Ähnlichkeiten.

Aus der Masse und dem Volumen ergibt sich eine mittlere Dichte von 0,71 g/cm^3; die geringste im gesamten Planetensystem und noch geringer als die von Wasser. Der Grund hierfür besteht darin, daß Saturn, wie auch Jupiter, vornehmlich aus den leichtesten Elementen Wasserstoff und Helium aufgebaut ist.

Saturn rotiert, ebenfalls ähnlich wie Jupiter, in nur 10 Stunden um seine eigene Achse. Dadurch hat sich ein Äquatorwulst ausgebildet, der allerdings wegen des geringeren Durchmessers etwas weniger stark ausgeprägt ist als bei Jupiter. Der Polradius ist um 9,6 Prozent kleiner als der Äquatorradius von 60 330 Kilometern.

Wolken und Winde

Die Saturnwolken bestehen zum Großteil aus Ammoniakkristallen, die dem Planeten auch seine Farbe verleihen. Die schnelle Rotation zieht die Wolken zu äquatorparallelen Bändern auseinander. Damit ähneln sie denen des Jupiter, sind jedoch nicht so farbintensiv (Bild 9.1). Außerdem wehen die Winde im wesentlichen in östlicher Richtung, also in der Rotationsrichtung. Anders als bei Jupiter, wo die Winde in den hellen und dunklen Bändern auch jeweils verschiedene Richtung haben.

Die Winde erreichen in Äquatornähe Geschwindigkeiten von 1800 Kilometer pro Stunde. Das entspricht etwa der eineinhalbfachen

Bild 9.1. Winde auf Saturn. Auf dieser Aufnahme, gewonnen mit dem Hubble-Weltraumteleskop, erkennt man oberhalb der Ringe einen riesigen weißen Sturm. Er wuchs zu einem der größten atmosphärischen Erscheinungen im Sonnensystem an. Ein Amateurastronom hatte ihn ursprünglich entdeckt und als Großen Weißen Fleck bezeichnet. Die heftigen äquatorialen Winde haben ihn zu großen Wirbeln auseinandergezogen. Die weiße Färbung kommt wahrscheinlich durch hohe Wolken aus Ammoniakkristallen zustande. In dieser Darstellung erscheinen Wolken in niedrigen Höhen blau und in großen Höhen rot. (Foto: NASA)

Bild 9.2. Saturn und seine Ringe im infraroten Wellenlängenbereich. Da die Ringteilchen aus Eis bestehen oder zumindest mit Eis bedeckt sind, reflektieren sie einen relativ großen Anteil des Sonnenlichts bei einer Wellenlänge von 3,8 Mikrometern (auf dem Foto in blau dargestellt). Das Methan in der Saturnatmosphäre absorbiert die Strahlung bei dieser Wellenlänge, dafür strahlt der Planet seine eigene innere Wärme bei etwa 4,8 Mikrometern ab (orange). Vermutlich sorgt der herabrieselnde Heliumregen im Innern für das Aufwallen warmer Materie an die Oberfläche. (Foto: David Allen, Anglo-Australian Telescope Board, 1983)

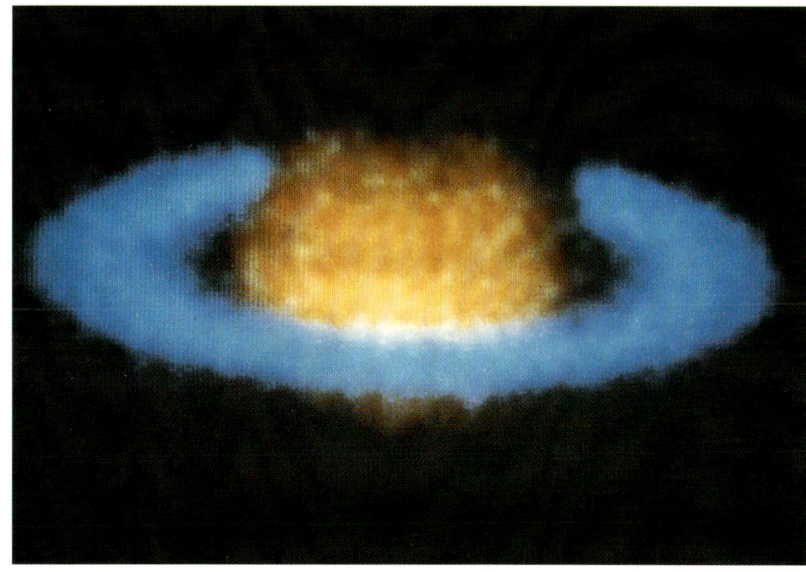

Schallgeschwindigkeit in der Erdatmosphäre und fast der vierfachen Geschwindigkeit der schnellsten Winde auf Jupiter. Die äquatorialen Winde überspannen mehr als 70 Breitengrade, entsprechend rund 80 000 Kilometer. Gegenläufige Winde wie auf Jupiter findet man auf Saturn nur in den Polregionen.

Die Temperatur der äußeren Saturnatmosphäre ist, genauso wie bei Jupiter, wärmer als man es allein von der Sonneneinstrahlung her erwarten würde, und der Planet strahlt etwa doppelt soviel Energie ab wie er von der Sonne erhält. Das heißt auch Saturn ist ein selbstleuchtender Körper mit einer inneren Wärmequelle (Bild 9.2).

Das Innere Saturns

Die überschüssige Wärme stammt noch aus dem Gravitationskollaps bei der Entstehung des Planeten sowie der immer noch währenden gravitativen Kontraktion. Diese beiden Prozesse können aber nur ein Drittel der beobachteten inneren Energie liefern. Der restliche Anteil stammt von einem Sedimentationsvorgang im Innern, bei dem sich das Helium vom Wasserstoff trennt.

Bei genügend hohen Temperaturen und Drücken sind metallischer Wasserstoff und Helium vollständig ineinander gelöst. Wenn die Temperatur fällt, kondensiert das Helium zu kleinen Tropfen aus. Da diese Tröpfchen dichter als Wasserstoff sind, regnen sie in Richtung zum Mittelpunkt nieder. Dabei durchmischen sie den flüssigen Wasserstoff und wandeln einen Teil ihrer Energie in Wärme um. Durch denselben Mechanismus erwärmen sich auch Wassertropfen auf der Erde, wenn

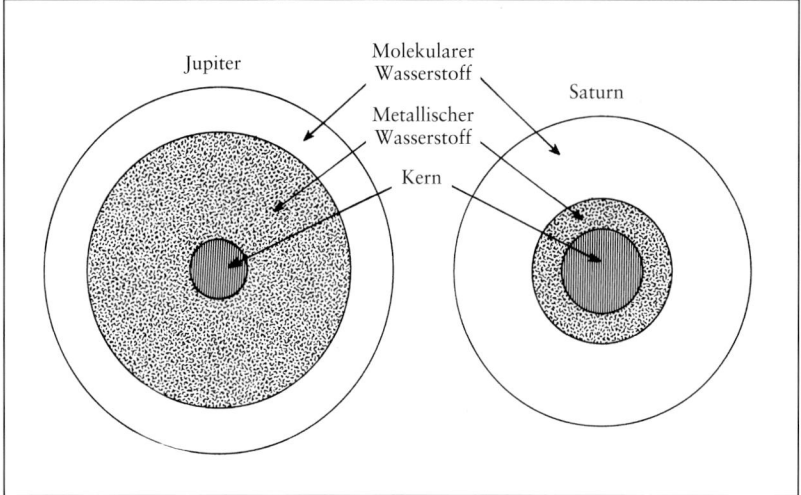

Jupiter

Molekularer
Wasserstoff

Saturn

Metallischer
Wasserstoff

Kern

Bild 9.3. Das Innere von Jupiter und Saturn. Da Jupiter eine größere Masse als Saturn besitzt, ist der Druck innen größer und die Schale aus flüssigem, metallischem Wasserstoff dicker. Die entsprechend kleinere Schale des Saturn erklärt möglicherweise dessen geringeres Magnetfeld. Beide Planeten besitzen eventuell einen erdähnlichen Gesteinskern, dessen Massenanteil bei Saturn schätzungsweise 25 Prozent und bei Jupiter 4 Prozent beträgt

sie auf den Boden fallen. Dann setzen sie nämlich die aus der Schwerkraft gewonnene Bewegungsenergie in Wärme um.

Die obere Atmosphäre Saturns enthält mit einem Anteil von 11 Prozent weniger Helium als Jupiter mit 19 Prozent. Das läßt sich durch das Ausregnen des Heliums erklären. Da Saturn kleiner als Jupiter ist, kühlte er auch schneller ab, und das Helium konnte weitgehender auskondensieren.

Jupiter und Saturn sind riesige Flüssigkeitstropfen, umgeben von einer dicken Atmosphäre. Bei beiden Planeten geht diese Gashülle in einer bestimmten Tiefe in eine Flüssigkeit über. Wegen der geringeren Masse ist aber der Druck im Innern des Saturn generell geringer, so daß dieser Übergang hier näher am Mittelpunkt stattfindet (Bild 9.3). Dieser Unterschied erklärt wahrscheinlich auch das ungewöhnliche Magnetfeld Saturns.

Die schwache Magnetosphäre

Obwohl Saturn und Jupiter etwa gleichschnell rotieren, ist Saturns Magnetfeld 20 mal geringer als das Jupiters. Möglicherweise ist hierfür die dünnere Schale Saturns verantwortlich, jedenfalls dann, wenn unsere Vermutung stimmt, daß elektrische Ströme in den flüssig-metallischen Schalen die Magnetfelder erzeugen. Saturns Magnetfeldachse stimmt fast genau mit der Rotationsachse überein, und seine Richtung ist, wie bei Jupiter, im Vergleich zur Erde umgekehrt. Ein Kompaß würde dort also nach Süden zeigen.

Dort wo der Sonnenwind auf die Magnetosphäre trifft, entsteht eine magnetische, bogenförmige Stoßfront. Sie bläht sich auf und zieht sich zusammen, je nach der Stärke des Sonnenwindes. Dabei liegt zeit-

Bild 9.4. Magnetosphäre, Ringe und Monde des Saturn. Die magnetische Stoßfront reicht bis an die Umlaufbahn von Titan. Zwischen den Bahnen von Rhea und Titan umgibt den Planeten ein Ring aus neutralem Wasserstoff. Wahrscheinlich setzt energiereiche Sonnenstrahlung die Teilchen aus der Titanatmosphäre frei, von wo aus sie dann in den Ring gelangen. Da die Ringe und Planeten hochenergetische Teilchen aufnehmen, kann sich in Saturns Umgebung kein Strahlungsgürtel ausbilden

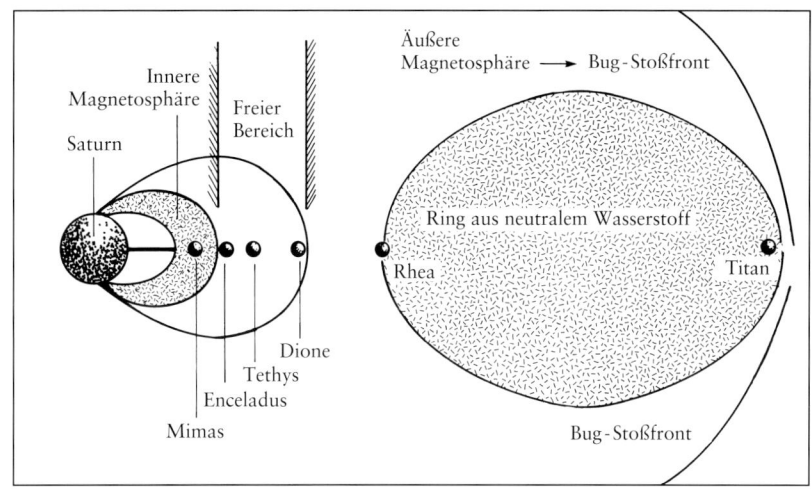

weise die Bahn des größten Mondes Titan in der Stoßfront, so daß dieser Mond als variable Teilchenquelle für die Magnetosphäre dient. Durch die Wechselwirkung mit dem Sonnenwind gerät Wasserstoff aus der Titanatmosphäre in eine Saturnumlaufbahn, wo sich ein riesiger Wasserstoffring ausbildet (Bild 9.4).

DIE SATURNRINGE

Die Hauptringe

Die Saturnringe sind völlig vom Planeten getrennt. Von der Erde aus erkennt man bereits die Hauptringe A, B und C (s. Tabelle 9.1). Im Jahre 1675 bemerkte Jean Dominique Cassini als erster die Teilung zwischen dem A- und B-Ring, die anschließend nach ihm benannt wurde. Die Voyager-Sonden zeigten dann, daß die Cassini-Teilung kei-

Tabelle 9.1. Die Hauptringe des Saturn

Bezeichnung	Entfernung vom Mittelpunkt in Saturnradien[a]	Umlaufperiode[b] in Stunden	Breite in Kilometern
C-Ring	1,2–1,5	5,6–7,9	17 500
B-Ring	1,5–1,9	7,9–11,4	25 500
Cassini-Teilung	1,9–2,0	11,4–11,9	4 500
A-Ring	2,0–2,3	11,9–14,2	14 700

[a] Der Saturnradius beträgt 60 330 Kilometer.
[b] Die Rotationsperiode Saturns beträgt 10,65 Stunden.

KURZINFORMATION 9.1
Das Geheimnis der Saturnringe

Als Galileo Galilei im Jahre 1610 durch sein Fernrohr erstmals Saturn beobachtete, fiel ihm auf, daß der Planet nicht ganz rund war. An beiden Seiten zeigten sich henkelförmige Ausbuchtungen. Als diese Objekte zwei Jahre später verschwunden waren, fragte Galilei scherzhaft, »ob Saturn seine eigenen Kinder verschlungen habe«.

Dieses Spiel wiederholte sich im Laufe der nächsten Jahre, so daß der Planet eine zeitlang ellipsenförmig und dann wieder rund erschien. Fast ein halbes Jahrhundert mußte vergehen, bevor Christiaan Huygens dieses Rätsel lösen konnte. Er erkannte durch sein verbessertes Fernrohr den Ring und nahm an, daß er genauso schnell rotieren müsse wie ein Mond an dieser Stelle.

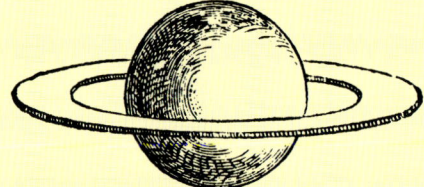

SYSTEMA SATVRNIA   47

ea quam dixi annuli inclinatione, omnes mirabiles Saturni
facies sicut mox demonstrabitur, eo referri posse inveni.
Et hæc ea ipsa hypothesis est quam anno 1656 die 25 Martij permixtis literis una cum observatione Saturniæ Lunæ
edidimus.
    Erant enim Literæ a a a a a a a c c c c c d e e e e g h
i i i i i i i l l l l m m n n n n n n n n n o o o o p p q r r s t t t t t
u u u u u; quæ suis locis repositæ hoc significant, *Annulo
cingitur, tenui, plano, nusquam cohærente, ad eclipticam inclinato.*   Latitudinem vero spatij inter annulum globumque Saturni interjecti, æquare ipsius annuli latitudinem vel
excedere etiam, figura Saturni ab aliis observata, certiusque deinde quæ mihi ipsi conspecta fuit, edocuit: maximamque item annuli diametrum eam circiter rationem habere ad diametrum Saturni quæ est 9 ad 4.   Ut vera proinde forma sit ejusmodi qualem apposito schemate adumbravimus.

Cæterum obiter hic iis respondendum censeo, quibus *Occurri-*
novum nimis ac fortasse absonum videbitur, quod non tan- *turiis quæ*
tum alicui cælestium corporum figuram ejusmodi tribuam, *de annulo*
cui similis in nullo hactenus eorum deprehensa est, cum *objici pos-*
contra pro certo creditum fuerit, ac veluti naturali ratione *sent.*
constitutum, solam iis sphæricam convenire, sed & quod
                                            annulum

Bild 9.5. Unter den Ringen. Als die Voyager-Sonde unter die Ebene der Ringe flog, konnte sie diese im Gegenlicht der Sonne sehen; dies ist von der Erde aus nicht möglich. Aus dieser Perspektive bietet sich gerade ein Negativbild: Sowohl der C-Ring als auch die Cassini-Teilung erscheinen hell, weil die in ihnen befindlichen, weit verstreuten Teilchen das Licht vorwiegend in Vorwärtsrichtung streuen. In den A- und B-Ringen ist die Teilchendichte dagegen so hoch, daß sie das Sonnenlicht absorbieren. (Foto: JPL und NASA)

neswegs völlig leer ist (Bild 9.5). Innerhalb der A- und B-Ringe befindet sich der Krepp- oder C-Ring. Wie sein Name bereits andeutet, ist er der durchsichtigste dieser drei Ringe.

Die Frage, warum die Ringe so scharfe Begrenzungen haben, ist nach wie vor nicht ganz geklärt. Ohne äußere Kräfte würden Stöße zwischen den Ringteilchen dazu führen, daß diese entweder in die Atmosphäre eintauchen oder nach außen wandern. Offenbar kann ein Mond mit der richtigen Umlaufzeit dieses Aufweiten eines Rings verhindern. So laufen beispielsweise die Teilchen am äußeren Rand des B-Rings – entsprechend der inneren Kante der Cassini-Teilung – genau doppelt so schnell um Saturn herum wie der Mond Mimas. Eine ähnliche Koinzidenz gibt es zwischen den Teilchen der äußeren Kante des A-Ringes und dem Mond Janus. Diese Resonanzen erinnern an die Entstehung der Kirkwood-Lücken im Asteroidengürtel. Allerdings kann man mit dieser Resonanztheorie nicht alle Phänomene erklären.

Da die Ringebene 29 Grad gegenüber der Umlaufbahn des Saturn geneigt ist, sehen wir sie immer wieder aus verschiedenen Blickwinkeln. Im Verlauf eines Saturnjahres schauen wir direkt auf die Kante, so daß die Ringe zeitweilig nicht mehr zu erkennen sind, dann von unten, wieder von der Kante und anschließend von oben (s. Kurzinformation 9.1). Ein vollständiger Zyklus dauert knapp 30 Jahre. Das nächste Jahr, in dem wir direkt auf die Kante schauen, wird 1995 sein.

Trotz ihres riesigen Durchmessers von nahezu 400 000 Kilometern sind sie doch nur wenige Meter dick! Würde man in einem maßstabsgetreuen Modell die Ringe auf die Dicke eines Blattes Papier verkleinern, so hätten sie immer noch einen Durchmesser entsprechend 40 Häuserblöcken. Darüber hinaus sind die Ringe verbogen wie eine zu warm gewordene Schallplatte. Diese Verbiegung läßt sich von der Erde aus beobachten, wenn man direkt auf die Ringkante schaut.

Beobachtungen haben gezeigt, daß die inneren Bereiche entsprechend dem dritten Keplerschen Gesetz schneller rotieren als die äußeren. Das bedeutet, daß die Ringe nicht starr sind, sondern aus einzel-

KURZINFORMATION 9.2

Die Bewegung der Saturnringe

Aus dem Spektrum des von den Ringen reflektierten Sonnenlichts läßt sich die Bewegung der Teilchen bestimmen. Wenn sich ein Teilchen auf uns zu oder von uns wegbewegt, verschieben sich bestimmte Merkmale im Spektrum proportional zur Geschwindigkeit. Dieses Phänomen heißt Doppler-Effekt. Eine Bewegung auf uns zu bewirkt eine Verschiebung zu kürzeren Wellenlängen (zum Blauen), eine Bewegung von uns fort zu größeren Wellenlängen (zum Roten).

James Edward Keeler nutzte diesen Effekt aus, um die Geschwindigkeiten der Ringteilchen zu messen. Seine Ergebnisse erschienen 1895 in der ersten Ausgabe des *Astrophysical Journal* (s. unser Bild). Er entdeckte, daß die Geschwindigkeit zum Planeten hin zunahm, das heißt es mußte sich um einzelne Teilchen handeln, die sich gemäß dem dritten Keplerschen Gesetz (gepunktete Linie) wie kleine Monde um den Planeten bewegen. Wäre die Scheibe ein starrer Körper, so würde die Geschwindigkeit nach außen zunehmen.

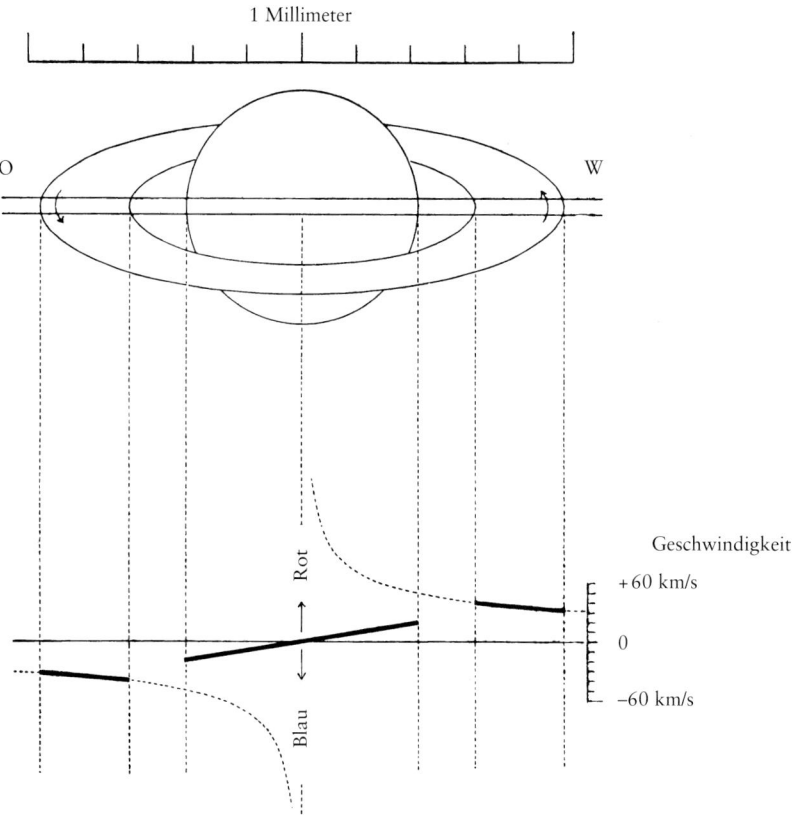

nen Teilchen bestehen (s. Kurzinformation 9.2). Dabei stoßen diese häufig miteinander zusammen, jedoch nicht sehr heftig, weil die Relativgeschwindigkeiten klein sind.

Das von den Ringteilchen reflektierte Sonnenlicht zeigt spektroskopische Anzeichen für Wassereis. Entweder bestehen die Teilchen vollständig aus Eis oder sie sind zumindest damit bedeckt. Die Eisteilchen haben typischerweise Durchmesser von einigen Zentimetern bis zu einigen zehn Metern. Obwohl die größeren Brocken weitaus seltener sind als die kleinen, beinhalten sie doch die meiste Materie. Offenbar bestehen die Saturnringe aus Schneeflocken, Hagelkörnern, Schneebällen und Eisbergen.

Entdeckungen der Raumsonden

Als sich die Raumsonden Pioneer 11 sowie Voyager 1 und 2 Saturn näherten, zeigten sie einen ungeahnten Detailreichtum. So entdeckten sie drei feine, diffuse und fast durchsichtige Ringe, die sogenannten D-, F- und G-Ringe (Bild 9.6). Innerhalb des C-Ringes zeigte sich der D-Ring, der so dünn und durchscheinend ist, daß er von der Erde aus selbst mit den besten Teleskopen praktisch nicht beobachtbar ist. Eine Hypothese besagt, daß Eisteilchen, die bei Kollisionen absplittern und auf die Saturnatmosphäre niedersinken den D-Ring bilden.

Pioneer 1 entdeckte die äußerst dünnen F- und G-Ringe. Der F-Ring liegt gerade außerhalb vom A-Ring und ist lediglich wenige Kilometer breit. Er zeigt erstaunliche Schleifen und Verflechtungen.

Der äußerste, breite und feine E-Ring wurde erstmals von der Erde aus beobachtet. Er hat seine größte Teilchendichte in der Umlaufbahn des Mondes Enceladus. Möglicherweise werden durch Meteoriteneinschläge Eisteilchen von dessen Oberfläche fortgeschleudert und geraten in den Ring. Auf diese Weise bildet dieser Mond eine Quelle für die Ringteilchen des Saturn.

Bild 9.6. Querschnitt durch das System der Ringe und Monde. Mimas sorgt möglicherweise dafür, daß der B-Ring sich nicht nach außen aufweitet, während Enceladus wahrscheinlich den E-Ring mit Teilchen auffüllt. Alle Ringe befinden sich innerhalb der Roche-Grenze, in einem Bereich also, in dem die Gezeitenwirkung Saturns die Entstehung größerer Monde verhindert. Die Ringe wurden hier zur Verdeutlichung übertrieben dick dargestellt

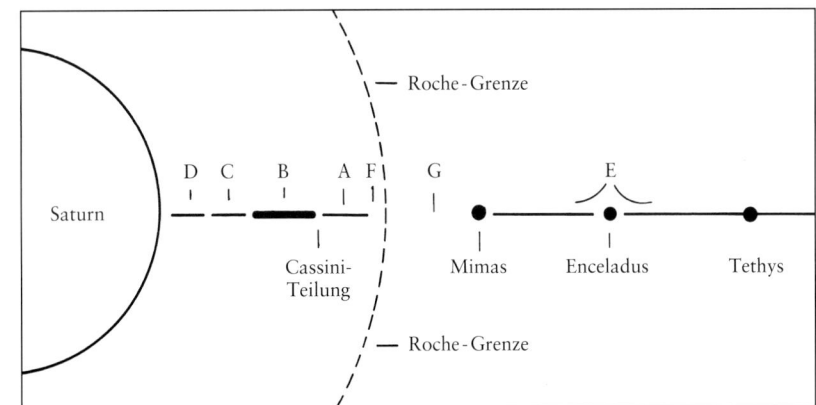

Merkwürdige Speichen

Kurzzeitig erscheinen auf den Ringen dunkle Streifen, die sich wie
Speichen eines Wagenrades über sie hinwegdrehen (Bild 9.8). Es kann
sich hierbei nicht einfach nur um eine Ansammlung dunkler Teilchen
handeln. In diesem Fall müßte ihre Geschwindigkeit mit zunehmender
Entfernung vom Planeten abnehmen, so daß sich die Speichen sehr
schnell aufweiten und verschwinden würden.

Ein Hinweis zur Klärung dieses Phänomens kam von dieser Voya-
ger-Aufnahme. In der Aufsicht erscheinen die Speichen dunkel, im Gegenlicht jedoch hell. Dies bedeutet, daß die Teilchen Durchmesser von
der Größenordnung der Wellenlänge des Lichts haben müssen, also
etwa einen tausendstel Millimeter. Außerdem fiel auf, daß die Speichen genau in einem Bereich auftauchten, wo die Umlaufzeit etwa so
groß ist wie die Rotationsdauer des Saturn und damit auch des mitge-
führten Magnetfeldes. In größerer Entfernung laufen die Feldlinien
den Ringteilchen voraus, in geringerer bleiben sie hinter ihnen zurück.

Schließlich konnte man die Speichen einem aktiven Magnetfeld-
bereich zuordnen, den man mit Polarlichtern und Radioausbrüchen in
Verbindung bringt. Den genauen Zusammenhang zwischen diesen
Phänomenen kennt man jedoch noch nicht. Eine Hypothese besagt,
daß die Teilchen in den Speichen mit hochenergetischen Elektronen
zusammenstoßen und sich dabei elektrisch aufladen. Elektromagnetische Kräfte heben sie dann aus der Ringebene heraus, und das Magnetfeld des Saturn zieht sie mit sich um den Planeten herum.

Bild 9.7. Eine Schar von Ringen. Aufnahmen der Voyager-Sonden zeigten, daß die B- und C-Ringe in Wirklichkeit aus unzähligen feinen Ringen und Ringsegmenten bestehen, während der A-Ring breit und diffus ist. Auf dieser farbverstärkten Aufnahme sieht man den C-Ring in Blau und den B-Ring goldfarben, was auf eine unterschiedliche chemische Zusammensetzung der Teilchen hinweist. Offenbar vermischen sich die Teilchen der verschiedenen Ringe nicht

Als die Astronomen die Kameras der Raumsonden auf die Hauptringe richteten, zeigte sich ihnen plötzlich eine unermeßliche Schar von Einzelringen (Bild 9.7). Der B- und C-Ring bestanden aus tausenden kleiner Ringe oder Ringsegmenten. Einige umgaben den Planeten vollständig, andere waren leicht zu einer Spirale verdreht und erinnerten an die Rillen einer Schallplatte. Während der A-Ring sich tatsächlich als breit und frei von Einzelringen erwies, fanden die Wissenschaftler in der Cassini-Teilung über hundert Einzelringe. Die kleinen Ringe verändern sich mit der Zeit und erinnern entfernt an Wellen, die über einen Teich laufen.

Offenbar bewirkt die Schwerkraft der in Resonanz befindlichen Monde dieses spiralförmige Muster. Man nennt solche Erscheinungen, die in verschiedenen Bereichen der Hauptringe entdeckt wurden, spiralförmige Dichtewellen. Ähnliche Wellen, jedoch auf viel größeren Skalen, erzeugen offenbar auch die Arme in den Spiralgalaxien.

Bild 9.8. Dunkle Speichen. Dunkle
Speichen wandern über das mittlere
Drittel des B-Ringes mit konstanter
Winkelgeschwindigkeit und ge-
horchen somit nicht dem dritten
Keplerschen Gesetz. (Foto: JPL und
NASA)

Die vielleicht merkwürdigste Entdeckung der Voyager-Sonden
waren lange dunkle Streifen, die den B-Ring wie Radspeichen überzogen. Sie sind nur sehr kurzlebig, entstehen völlig unvermittelt, laufen
um den Planeten herum und verschwinden wieder innerhalb weniger
Stunden (Bild 9.8 und Kurzinformation 9.3).

Warum gibt es Ringe?

Zunächst würde man wohl vermuten, die Ringteilchen hätten sich bereits vor langer Zeit zu einem Mond zusammenballen müssen. Ein interessantes Merkmal der Ringe – und ein wichtiger Hinweis auf ihre
Entstehung – ist allerdings die Tatsache, daß es im Bereich der Ringe
keine großen Monde gibt. Die Ringe sind offenbar so nahe an Saturn,
daß dessen Anziehungskraft die Entstehung größerer Monde verhindert. Die äußere Grenze dieses Bereichs nennt man Roche-Grenze, benannt nach Edouard Albert Roche, der 1848 die Theorie hierzu ent-
warf. Für einen Mond ohne innere Kohäsion und mit der gleichen
Dichte wie der Planet liegt die Roche-Grenze bei etwa 2,5 Planeten-
radien.

Zur Veranschaulichung der Roche-Grenze stellen wir uns zwei
Teilchen vor, die einen Planeten umkreisen und sich langsam einander
nähern. Ihre gegenseitige Anziehungskraft wächst mit abnehmendem
Abstand und erreicht ihr Maximum, wenn sie sich berühren. Außerdem ziehen sich größere Körper stärker an als kleine. Wenn die beiden
Körper zusammenkleben, zieht der Planet an dem Teilchen, das ihm
näher ist, etwas stärker als an dem entfernteren. Ist diese Gezeitenkraft
stärker als die Anziehungskraft zwischen den beiden Teilchen, so reißt
der Planet sie auseinander. Wie der Kampf zwischen diesen beiden Kräften entschieden wird, hängt wesentlich von der Entfernung zum Planc-
ten ab. Innerhalb der Roche-Grenze überwiegt die Anziehungskraft des
Planeten, so daß hier keine größeren Monde entstehen können.

Sowohl alle Saturnringe als auch die von Jupiter, Uranus und Neptun liegen innerhalb der jeweiligen Roche-Grenze. Geraten größere
Körper in diesen Bereich, so zerreißt sie die Gezeitenkraft, während
kleinere überstehen können. Der Grund hierfür ist die große innere
Kohäsion der kleineren Körper mit Durchmessern von weniger als
100 Kilometern (Bild 9.9).

Die Planetenringe sind deshalb möglicherweise die Überreste eines
oder mehrerer Monde, die in den Roche-Bereich hineingerieten, dort
zerbrachen und sich durch Zusammenstöße zerkleinerten. Alle Ringteilchen zusammengenommen ergäben einen Mond mit einem Durchmesser von höchstens 500 Kilometern. Es ist auch möglich, daß die
Ringteilchen aus primordialer Materie bestehen, die sich nie zu einem
Mond zusammenfand.

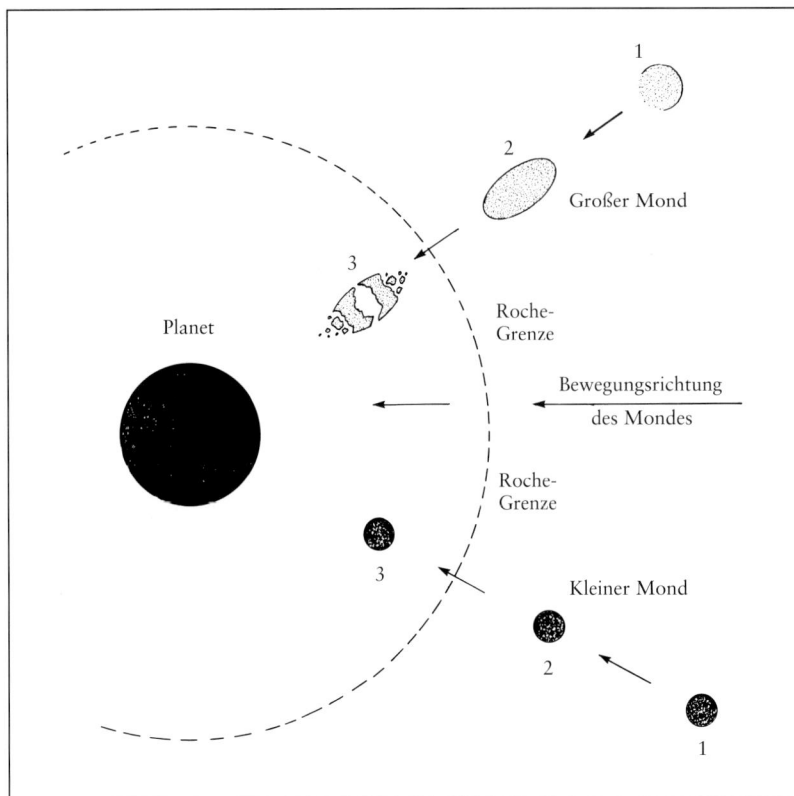

Bild 9.9. Die Roche-Grenze. Nähert sich ein großer Mond einem Planeten und überschreitet dabei die Roche-Grenze, so zerreißt ihn die Gezeitenkraft. Der Grund dafür ist, daß die Gravitationskraft an der planetenzugewandten Seite des Mondes stärker zieht als auf dessen Rückseite. Diese Differenz wirkt der inneren Schwerkraft des Mondes entgegen. Ein kleinerer Mond kann in diesem Bereich bestehen, weil bei ihm zu der Schwerkraft noch ein signifikanter Anteil an Kohäsionskräften hinzukommt

DIE MONDE

Titan: der geheimnisvolle Mond

Der Saturnmond Titan übertrifft an Größe noch den Planeten Merkur und ist nur wenig kleiner als der größte Jupitermond, Ganymed. Titans mittlere Dichte von 1,89 g/cm³ läßt darauf schließen, daß er halb aus Eis und halb aus Gestein besteht. Er besitzt eine dichte Atmosphäre aus 82 bis 99 Prozent Stickstoff sowie geringen Mengen Methan. Zu Beginn des 20. Jahrhunderts beobachtete der spanische Astronom Comas Sola kleine Änderungen auf Titan, die er Wolken zuschrieb. Im Jahre 1944 fand dann Gerard Kuiper Anzeichen von Methan im Spektrum des Mondes. Daß aber Stickstoff den Hauptanteil der Atmosphäre ausmacht, entdeckten erst die UV-Detektoren auf Voyager 1.

Ein orangefarbener Dunstschleier, eine Art Smog, umgibt den Mond (Bild 9.10) und verhindert, daß sichtbares Licht in die Atmosphäre eindringt. Photochemische Reaktionen erzeugen den Smog: Das ultraviolette Sonnenlicht spaltet Methan- und Stickstoffmoleküle, und einige Bestandteile reagieren dann weiter zu einem un-

Bild 9.10. Smog auf Titan. Titans Oberfläche ist von einer orange-farbenen Dunstschicht verdeckt (*oben*). Im Gegenlicht erscheint dieser Smog als heller Ring einige hundert Kilometer über der Oberfläche (*unten*). (Fotos: JPL und NASA)

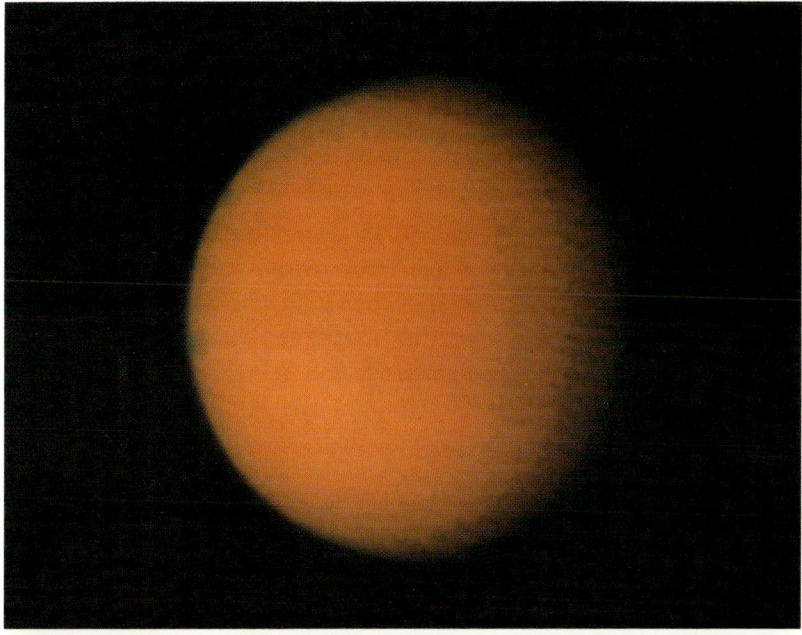

durchdringlichen Schleier. (In der Erdatmosphäre entsteht Smog durch die Wirkung des Sonnenlichts auf Kohlenwasserstoffe.) Warum gerade Titan eine Atmosphäre besitzt, nicht jedoch Merkur und Ganymed, wird in der Kurzinformation 9.4 erläutert.

Auf der Oberfläche Titans herrscht ein Druck von 1,5 Atmosphären (Bild 9.11). Zwar enthält die Atmosphäre – ebenso wie die der Erde – sehr viel Stickstoff, aber es gibt keinen freien Sauerstoff und

kein Wasser auf der Oberfläche. Letzteres würde bei der niedrigen
Temperatur von 93 Kelvin ohnehin gefrieren. Interessanterweise kann
Methan bei dieser Temperatur in drei verschiedenen Aggregatzustän-
den existieren: gasförmig, flüssig oder fest, je nach den Umgebungsbe-
dingungen. In dieser Hinsicht spielt auf Titan das Methan die Rolle des
Wassers. Es kann zu Seen und Meeren auskondensieren und in Form
von Wolken in der Atmosphäre schweben. Einige Kosmochemiker
glauben, daß es einen mehrere Kilometer tiefen Ozean aus 75 Prozent
Äthan und 25 Prozent Methan auf dem Mond gibt. Sicher sein können
wir allerdings nicht, da uns die Atmosphäre den Blick verwehrt.

Schwerere organische Substanzen, wie Acetylen und Smogparti-
kel, rieseln möglicherweise ständig durch die Atmosphäre, versinken
im Ozean und sammeln sich schließlich am Grund in mächtigen
Schlammschichten an.

KURZINFORMATION 9.4
Warum besitzt Titan eine Atmosphäre?

Titan besitzt als einziger Mond in unserem Planetensystem eine nennenswerte Atmosphäre. Warum gerade dieser Mond und nicht auch
Merkur oder Ganymed, die doch größer sind als Titan? Ob ein Körper
eine Atmosphäre besitzt oder nicht, hängt wesentlich von der Masse
und Temperatur des Körpers sowie der Zusammensetzung der Atmosphäre ab. Titan, Ganymed und Merkur unterscheiden sich nicht wesentlich in ihrer Masse, wohl aber in ihrer Temperatur. Merkur ist so
heiß, daß selbst die schwersten Atome schnell genug sind, um der
Schwerkraft zu entkommen. Auf Titan ist es dagegen so kalt, daß nur
die leichteren Moleküle wie Wasserstoff entweichen können; Methan
und Stickstoffmoleküle sind bereits zu schwer.

Ganymed ist ebenfalls kalt und massereich genug, um eine titan-
ähnliche Atmosphäre zu halten. Der Unterschied zwischen diesen beiden Monden besteht wahrscheinlich in der Temperatur während ihrer
Entstehung. Titan entstand weiter entfernt von der Sonne in einem
kühleren Bereich, und darüber hinaus war Saturn nie so heiß wie Jupiter. Bei den niedrigen Temperaturen froren wahrscheinlich Ammoniak, Methan und Wasser auf Titans Oberfläche aus. Später sublimier-
ten Ammoniak und Methan und bildeten die Atmosphäre, während
das Wasser gefroren blieb.

In dem etwas wärmeren Klima von Ganymed entstand vermutlich
nur Wassereis. Wenn es weder Ammoniak noch Methan gab und die
Temperatur nie den Sublimationspunkt von Wasser überschritt, konnte sich auch keine Atmosphäre ausbilden.

Bild 9.11. Die Titanatmosphäre.
Die vertikale Temperatur- und
Druckverteilung in Titans Atmo-
sphäre ermittelten die Wissen-
schaftler aus der Analyse der Radio-
wellen, die Voyager 1 durch die
Titanatmosphäre zur Erde sendete.
Über einem Meer aus flüssigem
Äthan schweben Methanwolken.
Organische Verbindungen und
Smogteilchen regnen auf die Ober-
fläche herab und bedecken sie mit
Schlamm

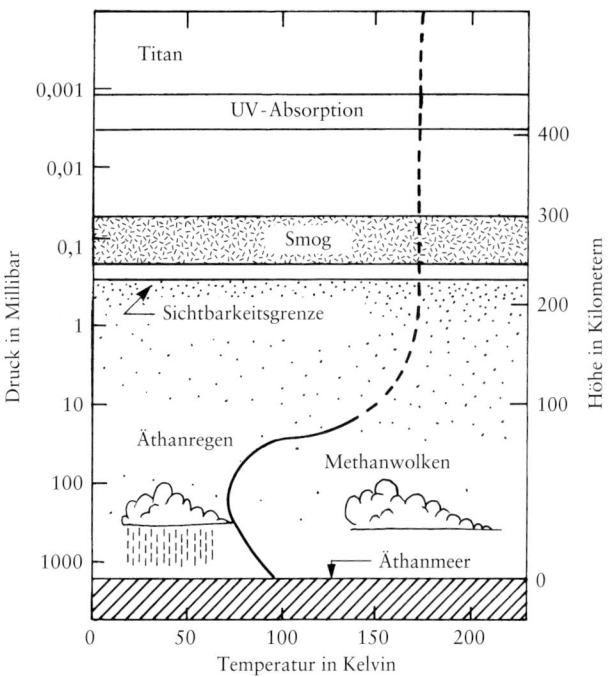

Die anderen großen Monde

Mit abnehmendem Abstand von Saturn heißen die Monde: Phoebe,
Iapetus, Hyperion, Titan, Rhea, Dione, Tethys, Enceladus und Mimas
(Bild 9.12 und Tabelle 9.2). Die meisten von ihnen erhielten ihren Na-
men nach den Titanen, den Kindern und Großkindern der Erdgöttin
Gaia.

Soweit die mittleren Dichten bekannt sind, liegen alle, außer der
von Titan, zwischen 1,1 und 1,4 g/cm³, was darauf schließen läßt, daß

Tabelle 9.2. Eigenschaften der Saturnmonde

Name	Mittlere Entfernung vom Planeten in Saturnradien[a]	Umlaufperiode in Tagen	Radius in km	Masse[b] in 10^{24}g	Dichte in g/cm³
Mimas	3,08	0,942	196	0,04	1,4
Enceladus	3,95	1,37	255	0,08	1,2
Tethys	4,88	1,888	530	0,76	1,21
Dione	6,26	2,737	560	1,05	1,43
Rhea	8,73	4,518	765	2,5	1,34
Iapetus	59,0	79,33	730	1,9	1,16

[a] Der Saturnradius beträgt 60 330 Kilometer.
[b] Die Masse des Erdmonds beträgt $73,5 \cdot 10^{24}$ g.

W

N

Bild 9.12. Saturnmonde. Diese Aufnahme zeigt nach einer Minute
Belichtungszeit sechs Saturnmonde.
Von *links* nach *rechts* sieht man:
Titan, Dione, Enceladus, Tethys,
Mimas und, *rechts* vom Planeten,
Rhea. Der schwache Punkt unterhalb Saturns ist ein Stern. Die Astronomen verwendeten einen teilweise
transparenten metallischen Film, um
die helle Saturnscheibe abzu-
schwächen. Das Foto entstand am
66cm-Refraktor des US Naval
Observatoriums. (Foto: Don Pascu)

die Monde im wesentlichen aus Eis bestehen. Das Oberflächeneis ist
bei den geringen Temperaturen dort hart wie Stahl.

Der äußerste der großen Monde, Phoebe, umkreist Saturn auf einer retrograden Bahn. Er ist außerdem, im Gegensatz zu den anderen
Satelliten, sehr dunkel. Aus diesen ungewöhnlichen Eigenschaften
schlossen die Astronomen, daß Phoebe ein eingefangener Asteroid ist.

Merkwürdigerweise beobachteten die Astronomen früher den
kleinen Nachbarmond Iapetus immer nur auf einer Seite des Saturn,
während er auf der anderen zu verschwinden schien. Der Grund dafür
ist, daß Iapetus zwei völlig unterschiedliche Hemisphären besitzt. Die
Oberfläche der einen Seite ist hell wie Eis und die der anderen dunkel
wie Kohle. Da der Mond dem Planeten immer dieselbe Seite zuwendet,
sehen wir bei seinem Umlauf abwechselnd die beiden Seiten. Kehrt er
uns seine dunkle Hälfte zu, ist er fast nicht mehr zu sehen. Bei der dunklen Oberfläche scheint es sich um eine Art organischen Teers zu handeln. Die Zweiteilung ist allerdings nach wie vor ein Rätsel.

Hyperion hat eine unregelmäßige, abgeplattete Form und bewegt
sich auf einer stark elliptischen Bahn. Dies führt zu einer chaotischen
Rotation. Sie ist ungleichmäßig, zeitweise beschleunigt, dann wieder
abgebremst. Man erklärt sich diese Bewegung ähnlich wie die chaotischen Umlaufbahnen einiger Asteroiden.

Rhea ist, wie Iapetus, etwa halb so groß wie unser Mond. Seine
Oberfläche ist von Kratern übersät, ähnlich wie die von Thetys und
Dione (Bild 9.13). Über Dreiviertel der Thetysoberfläche zieht sich ein

Bild 9.13. Zwei Eiswelten. Tethys (*oben*) und Dione (*unten*) besitzen etwa gleichgroße Radien von etwas über 500 Kilometern. Während Tethys unzählige Krater bedecken, ziehen sich über die Oberfläche von Dione lange Eisrillen (Foto: JPL und NASA)

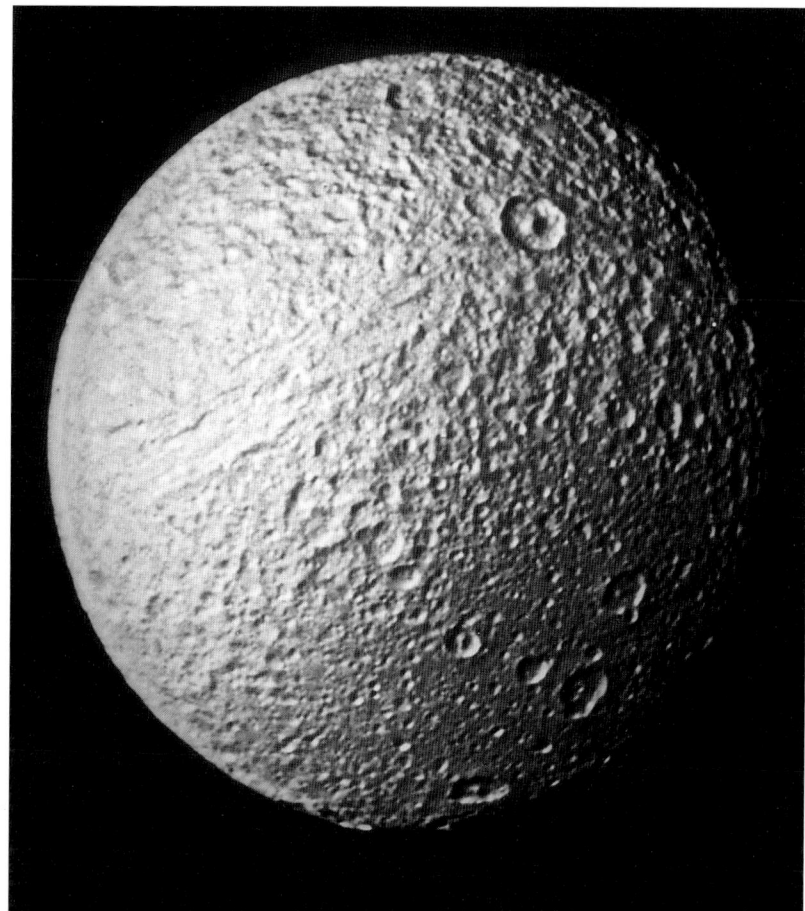

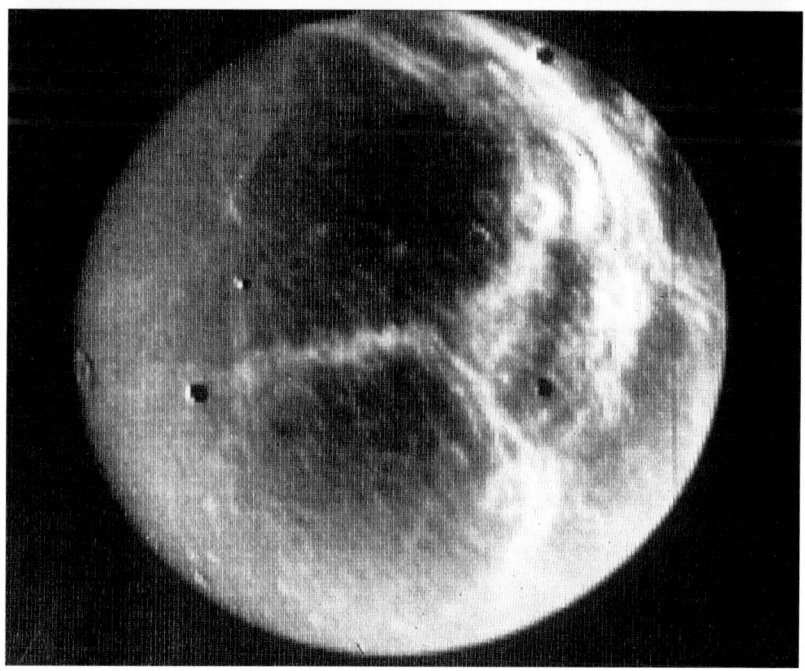

Bild 9.14. Mimas. Der innerste der großen Saturnmonde besitzt einen Durchmesser von 196 Kilometern. Der Meteorit, der den großen Krater Herschel (*rechts oben*) hinterließ, muß den kleinen Mond beinahe in Stücke gerissen haben. (Foto: JPL und NASA)

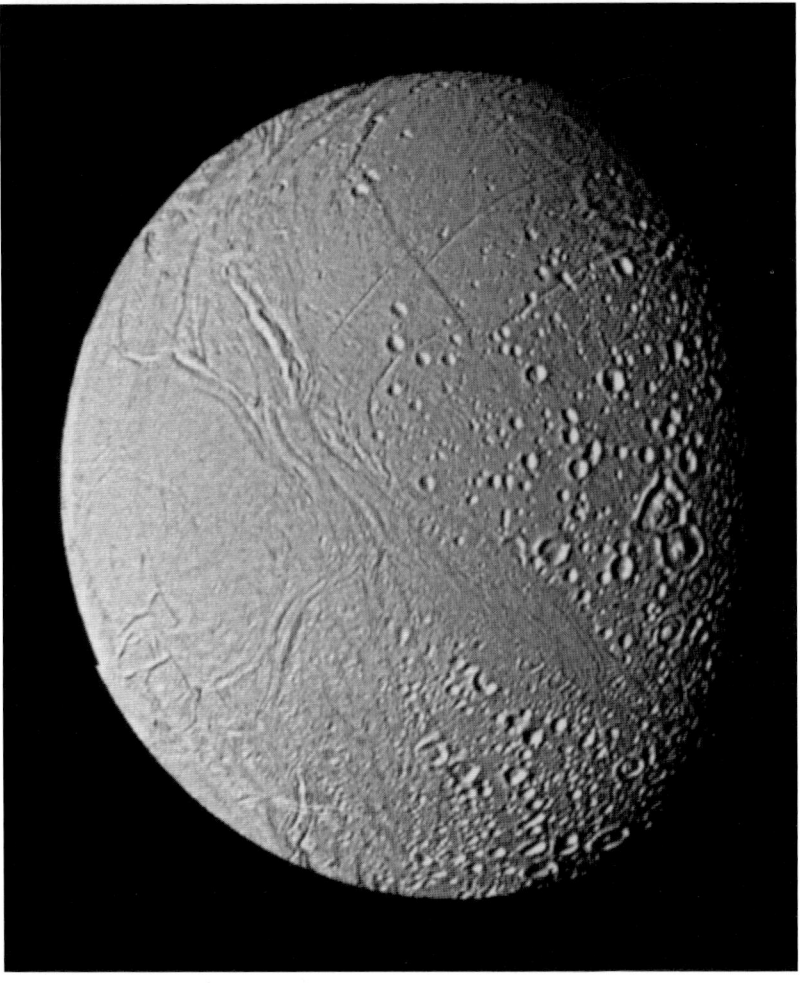

Bild 9.15. Enceladus. Die Eisoberfläche des Mondes Enceladus reflektiert fast 100 Prozent des Sonnenlichts. Eine solch hohe Reflektivität besitzt kein anderer Körper im Sonnensystem. Seine Oberfläche zeigt sowohl Krater und Gräben als auch weite Ebenen. (Foto: NASA)

riesiger Riß. Aus dem Innern Diones scheint Flüssigkeit ausgetreten zu sein, die dann an der Oberfläche in langen Bahnen gefror.

Auch Mimas zeigt eine dichte Kraterlandschaft mit einem riesigen Krater namens Herschel (Bild 9.14). Der Meteoriteneinschlag muß den Mond damals fast zerstört haben.

Enceladus weist eine weiche Eislandschaft auf, die mit Brüchen, Gräben und Kratern bedeckt ist (Bild 9.15). Dies deutet auf häufige Vulkanaktivitäten hin, wobei wahrscheinlich flüssiges Wasser aus dem Innern an die Oberfläche kam. Enceladus ist hauptsächlich den Anziehungskräften von zwei Körpern ausgesetzt: Saturn und dem Mond Dione, der genau die doppelte Umlaufzeit wie Enceladus besitzt. Diese Resonanz hat zum einen die stark elliptische Bahn von Enceladus zur Folge und zum anderen erwärmt sich dadurch das Innere dieses Mondes. Allerdings zeigen Computerrechnungen, daß diese Erwärmung nicht ausreicht, um das Innere zu schmelzen, so daß Enceladus' Vulkanaktivität bis heute ungeklärt ist. Möglicherweise entstanden einige Krater auch durch Meteoriteneinschläge. Während das dabei austretende Wasser zum Großteil gefror, entwich vielleicht ein anderer Teil von dem Mond und füllte Saturns E-Ring auf.

Die kleinen Monde

Durch die Entdeckungen der Raumsonden wuchs die Zahl der Saturnmonde auf 17 an. Alle diese neuen Monde umkreisen Saturn auf relativ engen Bahnen, die in vielerlei Hinsicht interessant sind. Außerdem sind alle Monde sehr hell, das heißt sie bestehen wahrscheinlich vorwiegend aus Eis.

Atlas ist der innerste aller Monde; er bewegt sich am äußeren Rand des A-Rings. Der innere und äußere Schäferhundmond des F-Rings begleiten diesen dünnen Ring auf beiden Seiten. Sie sind dafür verantwortlich, daß er sich nicht verbreitert. Sie wirken also wie Hunde, die eine Schafherde zusammenhalten (Bild 9.16). Der innere der beiden Monde ist schneller als die Ringteilchen und zieht die inneren Teilchen des F-Rings mit sich. Dabei beschleunigt er sie, so daß sie weiter nach außen gelangen. Der äußere Mond ist langsamer als die Ringteilchen und bremst die äußeren Teilchen im Ring ab. Dadurch gelangen sie auf eine etwas weiter innen liegende Bahn. Das Ergebnis dieser Wechselwirkung ist dann ein sehr dünner Ring.

Ein kurioses Wechselspiel gibt es auch zwischen den beiden Monden Janus und Epimetheus. Sie umlaufen Saturn auf fast identischen Bahnen. Der etwas weiter innen befindliche Mond überholt den anderen alle vier Jahre. Allerdings ist ihr Radius größer als der Bahnabstand, so daß dieses Überholmanöver nicht ohne Folgen bleibt. Sie entgehen im letzten Moment einem Zusammenstoß, indem sie Gravi-

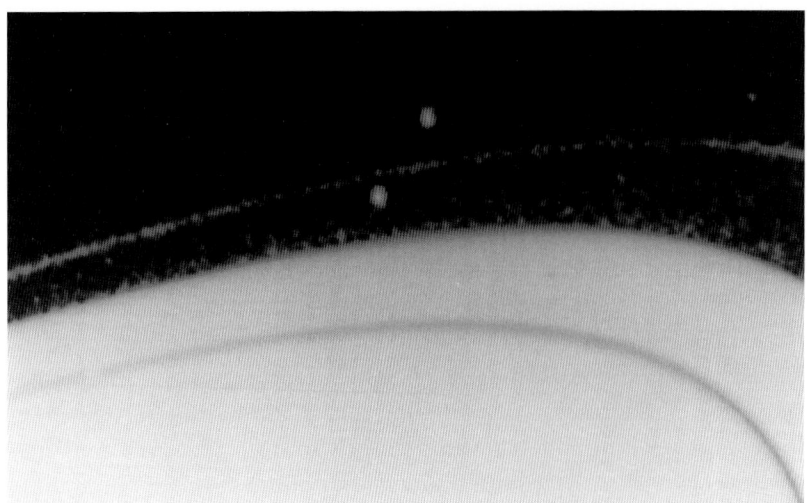

Bild 9.16. Zwei Schäferhundmonde. Zwei kleine Monde halten
Saturns feinen F-Ring zusammen.
Während der innere Mond Teilchen
im Ring nach außen drückt, zwingt
der äußere Mond Teilchen auf weiter innen liegende Bahnen. (Foto:
JPL und NASA)

Bild 9.17. Saturn im Rückblick.
Diese Aufnahme gelang der Voyager-
1-Sonde nach ihrem Vorbeiflug an
dem Planeten. Sie zeigt ihn aus einer
unbekannten Perspektive. (Foto:
JPL und NASA)

tationsenergie austauschen und die Bahnen wechseln. Der äußere
Mond zieht den inneren auf seine Bahn und umgekehrt. Vier Jahre
später vollzieht sich dieses *Pas de deux* von neuem.

Die drei sogenannten Lagrange-Monde laufen auf denselben Bahnen wie die großen Monde Thetys und Dione. Ein Mond läuft Thetys
60 Grad voraus, ein anderer 60 Grad hinterher. Diese Positionen
zeichnen sich durch eine besondere Gravitationsstabilität aus, wie
Jean Louis Lagrange im 19. Jahrhundert nachwies (s. Kurzinformation 7.1). Der andere kleine Lagrange-Mond läuft Dione um 60 Grad
voraus.

Hiermit endet unsere Erforschung des Saturnsystems (Bild 9.17).
Wir fliegen nun weiter zu Uranus, den nur noch die Sonde Voyager 2
erreichte.

KURZINFORMATION 9.5
Saturn – Zusammenfassung

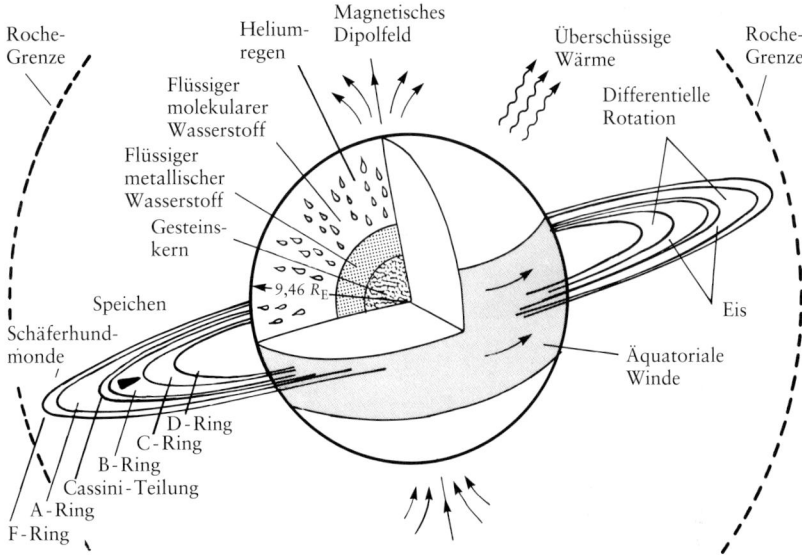

Masse: $5{,}68 \cdot 10^{29}$ Gramm $= 95{,}18\, M_E$ (Erde $= 1$)
Radius: 60 330 Kilometer $= 9{,}46\, R_E$ (Erde $= 1$)
Mittlere Dichte: 0,71 g/cm³
Rotationsperiode: 10 Stunden, 39 Minuten, 22 Sekunden
Umlaufperiode: 29,46 Jahre
Mittlere Entfernung von der Sonne: 9,54 AE
Anzahl der bekannten Monde: 17
Magnetfeldstärke an der Wolkenoberkante: 0,2 Gauß

Uranus und seine Ringe. Diese
künstlerische Darstellung zeigt die
feinen Uranusringe über der blau-
grünen, methanreichen Atmosphäre. (Foto: NASA)

KAPITEL 10

Uranus, Neptun und Pluto: die Eiswelten

Mit der Entdeckung des Uranus im Jahre 1781 hatte sich plötzlich die Größe des Sonnensystems verdoppelt. Dieser Planet dreht sich retrograd um seine stark geneigte Rotationsachse. Die Magnetfeldachsen von Uranus und Neptun sind gegen ihre Rotationsachsen geneigt und aus den Planetenzentren herausgerückt. Obwohl die Sonne Neptun kaum noch erwärmt, ist dessen Atmosphäre sehr bewegt. Triton entstand möglicherweise in einer heliozentrischen Umlaufbahn und wurde später von Neptun eingefangen. Eisvulkane füllten auf Triton einst große Meere, und noch heute brechen dort offenbar Geysire aus. Stickstoff- und Methaneis bedecken die Pole. Pluto ist eine frostige Gesteinswelt mit einer feinen Atmosphäre. Er wird von einem Mond umkreist, der, gemessen an der Größe seines Planeten, viel zu groß ist.

NEUE WELTEN AM RANDE DES PLANETENSYSTEMS

Ein ungewöhnlicher Komet

In der Nacht des 13. März im Jahre 1781 entdeckte der Musiker und Amateurastronom William Herschel den Planeten Uranus. Allerdings hielt er seinen neuen Himmelskörper zunächst irrtümlich für einen Kometen. Bei einer Himmelsdurchmusterung mit einem selbstgebauten 15cm-Reflektor stieß er plötzlich auf einen ungewöhnlichen, schwachen »Stern«. Als er das Objekt bei einer stärkeren Vergrößerung anschaute, hatte er den Eindruck, als könne er dessen Oberfläche sehen, während die umgebenden Sterne punktförmig blieben.

In den nachfolgenden Nächten stellte er fest, daß der Himmelskörper sich gegenüber den Sternen langsam bewegt hatte. Damit war klar: Es konnte sich nicht um einen Stern handeln, sondern der Körper gehörte zum Sonnensystem, und da war die natürlichste Erklärung, daß es sich um einen Kometen handeln müsse. Daraufhin unterbreitete Herschel seine Entdeckung der königlich britischen Gesellschaft in einer Schrift mit dem trockenen Titel *Bericht über einen Kometen*.

KURZINFORMATION 10.1
Die Namensgebung einer neuen Welt

Dieses Bild zeigt Sir William Herschel dreizehn Jahre nach seiner Entdeckung des ersten neuen Planeten. In der Hand hält er eine Zeichnung des Uranus und zweier seiner Monde. Er wollte den Planeten nach dem damaligen englischen König und Schutzherrn der Wissenschaften Georg III benennen. Letztendlich setzten sich jedoch die Klassizisten durch und gaben ihm den Namen Uranus, dem ersten Herrscher des Olymp, Vater der Titanen und Großvater Jupiters.

Zu Ehren der Entdeckung dieser neuen Welt taufte man ein neu gefundenes schweres Element in Uran um.

Die erste neue Welt: Uranus

Nun verschwand das Objekt vorerst einmal im Sonnenlicht, wurde aber einige Monate später wiedergefunden. Man fand heraus, daß sich der Himmelskörper nahezu auf einer Kreisbahn und in doppelt so großer Entfernung wie Saturn um die Sonne bewegte. Das konnte kein normaler Komet sein. Bald war klar, daß Herschel als erster Mensch einen neuen Planeten entdeckt hatte. Diese Beobachtung brachte ihm praktisch über Nacht Weltruhm ein.

Nach einigen Kontroversen einigten sich die Astronomen schließlich auf den Namen Uranus, den Gott des Himmels (s. Kurzinformation 10.1). Unser Weg in die äußeren Bereiche des Planetensystems ähnelt somit einem Gang durch die Göttergenerationen: Mars ist der Sohn Jupiters, dieser wiederum ist der Abkömmling Saturns, und Saturn selbst entstammt dem Urvater Uranus. Saturns Mutter und spätere Gemahlin war Gaia, die Erde, die aus dem Chaos erstanden war.

Im nachhinein stellte man fest, daß Uranus in den vorausgegangenen hundert Jahren nicht weniger als 22 mal gesehen und fälschlicherweise als Stern identifiziert worden war. Tatsächlich ist er in zahlreichen Sternkarten eingezeichnet.

Uranus ist 19,2 mal weiter von der Sonne entfernt als die Erde und benötigt für einen Umlauf 84 Jahre. Das heißt seit seiner Entdeckung hat er erst zweimal die Sonne umrundet. Ein Uranustag dauert nur 17,24 Erdtage, so daß ein Uranusjahr aus mehr als 45 000 Uranustagen besteht.

Die Entdeckung Neptuns

Im Gegensatz zu Uranus war die Entdeckung Neptuns kein Zufall, sondern die Folge einer theoretischen Vorhersage. Als die Astronomen nach den Newtonschen Gesetzen die Positionen des Uranus berechneten und diese mit den damaligen Aufzeichnungen verglichen, bemerkten sie eine auffällige Diskrepanz. Außerhalb der Uranusbahn mußte ein weiterer Planet eine Kraft auf Uranus ausüben. Zwei Astronomen versuchten, die Bahn dieses unbekannten Planeten zu berechnen. Der damals erst 22 Jahre alte John Couch Adams spekulierte 1841 über die Existenz eines fernen Planeten. Vier Jahre später zeigte er seine Ergebnisse den englischen »Royal Astronomers« James Challis und Sir George Biddell Airy. Obwohl er ihnen genaue Positionsangaben vorlegte, sahen sie sich nicht veranlaßt, Adams' Voraussagen zu prüfen.

Im November 1845 veröffentlichte der junge französische Astronom Urbain Jean Joseph Leverrier seine eigenen Berechnungen zu einem unbekannten Planeten (Bild 10.1). Als diese nach England gelangten, verglich Airy die Rechnungen von Leverrier und Adams,

dessen Arbeit er acht Monate zuvor aus der Hand gelegt hatte. Die beiden Lösungen waren absolut identisch!

Am 31. August 1846 reichte Leverrier eine korrigierte Positionsbestimmung bei der französischen Akademie der Wissenschaften ein,
aber er konnte seine Landsmänner nicht davon überzeugen, nach diesem Planeten zu suchen. Aus diesem Grunde schrieb er an Johann
Gottfried Galle, dem damaligen Gehilfen an der Sternwarte Berlin.
Gleich in der folgenden Nacht, am 23. September 1846, entdeckte dieser zusammen mit seinem Studenten Louis d'Arrest den Planeten etwa
ein Grad von der vorausgesagten Position entfernt. Der neue Planet erhielt den Namen Neptun, nach dem Gott des Meeres. Im nachhinein
erscheint der Name gut gewählt, denn Modellrechnungen zeigen, daß
ein großer Teil des Planetenkörpers aus flüssigem Wasser besteht.

Damit hatte man die Ausdehnung des Planetensystems erneut um
das 1,6fache vergrößert. Darüber hinaus galt diese Entdeckung als
überragender Triumph der Newtonschen Gravitationstheorie.

Neptun benötigt für einen Umlauf um die Sonne 165 Jahre und
hat diese somit seit seiner Entdeckung noch nicht ganz einmal umrundet. Er ist 17mal schwerer als die Erde und besitzt eine 1,7mal größere
mittlere Dichte als Wasser. Sowohl Uranus als auch Neptun haben
Durchmesser von etwa 4 Erddurchmessern. Uranus und Neptun unterscheiden sich in ihrer Masse, ihrem Radius und ihrer mittleren
Dichte kaum voneinander, so daß man sie oft als Zwillingsplaneten
bezeichnet (s. Tabelle 10.1).

Die Astronomen hofften, aus Unregelmäßigkeiten in der Neptun-
bewegung die Existenz und Position eines noch weiter entfernten Planeten erschließen zu können. Wegen der langen Umlaufzeit von
165 Jahren lagen hierfür jedoch zu wenige Beobachtungen vor. Deswegen mußten sie die Uranusbewegung genau vermessen, den Einfluß
Neptuns miteinbeziehen und dann herausfinden, ob es einen Einfluß
eines weiteren Planeten gibt.

Die erste Voraussage dieser Art für einen neunten Planeten, genannt O, machte William Pickering im Jahre 1909. Den nächsten Ver-

Bild 10.1. Leverrier. Urbain
Joseph Leverrier sagte die Position
des damals noch unbekannten
Planeten Neptun aufgrund von
Unregelmäßigkeiten in der Uranusbewegung voraus. Er und der
englische Astronom John Couch
Adams teilen sich den Ruhm der
Entdeckung. Sie machten unabhängig voneinander und praktisch
gleichzeitig fast dieselben Vorhersagen. (Aus: Camille Flammarion,
Astronomie Populaire, Flammarion
et Cie., Paris 1880)

Tabelle 10.1. Uranus und Neptun im Vergleich

Physikalische Größe	Uranus	Neptun
Masse (Erde = 1)	14,53	17,14
Radius in Kilometern	25 559	24 764
Dichte in g/cm^3	1,27	1,64
Entfernung von der Sonne in AE	19,19	30,06
Umlaufperiode in Jahren	84	165
Effektivtemperatur in Kelvin	58,2	59,3
Tageslänge in Stunden	17,24	16,11

Bild 10.2. Die Entdeckung Plutos. Mit Hilfe des sogenannten Blinkverfahrens entdeckte Clyde Tombaugh den neunten Planeten Pluto. Man macht im Abstand von einigen Tagen drei Aufnahmen von demselben Himmelsgebiet und legt diese dann paarweise in einen Blinkkomparator. Dort projiziert man sie übereinander und betrachtet sie abwechselnd. Hiermit läßt sich sehr gut erkennen, wenn ein Körper sich vor dem Sternenhintergrund bewegt hat. Nach monatelanger Arbeit legte Tombaugh diese beiden Platten in das Gerät und fand Pluto an der mit einem Pfeil gekennzeichneten Stelle. Wegen der geringen Geschwindigkeit hatte sich sein Bild auf den Platten nur um 3,5 Millimeter bewegt. (Foto: Lowell Observatory)

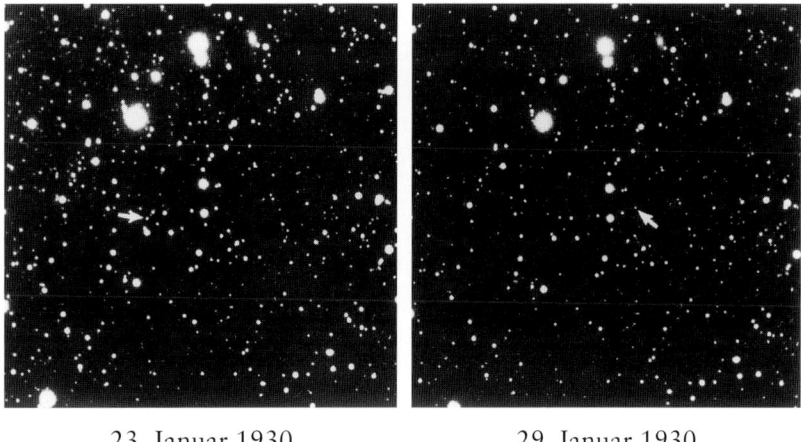

23. Januar 1930   29. Januar 1930

such unternahm Percival Lowell 1915. Er bezeichnete den unbekannten Planeten mit X.

Über 20 Jahre lang suchten die Astronomen vergeblich an den vorausgesagten Positionen nach dem Planeten O oder X. Endlich, am 18. Februar 1930, fand der junge Clyde Tombaugh den lang ersehnten Planeten als schwaches, sternähnliches Pünktchen auf einer Weitwinkelaufnahme, die er mit einem neuen 33 cm-Teleskop gemacht hatte (Bild 10.2). Der neue Planet erhielt den Namen Pluto nach dem Gott der Unterwelt.

Obwohl man Pluto tatsächlich nicht weiter als sechs Grad von der vorausgesagten Stelle fand, lag dies nicht an der Genauigkeit der Berechnungen. Die neueren Untersuchungen haben gezeigt, daß die Gesamtmasse von Pluto und seinem Mond Charon zu gering ist, um die Reststörungen der Uranusbahn zu erklären. Die Entdeckung Plutos war eigentlich das Ergebnis einer akribischen, systematischen Suche, wobei falsche Berechnungen zufällig in die richtige Himmelsgegend wiesen.

Plutos Begleiter Charon

Die Entdeckung von Plutos Begleiter Charon war das Nebenprodukt einer Beobachtung mit ganz anderer Zielsetzung. Im Jahre 1978 machten Astronomen vom United States Naval Observatorium eine Reihe von Aufnahmen, um die Plutobahn genauer zu bestimmen. Auf einigen Fotos bemerkten sie eine Ausbuchtung an der Plutoscheibe, die von Zeit zu Zeit wieder verschwand. Die Situation erinnert ein wenig an die ersten Beobachtungen des Saturn, als man dessen Ringe noch nicht erkennen konnte (s. Kurzinformation 9.1). Eine detaillierte Analyse zeigte dann, daß Pluto einen Begleiter besitzt, der ihn in einer

Entfernung von nur 19 130 Kilometern in 6 Tagen umrundet. Der Mond unterscheidet sich in seiner Größe nur wenig von Pluto, so daß man eher von einem Doppelplaneten sprechen kann.

Der Begleiter erhielt den Namen Charon, benannt nach dem Fährmann, der die Toten über den Acheron in die Unterwelt Plutos, den Hades, hinüberschiffte.

Die Entdeckung des Mondes war auch insofern ein Glücksfall, als er es gestattete, Plutos Masse zu bestimmen. Charon benötigt für einen Umlauf 6,38718 Erdtage. Ein Mond würde die Erde in derselben Entfernung in nur 7 Stunden umkreisen. Hieraus kann man errechnen, daß Pluto eine 440 mal geringere Masse haben muß als die Erde. Dies ist viel zu wenig, um Uranus oder Neptun auf ihrer Bahn wesentlich zu beeinflussen. In der Tat stört die Schwerkraftwirkung der Erde die beiden Planeten mehr als Pluto.

STURMWOLKEN AUF DEN ÄUSSEREN PLANETEN

Uranus ist geneigt

Die Äquatorebene des Uranus ist um 97,9 Grad gegenüber der Umlaufebene geneigt, so daß er sich entgegen der Umlaufrichtung um die Sonne um seine Achse dreht (Bild 10.3). Er läuft fast wie ein Rad auf der Bahnebene. Einige Planetologen vermuten, daß Uranus praktisch umgestoßen wurde, als er in der Frühzeit des Planetensystems mit einem anderen planetaren Körper zusammenprallte.

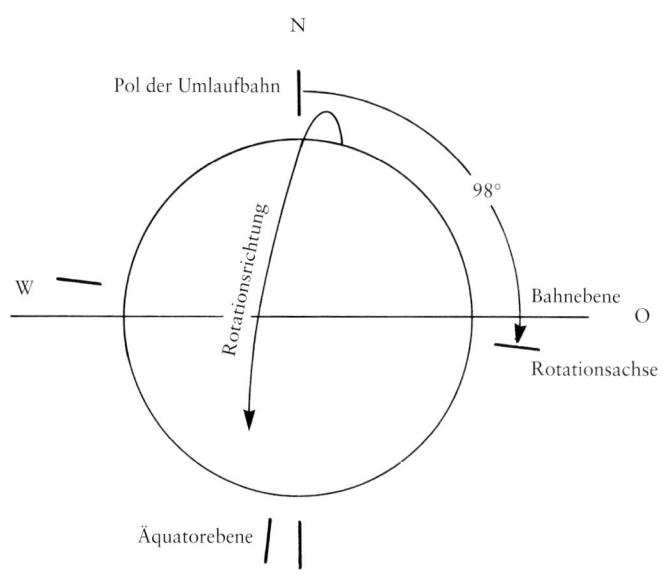

Bild 10.3. Die geneigte Rotationsachse des Uranus. Die Rotationsachse ist um 98 Grad gegen den Pol der Umlaufbahn geneigt, so daß der Planet eine retrograde Rotation ausführt. Das heißt er dreht sich von Ost nach West, beziehungsweise im Uhrzeigersinn, wenn man von Norden auf den Planeten blickt

Bild 10.4. Die Methanatmosphäre des Uranus. Das linke Bild zeigt Uranus, wie er dem menschlichen Auge erscheinen würde. Das Methangas in der Atmosphäre absorbiert den roten Anteil des Sonnenlichts, so daß der Planet eine blau-grüne Farbe erhält. Auf der farbverstärkten Aufnahme (*rechts*) erkennt man einen dicken, smogartigen Dunst, der den sonnenbeschienenen Südpol bedeckt. Dieser Dunst ist rötlich, weil die Methanmoleküle vom Sonnenlicht gespalten werden. Die schwach sichtbaren, kleinen erdnußförmigen Strukturen in dem farbverstärkten Bild wurden durch Staub in der Kameraoptik verursacht. (Foto: NASA und JPL)

Da die Rotationspole fast in der Bahnebene liegen, gibt es auch sehr eigenartige jahreszeitliche Effekte. Innerhalb des 84 Jahre dauernden Umlaufs um die Sonne weisen die Pole jeweils einmal zur Sonne. Ist auf der Nordhalbkugel Sommer, so erhält der Pol mehr Wärme als die Äquatorgegend, und das Südpolargebiet liegt im Dunkel. Dann wird es auf der Nordhalbkugel Winter, und der Südpol ist 42 Jahre lang sonnenbeschienen.

Atmosphäre und Wolken auf Uranus

Bei den niedrigen Temperaturen an der Obergrenze der Uranusatmosphäre friert Methan zu einer Wolkendecke aus. Durch die Einwirkung ultravioletter Sonnenstrahlung auf die Methanmoleküle bilden sich hier auch Dunstteilchen. Diese Mischung verleiht dem Planeten sein gleichförmiges Aussehen (Bild 10.4) und verbirgt darunterliegende Schichten. Darüber hinaus absorbiert Methan den roten Anteil des Sonnenlichts, so daß der Planet in einer bläulich-grünen Farbe erscheint. In tieferen Atmosphärenschichten entstehen nur schwer erkennbare Ammoniak- und Wasserwolken. (Auf den wärmeren Planeten Jupiter und Saturn bestehen die obersten, sichtbaren Wolkenschichten aus Ammoniak-Eiskristallen.)

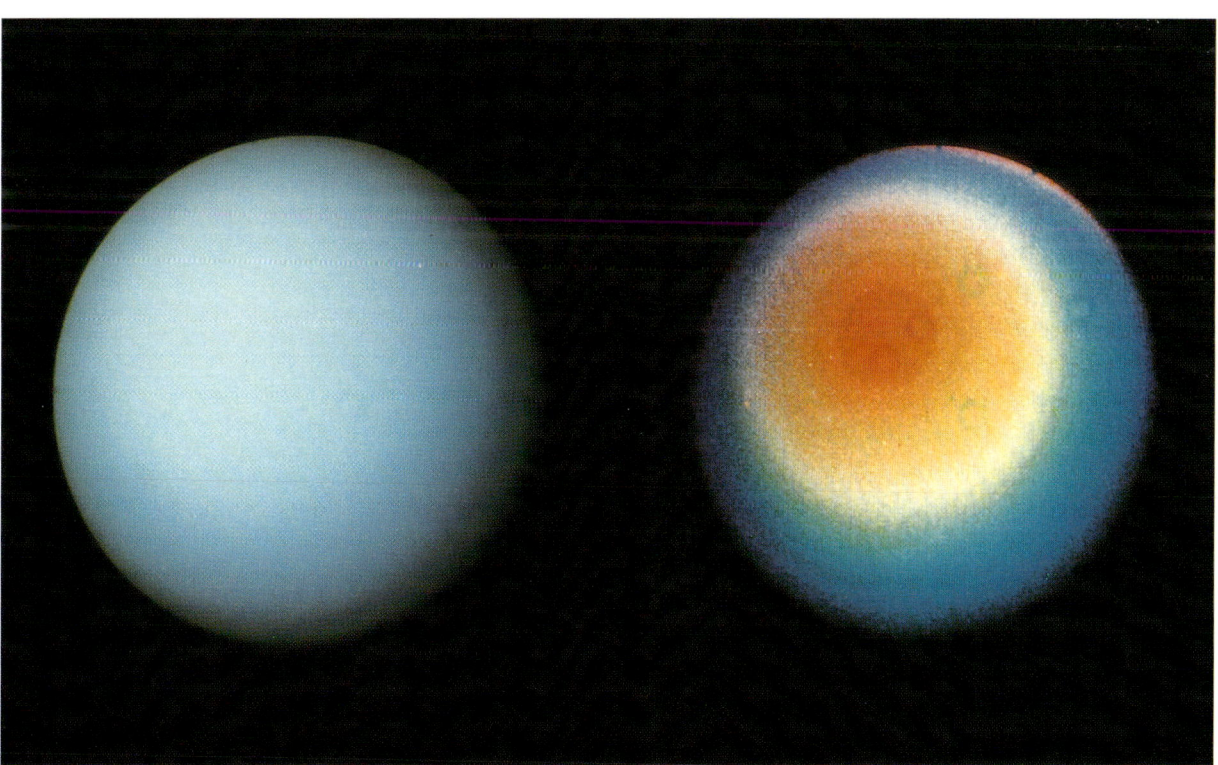

Die Methanwolken entstehen bei einem Druck von etwa 1 bar, also bei dem irdischen Atmosphärendruck auf Meeresniveau. Hier beträgt der Uranusradius 25 559 Kilometer. Durch die schnelle Rotation bildet sich ein äquatorialer Wulst heraus, so daß der Radius durch die Pole um 586 Kilometer geringer ist als durch den Äquator.

Oberhalb der Wolken wird die Atmosphäre wärmer. In diesem Bereich besteht sie vorwiegend aus molekularem Wasserstoff mit Beimischungen aus atomarem Wasserstoff und Helium. Beobachtungen der Wasserstoffemission im ultravioletten Wellenlängenbereich haben gezeigt, daß sich eine Wasserstoffkorona noch tausende von Kilometer oberhalb der sichtbaren Wolkendecke ausbreitet. Der Planet ist klein genug und das atmosphärische Gas warm genug, damit Wasserstoff das Gravitationsfeld überwinden und in den Weltraum entweichen kann. Im Gegensatz dazu sind die Wasserstoffhüllen der massereicheren Planeten, Jupiter und Saturn, dicht an die obere Wolkendecke gebunden, ebenso wie bei dem weiter entfernten und kühleren Neptun.

Als Voyager 2 am 24. Januar 1986 an Uranus vorbeiflog, entdeckten die Wissenschaftler zahlreiche Streifen in der ansonsten gleichförmigen Wolkendecke. Sie stellten fest, daß sich diese Bänder parallel zum Äquator, aber entgegengesetzt zur Rotation des Planeten bewegen. (Schwankungen in der Radioemission des Uranus haben gezeigt, daß das Magnetfeld des Planeten mit einer Periode von 17,24 Stunden rotiert. Da das Magnetfeld wahrscheinlich an den Planetenkörper gebunden ist, spiegelt es die Rotation im Innern des Uranus wider.) Die äquatorialen Wolken bleiben also, ebenso wie auf der Erde, hinter der Rotation des Planeten zurück.

Uranus strahlt etwa so viel Energie ab, wie er von der Sonne empfängt. Falls der Planet eine innere Wärmequelle besitzen sollte, ist sie nicht nachweisbar und weitaus schwächer als diejenigen von Jupiter und Saturn. Die Heliumhäufigkeit in der äußeren Atmosphäre des Uranus ist wesentlich größer als in der Saturns. Dies deutet darauf hin, daß es, anders als auf Saturn, keinen Regen aus Heliumtröpfchen gibt. (Dies ist auch verträglich mit der geringen internen Wärmeentwicklung sowie dem wahrscheinlichen Fehlen eines flüssigen, metallischen Wasserstoffkerns, in dem sich das Helium ansammeln würde. (Vergleiche Kapitel 9 »Saturn: Herr der Ringe«.)

Uranus besitzt also vermutlich keine innere Energiequelle und seine Rotationsachse ist um 97,8 Grad geneigt, so daß derzeit der Südpol stärker von der Sonne beschienen wird als die Äquatorgegend. Dennoch herrscht in beiden Gebieten praktisch dieselbe Temperatur. Offenbar gleicht die atmosphärische Zirkulation die Temperaturunterschiede sehr gut aus, obwohl die Winde parallel zum Äquator wehen. Die Sonne bestimmt nicht das Zirkulationssystem, obwohl sie die meiste Energie für die Erwärmung der äußeren Atmosphärenschicht und die Zirkulation liefert. Stattdessen diktiert die Planetenrotation im wesentlichen das Wettergeschehen. (Jupiter und Saturn weisen eine zonale Zirkulation symmetrisch zur Rotationsachse auf. Sie besitzen jedoch im Innern starke Wärmequellen und rotieren »aufrecht«.) Tiefe Konvektion in der Uranusatmosphäre begrenzt wahrscheinlich den Zugang zu jedweder möglichen Energiequelle aus der Entstehungszeit des Planeten.

Stürmisches Wetter auf Neptun

Die obere, wärmere Region der Neptunatmosphäre besteht im wesentlichen aus molekularem und atomarem Wasserstoff mit einer geringen Beimischung von Helium. Hier dehnt sich die dünne Atmosphäre jedoch nicht so weit aus, wie die Wasserstoffkorona des Uranus. Durch die außergewöhnlich klare Atmosphäre hindurch erkennt man die blaue Wolkendecke aus Methaneis. Bei einem Planetenradius von 24 764 Kilometern besitzt die Atmosphäre einen Druck von einem bar, wobei der polare Radius um 424 Kilometer kleiner ist als am Äquator. Dies ist ähnlich wie bei Uranus.

Ähnlich wie Jupiter und Saturn leuchtet Neptun wegen seiner internen Wärmequelle im infraroten Spektralbereich. Die Wolkentemperatur ist mit 59,3 Kelvin etwas höher als bei Uranus (58,2 Kelvin), obwohl Neptun um 50 Prozent weiter von der Sonne entfernt ist. Ohne innere Energiequelle würde Neptun eine Temperatur von lediglich 46 Kelvin aufweisen. Hieraus kann man schließen, daß der Planet 2,7 mal mehr Energie abstrahlt als er von der Sonne empfängt und seine äußere Atmosphäre aus dem Innern erwärmt wird. Neptuns Atmosphäre zeigt, ebenso wie die des Uranus, keine Abreicherung an Helium. Seine innere Wärme stammt deshalb wahrscheinlich noch aus der Entstehungszeit des Planeten. Uranus hingegen zeigt keinerlei Anzeichen für eine innere Wärmequelle. Dies mag erklären, warum seine Atmosphäre so verhältnismäßig ruhig und inaktiv ist, im Gegensatz zu den stürmischen Atmosphären der anderen Riesenplaneten.

Am 25. August 1989 konnten die Planetologen mit Voyager 2 erstmals die schwach erleuchtete Neptunatmosphäre aus der Nähe betrachten. Sie sahen eine turbulente Welt mit gewaltigen Stürmen, hochliegenden Wolken und heftigen Winden.

Das größte Sturmsystem auf Neptun ist etwa so groß wie die Erde (Bild 10.5). Wegen seiner Ähnlichkeit mit dem Großen Roten Fleck auf Jupiter gab man ihm den Namen Großer Dunkler Fleck. Beide Stürme befinden sich etwa auf dem Viertel des Weges vom Äquator zum Pol, also in den planetaren Tropen. Außerdem rotieren beide entgegen dem Uhrzeigersinn (Antizyklone) und haben, relativ zur Größe des Planeten, dieselben Ausmaße. Der wesentliche Unterschied besteht darin, daß der Jupitersturm oberhalb der Wolken liegt, während

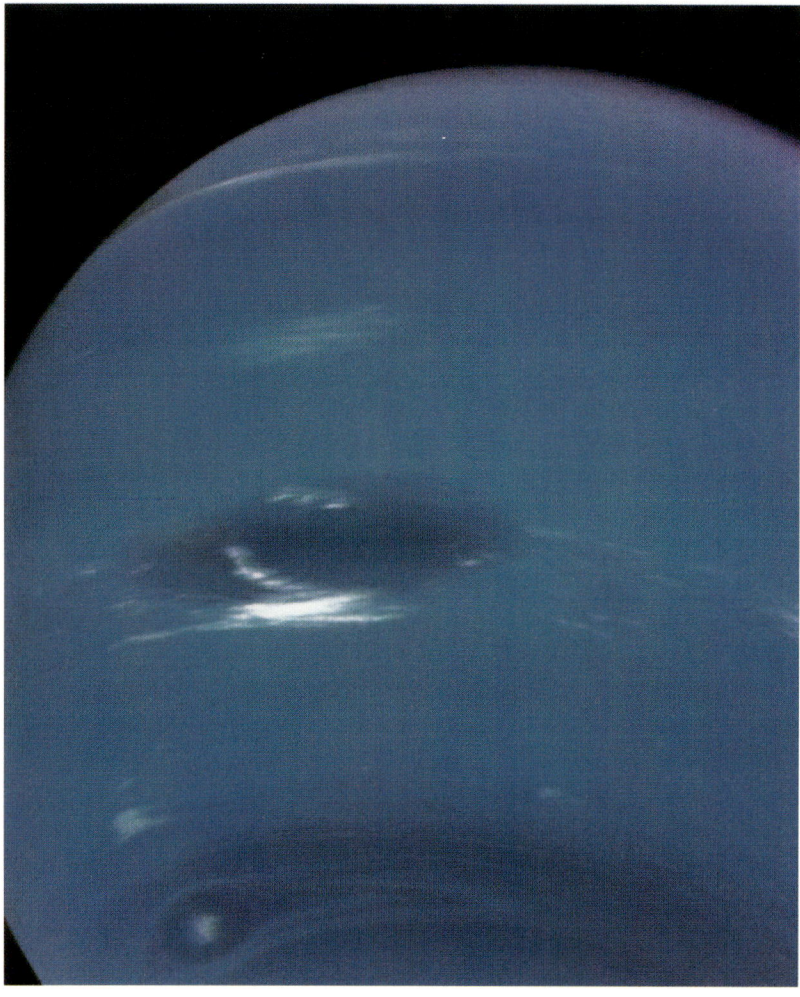

Bild 10.5. Neptuns stürmische Atmosphäre. Nach einer 12jährigen Reise, auf der Voyager 2 rund 4,4 Milliarden Kilometer zurückgelegt hatte, erreichte die Sonde Neptun. Sie war so weit von der Erde entfernt, daß ihre Radiosignale über 4 Stunden bis zu uns unterwegs waren. Auf dieser Aufnahme sieht man den Großen Dunklen Fleck (*Mitte*) und seine helle Satellitenwolke. Der Fleck ist etwa halb so groß wie sein Pendant auf Jupiter und ebenso groß wie die Erde. Die kleine Wolke links unten nannten die Astronomen wegen ihrer hohen Geschwindigkeit »Scooter«. Bemerkenswert ist auch ein kleinerer dunkler Fleck (*links unten*), in dessen Zentrum sich eine helle Wolke befindet. Stürmische Winde mit Spitzengeschwindigkeiten von über 600 Kilometern pro Stunde rasen durch die Atmosphäre. Sie können nicht durch das schwache Sonnenlicht angetrieben werden, wahrscheinlich ist hierfür die innere Wärme des Planeten verantwortlich. Voyager übertrug diese Bilder mit einer Sendeleistung von lediglich 20 Watt. (Foto: NASA und JPL)

derjenig auf Neptun einen Trichter in der Atmosphäre zu bilden scheint. Der Große Dunkle Fleck verändert darüber hinaus öfter Größe und Form als sein Pendant auf Jupiter. Neptuns Wirbel ist »weich« und schwingt nach außen und innen.

Weiße, zirrusähnliche Wolken erheben sich 50 bis 100 Kilometer über die blaue Wolkendecke und werfen ihre Schatten auf diese hinab. Einige dieser Wolken entstehen und verschwinden oberhalb des Großen Dunklen Flecks (Bild 10.5). Dies ist ähnlich wie auf der Erde, wenn feuchte Luft an Bergen in kühlere Höhen aufsteigt und dort zu Wolken auskondensiert. Allerdings bestehen die Zirren auf Neptun aus gefrorenem Methan, während diejenigen in der Erdatmosphäre Wassereiskristalle enthalten.

Obwohl Neptun nur noch schwach von der Sonne erwärmt wird, ist er doch der windigste Planet im Sonnensystem. Der Große Dunkle Fleck bewegt sich mit 325 Metern pro Sekunde in westlicher Richtung, relativ zum Planeteninnern, dessen Rotationsperiode sich aufgrund der periodischen Radioemission zu 16,11 Stunden ermitteln ließ. Kleinere Wolken überholen den Fleck sogar noch nahezu mit der doppelten Geschwindigkeit und erreichen somit fast Schallgeschwindigkeit (560 Meter pro Sekunde). Wie bei Uranus wehen die äquatorialen Winde entgegengesetzt zur Rotationsrichtung, das heißt die Sturmwolken bleiben hinter der Drehung des Planeteninnern zurück. (Im Gegensatz hierzu sind die äquatorialen Winde auf Venus, Jupiter und Saturn schneller als die Planetenoberfläche.) Und ebenso wie auf Uranus herrscht auch in der Neptunatmosphäre überall praktisch dieselbe Temperatur, und die Winde wehen parallel zum Äquator, obwohl Neptun eine innere Energiequelle besitzt und die Ausrichtung zur Sonne unterschiedlich ist. Offenbar spielt also auf beiden Planeten die Rotation die entscheidende Rolle im atmosphärischen Zirkulationssystem.

OZEANE UND GENEIGTE MAGNETE

Das Innere von Uranus und Neptun

Die Planeten Uranus und Neptun sind sich äußerlich sehr ähnlich (Tabelle 10.1). Ihre Massen sind vergleichbar (14,53 beziehungsweise 17,14 Erdmassen); ihre Radien weichen nur um etwa 4 Prozent voneinander ab, und auch die Rotationsperioden sind mit 17,24 beziehungsweise 16,11 Stunden etwa gleich lang. Aus diesem Grunde würde man auch erwarten, daß ihr innerer Aufbau ähnlich ist.

Obwohl die äußeren Atmosphären von Uranus und Neptun im wesentlichen aus Wasserstoff und Helium bestehen, enthalten die Planeten im Innern einen großen Anteil an schwereren Elementen. Wahrscheinlich besitzen sie keine festen Gesteinskerne, stattdessen aber ein globales, heißes Meer aus Wasser sowie geschmolzenem Gestein und Eis. Das Eis ist eine Mischung aus Wasser, Methan und Ammoniak; Substanzen, die in der kalten Oberschicht der Wolken gefrieren würden, bei den höheren Drücken und Temperaturen im Innern jedoch flüssig sind.

Anders als bei Jupiter und Saturn enthalten Uranus und Neptun keine Kerne aus flüssigem, metallischem Wasserstoff. In beiden Fällen erzeugt wahrscheinlich ionisiertes Wasser die Magnetfelder. Wird diese Flüssigkeit von unten erwärmt, steigt sie auf und ruft einen elektrischen Strom hervor, da sie elektrisch leitend ist. Diese Ströme verursachen ein Magnetfeld.

Geneigte und versetzte Magnetfelder

Die Rotationsachse des Uranus ist stark geneigt, und der Winkel zwischen ihr und der Magnetfeldachse beträgt 58,6 Grad, so daß die Magnetpole verhältnismäßig nahe am Äquator liegen. Neptun hingegen rotiert zwar »aufrecht«, aber seine Magnetfeldachse ist mit 46,8 Grad ebenfalls stark zur Rotationsachse geneigt (Bild 10.6). Das würde die Navigation mit einem Kompaß auf beiden Planeten stark erschweren. Darüber hinaus ist die Ursache hierfür unklar. Die Theoretiker erwar-

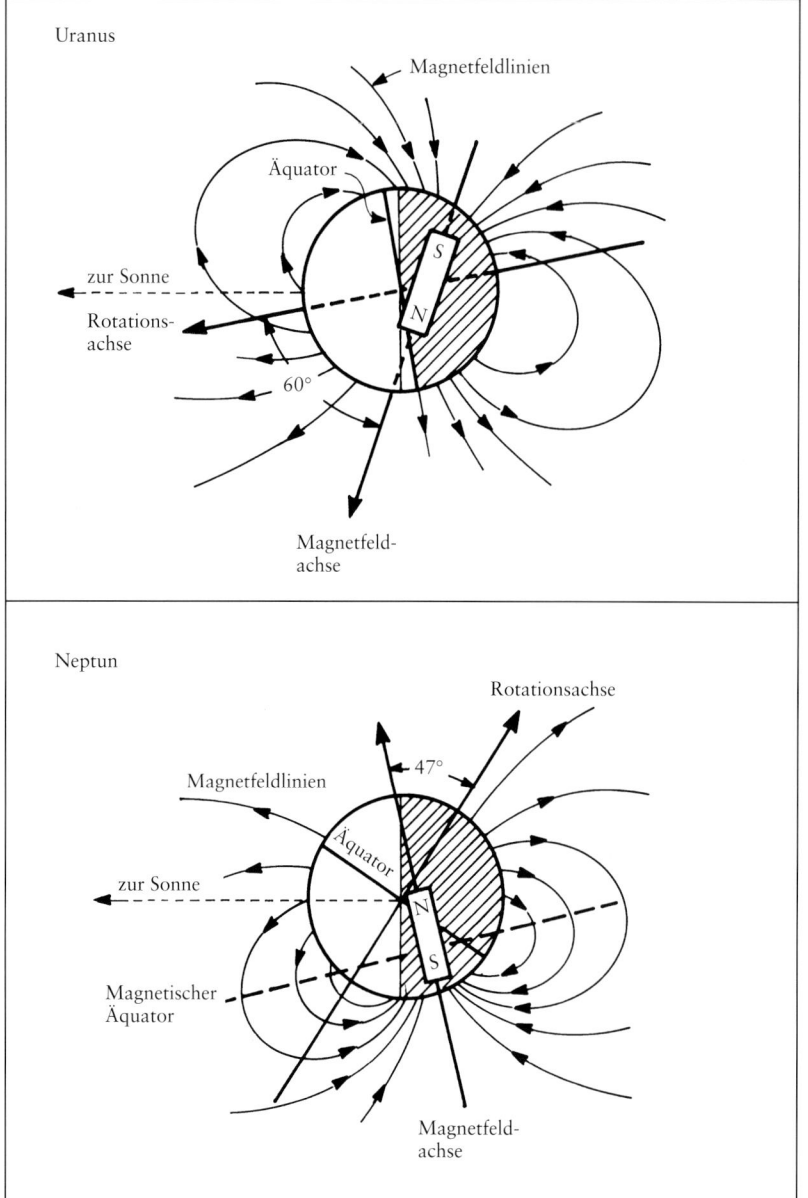

Bild 10.6. Geneigte und verschobene Magnetfeldachsen. Die Magnetfelder von Uranus und Neptun lassen sich durch einfache Stabmagnete oder Dipole im Innern der Planeten beschreiben. Allerdings sind die Magnetfeldachsen gegen die Rotationsachsen geneigt und ihre Mittelpunkte gegenüber den Planetenzentren verschoben. Bei Uranus beträgt die Neigung etwa 60 Grad und die Verschiebung rund ein Drittel des Planetenradius. Neptuns Achse ist um 47 Grad geneigt und sogar um den halben Planetenradius versetzt. Die Magnetfeldachsen von Jupiter, Saturn und der Erde stimmen weitaus besser mit den jeweiligen Rotationsachsen überein, und die Verschiebungen sind gering. Die Pfeile an den Magnetfeldlinien weisen zum Südpol, zu dem eine Kompaßnadel zeigt. Auf Uranus und Neptun würde ein Kompaß zur südlichen Hemisphäre weisen, während er auf der Erde den geographischen Nordpol anzeigt. Der Pfeil an der Rotationsachse weist vom geographischen Süd- zum geographischen Nordpol und die Magnetfeldachse vom magnetischen Süd- zum magnetischen Nordpol. (Nach: Science *223*, 87 (1986) und Science *246*, 1475 (1989))

ten eigentlich geringere Abweichungen der beiden Achsen voneinander. (Bei der Erde beträgt der Neigungswinkel lediglich 11,7 Grad und bei Jupiter 9,6 Grad. Auf Saturn ist keine Neigung der beiden Achsen zueinander feststellbar.)

Jedes planetare Magnetfeld wird von einem Dipolfeld dominiert, als würde man einen einfachen Stabmagneten so im Innern anbringen, daß dessen Mittelpunkt mit dem des Planeten zusammenfällt. Bei Uranus und Neptun müßte man jedoch den Magneten in Richtung zur Oberfläche verschieben, und zwar bei Uranus um ein Drittel des Planetenradius und bei Neptun um mehr als den halben Radius (Bild 10.6). Diese verschobenen Dipole führen zu unterschiedlichen Magnetfeldstärken an der Wolkenobergrenze. Sie reichen von 1 Gauß auf einer Hemisphäre bis zu weniger als 1/10 Gauß auf der anderen.

Diese großen Versetzungen lassen darauf schließen, daß die Magnetfelder in mittleren Tiefen erzeugt werden. Konvektion und Rotation rufen wahrscheinlich in einer runden Schale Ströme von ionisiertem (elektrisch leitendem) Wasser hervor. Allerdings liegt der Mittelpunkt dieser Schale, anders als im Innern der Erde, weit vom Zentrum des jeweiligen Planeten entfernt.

Die Magnetosphären von Uranus und Neptun

Uranus und Neptun sind also von vollständig ausgebildeten Magnetosphären umgeben, die sich durch versetzte und geneigte Dipole beschreiben lassen. Durch die Wechselwirkung mit dem Sonnenwind baut sich auf der sonnenzugewandten Seite eine bogenförmige Stoßfront auf, während sich auf der abgewandten Seite ein Magnetschweif ausdehnt.

Die Monde sammeln sehr effektiv Teilchen aus dem Strahlungsgürtel und fegen große Wolken aus der Magnetosphäre heraus. Da die Dipole stark geneigt sind, durchqueren die Monde einen großen Bereich verschiedener magnetischer Breite und verringern dabei erheblich die Zahl der energiereichen Teilchen. Im Gegensatz zu Jupiter und Saturn enthalten deshalb die inneren Bereiche der Magnetosphären von Uranus und Neptun relativ wenige Teilchen. Da Neptuns Atmosphäre so kalt ist, daß sich keine ausgedehnte Wasserstoffkorona ausbilden kann, enthält dessen Magnetosphäre die wenigsten Teilchen im Sonnensystem.

Auf Grund der Neigung und der Rotation von Neptuns Magnetfeld ist die Magnetosphäre und die Wechselwirkung mit dem Sonnenwind sehr kompliziert. Alle 16 Stunden ist der magnetische Südpol dem Sonnenwind zugewandt und eine halbe Umdrehung später der magnetische Äquator. Dies bewirkt, daß der Magnetschweif wackelt und seine Form mit der Planetenrotation ständig ändert.

MONDE UND RINGE DES URANUS

Die Hauptmonde des Uranus

Die fünf großen Uranusmonde wurden bereits von der Erde aus entdeckt und bilden ein »reguläres« System: Sie umrunden den Planeten auf Kreisbahnen in dessen Rotationsrichtung und in der Äquatorebene, das heißt ihre Bahnen sind ebenfalls stark gegen die Ekliptik geneigt. Ihre Radien betragen zwischen 200 und 800 Kilometer (Tabelle 10.2), sie sind also von derselben Größenordnung wie die Eismonde Saturns. Allerdings besitzen sie eine größere Dichte als die Saturnmonde, was darauf schließen läßt, daß die Uranusmonde mehr Gestein enthalten. Möglicherweise hatte der Zerfall radioaktiver Elemente die Monde in ihrer Frühzeit erhitzt und aufgeschmolzen. Dies hätte im Innern zu einer Differenzierung und auf der Oberfläche zu vulkanischen Ergüssen aus Wassereis geführt. Spektroskopische Untersuchungen des reflektierten Sonnenlichts deuten in der Tat bei allen fünf Monden auf die Existenz von Wassereis hin.

Die großen Monde erhielten ihre Namen nach literarischen Vorbildern. Oberon und Titania wurden nach dem König und der Königin der Elfen aus Shakespeares *Ein Sommernachtstraum* benannt. Innerhalb dieser beiden Monde kreist Umbriel, eine Person aus Alexander Popes *Der Lockenraub*. Noch näher am Planeten befindet sich Ariel, der Luftgeist aus Shakespeares *Der Sturm*. Der innerste Mond Miranda ist nach der Tochter des Herzogs Prospero, ebenfalls aus *Der Sturm*, benannt. Dort ruft sie aus (5. Aufzug, 1. Szene):

O Wunder!
Was gibt's für herrliche Geschöpfe hier!
Wie schön der Mensch ist!
Wackre neue Welt,
die solche Bürger trägt!

Tabelle 10.2. Die großen Uranusmonde

Name	Mittlere Entfernung vom Planeten in Planetenradien[a]	Umlaufperiode in Tagen	Radius in km	Dichte in g/cm^3
Miranda	5,08	1,41	236	1,35
Ariel	7,47	2,52	579	1,66
Umbriel	10,41	4,15	586	1,51
Titania	17,07	8,70	790	1,68
Oberon	22,82	13,46	762	1,58

[a] Der Uranusradius beträgt 25 559 Kilometer.

Bild 10.7. Monde und Ringe des Uranus. Diese Skizze zeigt die Umlaufbahnen der fünf größten Monde sowie die Ringe. Einige Bahnen der zehn kleinen, von Voyager 2 entdeckten Monde sind ebenfalls erkennbar

Voyager 2 entdeckte eine ganze Schar von kleinen Monden und Moonlets; heute kennen wir 15 von ihnen (Bild 10.7). Neun dieser Monde bewegen sich auf kreisförmigen Bahnen zwischen dem äußeren Rand des Ringsystems und dem innersten großen Mond, Miranda. Ein zehnter Mond befindet sich im Ringsystem. Die kleinen Monde mit Radien zwischen 20 und 85 Kilometern sind sehr dunkel, ganz im Gegensatz zu den kleinen, hellen Saturnmonden. Es waren aber die Voyager-Aufnahmen der großen Monde, die die Wissenschaftler fesselten.

Die Oberflächen der großen Uranusmonde

Da die Monde relativ klein sind, hatten die Wissenschaftler vermutet, mit Kratern übersäte Eiswelten ohne jegliche Anzeichen innerer Aktivität vorzufinden. Aber Voyager 2 überzeugte sie eines besseren. Mit Ausnahme von Umbriel zeigten sie Oberflächen, die von inneren Umwälzungen deformiert waren.

Auf Oberon und Umbriel fand man große Einschlagskrater, die wahrscheinlich während eines heftigen Meteoritenbeschusses vor 4 Milliarden Jahren entstanden. Aber auf Oberon erhebt sich ein mehrere Kilometer hoher Berg, und zahlreiche Krater haben fleckige Böden, was darauf hinweist, daß schmutziges Wasser durch Risse aus dem Innern an die Oberfläche floß und dort gefror (Bild 10.8).

Auf Titanias heller Oberfläche gibt es nur wenige große Einschlagskrater, so daß sie wahrscheinlich jünger ist. Darüber hinaus ist sie von Gräben überzogen, die bis zu 1600 Kilometer lang sind. Sie entstanden vermutlich, als das Wasser im Innern gefror, sich ausdehnte und die darüberliegende Kruste sprengte (Bild 10.8).

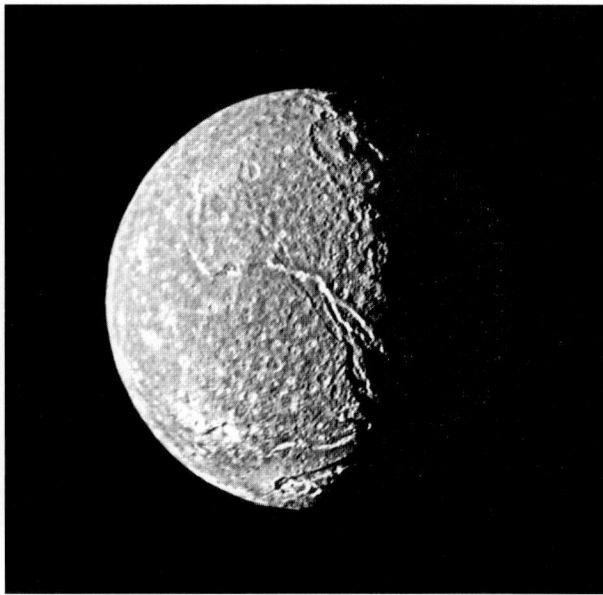

Ariel weist die hellste und offensichtlich auch jüngste Oberfläche auf. Sie ist vermutlich durch Ausflüsse von Eis erneuert worden. Sie wird von einem gitterförmigen Grabensystem zerfurcht, das wahrscheinlich als Folge wiederholter Expansion und Kontraktion entstand (Bild 10.9). In der Mitte der Canyonböden erkennt man Aufwölbungen, so als wäre Eis durch lange Spalten hochgequollen. Die eisgefüllten Täler ähneln den mittelozeanischen Rücken auf der Erde (vergleiche Kapitel 5 »Die rastlose Erde«). Allerdings sickerte auf Ariel keine heiße Lava, sondern eine feste Eismasse heraus, die sich dann ähnlich wie ein Gletscher vorwärtsschob.

Das merkwürdigste Aussehen hat Miranda, der kleinste und innerste der Hauptmonde (Bild 10.10). Wahrscheinlich waren auch hier einst Eisvulkane aktiv. Die Oberfläche weist merkwürdig geformte Falten, Gräben, Gebirge und Schluchten auf, die wahrscheinlich durch ein Zusammenspiel von Faltungen und Ausbrüchen zustandegekommen sind. Einige Astronomen vermuten, daß Miranda einst mit einem riesigen Asteroiden zusammenstieß und zerbarst, sich schließlich aber durch die eigene Schwerkraft wieder zusammenzog. Möglicherweise geschah dies sogar mehrmals.

Eine andere Möglichkeit besteht darin, daß Miranda bereits in einem Stadium gefror, als das Gestein ins Innere absank und leichtere Eisbrocken zur Oberfläche aufstiegen. Material, das durch den Zerfall radioaktiver Elemente erwärmt wurde, stieg auf und dehnte sich unter der, die Oberfläche bedeckenden, Eisschicht aus. Durch die dabei auftretende Dehnung entstanden lange parallele Rillen. Auf jeden Fall weist Miranda alle Kennzeichen für eine *wackre neue Welt* auf.

Bild 10.8. Oberon und Titania. Der äußerste Uranusmond Oberon (*links*) zeigt Einschlagskrater und helle Strahlen, die von dem Auswurfmaterial stammen. Titania (*rechts*) ist von mächtigen, bis zu 800 Kilometer langen Gräben durchzogen. (Foto: NASA)

Bild 10.9. Ariel. Ein Netz flacher Täler durchschneidet die Oberfläche dieses Uranusmondes. Die Talböden weisen gewundene Furchen auf, die an Gletscher erinnern. (Foto: NASA und JPL)

Bild 10.10. Miranda. Dieser Mond besitzt eine Vielzahl unterschiedlicher Landschaftsformen. In der Mitte erkennt man eine fast rechteckige Fläche aus hellem und dunklem Gestein, das die Astronomen scherzhaft »Chevron« (ein Rangabzeichen auf einer Uniform) nennen. Die hellen und dunklen Streifen *links unten* sind schroffe Abhänge, und entlang des Terminators zieht sich *oben rechts* eine Reihe von Gräben über die Oberfläche. Diese drei Gebiete entstanden vermutlich durch denselben Vorgang, wobei sich zuerst das Chevron, dann die langen Gräben und schließlich die Abhänge bildeten. *Unten rechts* ist die Kruste entlang einer fast 8 Kilometer langen Schlucht aufgebrochen. (Foto: U. S. Geological Survey)

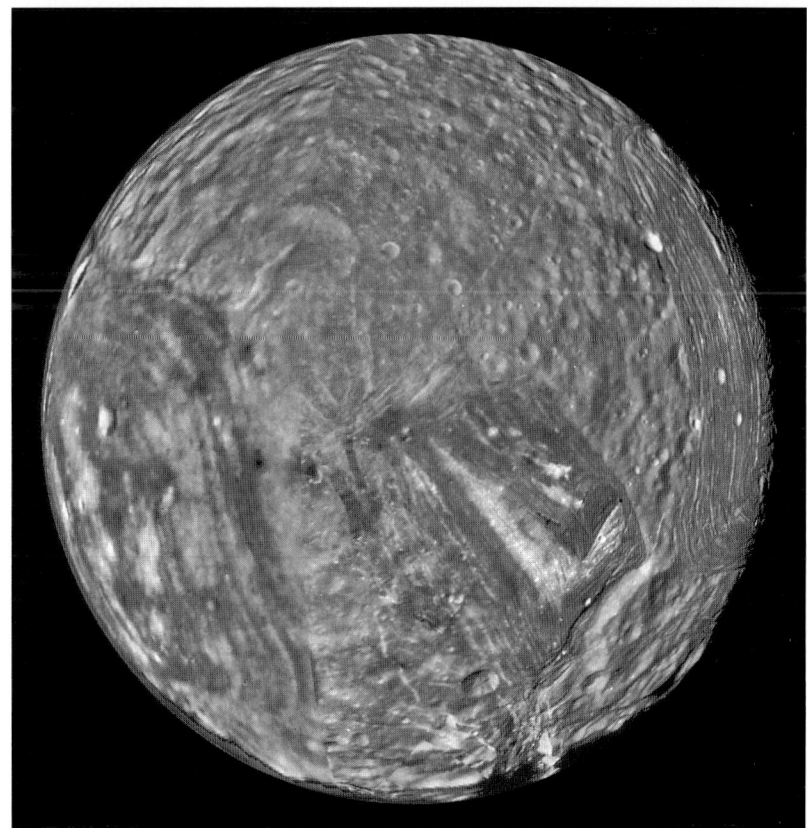

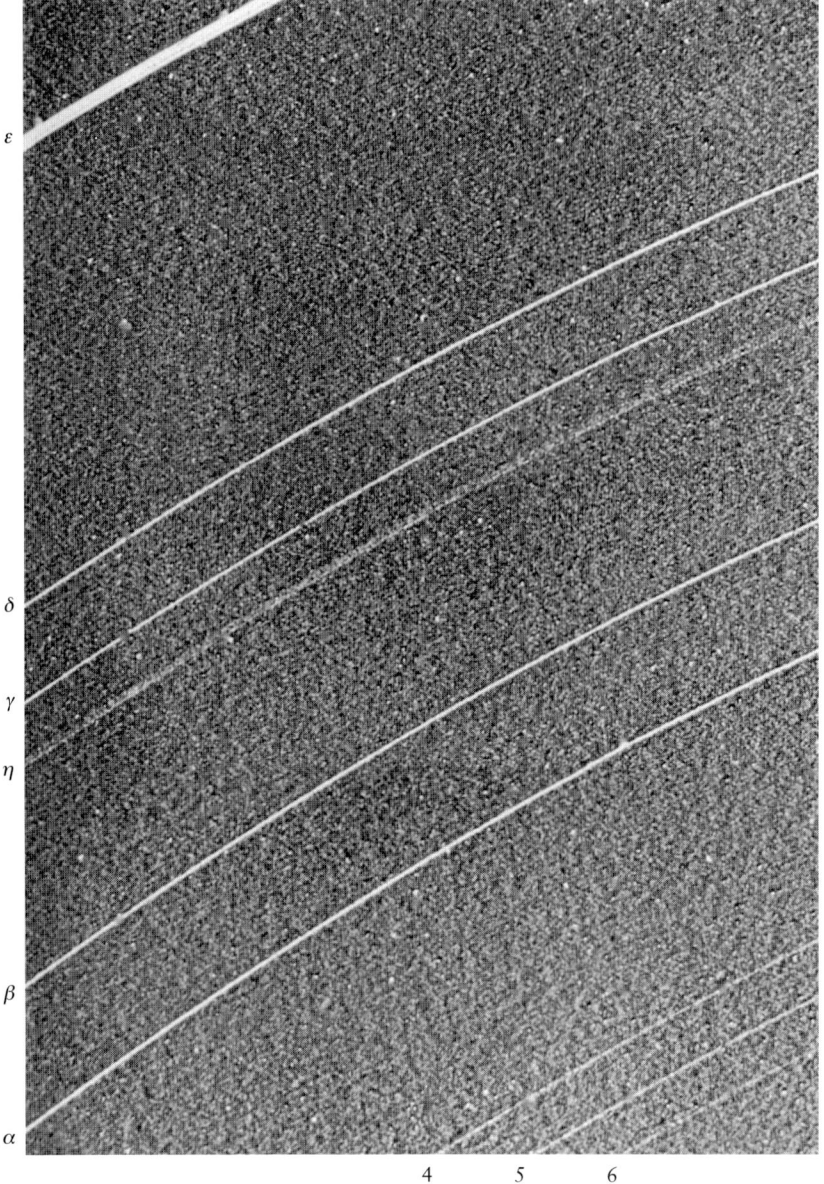

ε

δ

γ

η

β

α

4   5   6

Bild 10.11. Die Uranusringe. Diese Aufnahme von Voyager 2 zeigt die neun Uranusringe. Sie wurden bereits zuvor von der Erde aus entdeckt, als sie das Licht eines dahinterliegenden Sterns kurzzeitig verdeckten. Man sieht das Ringsystem von der sonnenzugewandten Seite aus im rückgestreuten Licht. Es scheint aus sehr schmalen Ringen und weiten Lücken zu bestehen, im Gegensatz zum Ringsystem Saturns, das breite Hauptringe und schmale Lücken aufweist. Vergleichen Sie diese Aufnahme mit Bild 10.12, die im Gegenlicht entstand. (Foto: NASA und JPL)

Das Ringsystem des Uranus

Die Geschichte des Uranus ist aus Sicht der Astronomen von einigen glücklichen Zufällen geprägt. Sie begann mit der Entdeckung durch William Herschel und erlebte am 10. März 1977 einen weiteren Höhepunkt, als der Planet vor einem schwachen Stern vorbeizog. Da der Zeitpunkt der Bedeckung nicht ganz genau bekannt war, begannen einige Astronomen bereits 45 Minuten vor dem berechneten Termin mit ihren Messungen. Kurze Zeit nach Beginn der Beobachtung wurde der Stern plötzlich etwas dunkler und erreichte einen Moment später wieder seine ursprüngliche Helligkeit. Zunächst schrieb man diesen kurzen Helligkeitseinbruch einer vor dem Teleskop vorbeigezogenen Wolke oder einem plötzlichen Positionierungsfehler des Teleskops zu. Dann wiederholten sich allerdings diese kurzen Verdunkelungen noch einige Male, bevor der Stern gänzlich hinter dem Planeten verschwand. Und als er wieder zum Vorschein kam, wiederholte sich das Spiel erneut. Diese symmetrische Verdunkelung des Sterns ließ sich nur durch eine Reihe von etwa neun Ringen erklären. Schließlich bestätigte Voyager 2 sie alle und fand darüber hinaus mindestens zwei weitere Ringe.

Verglichen mit dem Ringsystem Saturns wirkt das des Uranus wie ein Skelett. Die konzentrischen, fadenförmigen Ringe sind mit einer Breite von weniger als 10 Kilometern sehr dünn. Außerdem sind sie durch große Zwischenräume voneinander getrennt (Bild 10.11). Die Ringe beinhalten zusammengenommen wahrscheinlich weniger Materie als die Lücken mit geringer Dichte im Saturnsystem.

Die Ringe sind von der Erde aus nur schwer erkennbar, weil die großen Leerräume dunkel sind und die dünnen Ringe nur wenig Licht reflektieren. Die Ringteilchen sind, anders als die Saturns, sehr dunkel und farblos. Sie reflektieren nur 2 Prozent des Sonnenlichts. Das ist vergleichbar mit Kohle oder den dunkelsten, kohlenstoffreichen Me-

Bild 10.12. Jenseits der Uranusringe. Diese Aufnahme zeigt eine Vielzahl von Ringen, die an das Ringsystem des Saturn erinnert (s. Bild 9.5). In diesem Fall blickte die Sonde zurück, in Richtung zur Sonne. Im Gegenlicht erscheint jetzt der Staub sehr hell, und die neun Hauptringe, die im reflektierten oder rückgestreuten Licht deutlich hervortraten (s. Bild 10.11), gehen bei der Vorwärtsstreuung etwas unter. Dies läßt darauf schließen, daß die Hauptringe kaum Staub enthalten. (Foto NASA und JPL)

teoriten und Asteroiden. Möglicherweise enthalten die Teilchen prim-
ordiales, kohlenstoffreiches, organisches Material, oder sie bestehen
aus gefrorenem Methan, das durch den Beschuß kosmischer Teilchen
aus dem Strahlungsgürtel des Planeten dunkel wurde. Die Ringteilchen Saturns bestehen hingegen im wesentlichen aus reinem Wassereis
mit geringen Beimischungen von Methan oder dunklem, kohlenstoffreichem Material.

Aufnahmen von der Rückseite der Ringe zeigen im Gegenlicht zusätzlich zu diesen, im reflektierten Licht sichtbaren, dünnen Ringen,
zahlreiche Staubringe (Bild 10.12). Hierin ist die Materie sehr diffus
verteilt. (Im Epsilon-Ring beispielsweise macht der Staub lediglich
0,1 Prozent der Opazität aus; der Staub zwischen den Hauptringen ist
sogar noch durchsichtiger.) In den Hauptringen sind die Teilchen hingegen groß und dunkel, und es gibt fast keinen Staub.

Beim Zusammenstoß von Ringteilchen entstehen kleinere Partikel. Diese werden jedoch aus den Ringen herausgefegt und fallen auf
den Planeten zu. Der Grund hierfür ist die obere Atmosphäre, die Wasserstoffkorona, die sich bis in das Ringsystem ausdehnt. Hier stoßen
Gasmoleküle mit den Ringteilchen zusammen. Die kleineren unter ihnen bewegen sich auf Spiralbahnen langsam auf den Planeten zu und
verglühen möglicherweise in der Atmosphäre. Die größeren, massereicheren Teilchen bleiben hiervon jedoch unbeeinflußt. Dies führt dazu,
daß die Ringe aus Brocken mit Durchmessern von einem Meter oder
mehr bestehen.

Die dünnen Ringe sind nicht kreisrund und symmetrisch, sondern
ellipsenförmig, und an einigen Stellen etwas dicker. Bei einigen Ringen
schwankt die Breite um einen Faktor zwei und ein Ring verschwindet
sogar an einer Stelle. Die Ringmaterie ist also nicht gleichmäßig verteilt, und es muß in der Nähe befindliche Monde geben, die den Ringen ihre Form und unregelmäßige Struktur verleihen.

Normalerweise würden sich die Ringe durch Zusammenstöße der
Teilchen langsam verbreitern. Kleine Monde können dies jedoch verhindern. Durch die Schwerkraft und Geschwindigkeitsunterschiede
sind zwei Monde, jeweils an einer Seite eines Rings, in der Lage, die
Teilchen zusammenzuhalten, genauso wie die Schäferhundmonde am
F-Ring des Saturn (vergleiche Kapitel 9 »Saturn: Herr der Ringe«).
Darüber hinaus können Monde in den Ringen Wellen hervorrufen, die
durch Resonanzen weiter verstärkt werden können. Auch hierdurch
erhalten die Ringe scharfe Ränder. Wissenschaftler vermuten, daß die
äußere Kante des B-Ringes von Saturn durch Resonanz mit dem Mond
Mimas entsteht. In der Tat ist dieser Vorgang bei den Uranusringen
noch wahrscheinlicher als bei denen von Saturn, weil diese näher am
Planeten sind.

Zwei der neu entdeckten Monde, Cordelia und Ophelia, flankie-
ren den äußersten Uranusring, den sogenannten Epsilon-Ring, und be-

Bild 10.13. Der Epsilon-Ring des Uranus. Diese Bilder des Epsilon-Rings erhielten die Wissenschaftler aus Aufnahmen von Voyager 2, während der Stern Sigma Sagittarii hinter den Ringen vorbeizog. Gebiete mit hoher Teilchendichte sind hell, diejenigen mit geringer Dichte dunkel. Die Breite dieser Ausschnitte beträgt 31 beziehungsweise 22 Kilometer. (Foto: NASA und JPL)

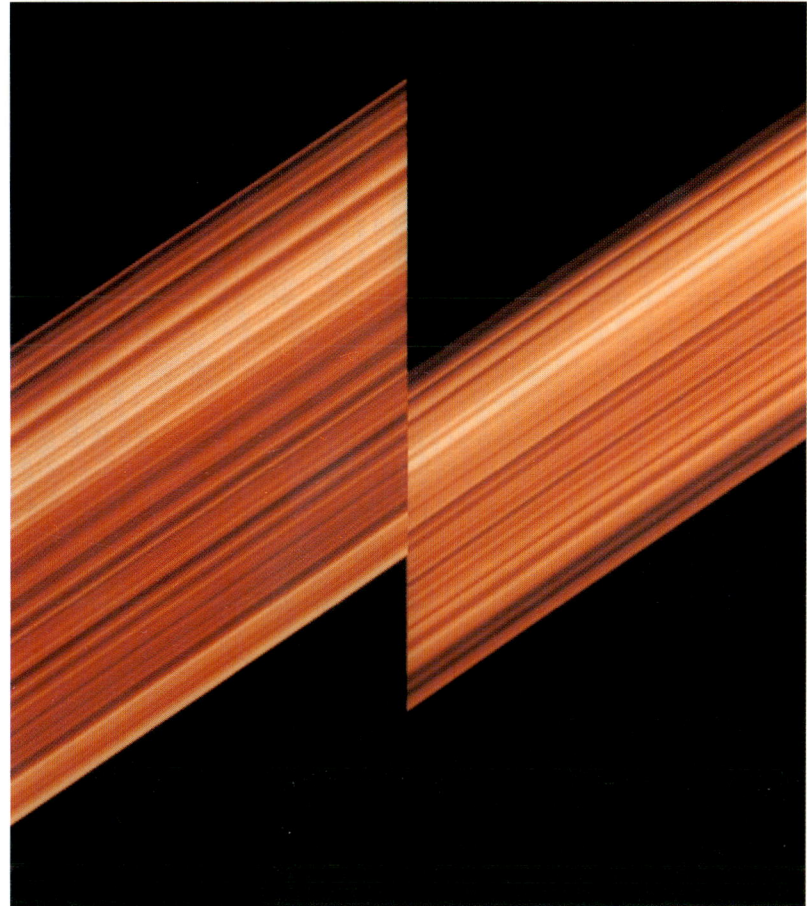

stimmen dessen Form (Bild 10.13). Der innere Mond, Cordelia, ist mit der inneren Ringkante und der äußere, Ophelia, mit der äußeren Kante in Resonanz. Darüber hinaus formt Cordelia den äußeren Rand des Delta-Rings, während Ophelia mit dem inneren Rand des Gamma-Rings in Resonanz ist. Möglicherweise gibt es noch eine ganze Reihe weiterer Monde, die für die Formen der anderen Ringe verantwortlich sind. Sie sind dann jedoch zu dunkel oder zu klein, um von der Voyager-Kamera wahrgenommen werden zu können. Beobachtungen der Ringlücken geben jedoch indirekte Hinweise auf deren Existenz. Diese unsichtbaren Monde pflügen sich durch die Ringe und erzeugen dabei Lücken im umgebenden Material.

Nach der Übertragung der faszinierenden Bilder und Radiosignale verließ Voyager 2 Uranus und machte sich auf den Weg zu seinem letzten Planetenbesuch bei Neptun.

MONDE UND RINGE DES NEPTUN

Triton: ein großer Mond auf retrograder Bahn

Im Jahre 1846, kurze Zeit nach der Entdeckung Neptuns, fand der britische Astronom William Lassell einen relativ großen Mond um diesen Planeten. Triton (benannt nach dem Sohn Poseidons) dreht sich in 5,88 Tagen einmal um seine Achse, so daß er, ebenso wie unser Mond, seinem Planeten immer dieselbe Seite zuwendet. Mit einem Radius von 1350 Kilometern ist er der siebtgrößte Mond im Sonnensystem. Er ist wesentlich größer als die Uranusmonde.

Triton ist der einzige große Mond auf einer retrograden Bahn. Er umrundet Neptun auf einer kreisförmigen, um 157 Grad geneigten Bahn entgegen der Rotationsrichtung des Planeten. Dies hat dramatische jahreszeitliche Veränderungen zur Folge, denn jeder Pol ist abwechselnd über nahezu 165 Jahre lang der Sonne zu- beziehungsweise abgewandt.

Vor der Ankunft der Voyager-Sonde war lediglich ein weiterer Mond bekannt, Nereide, benannt nach einer Meeresnymphe. Dieser, lediglich 340 Kilometer durchmessende, Mond bewegt sich auf einer um 29 Grad geneigten Bahn, die mit einer Exzentrizität von 0,75 stärker elongiert ist als jede andere Mondbahn im Sonnensystem.

Darüber hinaus entdeckten die Voyager-Kameras sechs weitere Monde, die von der Erde aus nicht sichtbar sind, weil Neptun sie überstrahlt. Der größte von ihnen, Proteus, ist mit einem Durchmesser von 400 Kilometern sogar noch größer als Nereide. Alle neuen Monde sind dunkle, unregelmäßig geformte Brocken. Sie sind zu klein, als daß sie ihre Schwerkraft zu Kugeln formen konnte. Ihre Bahnen sind stark geneigt, was darauf schließen läßt, daß sie nicht zusammen mit dem Planeten entstanden, sondern später von ihm eingefangen wurden.

Insofern unterscheiden sich die Neptunmonde auch von denen Jupiters, Saturns oder Uranus'. Diese Planeten werden von einer Schar von Monden umkreist, genauso wie sie die Sonne umkreisen. Zumindest die großen Monde bewegen sich dabei in der Rotationsrichtung des Planeten auf kreisförmigen Bahnen mit relativ regelmäßigen Abständen. Darüber hinaus liegen die Bahnen nahezu in der Äquatorebene. Die Ursache hierfür ist wahrscheinlich die Tatsache, daß Planeten und Monde den Drehsinn des solaren Urnebels, in dem sie entstanden sind, beibehalten haben. Im Gegensatz dazu hat Neptun nur einen großen Mond, Triton, der ihn zudem noch retrograd umkreist. Es scheint deswegen sehr unwahrscheinlich, daß Triton auf dieselbe Weise entstanden ist, wie die anderen großen Monde.

Neptuns ungewöhnliches Mondsystem läßt sich vielleicht eher verstehen, wenn man annimmt, daß Triton auf einer eigenen Bahn um die Sonne, also als Planet, entstanden ist. Bei einer nahen Begegnung fing ihn Neptun ein, so daß ihn Triton auf einer exzentrischen, stark geneigten Bahn retrograd umlief. Dabei zerstörte der neue Mond ein möglicherweise gerade entstehendes Mondsystem.

Zunächst einmal war die Bahn sehr exzentrisch, aber starke Gezeitenkräfte zwangen den Mond schließlich auf eine kreisförmige Bahn. Da sich bei diesem Vorgang der Abstand zum Planeten langsam änderte, hätte Triton mit anderen Monden zusammenstoßen und sie zerstören können. Möglicherweise beförderte er so auch Nereide in die ungewöhnliche Umlaufbahn.

Die Gezeitenkräfte zwischen Neptun und Triton wirken auch heute noch und verringern ständig ihren gegenseitigen Abstand. Irgendwann, vielleicht in 100 Millionen oder 10 Milliarden Jahren, wird Triton in die Roche-Zone des Planeten eindringen und durch dessen Schwerkraft auseinandergerissen werden. Dann verteilen sich die Trümmer und formieren sich zu einem neuen Ring im Sonnensystem.

Wenn die Gezeitenkräfte Triton auf eine runde Bahn zwangen, so haben sie auch den Mond selbst ständig wie einen Teig durchgewalkt. Dadurch blieb das Innere über ein Milliarde Jahre lang geschmolzen. (Etwas ähnliches spielt sich heute noch in dem Jupitermond Io ab. Vergleiche Kapitel 8 »Jupiter: der Gasriese.«) In dieser Zeit wurde Triton so heiß, daß das dichtere Gesteinsmaterial zum Mittelpunkt absinken und dort einen Kern bilden konnte, während leichtere Materialien, wie Wasser, nach oben stiegen und zu einem Eismantel ausfroren. Vulkane spien Wasser aus, welches Krater und andere Landschaftsformationen bedeckte und schließlich eine ebene Oberfläche bildete.

Tritons gefrorene Oberfläche und dünne Atmosphäre

Triton besitzt mit 38 Kelvin die kälteste, im Sonnensystem nachgewiesene Oberfläche. Er ist sehr weit von der Sonne entfernt, empfängt also sehr wenig Licht und reflektiert zudem noch mehr Sonnenlicht als alle anderen Körper (lediglich Enceladus und Europa weisen eine vergleichbare Reflektivität auf). Dies hat zur Folge, daß die insgesamt absorbierte Sonnenstrahlung bei keinem Mond oder Planeten kleiner ist als bei Triton.

Selbst im Hochsommer auf der Südhalbkugel dehnt sich eine weiße Eiskappe vom Südpol über Dreiviertel des Weges zum Äquator hin aus (Bild 10.14). Nördlich des Äquators sieht man dunklere Ebenen mit Öffnungen sowie kreuz und quer verlaufenden Bergzügen, was ein wenig an eine Honigmelone erinnert. Es gibt auch weicher geschwungene Landschaften, die auf ein mehrfaches Überschwemmen hindeuten. Alle Oberflächenformationen sind offensichtlich von einer

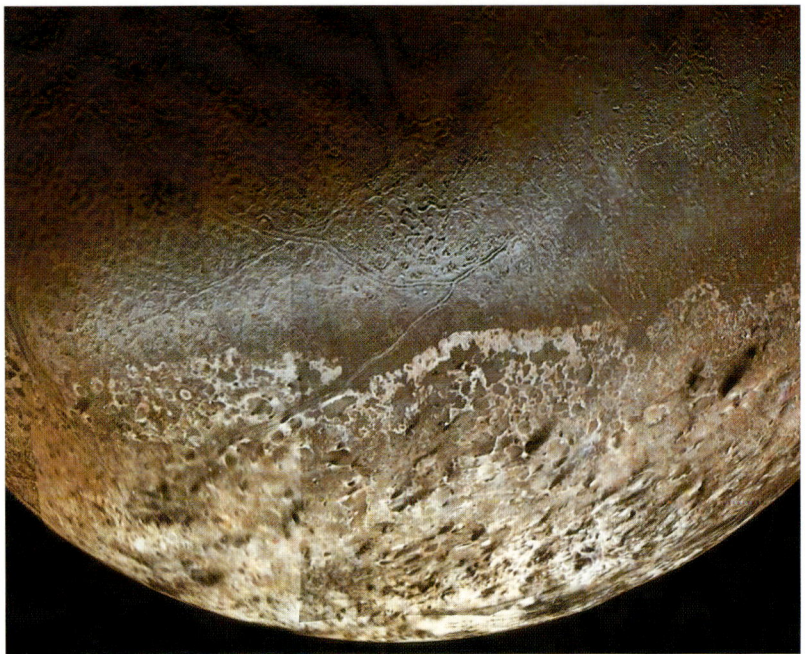

Bild 10.14. Triton. In dieser mosaikartig zusammengesetzten Aufnahme des größten Neptunmondes befindet sich der Südpol am unteren Bildrand. Er ist wahrscheinlich mit hellem, stark reflektierendem Methan- und Wassereis bedeckt, das durch den dauernden Beschuß durch energiereiche Strahlung eine violette Färbung bekam. Jenseits der Berge, die die Polgegend umgeben, schließt sich ein bläuliches Gebiet an, das der dunkleren nördlichen Region ähnelt. Offenbar gibt oder gab es auch Eisvulkane. Triton ist der kälteste uns bekannte Ort im Planetensystem. (Foto: NASA und JPL)

Schicht aus Stickstoff- und Methaneis und ähnlichem überzogen. Das helle Eis ist lachs- und pfirsichfarben, was vermutlich auf organische Verbindungen zurückzuführen ist. Sie entstehen, wenn energiereiche Teilchen aus dem Strahlungsgürtel Neptuns auf Methan treffen.

Die Voyager-Kameras zeigten, daß die südlichen Polkappen derzeit abnehmen. Stickstoffeis sublimiert in die Atmosphäre, das heißt es geht direkt vom festen in den gasförmigen Zustand über. Winde haben den verdampften Stickstoff wahrscheinlich in die dunkle Hemisphäre transportiert, wo er auskondensierte und einen winterlichen Reifniederschlag bildete. Folglich sollte die Masse der Atmosphäre mit der Größe der Polkappen periodisch im Laufe der langen Jahreszeiten (jeweils 41 Jahre) schwanken. (Auf Mars findet für das Kohlendioxid ein ähnlicher Kreislauf zwischen Polkappen und Atmosphäre statt. Vergleiche Kapitel 6 »Mars: die rote Wüste.«)

Tritons außergewöhnlich kalte und dünne Atmosphäre besteht zu über 99 Prozent aus Stickstoff sowie einem geringen Anteil an Methan. Außer ihm besitzen lediglich die Erde und der Saturnmond Titan eine stickstoffreiche Atmosphäre. Während des Hochsommers beträgt der Druck an der Oberfläche Tritons 16 Mikrobar, entsprechend 62 500 mal weniger als auf der Erde in Meereshöhe. Die Oberflächentemperatur beträgt lediglich 38 Kelvin. Trotz des geringen Drucks bilden sich in der Atmosphäre Wolken und Dunst, wobei die Oberfläche jedoch sichtbar bleibt. Im Gegensatz dazu ist die stickstoffreiche Atmosphäre von Titan 1,5 mal dichter als die irdische, und seine Oberfläche bleibt verborgen.

Obwohl Stickstoff und Methan auch den überwiegenden Teil der Elemente der Oberfläche ausmachen, muß es auch Wassereis geben, um die beobachteten Klippen und Bergrücken mit Höhen von über einem Kilometer zu erklären. Bei den extrem tiefen Temperaturen ist Wassereis so hart wie Stahl und verhält sich wie festes Gestein auf der Erde. Methan- und Stickstoffeis hingegen sind nicht steif genug, um solch hohe Formationen auszubilden; sie würden unter dem eigenen Gewicht zusammenbrechen. Aus diesem Grunde vermuten die Planetologen, daß Triton eine harte Kruste aus Wassereis besitzt, die von einer dünnen Schicht aus Stickstoff- und Methaneis bedeckt ist.

Triton erzeugt um Neptun einen Ring aus neutralem Wasserstoff, ähnlich wie Titan um Saturn. (Vergleiche Kapitel 9 »Saturn: Herr der Ringe«). Gespeist wird er durch energiereiches Sonnenlicht, das Methan in der Tritonatmosphäre spaltet und Wasserstoff freisetzt.

Darüber hinaus ist Triton von einer Magnetosphäre umgeben, die in einer Höhe von 350 Kilometern ihre maximale Dichte von 50 000 Elektronen pro Kubikzentimeter erreicht. Im Gegensatz dazu besitzt Titan keine Magnetosphäre, obwohl er eine ähnlich stickstoffreiche Atmosphäre aufweist und weitaus näher an der Sonne ist. Das energiereiche Sonnenlicht kann also nicht der ausschlaggebende Faktor für die Existenz der Ionosphäre sein, wie es bei der Erde der Fall ist. Offenbar entsteht die Ionosphäre durch die Wechselwirkung der Tritonatmosphäre mit den energiereichen Teilchen aus der Magnetosphäre Neptuns.

Vulkanische Aktivität auf Triton

Triton ist eine gefrorene, durch Eisvulkane geprägte Welt! Es gibt keine großen Einschlagskrater (der größte zweifelsfreie Krater hat einen Durchmesser von 27 Kilometern), und die höchste Kraterdichte entspricht etwa derjenigen in den Maren unseres Mondes. Eisvulkane müssen den Mond vor vielleicht einer Milliarde Jahre global eingeebnet haben, als Gezeitenkräfte sein Inneres erwärmten. Lediglich der Jupitermond Europa und eventuell der Saturnmond Enceladus sind mit der hellen, eisglänzenden und jungen Oberfläche Tritons vergleichbar.

Lange Brüche oder Falten scheinen sich teilweise mit Eis gefüllt zu haben. (Große Täler auf dem Uranusmond Ariel enthalten ähnliche Gletscherflüsse.) In der Äquatorgegend fand man ausgedehnte, gefrorene Becken, die offensichtlich entstanden, als Eis aus dem warmen Inneren herausquoll. Diese gefrorenen Meere erinnern an nicht mehr aktive vulkanische Calderen mit vollständig gefüllten, ebenen Böden, terrassierten Rändern und Öffnungen (Bild 10.15). Diese Art von Eisvulkanismus kam jedoch vor langer Zeit zum Stillstand, als die Um-

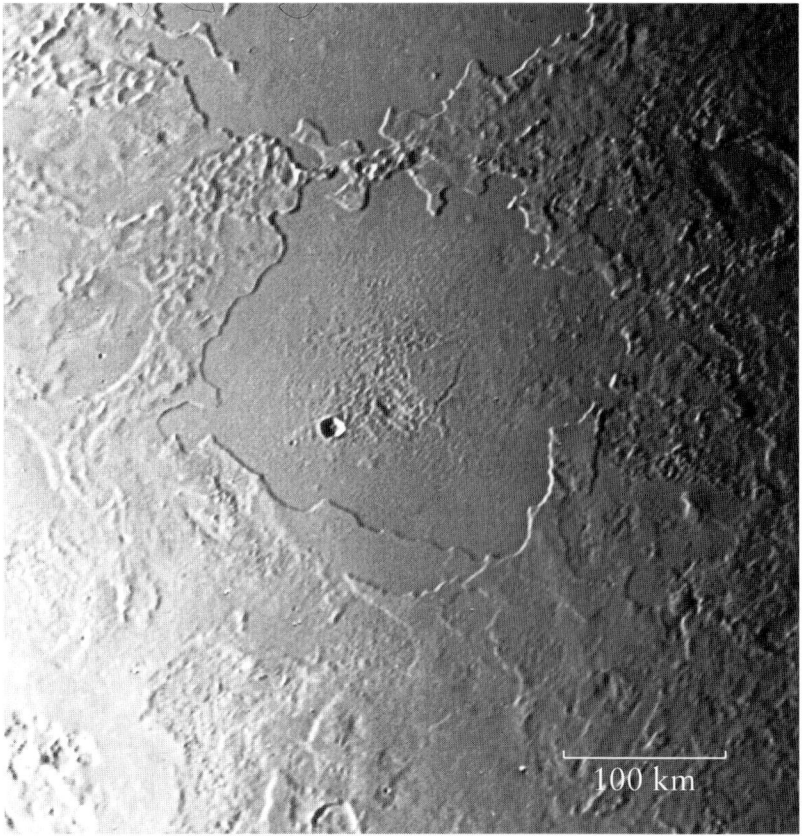

Bild 10.15. Eismeere. Oberflächen-formationen, die an Calderen er-innern, sind weich geschwungen und eben, was darauf schließen läßt, daß sie einst mit Wassereis gefüllt waren. Überhängende Terrassen begrenzen diese Meere, weil die Eistiefe auf Grund von wiederholtem Über-fluten und Gefrieren schwankte. Sol-che terrassierten Calderen findet man häufig in Vulkanen auf Hawaii, allerdings mit einem entscheidenden Unterschied: Vulkane auf Triton werfen Eis und kein geschmolzenes Gestein aus. Die kleineren Öffnun-gen und fein strukturierten Gebiete in der Nähe der Mittelpunkte dieser meerähnlichen Formationen stehen wahrscheinlich mit eruptiven Aus-gasungen in Zusammenhang. Der Krater unten links besitzt einen Durchmesser von 15 Kilometern und stammt vermutlich von einem Meteoriteneinschlag. Im Gebiet der Meere findet man auch einzigartige kreisförmige Gebilde mit Durch-messern bis zu 900 Kilometern. Sie sind vermutlich die Folge eines globalen Wassereis-Vulkanismus. (Foto: Ed Stone, JPL)

laufbahn Neptuns kreisförmig geworden war und das Innere nicht mehr durch die Gezeitenkräfte erwärmt wurde.

Zahlreiche dunkle Streifen inmitten der hellen Südpolkappen deu-ten auf eine andere Art von Vulkanismus hin, bei dem Stickstoffgas ex-plosionsartig aus dem Innern herausschoß. Dabei entstanden die fächerförmigen Bänder, als Winde das aufgewirbelte Material wegtrie-ben und über das Eis verteilten. Sie müssen vor relativ kurzer Zeit ent-standen sein, denn sie scheinen Eisablagerungen zu bedecken, die im Sommer sublimieren. Dabei würden diese Bänder aber sehr wahr-scheinlich zerstört werden. Tatsächlich haben sie wohl etwas mit den Fontänen zu tun, die während des Vorbeifluges von Voyager 2 beob-achtet wurden.

In der Nähe des Mittelpunkts von Tritons sonnenbeschienener Polkappe entdeckte man vier aktive Fontänen. Sie steigen als Säulen mit Durchmessern von wenigen Kilometern bis in eine Höhe von 8 Ki-lometern gerade auf. Dort schweben dunkle Wolken, die dann der Wind, wie Rauch aus einem Schornstein, horizontal über 100 Kilome-ter weit davonweht. Die meisten der beobachteten Streifen sind wahr-scheinlich die Spuren solcher Fontänen.

Es gibt zwei Theorien zur Entstehung dieser Fontänen. Entweder sind es geysirartige Ausbrüche aus dem Innern oder Wirbel aus gefrorenem Staub, ähnlich wie irdische Staubstürme. Auf jeden Fall vermutet man als treibende Kraft die Sonnenstrahlung, weil die Fontänen dort auftreten, wo die Sonne im Zenit steht.

Geysire könnten entstehen, wenn die Sonne im Boden aufgetautes Stickstoffgas erwärmt, dieses explosionsartig durch die darüberliegende Eisdecke entweicht und dunkles Material mitreißt. (Auf ähnliche Weise entstehen wahrscheinlich die Gas- und Staubjets im Kern des Kometen Halley. Vergleiche Kapitel 11 »Kometen: Wanderer zwischen den Welten.«) Auf Triton reichert sich die Wärme durch das Sonnenlicht möglicherweise im Boden an, wenn dieses die durchsichtige Eisschicht durchdringt und dann von dem darunter eingeschlossenen Methan und den Kohlenwasserstoffen absorbiert wird. Das darüberliegende Stickstoffeis speichert jedoch die solare Wärme, weil es für thermische Infrarotstrahlung undurchlässig ist. Dadurch entsteht im festen Material eine Art Treibhauseffekt. Der Druck des Stickstoffgases erhöht sich durch die unterirdische Wärme, bis es explosionsartig das darüberliegende Eis wegsprengt und als Vulkanfontäne nach oben schießt. Diese besteht aus gasförmigem Stickstoff und dem dunkleren, im Eis eingeschlossenen Material. Etwas ähnliches passiert, wenn man bei einem Motorkühler den Deckel abschraubt und das kochende Wasser herausspritzt.

Diese Fontänen ähneln Wirbelwinden auf der Erde, und in größerer Höhe werden sie vom Wind verweht. Deswegen besteht auch die Möglichkeit, daß die Sonnenstrahlung solche Wirbel oder Staubteufel (aus dem englischen dust devil) hervorruft. Auf der Erde entstehen sie bei klarem Himmel unter instabilen atmosphärischen Bedingungen. Dies ist gewöhnlich mittags in Wüstengebieten der Fall, wenn der Boden heißer als die Luft wird.

Nach wie vor ist unklar, welche dieser beiden Theorien die Entstehung der Fontänen auf Triton richtig erklärt.

Die Neptunringe

Vor einigen Jahren beobachteten Astronomen das seltene Ereignis einer Sternbedeckung durch Neptun. Mit Teleskopen und empfindlichen Lichtmeßgeräten verfolgten sie, wie das Licht des Sterns einige Male schwächer wurde, bevor der Stern gänzlich hinter dem Planeten verschwand. Sie schlossen daraus auf die Existenz mehrerer Ringe. Merkwürdigerweise beobachtete man dieses Flackern nicht immer. Es trat bei einer Bedeckung nur auf einer Seite des Planeten auf, niemals auf beiden, und bei manchen Bedeckungen sah man es überhaupt nicht. Die Astronomen vermuteten deshalb, Neptun sei von Teilringen

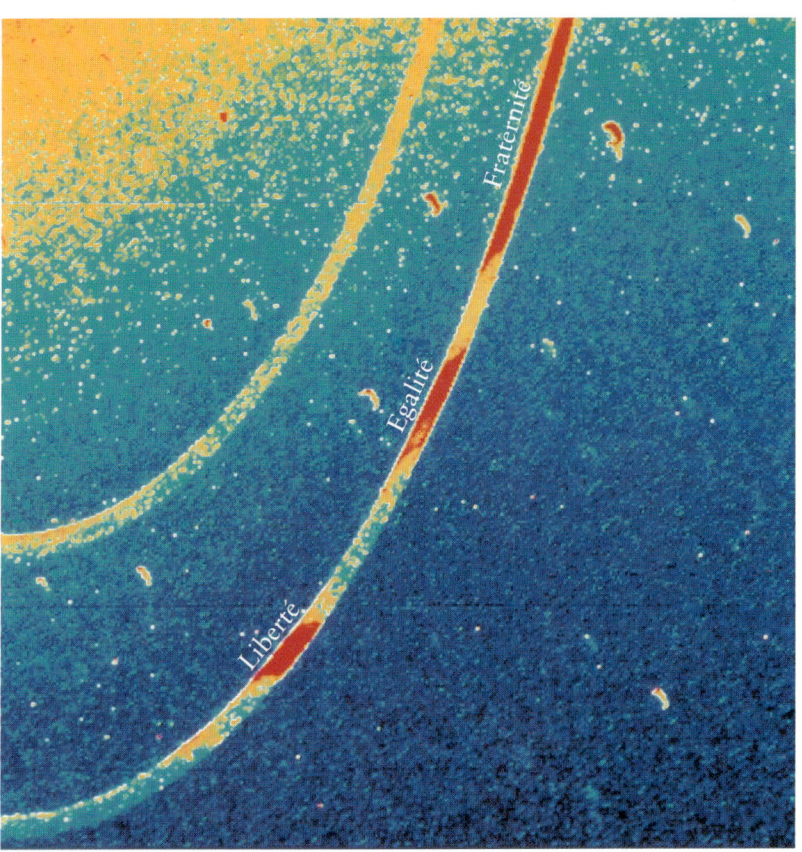

Bild 10.16. Die Neptunringe. Nach dem Vorbeiflug von Voyager 2 an Neptun machte die Sonde diese Gegenlichtaufnahme, in der der Staub besonders deutlich hervortritt. In dieser Falschfarbendarstellung erkennt man noch sehr schwache Details. Die hellsten Bereiche sind rot. Der innere, gelbe Ring heißt Leverrier. Der äußerste Ring, genannt Adams, besteht aus mindestens drei dichten Staubklumpen (rot), die sich deutlich von dem dünneren Teil (gelb) abheben. Die Klumpen erhielten die Namen Liberté, Egalité und Fraternité. Von der Erde aus hatten Astronomen lediglich diese Verdickungen beobachtet und geglaubt, die Ringe wären nicht vollständig ausgebildet. Jetzt wird deutlich, daß Neptun von zusammenhängenden Ringen umgeben ist. Streulicht von Neptun (*oben links*) überstrahlt einen dritten Ring, genannt Galle. Bei Neptun ist das Sonnenlicht etwa 1000 mal schwächer als auf der Erde, so daß diese Aufnahme 225 Sekunden lang belichtet werden mußte. Die »hörnchenförmigen Monde« sind tatsächlich Sterne, deren Bilder durch die Bewegung der Sonde während der Aufnahme verschmiert wurden. (Foto: Carolyn Porco, University of Arizona)

umgeben. Es wäre dann reine Glückssache gewesen, welcher Astronom eine Bedeckung durch die Ringbögen sieht und welcher nicht.

Erst Voyager 2 konnte das Rätsel lösen. Tatsächlich handelte es sich nicht um alleinstehende Bögen, sondern um Verdickungen in einem dünneren, aber geschlossenen Ring (Bild 10.16). Die drei größten Klumpen waren für die Sternbedeckungen verantwortlich gewesen, während der übrige Ring zu durchsichtig war, um bei den Sternbedeckungen entdeckt werden zu können.

Die Existenz solcher Klumpen oder Verdichtungen war sehr rätselhaft. Normalerweise würden solche Inhomogenitäten durch Stöße zwischen den Ringteilchen und deren differentielle Rotation innerhalb weniger Jahre ausschmieren. Der Vergleich mit den Erdbeobachtungen bewies aber, daß sie mindestens fünf Jahre lang stabil geblieben waren. Es mußte also eine erhaltende Kraft geben.

Offenbar halten kleine, relativ nahe Monde diese Klumpen zusammen, genauso wie Monde den Epsilon-Ring des Uranus beeinflussen und unregelmäßige Formen hervorrufen. Vier der sechs neu entdeckten Monde befinden sich in Neptuns Ringsystem, und die Verdickungen könnten azimutal durch eine resonante Wechselwirkung

mit dem Mond Galatea (Durchmesser 80 Kilometer) aufrechterhalten
werden. Er umkreist den Planeten unmittelbar innerhalb des äußeren
Rings, und seine Umlaufperiode steht mit derjenigen der Ringteilchen
in einem Verhältnis von genau 42:43. Dies führt zu resonanten Gezeitenkräften, die die Klumpen zusammenhalten und ihre scharfen Kan-
ten erzeugen. Darüber hinaus ruft Galatea radiale Störungen hervor:
Wenn die Gezeitenkräfte über den Ring laufen, werden die Verdickungen um etwa 30 Kilometer nach innen und außen gebogen.

Voyager entdeckte insgesamt drei Ringe, zwei sehr dünne Ringe
sowie einen inneren, sehr breiten Hauptring, der sich möglicherweise
bis zur Oberkante von Neptuns Atmosphäre erstreckt (Bild 10.16).
(Die innersten Ringe von Saturn (D-Ring) und Uranus sind ganz ähnlich. Ihre Teilchen regnen wahrscheinlich auf die Planeten hinunter.) Außerdem erstreckt sich ein schwaches Band vom inneren dünnen Ring fast bis zum äußersten Ring. Der äußere und innere dünne
Ring haben einen Radius von 62 930 Kilometern beziehungsweise
53 200 Kilometern. Sie wurden nach den beiden Astronomen Adams
und Leverrier benannt, die unabhängig voneinander die Position des
damals noch nicht entdeckten Planeten vorausberechnet hatten. Der
innerste Ring erhielt den Namen Galle, nach demjenigen Astronomen,
der auf Grund von Le Verriers Berechnungen Neptun entdeckte. Die
drei Verdickungen erhielten die Losungsworte der französischen Revolution Liberté, Egalité und Fraternité.

Ähnlich wie die Ringe des Uranus sind auch die Neptuns fast
schwarz wie Ruß. Wahrscheinlich enthalten sie Methaneis, das sich
durch Strahlung in eine teerartige Beschichtung aus Kohlenwasserstoffen umgewandelt hat. Die Teilchen in den Saturnringen bestehen
hingegen im wesentlichen aus Wassereis und sind deswegen die hellsten im Sonnensystem. Offenbar ist die Temperatur bei Saturn zu
hoch, um Methan zu halten.

Der größte Teil von Neptuns Ringsystem erscheint im Gegenlicht
wesentlich heller, was auf erhebliche Staubmengen hindeutet. Die kleinen Partikel leuchten nämlich im durchscheinenden Sonnenlicht auf,
ähnlich wie Schmutzteilchen auf der Windschutzscheibe eines Autos
sichtbar werden, wenn ein beleuchtetes Fahrzeug entgegenkommt.

Vergleicht man die Helligkeiten des Rings im reflektierten (Rück-
streuung) und im durchscheinenden Licht (Vorwärtsstreuung), so
kann man die Größe der Teilchen abschätzen. Teilchen, deren Durchmesser größer ist als die Wellenlänge des sichtbaren Lichts (400 bis
800 millionstel Millimeter), reflektieren das Licht zurück zur Quelle,
kleinere Teilchen streuen es nach vorn, also von der Lichtquelle weg.
Eine solche Untersuchung zeigte, daß der Neptunring mehr kleine
Teilchen enthält als der des Uranus.

Die Ringe sind keine unveränderlichen Phänomene, die seit der
Entstehung des Sonnensystems so existieren, wie wir sie heute sehen.

Es sind vielmehr dynamische, sich entwickelnde Systeme, die ständig erneuert und aufgefüllt werden. Dies geschieht, wenn Monde oder Fragmente von ihnen zusammenstoßen. Große Monde können dabei in mehrere kleinere zerbrechen, die bei weiteren Kollisionen in noch kleinere Brocken zerfallen. Diese Teilchen zermahlen sich weiter gegenseitig zu Staub.

Schließlich besteht das gesamte Ringsystem aus feinen Staubteilchen, die wiederum durch Reibung in die Planetenatmosphäre abstürzen oder aus dem System herausgeschleudert werden. Über astronomische Zeiträume hinweg würde ein Ringsystem vollständig zerfallen. Die Uranusringe beispielsweise würden durch die atmosphärische Reibung im Laufe von schätzungsweise 100 Millionen Jahren verschwinden. Neptuns Staubringe müssen bereits sehr alt sein.

Das muß aber nicht unbedingt bedeuten, daß es irgendwann keine Ringsysteme mehr gibt. Die Monde bilden das Reservoir für zukünftige Ringe, das sich in dem Moment öffnet, wenn ein Mond durch die Gezeitenwechselwirkung soviel Energie verloren hat, daß er in die Roche-Zone seines Planeten eindringt. Dann wird er von der Schwerkraft zerrissen. Dem Marsmond Phobos und dem Neptunmond Triton steht dieses Schicksal bevor.

Mit diesen letzten Aufnahmen von Voyager 2 ging eine der erfolgreichsten Weltraummissionen zu Ende (Bild 10.17).

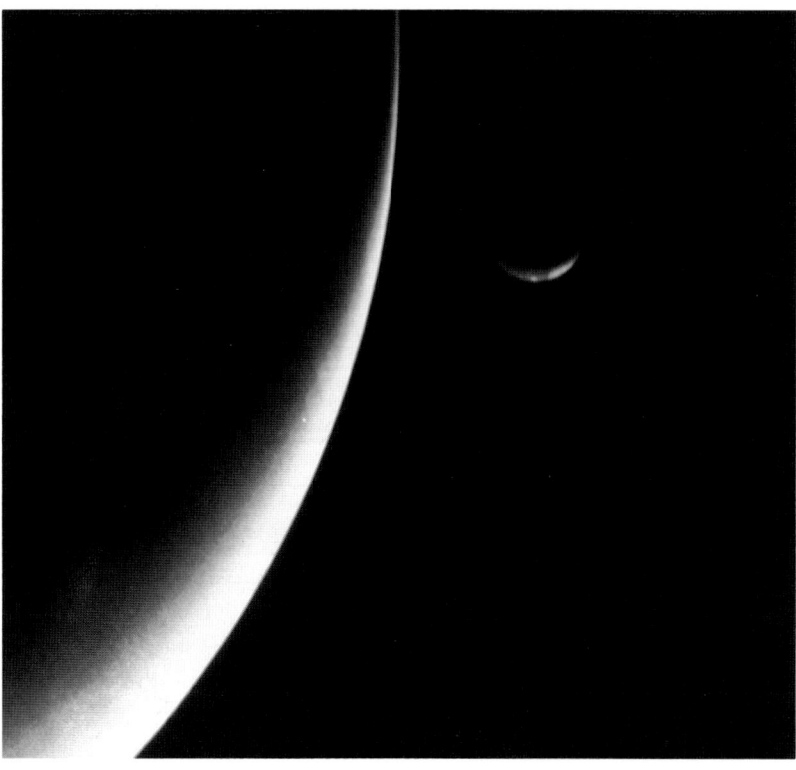

Bild 10.17. Abschied vom Planetensystem. Auf einer der letzten Aufnahmen von Voyager 2 sieht man den hellen Neptunrand und dahinter den Mond Triton als feine Sichel. Die Sonde war 1977 gestartet und hatte sich unter Ausnutzung der Schwerkraft durch das äußere Sonnensystem »gehangelt«. Sie lieferte im Juli 1979 faszinierende Bilder von Jupiter und im August 1981 von den unzähligen Ringen Saturns. Im Januar 1986 erreichte sie die blaue Kugel des Uranus und passierte schließlich im August 1989 Neptun. Damit haben wir mit Ausnahme von Pluto alle Planeten mit Raumsonden fotografieren und weitaus detaillierter untersuchen können, als es je von der Erde aus möglich gewesen wäre. (Foto: NASA und JPL)

PLUTO: EIN EISPLANET MIT EINEM ZU GROSSEN MOND

Schwerkraftreigen

Pluto ist eine kleine Eiswelt am Rande des bekannten Planetensystems. Mit einem Durchmesser von 2300 Kilometern ist er der kleinste Planet und sogar noch kleiner als unser Mond (Durchmesser 3476 Kilometer). Seine Umlaufbahn besitzt die größte Exzentrizität unter allen Planetenbahnen und ist um 17 Grad gegen die Ekliptik geneigt. Auf seiner langgestreckten Bahn schwankt Plutos Abstand zur Sonne zwischen 29,7 und 49,3 AE, was im Laufe eines Plutojahres zu erheblichen Temperaturschwankungen führt. Mit einer Oberflächentemperatur von 50 Kelvin ist er wärmer als Triton. Das liegt nicht nur daran, daß er zur Zeit der Sonne näher ist als der Neptunmond, sondern insbesondere an einer stärkeren Absorption des Sonnenlichts.

Auf seiner elliptischen Bahn ist er von 1979 bis 1999 der Sonne näher als Neptun. Dieses Kreuzen der Bahnen gab Anlaß zu der Vermutung, Pluto sei einst ein Mond Neptuns gewesen. Dies könnte möglicherweise auch die eigenartigen Bahnen der Neptunmonde erklären. Diese Idee verlor jedoch an Attraktivität, als man entdeckte, daß Pluto selbst von einem Mond umkreist wird.

Plutos Äquatorebene ist um 122 Grad gegen die Ebene der Umlaufbahn geneigt, so daß sein Nordpol unterhalb von ihr liegt. Pluto »rollt« also, ähnlich wie Uranus, auf seiner Bahn entlang. Die beiden Pole liegen abwechselnd alle 124 Jahre im Sonnenlicht beziehungsweise im Schatten. (Die Rotationsachsen von Venus und Uranus sind ähnlich stark geneigt, und zwar um 177 beziehungsweise 98 Grad, das heißt diese drei Planeten rotieren rückwärts, entgegengesetzt (retrograd) zu ihrer Umlaufrichtung.) Charon bewegt sich in der Äquatorebene Plutos, das heißt auch seine Bahn ist um 122 Grad gegen die Umlaufebene des Planeten geneigt (Bild 10.18).

Bild 10.18. Ein Doppelplanet. Mit dem Hubble-Weltraumteleskop konnten Pluto (das hellere Objekt im *mittleren Bild*) und sein Mond Charon (etwas schwächer, *unten links*) getrennt abgebildet werden. Von der Erde aus lassen sich die beiden Körper wegen der störenden Luftunruhe nicht klar trennen (*linkes Bild*). Wir blicken nahezu auf die Kante der kreisförmigen Umlaufbahn Charons (*rechte Zeichnung*). Während der Aufnahme war der Mond mit 0,9 Bogensekunden fast am weitesten von Pluto entfernt. (Foto: NASA)

Erdgebundenes Teleskop

Hubble-Weltraumteleskop

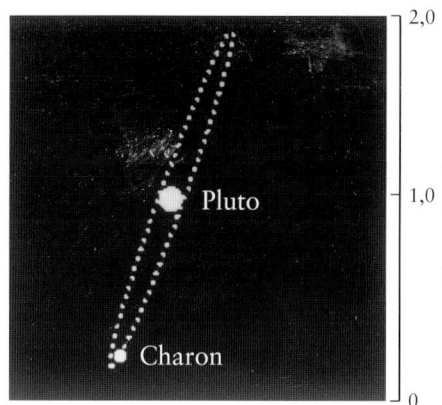

Charons Umlaufbahn um Pluto

Pluto und Charon tanzen eine Art »Schwerkraftreigen«. Ihre gegenseitige Gezeitenwirkung hat sie so aneinander gebunden, daß der Mond, wie unser Erdmond, dem Planeten immer dieselbe Seite zukehrt. Anders als bei der Erde wendet aber auch Pluto seinem Mond immer dieselbe Hemisphäre zu.

Von 1985 bis 1991 trat für die Astronomen eine überaus günstige Konstellation ein. In dieser Zeit schauten sie nämlich genau auf die Kante von Charons Bahnebene, so daß der Mond Pluto ab und zu verdeckte. Diese Beobachtungsmöglichkeit ergibt sich nur zweimal pro Plutojahr, also alle 124 Erdjahre. Solche Bedeckungen bieten eine einmalige Möglichkeit, das Pluto-Charon-System zu untersuchen. So erhält man beispielsweise aus der Dauer der Bedeckungen die Durchmesser der beiden Körper, und spektroskopische Analyse des reflektierten Sonnenlichts offenbaren vieles über deren Oberflächenbeschaffenheit (Tabelle 10.3). Hierbei zeigte sich, daß Charon etwa halb so groß ist wie Pluto. Damit ist er, relativ zum Durchmesser seines Planeten, der größte Mond im Sonnensystem.

Tabelle 10.3. Größen des Pluto-Charon-Systems

Große Halbachse in km	19 130
Umlaufperiode in Tagen	6,38718
Masse des Systems in g	$1,36 \cdot 10^{25}$ (0,0023 M_E)
Masse von Pluto in g	$1,25 \cdot 10^{25}$ (0,0021 M_E)
Radius von Pluto in km	1142 ± 9 km
Radius von Charon in km	596 ± 17
Mittlere Dichte des Systems in g/cm³	1,99
Mittlere Dichte von Pluto in g/cm³	1,84 bis 2,14
Mittlere Dichte von Charon in g/cm³	1 bis 3

Welten aus Eis und Stein

Die gegenseitigen Bedeckungen gaben zahlreiche Hinweise auf die Oberflächenbeschaffenheit der beiden Körper. Befand sich Charon hinter Pluto, so konnte man das Spektrum des reflektierten Sonnenlichts von Pluto allein beobachten. Es zeigte eine Absorptionslinie, die man Methan zuordnete, das entweder gasförmig in der Atmosphäre oder als Eis auf der Oberfläche vorliegen konnte. Da die Stärke dieser Absorption mit Plutos Rotation schwankt, stammt zumindest ein Teil von ihr von Oberflächeneis.

Ähnlich wie auf Triton, hat ein Großteil von Plutos Oberfläche eine rötliche Färbung, die wahrscheinlich von organischen Substanzen verursacht wird. Diese entstehen aus Methan, das sich beim Beschuß mit energiereichen Teilchen umwandelt. Charon hingegen ist grau, und im Spektrum fanden die Astronomen Hinweise auf Wassereis. (Das Spektrum des Mondes erhielten die Astronomen, indem sie von dem Gesamtspektrum beider Körper dasjenige von Pluto abzogen.)

Plutos scheinbare Helligkeit schwankt mit seiner Rotationsperiode, was auf dunkle und helle Flecken auf seiner Oberfläche hindeutet. Darüber hinaus wurde er im Laufe seines langsamen Sonnenumlaufs etwas lichtschwächer, als der Pol aus dem Gesichtsfeld verschwand und die Äquatorgegend auftauchte. Pluto besitzt also wahrscheinlich helle Polkappen und dunklere Äquatorgebiete.

Obwohl der überwiegende Teil der Oberfläche hell und eisbedeckt ist, kann der Körper nicht allein aus Eis bestehen. Aus den Bedeckungsdaten leiteten die Astronomen eine Dichte zwischen 1,84 und 2,14 g/cm^3 ab. Das bedeutet, daß Plutos Massenanteil an Gestein bis zu 80 Prozent ausmacht.

Pluto ist in vielerlei Hinsicht ein Zwilling Tritons. Beide haben etwa dieselbe Größe und Dichte und sind mit Methaneis bedeckt (Tabelle 10.4). Dies deutet darauf hin, daß sie als unabhängige Körper in den Außenbereichen des Sonnensystems entstanden sind. Allerdings entwickelten sie sich unterschiedlich, weil Pluto nicht durch Gezeitenkräfte im Innern erwärmt wurde. Aber beide Körper besitzen vermutlich einen Gesteinskern und einen Eismantel, aus dem Teilchen sublimieren und eine dünne Atmosphäre bilden.

Tabelle 10.4. Triton und Pluto im Vergleich

	Triton	Pluto
Gegenwärtige Entfernung von der Sonne in AE	30	29
Rotationsperiode in Tagen	5,9	6,4
Rotationssinn	retrograd	retrograd
Durchmesser in km	2705	2284
Dichte in g/cm^3	2,07	1,84 bis 2,14
Albedo in Prozent	70	40
Temperatur in Kelvin	38	50
Atmosphärendruck in bar	10^{-5}	10^{-5}
chemische Zusammensetzung		
Oberfläche	Stickstoff Methaneis	Methaneis
Atmosphäre	Stickstoff Methangas	Methangas

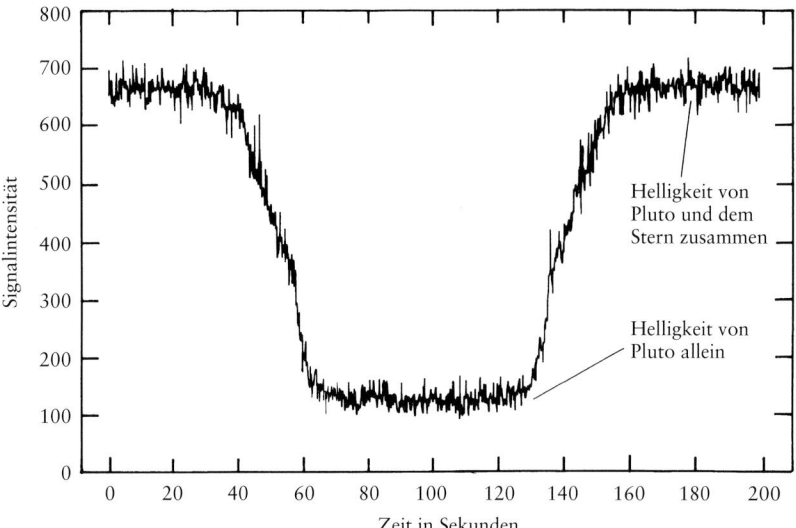

Bild 10.19. Lichtkurve einer Sternbedeckung durch Pluto. Als Pluto
einen Stern bedeckte, verdunkelte
sich dessen Licht nicht schlagartig.
Dies läßt darauf schließen, daß Pluto
von einer dünnen Atmosphäre umgeben ist. Merkwürdigerweise nahm
die Intensität des Sternlichts jedoch
plötzlich stark ab, kurz bevor der
Stern hinter dem Planeten verschwand. Der umgekehrte Vorgang
ereignete sich, als der Stern auf
der anderen Seite der Planetenscheibe wieder auftauchte. Diesen
Effekt verursacht wahrscheinlich
eine Dunst- oder Temperatur-Inver-
sionsschicht mit starker Brechung,
die unter der klareren oberen Atmosphäre liegt. (Nach: Icarus 77,
151 (1989))

Plutos dünne Atmosphäre

Zweifelsfreie Hinweise auf eine Atmosphäre erbrachte die Beobachtung einer Sternbedeckung durch Pluto. Wenn ein Planet ohne Atmosphäre einen Stern bedeckt, so verschwindet dieser übergangslos von
einem Moment zum anderen und taucht auch genauso plötzlich wieder auf. Als Pluto jedoch vor einem Stern vorbeizog, wurde dieser all-
mählich dunkler, was darauf zurückzuführen ist, daß das Sternlicht in
einer Atmosphäre abgeschwächt wurde (Bild 10.19). Als der Stern
wieder auftauchte, wurde er umgekehrt langsam heller. Der überwiegende Anteil der Atmosphäre besteht vermutlich aus Methangas. Es
kann aber auch nicht ausgeschlossen werden, daß Stickstoff überwiegt, wie bei Titan oder Triton.

Plutos Atmosphäre ist sehr dünn und möglicherweise auch nicht
immer vorhanden. Der Druck ist etwa so groß wie auf Triton, entsprechend 100 000 mal geringer als auf der Erde in Meereshöhe. Wenn der
Planet der Sonne am nächsten ist, so wie derzeit, erwärmt diese das
Eis, aus dem Gas sublimiert und die Atmosphäre bildet. Entfernt sich
Pluto wieder von der Sonne, frieren die Atmosphärengase zum überwiegenden Teil, wenn nicht sogar völlig, aus und bedecken die Oberfläche mit einer frischen Reifschicht.

Gibt es weitere Planeten jenseits von Pluto?

Sicher hätten die Astronomen bis heute jeden größeren Planeten innerhalb der Plutobahn längst entdeckt. Die Frage ob es jedoch außerhalb der Plutobahn noch weitere Planeten gibt, ist nach wie vor unbeantwortet. Wir wissen, daß Pluto zu massearm ist, um die beobachteten Restschwankungen in den Bewegungen von Uranus und Neptun zu erklären. Als man dies damals bemerkte, setzte Clyde Tombaugh am Lowell Observatorium seine Suche nach einem weiteren Trans-Neptun fort. Nachdem er 7000 Stunden lang insgesamt 90 Millionen Sternbildchen verglichen hatte, kam er zu dem Schluß, es könne in der Gegend der Ekliptik bis in eine Entfernung von 270 AE keinen Planeten von der Größe des Neptun geben. Astronomen vom Naval Observatorium suchen noch heute nach einem »Planet X«. Hierbei überprüfen sie den Himmel weit südlich von der Ekliptik, der von mittleren nördlichen Breiten auf der Erde unbeobachtbar ist.

Wie wir gesehen haben, deutet einiges darauf hin, daß es früher zu Zusammenstößen oder gegenseitigen Einfängen größerer Körper kam. Demnach müßte es in den Außenbereichen des Sonnensystems von Eiswelten, ähnlich wie Pluto oder Triton, nur so gewimmelt haben. Die Rotationsachse des Uranus hat sich möglicherweise bei einem streifenden Zusammenstoß mit einem solchen Objekt geneigt, und Triton ist vielleicht ein Überbleibsel dieser Population. Es ist denkbar, daß er sich einst auf einer heliozentrischen Bahn bewegte, bevor er bei einem nahen Vorbeiflug an Neptun von diesem eingefangen wurde. Dabei gelangte er auf die ungewöhnliche retrograde Umlaufbahn. Charon ereilte eventuell dasselbe Schicksal, was zu der starken Neigung von Plutos Rotationsachse und Umlaufbahn sowie deren hoher Exzentrizität führte. Solche Ereignisse sind sehr unwahrscheinlich, sofern es nicht einst hunderte oder tausende von Körpern mit der Größe von Pluto oder Charon in diesem Gebiet gab.

Obwohl die äußeren Riesenplaneten viele dieser Körper eingefangen haben könnten, so wäre doch auch eine erhebliche Anzahl von ihnen durch deren Schwerkraftwirkung nach außen geschleudert worden. Einige Astronomen haben deswegen die Hypothese aufgestellt, daß es einen Schwarm kleiner Planeten in den äußeren Bereichen des Sonnensystems oder im interstellaren Raum geben muß. Sie würden sich im Reich der Kometen aufhalten, dem wir uns im folgenden Kapitel zuwenden wollen.

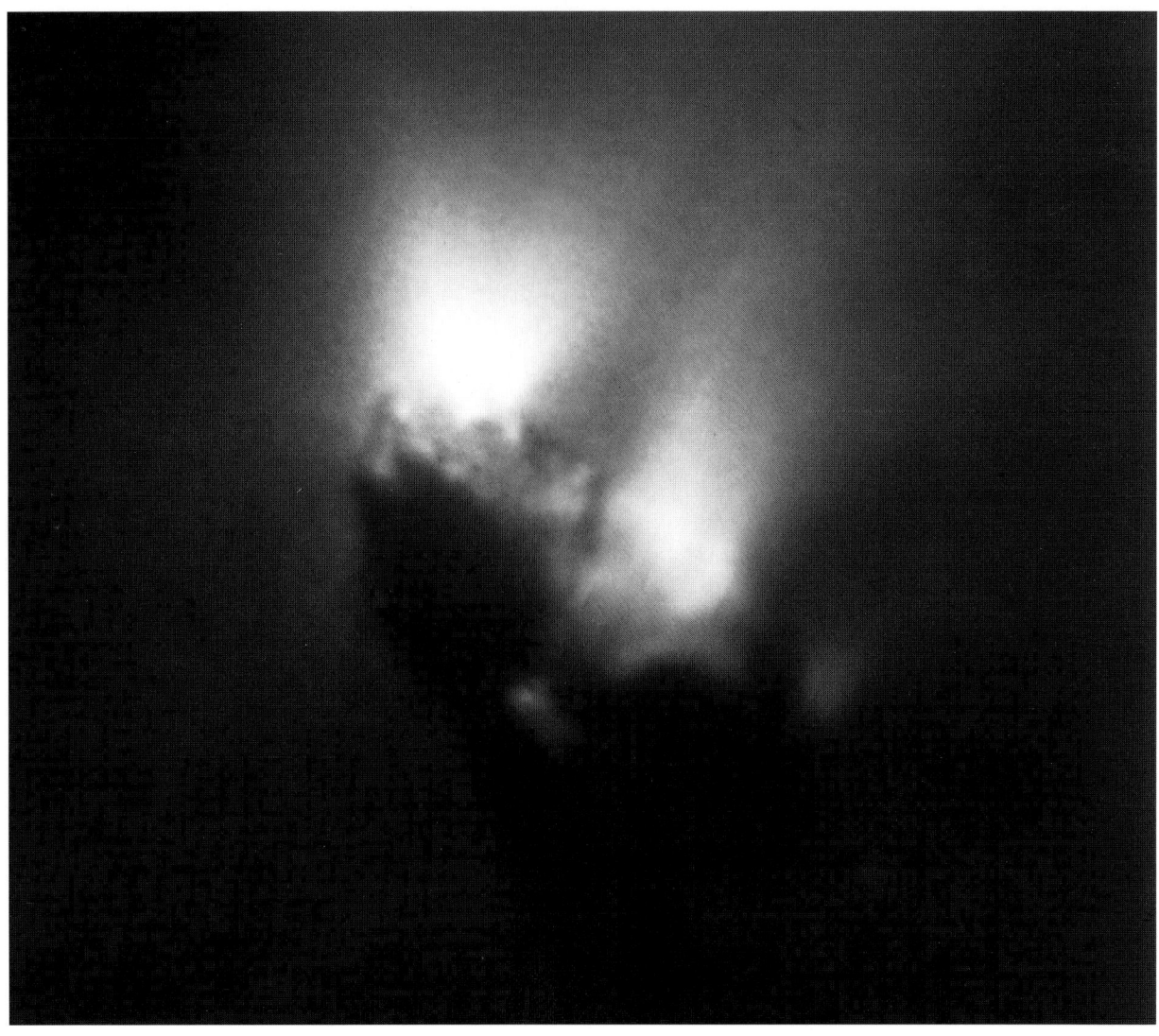

Der schwarze Kern des Halleyschen Kometen. Aus mindestens drei aktiven Gebieten schießen aus dem dunklen Kern des Halleyschen Kometen Gasjets (*rechts*) in Sonnenrichtung heraus. In dieser Projektion hat der Kern Ausmaße von 14,9 mal 8,2 Kilometer. Für die Aufnahme mußten 60 Einzelbilder von der Halley Multicolor Camera überlagert werden. Sie befand sich an Bord der Giotto-Sonde der Europäischen Weltraumbehörde ESA. (Foto: Harold Reitsema, Ball Aerospace Corporation, und Horst Uwe Keller)

KAPITEL 11

Kometen: Wanderer zwischen den Welten

Jahrhundertelang waren die Kometen rätselhafte Himmelskörper. Sie tauchten unvermittelt auf, änderten ihr Erscheinungsbild und bewegten sich völlig unvorhersehbar. Über 2000 Jahre faszinierte und verängstigte der Halleysche Komet die Menschen gleichermaßen. Heute wissen wir, daß der Kern dieses Kometen die Ausmaße einer Großstadt hat und schwärzer als Kohle ist. Die enorme Schwerkraft Jupiters ist in der Lage, diese Himmelskörper in planetenähnliche Umlaufbahnen oder in die Weite des interstellaren Raumes zu schleudern. Nähert sich ein Komet der Sonne, gibt er täglich ungefähr eine Million Tonnen Wasser ab. Die Kometen konservieren die Überreste des präsolaren Nebels in ihrem Eis und Staub.

DIE BEWEGUNGEN DER KOMETEN

Merkwürdige Erscheinungen

Etwa alle zehn Jahre taucht ein Komet am Himmel auf, der mit bloßem Auge sichtbar ist. Sein Schweif erinnert an wehendes Haar, woher diese Himmelskörper denn auch ihren Namen haben: *Aster kometes* ist griechisch und bedeutet soviel wie Haarstern (Bild 11.1).

Während die Planeten sich immer in der Nähe der Ekliptik bewegen, können Kometen überall am Himmel auftauchen und in ganz verschiedene Richtungen weiterwandern. Dann sind sie für einige Tage, Wochen oder gar Monate sichtbar, verändern ständig ihr Aussehen und verschwinden schließlich wieder in der Dunkelheit.

Durch ihr unverhofftes Auftauchen schienen die Kometen die Ordnung des Himmels zu stören. Sie galten deswegen lange Zeit auch als Vorboten für Katastrophen, Kriege, Epidemien oder den Tod eines Herrschers (Bild 11.2). Ein berühmtes Beispiel ist die Eroberung Englands durch die Normannen im Jahre 1066, die mit dem Auftauchen des Halleyschen Kometen zusammenfiel. Er erschien auch wieder, als die Türken 1456 Konstantinopel einnahmen. Bis in unsere Zeit hinein hielt sich dieser Aberglaube an die Vorboten des Bösen. Im Jahre 1910 griff die Angst um sich, der Halleysche Komet würde die Erdatmosphäre mit tödlichen Gasen vergiften und alles Leben auf der Erde vernichten. Letztendlich ließ sich kein Einfluß auf Menschen, Tiere oder Pflanzen feststellen, als der Kometenschweif nahe an der Erde vorbeizog.

Bild 11.1. Der große Komet von 1577. Diese Zeichnung eines türkischen Astronomen aus dem 16. Jahrhundert stammt aus dem Buch *Tarcuma-i Cifr al-Cami* von Mohammed b. Kamaladdin. Mond, Sterne und der Komet erscheinen gelb vor dem blauen Himmelshintergrund. (Foto: Erol Parkin, Istanbul Universitesi Rektorlugu)

Von der Antike bis zum Mittelalter glaubte man, Kometen seien feurige Gasausdünstungen der Atmosphäre. Erst Tycho Brahe widerlegte diese Hypothese. Er zeigte, daß sich der große Komet von 1577 außerhalb der Erdatmosphäre bewegte. Tycho machte seine Beobachtungen auf der Insel Hveen, in der Nähe von Kopenhagen. Er verglich seine Daten mit den gleichzeitig durchgeführten Beobachtungen eines Kollegen in Prag. Beide Astronomen sahen den Kometen an derselben Himmelsposition, während die Stellungen des Mondes voneinander abwichen. Dies bedeutete, daß der Komet weiter von der Erde entfernt sein mußte als der Mond. Allerdings enthüllte diese Entdeckung noch nicht das ganze Geheimnis dieser Himmelskörper.

Kurzes Auftauchen

Zunächst einmal mußten die Astronomen und Physiker das Problem der Bewegung klären. Isaac Newton zeigte in seinen 1687 erschienenen *Principia*, daß auch die Kometen dem Schwerkraftfeld der Sonne folgen und sich ihre Bewegung mit seiner Gravitationstheorie beschreiben ließ. Kometen umrunden die Sonne ebenso wie die Planeten auf elliptischen Bahnen, in deren einem Brennpunkt die Sonne steht (s. Kapitel 1 »Welten in Bewegung«). Anders als bei den Planeten ist ihre Bahn jedoch so langgestreckt, daß sie nur in Sonnennähe sichtbar sind. Durch die höhere Temperatur verdampfen dann Gas und Staub von der Oberfläche und leuchten im Sonnenlicht. Weit von der Sonne entfernt sind sie wieder kalt und inaktiv.

Bild 11.2. Am Vorabend der Sint-
flut. Jahrhundertelang glaubten die
Menschen, Kometen seien Vorboten
von Kriegen, Epidemien und ande-
ren Katastrophen. Hier kündigt ein
Komet die biblische Sintflut an. John
Martin malte dieses Bild 1840.
Eventuell hatte ihn die Erscheinung
des Halleyschen Kometen in den
Jahren 1835/36 angeregt.
(Foto: Sammlung der Königin von
England)

Die Wiederkehr des Halleyschen Kometen

Ende des 17. Jahrhunderts berechnete Edmond Halley (Bild 11.3) die
Bahnen einiger bekannter Kometen. Dabei fand er heraus, daß die
Bahn des Kometen von 1682 derjenigen der 1607 von Kepler und
1531 von Petrus Apianus beobachteten Kometen entsprach. Alle drei
Kometen bewegten sich etwa in derselben Bahnebene retrograd um
die Sonne. Außerdem wußte Halley, daß der große Komet von 1456
retrograd war. Daraus schloß er, es müsse sich in allen vier Fällen um
denselben Kometen handeln, der für einen Sonnenumlauf etwa
76 Jahre benötigt (Bild 11.4). Daraufhin sagte er den nächsten Er-
scheinungstermin voraus, wohlwissend, daß er ihn nicht mehr erleben
würde. Weihnachten 1758 entdeckte der Bauer Georg Palitzsch in
Prohlis bei Dresden den Kometen mit einem selbstgebauten Fernrohr.
Mit der Namensgebung ehrte man im nachhinein Halleys Leistung.
Seit dieser Zeit erhält jeder neue Komet den Namen seines Entdeckers.

Bild 11.3. Edmond Halley. Dieses Gemälde von Thomas Murray zeigt Edmond Halley im Alter von 30 Jahren, in der Hand die Skizze einer Kometenbahn in Sonnennähe. Die obenstehende Inschrift besagt, daß Halley zum Sekretär der Londoner Royal Society gewählt und zum Savilian Professor für Geometrie in Oxford berufen werden sollte. Er hatte die Universität ohne Abschluß verlassen. (Foto: Royal Society of London)

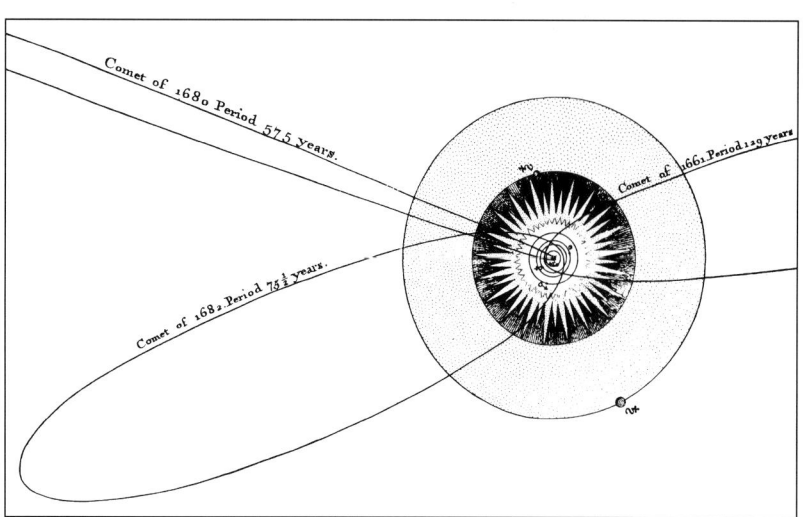

Bild 11.4. Kometenbahnen. Newton berechnete erstmals die hier gezeigte Bahn des Kometen von 1680. Die Kometenbahn von 1682 berechnete Edmond Halley. Tatsächlich fand man diesen Kometen aufgrund dieser Rechnung knapp 80 Jahre später wieder. Nahe an der Sonne erkennt man die Bahnen der inneren Planeten. Außerhalb der Sonnenstrahlen umkreisen Jupiter und Saturn das Zentralgestirn. (Aus: Thomas Wright: *An Original Theory or New Hypothesis of the Universe*, London 1750)

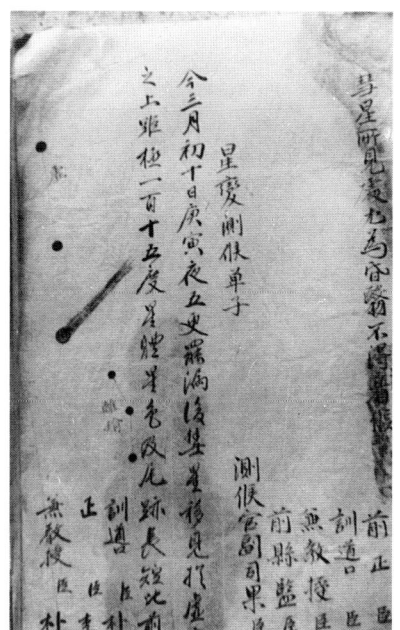

Bild 11.5. Der Halleysche Komet im Jahre 1759. Diese koreanische Aufzeichnung beschreibt die erste vorhergesagte Erscheinung des Halleyschen Kometen im Jahre 1759. Koreanische Astronomen haben über 3000 Jahre lang das Auftauchen von Kometen und anderen ungewöhnlichen astronomischen Ereignissen aufgezeichnet. (Foto: Il-Seong Na, Yonsei Universität, Seoul)

Der Halleysche Komet ist deswegen so berühmt, weil er als erster zur vorhergesagten Zeit wieder auftauchte. Er ist allerdings auch in anderer Hinsicht bemerkenswert, denn er zeigt alle auffälligen Merkmale eines Kometen: einen außergewöhnlich langen Schweif, einen hellen Kopf und eine leuchtende Koma sowie sogenannte Jets, Strahlen und Streamer. Darüber hinaus läßt sich seine Beobachtungsgeschichte über mehr als 2000 Jahre zurückverfolgen – länger als bei jedem anderen Kometen (Bild 11.5). Die früheste Aufzeichnung stammt von Chinesen aus dem Jahre 240 v. Chr. Seitdem konnten sämtliche Periheldurchgänge in den Schriften orientalischer Astronomen gefunden werden (s. Tabelle 11.1).

Im Jahre 1948 erreichte der Halleysche Komet mit einer Entfernung von 35 AE seine größte Sonnenentfernung. Danach kehrte er um und raste mit zunehmender Geschwindigkeit auf die Sonne zu. 1982 entdeckte man ihn noch außerhalb der Saturnbahn. Schließlich erreichte er am 9. Februar 1986 das Perihel. Zu diesem Zeitpunkt befand sich der Komet allerdings genau hinter der Sonne, so daß die ungünstigsten Beobachtungsbedingungen der letzten 2000 Jahre vorlagen. Trotzdem wurde nie ein Komet genauer untersucht als dieser bei seiner Wiederkehr (Bild 11.6).

Im März 1986, als der Komet die Ekliptik kreuzte, war eine ganze Reihe von Raumsonden zu ihm unterwegs. Zuerst erreichten ihn die zwei sowjetischen Sonden Vega 1 und 2. Sie durchflogen seine Atmo-

Tabelle 11.1. Zweiunddreißig Periheldurchgänge des Halleyschen Kometen. Alle historischen Erscheinungen wurden aufgezeichnet, während die beiden letzten Voraussagen sind

−240	25. Mai (v. Chr.)	912	19. Juli
−164	13. November	989	6. September
		1066	21. März
−87	6. August	1145	19. April
−12	11. Oktober	1222	29. September
		1301	26. Oktober
66	26. Januar (n. Chr.)	1378	11. November
141	22. März	1456	19. Juni
218	18. Mai	1531	26. August
295	20. April	1607	28. Oktober
374	16. Februar	1682	15. September
451	28. Juni	1759	13. März
530	27. September	1835	16. November
607	15. März	1910	20. April
684	3. Oktober	1986	9. Februar
760	21. Mai	2061	28. Juli
837	28. Februar	2134	27. März

Bild 11.6. Die Wiederkehr des Halleyschen Kometen. Auf dieser Aufnahme aus dem Jahre 1986 erkennt man Strahlen, Streamer und Knicke im Ionenschweif (*rechts*) des Kometen Halley sowie dessen fächerförmigen Staubschweif. *Links unten* befindet sich die Radiogalaxie Centaurus A. Sie ist etwa zehnbillionenmal weiter von uns entfernt als der Komet. Die Aufnahme machte Arturo Gomez am 15. April 1986 mit dem Curtis-Schmidt-Teleskop auf dem Cerro Tololo. (Foto: National Optical Astronomy Observatories)

sphäre und sammelten eine Vielzahl von Daten über das Gas, den Staub und die elektrisch geladenen Teilchen sowie das Magnetfeld.

Die europäische Giotto-Sonde kam dem Kern jedoch am nächsten. Am 14. März flog sie in einem Abstand von knapp 600 Kilometern an ihm vorbei. Während die Kamera einen dunklen Kern zeigte, ermittelten die anderen Meßgeräte die chemische Zusammensetzung des Gases. Dies erlaubte Rückschlüsse auf physikalische und chemische Reaktionen in der Koma. Eine von zwei japanischen Sonden registrierte aus größerer Entfernung die ultraviolette Strahlung der kometaren Wasserstoffkorona und verfolgte, wie der Komet zunächst größer und anschließend wieder kleiner wurde.

Nach diesen Begegnungen entfernte sich der Halleysche Komet wieder von der Sonne. Erst im Jahre 2061 wird er in Sonnennähe zurückkehren.

WOHER KOMMEN DIE KOMETEN?

Vagabunden im Weltraum

Bevor wir uns den jüngsten wissenschaftlichen Erkenntnisse zuwenden, wollen wir uns fragen, woher die Kometen kommen. Die meisten Kometen (84 Prozent) mit bekannten Bahnen benötigen mehr als 200 Jahre für einen Umlauf. Man nennt sie langperiodische Kometen. Die kurzperiodischen Kometen haben Umlaufzeiten zwischen 3 und 200 Jahren. Diese beiden Gruppen unterscheiden sich auch in manch anderer Hinsicht.

Die langperiodischen Kometen gelangen aus allen möglichen Richtungen ins innere Planetensystem, das heißt ihre Bahnen sind beliebig gegen die Ekliptik geneigt. Etwa die Hälfte von ihnen umrundet die Sonne auf retrograden Bahnen. Sie sind die reinsten Weltraumvagabunden (s. Kurzinformation 11.1).

Es kann Millionen von Jahre dauern, bis ein solcher Komet aus den äußersten Bereichen des Planetensystems in Erdnähe vordringt und sichtbar wird. Auf seinem Weg zur Sonne wird er ständig schneller, und durch die steigende Temperatur bildet er eine Atmosphäre aus. Dann schwingt er innerhalb weniger Wochen um die Sonne herum und verschwindet auf einer extrem langgestreckten Bahn wieder in die Außenbereiche. Die meisten Kometen leuchten also nur auf einem kleinen Teil ihrer gesamten Reise auf und verlieren dabei jedesmal etwas Materie.

KURZINFORMATION 11.1
Die Entdeckung von Kometen

Seitdem es menschliche Aufzeichnungen gibt, wurden weniger als 1000 Kometen entdeckt, davon erschienen weniger als 100 mehr als einmal am Himmel. Sehr häufig finden Amateurastronomen neue Kometen bei systematischen Suchen mit ihren verhältnismäßig kleinen Teleskopen. Professionelle Astronomen entdecken zwar auch hin und wieder einen Kometen, meistens aber nur zufällig, wenn er bei einer anderen Beobachtung ins Bildfeld gerät.

Diese Aufnahme vom Lick-Observatorium (nächste Seite) zeigt den schönen Schweif des Kometen Ikeya-Seki (1965 VIII). Er besitzt eine Länge von 120 Millionen Kilometer; dies entspricht fast der Entfernung Erde–Sonne. Zwei japanische Kometenjäger, Kaoru Ikeya und Tsutomu Seki, sahen ihn als erste.

Der Infrarotsatellit IRAS entdeckte mehr Kometen in kürzerer Zeit als je ein Beobachter zuvor. Er identifizierte im Jahre 1983 sechs Kometen anhand der Infrarotstrahlung ihres Staubs. Einer von ihnen flog in einer Entfernung von nur 5 Millionen Kilometern an der Erde vorbei. Dies war der erdnächste Vorbeiflug seit Lexells Komet im Jahre 1770.

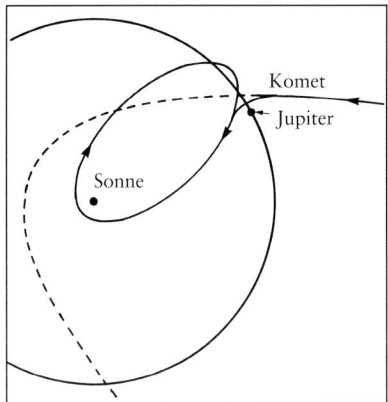

Bild 11.7. Einfang eines Kometen. Die Schwerkraft eines Planeten kann einen Komet von einer extrem lang-gestreckten Bahn (*gestrichelt*) auf eine kleinere Bahn (*durchgezogene Linie mit Pfeilen*) katapultieren. Man spricht in einem solchen Fall davon, daß der Planet den Kometen einfängt. Die meisten Einfänge gehen auf das Konto des masse-reichsten Planeten Jupiter. Die Mehrzahl, insgesamt 70, der kurz-periodischen Kometen gehören zu Jupiters Kometenfamilie. Sie haben im Normalfall geringere Umlauf-zeiten als der Planet selbst. Ihre Bahn führt sie nahe an die Sonne heran und reicht bis über die Jupiterbahn hinaus

Spielball der Planeten

Jedes Jahr geraten neue Kometen ins innere Sonnensystem und leuch-ten nach einer Milliarden Jahre dauernden Reise das erste Mal im Son-nenlicht auf. Hier können sie auch in das Gravitationsfeld der großen Planeten, vor allem Jupiters, gelangen und aus dem Sonnensystem hin-ausgeschleudert werden.

Andere wiederum bleiben auf ihren Ellipsenbahnen. Einige dieser »Überlebenden« werden so weit abgebremst, daß sie im inneren Pla-netensystem bleiben (Bild 11.7). Sie werden dadurch zu kurzperiodi-schen Kometen mit typischen Umlaufperioden von weniger als 20 Jah-ren. Nahe Vorbeiflüge an Jupiter sind jedoch selten. Und wenn die Kometen dabei nicht aus dem Sonnensystem hinausgeschleudert wer-den, können sie mit dem Planeten zusammenstoßen. Nur ein kleiner Teil von ihnen gerät auf eine Umlaufbahn ins innere Sonnensystem.

Die Mehrzahl der kurzperiodischen Kometen läuft auf prograden Bahnen mit einer maximalen Neigung gegen die Ekliptik von 20 Grad. Offenbar müssen sie sich der Planetenbewegung stärker anpassen. Der kurzperiodische Komet Encke umrundet die Sonne in 3,3 Jahren. Da-bei liegt der sonnennächste Punkt innerhalb der Merkurbahn und der sonnenfernste außerhalb der Marsbahn. Bei jeder Sonnenannäherung verdampft eine Oberflächenschicht; bei Encke dürfte sie jedesmal eine Dicke von etwa einem Meter haben. Möglicherweise lösen sich diese Kometen einmal ganz auf. Es ist aber auch denkbar, daß sie nur so lan-ge Gas und Staub verlieren, bis ein schwarzer Gesteinskern übrig bleibt. Diese Hypothese begründet sich damit, daß man auf einigen Kometenbahnen Asteroiden entdeckte, bei denen es sich vielleicht um solche ausgebrannten Kometenkerne handelt.

Die Kometenwolke

Einige Astrophysiker haben abgeschätzt, daß alle bekannten kurzperi-odischen Kometen innerhalb von weniger als einer Million Jahre ent-weder in entfernte Umlaufbahnen geraten oder aus dem Sonnen-system hinauskatapultiert werden. Dies ist eine kurze Zeit, gemessen am Alter des Sonnensystems von 4,6 Milliarden Jahren. Wenn also nicht ständig neue Kometen entstehen, was äußerst unwahrscheinlich ist, muß es irgendwo ein Reservoir geben, aus dem neue Kometen ins innere Sonnensystem kommen.

Wo könnte diese Kometenwolke sein? Um diese Frage zu beant-worten, müssen wir die ursprünglichen Bahnen ermitteln, auf denen sich die Kometen vor ihrem Eintritt ins innere Planetensystem beweg-ten. Dies ist nur bei Kometen möglich, die zum ersten Mal in Son-nennähe geraten. Offenbar kommen diese Körper aus einer enormen

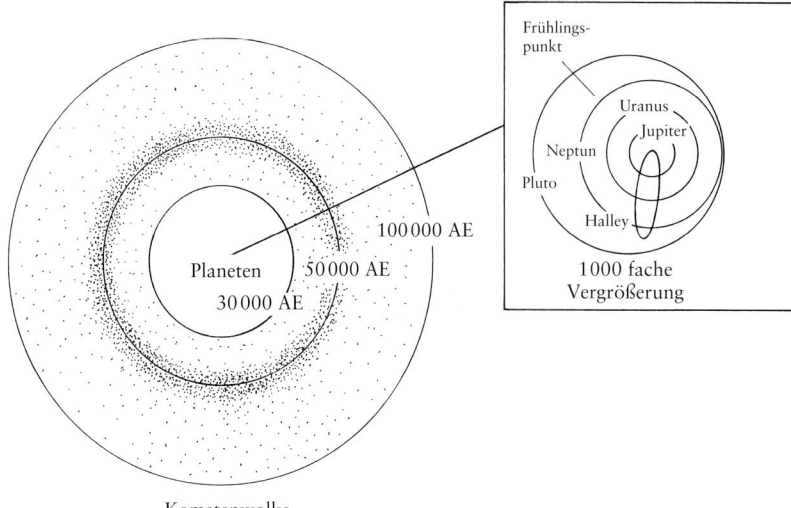

Bild 11.8. Die Oortsche Kometenwolke. Schätzungsweise 200 Milliarden Kometen bewegen sich in einer Kometenwolke in einer Entfernung von 50 000 Astronomischen Einheiten (AE) um die Sonne. Diese Zeichnung zeigt einen Schnitt durch die eigentlich kugelförmige Wolke. Der nächste Stern befindet sich in einer Entfernung von 268 000 AE, Plutos Bahn besitzt einen mittleren Radius von 40 AE. Das Planetensystem erscheint gegenüber der Kometenwolke wie ein Punkt, seine Ausdehnung wird erst bei tausendfacher Vergrößerung sichtbar

Entfernung von etwa 50 000 AE oder mehr zu uns (Bild 11.8). Da ihre Bahnen beliebige Neigungswinkel haben, hat das Kometenreservoir offensichtlich die Form einer riesigen Kugelschale. Man nennt sie die Oortsche Kometenwolke, nach dem niederländischen Astronomen Jan Hendrik Oort, der sie als erster postulierte. Niemand hat diese Wolke bisher gesehen, aber die Kometenbahnen weisen ganz deutlich auf ihre Existenz hin.

Vermutlich dehnt sie sich über fast ein Viertel des Weges zum nächsten Fixstern Alpha Centauri (Entfernung 250 000 AE) aus. Selbst in dieser enormen Entfernung ist die Anziehungskraft der Sonne noch groß genug, um die Kometen auf elliptischen Bahnen zu halten. In größeren Entfernungen befinden sich andere Sterne, die möglicherweise selbst von einer Kometenwolke umgeben sind (Bild 11.9). Die Kometenwolke markiert die Grenze unseres Planetensystems. Dort, wo das Sonnenlicht so schwach ist, daß alles gefriert, halten sich die Kometen den größten Teil ihres Lebens auf.

Wie können sie nun aus diesen Außenbereichen ins Innere des Planetensystems eindringen? Sie bewegen sich mit geringen Geschwindigkeiten von ungefähr 40 Metern pro Sekunde und benötigen mehrere Millionen Jahre für einen Umlauf. Von Zeit zu Zeit beeinflußt ein nahe vorbeiziehender Stern oder eine große Molekülwolke gravitativ einige Kometen gerade so, daß sie zur Sonne abgelenkt werden.

Einen größeren Einfluß übt aber möglicherweise die Milchstraße aus. Eine genaue Untersuchung der Bahnen neuer Kometen zeigt nämlich, daß sie nicht aus völlig beliebigen Richtungen kommen. Sie scheinen sowohl die Milchstraßenebene als auch ihre beiden Pole zu meiden. Dies deutet darauf hin, daß die Gezeitenwirkung der Milchstraße sie beeinflußt. Diese Kraft wirkt senkrecht zur galaktischen Scheibe.

Bild 11.9. Kometarische Rosetten. Thomas Wright stellte sich 1750 vor, daß kometarische Rosettenbahnen die Sterne umgeben. (Aus: Thomas Wright: *Theory or New Hypothesis of the Universe*, London 1750)

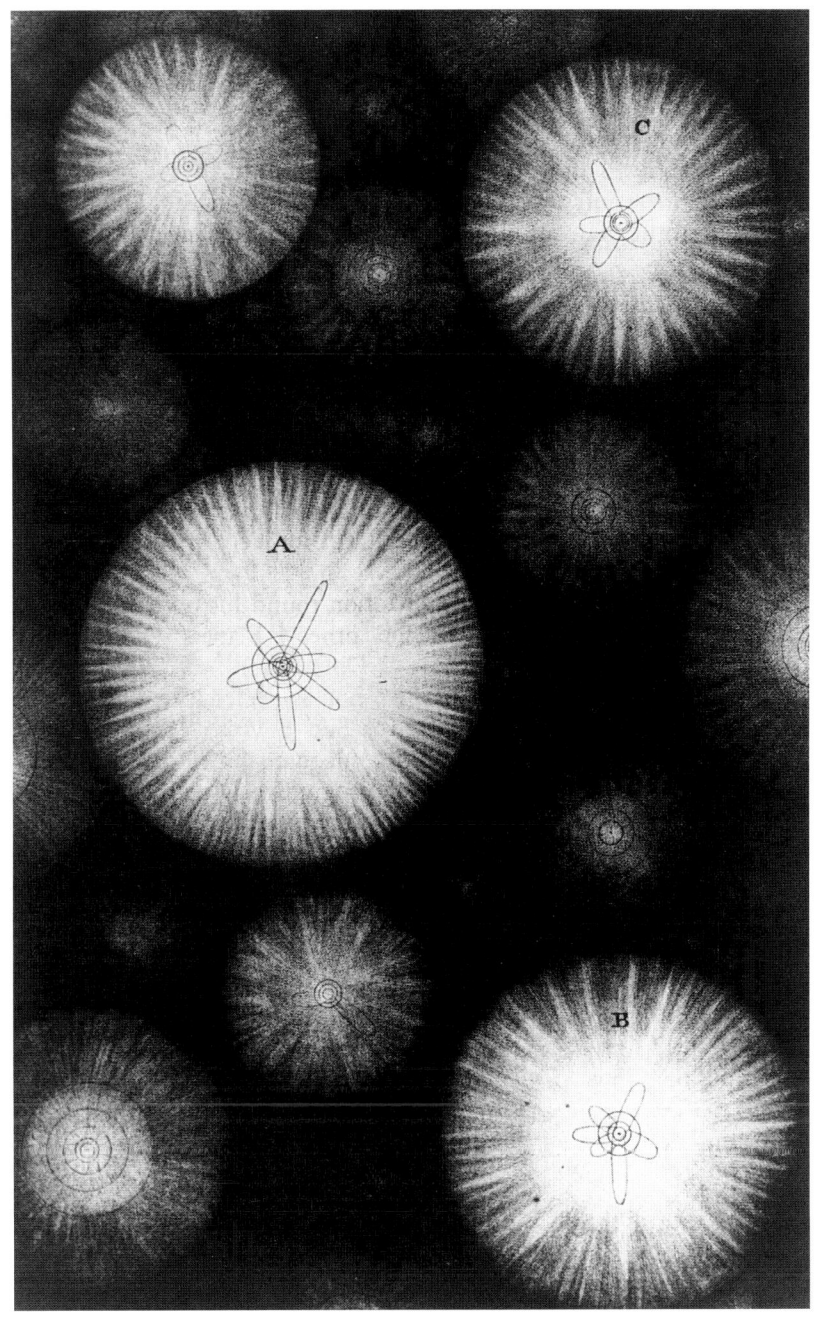

Bei ihrem Umlauf um das Galaktische Zentrum durchquert die Sonne alle 100 Millionen Jahre die Milchstraßenebene. Dabei wird die Kometenwolke jedesmal ein wenig gestört.

Diese Störungen summieren sich langsam auf und führen dazu, daß immer wieder einige Kometen in Richtung zur Sonne oder in den interstellaren Raum umgelenkt werden. Wenn die hunderte von be-

kannten Kometen tatsächlich durch diese beiden Effekte ins Innere des
Planetensystems gelangt sind, muß die Oortsche Wolke mindestens einige hundert Milliarden Kometen enthalten, wenn nicht mehr. Dieses
enorme Reservoir ist in der Lage, die beobachteten Kometen zu liefern, ohne selbst im Laufe von Milliarden von Jahren einen merklichen
Verlust zu erleiden. Nimmt man für jeden Kometen einen durchschnittlichen Radius von einem Kilometer sowie die Dichte von Wasser an, beträgt die Gesamtmasse etwa die der Erde.

Der römische Staatsmann und Philosoph Seneca (4 v. Chr. bis
65 n. Chr.) fragte einst (*Fragen der Natur*, Buch 7, Kometen):

> Wieviele Körper mag es außer den Kometen noch geben;
> Körper, die nie vor eines Menschen Auge erscheinen?
> Denn Gott hat nicht alles für den Menschen geschaffen.

Staub zu Staub

Die Astronomen stimmen heute zwar weitgehend darin überein, daß
es die Kometenwolke gibt, über ihren Ursprung sind sie sich jedoch
uneins. Einige argumentieren, es habe im protoplanetaren Nebel in
diesen äußeren Regionen nicht genügend Materie gegeben. Sie hätten
weiter innen, in der Nähe der Uranus- oder Neptunbahn, entstehen
müssen und seien anschließend durch gravitative Einflüsse nach außen
katapultiert worden. Andere Astrophysiker bestreiten dies und vermuten, daß die Kometen in den äußeren Bereichen gleichzeitig mit der
Sonne und den Planeten aus kalten dichten Fragmenten des Urnebels
entstanden sind.

Zeitarchive

Auch wenn wir nicht wissen, wo die Kometen letztendlich entstanden
sind, gilt es doch als sicher, daß sie in einer kalten Umgebung geboren
wurden und über Jahrmillionen hinweg kalt blieben. Seit ihrer Entstehung haben sie sich wahrscheinlich nicht mehr verändert. Sie bilden
somit praktisch ein Archiv, das bis in die Entstehungsphase des Sonnensystems zurückreicht.

Einige besonders phantasievolle Astronomen haben Kometen
auch in der Neuzeit wieder mit Leben und Tod auf der Erde in Verbindung gebracht. Sie spekulieren darüber, daß Kometen tiefgefrorene Viren in die Erdatmosphäre einbringen und damit plötzlich Epidemien
auslösen. Ein Komet soll sogar die ersten Samen des Lebens auf die
Erde gebracht haben. Diese Ideen nehmen jedoch nur sehr wenige
Astronomen ernst.

DIE NATUR DER KOMETEN

Die äußere Erscheinung

Nähert sich ein Komet der Sonne, so erwärmt sich seine Oberfläche. Das Eis beginnt zu sublimieren und reißt dabei Staub mit. Erst dann wird der Komet als hell leuchtende Wolke sichtbar. Bereits in einer Entfernung von einigen Astronomischen Einheiten von der Sonne entwickelt sich auf diese Weise ein diffuser Ball. Man nennt ihn Koma, nach dem lateinischen Wort für Haar. Nähert sich der Komet schließlich bis auf mindestens 1,5 AE der Sonne, bildet er einen feinen Schweif aus.

Die leuchtende Koma, auch Kopf genannt, ist eine runde Wolke, die etwa zu gleichen Teilen aus Gas und Staub besteht. Eine Koma hat typischerweise einen Durchmesser zwischen 30 000 und 100 000 Kilometern und ist somit weit größer als die Erde (s. Tabelle 11.2). Da Kometen nur eine geringe Schwerkraft besitzen, können das Gas und der Staub in den Weltraum entweichen. Die Koma muß deswegen ständig durch verdampfendes Material aufgefüllt werden.

Tabelle 11.2. Äußere Erscheinung eines Kometen

Merkmal	Größe	Zusammensetzung	Erscheinung
Kern	0,1 – 100 km	Staub oder feste Teilchen, Eis	Sehr dunkel
Koma	bis zu 0,01 AE	Neutrale Moleküle, Staubteilchen	Gelblich
Ionenschweif	bis zu 1 AE	Ionisierte Moleküle	Blau, gerade
Staubschweif	bis zu 0,1 AE	Staubteilchen	Gelblich, gebogen
Wasserstoffwolke	bis zu 0,1 AE	Wasserstoffatome	Ultraviolett

Eine riesige Gaswolke aus Wasserstoffatomen hüllt den Kometen ein. Die von ihr ausgesandte ultraviolette Strahlung zeigt ihre riesigen Ausmaße: Bis zu 10 Millionen Kilometer kann sie durchmessen, das entspricht dem sechs- bis siebenfachen Sonnendurchmesser (Bild 11.10). Wahrscheinlich entsteht dieser Halo durch Photodissoziation von Wasser, das aus dem Kern entweicht.

Die Kometenschweife können für kurze Zeit die größten Strukturen im Sonnensystem sein. Sie werden zwischen 10 und 100 Millionen Kilometer lang, entsprechend fast der Entfernung Erde–Sonne. Bei einigen Kometen erkennt man zwei Schweiftypen: einen langen, geraden Ionenschweif und einen kürzeren, gebogenen Staubschweif

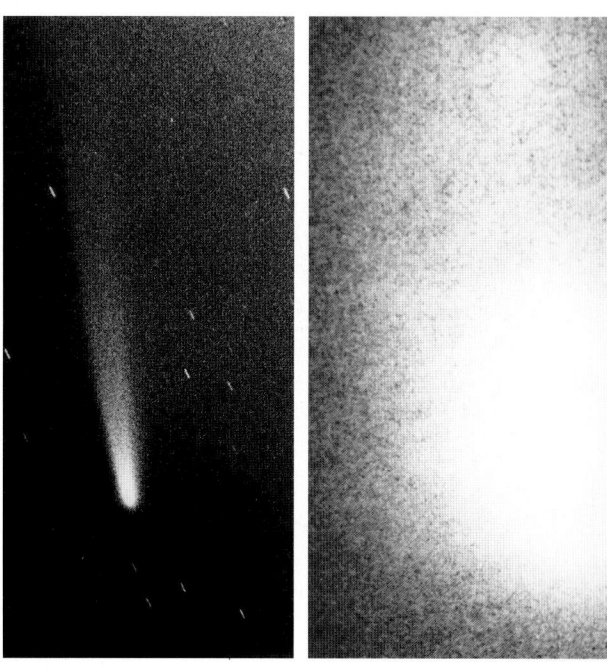

Bild 11.10. Der Wasserstoffhalo. Diese beiden Fotos zeigen den Kometen Kohoutek im sichtbaren (*links*) und im ultravioletten Licht (*rechts*). Beide Aufnahmen wurden am 5. Januar 1974 von einer Rakete aus gemacht. Im UV-Licht offenbart sich der riesige Wasserstoffhalo mit einer Ausdehnung von nahezu 10 Millionen Kilometern. Er entsteht durch das Ausgasen von $5 \cdot 10^{29}$ Wasserstoffatomen pro Sekunde aus dem Kern. (Foto: Chet B. Opal, Naval Research Laboratory)

(Bild 11.11). Diese zwei Arten treten sowohl einzeln als auch zusammen auf (Bild 11.12 und Kurzinformation 11.2). Da der Ionenschweif Ionen und Elektronen enthält, nennt man ihn auch Plasmaschweif. Ein Plasma besteht aus gleich vielen freien Elektronen und Ionen. Die Physiker sprechen bei einem solchen Gas manchmal von einem vierten Aggregatzustand der Materie.

Schon die alten Gelehrten haben bemerkt, daß Sterne durch die Kometenschweife hindurchscheinen. Es ist deshalb auch nicht verwunderlich, daß die Erde einige Male unbeschadet einen Kometenschweif durchquert hat. Kometen sehen zwar sehr beeindruckend und für manche Menschen furchterregend aus, sie bestehen aber fast aus nichts.

Koma und Schweif werden ständig durch Material aus dem Kern aufgefüllt. Dabei gehen Gas und Staub von der Koma in den Schweif über und verschwinden schließlich im interplanetaren Medium. Innerhalb weniger Tage wird die gesamte Koma und innerhalb weniger Wochen der Schweif erneuert. Auch die Form ändert sich laufend. Normalerweise wächst der Schweif mit geringerer Entfernung von der Sonne an. Allerdings ist jeder Komet ein »Individualist«. Ob Form, Größe, Struktur oder Helligkeit, alles entwickelt sich bei der Annäherung an die Sonne völlig unvorhersehbar.

Bild 11.11. Kometenschweife. Zeichnung des Kometen Donati (1858 VI) über der Silhouette von Paris. Er besitzt einen gebogenen Staubschweif, der an einen orientalischen Krummsäbel erinnert. Im Gegensatz dazu heben sich deutlich die zwei geraden Ionenschweife ab. Die Staubteilchen haben Durchmesser von etwa einem tausendstel Millimeter und bestehen wahrscheinlich aus Silikaten. Der Ionenschweif besteht aus Molekülen, die das Sonnenlicht und der Sonnenwind ionisiert. (Aus: Amedee Guillemin: *Le Ciel*, Librairie Hachette, Paris 1877)

KURZINFORMATION 11.2
Kometenschweife und der Einfluß der Sonne

Ein Komet stößt das Gas und den Staub bevorzugt in Sonnenrichtung aus. Solare Kräfte drücken dann aber das Material von der Sonne fort, so daß ein langer, von der Sonne wegweisender, Schweif entsteht. Das heißt bei der Annäherung an die Sonne ist der Kopf in Flugrichtung vorne, beim Wegflug jedoch der Schweif.

Wie übt die Sonne diese Kraft aus? Der feine Staub wird vom Druck des Sonnenlichts angetrieben. Trifft ein Photon auf eine Staubpartikel, so stößt es diese an. Dieser sogenannte Strahlungsdruck erzeugt den Staubschweif.

Die Ionen bewegen sich offenbar schneller und in gerader Richtung vom Kern weg. Dies geschieht durch den Sonnenwind, einen Strom elektrisch geladener Teilchen (vornehmlich Elektronen und Protonen), die ständig von der Sonne fortfliegen. Diese Teilchen stoßen mit den Ionen des Kometen zusammen und beschleunigen sie. Würden sich die Kometen nicht bewegen, so würden der Staub- und der Ionenschweif genau von der Sonne wegweisen. Außerdem hätten die Ionen nahezu die Geschwindigkeit der Sonnenwindteilchen, die über 400 km/s betragen kann. In einer Sonnenentfernung von 1 AE fliegen die Kometen jedoch mit einer Geschwindigkeit von etwa 40 km/s, so daß der Ionenschweif um etwa 5 Grad abgewinkelt ist.

Wie in der Abbildung angedeutet, führt der Sonnenwind ein Magnetfeld mit sich. Dieses legt sich um die Koma und hält den Ionenschweif zusammen. Das Magnetfeld ist in Sektoren mit verschiedener Magnetfeldrichtung unterteilt. Gelangt der Komet von einem Sektor in den anderen, so wird der Schweif abgeklemmt. Es entsteht jedoch nach kurzer Zeit ein neuer Schweif.

Die Ionenschweife wirken also wie Luftsäcke. Tatsächlich wurde die Existenz des Sonnenwindes aufgrund der Beobachtungen von Kometenschweifen noch vor dem Zeitalter der Raumsonden vorhergesagt. Mittlerweile kennen wir seine Zusammensetzung, die Teilchengeschwindigkeit und andere physikalische Eigenschaften.

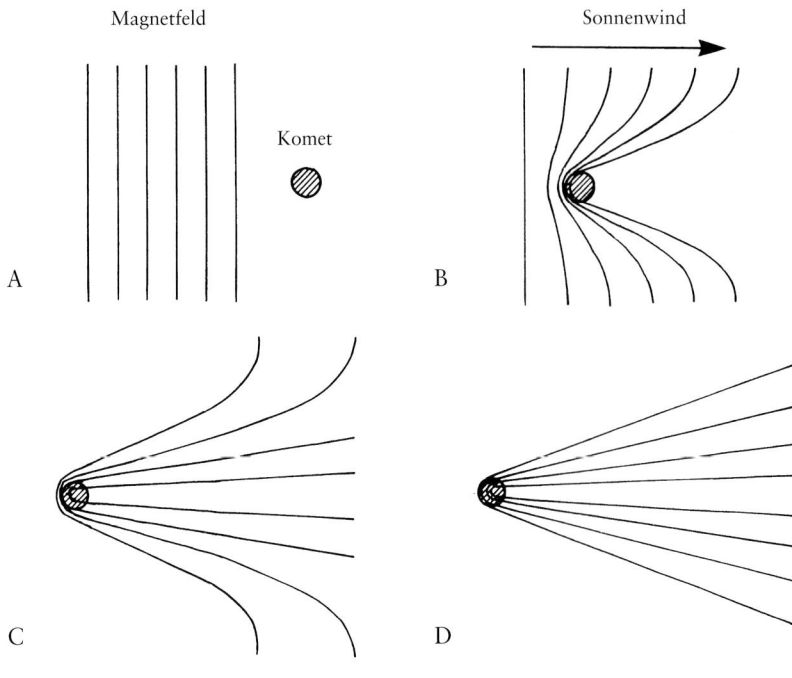

Bild 11.12. Staub- und Ionenschweif. Diese Aufnahme des Kometen West (1976 VI) zeigt einen
perlmuttfarbenen Staub- und einen
blauen Ionenschweif. Die Staubteilchen streuen das Sonnenlicht,
was ihnen die gelbliche Färbung verleiht. Die Ionen hingegen absorbieren das Licht und geben es in
Fluoreszenz wieder ab. Im optischen
Bereich dominiert hier die blaue
Strahlung des ionisierten Kohlen-
monoxids, CO^+. Das Foto machte
Dennis DiCiccio am 8. März 1976
um 4.30 Uhr in Dusbury Beach,
Massachusetts. Die Belichtungszeit
betrug 2 Minuten bei einem
Öffnungsverhältnis der Kamera
von *f/2*. (Dennis DiCiccio: *Sky and
Telescope*)

Der Kern

Der kleine Kern ist in der hell leuchtenden Koma verborgen. Dies ist
der Grund, warum vor dem Vorbeiflug der Giotto-Sonde am Halleyschen Kometen niemand einen Kometenkern gesehen hatte. Die Kamera zeigte einen Kern, der dunkler als Kohle war (Bild 11.13). Der
längliche Brocken besteht vermutlich aus schmutzigem Eis, wobei die
dunkle Oberfläche von einer Mischung aus Mineralien, organischen
Verbindungen und Metallen herrührt. Offensichtlich schützt eine Kruste die im Innern befindliche Eis-Schnee-Mischung. An einigen Stellen
bricht diese Kruste auf. Dort schießen dann Gasstrahlen, sogenannte
Jets, heraus und versorgen die Koma mit neuem Material.

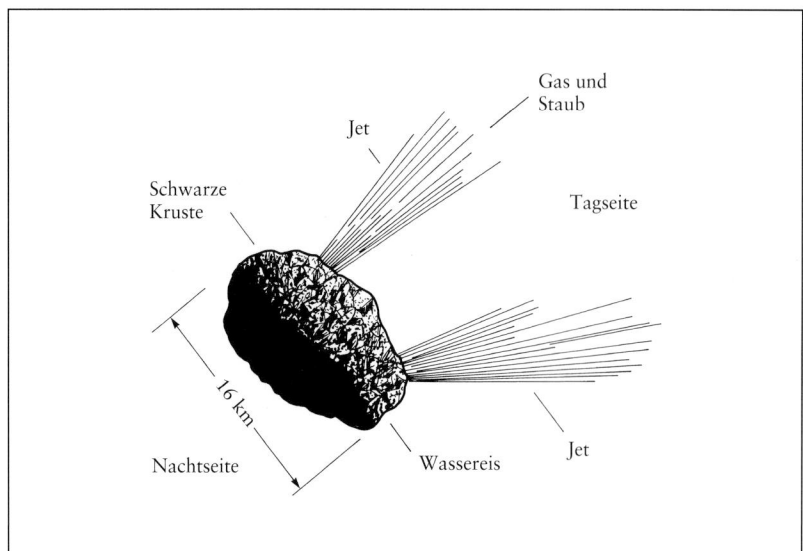

Bild 11.13. Der Kern des Halleyschen Kometen. Gas- und Staubfontänen schießen in Form dünner Jets auf der sonnenbeschienenen Seite aus dem Kometenkern hervor. Während es sich bei dem Gas vorwiegend um sublimiertes Wasser handelt, besteht ein großer Teil des Staubs aus dunkler, kohlenstoffreicher Materie. Die Oberfläche des Kerns reflektiert nur 4 Prozent des Sonnenlichts und ist somit dunkler als Kohle. Der Komet war mit etwa 16 Kilometer Länge und 8 Kilometer Breite größer als vermutet

Wie groß ist ein Kometenkern? Der Kerndurchmesser läßt sich ungefähr aus der Helligkeit eines Kometen bestimmen, der so weit von der Sonne entfernt ist, daß er noch keine Koma ausgebildet hat. Aus solchen Messungen leiteten die Astronomen Durchmesser zwischen 100 Metern und 10 Kilometern ab. Die Giotto-Sonde bestätigte diese Größenordnung. Der Kern des Halleyschen Kometen besitzt eine erdnußartige Form mit einer Länge von 16 Kilometern und einer Breite von 8 Kilometern. Er war dunkler als erwartet. Sollte dies auch auf die anderen Kometen zutreffen, so besäßen diese etwas größere Durchmesser als die Astronomen erwartet hatten.

Die Giotto-Sonde ermittelte auch die Zusammensetzung der Koma. Zum Zeitpunkt der Messung setzte der Komet jede Sekunde 25 Tonnen Wasserdampf und 5 bis 10 Tonnen Staub frei. Diese Materie wird von den Gasen angetrieben, die das Sonnenlicht absorbieren und von der Oberfläche abdampfen. Die Gasanalyse zeigte, daß die chemische Zusammensetzung tatsächlich so ist, wie man es von dem präsolaren Nebel erwartet. Die Kometen bestehen also offensichtlich aus unveränderter Urmaterie.

Kometenkerne rotieren typischerweise mit Perioden zwischen einigen Stunden und einigen Tagen (Bild 11.14 und Kurzinformation 11.3). Die Beobachtungen des Kometen Halley zeigten beispielsweise, daß er sich innerhalb von 7,4 Tagen um seine Längsachse und in 2,2 Tagen um seine kürzeste Achse dreht. (Die meisten Festkörper haben drei Rotationsachsen, aber die Rotation um die mittlere Achse ist instabil.) Bei der Rotation wendet der Komet immer wieder verschiedene Gebiete seines Kerns der Sonne zu. Nur die sonnenbeschienenen sind aktiv, die auf der Nachtseite nicht.

Bild 11.14. Die Rotation des Kometen. Diese Aufnahme des Halleyschen Kometen zeigt, wie Jets aus dem rotierenden Kern herausschießen. Stephen Larson und David Levy machten das Foto am 6. Januar 1986 mit dem 1,5m-Catalina-Spiegelteleskop auf dem Mount Lemmon. Sie verwendeten eine CCD-Kamera und ein Rotfilter, was die Staubstrahlung deutlicher zeigt. (Foto: Stephen Larson, Lunar and Planetary Laboratory, University of Arizona)

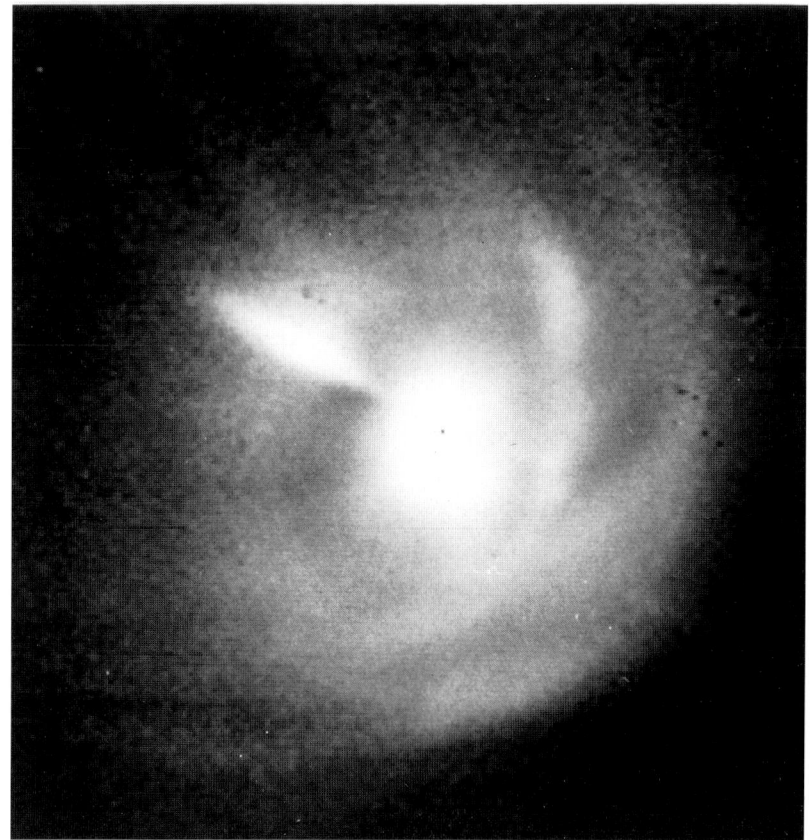

Die Kometenkerne kommen aus den entferntesten Regionen des Planetensystems, wo die Temperatur unter dem Gefrierpunkt von Wasser, Kohlenmonoxid und anderen Gasen liegt. Die Gase sind also normalerweise im Kern gefroren, so daß man sich diesen als einen riesigen Ball aus Eiskristallen und eingelagerten Staubteilchen vorstellen muß. Die Astronomen sprechen deswegen auch von dem Modell eines schmutzigen Schneeballs (Bild 11.15). Der Kometenkern unterscheidet sich aber von einem herkömmlichen Schneeball dadurch, daß er weniger dicht und nicht so fest ist. Der Druck im Mittelpunkt des Kerns entspricht etwa dem unter einer dicken Lage leichter Bettdecken.

Das Modell des schmutzigen Schneeballs hilft uns, die manchmal scheinbar willkürlichen, der Schwerkraft widersprechenden Bewegungen einiger Kometen zu verstehen (Bild 11.16). Sie lassen sich auf nicht-gravitative Kräfte zurückführen, die die Gasjets auf den Kern ausüben (Kurzinformation 11.4).

Der Gasdruck in der Koma ist zu gering, als daß sich flüssige Materie auf dem Kern halten könnte. Das feste Material geht bei Erwärmung sofort in gasförmiges über. Diesen Vorgang nennt man Sublima-

KURZINFORMATION II.3
Kometenfontänen

Staub und Gas bewegen sich auf ähnlichen Bahnen vom Kometen
weg, wie Wassertropfen von einem sich drehenden Rasensprenger.
Aktiviert die Sonnenstrahlung den Kometenkern, so stößt dieser in jet-
artigen Fontänen Material in Richtung zur Sonne aus. Durch die Rotation des Kerns werden die Jets dann umgebogen.

　　Diese fontänenartigen Ausbrüche verdeutlicht die Zeichnung vom
Kometen Donati (1858 VI). Die mehrfachen Halos gehen auf eine ungleichmäßige Emission von Gas und Staub zurück. Nach einer Theorie wird die Materie immer von einer einzigen Stelle des Kerns ausgestoßen, wenn diese periodisch alle 4,6 Stunden der Sonne zugewandt
ist. (Aus: George P. Bond: Annals of the Harvard College Observatory,
3, 1 (1862))

Bild 11.15. Ein Komet über schnee-
bedeckten Bergen. Claude Nicollier
fotografierte den Komet Bennett
(1970 II) über dem Gornergrat,
Schweiz. (Foto: C. Nicollier)

tion. Auf ähnliche Weise verschwindet morgens auf der Erde auch der Frost. Rechnungen haben ergeben, daß ein Komet dadurch bei jedem Periheldurchgang Material mit einer Schichtdicke von wenigen Metern verliert. Kerne mit einem Durchmesser von einem Kilometer könnten demnach hundert bis tausend Umläufe ausführen, bevor sie völlig verdampft sind.

Was für Gase sind im Kern eingefroren? Geht man von dem Material in der Koma aus, so besteht der Kern aus den häufigsten Elementen Wasserstoff, Kohlenstoff, Stickstoff und Sauerstoff. Darin enthalten sind Moleküle, wie Wasser, Kohlenmonoxid, Kohlendioxid, Blausäure (HCN) und Zyan (C_2N_2). Aus dem Kern gehen täglich etwa eine Million Tonnen Wasserdampf in die Koma über. Wenn ein Komet über Hunderte oder Tausende von Umläufen soviel Wasser abgeben kann, muß er überwiegend aus Wasser, in Form von Eis, bestehen.

KURZINFORMATION 11.4
Die Entstehung von Jets in einem schmutzigen Schneeball

Einige Kometen scheinen Newtons Gravitationstheorie zuwiderzu-
laufen, wenn sie später oder früher als berechnet das Perihel durchqueren. Einige werden beschleunigt, andere wiederum abgebremst. Diese
Bewegung wird nicht durch die Gravitation verursacht, sondern durch
sonnenwärts gerichtete Jets, die aus dem rotierenden Kometenkern
herausschießen. Sie entstehen, wenn sich der Schnee auf der sonnenbeschienenen Seite erwärmt und schließlich zum Teil sublimiert. Hierbei
wirkt ein Rückstoß auf den Kometenkern in der entgegengesetzten
Richtung, wie bei einer Rakete oder einem Luftballon, aus dem man
die Luft herausläßt.

Durch die Rotation des Kometen wird der Gasstrahl aus der Sonnenrichtung herausgedreht. Rotiert er entgegen seinem Umlaufsinn
um die Sonne (retrograd), so bremst der Rückstoß den Kometen ab. Er
gerät dabei auf eine sonnennähere Umlaufbahn und erreicht das Perihel
früher als erwartet. Rotiert der Komet prograd, so beschleunigt ihn der
Jet. Dadurch gelangt er auf eine sonnenfernere Bahn und erreicht das
Perihel später. Der Halleysche Komet durchlief aus diesem Grund den
sonnenächsten Punkt vier Tage nach dem vorausgesagten Zeitpunkt.

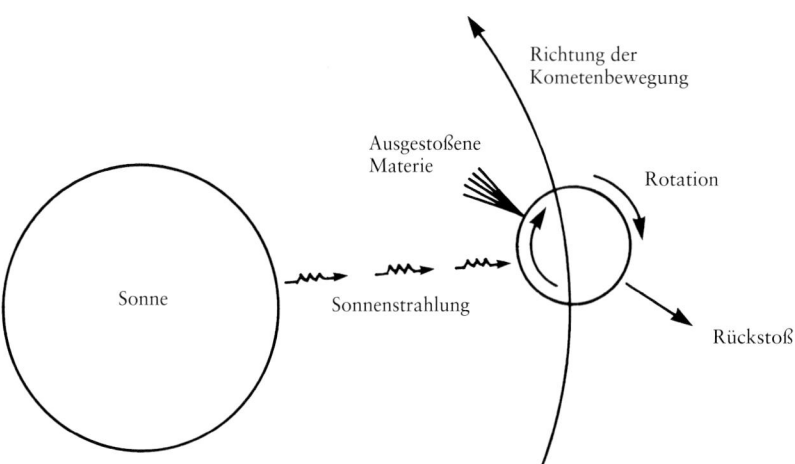

Bild 11.16. Der Komet Encke. Dies ist eine computerverstärkte Falschfarbenaufnahme des Kometen Encke im optischen Spektralbereich. Johann Encke stellte 1819 fest, daß die Periode dieses Kometen mit jedem Sonnenumlauf um 2,5 Stunden abnahm, das heißt er durchlief jedes Mal das Perihel früher, als es die Newtonsche Theorie vorhersagte. Dies läßt sich damit erklären, daß aus dem Kern Gasjets in Sonnenrichtung herausschießen (s. Kurzinformation 11.4). Die Streifen kommen dadurch zustande, daß sich der Komet während der Aufnahme vor dem Sternenhintergrund bewegte. Hyron Spinrad machte das Foto mit dem 3,8m-Teleskop des Kitt Peak National Observatory. (Foto: S. Djorgovsky, University of California, Berkeley)

Was bringt den Kometen zum Leuchten?

In welcher Entfernung zur Sonne sich um den Kern eine Koma auszubilden beginnt, ist bei jedem Kometen verschieden. Bei kurzperiodischen setzt dieser Vorgang erst bei wenigen, vielleicht 3 Astronomischen Einheiten ein. Die neuen Kometen, die das erste Mal in Sonnennähe kommen, werden schon in größeren Entfernungen aktiv. In einigen dieser Fälle beobachteten Astronomen bereits in einer Distanz von 5 AE eine außergewöhnlich helle Koma. Dieses unterschiedliche Verhalten läßt sich im Rahmen des Modells des schmutzigen Schneeballs erklären.

Die neuen Kometen werden früher aktiv, weil ihre Oberfläche noch eher die Bedingungen im solaren Urnebel repräsentiert. Laborexperimente haben nämlich gezeigt, daß Eis, welches bei den extrem niedrigen Temperaturen im Urnebel von etwa 15 Kelvin entstand, nicht die kristalline Form gewöhnlicher Schneeflocken hat. Es ist amorph, so genannt nach dem griechischen Wort für formlos. In Sonnennähe ist dieses Eis leichter flüchtig und erzeugt mehr aktive Jets als bei kurzperiodischen Kometen. Außerdem hat die kosmische Strahlung über Milliarden von Jahren hinweg das Ureis bis in eine Tiefe von etwa einem Meter verändert, was ebenfalls zu einer erhöhten Aktivität beitragen könnte.

Periodische Kometen haben bei ihren zahlreichen Periheldurchgängen aber bereits einen Teil ihrer Oberflächenschicht verloren. Unter dem Einfluß der Sonnenstrahlung können die Atome und Moleküle aus dem Innern des Kerns durch das Gitter des äußeren Materials nur langsam hindurchwandern. Zurück bleibt eine poröse, überwiegend aus Staub bestehende Kruste, in die kaum noch Sonnenstrahlung eindringt. Sie ist nicht geeignet, Jets zu erzeugen. Dies erklärt die verringerte Staub- und Gasemission bei kurzperiodischen Kometen in Sonnennähe.

Die Tatsache, daß periodische Kometen in einer Entfernung von rund 3 AE ihre Koma ausbilden spricht dafür, daß diese zum Großteil aus Wasserdampf besteht, denn genau in dieser Entfernung erreicht die Temperatur etwa den Sublimationspunkt. Andere Moleküle sublimieren bereits bei viel geringeren Temperaturen, das heißt in größerer Entfernung. Das Verdampfen dieser leichter flüchtigen Substanzen regt möglicherweise die Staub- und Gasemission in neuen Kometen an. Man muß die Existenz von flüchtigen Muttermolekülen wie Kohlenmonoxid, Methan, Kohlendioxid und Ammoniak annehmen, will man andere Stoffe wie Kohlenstoffmoleküle oder Stickstoff-Wasserstoff-Radikale in der Koma einiger periodischer Kometen erklären. Diese leichter flüchtigen Substanzen sind wahrscheinlich in den Käfigen der Wassereiskristalle gefangen, so daß sie erst austreten können, wenn sich der kurzperiodische Komet der Sonne bis auf 3 AE genähert hat und das Wasser sublimiert.

KOMETENTRÜMMER

Zerfall und Auflösung

Koma und Schweif werden ständig vom Kometen fortgeblasen, während das Material vom Kern nachgeliefert wird. Irgendwann einmal muß dieser Gasvorrat aber erschöpft sein. Entweder löst sich der Kern dann vollständig auf, oder es bleibt ein schwarzer, inaktiver Restkörper übrig.

Die Staubdetektoren auf der Raumsonde Vega 1 registrierten beim Vorbeiflug am Halleyschen Kometen im Jahre 1986 ein Vielfaches mehr an Staub als diejenigen auf Vega 2 drei Tage später. Auch von der Erde aus hatte man eine unterschiedliche Aktivität in diesem Zeitraum beobachtet. Als die Sonden die Koma durchflogen, wurden sie unterschiedlich stark von schnellen Staubteilchen beschädigt (nicht jedoch zerstört), die bei dem Aufprall verdampften. Die meisten von ihnen waren kleiner als diejenigen, die man in Meteoriten gefunden hatte. Sie sind möglicherweise typisch für interstellare Staubteilchen. Es ist somit denkbar, daß die Sonden eventuell Material aus dem präsolaren Nebel registriert haben.

Die Überreste des zerfallenden Kometen können auf verschiedene Weise mit der Erde wechselwirken. Größere Brocken verteilen sich auf der Umlaufbahn des Kometen. Wenn die Erde diesen Gürtel durchquert, können die Kometentrümmer in der Atmosphäre als Meteore verglühen. Stößt sie mit einem sehr großen Fragment zusammen, so kann dies zu einer Explosion von der Stärke einer Atombombe führen (s. Kurzinformation 11.5).

Die sonnenstreifenden Kometen

Einige Kometen tauchen tief in die dünne, heiße äußere Sonnenatmosphäre, die Korona, ein und fliegen in weniger als eine Million Kilometer Entfernung von der Oberfläche an ihr vorbei. Das bleibt jedoch häufig nicht ohne Folgen für diese sonnenstreifenden Kometen. Einige von ihnen brechen, vermutlich wegen der großen Gezeitenkräfte, auseinander. So zerfiel beispielsweise der große Septemberkomet (1882 II) kurz nach dem Periheldurchgang in mindestens vier Stücke, die wie Perlen an einer Kette auf derselben Umlaufbahn hintereinander herflogen. Mitunter stürzt ein Komet auch in die Sonne hinein (Bilder 11.17 und 11.18).

Bild 11.17. Ein Komet stößt mit der Sonne zusammen. Auf dieser Aufnahme, gewonnen im Jahre 1979 von einem Satelliten aus, stürzt ein Komet in die Sonne. Die helle Scheibe stammt von der Blende eines Choronographen, mit dem die Sonne abgedeckt wurde. Mit diesem Satelliten entdeckten die Astronomen insgesamt sechs solcher sonnenstreifenden Kometen, die von der Erde aus bis dahin unbeobachtet geblieben waren. (Foto: US Naval Research Laboratory)

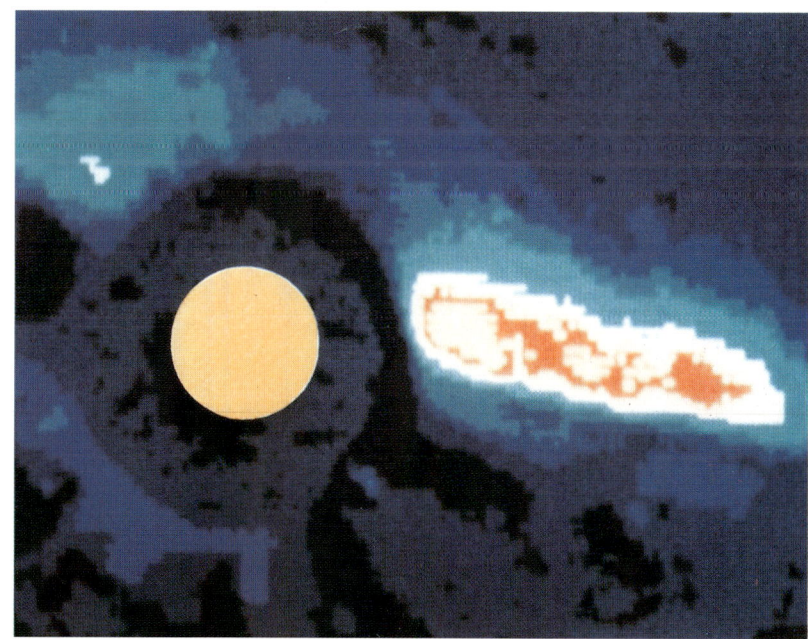

KURZINFORMATION 11.5
Das Tunguska-Ereignis

Am 30. Juni 1908 leuchtete ein bläulich weißer Feuerball, heller als die Sonne, am Tageshimmel über Tunguska in Sibirien auf. Dann explodierte das Objekt mit der Wucht einer Atombombe, und die enorme Druckwelle knickte in einem großen Gebiet alle Bäume wie Streichhölzer um. Die Detonation war noch in einer Entfernung von einigen tausend Kilometern zu hören, und über Europa glühte der Himmel noch mehrere Nächte lang nach.

Merkwürdigerweise fand man keinen Krater in diesem Gebiet, und im Zentrum der Explosion war eine Baumgruppe stehengeblieben. Offenbar war der Körper nicht auf der Erde aufgeschlagen, sondern bereits in der Luft explodiert.

Das Tunguska-Ereignis war vergleichbar mit der Atombombenexplosion über Hiroshima. Auch dort zerstörte die Druckwelle zahlreiche Gebäude und Bäume, hinterließ aber keinen Krater und ließ einen kleinen Bereich direkt unterhalb der Detonation unbeschädigt.

Die Wissenschaftler warteten mit einer ganzen Reihe von Erklärungen für das Tunguska-Ereignis auf: Von der Kollision mit einem kleinen Schwarzen Loch oder Antimaterie bis zum Absturz eines atomgetriebenen Raumschiffes außerirdischer Wesen war alles vertreten. Die wahrscheinlichste Deutung ist aber der Zusammenstoß mit einem Asteroiden oder einem Kometen.

Einigen Abschätzungen zufolge sind seit der Entstehung der Erde etwa 3000 Kometen mit ihr zusammengestoßen. Einstürze von Asteroiden sind 50 mal häufiger als von Kometen derselben Größe.

Bild 11.18. Der sonnenstreifende Komet Ikeya-Seki. Im Jahre 1965 erreichte der Komet Ikeya-Seki in Sonnennähe eine größere Helligkeit als der Vollmond. Diese am Tage gewonnene Aufnahme zeigt ihn nahe am Perihel. Er flog in einer Entfernung von 0,008 AE (483 000 Kilometer) noch innerhalb der äußeren Sonnenatmosphäre, der Korona, an ihr vorbei. Das Foto entstand mit einem Choronographen am Norikura Observatorium, Tokio. Die Sonnenscheibe wurde mit einer Blende abdeckt, so daß nur noch das in der Photosphäre gestreute Licht am Rand erscheint. (Foto: F. Moriyama, Tokio Observatory)

Die Vermehrung eines Kometen

Ist ein Kometenkern in mehrere Stücke zerfallen (Bild 11.19), können diese sich wegen ihrer zu geringen Schwerkraft nicht wieder zusammenfügen. Im Gegenteil sorgen die Gasjets noch dafür, daß die Bruchstücke sich immer weiter voneinander entfernen.

Wir kennen heute 21 Kometen, die in zwei oder mehr Stücke zerbrochen sind. Sicher sind viele weitere Kometen in früheren Zeiten unbeobachtet fragmentiert. Insgesamt haben die Astronomen über 750 Kometen beobachtet, von denen nach Schätzungen der Wissenschaftler 7 Prozent beim Eintritt ins innere Planetensystem zerfielen.

Bild 11.19. Auseinanderbrechen des Kometen West. Diese Aufnahmen zeigen das Zerbrechen des Kometen West im Jahre 1976 an den Tagen: 8., 12., 14., 18. und 24. März (v. l. n. r.). Am 18. März betrug der Durchmesser der vier Fragmente zusammen etwa 10 000 Kilometer. Das Foto entstand durch ein Gelb-Grün-Filter mit einem 60cm-Cassegrain-Teleskop. (Foto: C. Knuckles und S. Murrell, New Mexico State University Observatory)

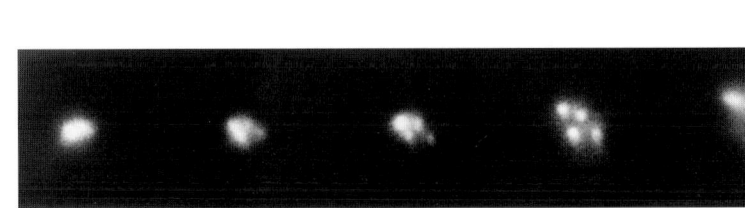

Feuerregen

Durchfliegt die Erde die Trümmerwolke eines Kometen, so zeigt sich am Nachthimmel ein wahrer Feuerregen (Bild 11.20). Die kleinen Staubkörnchen verglühen als Meteore in der Atmosphäre. Man nannte sie häufig auch fallende oder schießende Sterne (Bild 11.21). Sie

Bild 11.20. Der Leoniden-Meteorschauer. Dieser Holzschnitt zeigt den Leoniden-Schauer in der Nacht vom 12. zum 13. November 1833. Die Bahnen scheinen alle auf einen Punkt, den Radianten, im Sternbild Löwe zu weisen. Dies ist ein perspektivischer Effekt wie bei Eisenbahnschienen, die in der Ferne zusammenlaufen. In Wahrheit bewegen sich die Meteore alle parallel. (Foto: American Museum of Natural History)

wurden mehrfach von den alten Gelehrten verewigt, wie das folgende Beispiel aus der *Georgica* (Buch 1) zeigt:

> Oft wirst Du bei drohendem Sturm auch Sterne kopfüber vom Himmel herabgleiten und hinter ihnen her eine Flammenschleppe im Nachtdunkel weiß aufleuchten sehen.

Bild 11.21. Fallende Sterne. In diesem Gemälde von Jean-François Millet symbolisieren die zwei Paare Meteorschauer oder fallende Sterne. Die transzendentale Natur der erotischen Liebe versinnbildlichend, schweben sie durch den Himmel. (Foto: National Museum of Wales, Cardiff)

Ein Komet gibt jedoch nicht nur Gas und kleine Staubkörnchen ab, sondern hin und wieder auch Stücke in der Größenordnung von Sandkörnern oder Steinen. Auch diese Teilchen verbleiben in einem Schwarm auf der Umlaufbahn des Kometen. Die Astronomen nennen dies einen Meteorstrom (Bild 11.22). Kreuzt die Erde einen solchen Strom von Millionen von Teilchen, so dringen diese mit Relativgeschwindigkeiten zwischen 10 und 60 Kilometer pro Sekunde in die Atmosphäre ein und erzeugen einen Meteorschauer (s. Tabelle 11.3). Etwa ein Prozent der Bewegungsenergie wird in Licht umgesetzt, so daß bereits ein Kometentrümmer von der Größe eines kleinen Steins als heller Meteor aufleuchtet.

Diese Trümmer sind so zerbrechlich, daß sie vollständig verglühen. Bisher hat kein Meteor, der von einem Kometen stammte, die Erdoberfläche erreicht. Insofern unterscheiden sich diese Fragmente von dem weitaus festeren Material der Meteoriten (s. Kapitel 7 »Asteroiden, Meteore und Meteorite«).

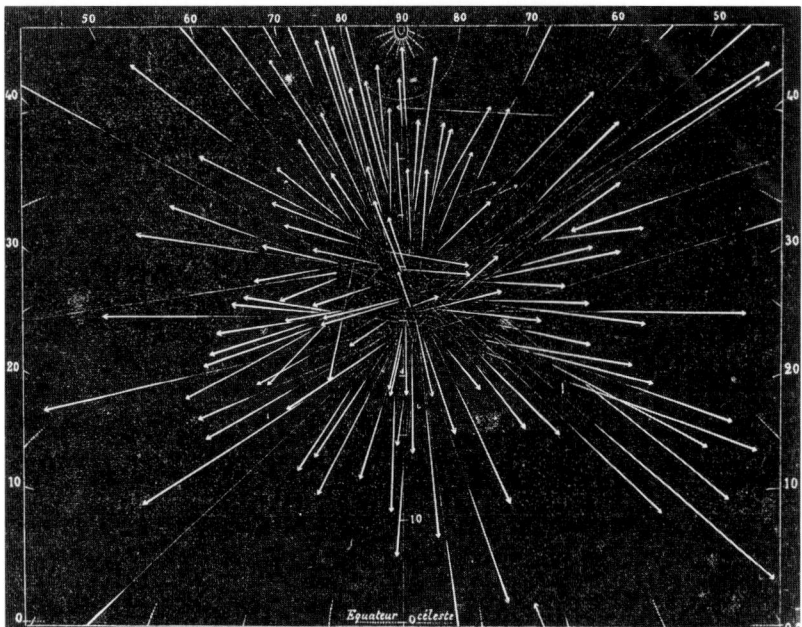

Bild 11.22. Der Radiant. Die Wege der Andromediden-Meteore am Himmel in der Nacht vom 27. November 1872. Die Schauer erhalten ihren Namen nach dem Sternbild, aus dem sie zu kommen scheinen. Dieser Schauer tritt jeden November auf, wenn die Erde die Staubwolke des Kometen Biela kreuzt. (Aus: Amedee Guillemin: *Le Ciel*, Librairie Hachette, Paris 1877)

Tabelle 11.3. Große Meteorströme im späten 20. Jahrhundert

Bezeichnung	Zeit des Maximums	Meteore pro Stunde	Geschwindigkeit in km/s	Dauer in Tagen	Erzeugender Komet
Quadrantiden	3. Jan.	40	41	1,1	?
Lyriden	22. Apr.	15	48	2	1861 I
Eta-Aquariden	4. Mai	20	65	3	Halley
Delta-Aquariden	28. Juli	20	41	7	?
Perseiden	12. Aug.	50	60	4,6	1862 III
Orioniden	21. Okt.	25	66	2	Halley
Tauriden	3. Nov.	15	28	–	Encke
Leoniden	17. Nov.	15	71	–	1866 I
Geminiden	14. Dez.	50	35	2,6	Phaethon[a]
Ursiden	22. Dez.	15	34	2	Tuttle

[a] Phaethon ist entweder ein Asteroid oder ein Komet.

Das Zodiakallicht

Das Zodiakallicht ist eine kegelförmige Leuchterscheinung in der Sonnenumgebung. Ganz nahe an der Sonne ist es breit, mit zunehmendem Abstand verjüngt sich der Kegel und wird lichtschwächer. Am besten sieht man das Zodiakallicht entweder kurz nach Sonnenuntergang im Westen oder kurz vor Sonnenaufgang im Osten (Bild 11.23). Den Na-

Bild 11.23. Das Zodiakallicht. Dieses Zodiakallicht beobachtete der Maler in der Mitte des 19. Jahrhunderts in Japan. Früher glaubte man, es stamme von Sonnenlicht, das an einer Wolke in der Nähe der Sonne reflektiert würde. Heute wissen wir, daß es sich um eine Staubwolke in Erdnähe handelt, die das Licht streut. Kometen liefern ständig den Staub in dieser Wolke nach. (Aus: Amedee Guillemin: *Le Ciel*, Librairie Hachette, Paris 1877)

men hat es bekommen, weil es sich entlang des Tierkreiszeichens oder Zodiakus ausbreitet.

Es entsteht durch die Streuung des Sonnenlichts an Staub, den kurzperiodische Kometen ins interplanetare Medium abgeben. Die Wolke ist zu einer Scheibe abgeflacht, die sich in der Ekliptik etwa bis zur Marsbahn ausdehnt. Die Staubteilchen spiralen dabei langsam auf die Sonne zu, so daß die Wolke ständig mit einer Rate von etwa 10 Tonnen pro Sekunde nachgefüllt werden muß.

Kosmischer Staub

Ein winziger Bruchteil des kometaren Staubs gelangt auch auf die Erde. Jedes Jahr fegt unser Planet rund eine Million Tonnen des überall verteilten Staubes auf. Einige dieser Partikel sind so klein, daß die Atmosphäre sie nur abbremst, nicht jedoch verglühen läßt. Man nennt sie Mikrometeorite.

Einige hundert von ihnen konnten in der Stratosphäre eingesammelt und anschließend in Laboratorien untersucht werden. Im Durchschnitt ähnelt ihre chemische Zusammensetzung derjeniger primitiver Meteorite, den kohligen Chondriten. Allerdings enthalten sie mehr Kohlenstoff. Die Mikrometeorite weisen tatsächlich die erwartete zerbrechliche, poröse Struktur auf (Bild 11.24).

Dieser Kometenstaub ist so empfindlich, daß er wahrscheinlich die geringste Erwärmung in der Atmosphäre nicht überstehen würde. Aus diesem Grunde gehen die Astronomen davon aus, daß die eingesammelten Teilchen tatsächlich noch in ihrem ursprünglichen Zustand erhalten geblieben sind. Sie geben wichtige Aufschlüsse über die physikalischen Bedingungen im Urnebel und bewahren vermutlich die Asche von Sternen in sich, die längst erloschen waren, als die Sonne entstand. Damit sind wir bei der Entstehung des Sonnensystems angelangt. Außerdem werden wir der Frage nachgehen, ob es auch um andere Sterne Planeten und Kometenwolken gibt.

Bild 11.24. Kosmischer Staub. Dieses interplanetare Staubteilchen stammt wahrscheinlich von einem Meteoriten. Das kaum einen zehntel Millimeter lange Teilchen wurde mit einem Stratosphärenflugzeug der NASA vom Typ U2 in einer Höhe von etwa 20 Kilometern gesammelt. Die Kristalle bildeten sich wahrscheinlich im präsolaren Nebel, möglicherweise sogar bereits vor der Entstehung des Nebels im interstellaren Raum. (Foto: Donald E. Brownlee)

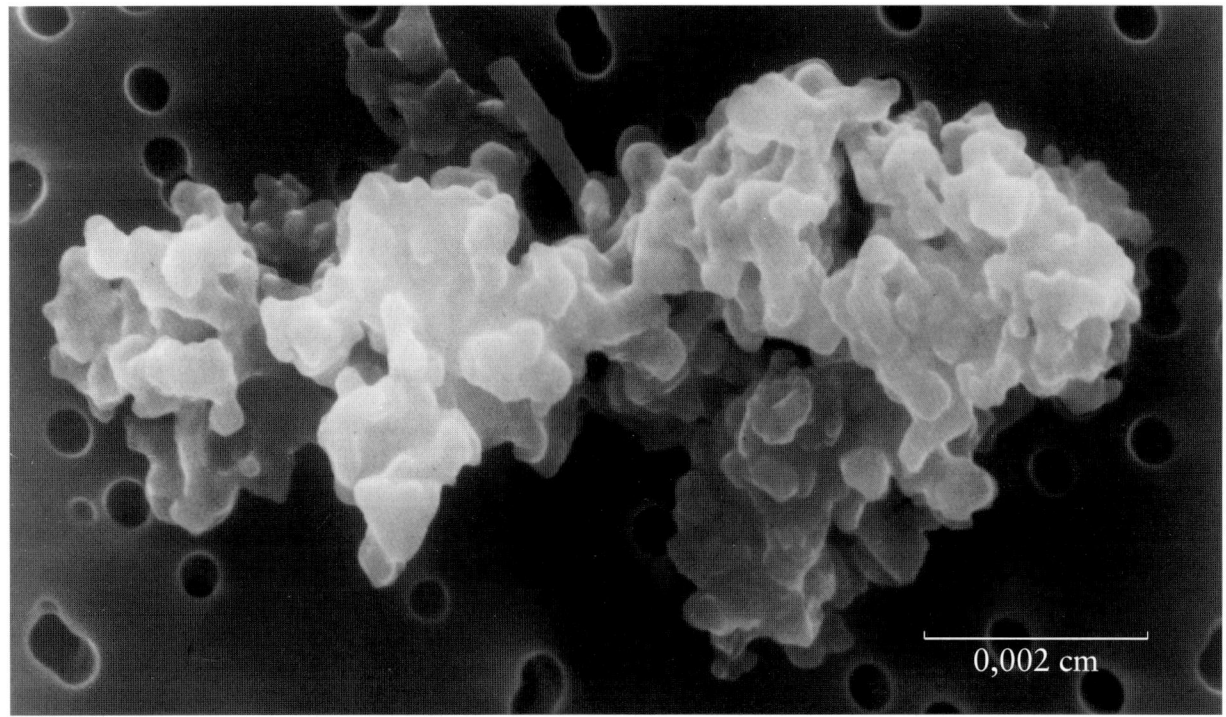

0,002 cm

KURZINFORMATION 11.6
Kometen – Zusammenfassung

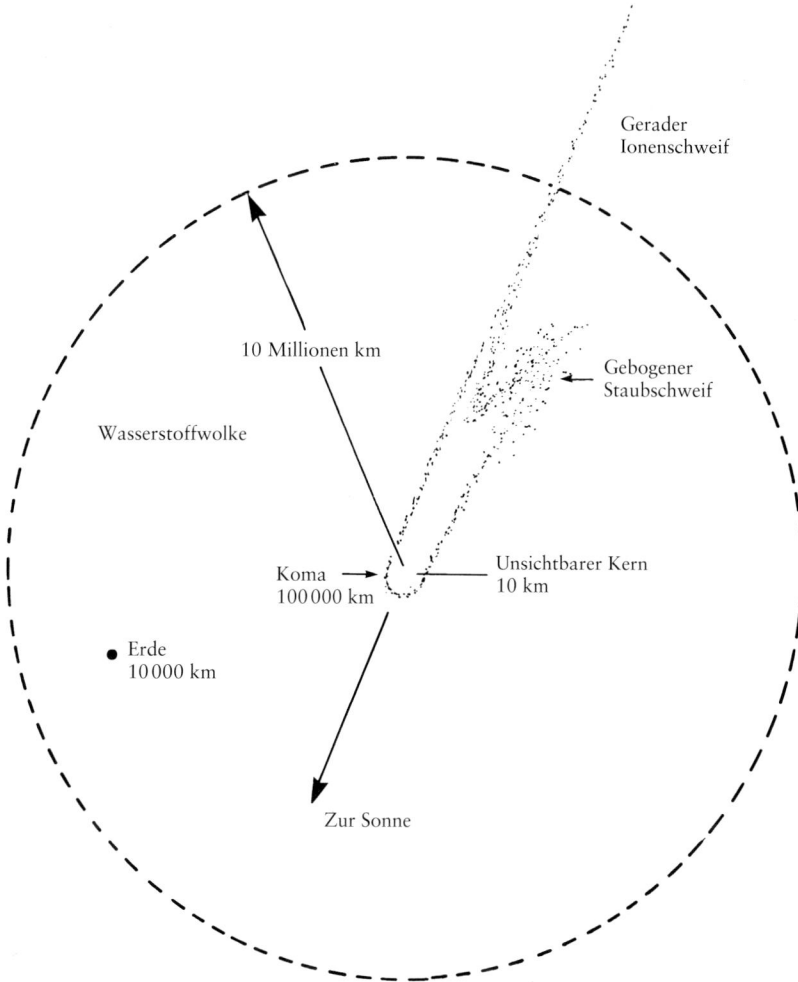

Masse: 10^{11} bis 10^{21} Gramm $= 10^{-17}$ bis 10^{-7} M_E (Erde $= 1$)
Radius: 0,1 bis 100 Kilometer $= 10^{-5}$ bis 10^{-2} R_E (Erde $= 1$)
Mittlere Dichte: weniger als 1 bis 2 g/cm^3
Rotationsperiode: 4 bis 200 Stunden
Umlaufperiode: 3,3 bis über 1 Million Jahre
Mittlere Entfernung von der Sonne: 2 bis 30 000 AE

Die Entstehung des Sonnensystems.
Nach der Nebularhypothese bil-
deten sich die Sonne und die
Planeten gleichzeitig aus einer inter-
stellaren Wolke, die sich langsam
zusammenzog. (Foto: Helmut
K. Wimmer, Hayden Planetarium,
American Museum of Natural
History)

KAPITEL 12

Die Entstehung des Sonnensystems

WIE ALT IST DAS SONNENSYSTEM?

Fragen wir nach dem Alter des Sonnensystems, so ist eines sicher: Es kann nicht älter sein als das Universum, das vor 12 bis 18 Milliarden Jahren in einem heißen Feuerball entstand. Wir beginnen unsere Geschichte deswegen in der Kindheit des Weltalls.

Am Anfang war das Universum reine Energie, es gab keine Materie. Nach dem Urknall dehnte sich der Raum aus, und nach kurzer Zeit kondensierte die Energie zu energiereichen Teilchen aus. Hieraus gingen schließlich die Elektronen sowie die Kerne von Wasserstoff und Helium hervor. Das Gas kühlte sich durch die Expansion weiter ab, sammelte sich in großen rotierenden Wolken, von denen sich wiederum kleinere Fragmente abspalteten. Hieraus formten sich die ersten Protogalaxien. Innerhalb der Galaxien ging der Fragmentationsprozeß des Gases weiter, bis sich schließlich in kleineren Wolken die ersten Sternhaufen bildeten.

Die ersten Sterne in diesen Galaxien können nicht von steinigen Planeten wie der Erde umkreist worden sein, denn es gab ausschließlich Wasserstoff und Helium. Die schwereren Elemente entstanden erst im Innern dieser Sterne der ersten Generation. Hier gab es zwei Möglichkeiten: (1) Einige, sehr massereiche Sterne explodierten als Supernova. (2) Die weniger massereichen Sterne wandelten langsam leichtere Kerne in schwerere um. Zuerst verschmolzen sie vier Wasserstoffkerne zu Helium, dann Helium zu Kohlenstoff und so weiter. Auch sie gaben diese Elemente an das Weltall ab. Dadurch reicherte sich die Materie im Universum immer weiter mit schweren Elementen an, und jede nachfolgende Sterngeneration baute mehr und mehr dieser Elemente mit ein.

Beobachtungen in der Sonnenumgebung oder auch in anderen Galaxien zeigen deutlich, daß auch heute noch aus dem interstellaren Gas Sterne entstehen (Bild 12.1). Die Sonne muß bereits einer späteren Sterngeneration angehören, da sie neben Wasserstoff und Helium einen Anteil von 2 Prozent an schwereren Elementen besitzt, die nur in früheren Sterngenerationen gebildet worden sein können. Theorien der Sternentwicklung ergeben, daß die Sonne seit etwa 5 Milliarden

3 lightyears

Bild 12.1. Der Orionnebel. Masse-reiche, heiße Sterne heizen das umgebende Gas auf. Atome werden ionisiert und beginnen zu leuchten. Solche heißen Sterne befinden sich im Orionnebel (auch als M42 oder NGC 1976 bezeichnet), der hier gezeigt ist. Die dunkelroten Knoten verdichten sich vielleicht in Zukunft und bilden dann neue Sterne. Diese Aufnahme wurde mit dem britischen 1,2m-Schmidt-Teleskop durch ein Rotfilter 90 Minuten lang belichtet. Anschließend wurde die Originalaufnahme mit der Technik der unscharfen Maskierung kopiert. Dadurch treten feine Details sowohl in den hellen Gebieten als auch in den schwächeren Randzonen deutlicher hervor. (Foto: Royal Observatory Edinburgh 1978, aufbereitet durch David F. Malin)

Jahren so scheint wie heute, wobei ein leichter Helligkeitsanstieg miteinbezogen ist. Folglich sind auch die Planeten nicht älter.

Eine genauere Altersbestimmung erhält man aus der Untersuchung von Meteoriten. Die einfachsten unter ihnen, die kohligen Chondrite, entstanden vermutlich sehr früh in verhältnismäßig kühlen Bereichen des solaren Urnebels. Diese Körper blieben seitdem, ganz im Gegensatz zu den Planeten, unverändert. Radioaktive Altersbestimmungen zeigten, daß sie vor 4,6 Milliarden Jahren entstanden sind.

Das ist wahrscheinlich auch das Alter der Planeten. Dies deutet darauf hin, daß die Sonne und die Planeten etwa gleich alt sind. Das ist ein wichtiger Hinweis für die Frage, wie das Sonnensystem entstanden ist. Weitere Indizien liefern uns bestimmte Gesetzmäßigkeiten, die wir heute bei den Planeten beobachten können.

GESETZMÄSSIGKEITEN IM SONNENSYSTEM

Einige Gesetzmäßigkeiten bemerkten bereits die Astronomen in der Antike:

1) Die Planeten ziehen in einem schmalen Band, dem Tierkreis, am Himmel entlang. Das bedeutet, daß alle Umlaufbahnen fast in derselben Ebene liegen.

2) Von der Nordhalbkugel der Erde aus gesehen, bewegen sich alle Planeten von rechts nach links über den Himmel, entsprechend umrunden sie die Sonne prograd, das heißt gegen den Uhrzeigersinn.

In der heutigen Zeit kamen noch weitere Merkmale hinzu:

3) Die Umlaufbahnen sind fast kreisförmig.

4) Die Ebenen des Sonnenäquators und der Umlaufbahnen fallen fast genau zusammen.

5) Die meisten Monde umkreisen die Planeten in demselben Umlaufsinn wie die Planeten die Sonne.

6) Mit Ausnahme von Venus, Uranus und wahrscheinlich Pluto rotieren alle Planeten und die Sonne in derselben prograden Richtung um ihre Achse (Bild 12.2).

7) Die Abstände der Planeten zur Sonne gehorchen einem bestimmtem Gesetz. Im inneren Planetensystem wachsen die Abstände von einem Planeten zum nächsten um das 1,5fache an, weiter außen um das 2fache.

8) Der größte Teil des Gesamtdrehimpulses im Sonnensystems steckt in den großen Planeten. Die Sonne besitzt nur etwa ein Prozent, obwohl ihre Masse über 100 mal größer ist als die aller Planeten zusammen.

9) Die massereichsten Planeten, Jupiter und Saturn, finden wir im mittleren Bereich des Planetensystems, an dessen Rändern sind die keinsten, nämlich Merkur und Pluto.

10) Die überwiegenden Bestandteile (Gestein, Eis und Gas) sind nicht gleichmäßig verteilt (s. Tabelle 12.1). Während die vier sonnennächsten Planeten aus Gestein bestehen, setzen sich die äußeren Planeten, von Jupiter bis Neptun, vorwiegend aus Eis und Gas zusammen. Darüber hinaus bestehen die Kerne der Riesenplaneten vermutlich aus Gestein mit einer Masse von rund 10 Erdmassen.

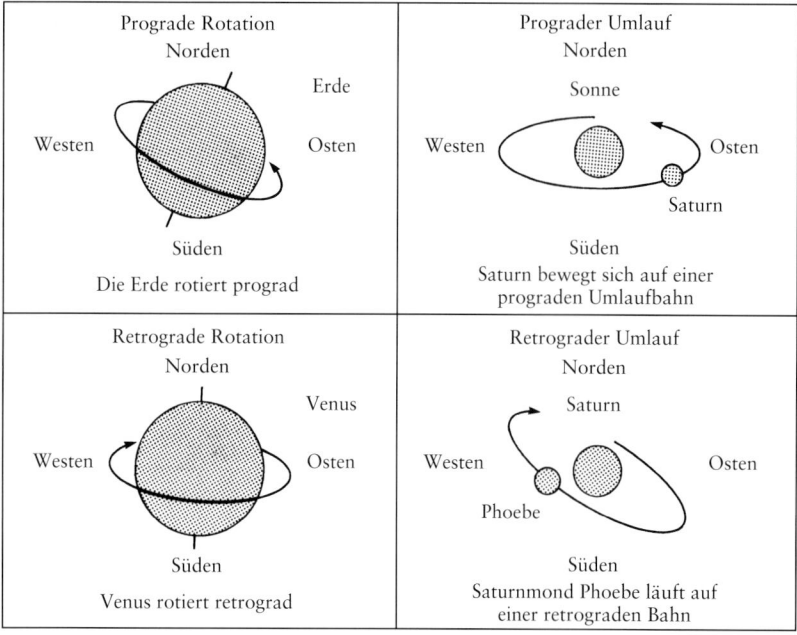

Prograde Rotation Norden	Prograder Umlauf Norden
Westen Erde Osten	Westen Sonne Osten Saturn
Süden Die Erde rotiert prograd	Süden Saturn bewegt sich auf einer prograden Umlaufbahn
Retrograde Rotation Norden	Retrograder Umlauf Norden
Westen Venus Osten	Westen Saturn Osten Phoebe
Süden Venus rotiert retrograd	Süden Saturnmond Phoebe läuft auf einer retrograden Bahn

Bild 12.2. Prograde und retrograde Bewegungen. Die Planeten umkreisen die Sonne fast in einer Ebene in prograder Richtung, das heißt gegen den Uhrzeigersinn, wenn man von Norden auf die Planetenebene hinabschaut. Die Sonne und die meisten Planeten rotieren ebenfalls prograd. Darüber hinaus bewegen sich auch die meisten Monde in der Äquatorebene ihrer Planeten und umkreisen sie in prograder Richtung. Trotzdem gibt es einige bemerkenswerte Ausnahmen von dieser Regel. Venus und Uranus rotieren in der entgegengesetzten, retrograden Richtung, und der äußerste Saturnmond sowie einige der äußeren Jupitermonde bewegen sich retrograd auf stark geneigten und elliptischen Bahnen

Sie unterscheiden sich von den inneren Planeten durch das den Kern umgebende Eis.

Laplace befaßte sich vermutlich als erster mit einer mathematischen Analyse dieser Gesetzmäßigkeiten. Er berechnete die Wahrscheinlichkeit dafür, daß alle Planeten die Sonne zufällig in derselben Richtung umkreisen. Angenommen eine Million Planetensysteme mit jeweils 9 Planeten würden mit einem willkürlichen Umlaufsinn der Planeten entstehen. In wieviel Fällen würden dann zufällig alle Planeten denselben Umlaufsinn haben? Bezeichnen wir die Rotationsrichtung der

Tabelle 12.1. Bestandteile des Sonnensystems

Bestandteil	Beispiele	Dichte in g/cm^3	Schmelztemperatur in Kelvin	Vorwiegender Ort
Gestein	Eisen, Silizium, Magnesium	7,9 3,3	2000	Innere Planeten
Eis	Wasser, Ammoniak, Methan	1,0	273	Monde, Kometen, Uranus, Neptun
Gas	Wasserstoff Helium	< 1 < 1	14 1	Jupitermonde

Sonne als prograd, so hat jeder Planet zwei Möglichkeiten die Sonne zu umkreisen, nämlich ebenfalls prograd oder retrograd. Die Wahrscheinlichkeit dafür, daß der erste Planet ebenfalls prograd umläuft beträgt 1/2. Die Wahrscheinlichkeit, daß auch der zweite und dritte prograd laufen, beträgt $(1/2) \cdot (1/2) = 1/4$. Dann ist die Wahrscheinlichkeit p dafür, daß 9 Planeten in derselben Richtung laufen:

$$p = (1/2)^9 = 0,002 \, .$$

Ebenso wahrscheinlich ist es, daß bei 9 Münzwürfen immer dieselbe Seite oben liegt. Nehmen wir noch alle Monde (etwa 50) hinzu, so wird die Wahrscheinlichkeit extrem klein:

$$p = 0,000\,000\,000\,000\,000\,003\,5 \, .$$

Das heißt selbst wenn man eine Million Milliarde Planetensysteme wie das unsere hätte, und die Planeten und Monde beliebig um ihre Sonne kreisen würden, so sähen nur drei oder vier dieser Systeme so aus wie unseres. Und das ist ja nur eine der Gesetzmäßigkeiten. Nehmen wir noch weitere Regelmäßigkeiten, wie die Rotationsrichtungen der Planeten und den Umlaufsinn der Asteroiden, hinzu, so wird die Wahrscheinlichkeit verschwindend gering.

Aus diesem Grunde suchte Laplace nach einer physikalischen Ursache für dieses Phänomen. Er wußte, daß Newtons Gesetze zwar die Planetenbewegungen richtig beschrieb, aber eine Erklärung für die einheitliche Drehrichtung gaben sie nicht. Hierfür braucht man zusätzliche Informationen, und zwar die Anfangsbedingungen, wie die Mathematiker sagen. Sie beschreiben den Zustand des Systems bevor es die Planeten gab. Um diese Anfangsbedingungen herauszubekommen, müssen wir uns mit der Entstehung der Sonne und der anderen Sterne befassen.

DIE STERNENTSTEHUNG

Für das bloße Auge erscheint der Raum zwischen den Sternen leer. In Wirklichkeit enthält er aber Wolken aus Gas (vorwiegend aus Wasserstoff) und Staub, der aus kleinen, rauchähnlichen Partikeln besteht. Einige dieser Wolken sind die Überreste einer vorangegangenen Sternentstehung, andere entstanden aus den abgestoßenen Hüllen einer Supernova oder den äußeren Schichten eines massereichen Sterns, der einen Teil seiner Materie langsam in den Weltraum geblasen hat. Alle diese Wolken bilden den Rohstoff für neue Sterne und Planeten.

Diese Wolken können nun in Bewegung geraten. Entweder durch die Stoßwelle einer Supernova, die Gravitationsanziehung oder die Strahlung eines nahen Sterns. Dabei wird der Staub von dem Gas mitgerissen, und hin und wieder stoßen diese Wolken auch zusammen. Dann entstehen Stoßwellen, und die Temperatur steigt an.

Die meisten dieser Wolken sind zu heiß und zu heftig in Bewegung, als daß darin Sterne entstehen könnten. Wenn jedoch eine Wolke eine bestimmte Größe und Dichte überschreitet, so überwiegt die eigene Schwerkraft über den inneren Druck, und sie zieht sich zusammen. Das nach innen fallende Gas gewinnt dabei Gravitationsenergie und wandelt einen Teil davon in Wärme um. Dadurch steigen Temperatur und Druck des Gases an, so daß sich der Kollaps verlangsamt. Schließlich würde er ganz zum Stillstand kommen, wenn diese Energie nicht absorbiert oder irgendwie abgeführt werden könnte. Dadurch kann das Gas abkühlen und der Druck sinken (Bild 12.3). Die Strahlung allein reicht hierfür nicht aus, weil Gas und Staub einen großen Teil absorbieren, bevor sie die Wolke verlassen kann. Ist aber erst einmal der innere Druck weit genug angestiegen, so entstehen unter dem Einfluß der Schwerkraft und der hohen Temperatur Strömungen, die Wärme an den Rand der Wolke transportieren. Dadurch verliert diese einen erheblichen Teil ihrer Energie. Sie kühlt ab und stürzt wie ein abgeschreckter Hefeteig zusammen.

Der gesamte Ablauf dieses Kollapses ist bisher nicht in allen Details geklärt. Die Astronomen haben aber in den vergangenen zehn Jahren zahlreiche solcher Wolken entdeckt. Es sind sogenannte Molekülwolken mit Massen von vielen tausend Sonnenmassen, in denen gerade Sterne entstehen. Im Innern besitzen die Wolken Temperaturen von lediglich etwa 15 Kelvin. Sie bestehen zum überwiegenden Teil aus Molekülen und Staub. Während die großen Wolken vermutlich aus eigenem Antrieb zusammenstürzen, müssen die kleineren von außen komprimiert werden. Hierfür gibt es verschiedene Möglichkeiten, von denen die Dichtewellen in Spiralgalaxien wie der Milchstraße wohl

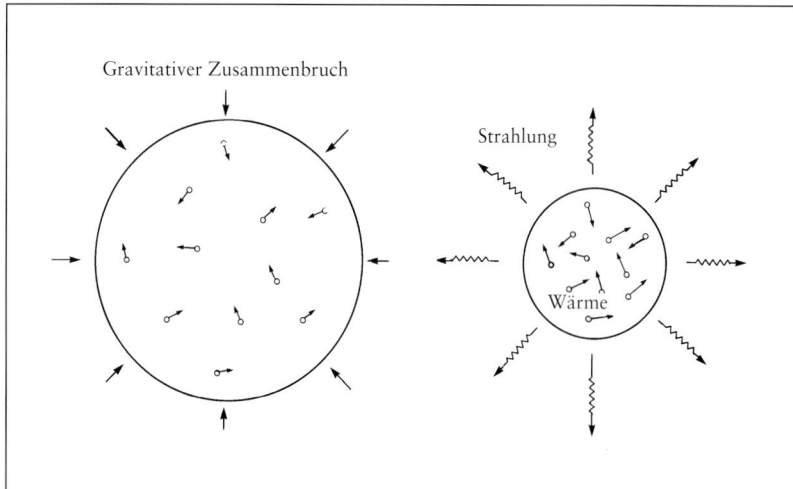

Bild 12.3. Entstehung von Wärme und Strahlung beim gravitativen Zusammenbruch. Wenn sich eine interstellare Wolke aus Gas und Staub zusammenzieht, fallen die Teilchen zum Zentrum, stoßen zusammen, und Gravitationsenergie wandelt sich in Wärme um. Dadurch wird das Gas angeregt und beginnt zu strahlen. Kann die Strahlung in den Weltraum entweichen, so nimmt sie Energie aus der Wolke mit. Die längeren Pfeile deuten eine höhere Geschwindigkeit der Teilchen an

Bild 12.4. Supernovaüberreste und junge Sterne. Die Explosion eines Sterns scheint hier im Weltraum eingefroren zu sein. Die verstreuten Überreste des Sterns pflügen sich durch das interstellare Medium und schieben es auf. Entlang dieses etwa drei Grad langen, expandierenden Ringes im Sternbild Canis Major findet man mehrere junge Sterne. Offenbar hat die Stoßwelle der Explosion die Sternentstehung an dieser Stelle ausgelöst. Die Wahrscheinlichkeit, solch ein Ereignis zu sehen, ist relativ klein, denn in der Zeit, in der eine interstellare Wolke kollabiert und ein Stern entstanden ist, hat sich der Supernovaüberrest schon weiter ausgedehnt und ist im interstellaren Medium verschwunden

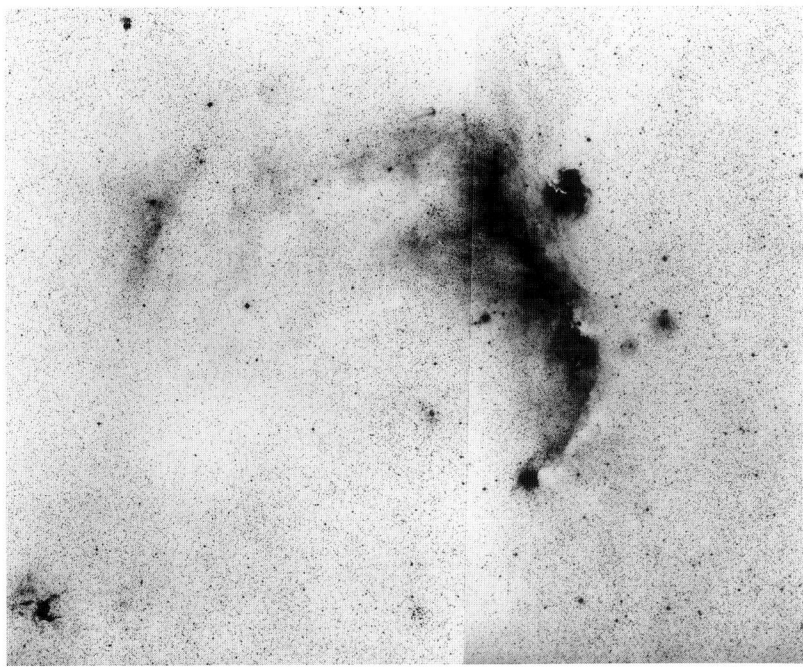

am üblichsten sind. Diese Wellen haben Ähnlichkeit mit Staus auf der Autobahn. Unsere Galaxis rotiert, und die Sonne braucht für einen Umlauf 200 Millionen Jahre. Ein Sternhaufen kann mit seiner Anziehungskraft wie ein Auslöser eines Verkehrsstaus wirken, indem er das Gas abbremst und dieses sich dann in einer langen spiralförmigen Welle ansammelt. Ist eine Welle stark genug, so kann sie die Gaswolken zusammenpressen und damit den äußeren Anstoß zur Sternentstehung geben. Diese Wellen bilden die Arme einer Spiralgalaxie, die uns deswegen so hell erscheinen, weil darin die hellen, jungen Sterne wie Perlen an einer Schnur aufgereiht sind.

Eine spektakulärere Art der äußeren Kompression ist die Stoßwelle einer Supernova (Bild 12.4). Wenn ein massereicher Stern am Ende seines Lebens explodiert, stößt er eine kugelförmige Stoßwelle ab, die sich mit einer Geschwindigkeit von etwa 10 000 km/s im Weltraum ausbreitet. (Bei der Explosion einer Atombombe entsteht übrigens eine ähnliche Stoßwelle.) Wie ein riesiger Schneepflug schiebt die Welle das umgebende Gas und den Staub in einer Schale auf. Die Materie verdichtet sich darin, und in einigen Klumpen entstehen vermutlich Sterne (Bild 12.5).

Die Kondensationen in den Riesenmolekülwolken bewegen sich langsam gegeneinander, und vermutlich rotieren sie auch. Mit zunehmender Verdichtung separiert sich die Wolke immer mehr von dem chaotischen Gas der Umgebung. Sie zieht sich weiter zusammen, rotiert immer schneller und plattet dabei ab.

Bild 12.5. Die Entstehung der Welt. Dieses Gemälde von Joan Miró zeigt dessen künstlerische Vorstellung von der Entstehung des Sonnensystems. Betrachtet man einmal, wie das Bild aus dem strukturlosen Hintergrund entsteht, bekommt man einen Eindruck von der stufenweisen Entstehung des Planetensystems. (Foto: Museum of Modern Art)

DIE URSPRÜNGLICHE NEBULARHYPOTHESE

Die Idee der Entstehung des Sonnensystems aus einem Gasnebel geht auf zwei Wissenschaftler zurück. Immanuel Kant veröffentlichte seine Nebularhypothese 1755 in seinem Buch *Allgemeine Naturgeschichte und Theorie des Himmels*. Im Jahre 1796 folgte dann die Rotationshypothese von Pierre Simon de Laplace.

Kant vermutete, daß die Sonne im Zentrum eines rotierenden Nebels entstanden sei und die Planeten sich aus kleineren Kondensationen bildeten, die die Sonne in einer Gasscheibe umkreisen. Nach Laplace entstand die Sonne ebenfalls aus einem Gasnebel. Während sie schrumpfte und immer schneller rotierte, lösten sich aus ihr mehrere

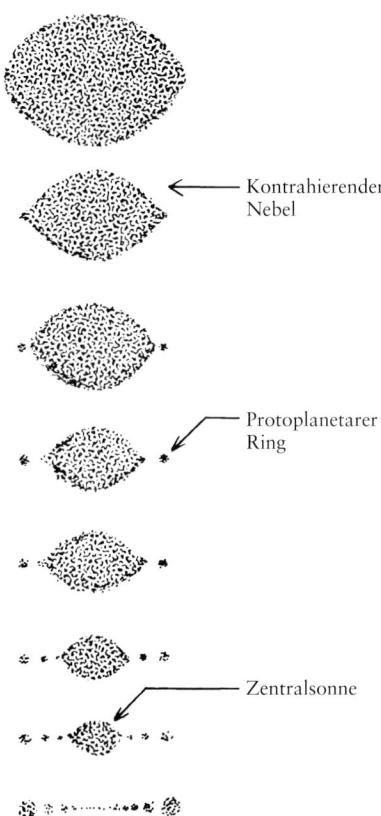

Kontrahierender
Nebel

Protoplanetarer
Ring

Zentralsonne

Bild 12.6. Laplaces Version der
Nebularhypothese. Hier ist schematisch ein Querschnitt durch den
rotierenden, linsenförmigen Urnebel
gezeigt. Er zieht sich weiter zusammen, und nach und nach trennen sich mehrere Ringe ab. In der
unteren Zeichnung ist die Sonne
weggelassen worden, damit die zahlreichen Ringe deutlicher sichtbar
werden. Laplace war der Meinung,
daß Saturn und seine Ringe für diese
Hypothese sprechen würden. Er sah
in ihnen ein Analogon zum frühen
Planetensystem, lediglich in kleine-
rem Maßstab

Ringe, in denen dann die Planeten auskondensierten (Bild 12.6). Dabei wurde jeder Planet selbst zu einem kleinen rotierenden Nebel, aus
dem sich die Monde abspalteten.

Dies sind die Grundzüge der frühen Nebularhypothesen, die qua-
litativ die Tatsache erklärten, daß sich alle Planeten und fast alle Monde in derselben Richtung und fast in der Äquatorebene der Sonne bewegen. Damit war dieses Phänomen kein Zufall, sondern eine Folge
der Entstehung aller Körper aus einem einzigen rotierenden Nebel aus
Gas und Staub.

PROBLEME DER NEBULARHYPOTHESE

Die Nebularhypothese bereicherte die Astronomie insofern wesentlich, als sie neue physikalische Prozesse in die Kosmogonie, die Lehre
von der Entstehung des Planetensystems, mit einbezog. Allerdings
tauchten gleichzeitig Fragen auf, die bis vor kurzem unbeantwortet
blieben. Erst einige drastische Änderungen an dieser Theorie konnten
diese Probleme klären. Eine erfolgreiche Theorie muß nämlich die folgenden Fragen beantworten:

Warum rotiert die Sonne so langsam?

Die Sonne braucht für eine Umdrehung 27 Tage, weitaus länger als die
meisten Planeten. Aufgrund der Drehimpulserhaltung muß ein rotierender Körper sich immer schneller drehen, wenn er schrumpft. Diesen Effekt können wir bei einem Eiskunstläufer beobachten, der eine
Pirouette dreht und dabei die Arme anzieht. Himmelskörper mit vergleichbarer Dichte, wie die Sonne und Jupiter, sollten, wenn sie unter
ähnlichen Bedingungen entstehen, auch etwa die gleichen Rotationsperioden haben. Dann müßte sich die Sonne allerdings in rund
10 Stunden einmal um ihre Achse drehen, also über 60 mal schneller.

Es ist überhaupt sehr verwunderlich, daß sich Sterne in einer kon-
trahierenden Wolke bilden können, denn die Wolke rotiert immer
schneller, und die Zentrifugalkraft sollte schließlich ein weiteres
Schrumpfen verhindern. Nehmen wir einmal an, die Wolke dreht sich
anfänglich so langsam wie die Milchstraße, also mit einer Periode von
200 Millionen Jahren (man kann sich kaum eine noch längere Periode
vorstellen). Hat sie sich schließlich bis auf die Größe der Sonne zusam-
mengezogen, so sollte sie sich, bei völliger Erhaltung des Drehimpulses, pro Sekunde zweimal um die eigene Achse drehen. Das ist aber
völlig unmöglich, denn die Zentrifugalkraft hätte schon längst vorher
die Kontraktion zum Stillstand gebracht. Es muß also noch weitere

Mechanismen geben, die die Rotation abbremsen. Eventuell bewirken dies der Massenverlust oder das sogenannte Magnetic Breaking, eine Abbremsung durch Magnetfelder.

Zusätzlich zu dem Rotationsproblem gibt es ein Wärmeproblem. Das interstellare Gas muß bei der Kontraktion nicht nur Drehimpuls, sondern auch Wärme verlieren. Um dieses Problem zu veranschaulichen, stellen wir uns einen kleinen Stein vor, der aus großer Entfernung, zum Beispiel von Pluto aus, auf die Sonne fällt. Auf der Sonnenoberfläche hätte dieser Stein eine Geschwindigkeit von 600 km/s. Soll der Stein in der Nähe der Sonne bleiben, muß er abgebremst werden. Die dabei entstehende Energie würde als Reibungswärme frei. (Aus demselben Grunde wird eine Pistolenkugel heiß, wenn sie auf einen festen Widerstand prallt.) Der Stein würde sich auf mehrere Millionen Grad aufheizen und verdampfen. Staub kann bei solchen Temperaturen nicht mehr existieren.

Ebenso muß bei der Kontraktion des solaren Nebels sehr viel Wärme freigeworden sein. Diese überschüssige Wärme mußte irgendwie aufgenommen oder abgeführt werden, damit sich das Gas weit genug abkühlen konnte, um bis auf die Größe der Sonne zu kontrahieren.

Warum gibt es zwei verschiedene Arten von Planeten?

Eines der auffälligsten Merkmale im Sonnensystem ist die Tatsache, daß es vier Gesteinsplaneten im inneren Bereich und vier riesige Eisplaneten im äußeren Bereich gibt. Diese beiden Gebiete trennt der Asteroidengürtel.

MODERNE VERSIONEN DER NEBULARHYPOTHESE

Wie wir sehen werden, unterscheiden sich die heutigen Theorien wesentlich von der ursprünglichen Nebularhypothese. Zwar gibt es nach wie vor unterschiedliche Anschauungen im Detail, aber gerade mit Hilfe von Computersimulationen ließen sich in den letzten Jahren einige der beobachteten Gesetzmäßigkeiten im Planetensystem erklären.

Die Rotation und die Umgebung des Nebels

Eine Möglichkeit, die Rotation der interstellaren Wolke abzubremsen, besteht im Magnetic Breaking. Magnetfeldlinien verlaufen zwischen den Sternen, durchziehen das interstellare Medium und die Molekülwolken. Gibt es in den Wolken elektrisch geladene Teilchen, so wird

Aufsicht

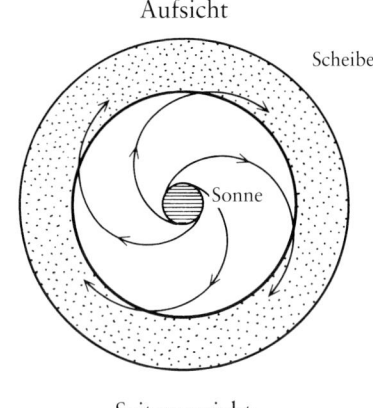

Seitenansicht

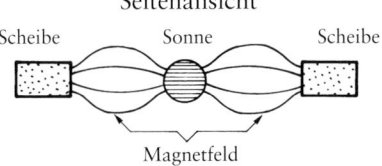

Bild 12.7. Magnetische Abbremsung. Schema einer ionisierten Scheibe, in der das Magnetfeld des Zentralsterns »eingefroren« ist. Da die äußeren Gebiete der Scheibe langsamer rotieren als der Stern, wird das Magnetfeld spiralförmig verdreht. Die Feldlinien wirken dabei wie Bremsen auf die Sternrotation und transportieren Drehimpuls vom Stern in die Scheibe

das Feld in der Rotationsrichtung mitgezogen. In der frühen Phase ist das Gas wahrscheinlich noch zu kühl und nicht genügend ionisiert. Mit zunehmender Komprimierung steigt jedoch die Temperatur im Innern an, und es entstehen vermehrt elektrische Ladungsträger. Das Magnetfeld wirkt nun wie ein Netz von Gummifäden, die versuchen, die verschiedenen Gebiete der Wolke zusammenzuziehen. Da die Wolke innen schneller rotiert als außen, beschleunigen die Magnetfeldlinien die äußeren Bereiche und bremsen die inneren ab. Insgesamt transportiert das Magnetfeld einen Teil der Rotationsenergie in die äußeren Bereiche (Bild 12.7).

Zusätzlich zu dem Magnetfeld treten vermutlich vereinzelt heiße Gasblasen auf, die sich in Richtung der Wolkenränder bewegen und Wärme mitnehmen. Im Gegenzug sinken kühle Gasblasen zum Zentrum der Wolke ab. Durch diese turbulente Durchmischung wird Wärme aus dem Innern nach außen transportiert und schließlich in den Weltraum abgestrahlt. Außerdem wirken die Blasen so, als würde durch Reibung Drehimpuls von einem Bereich an den anderen übertragen, wodurch die Rotation innen ab- und außen zunimmt. Außen herrschen zunehmend stärkere Zentrifugalkräfte, die bewirken, daß sich die Wolke zu einer Scheibe abplattet.

In jüngster Zeit haben Beobachtungen in Sternentstehungsgebieten ein weiteres interessantes Phänomen gezeigt. Von einigen Sternen gehen hochenergetische Gasströme in zwei entgegengesetzte Richtungen aus und folgen eventuell den magnetischen Feldlinien. Diese Flüsse unterstützen möglicherweise ebenfalls die Abbremsung der Rotation und das Wegtragen überschüssiger Energie.

Magnetische Abbremsung, turbulente Reibung und Massenausfluß verlangsamen also die Rotation des Kerns der interstellaren Wolke. Dieser Kern ist von einer Scheibe umgeben, deren Rotationsgeschwindigkeit von der Schwerkraft des Kerns bestimmt wird. Dieses Bild eines langsam rotierenden Kerns und einer Scheibe entspricht schon relativ gut den Verhältnissen im späteren Sonnensystem: Der größte Teil des Drehimpulses steckt in den Planeten, die sich nahezu in einer Ebene und in derselben Richtung bewegen.

Eine Möglichkeit:
Zusammenbruch einer massereichen Scheibe

Einige Astronomen vermuten, daß die Scheibe in diesem Stadium lediglich einige Prozent der Sonnenmasse beinhaltet, und somit lediglich genügend Masse für die Entstehung der Planeten besitzt. Andere wiederum glauben, daß die Scheibe weitaus mehr, nämlich etwa eine Sonnenmasse besitzt. Diese beiden Scheibenarten würden sich völlig verschieden verhalten. Die massereichere Scheibe würde gravitativ instabil werden und in Protoplaneten zerfallen, die sich dann zu den heutigen Planeten weiterentwickelten. Das Gestein wäre zum Planetenkern abgesunken, und Wasserstoff hätte entweder in Form von Eis oder Gas (als dichte Atmosphäre) den Kern umhüllt. Mit kleineren Änderungen ließe sich auf diese Weise auch die Entstehung der äußeren Planeten erklären.

Große Schwierigkeiten bereitet in diesem Fall aber die Frage, wo das restliche, nicht für die Planeten verbrauchte, Material geblieben ist. Ungefähr 99 Prozent der Scheibe wären dann überflüssig gewesen. Jeder Prozeß, der in der Lage ist, diese 99 Prozent verschwinden zu lassen, sollte auch das restliche Prozent beseitigen können. Übriggeblieben wäre nur die Sonne ohne einen einzigen Planeten.

Eine andere Möglichkeit:
Entstehung und Auseinanderbrechen einer Staubscheibe

Diese Theorie setzt eine Scheibe voraus, die nur wenige Prozent der Sonnenmasse besitzt. Sie wäre gravitativ stabil und würde nicht sofort in Protoplaneten zerbrechen. In diesem Fall würde sich folgendes ereignen: Das Gas bewegt die Staubkörner in der Scheibe. Vereinzelt stoßen zwei Teilchen zusammen und prallen wie Billardkugeln voneinander ab. Hin und wieder bleiben jedoch zwei Körnchen aneinander haften. Dadurch wachsen die Teilchen langsam an, sind aber noch sehr zerbrechlich, etwa wie Staubflocken oder ein Spinnwebennetz (Bild 12.8). Die größeren Körner sind pro Flächeneinheit massereicher und können vom Gas nicht mehr so leicht beschleunigt werden. Ähnlich wie Sand auf den Boden eines Sees absinkt, sammeln sich die Staubkörner in der zentralen Scheibenebene und bilden dort eine dünne Staubschicht. Rechnungen haben gezeigt, daß diese Schicht gegen gravitative Kräfte instabil wird, wenn sie eine bestimmte Dichte überschreitet. Sie zerfällt in mehrere Ringe, die anschließend weiter in einzelne Klumpen zerbrechen. Diese sogenannten Planetesimale bewegen sich auf nahezu kreisförmigen Bahnen um das Zentrum des Nebels. Sie sind die Vorstufen für die nächste Entwicklungsphase: Die Bildung fester Planetenkerne.

Planetesimale und Protoplaneten

Auch hier vertreten die Astronomen wieder verschiedene Ansichten. Einige halten die Planetesimale für Körper, deren Bewegung nur der Schwerkraft des Scheibenzentrums unterliegt. Andere glauben, daß es noch genügend Gas gibt, das einen Einfluß auf die Bewegung ausübt. In beiden Theorien stoßen die Planetesimale und das Gas zusammen

Bild 12.8. Nummer 3, 1949: Tiger. Dieses Bild von Jackson Pollock entstand, indem der Maler die Farbe auf die horizontal liegende Leinwand tropfen ließ. Aus einem ähnlich feinen Gewebe mögen die Staubteilchen im Frühstadium des Sonnensystems aufgebaut gewesen sein, vor allem in den Randbezirken, wo die Kometen entstanden. (Foto: Hirshhorn Museum and Sculpture Garden, Smithsonian Institution)

und bleiben vereinzelt aneinander haften. Dadurch wachsen die Körper langsam auf die Größe der Planetenkerne an.

Stoßen Planetesimale jedoch mit mehr als einigen Zentimetern pro Sekunde zusammen, so prallen sie voneinander ab oder zertrümmern sich gegenseitig. Das heißt nur bei seichten Stößen können die Planetesimale größer werden. Die massereicheren Körper bleiben in ihren Umlaufbahnen und ziehen das umgebende Material an. Sie wirken wie kosmische Staubsauger und wachsen immer weiter an. Eventuell läßt sich der zunehmende Abstand der äußeren Planeten dadurch erklären, daß sie immer mehr Material verbrauchten.

Die Aufteilung in innere Gesteinsplaneten und äußere Eisplaneten läßt sich möglicherweise als Folge zweier zusammenwirkender Prozesse verstehen. Im Bereich der inneren Planeten war es wärmer als weiter außen, so daß sich das leicht verdampfende Eis hier nicht ansammeln konnte. Darüber hinaus befanden sich die Kerne der äußeren Riesenplaneten nach Meinung einiger Astronomen in einem Gebiet mit verhältnismäßig hoher Dichte. Sie verursachten den gravitativen Zusammensturz des umliegenden Gases (im wesentlichen aus Wasserstoff und Helium), das dann die massereichen Mäntel der Planeten bildete. Jupiter und Saturn waren von dem meisten Gas umgeben und wurden am größten. In dem Gebiet von Uranus und Neptun war die Dichte geringer, so daß sich diese beiden Planeten langsamer entwickelten und weniger Gas aufsammelten. Möglicherweise war das Gas auch schon weggefegt, bevor Uranus und Neptun auf die Größe von Jupiter anwachsen konnten. Das würde auch erklären, warum sie weniger Eis besitzen als Jupiter und Saturn. Nach dieser Theorie entwickelten die inneren Planeten auch keine massereichen Mäntel, sondern dichte, primordiale Atmosphären aus Wasserstoff und Helium.

Und was ist mit den Asteroiden? War es ein Zufall, daß der Asteroidengürtel ausgerechnet die Gesteinsplaneten von den Eisplaneten trennte? Die Asteroiden besitzen heute nicht genügend Masse, um einen größeren Mond geschweige denn einen Planeten zu bilden. Offenbar trennen sie aber zwei grundsätzlich verschiedene Gebiete im Planetensystem ab. Vermutlich verhinderte die starke Schwerkraft Jupiters, daß die Asteroiden sich zu einem größeren Körper zusammenfinden konnten.

Wegfegen des Gases

In der letzten Phase zündete der nukleare Fusionsreaktor im Innern der Sonne, die damit zum Stern wurde. Die turbulenten äußeren Schichten bewirkten einen Teilchenausstoß aus der äußeren Atmosphäre, einen Sonnenwind, der das überschüssige Gas und den Staub aus dem Planetensystem hinausfegte. Dieser Teilchenwind hat möglicherweise noch einen großen Teil des Drehimpulses der Sonne mitgenommen. Auch bei anderen jungen Sternen fand man solche energiereichen Winde.

Es ist möglich, daß dieser Wind der jungen Sonne auch die primordialen Atmosphären der inneren Planeten, falls es sie gegeben hat, weggefegt hat. Durch Ausgasungen aus dem Innern konnten diese wieder eine Atmosphäre aufbauen und halten, als der Sonnenwind abgenommen hatte. Da der Wind in größerer Entfernung immer schwächer wurde, beeinflußte er die Atmosphären der äußeren Planeten vielleicht relativ wenig.

Dies ist nur ein mögliches Szenario (Bild 12.9). Bis heute konnten wir lediglich ein einziges Planetensystem beobachten, nämlich unser

Bild 12.9. Anwachsen der Planeten im Urnebel. Diese Schemazeichnung zeigt den solaren Urnebel im Querschnitt. Zunächst sammelten sich Staub- und Eisteilchen in einer dünnen äquatorialen Scheibe. In dem inneren, heißen Bereich konnte lediglich der Staub kondensieren, in den äußeren, kühleren Bereichen sammelten sich sowohl Staub als auch Eis an. Als Folge davon entstanden dort Planeten mit massereicheren Kernen, die sehr viel Gas aus der Umgebung anzogen. Die inneren Planeten waren masseärmer und konnten das Gas nicht halten. Die neu entstandene Sonne entwickelte einen heftigen Teilchenwind, der das verbliebene Gas aus dem Sonnensystem hinausfegte

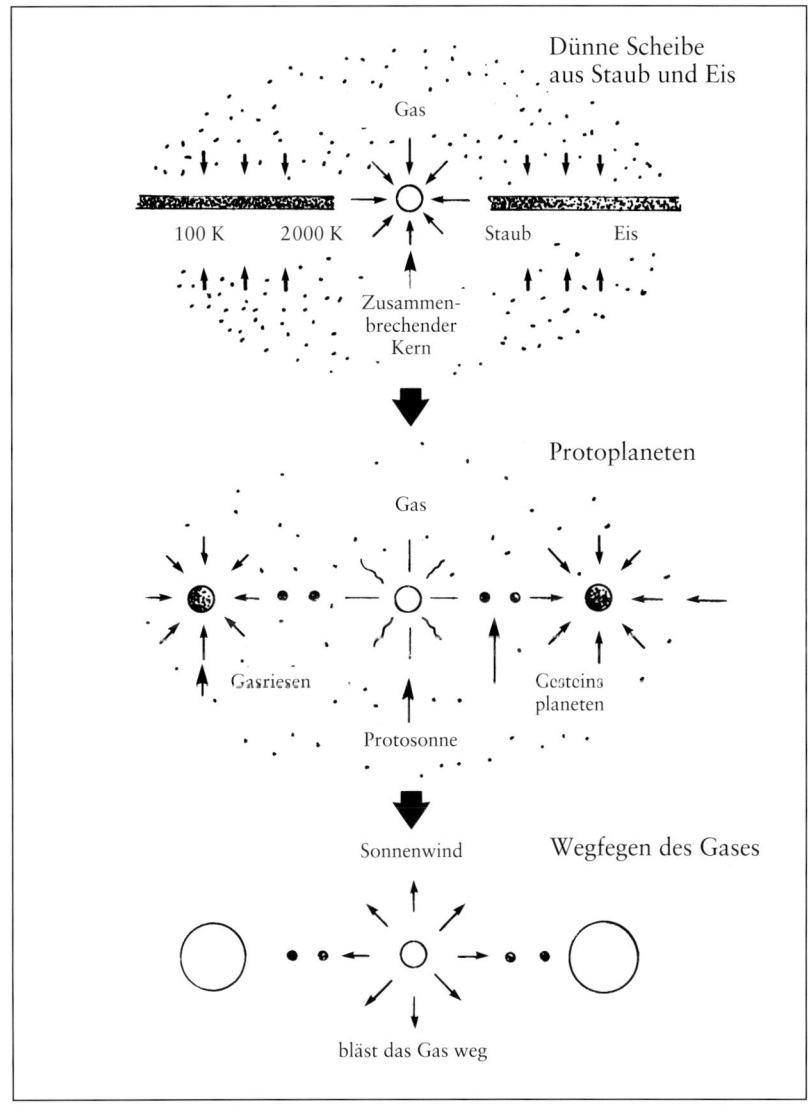

eigenes. Und das befindet sich bereits in einem sehr fortgeschrittenen Stadium. Bis jetzt hat noch niemand einen erdähnlichen Planeten gefunden, und die verschiedenen Arbeiten über die Entdeckungen von Riesenplaneten werden nach wie vor kontrovers diskutiert. Um die oben beschriebenen Theorien zu überprüfen, müßten wir mehrere Planetensysteme in verschiedenen Entwicklungsstadien beobachten können. Die Suche nach ihnen hat zwar gerade erst begonnen, aber sie zeitigt doch bereits erste Erfolge.

DIE SUCHE NACH ANDEREN PLANETENSYSTEMEN

Der Infrarotsatellit IRAS brachte Hinweise darauf, daß einige Sterne von festem Material umgeben sind. Astronomen entdeckten mit ihm, daß Wega, der fünfthellste Stern am Himmel im Sternbild Leier, im infraroten Spektralbereich etwa fünfmal heller strahlt als erwartet.

Wenn feste Körper, wie Staub oder Planeten, einen Stern umkreisen, so äußern sie sich am ehesten im infraroten Wellenlängenbereich, weil sie verhältnismäßig kühl sind. Die heißen Sterne hingegen emittieren hauptsächlich Photonen höherer Energie im visuellen oder ultravioletten Bereich. Aus diesem Grunde können Planeten oder Staubwolken im Infraroten heller sein als die Sterne.

Es lag deshalb auf der Hand, den Infrarotüberschuß bei Wega auf eine Staubscheibe zurückzuführen. Aus ihrer Temperatur und der Helligkeit schlossen die Astronomen, daß sie etwa doppelt so groß sein müsse wie unser Planetensystem. Auf jeden Fall ist die Strahlung viel zu intensiv, als daß sie von einem einzigen Planeten stammen könne. Seit dieser Entdeckung fand man über zwei Dutzend Sterne, die etwa 100 mal mehr Infrarotstrahlung emittieren als erwartet. Dieses Phänomen ist also offenbar gar nicht so selten.

Um den Stern Beta Pictoris konnte sogar eine Staubscheibe direkt gesehen und untersucht werden. Für ihre Beobachtung deckten die Astronomen das Bild des hellen Sterns im Teleskop mit einer Scheibe ab. Dabei fanden sie zwei schwache Streifen auf gegenüberliegenden Seiten des Sterns (Bild 12.10). Die Streifen stammen von dem Sternlicht, das in einer Scheibe gestreut wird, die wir direkt von der Seite sehen. Deren Radius ist über 20 mal größer als der der Plutobahn. Beta Pictoris ist massereicher und mit schätzungsweise einer Milliarde Jahre jünger als die Sonne. Es ist sehr gut möglich, daß es sich bei der Scheibe um ein protoplanetares System handelt. Aus der Intensitätsverteilung der Strahlung bei verschiedenen Wellenlängen folgern die Astronomen, daß die Teilchen größer sind als die des interstellaren Staubes. Sie haben mindestens die Größe von Sandkörnern. Eventuell sind wir hier Zeuge, wie Planeten um einen anderen Stern entstehen, ja

Bild 12.10. Zirkumstellare Scheibe um Beta Pictoris. Bei dieser Aufnahme deckten die Astronomen den hellen Stern Beta Pictoris mit einer Blende ab, so daß das Streulicht aus der zirkumstellaren Scheibe sichtbar wird. Wir sehen direkt von der Seite auf diese Scheibe, die einen Durchmesser von etwa 1000 Astronomischen Einheiten (AE) hat. Zum Vergleich: Die Plutobahn hat einen Durchmesser von 80 AE, aber die Kometen können sich viele hundert AE von der Sonne entfernen. Die Teilchen in der Scheibe sind mindestens so groß wie Sandkörner und bilden vielleicht die Vorstufe zu einem Planetensystem. (Foto: Richard Terrile, Jet Propulsion Laboratory)

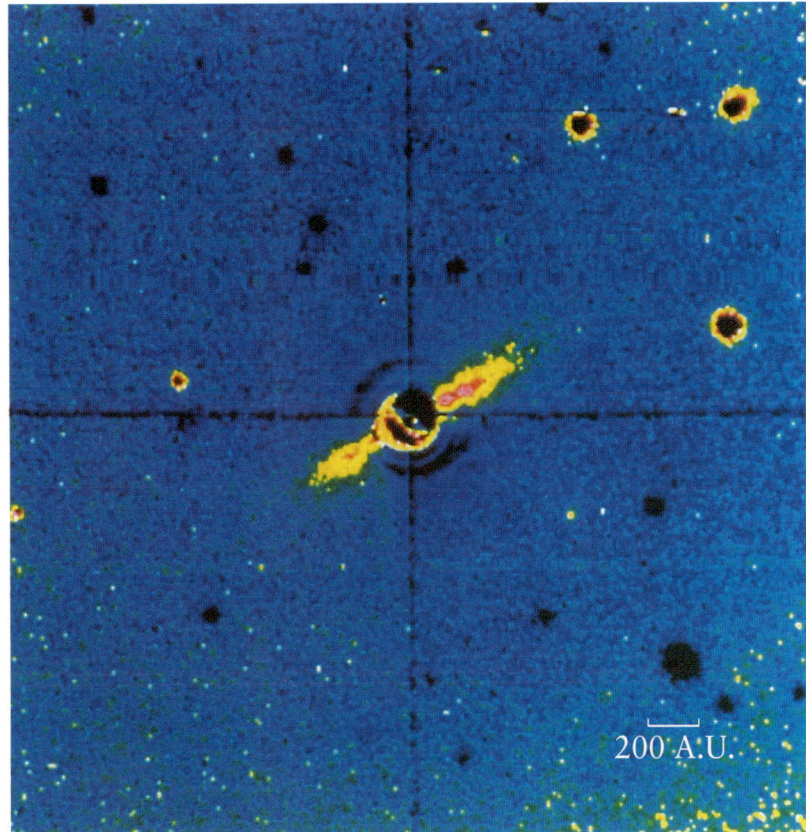

möglicherweise gibt es bereits Planeten, deren Strahlungsanteil allerdings im Glanz der Scheibe untergeht.

Radioastronomen haben andere Hinweise auf eine kühle zirkumstellare Scheibe gefunden. In der Umgebung des »nur« 500 Millionen Jahre alten Sterns HL Tauri entdeckten sie die Strahlung von Kohlenmonoxid bis in eine Entfernung von 1500 AE vom Stern (entsprechend etwa 35 Plutobahnradien). In der Nähe des Sterns rotiert das Gas entsprechend dem dritten Keplerschen Gesetz schneller als weiter außen. Das heißt es ist gravitativ an den Stern gebunden und kondensiert eventuell zu Planeten aus.

HL Tauri gehört zu der Gruppe der sogenannten T-Tauri-Sterne. Das sind junge Sterne, die etwa die Masse der Sonne haben. Viele dieser T-Tauri-Sterne weisen eine intensive Infrarotstrahlung auf, was auf die Existenz von Staubscheiben hindeutet. Die älteren T-Tauri-Sterne zeigen diesen Infrarotüberschuß nicht mehr. Möglicherweise ist der Staub hier schon zu Planeten auskondensiert.

Diese Beobachtungen lassen vermuten, daß die Entstehung von Planetensystemen in unserer Galaxis ein ganz normaler Vorgang ist und somit zahlreiche der rund 100 Milliarden Sterne der Milchstraße ein Planetensystem besitzen. Trotzdem bleibt die Frage nach außerirdischem Leben reine Spekulation, denn wir wissen nicht, ob es irgendwo anders auch Bedingungen gegeben hat, unter denen Leben entstehen konnte.

Eine der Lehren, die wir aus der modernen Weltraumforschung ziehen müssen, und die auch die jüngsten Theorien zur Entstehung von Planetensystemen implizieren, ist die folgende: Wenn ein Planetensystem entsteht, kann es eine erstaunliche Vielfalt von Bedingungen aufweisen, so daß viele Astronomen nicht daran glauben, daß die Erde als einziger Planet Leben hervorgebracht hat. Vom rein wissenschaftlichen Standpunkt aus gesehen ist es aber auch sehr wohl möglich, daß wir allein im Universum sind.

Anhang

Die Umlaufbahnen (mittlere Werte)

Planet	Mittlere Halbachse in AE	Mittlere Halbachse in 10^6 km	Siderische Umlaufzeit in tropischen Jahren	Siderische Umlaufzeit in Tagen	Synodische Umlaufzeit in Tagen
Merkur	0,387 099	57,9	0,240 85	87,969	115,88
Venus	0,723 332	108,2	0,615 21	224,701	583,92
Erde	1,000 000	149,6	1,000 04	365,256	
Mars	1,523 688	227,9	1,880 89	686,980	779,94
Jupiter	5,202 833 481	778,3	11,862 23	4 332,589	398,88
Saturn	9,538 762 055	1427,0	29,457 7	10 759,22	378,09
Uranus	19,191 391 28	2869,6	84,013 9	30 685,4	369,66
Neptun	30,061 069 06	4496,6	164,793	60 189	367,49
Pluto	39,529 402 43	5900	247,7	90 465	366,73

Planet	Mittlere Umlaufgeschwindigkeit v in km/s	Mittlere tägliche Bewegung n in Grad	Exzentrizität e	Neigung gegen die Ekliptik i in Grad	Länge des aufsteigenden Knotens Ω in Grad	Länge des Perihels ω in Grad
Merkur	47,89	4,0923	0,2056	7,00	47,7	76,7
Venus	35,03	1,6021	0,0068	3,39	76,2	130,9
Erde	29,79	0,9856	0,0167	0,01	174,4	102,1
Mars	24,13	0,5240	0,0933	1,85	49,2	335,1
Jupiter	13,06	0,0831	0,048	1,31	99,8	13,3
Saturn	9,64	0,0335	0,056	2,49	113,5	91,5
Uranus	6,81	0,0117	0,046	0,77	73,7	172,1
Neptun	5,43	0,0060	0,010	1,77	131,2	38
Pluto	4,74	0,0040	0,248	17,15	109,7	223

PHYSISCHE ELEMENTE DER PLANETEN

Die inneren Planeten

	Merkur	Venus	Erde	Mars
Äquatorialer Radius $R_{\ddot{A}}$ in km	2439	6051	6378,140	3397
Polarer Radius R_P in km	2439	6051	6356,775	3376
Abplattung $(R_{\ddot{A}}-R_P)/R_{\ddot{A}}$	0,0	0,0	0,003 352 9	0,0059
Äquatorialer Radius $(R_E=1)$	0,382	0,949	1,000	0,533
Größter Winkeldurchmesser in $''$	10,90	61,0	–	17,88
Winkeldurchmesser bei 1 AE in $''$	6,74	16,92	17,60	9,36
Reziproke Masse $M_{\odot}/M_P$	6 023 600	408 525,1	332 946,043	3 098 710
Masse M_P in 10^{26} g	3,3022	48,690	59,742	6,4191
Masse $(M_E=1)$	0,055 27	0,814 99	1,000 00	0,107 45
Mittlere Dichte in g/cm^3	5,43	5,25	5,52	3,93
Siderische Rotationsperiode in h	1407,5088	5832,24 (retrograd)	23,934	24,623
Neigung des Äquators gegen die Bahnebene in Grad	7,0	177,4	23,45	23,98
Magnetisches Moment in Gauß R_P^3	0,0035	<0,0003	0,31	$\leqslant$0,0006
Neigung der Magnetfeldachse in Grad	<10	–	11,5	–
Abstand der Sonnenwind-Stoßwelle in R_P	–	–	11	–
Gravitationsbeschleunigung am Äquator in cm/s^2	370	887	980	371
Fluchtgeschwindigkeit am Äquator in km/s	4,25	10,36	11,18	5,02
Oberflächentemperatur in K	100–700	730±5	288–298	183–268
Oberflächendruck in bar	–	90 ±2	1,0	0,007–0,010

Die äußeren Planeten

	Jupiter	Saturn	Uranus	Neptun	Pluto
Äquatorialer Radius $R_{\text{Ä}}$ in km	71 492	60 268	25 559	24 760	1142
Polarer Radius R_P in km	66 854	54 364	24 973	–	–
Abplattung $(R_{\text{Ä}}-R_P)/R_{\text{Ä}}$	0,064 87	0,097 96	0,022 93	–	–
Äquatorialer Radius $(R_E = 1)$	11,19	9,46	3,98	3,81	0,176
Größter Winkeldurchmesser in $''$	46,86	19,52	3,60	2,12	0,08
Winkeldurchmesser bei 1 AE in $''$	196,74	165,6	65,8	33,9	2,9
Reziproke Masse $M_\odot/M_P$	1047,3492	3497,91	22 902,94	19 434	$13 \cdot 10^7$
Masse M_P in 10^{28} g	189,92	56,865	8,6849	10,235	0,00136
Masse $(M_E = 1)$	317,894	95,1843	14,5373	17,1321	0,002561
Mittlere Dichte in g/cm^3	1,33	0,71	1,24	1,67	1,89−2,14
Siderische Rotationsperiode in h	9,925	10,6561	17,24±0,01	15±3	153,2923
Neigung des Äquators gegen die Bahnebene in Grad	3,08	26,73	97,92	28,8	$\geqslant 50$
Magnetisches Moment in Gauß R_P^3	4,3	0,21	0,23	–	–
Neigung der Magnetfeldachse in Grad	9,6	0,8	60,0	–	–
Abstand der Sonnenwind-Stoßwelle in R_P	70	22	18	–	–
Gravitationsbeschleunigung am Äquator in cm/s^2	2312	896	869	1100	72
Fluchtgeschwindigkeit am Äquator in km/s	59,54	35,49	21,29	23,71	1,27
Effektive Temperatur in K	124±0,3	95,0±0,4	58±2	55,5±2,3	40−60
Temperatur bei Oberflächendruck 1 bar	165±5	134±4	76±2	–	–
Verhältnis der abgestrahlten Energie zur einfallenden Energie	1,2±0,2	2,2±0,7	–	2,1±0,5	–

DIE MONDE

Die Bahnelemente der Monde (mittlere Werte)

Mond		Entfernung vom Mittelpunkt des Planeten in 10^3 km	Entfernung vom Mittelpunkt des Planeten in R_P	Umlaufperiode in Tagen	Exzentrizität	Bahnneigung in Grad
Erde						
	Mond	384,4	60,2	27,3217	0,05490	18,2 – 28,6
Mars						
M1	Phobos	9,37	2,76	0,3189	0,0150	1,1
M2	Deimos	23,52	6,90	1,262	0,0008	0,9 – 2,7
Jupiter						
J14	Adrastea	128	1,80	0,295	~0,0	~0,0
J16	Metis	128	1,80	0,295	~0,0	~0,0
J5	Amalthea	181	2,55	0,489	0,003	0,4
J15	Thebe	221	3,11	0,675	~0,0	~0,0
J1	Io	422	5,95	1,769	0,004	0,0
J2	Europa	671	9,47	3,551	0,000	0,5
J3	Ganymed	1070	15,1	7,155	0,001	0,2
J4	Kallisto	1880	26,6	16,69	0,010	0,2
J13	Leda	11110	156	240	0,146	26,7
J6	Himalia	11470	161	251	0,158	27,6
J10	Lysithea	11710	164	260	0,130	29,0
J7	Elara	11740	165	260	0,207	24,8
J12	Ananke	20700	291	617	0,17	147
J11	Carme	22350	314	692	0,21	164
J8	Pasiphae	23300	327	735	0,38	145
J9	Sinope	23700	333	758	0,28	153
Saturn						
S17	Atlas	137,7	2,276	0,602	0,002	0,3
S16	Prometheus	139,4	2,310	0,613	0,004	0,0
S15	Pandora	141,7	2,349	0,629	0,004	0,1
S10	Janus	151,4	2,510	0,694	0,009	0,3
S11	Epimetheus	151,5	2,511	0,695	0,007	0,1
S1	Mimas	186	3,08	0,942	0,020	1,5
S2	Enceladus	238	3,95	1,370	0,004	0,0
S3	Tethys	295	4,88	1,888	0,000	1,1
S13	Telesto	295	4,88	1,888		
S14	Kalypso	295	4,88	1,888		

Die Bahnelemente der Monde (Fortsetzung)

Mond		Entfernung vom Mittelpunkt des Planeten in 10^3 km	Entfernung vom Mittelpunkt des Planeten in R_P	Umlaufperiode in Tagen	Exzentrizität	Bahnneigung in Grad
Saturn (Fortsetzung)						
S4	Dione	377	6,26	2,737	0,002	0,0
S12	Helene	377	6,26	2,737	0,005	0,2
S5	Rhea	527	8,73	4,518	0,001	0,4
S6	Titan	1 222	20,3	15,95	0,029	0,3
S7	Hyperion	1 481	24,6	21,28	0,104	0,4
S8	Iapetus	3 561	59	79,33	0,028	14,7
S9	Phoebe	12 954	215	550	0,163	150
Uranus						
U13	Cordelia	49,7	1,94	0,333		
U14	Ophelia	53,8	2,10	0,375		
U15	Bianca	59,2	2,32	0,433		
U9	Cressida	61,8	2,42	0,463		
U12	Desdemona	62,7	2,45	0,475		
U8	Juliet	64,6	2,53	0,492		
U7	Portia	66,1	2,58	0,513		
U10	Rosalind	69,9	2,73	0,558		
U11	Belinda	75,3	2,94	0,621		
U6	Puck	86,0	3,36	0,763		
U5	Miranda	129,9	5,08	1,413	0,017	3,4
U1	Ariel	190,9	7,47	2,521	0,0028	
U2	Umbriel	266,0	10,41	4,146	0,0035	
U3	Titania	436,3	17,07	8,704	0,0024	
U4	Oberon	583,4	22,82	13,463	0,0007	
Neptun						
N1	Triton	354	14,6	5,877	0,00	160,0
N2	Nereide	5 510	227	365,2	0,75	27,6

Die physischen Elemente der großen Monde

Mond		Radius in km	Masse in 10^{23} g	Dichte in g/cm^3	Visuelle Helligkeit in Opposition m_{vis}	Visuelle Helligkeit in Einheits-entfernung $V(1,0)$	Geometrische visuelle Albedo ϱ_v
Erde							
Mond		1738	735	3,34		+0,21	0,12
Mars							
M1	Phobos	14 × 10	$9,6 \cdot 10^{-5}$	≤ 2	11,6	+11,9	0,06
M2	Deimos	8 × 6	$2,0 \cdot 10^{-5}$	≤ 2	12,7	+13,0	0,07
Jupiter							
J3	Ganymed	2631	1490	1,93	4,6	− 2,09	0,43
J4	Kallisto	2400	1075	1,83	5,6	− 1,05	0,17
J1	Io	1815	892	3,55	5,0	− 1,68	0,63
J2	Europa	1569	487	3,04	5,3	− 1,41	0,64
Saturn							
S6	Titan	2575	1346	1,88	8,4	− 1,20	0,21
S5	Rhea	765	24,9	1,33	9,7	+0,16	0,60
S8	Iapetus	730	18,8	1,15	10,2 – 11,9	+1,6	0,12
S4	Dione	560	10,52	1,41	10,4	+0,88	0,60
S3	Tethys	530	7,55	1,20	10,3	+0,7	0,8
S2	Enceladus	250	0,74	1,13	11,8	+2,2	1,0
S1	Mimas	196	0,455	1,44	12,9	+3,3	0,7
Uranus							
U3	Titania	790	34,8	1,68	14,0	+1,3	0,28
U4	Oberon	762	29,2	1,58	14,2	+1,5	0,24
U2	Umbriel	586	12,7	1,51	15,3	+2,6	0,19
U1	Ariel	579	13,5	1,66	14,4	+1,7	0,40
U5	Miranda	236	0,8	1,35	16,5	+3,8	0,34
Neptun							
N1	Triton	1360	216	2,05	13,6	− 1,2	
N2	Nereide	150			18,7	+4,0	

Bibliographie

Allgemeine Literatur über das Sonnensystem

Deutschsprachige Literatur

Briggs, G., Taylor, F.: Cambridge Fotoatlas der Planeten, Franckh-Kosmos, Stuttgart.

Engelhardt, W.: Planeten, Monde, Ringsysteme – Kamerasonden erforschen unser Sonnensystem, Birkhäuser, Basel 1984.

Interplanetare Raumfahrt mit Schwerpunkt auf abbildenden Systemen.

Guest, J. et al.: Planetengeologie, Herder, Freiburg 1972.

Systematische Darstellung der geologischen Formationen auf Mond, Merkur und Mars.

Hahn, H.-M.: Das neue Bild vom Sonnensystem, Franckh-Kosmos, Stuttgart 1992.

Übersicht über den Stand der Planetenforschung bis zum Jahre 1991.

Kippenhahn, R.: Unheimliche Welten, Deutsche Verlags-Anstalt, Stuttgart 1987.

Allgemeinverständliche Beschreibung der Planeten, Monde und Kometen.

Kippenhahn, R.: Abenteuer Weltall, Deutsche Verlags-Anstalt, Stuttgart 1991.

Gut verständliche Einführung des deutschen Astrophysikers in die Welt der Planeten, Sterne und Galaxien.

Ksanfomality, L.: Planeten, MIR, Moskau 1985.

Eine der seltenen detaillierten Beschreibungen des Planetensystems aus der Sicht eines führenden sowjetischen Forschers.

Moore, P., Hunt, G.: Atlas des Sonnensystems, Herder, Freiburg 1985.

Umfangreiche Zusammenstellung von Monographien zu den einzelnen Planeten und der Sonne.

R. Smoluchowski: Das Sonnensystem, Verlag Spektrum der Wissenschaft, Heidelberg 1985.

Der Autor illustriert das kopernikanische Weltbild, die Newtonsche Himmelsmechanik und Aspekte der Einsteinschen Relativitätstheorie anhand zahlreicher Aufnahmen.

Planeten und Monde, Verlag Spektrum der Wissenschaft, Heidelberg 1988.

Eine Sammlung von 17 Artikeln aus Spektrum der Wissenschaft.

Englischsprachige Literatur

Baugher, J. F.: The Space-Age Solar System, John Wiley & Sons, New York 1988.

Eine Einführung in die moderne Erforschung des Sonnensystems. Besonders geeignet für Studenten der Astronomie. Ein Anhang enthält wichtige Daten der Planeten und Monde sowie eine gute technische Bibliographie.

Beatty, J. K., O'Leary, B. und Chaikin, A. (Hrsg.): The New Solar System, Cambridge University Press, New York, 3. Aufl. 1990. Deutsche Übersetzung: Die Sonne und ihre Planeten, Physik-Verlag, Weinheim 1985 (vergr.).

Eine ausgezeichnete Sammlung von Aufsätzen, geschrieben von Planetenforschern. Beschreibungen der Atmosphären und Oberflächen der Planeten und Monde.

Cole, G. H. A.: Inside a Planet, Hull University Press, England 1986.

Eine gute Einführung in die Physik der Planeten ohne Formeln.

Kivelson, M. G. (Hrsg.): The Solar System – Observations and Interpretations, Prentice-Hall, Englewood Cliffs, New Jersey 1986.

Eine Sammlung von siebzehn Vorlesungen für fortgeschrittene Studenten über die Atmosphären, den inneren Aufbau und die Magnetfelder sowie Ursprung und Zukunft der Planeten.

Lang, K. R. und Gingerich, O.:
A Source Book in Astronomy and
Astrophysics, 1900 – 1975, Harvard
University Press, Cambridge, Mass.
1979.

Historische Essays und klassische Arbeiten
wurden hier kombiniert, um die wesentlichen Fortschritte der Astronomie im
20. Jahrhundert darzustellen.

Morrison, D. und Owen, T.: The
Planetary System, Addison-Wesley,
New York 1988.

Ein einführendes Lehrbuch von zwei erfah-
renen Wissenschaftlern.

De Pater, I.: Radio Images of the Planets, Ann. Rev. Astron. Astrophys.
28, 347 (1990).

Bücher und Artikel zu den einzelnen Kapiteln

KAPITEL 1
Welten in Bewegung

Deutschsprachige Literatur

Galileo Galilei: Dialog über die beiden hauptsächlichen Weltsysteme,
Teubner Verlag, Stuttgart 1982.

Übersetzung des Hauptwerkes von Galileo
Galilei.

Galileo Galilei: Siderus Nuncius,
Suhrkamp Verlag, Frankfurt/M.

Eine Auswahl des Sternenboten in deut-
scher Übersetzung. Darin: Vermessung der
Hölle Dantes, Marginalien zu Tasso.

Mudry, A. (Hrsg.): Galileo Galilei:
Schriften, Briefe, Dokumente,
Rütten und Loening, Berlin 1987.

Übersetzung ausgewählter Schriften, wie
dem Sternenboten, Dialog über die beiden
hauptsächlichen Weltsysteme u. a.

Kepler, J.: Weltharmonik, Olden-
bourgh Verlag, 1982.

Übersetzung von Keplers Hauptwerk.

Kopernikus, N.: Das neue Weltbild,
Felix Meiner Verlag, Hamburg.

Schneider, M.: Himmelsmechanik,
BI- Wissenschaftsverlag, Mannheim
1992.

Grundlagen und Methodik der Himmelsmechanik.

Sexl, R. U., Urbantke, H. K.: Gravitation und Kosmologie, BI–Wissenschaftsverlag, Mannheim 1987.

Einführung in die Allgemeine Relativitätstheorie und Kosmologie.

KAPITEL 2
Der Mond:
Sprungbrett zu den Planeten

Deutschsprachige Literatur

Moore, P.: Der Mond, Herder
Verlag, Freiburg 1982.

Eine gut geschriebene Einführung in die
alte und die moderne Mondforschung.
Viele Abbildungen und Karten.

Rükl, A.: Taschenatlas Mond, Mars,
Venus, Dausien, Hanau 1977.

Exzellenter und preiswerter Mondatlas.

Neukum, G., Oberst, J.: Neuer Blick
auf den Erdtrabanten, Sterne und
Weltraum *30*, 306 (5/1991).

Englischsprachige Literatur

Beatty, J. K.: The Making of a Better
Moon, Sky and Telescope *72*, 558
(1986).

Darstellung verschiedener Theorien zur
Entstehung von Erde und Mond.

Kitt, M. T.: Sculpting the Moon,
Astronomy *15*, 82 (1986).

Beschreibung der Veränderungen auf der
Mondoberfläche im Verlaufe der letzten
4 Milliarden Jahre.

Kitt, M. T.: Eight lunar wonders,
Astronomy *17*, 66 (1989).

Beschreibung und Deutung von acht geologischen Besonderheiten auf dem Mond, die
man bereits mit einem kleinen Fernrohr
selbst beobachten kann.

Wahr, J.: The earth's inconstant
rotation, Sky and Telescope *71*, 545
(1986).

Zusammenfasung aller Messungen der Rotationsdauer der Erde sowie der Polwanderung.

Weitere Fachliteratur

Die Ergebnisse der Mondgestein-Untersuchungen erschienen in der Zeitschrift: Science *165*, 1211 (1969); *167*, 1325 (1970); *173*, 681 (1971); *175*, 363 (1972); *179*, 23 (1972); *182*, 659 (1973).

Zusammenfassende Darstellungen der Mondforschung, basierend auf den Apollo-Missionen findet man in: Burnett, D. S.: Lunar Science: the Apollo legacy, in: Review of Geophysics and Space Physics *13*, 13 (1975); El-Baz, F.: The Moon after Apollo, in: Icarus *25*, 495 (1975); Head, J. W.: Lunar Vulcanism in Space and Time, in: Review of Geophysics and Space Physics *14*, 265 (1976); NASA–Reports *SP-214* (1969); *SP-235* (1970); *SP-272* (1971); *SP-289* (1972); *SP-315* (1972); *SP-330* (1973), Superintendent of Documents, U. S. Government Printing Office, Washington D. C.

Hartmann, W. K., Phillips, R. J. und Taylor, G. J. (Hrsg.): Origin of the Moon, Lunar and Planetary Institute, Houston 1986.

Fundamentale Sammlung von 33 Aufsätzen, in denen sowohl der historische Hintergrund der Mondtheorien als auch die modernen Folgerungen diskutiert werden.

KAPITEL 3
Merkur: eine zerfurchte Welt

Davies, M. E., Dwornik, S. E., Gault, E. G. und Strom, R. G.: Atlas of Mercury – NASA SP-423, U. S. Government Printing Office, Washington, D. C. 1978.

Eine Sammlung der Aufnahmen von Mariner 10.

Dunne, J. A. und Burgess, E.: The Voyage of Mariner 10 – NASA SP-424, U. S. Government Printing Office, Washington, D. C. 1978.

Eine reich bebilderte Beschreibung der Mariner-10-Mission.

Gault, D. E., Burns, J. A., Cassen, P. und Strom, R. G.: Mercury, Annual Reviews of Astronomy and Astrophysics *15*, 97 (1977).

Die Ergebnisse der Mariner-10-Mission.

Stewart, G. R.: A violent birth for Mercury, Nature *335*, 496 (1988).

Theorie des Zusammenstoßes von Merkur mit einem großen Körper in der Frühzeit des Sonnensystems.

Strom, R. G.: Mercury – The Elusive Planet, Smithsonian Institution Press, Washington, D. C 1987.

Ein unterhaltsam geschriebenes Buch über die erdgebundenen Beobachtungen Merkurs und die Ergebnisse der Mariner-10-Mission. Beschreibung der Oberflächenformationen sowie einer möglichen Erklärung seines Ursprungs und seiner Entwicklung.

Weitere Fachliteratur

Die ersten Ergebnisse der Mariner-10-Mission in: Science *185*, 141 (1974).
Weiterführende Diskussionen in: Journal of Geophysical Research *80*, 2341 (1975); Icarus *28*, 429 (1976); Space Science Reviews *24*, 3 (1979).

Violas, F., Chapman, C. R. und Matthews, M. S. (Hrsg.): Mercury, University of Arizona Press, Tucson 1988.

Eine Sammlung von 23 Fachaufsätzen über Ergebnisse der Mariner-10-Sonde und erdgebundener Beobachtungen.

KAPITEL 4
Venus: der verhüllte Planet

Deutschsprachige Literatur

Altfeld, H.-H.: Weltraummissionen zu Venus und Mars, Teil 1: Venus, Sterne und Weltraum *26*, 546 (10/1987).

Fischer, D.: Die Entschleierung der Venus, Sterne und Weltraum *30*, 226 (6/1991).

Fischer, D.: Magellans erste Venus-Runde, Sterne und Weltraum *30*, 664 (11/1991).

Die ersten Ergebnisse der Magellan-Sonde mit zahlreichen Bildern.

Pettengill, G. H., Campbell, D. B. und Masursky, H.: Die Oberfläche der Venus, Spektrum der Wissenschaft, 72, (10/1980).

Beschreibung der Topographie aufgrund von Radarbeobachtungen und Messungen der Pioneer Venus Orbiter.

Prinn, R. G.: Vulkanismus und Wolken auf der Venus, Spektrum der Wissenschaft, 82 (5/1985).

Radarkarten und chemische Analysen der Atmosphäre lassen auf aktiven Vulkanismus schließen.

Saunders, S. R.: Ein scharfes Portrait der Venus, Spektrum der Wissenschaft, 76 (2/1991).

Schubert, G. und Covey, C.: Die Atmosphäre der Venus, Spektrum der Wissenschaft, 78 (9/1981).

Beschreibung des atmosphärischen Zirkulationssystems.

Englischsprachige Literatur

Bazilevskiy, A. T.: The planet next door, Sky and Telescope *77*, 360 (4/1989).

Beschreibung topographischer Details auf Venus, basierend auf den Missionen Pioneer Venus sowie Venera 15 und 16.

Beatty, J. K.: Venus in the radar spotlight, Sky and Telescope *82*, 24 (7/1991)

Burnham, R.: Venus – planet of fire, Astronomy *19*, 32 (9/1991).

Mit ihren Vulkanen, Lavaebenen und Einschlagskratern ähnelt Venus möglicherweise der jungen Erde.

Pieters, C. M.: The color of the surface of Venus, Science *234*, 1379 (1986).

Weitere Fachliteratur

Hunten, D. M. et al. (Hrsg.): Venus, University of Arizona Press, Tucson 1983.

Eine ausgezeichnete Sammlung von Fachartikeln zu den Ergebnissen der amerikanischen und sowjetischen Venussonden.

Stevenson, D. J., Spohn, T. und Schubert, G.: Magnetism and thermal evolution of the terrestrial planets, Icarus *54*, 466 (1983).

Venus und Mars haben offensichtlich deswegen kein Magnetfeld, weil ihr Inneres noch vollständig flüssig ist. Die Erde und wahrscheinlich auch Merkur besitzen ein Magnetfeld, weil ihre Kerne sich weiter verfestigen.

Stofan, E. R., Bindschadler, D. L., Head, J. W. und Parmentier, E. M.: Corona structures on Venus – models of origin, Journal of Geophysical Research *96*, 20933 (1991).

Die einzigartigen Coronae entstehen durch aufquellende Lava aus Hot Spots im Innern des Planeten.

Zu den Mariner-Missionen:
Science *139*, 900 (1963); *158*, 1665 (1967); *183*, 1289 (1974); Mariner-Venus 1962 NASA SP-59; NASA 1967 SP-190; The Voyage of Mariner 10 in: NASA SP-424, U. S. Government Printing Office, Washington, D. C.
Zu den Vega-Ballon-Missionen:
Details zur Atmosphäre in: Soviet Astronomy Letters *12*, 1 (1986). Technik der Ballon- Missionen und Ergebnisse: Science *231*, 1349, 1369, 1407 (1986).
Zu den Venera-Missionen:
Ergebnisse der sowjetischen Eintrittssonden Venera 4 bis 8 in: Journal of Atmospheric Science *25*, 533 (1968); *27*, 561 (1970); *28*, 263 (1971); *30*, 1210 (1973); *30*, 1215 (1973); Icarus *20*, 407 (1973). Ergebnisse von Venera 9 und 10 in: Cosmic Research *14*, 573 (5/1976), Icarus *30*, 605 (1977).
Zu den Pioneer-Missionen:
Vorläufige Ergebnisse in: Nature *279*, 577, 613 (1979); Science *203*, 743 (1979); *205*, 41 (1979). Detailliertere Ergebnisse: Journal of Geophysical Research *85*, 7575 (1980), Icarus *51*, 167 (1982); *52*, 209 (1982).
Zum Vorbeiflug von Galileo an Venus:
Erste Berichte über den Vorbeiflug von Galileo an Venus, einschließlich der Ergebnisse über hochenergetische Teilchen, Plasma, Schwefelsäurewolken sowie Infrarotaufnahmen findet man in: Nature *253*, 1525 (1991).

Zu der Magellan-Mission:
Der Stand der Forschung sowie offene Fragen vor dem Start der Magellan-Sonde findet man in: Geophysical Research Letters *17*, 1335 (1990). Die vorläufigen Ergebnisse der Magellan-Mission, einschließlich einem Überblick über die Venusgeologie, Vulkanismus, Einschlagskrater und Tektonik stehen in: Science *252*, 247 (1991). Weit ausführlichere Darstellungen finden sich in: Journal of Geophysical Research *97*, 13067 (1992).

KAPITEL 5
Die rastlose Erde

Deutschsprachige Literatur

Atmosphäre, Klima, Umwelt, Verlag Spektrum der Wissenschaft, Heidelberg 1990.

Eine Sammlung von 20 Artikeln aus Spektrum der Wissenschaft über die Atmosphäre der Erde sowie Venus und Mars.

Die Dynamik der Erde, Verlag Spektrum der Wissenschaft, Heidelberg 1988.

Eine Sammlung von 15 Artikeln aus Spektrum der Wissenschaft.

Ozeane und Kontinente, Verlag Spektrum der Wissenschaft, Heidelberg 1986.

Eine Sammlung von 18 Artikeln aus Spektrum der Wissenschaft vor allem über Tektonik und Meeresforschung.

Anderson, D. L. und Dziewonski, A. M.: Tomographie: 3D–Bilder des Erdmantels, Spektrum der Wissenschaft, 62 (12/1984).

Die dreidimensionale Darstellung des Mantels zeigt, daß der konvektive Fluß die Krustenplatten antreibt.

Berner, R. A. und Lasaga, A. C.: Simulation des geochemischen Kohlenstoffkreislaufs, Spektrum der Wissenschaft, 54 (5/1989).

Bonatti, E.: Wie Kontinente zerbrechen, Spektrum der Wissenschaft, 84 (5/1987).

Covey, C.: Erdbahn und Eiszeiten, Spektrum der Wissenschaft, 84 (4/1984).

Francis, P. und Self, S.: Verheerende Flankenabbrüche an Vulkanen, Spektrum der Wissenschaft, 86 (8/1987).

Frohlich, C.: Erdbeben mit tiefen Herden, Spektrum der Wissenschaft, 54 (3/1989).

Hekinian, R.: Vulkane am Meeresgrund, Spektrum der Wissenschaft, 62 (9/1984).

Hoffman, K. A.: Umkehr des Erdmagnetfeldes: Aufschluß über den Geodynamo, Spektrum der Wissenschaft, 84 (7/1988).

Hones, E. W.: Der Schweif der Erdmagnetosphäre, Spektrum der Wissenschaft, 120 (5/1986).

Houghton, R. A. und Woodwell, G. M.: Globale Veränderungen des Klimas, Spektrum der Wissenschaft, 106 (6/1989).

Molnar, P.: Das Fundament der Gebirge, Spektrum der Wissenschaft, 114 (9/1986).

Morrison, D. und Chapman, M.: Der neue Katastrophismus, Astronomie und Raumfahrt 28, 4 (5/1990).

Mutter, J. C.: Seismische Bilder von Plattengrenzen, Spektrum der Wissenschaft, 74, (4/1986).

Nance, R. D., Worsley, T. R. und Moody, J. B.: Der Superkontinent-Zyklus, Spektrum der Wissenschaft, 80 (9/1988).

Sclater, J. G. und Tapscott, C.: Die Geschichte des Atlantik, Spektrum der Wissenschaft, 12 (8/1979).

Stolarski, R. S.: Das Ozonloch über der Antarktis, Spektrum der Wissenschaft, 70 (3/1988).

Vink, G. E., Morgan, W. J. und Vogt, P. R.: Hotspots: heiße Flecken auf der Erde, Spektrum der Wissenschaft, 62 (6/1985)

KAPITEL 6
Mars: die rote Wüste

Deutschsprachige Literatur

Altfeld, H.-H.: Weltraummissionen zu Mars und Venus, Teil 2: Mars, Sterne und Weltraum, 27, 22 (1/1988).

Haberle, R. M.: Das Marsklima, Spektrum der Wissenschaft, 54 (7/1986).
Warum entwickelten sich die Atmosphären von Mars und Erde so unterschiedlich, obwohl sie in der Frühphase vermutlich einander sehr ähnlich waren?

Janle, P.: Der Planet Mars, 2 Teile, Sterne und Weltraum, 32, 102 (2/1993) und 262 (4/1993).

Kasting, J. F., Toon, O. B. und Pollack, J. B.: Die Entwicklung des Klimas auf den erdähnlichen Planeten, Spektrum der Wissenschaft, 46 (4/1988).
Diskussion der Frage, welche Voraussetzungen vorhanden sein müssen, damit sich eine erdähnliche Atmosphäre ausbildet.

Köhler, H. W.: Der Mars, Vieweg Verlag, Braunschweig 1978.
Allgemeinverständliche Einführung mit den Ergebnissen der Experimente auf Viking 1 und 2.

Miles, F.: Aufbruch zum Mars, Kosmos Verlag, Stuttgart 1988.
Allgemeine Einführung mit Schwergewicht auf vergangene und zukünftige Marsmissionen.

Schultz, P. H.: Polwanderung auf dem Mars, Spektrum der Wissenschaft, 66 (2/1986).
Der Autor beschreibt eine Theorie, die erklärt, warum heute einige äquatornahe Gebiete früher in der Nähe eines der Pole waren.

Stanek, B. und Pesek, L.: Neuland Mars, Hallwag, Bern 1976.
Gelungener »Schnellschuß« kurz nach der Viking-Landung.

Stuhlinger, E. et al.: Projekt Viking, Kiepenheuer und Witsch, Köln 1976.
Die Viking-Sonden und ihre ersten Ergebnisse mit Schwerpunkt auf der Technik.

Wilford, J. N.: Mars – unser geheimnisvoller Nachbar, Birkhäuser, Basel 1992.
Die Geschichte der Marsforschung aus journalistischer Perspektive.

Englischsprachige Literatur

Carr, M. H.: The surface of Mars, Yale University Press, New Haven, 1981.
Ein ausgezeichneter, reich bebilderter Überblick über fast alles, was wir über Mars wissen.

Carr, M. H.: Water on Mars, Nature, 326, 30 (1987).
Abschätzung der Wassermenge im Boden und in der Atmosphäre.

Horowitz, N. H.: To Utopia and Back – The search for Live in the Solar System, W. H. Freeman, New York 1986.
Der Autor gehörte zu den Wissenschaftlern, die mit der Viking-Sonde nach Leben auf Mars suchten. Eine klare Diskussion dieser Frage.

Weitere Fachliteratur

Baker, V. R.: The Channels on Mars, University of Texas Press, Austin, Texas 1982.

Ein gut geschriebenes und reich illustriertes Buch zu Vorgängen, die mit Wasser in Zusammenhang stehen.

Snyder, C. W.: The planet Mars as seen at the end of the Viking mission, Journal of Geophysical Research *84*, 8487 (1979).
Zu den Mariner-Missionen: Ergebnisse der Sonden Mariner 4, 6, 7 und 9 in: Science *149*, 1226 (1965); *166*, 49 (1969); *175*, 293 (1972); Journal of Geophysical Research *78*, 4009 (1973); Icarus *17*, 289 (1972) (hierin auch Ergebnisse von Mars 3); NASA SP-329 (1974), U. S. Government Printing Office, Washington, D. C.
Zu den Viking-Missionen: Vorläufige Ergebnisse in: Science *193*, 759 (1976); *194*, 57 (1976); Detailliertere Informationen: Science *194*, 1274 (1976), Journal of Geophysical Research *82*, 3959 (1977); *84*, 2793 (1979); *84*, 7909 (1979). Staub auf Mars: Icarus *66*, 1 (1986); NASA SP-425 (1978); NASA SP-441 (1980), U. S. Government Printing Office, Washington, D. C.

KAPITEL 7
Asteroiden, Meteore und Meteorite

Deutschsprachige Literatur

Begemann, F.: Meteorite und Astrophysik, Sterne und Weltraum *21*, 106 (1982).

Ekrutt, J. W.: Die kleinen Planeten, Kosmos-Bibliothek Nr. 296, Franckh-Kosmos, Stuttgart 1977.

Unterhaltsame Einführung in die Kleinplanetenforschung und die Namensgebung von Asteroiden.

Englert, P.: Meteorite aus der Antarktis, Sterne und Weltraum, *26*, 18 (1/1987).

Fischer, D.: Galileo besucht Gaspra, Sterne und Weltraum *31*, 103 (2/1992).

Fischer, D.: Die Bahnen der Planeten: ein chaotisches System, Sterne und Weltraum *29*, 28 (1/1990).

Hahn, H.-M.: Zwischen den Planeten, Kosmos Verlag, Stuttgart 1984.

Einführung in die Welt der Kometen, Meteoriten und Asteroiden.

McSween, H. Y. und Stolper, E. M.: Meteorite vulkanischen Ursprungs, Spektrum der Wissenschaft, 78, (8/1980).

Presper, T.: Meteorite vom Mars? Sterne und Weltraum *29*, 578 (10/1990).

Russell, D. A.: Der Untergang der Dinosaurier, Spektrum der Wissenschaft, 16 (3/1982).

Englischsprachige Literatur

Alvarez, L. W.: Mass extinctions caused by large bolide impacts, Physics Today *40*, 24 (7/1987).

Präsentation der Hypothese, daß die Dinosaurier als Folge eines Zusammenstoßes der Erde mit einem großen Meteoriten, Asteroiden oder Kometen ausstarben.

Burke, J. G.: Cosmic Debris – Meteorites in History, University of California Press, Berkeley 1986.

Eine Geschichte der Meteoritenkunde von Aristoteles bis heute.

Cameron, I. R.: Meteorites and cosmic radiation, Scientific American *292*, 24 (1/1973).

Cunningham, C. J.: Introduction to Asteroids – The Next Frontier, Willmann-Bell, Richmond, Va. 1988.

Darstellung einer Vielzahl von neuen Erkenntnissen über Meteoriten einschließlich einer historischen Behandlung.

Kowal, C. T.: Asteroids – Their Nature and Utilization, John Wiley & Sons, New York 1988.

Eine kurze Einführung in spezielle Aspekte, wie erdnahe Asteroiden, Ausbeutung von Asteroiden und zukünftige Forschung. Der Anhang enthält die Umlauf- und physikalischen Daten von 3445 Asteroiden.

McSween, H. Y.: Meteorites and Their Parent Planets, Cambridge University Press, New York 1987.

Über den Ursprung der Meteoriten aus Asteroiden und ihre Bedeutung für die Frage nach der chemischen Zusammensetzung des solaren Urnebels.

Weitere Fachliteratur

Chapman, C. R., Williams, J. G. und Hartmann, W. K.: The asteroids, Annual Reviews of Astronomy and Astrophysics *16*, 33 (1978).

Eine Übersicht über Beobachtungen, physikalische Eigenschaften, Rotation und Oberflächenbeschaffenheit der Asteroiden.

Delsemme, A. H. (Hrsg.): Comets, Asteroids, Meteorites – Interrelations, Evolution and Origins, University of Toledo, Ohio 1977.

In 75 Fachartikeln wird der physikalische Zusammenhang zwischen diesen kleinen Körpern diskutiert.

Gehrels, T. (Hrsg.): Asteroids, University of Arizona Press, Tucson 1979.

Eine Sammlung von 45 Fachartikeln über Zusammensetzung, Durchmesser, Herkunft und Entwicklung der Asteroiden mit einer umfangreichen Zusammenstellung physikalischer Daten.

Schmadel, L. D.: Dictionary of Minor Planet Names, Springer-Verlag, Heidelberg 1992.

Katalog der Namen von rund 5000 Asteroiden mit Erklärungen zur Namensgebung und Entdeckung.

KAPITEL 8
Jupiter: der Gasriese

Deutschsprachige Literatur

Hunt, G. E. und Moore, P.: Jupiter, Herder Verlag, Freiburg 1982.

Eine knappe und informative Einführung in die Geschichte sowie die heutigen Erkenntnisse über die Atmosphäre und die Wolken sowie das Innere, die Magnetosphäre, die Strahlung und die Monde.

Ingersoll, A. P.: Das Wetter auf Jupiter und Saturn, Spektrum der Wissenschaft, 100 (2/1982).

Darstellung zweier möglicher Modelle zur Beschreibung der Atmosphären von Jupiter und Saturn.

Johnson, T. V. und Soderblom, L. A.: Io, Spektrum der Wissenschaft, 96 (2/1984).

Ein Überblick über Ios Vulkanaktivität.

Pollack, J. B. und Cuzzi, J. N.: Planetenringe, Spektrum der Wissenschaft, 66 (1/1982).

Darstellung der Ähnlichkeiten und Unterschiede der Saturn-, Jupiter- und Uranusringe, sowie Diskussion der komplizierten Kräfte, die ihnen ihre Gestalt geben.

Englischsprachige Literatur

Burgess, E.: By Jupiter – Odysseys to a Giant, Columbia University Press, New York 1982.

Allgemeinverständliche Darstellung der Ergebnisse von Pioneer 10 und 11 sowie Voyager 1 und 2.

Dessler, A. J. (Hrsg.): Physics of the Jovian Magnetosphere, Cambridge University Press, New York 1982.

Johnson, T. V. et al.: Volcanic hot spots on Io – stability and longitudinal distribution, Science *226*, 134 (1984).

Diskussion der erdgebundenen Infrarotbeobachtungen von Vulkanaktivitäten auf Io.

Morrison, D.: The enigma called Io, Sky and Telescope 69, 198 (3/1985).

Reich bebilderte Darstellung der Vulkane auf Io sowie Diskussion des Plasmarings und der Umlaufresonanz mit Europa und Ganymed.

Morrison, D. und Samz, J.: Voyage to Jupiter – NASA SP-439, National Aeronautics and Space Administration, Washington D. C. 1981.

Eine reich bebilderte und detaillierte Darstellung der Voyager-Mission und ihrer Ergebnisse.

Peek, B. M.: The Planet Jupiter, Faber and Faber, London 1958.

Die klassische Darstellung der erdgebundenen Beobachtungen Jupiters bis Ende der fünfziger Jahre.

Gehrels, T. (Hrsg.): Jupiter, University of Arizona Press, Tucson 1976.

In 44 Fachartikeln wird ein guter Überblick über die Ergebnisse der Pioneer-Sonden gegeben.

Morrison, D. (Hrsg.): Satellites of Jupiter, University of Arizona Press, Tucson 1982.

Eine Reihe von Fachartikeln über die Voyager- Ergebnisse der Jupitermonde.

Zu den Pioneer-Missionen zu Jupiter:
Vorläufige Ergebnisse: Science *183*, 301 (1974) und *188*, 445 (1975), detailliertere Darstellung in: Journal of Geophysical Research 79, 3522 (1974); Icarus *30*, 97 (1977).
Zu den Voyager-Missionen:
Vorläufige Ergebnisse der Voyager-1-Sonde: Science *204*, 945 (1979) und Nature *280*, 725 (1979); Voyager 2: Science *206*, 925 (1979). Detailliertere Darstellungen in: Geophysical Research Letters 7, 1 (1980) und Journal of Geophysical Research 86, 8123 (1981). Verschiedene Aspekte der Voyager-Missionen in: Space Science Reviews *21*, 75 (1977); Magnetosphäre und Atmosphäre in: Geophysical Research Letters 7, 1 (1980); Icarus *65*, 159 (1986); Monde: Icarus *44*, 225 (1980) und *58*, 135 (1984).

KAPITEL 9
Saturn: Herr der Ringe

Deutschsprachige Literatur

Hunt, G. und Moore, P.: Saturn, Herder Verlag, Freiburg 1983.

Allgemeinverständliche und reich bebilderte Einführung.

Köhler, H. W.: Voyager 1 am Saturn vorbei, Sterne und Welraum *20*, 44 (2/1981).

Köhler, H. W.: Ringplanet Saturn, unser Kenntnisstand, 2 Teile, Sterne und Welraum *22*, 110 und 154 (3 und 4/1981).

Owen, T.: Titan, Spektrum der Wissenschaft, 64 (4/1982).

Sehr guter Artikel über die Stickstoffatmosphäre des Titan.

Soderblom, L. A. und Johnson, T. V.: Die Monde des Saturn, Spektrum der Wissenschaft, 102 (3/1982).

Über die geologische Evolution der sechs mittelgroßen Saturnmonde.

Englischsprachige Literatur

Morrison, D.: Voyages to Saturn-NASA SP-451, National Aeronautics and Space Administration, Washington, D. C. 1982.

Ein gut geschriebenes und reich bebildertes Buch über die Ergebnisse der beiden Voyager-Sonden.

Weitere Fachliteratur

Gehrels, T. (Hrsg.): Saturn, University of Arizona Press, Tucson 1983.

Eine Reihe von Fachartikeln über die Atmosphäre, die Zusammensetzung, die Entwicklung, das Innere, die Magnetosphäre, die Ringe und die Satelliten.

Zu den Pioneer-Sonden:
Vorläufige Ergebnisse von Pioneer 11 in: Science *207*, 400 (1980). Detailliertere Diskussion in: Journal of Geophysical Research *85*, 5651 (1980).
Zu den Voyager-Missionen:
Vorläufige Ergebnisse von Voyager 1 in:
Science *212*, 159 (1981) und Nature *292*, 675 (1981), Voyager 2 in: Science *215*, 499 (1982). Weitere Ergebnisse in: Icarus *53*, 163 (1983) und Journal of Geophysical Research *88*, 8625 (1983).

KAPITEL 10
Uranus, Neptun und Pluto: die Eiswelten

Deutschsprachige Literatur

Binzel, R.: Pluto, Spektrum der Wissenschaft, 108 (7/1990).

Cuzzi, J. N. und Esposito, L. W.: Die Ringe des Uranus, Spektrum der Wissenschaft, 96 (9/1987).

Diskussion der Frage, warum die Uranusringe so dünn sind.

Fischer, D.: Voyager 2 an seinem fernsten Ziel: Neptun, Sterne und Weltraum *28*, 576 (10/1989).

Fischer, D.: Die Voyager-Chroniken: Wie Neptun entschleiert wurde, Sterne und Weltraum *29*, 288 (5/1990).

Fischer, D.: Triton, Sterne und Weltraum *29*, 710 (12/1990).

Ingersoll, A. P.: Uranus, Spektrum der Wissenschaft, 52 (3/1987).

Ergebnisse der Voyager-2-Sonde.

Johnson, T. V., Brown, H. und Soderblom, L. A.: Die Monde des Uranus, Spektrum der Wissenschaft, 78 (6/1987).

Ergebnisse der Voyager-2-Sonde der fünf großen Uranusmonde.

Klingholz, R.: Marathon im All, Westermann, Braunschweig 1989.

Lebendige Darstellung der Reise von Voyager 2 mit Schwerpunkt Neptun.

Köhler, H. W.: Voyager-2-Vorbeiflug am Uranus ein großer Erfolg, Sterne und Weltraum *25*, 196 (4/1986).

Reichstein, M.: Gesichter Plutos, Astronomie in der Schule *28*, 71 (1991).

Englischsprachige Literatur

Beatty, J. K.: A place called Uranus, Sky and Telescope *71*, 333 (4/1986).

Beschreibung der Ergebnisse von Voyager 2, einschließlich der Atmosphäre, dem Magnetfeld und »electroglow« sowie der Ringe.

Beatty, J. K.: Discovering Pluto's atmosphere, Sky and Telescope *76*, 624 (12/1988).

Ergebnisse aus Sternbedeckungen; siehe auch: Hubbard et al., Nature *336*, 452 (1988).

Beatty, J. K.: Getting to know Neptune, Sky and Telescope *79*, 146 (2/1990).

Eine gute populärwissenschaftliche Darstellung des Vorbeifluges von Voyager 2 an Neptun und Triton.

Burgess, E.: Far Encounter – The Neptune System, Columbia University Press, New York 1991.

Dieses ausgezeichnete populärwissenschaftliche Buch beschreibt den Vorbeiflug von Voyager 2 an Neptun.

Hoyt, W. G.: Planet X and Pluto. University of Arizona Press, Tucson 1980.

Exzellente Beschreibung der Entdeckungsgeschichte Plutos.

McKinnon, W. B. und Mueller, S.: Pluto's structure and composition suggest origin in the solar, not a planetary, nebula, Nature 335, 240 (1988).

Diskussion der Tatsache, daß Pluto einen größeren Gesteinsanteil als die anderen äußeren Planeten aufweist.

Rothery, D. A.: Satellites of the Outer Planets, Clarendon Press, Oxford 1992.

Eine gute Beschreibung der Eismonde.

Stern, S. A.: The Pluto-Charon System, Ann. Rev. Astron. Astrophys. 30, 185 (1992).

Tombaugh, C. W. und Moore, P.: Out of the Darkness – The Planet Pluto, Stackpole Books, Harrisburg, PA. 1981.

Plutos Entdecker, Tombaugh, und der britische Autor Moore erzählen die dramatische Geschichte der Entdeckung und Erforschung Plutos.

Weitere Fachliteratur

Beebe, R. F. und Beebe, H. A. (Hrsg.): Pluto – the ninth planet's golden year, Icarus 44, 1 (1980).

Eine Sammlung von Fachartikeln anläßlich des 50. Jahrestages der Entdeckung Plutos.

Bergstralh, J. T., Ellis, D. M. und Matthews, M. S. (Hrsg.): Uranus, University of Arizona Press, Tucson 1991.

Brown, R. H.: Energy sources for Triton's geyser-like plumes, Science 250, 431 (1990).

Gasfontänen auf Triton werden als Geysire aus Stickstoff gedeutet. Sie entstehen bei der explosionsartigen Verdampfung von unterirdischen Gasen, die durch einen Treibhauseffekt im Bodenmaterial erhitzt werden.

Elliot, J. L. et al.: Pluto's Atmosphere, Icarus 77, 148 (1989).

Eine Sternbedeckung durch Pluto deutet auf eine Gasatmosphäre hin.

Esposito, L. W. und Colwell, J. E.: Creation of the Uranus rings and dust bands, Nature 339, 605 (1989).

Ringe und Staub im Uranussystem entstehen beim Beschuß der Monde durch Meteoriten. Ohne diese Materialnachlieferung würden die Ringe bald verschwinden.

Goldreich, P.: Neptune's story, Science 245, 500 (1989).

Der Autor vermutet, daß Triton auf einer heliozentrischen Umlaufbahn entstand und anschließend von Neptun eingefangen wurde.

Ingersoll, A. P. und Kimberley, A. T.: Triton's plumes – the dust devil hypothesis, Science 250, 435 (1990).

Die Gasfontänen auf Triton werden als atmosphärisches Phänomen gedeutet, ähnlich wie die Wirbelstürme (dust devils oder Staubteufel) auf der Erde.

Levy, D.: Clyde Tombaugh, Discoverer of Pluto, Univ. of Arizona Press, Tucson 1991.

Umfassende Biographie des Pluto-Entdeckers.

Miner, E. D.: Uranus – the planet, rings and satellites, Horwood, Prentice Hall, Englewood Cliffs, New Jersey 1990.

Hauptanliegen des Buches sind die Ergebnisse des Vorbeifluges von Voyager 2 an Uranus mit den Themen: Atmosphäre, Inneres, Magnetosphäre, Ringe und Monde.

Murray, C. D. und Thompson, R. P.: Orbits of shepherd satellites deduced from the structure of the rings of Uranus, Nature 346, 546 (1990).

Es muß kleine Monde geben, die eine Verbreiterung der scharf begrenzten Uranusringe verhindern.

Porco, C. C.: An explanation for Neptune's ring arcs, Science 253, 995 (1991).

Neptuns Ringbögen scheinen durch die resonante Wechselwirkung mit dem nahen Mond Galatea azimutal zusammengehalten zu werden.

Porco, C. C. und Goldreich, P.: Shepherding of the Uranian rings, I. kinematics, Astronomical Journal 93, 724 (1987).

Für die Uranusmonde 1986U7 und 1986U8 finden die Autoren Resonanzen, die darauf hindeuten, daß sie auch die Schäferhundmonde des Epsilonrings sind.

Stern, A. S.: On the number of planets in the outer solar system – evidence of a substantial population of 1000-km bodies, Icarus 90, 271 (1991).

Die starke Neigung von Uranus und Neptun, der mögliche Einfang Tritons und die Entstehung des Paares Pluto-Charon sprechen für eine ehemals vorhandene Population von Körpern mit Durchmessern von etwa 1000 Kilometern im Gebiet von Uranus und Neptun.

Zu der Voyager-Mission zu Uranus: Vorläufige Ergebnisse in: Science 233, 39 (1986), vollständige Diskussion in: Journal of Geophysical Research 92, A13, 14873 (1987).
Zu der Voyager-Mission zu Neptun: Vorläufige Ergebnisse in: Science, 246, 1417 (1989); weitere Details in: Science 250, 410 (1990). Detailliertere Informationen insbesondere über die geneigten Magnetosphären, das Innere von Uranus und Neptun, Tritons einzigartige Oberfläche, Atmosphäre und Ionosphäre stehen in: Geophysical Research Letters 17, 1643 (1990). Eine Beschreibung des Voyager-2-Vorbeifluges an Triton einschließlich der Theorien über die aktiven Fontänen und ihre Wechselwirkung mit der oberflächennahen Atmosphäre findet man in: Science 250, 410 (1990).

KAPITEL 11
Kometen:
Wanderer zwischen den Welten

Deutschsprachige Literatur

Böhnhardt, H. und Rahe, J.: Kometen, Physik in unserer Zeit *17*, 33 (2/1986).

Übersichtsartikel über die Bahnen, den inneren Aufbau, die Koma, den Schweif und die Herkunft der Kometen.

Calder, N.: Das Geheimnis der Kometen, Umschau Verlag, Frankfurt/M. 1981.

Allgemeinverständliche Einführung in die Physik der Kometen und ihre Erscheinungen, allerdings ohne die Ergebnisse der Halley-Sonden.

Jockers, K.: Gas und Plasma in der Umgebung des Kometen Halley, Sterne und Weltraum *27*, 92 (2/1988).

Keller, H. U.: Das neue Bild des Kometen Halley, Sterne und Weltraum *26*, 478 (9/1987).

Kirsch, K. et al.: Kometen nach Halley, nach dem Forschungsstand bis 1990, Astronomie und Raumfahrt *28*, 10 (1990).

Reichstein, M.: Kometen – Kosmische Vagabunden, Harri Deutsch, Leipzig 1985.

Einführung kurz vor dem Halley-Encounter Giottos, aber mit reichhaltiger Historie.

Sfountouris, A.: Kometen, Meteore und Meteoriten, Albert Müller Verlag, Zürich 1986.

Geschichte und moderne Forschung bis zur Giotto-Sonde.

Tammann, G. A.: Veron, P.: Halleys Komet, Birkhäuser, Basel 1985.

Sehr ausführliche Historie des berühmtesten aller Kometen.

Englischsprachige Literatur

Bailey, M. E., Clube, S. V. M. und Napier, W. M.: The Origin of Comets, Pergamon Press, Riverside 1990.

Darstellung der sich wandelnden Vorstellungen von Kometen von den Babyloniern bis zu den neuesten Erkenntnissen der Halley-Sonden.

Berry, R. und Talcott, R.: What have we learned from Halley's comet?, Astronomy *14*, 6 (9/1986).

Ergebnisse der Halley-Sonden.

Calder, N.: Giotto to the Comets, Presswork, London 1992.

Das erste Buch, in dem beide Kometenvorbeiflüge der Giotto-Sonde behandelt werden.

Delsemme, A. H.: Whence come comets?, Sky and Telescope *77*, 260 (3/1989).

Diskussion der Frage, wie Kometen aus der Oortschen Wolke ins innere Planetensystem gelangen.

Fernandez, J. A. und Jockers, K.: Nature and Origin of Comets, Reports on Progress in Physics *46*, 665 (1983).

Ideale Einführung in die Kometenforschung.

Sagdeev, R. Z. und Galeev, A. A.: Comet Halley and the solar wind, Sky and Telescope *73*, 252 (3/1987).

Spinrad, H.: Comets and their composition, Ann. Rev. Astron. Astrophys. *25*, 231 (1987).

Whipple, F. L.: The Mystery of Comets, Smithsonian Institution Press, Washington, D. C. 1985.

Schöne Darstellung der Kometenforschung.

Whipple, F. L.: The black heart of Comet Halley, Sky and Telescope *73*, 241 (3/1987).

Weitere Fachliteratur

Delsemme, A. H. (Hrsg.): Comets, Asteroids, Meteorites – Interrelations, Evolutions and Origins, University of Toledo Press, Toledo, Ohio 1977.

Sammlung von Fachartikeln.

Kronk, G. W.: Comets – A Descriptive Catalog, Enslow Publishers, Hillside, New Jersey 1985.

Hervorragende Zusammenstellung der Beschreibung aller Kometen von –371 bis 1982.

Kronk, G. W.: Meteor Showers – A Descriptive Catalog, Enslow Publishers, Hillside, New Jersey 1988.

Dieser Katalog enthält zahlreiche wichtige Informationen für 112 Meteoritenschauer.

Marsden, B. G.: Catalog of Cometary Orbits, Enslow Publishers, Hillside, New Jersey 1983 (mehrere Neuauflagen).

Ein Katalog von Umlaufdaten für über tausend Erscheinungen von 710 Kometen.

Mendis, D. A.: A postencounter view of comets, Annual Reviews of Astronomy and Astrophysics *26*, 11 (1988).

Ein Bericht über die Begegnung der Raumsonden mit dem Kometen Halley.

Wilkening, L. L.: Comets, University of Arizona Press, Tucson 1982.

Eine gute Einführung in das Gebiet, mit allem, was bis zur Begegnung mit dem Halleyschen Kometen bekannt war.

Zu der Weltraumerkundung des Kometen Giacobini-Zinner:
Erste wissenschaftliche Ergebnisse der International Cometary Explorer Mission in: Science *232*, 297 (1986).

Zu der Weltraumerkundung des Kometen Halley:

Erste Ergebnisse in: Nature *321*, 259 (1986); sehr gute Fotos in: Keller, H. U., Kramm, R. Thomas, N.: Surface features on the nucleus of Comet Halley, Nature *321*, 227 (1988) und umfassende Diskussion der sonden-, satelliten- und bodengestützten Halley-Ergebnisse in drei Konferenz-Proceedings: ESA SP-250 (1986), überarbeitet und gekürzt in: Astron. Astrophys. *187*, 1 (1987); ESA SP-278 (1987) und Astrophys. and Space Sci. Lib. *167* (1991).

KAPITEL 12
Die Entstehung des Sonnensystems

Deutschsprachige Literatur

Die Entstehung der Sterne, Verlag Spektrum der Wissenschaft, Heidelberg 1988.

Eine Sammlung von 15 Artikeln aus Spektrum der Wissenschaft über die heutigen Erkenntnisse der Sternentstehung, die im wesentlichen auch auf die Sonne und die Planeten zutreffen.

Lewis, R. S. und Anders, E.: Urmaterie in Meteoriten, Spektrum der Wissenschaft, 44 (10/1983).

Diskussion der Hypothese, daß eine Reihe von Isotopenanomalien in kohligen Chondriten auf ihren extrasolaren Ursprung zurückzuführen sind.

Mauersberger, R.: Der Sternentstehung auf der Spur, 2 Teile, Sterne und Weltraum *31*, 692 und 756 (11 und 12/1992).

Englischsprachige Literatur

Fisher, D. E.: The Birth of the Earth – A Wanderlied Through Space, Time and the Human Imagination, Columbia University Press, New York 1987.

Leicht geschriebene Abhandlung über das äußere Bild und die Entstehung des Sonnensystems.

Weitere Fachliteratur

Black, D. C und Matthews, M. S. (Hrsg.): Protostars and Planets II, University of Arizona Press, Tucson 1985.

Eine ausgezeichnete Sammlung von Fachartikeln zu allen Aspekten der Entstehung und Entwicklung von Planeten.

Cameron, A. G. W.: Origin of the solar system, Annual Reviews of Astronomy and Astrophysics *26*, 441 (1988).

Runcorn, S. K. (Hrsg.): The Physics of the Planets – Their Origin, Evolution and Structure, John Wiley & Sons, New York 1988.

In 26 Artikeln werden vier Bereiche diskutiert: Struktur und Aufbau der Planeten, Planetendynamik, Himmelsmechanik und Ursprung des Sonnensystems.

Wetherill, G. W.: Formation of the Terrestrial Planets, Ann. Rev. Astron. Astrophys, *18*, 77 (1980).

Sachverzeichnis